AR交互动画与H5交互页面

AR交互动画是指将含有字母、数字、符号或图形的信息叠加或融合到读者看到的真实世界中，以增强读者对相关知识的直观理解，具有虚实融合的特点。

H5交互页面是指将文字、图形、按钮和变化曲线等元素以交互页面的形式集中呈现给读者，帮助读者深刻理解复杂事物，具有实时交互的特点。

本书为纸数融合的新形态教材，通过运用 AR 交互动画与 H5 交互页面技术，将移动通信课程中的抽象知识与复杂现象进行直观呈现，以提升课堂的趣味性，增强读者的理解力，最终实现高效“教与学”。

AR交互动画识别图

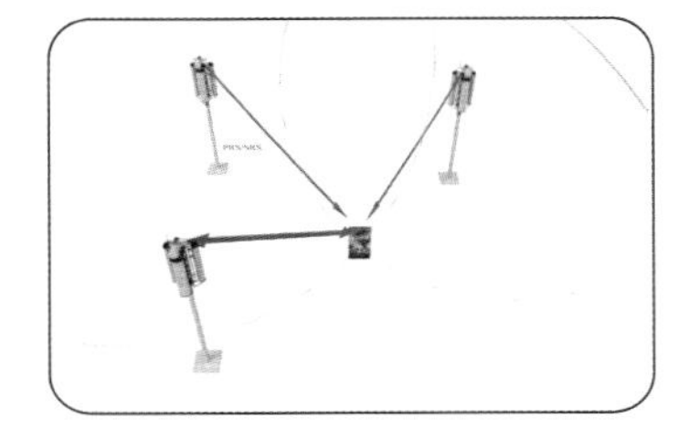

5G NR 六种定位技术

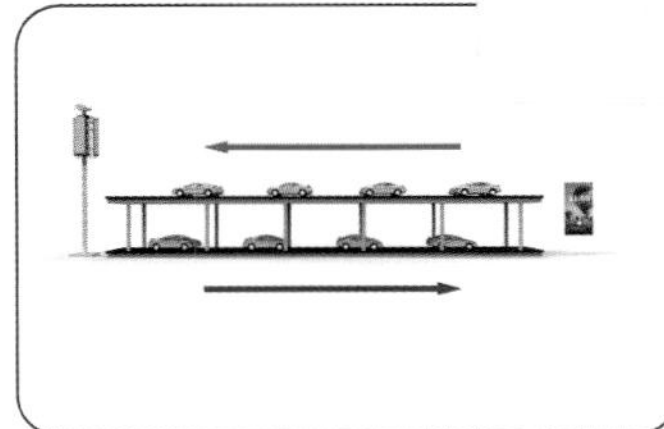

双工方式

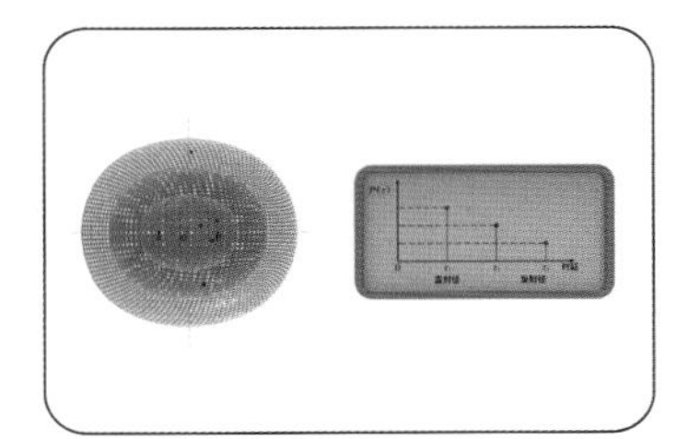

多径演示

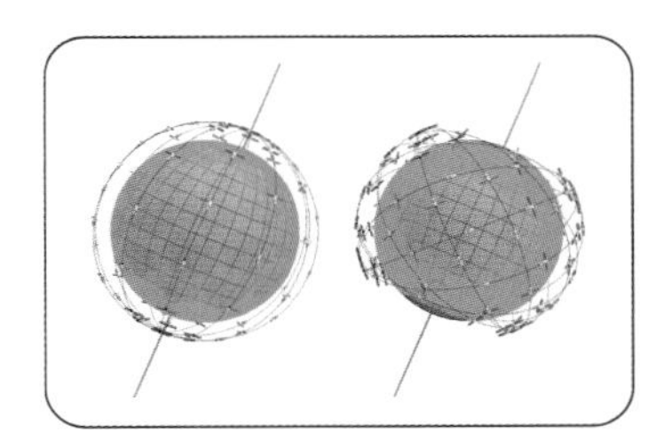

轨道覆盖

操作演示

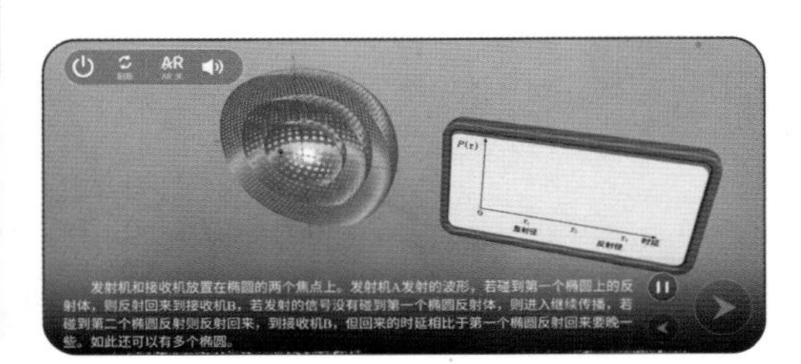

AR 交互动画操作演示示例 1

操作演示视频

AR 交互动画操作演示示例 2

H5交互页面二维码

调度方法的
吞吐量 CDF

近场距离

莱斯分布

两径衰落信道

频率复用
与同频干扰

m 序列功率谱

MCS 的
BLER

MRC
中断概率

OFDM 功率谱

QAM 误码率

SSB 时域图样

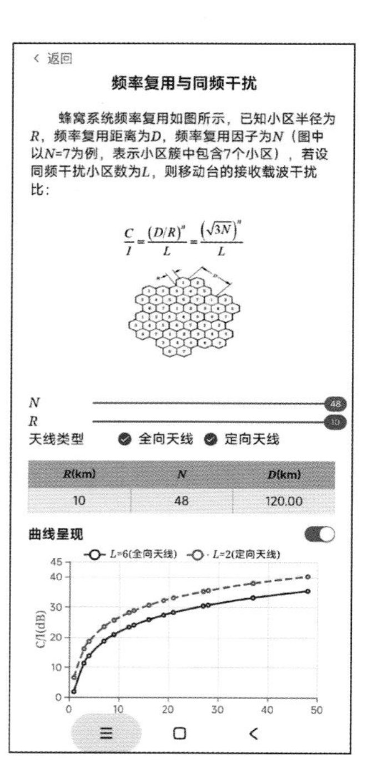

使用指南

01 扫描二维码下载“人邮教育AR”App安装包，并在手机或平板电脑等移动设备上进行安装。

下载 App 安装包

02 安装完成后，打开App，页面中会出现“扫描AR交互动画识别图”和“扫描H5交互页面二维码”两个按钮。

“人邮教育 AR” App 首页

03 单击“扫描AR交互动画识别图”或“扫描H5交互页面二维码”按钮，扫描书中的AR交互动画识别图或H5交互页面二维码，即可操作对应的“AR交互动画”或“H5交互页面”，并且可以进行交互学习。H5交互页面亦可通过手机微信扫码进入。

高等学校电子信息类专业
应用创新型人才培养精品系列

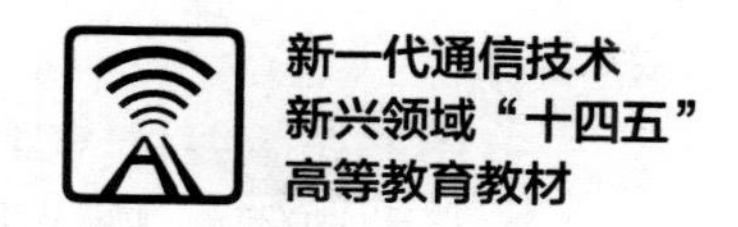

移动通信

微课版｜支持 AR+H5 交互

王文博 赵龙 / 主编
王晓湘 高伟东 杜海清 啜钢 / 副主编

Mobile
Communication

人 民 邮 电 出 版 社
北 京

图书在版编目（CIP）数据

移动通信 ： 微课版 ： 支持 AR+H5 交互 / 王文博， 赵龙主编. -- 北京 ： 人民邮电出版社， 2024. -- (高等学校电子信息类专业应用创新型人才培养精品系列).

ISBN 978-7-115-65333-8

Ⅰ. TN929.5

中国国家版本馆 CIP 数据核字第 2024MZ7478 号

内 容 提 要

本书系统且深入地介绍了移动通信系统与网络的基本原理与设计方法。全书共分为 8 章，内容包括移动通信概述、无线电波传播与信道模型、现代编码与调制技术、抗衰落与链路增强技术、移动通信组网技术、5G 移动通信系统、5G 关键技术，以及移动通信的未来发展。

本书内容全面、由浅入深，叙述清楚，力求兼顾移动通信的基本理论和应用系统。本书为新形态教材，配有大量插图、微课视频、H5 交互页面、AR 立体展示、扩展阅读文本等，以帮助读者理解书中内容；每章后附有一定的习题，便于读者复习和锻炼工程把握能力。

本书的主要服务对象是通信、电子和信息类高年级本科生或研究生，其可将本书用作教材或参考用书，从事移动通信工程或技术工作的人员也可参考。

◆ 主　　编　王文博　赵　龙

副 主 编　王晓湘　高伟东　杜海清　啜　钢

责任编辑　刘　博

责任印制　陈　犇

◆ 人民邮电出版社出版发行　　北京市丰台区成寿寺路 11 号

邮编　100164　　电子邮件　315@ptpress.com.cn

网址　https://www.ptpress.com.cn

三河市中晟雅豪印务有限公司印刷

◆ 开本：787×1092　1/16　　彩插：1

印张：19.75　　2024 年 9 月第 1 版

字数：520 千字　　2024 年 9 月河北第 1 次印刷

定价：79.80 元

读者服务热线：(010)81055256　印装质量热线：(010)81055316

反盗版热线：(010)81055315

伴随着社会需求的不断提高和技术的飞速发展，通信技术实现了跨越式发展，为信息通信网络基础设施的建设提供了有力支撑。同时，目前通信技术已经接近香农信息论所预言的理论极限，面对可持续发展的巨大挑战，我国对未来通信人才的培养提出了更高要求。

坚持以习近平新时代中国特色社会主义思想为指导，立足于“新一代通信技术”这一战略性新兴领域对人才的需求，结合国际进展和中国特色，发挥我国在前沿通信技术领域的引领性，打造启智增慧的“新一代通信技术”高质量教材体系，是通信人的使命和责任。为此，北京邮电大学张平院士组织了来自七所知名高校和四大领先企业的学者和专家，组建了编写团队，共同编写了“新一代通信技术新兴领域‘十四五’高等教育教材”系列。编写团队入选了教育部“战略性新兴领域‘十四五’高等教育教材体系建设团队”。

“新一代通信技术新兴领域‘十四五’高等教育教材”系列包含20本教材，该系列教材注重守正创新，致力于推动思教融合、科教融合和产教融合，其主要特色如下。

（1）“分层递进、纵向贯通”的教材体系。根据通信技术的知识结构和特点，该系列教材结合学生的认知规律，构建了“基础电路、综合信号、前沿通信、智能网络”四个层次逐级递进、“校内实验-校外实践”纵向贯通的教材体系。首先在以《电子电路基础》为代表的电路教材基础上，设计编写包含各类信号处理的教材；然后以《通信原理》教材为基础，打造《移动通信》《光通信》《微波通信》《空间通信》等核心专业教材；最后编著以《智能无线网络》为代表的多种新兴网络技术教材。同时，《通信与网络综合实验教程》以综合性、挑战性实验教材的形式实现前述四个层次的纵向贯通，充分体现出教材体系的完备性、系统性和科学性。

（2）“四位一体、协同融合”的专业内容。该系列教材从通信技术的基础理论出发，结合我国在该领域的科技前沿成果和产业创新实践，打造出以“坚实基础理论、前沿通信技术、智能组网应用、唯真唯实实践”四位一体为特色的新一代通信技术专业内容；同时，注重基础内容和前沿技术的协同融合，理论知识和工程实践的融会贯通。教材内容的科学性、启发性和先进性突出，有助于培养学生的创新精神和实践能力。

（3）“数智赋能、多态并举”的建设方法。面向教育数字化和人工智能应用加速的未来趋势，该系列教材的建设依托教育部的虚拟教研室信息平台展开，构建了“新一代通信技术”核心专业全域知识图谱，建设了慕课、微课、智慧学习和在线实训等一系列数字资源，打造了多本具有富媒体呈现和智能化互动等特征的新形态教材，为推动人工智能赋能高等教育创造了良好条件，有助于激发学生的学习兴趣和创新潜力。

尺寸教材，国之大者。教材是立德树人的重要载体，希望“新一代通信技术新兴领域‘十四五’高等教育教材”系列以及相关核心课程和实践项目的建设能推动“新工科”本科教学和人才培养的质效提升，为增强我国在新一代通信技术领域的竞争力提供高素质人才支撑。

费爱国

中国工程院院士

2024年6月

前 言

移动通信是现代通信的最重要方式之一，已经成为人们生产生活、工作娱乐、上天入海的重要支撑技术。我国在移动通信领域经历了“1G空白、2G跟随、3G突破、4G同步、5G引领”的崛起之路；在我国加快建设“网络强国”的背景下和国家“科技报国”的号召下，移动通信将继续挖掘其自身潜力，拓展移动通信的服务领域，为我国数字化经济、智能化生产、新质生产力、活动空间拓展、可持续发展等做出贡献。然而，移动通信的快速迭代更新，也给本书的内容选取和结构安排带来了一大挑战；为了做到内容的与时俱进，本书以移动通信基础理论为出发点、以实际移动通信系统为重点，同时也展望移动通信的前沿技术，力求全面而准确地介绍移动通信的基础理论、先进系统和前沿技术。

经过多年的发展与迭代更新，课程组形成了完整、严密的“移动通信”理论体系，以当代信息科学的观点组织和阐述与时俱进的课程内容，以激发学生的学习兴趣来为卓越工程师培养奠定基础；同时，国家号召产教融合与科教融汇，让工程实践和高水平科研成果来支撑高质量本科教学，在不脱离实际的情况下提高学生的创新能力和学术水平；育人的根本在于立德，根据《普通高等学校教材管理办法》的要求，高校教材应全面贯彻党的教育方针，落实思教融合根本任务，这对教育教学的方向提出了新要求；此外，党的二十大报告强调推进教育数字化，新形态教材受到了广泛关注，它将多媒体教学资源与纸质教材相融合，为数智化教学提供了新的契机。因此，打造一本服务新工科、融合新理念、彰显新形态的教材，是北京邮电大学移动通信课程组编写该教材的目标。

1 本书内容

本书共分为8章：第1章主要介绍移动通信的发展历史、特点、工作方式等内容；第2章全面地介绍移动通信中无线电波传播和信道模型，这部分内容是移动通信的基础；第3章介绍移动通信中的现代编码和调制技术，依据移动通信的特点和要求，重点介绍在移动通信中所采用的编码和调制技术，尤其是OFDM技术；第4章论述移动通信系统中的抗衰落与链路增强技术，包括分集、均衡、扩频、MIMO和链路自适应技术，为后续移动通信系统提供了必要的理论基础；第5章从移动通信组网的角度，介绍组网及网络管理的基础；第6章主要介绍5G移动通信系统，包括系统整体架构、NR空口、5G基本管理与通信流程、安全机制等，力求使读者较为全面地了解一个实际系统的工作过程；第7章主要阐述5G无线接入及网络的关键技术，是5G移动通信的外延和拓展。第8章介绍移动通信的未来发展，包括极致MIMO、频谱扩展与灵活使用、通信感知融合、内生智能和空天地海一体化等潜在6G关键技术。

2 本书特色

（1）经验丰富的教师重构课程体系。本书结合作者及教学团队近30多年的教学实践经验，以及移动通信与时俱进的特征，对“移动通信”课程的知识体系进行了重新梳理，从传输理论、先进系统、前沿技术三阶段递进组织教学内容。在具体细节上，本书对教学内容进行了重构和扩展：删除过于陈旧的内容，增加了最新的技术；精选典型例题与课后习题，帮助读者更有针对性地进行练习。

（2）产教融合与科教融汇赋能教育。在华为技术有限公司无线网络产品线无线网络研究部相关专家深度参与下，作者结合自身的多年科研成果，从产业界、学术界和教育教学的角度对第五代移动通信系统、第五代移动通信系统的关键技术、未来移动通信关键技术等章节进行了大幅度更新，实现了产教融合与科教融汇赋能教育。

（3）注重价值引领，实现思教一体。本书在“移动通信概述”一章中，结合我国移动通信崛起历程，引导读者为我国科教兴国贡献力量；在不同知识点处，引导读者思考数学公式中的一般性哲理，培养学生的科学思维能力；本书还在“移动通信的未来发展”一章中介绍相关学科前沿知识，强调科技创新的重要作用，激发读者的专业认同感和科技报国的责任感。

（4）打造数字教材，探索数智化教学。本书将清晰明了的传统纸质图书、实时可调的H5交互页面、直观形象的AR交互、细致入微的微课视频和拓展知识的电子文档紧密结合，形成新形态教材；并且提供课程PPT、教学大纲、题库等教学资源，教师可登录人邮教育社区（www.ryjiaoyu.com）进行下载。

3 作者致谢

全书由王文博和赵龙主编。本书第1章和第8章由王文博编写；第2章、第3章和第4章由赵龙编写；第5章由杜海清和啜钢编写；第6章由王晓湘编写；第7章由高伟东编写。本书的编写得到了华为技术有限公司无线网络产品线无线网络研究部相关专家的大力支持，多位专家深入参与并协助各章节内容的撰写。

在本书编写的过程中，得到教育部、人民邮电出版社、北京邮电大学各级单位和领导的大力支持，移动通信课程组的教师提出了大量的宝贵意见，研究生同学对本书的素材搜索、整理、文本校对等作出了重要贡献，谨此表示衷心感谢！

鉴于首次正式出版且编者水平有限，书中难免存在很多不足之处，敬请广大师生和读者批评指正。

王文博

2024年6月

目录

第1章 移动通信概述

第2章 无线电波传播与信道模型

第3章 现代编码与调制技术

第4章 抗衰落与链路增强技术

第 5 章
移动通信组网技术

第 6 章
5G移动通信系统

第7章 5G关键技术

第8章 移动通信的未来发展

第 1 章

移动通信概述

本章主要介绍移动通信的发展历史、特点、工作频段、工作方式、分类及应用系统、发展趋势等。

1.1 移动通信的发展历史

通信技术的发展离不开信息社会对通信的大量需求，以及通信相关产业的大力推动。移动通信从20世纪80年代后期至今，已经历了5代系统的更迭，基本遵循十年一代的发展规律，以满足信息社会的通信需求。从第一代（1G）移动通信系统发展到今天的第五代（5G）移动通信系统，对应着通信业务、通信对象、网络架构、承载资源、业务应用场景等的逐步演进，如图1.1所示，未来的移动通信系统（5G-Advanced及6G）也会在此基础上继续发展。

图 1.1　移动通信的发展

20世纪90年代，信息社会提出了个人通信的愿景，即用各种可能的网络技术实现任何人（Whoever）在任何时间（Whenever）、任何地点（Wherever）都可以与任何人（Whoever）进行任何种类（Whatever）的信息交互。移动通信是指信息交换双方或至少一方处于运动中的通信方式，其能够满足人们在任何时间、任何地点与任何人进行通信的愿望。移动通信网可随时获得用户的位置和状态信息，不论主叫或被叫的用户是在车上、船上、飞机上还是在办公室里、家里、公园里，用户都能够获得其所需要的通信服务。移动通信的主要应用系统有无绳电话、无线寻呼、陆地蜂窝式移动通信和卫星移动通信等。陆地蜂窝式移动通信是当今移动通信发展的主流和热点，是解决大容量、低成本公众需求的主要应用系统。

1. 第一代移动通信系统

1946年美国AT&T公司推出第一个移动电话服务，为通信领域开辟了一个崭新的发展空间。20世纪70年代末各国陆续推出蜂窝式移动通信系统，移动通信真正走向广泛的商用，逐渐为广大普通民众所使用。蜂窝式移动通信系统从技术上解决了频谱资源有限、用户容量受限和无线电波传输时的相互干扰等问题。

20世纪70年代末，蜂窝式移动通信的空中入网方式为频分多址接入（Frequency Division Multiple Access，FDMA），其传输信号为模拟信号，因此该移动通信系统被称为模拟通信系统，也称为1G移动通信系统。这种系统的典型代表有美国的AMPS（Advanced Mobile Phone System，高级移动电话系统）和欧洲的TACS（Total Access Communication System，全接入通信系统）等。我国建设移动通信系统的初期主要引入的就是这两类系统，后以TACS为标准制式。

2. 第二代移动通信系统

随着移动通信的不断发展，市场对移动通信技术提出了更高的要求。模拟通信系统本身的缺陷，如频谱效率低、网络容量有限和保密性差等，使其已无法满足人们的需求。为此，在20世纪90年代初期，北美洲和欧洲相继开发出了数字蜂窝式移动通信系统（简称数字通信系统），即第二代（2G）移动通信系统。数字通信系统短短十几年就完全取代了模拟通信系统。在2G移动通信系统中，最有代表性的是GSM（Global System for Mobile Communications，全球移动通信系统），它占据着全球移动通信市场的主要份额。

GSM是为解决欧洲1G移动通信系统“各自为政”的问题而发展起来的。在GSM之前，欧洲各国采用不同的蜂窝标准，用户不能用一种制式的移动台在整个欧洲范围内进行通信。另外，模拟通信系统本身的弱点使它的容量也受到了限制。为此，欧洲电信标准化协会（ETST）的前身欧洲邮政电信联盟（CEPT）在20世纪80年代初期开始研制一种覆盖全欧洲的移动通信系统，即GSM。

GSM的空中接口采用时分多址接入（Time Division Multiple Access，TDMA）方式，语音通信过程中不同用户被分配不同时隙。基于语音业务的移动通信网已经基本满足人们对移动通信的需求，但是随着人们对数据通信的需求日益增加，特别是Internet（互联网）的发展大大催生了此类需求，移动通信网所提供的以语音为主的业务已不能满足人们的需要，为此移动通信业内开始研发适用于数据通信的系统。首先人们着手开发的是基于2G移动通信系统的数据系统，即在不大幅改变2G移动通信系统无线传输体制的前提下，适当增加一些网络单元和一些适合数据业务的协议，使系统能以较高的效率传送数据，如基于GSM网络的GPRS（General Packet Radio Service，通用分组无线服务）系统和EDGE（Enhanced Data Rate for GSM Evolution，增强型数据速率GSM演进）系统，也称为2.5G移动通信系统。

3. 第三代移动通信系统

第三代（3G）移动通信系统采用了码分多址接入（Code Division Multiple Access，CDMA）技术，与TDMA相比，CDMA具有容量大、覆盖好、语音质量好、辐射小等优点。3G标准主要包括欧洲的WCDMA、北美的CDMA2000和中国的TD-SCDMA，其中TD-SCDMA是我国自主提出的一个移动通信系统标准。

4. 第四代移动通信系统

随着宽带业务的发展，人们希望获得更大的带宽、更高的比特率、更灵活的网络架构、更小的接入时延。3G移动通信标准化组织3GPP提出基于正交频分复用（Orthogonal Frequency Division Multiplexing，OFDM）和多输入多输出（Multiple-Input Multiple-Output，MIMO）天线技术，开发准第四代（准4G）移动通信系统，即长期演进（Long Term Evolution，LTE）系统，其主要特点是在20MHz频谱带宽下能够提供下行100Mbit/s与上行50Mbit/s的峰值比特率，相对于3G移动通信网络大大地提高了小区容量，同时将网络时延大大降低：数据面单向传输时延低于5ms；控制面从睡眠状态到激活状态迁移时间小于50ms，从驻留状态到激活状态的迁移时间小于100ms。

移动通信标准化组织

3GPP提出的LTE-Advanced是LTE技术的升级版，4G移动通信系统正是以此为基础，它满足国际电信联盟无线电通信组（ITU-R）的IMT-Advanced（International Mobile Telecommunications-Advanced，国际移动通信组织-增强）技术征集的要求。LTE-Advanced是一个后向兼容的技术，完全兼容LTE。它的技术特性包括100MHz带宽，下行1Gbit/s、上行500Mbit/s的峰值比特率，下行30bit/(s·Hz)、上行15bit/(s·Hz)的峰值频谱效率，可有效支持新频段、离散频段和大带宽应用等。

5G典型业务应用

5. 第五代移动通信系统

2015年，ITU-R制定了IMT-2020的需求，目标是在2020年完成5G标准制定，并将增强型移动宽带（enhanced Mobile Broadband，eMBB）、超可靠低时延通信（ultra-Reliable Low-Latency Communication，uRLLC）和大规模机器类通信（massive Machine-Type Communications，mMTC）列为5G三大应用场景，支撑未来通信多样化服务。如图1.2所示，eMBB对应移动宽带上网业务场景，以满足人们的无线通信需求，mMTC和uRLLC是机器通信，其中mMTC用于满足海量物联网设备的连接需求，而uRLLC则强调业务的低时延和高可靠性。不同业务对网络的需求如图1.3所示，业务需求驱动5G网络必须实现“三高两低”：高比特率（每用户最高1Gbit/s），高连接密度（海量连接），高可靠性（99.9999%）；低时延与低成本。

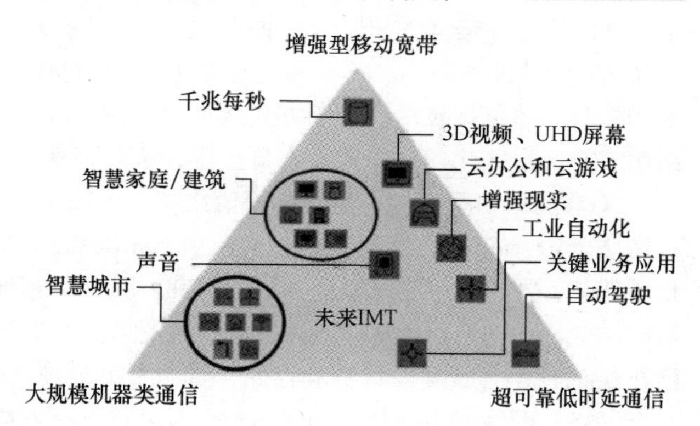

图1.2　IMT-2020的关键应用场景

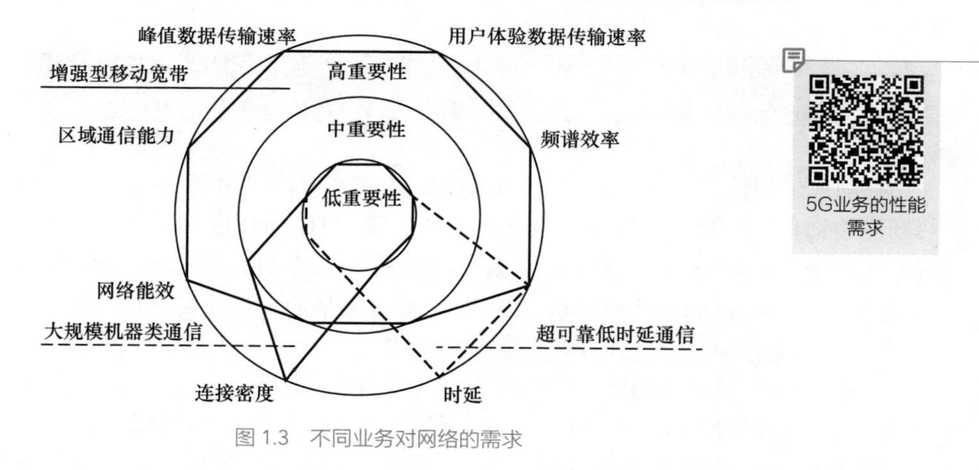

图1.3　不同业务对网络的需求

5G业务的性能需求

2019年10月，在中国国际信息通信展览会上，工业和信息化部与三大运营商举行5G商用启动仪式。中国移动、中国联通、中国电信正式公布5G套餐，并于11月1日正式上线5G商用套餐。这标志着我国正式进入5G商用时代。

而在2020年完成了5G的两个初始标准化版本后，3GPP继续引入新的场景和业务，包括RedCap设备（Reduced Capability New Radio Devices，轻量级新无线设备）、NTN（Non-Terrestrial Networks，非地面网络）、MBS（Multicast and Broadcast Services，多播和广播服务）等，并对已有特性进一步增强。经过三个版本的标准化，5G已经具备了面向消费者（To Consumer，ToC）和面向企业客户（To Business，ToB）提供高速、低时延和高可靠服务的能力，如远程控制、机器视觉回传等ToB业务。2020年为5G商用元年，5G展现出前所未有的发展速度，全球68个国家和区域的162个运营商正式推出5G商用服务，我国已经建成世界上最大的5G网络。

6. 总结

以模拟通信为基础的1G移动通信系统主要实现从无到有的基本通信需求，即主要实现语音业务，其主要服务对象是人，承载移动通信的基本物理资源是频率。

2G和3G移动通信系统开始使用数字通信，主要传输的仍是语音和文字，直到4G移动通信系统解决了高速移动数据通信问题，多媒体信息传输成为了主要业务。机器首次作为服务对象出现是在2G时代，直到4G时代，多种家电、智能机器人、传感器及控制器等开始连接入网，移动通信从人的通信拓展至人-机-物的通信。2G～4G时代主要采用传统分层的网络架构、数据传输承载和控制一体化等技术，控制方式从集中式控制演进到分布式控制，接入方式从大区制走向蜂窝结构、小区扇区化、分布式动态群小区，承载移动通信的物理资源拓展到了时域、码域和空域。

5G移动通信系统拥有更高的峰值比特率（100Gbit/s）、更低的传输时延（毫秒级）、更大的连接密度（10^6个/km），使得虚拟现实（Virtual Reality，VR）/增强现实（Augmented Reality，AR）、自动驾驶、智慧城市等新型业务得以实现。随着服务对象数量的激增和由人的通信到人-机-物的通信的质变，移动通信也从“人人互联”转变为“万物互联”。数据驱动的边缘去中心化网络架构也已在5G时代凸显优势。计算和存储等资源下沉至接入网节点，实现了分布式与集中式协作的边云融合网络。网络能力开放、网络虚拟化及软件定义网络是5G网络的发展趋势。5G的物理资源相对于4G进一步扩展，包括天线数量从8根提高到64根以上，利用垂直维度的空域自由度形成水平-垂直的三维MIMO，系统工作频率扩展到频谱资源丰富的毫米波段，带宽扩大至1GHz，调度的时间颗粒度提升至符号级（0.1 ms），承载移动通信的物理资源从“二维平面”走向“多维空间”。

1.2 移动通信的特点

移动通信的传输手段是无线通信，无线通信技术的发展不断推动移动通信的发展。移动体与固定体通信，除依靠无线通信技术外，还依赖于有线通信技术，如公用电话交换网（Public Switched Telephone Network，PSTN）、公用数据网（Public Data Network，PDN）、综合业务数字网（Integrated Services Digital Network，ISDN）。移动通信的主要特点如下。

1. 移动通信利用无线电波进行信息传输

移动通信中，基站和用户终端间必须靠无线电波来传送信息。陆地无线传播环境十分复杂，导致无线电波传播特性较差，传播的一般是直射波和随时间变化的绕射波、反射波、散射波的叠加，造成接收的信号的电场强度起伏不定，最大可相差几十分贝（dB），这种现象称为衰落。另外，移动体不断运动，固定体接收的载波频率随运动速度的不同产生不同的频移（既产生多普勒效应），使接收点的信号场强、幅度、相位随时间、地点而不断地变化，会严重影响通信质量。这样就要求在设计移动通信系统时，必须采取抗衰落措施，以保证通信质量。

2. 移动通信在强干扰环境下工作

在移动通信系统中，除了一些外部干扰，如城市噪声、各种车辆发动机点火噪声、微波炉干扰噪声等，系统自身也会产生各种干扰。主要干扰有互调干扰（Intermodulation Interference）、邻道干扰（Adjacent Channel Interference）及同频干扰（Cochannel Interference）等。因此，无论是在设计系统时还是在组网时，都必须对各种干扰予以充分考虑。

移动通信中的三种干扰

（1）互调干扰

互调干扰是指两个或多个信号作用在通信设备的非线性器件上，产生同有用信号频率相近的组合频率，从而对通信系统构成干扰的现象。产生互调干扰的原因是在接收机中使用“非线性器件”。例如，接收机的混频，当输入回路的选择性不好时，干扰信号就会随有用信号进入混频器，最终形成对有用信号的干扰。

（2）邻道干扰

邻道干扰是指相邻或邻近的信道（或频道）间的干扰，是由一个强信号串扰弱信号造成的。例如，有两个用户与基站的距离差异较大，且这两个用户所占用的信道为相邻或邻近信道，距离基站近的用户信号较强，而距离基站远的用户信号较弱，此时距离基站近的用户就有可能对距离基站远的用户造成干扰。为解决这类问题，移动通信设备中使用了功率控制技术，以调节发射功率。

（3）同频干扰

同频干扰是指相同载波频率信号间的干扰。某些蜂窝式移动通信采用同频复用来规划小区，使系统中相同频率信号间的同频干扰成为其特有的干扰。这种干扰主要与组网方式有关，在设计和规划移动通信网时必须予以充分的重视。

3. 通信容量有限

在移动通信中，频率作为一种资源必须合理安排和分配。由于适于移动通信的频段是有限的，因此，随着用户需求量的增加，只能在有限的频段中采取有效利用频率的措施，如窄带化、缩小频带间隔、频道重复利用和多天线技术等来解决问题。

4. 通信系统复杂

移动台在通信区域内随时运动，需要采取随机选用无线信道、频率和功率控制、地址登记、越区切换及漫游等技术，这就使其信令种类比固定台要复杂得多，在入网和计费方式上也有特殊的要求，所以移动通信系统是比较复杂的。

5. 对移动台的要求高

移动台长期处于不固定位置状态，外界的影响很难预料，如尘土、震动、碰撞、日晒雨淋的影响，这要求移动台具有很强的适应能力。此外，移动台需要性能稳定可靠、携带方便、低功耗，以及耐高、低温等，还要尽量使用户操作方便，适应新业务、新技术，以满足不同人群、不同行业的需求。

1.3 移动通信的工作频段

为了向移动终端传输信息，需要占用一定的无线通信资源。移动通信中的资源主要包括：频谱资源，一般是指信道所占用频段（载波频率，子载波）；时间资源，一般是指用户业务所占用的时段（时隙，符号）；码字资源，用于区分小区信道和用户的码字等；功率资源，系统中一般利用功率控制来动态分配功率；空间资源，一般是指采用多天线技术后，对用户及用户群的位置跟踪及空间分集和复用；地理资源，一般是指覆盖区及小区的划分与接入；存储资源，一般是指空中接口或网络节点与交换机的存储处理能力；计算资源，一般是指网络节点支撑一定运算及处理的能力。

如图1.4所示，不同代移动通信系统所使用的资源种类不同。

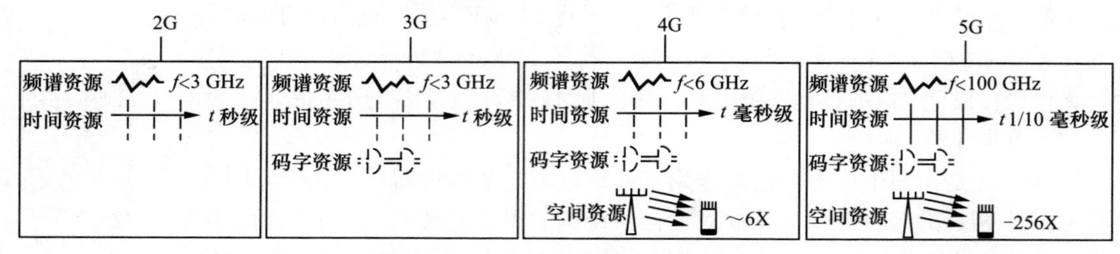

图1.4 移动通信中的资源使用情况

下面仅对频谱资源进行概述，其他资源将在后续章节详细介绍。

人们从频谱规划和管理出发，对无线电频谱按业务进行频段和频率划分，规定某一频段可供某一种或多种地面和空间业务在规定的条件下使用。一方面，适用于移动通信的无线电频谱资源是有限的，随着移动通信的发展，频谱资源从过去的3GHz以下扩展到现在的100GHz以内。另一方面，全球频谱的协调分配对移动通信的发展产生了至关重要的影响，全球一致的频谱分配能够成就低成本、高效率的全球产业链，更好地支持移动通信终端用户的全球漫游，促进移动通信产业的快速发展。考虑到全球漫游是移动通信部署初期的一个重要诉求，频谱的分配需要通过尽量简单的方式达到以下目标：在全球范围内，待分配的频谱优先分配给移动业务使用；所分配的频谱基本一致，如一致的频段划分和一致的双工方式；在全球范围内，所分配的频谱遵从一致的法规框架，例如，为频谱与相近频谱共存或共享而定义的辐射指标一致；在全球范围内，在所分配的频谱上允许使用的技术标准保持一致。

5G时代，在全球范围内将C-band（3.3GHz～4.2GHz、4.4GHz～5.0GHz）频谱分配给IMT使用的国家和地区越来越多，C-band也成为全球5G应用的主力频段。图1.5所示为5G初期全球主要国家和地区3.3GHz～5GHz频谱的分配情况。

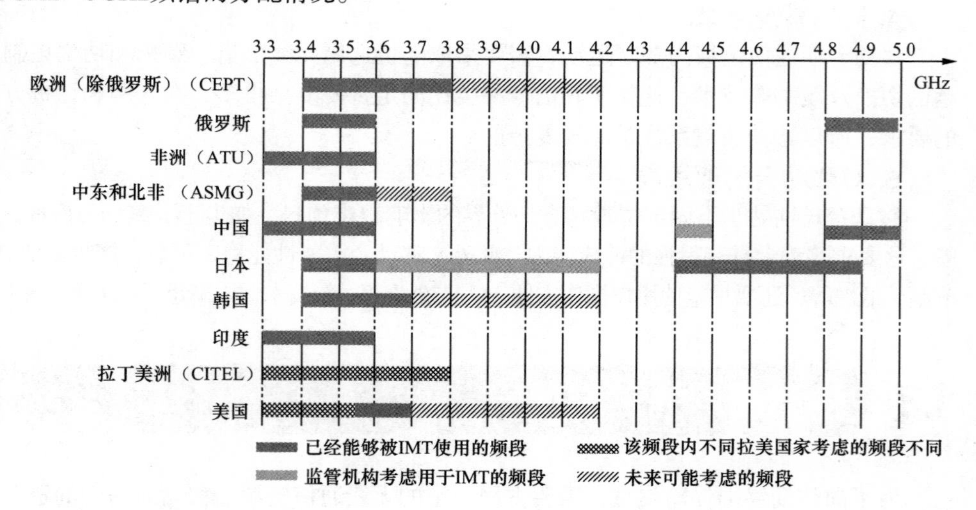

图1.5 5G初期全球主要国家和地区3.3GHz～5GHz频谱的分配情况

随着5G商用部署的不断推进，在C-band外，原来已经部署了LTE系统的3GHz以下的频段也在被陆续分配给新的无线接入技术5G NR（New Radio，新空口）使用。2015年世界无线电通信大会（WRC-15）为IMT在更高频段的发展铺平了道路，确定了24.25GHz～86GHz频谱范围可用于IMT系统部署。3GPP将5G频谱分成FR1和FR2两个频段，两个频段的定义如表1.1所示。

表 1.1　频段定义

频段	频率范围
FR1	410 MHz～7125 MHz
FR2	24.25 GHz～52.6 GHz

1.4 移动通信的工作方式

按照信息传输的状态和资源的使用方法，移动通信的工作方式可分成单工通信、半双工通信和全双工通信。

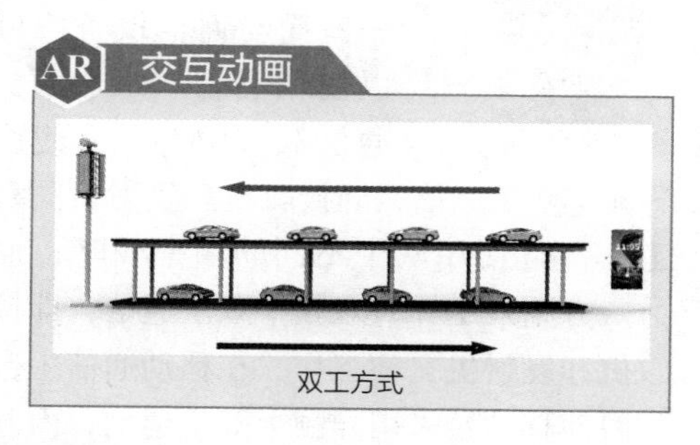

1. 单工通信

单工通信只支持信号在一个方向上传输（正向或反向），任何时候都不能改变信号的传输方向。为保证正确传送数据，接收端要对接收的数据进行校验，若校验出错，则通过监控信道发送请求重发的信号。此种方式适用于数据收集系统，如气象数据的收集、电话费的集中计算等。计算机和打印机间的通信、收音机广播和电视播放等也均为单工通信。

2. 半双工通信

半双工通信允许信号在两个方向上传输，但某一时刻或某一频点只能在一个方向上传输。半双工通信主要分为异时半双工通信和异频半双工通信，其中异时半双工通信实际上是一种可切换方向的单工通信。

（1）异时半双工通信

异时半双工通信如图1.6所示，根据通信双方是否使用相同的频率，又分为异时同频半双工通信和异时双频半双工通信。在异时半双工通信中，通信双方的收发状态可以手动控制，也可以由系统配置。

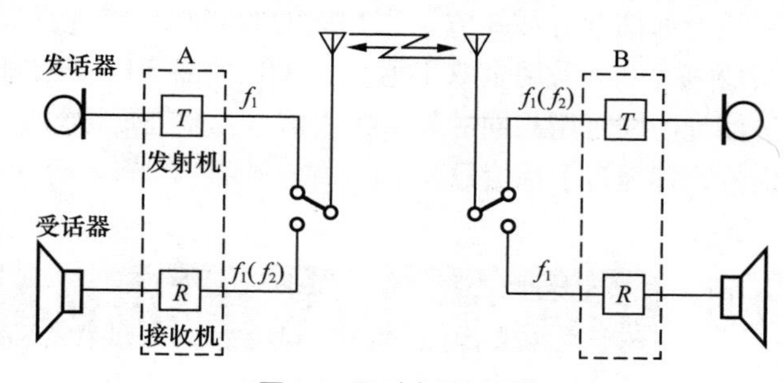

图 1.6　异时半双工通信

在手动控制收发状态的异时半双工通信中，平时双方设备的接收机均处于接听状态。A方需要发话时，先按下“按－讲”开关，关闭接收机，由B方接收；B方发话时也如是，从而实现双向通信。这种工作方式下双方可使用同一副天线，而不需要天线共用器，设备简单，功耗小，但操作不方便。在使用过程中，往往会出现通话断续现象。异时同频半双工通信和异时双频半双工通信的操作与控制方式一样，差异仅仅在于收发频率的异同。异时半双工通信一般适用于专业性强的通信系统，如交通指挥等。

在系统配置的异时同频半双工通信中，A和B的收发状态是由系统配置或调度的，无须用户手动操作，用户的收发状态对用户来说是透明的，这就是移动通信中的时分双工（Time-Division Duplex，TDD）模式。TDD模式中基站向用户传输信息的下行时间与用户向基站传输信息的上行时间不同，但上行与下行采用相同的频率。

子带全双工

（2）异频半双工通信

异频半双工通信一般使用一对频道，以实现频分双工（Frequency-Division Duplex，FDD）模式。此时通信双方的接收机和发射机均同时工作，即任一方讲话时，都可以同时听到对方的语音，像用市内电话通话一样。这种模式虽然耗电量大，但使用方便，因而在移动通信系统中获得了广泛的应用。异频半双工通信如图1.7所示。

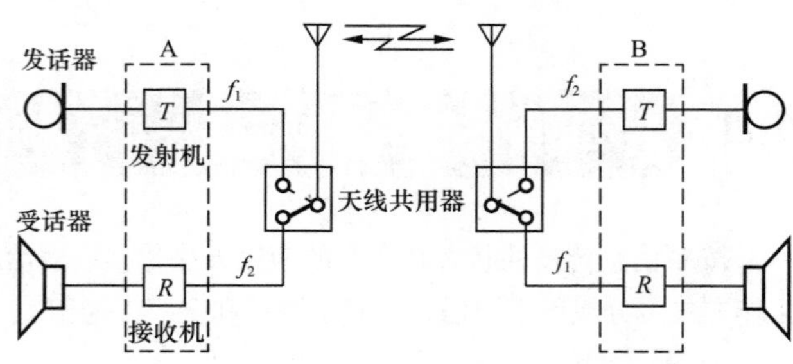

图 1.7　异频半双工通信

（3）混合双工通信

为解决频分双工模式耗电量大的问题，在一些简易通信设备中可以使用混合双工通信。通信双方中有一方使用异频半双工通信，即接收机和发射机同时工作，且使用两个不同的频率f_1和f_2；而另一方则采用异时双频半双工通信，即接收机和发射机交替工作。在移动通信中，一般使移动台采用异频半双工通信，而基站则接收机和发射机同时工作。其优点是设备简单、功耗小，消除了通话断续现象。但混合双工通信操作仍不太方便，所以主要用于专业移动通信系统，如汽车调度系统等。混合双工通信如图1.8所示。

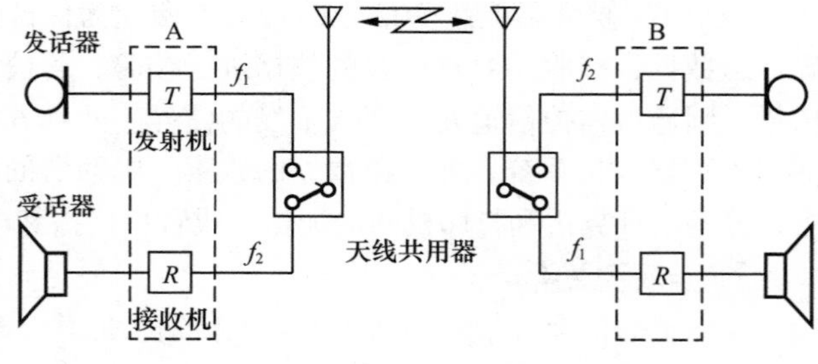

图 1.8　混合双工通信

3. 全双工通信

全双工（Full Duplex，FD）通信也称为同时同频全双工通信，它是指通信双方或一方采用相同的时间和频率进行双向通信。如图1.9所示，A采用全双工通信，B和C则采用半双工通信；A在发送信号的同时用相同的频率接收信号，此外A也会收到由A发送的信号，称为自干扰信号。

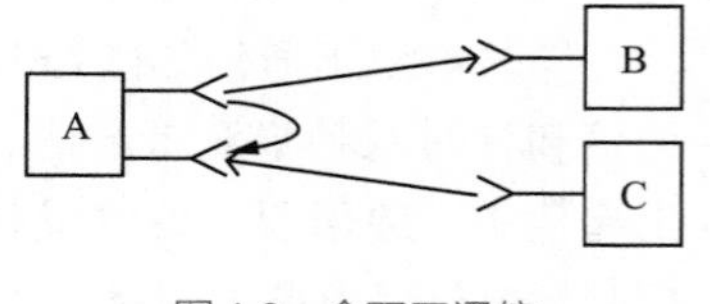

图 1.9　全双工通信

1.5 移动通信的分类及应用系统

1. 移动通信的分类

移动通信按使用对象可分为民用设备通信和军用设备通信；按使用环境可分为陆地通信、海上通信和空中通信；按多址方式可分为频分多址接入（FDMA）通信、时分多址接入（TDMA）通信和码分多址接入（CDMA）通信等；按覆盖范围可分为城域网通信和局域网通信；按业务类型可分为电话网通信、数据网通信和综合业务网通信；按工作方式可分为单工通信、半双工通信和全双工通信等；按服务范围可分为专用网通信和公用网通信；按信号形式可分为模拟通信和数字通信。

2. 移动通信的应用系统

移动通信有以下多种应用系统。

（1）蜂窝式公用移动通信系统

蜂窝式公用移动通信系统适用于全双工通信、大容量公用陆地移动通信网，可与公用电话网连接，实现移动用户与本地电话网用户、长途电话网用户与国际电话网用户的通话接续；也可与互联网连接，实现各种移动互联网业务。

（2）集群调度移动通信系统

集群调度移动通信系统属于调度系统的专用通信网。这种系统一般由控制中心、总调度台、分调度台、基站及移动台组成，可为特定场所、特定领域提供服务。

（3）无绳电话系统

无绳电话最初是应有线电话用户的需求而诞生的，初期主要应用于家庭。无绳电话系统十分简单，包括一个与有线电话用户线相连接的基站和可随身携带的手机，基站与手机之间利用无线电沟通。

（4）无线电寻呼系统

无线电寻呼系统是一种单向通信系统，既可公用也可专用，仅规模大小有差异。专用无线电寻呼系统由用户交换机、寻呼控制中心、寻呼发射台及寻呼接收机组成。公用无线电寻呼系统由与公用电话网连接的寻呼控制中心、寻呼发射台及寻呼接收机组成。

（5）卫星移动通信系统

卫星移动通信系统利用卫星中继，在海上、空中和地形复杂而人口稀疏的地区实现移动通信，具有独特的优越性。例如，铱（Iridium）星系统，它采用6轨道66颗星的星状星座，卫星高度约780km；全球星（Globalstar）系统，它采用8轨道48颗星的莱克尔星座，卫星高度约1400km；国际海事卫星组织推出的Inmarsat-P系统，实施全球卫星移动电话网计划，采用12颗星的中轨星座组成全球网。这些系统主要为地面移动通信提供服务，不能为未覆盖的海洋、天空广域网，以及人烟稀少的边远山区、沙漠地带提供服务。另外，美国星链（Starlink）低轨互联网通信卫星的发展也受到普遍关注。

（6）无线局域网/广域网

无线局域网/广域网是移动通信的重要领域。IEEE 802.11、802.11a、802.11b及802.11g等标准相继出台，为无线局域网提供了完整的解决方案和标准。随着需求的增长和技术发展，无线局域网的应用越来越广，它不再仅仅作为有线网络的补充和扩展，已经成为计算机网络的一个重要组成部分。现在，移动通信智能终端通常支持以无线局域网（Wireless Local Area Network，WLAN）方式接入互联网。

本书主要讨论蜂窝式公用移动通信系统。有关其他系统，读者可参考相关文献资料。

1.6 移动通信的发展趋势

可以预见，2030年的人类社会将基于物理世界与数字世界的深度融合，移动互联网升级为全真全感互联网，数字经济成为核心舞台，工具效率和决策效率都得到极大提升，绿色增长和网络安全成为基石。

1. 万兆之路构筑虚拟与现实的“桥梁”

5G服务普及给用户体验带来了跨代升级，360°自由视角视频已经逐步应用在直播等领域，为AR/VR等新应用带来不亚于现实世界的拟真体验。虚拟体验正在跨越与现实的界限，走向沉浸式实时交互。未来网络可以通过两项关键技术实现万兆低时延，满足用户随时随地身临其境的交互需求：一是灵活的双工技术，二是业务QoS（Quality of Service，服务质量）保障。

2. 一张网络融合全场景千亿物联

人的连接不断丰富我们的生活，物的连接则将重组数字社会。展望2030年，移动网络将承载更多样、更复杂的全场景千亿物联。移动物联的能力持续扩展，通过一张网络覆盖千行百业的各种场景。随着无线物联逐步在医疗、钢铁、制造等行业的全流程中应用，上行和确定性时延成为物联的关键能力。因此，我们需要构建以上行为核心的网络，实现xGbit/s的上行能力，满足机器视觉等制造场景的需求；同时，在生产过程控制、机器协作中，通过构建低时延、高可靠的网络，为工业控制系统等提供确定性。

3. 星地融合拓展全域立体网络

通过星地融合拓展全域立体网络，可以实现全球范围100%地理覆盖，进一步消除数字鸿沟，同时可以实现对近地空间的立体覆盖，满足未来无人机、飞机等飞行器的通信和控制需求。卫星通信与移动网络的融合，可以帮助卫星通信引入先进移动网络技术，有效解决卫星通信面临的容量、工程部署、移动性等问题。更重要的是，卫星通信还可以借助移动通信的万亿产业规模，通过产业链共享来加速产业繁荣。

4. 通感一体塑造全真全感互联

通信与感知融合，将带来超越传统移动网络的应用可能性。利用无线通信信号提供实时感知功能，获取环境的实际信息，并利用先进的算法、边缘计算和人工智能（Artificial Intelligence，AI）来生成超高分辨率的图像，完成现实世界的数字化重建，我们就可以和虚拟世界融合，获得更加真实的体验。

5. 把智能带入每个行业、每个连接

无线网络中最复杂的是空中接口（简称空口），2030年将实现空口智能内生。通过智能重构空口算法，包括使用神经模型重构空口算法，我们可以获得更灵活的信道、频谱、码字调度方式，从而将移动通信网的性能和能效再提升50%，逼近理论极限。

6. 全链路、全周期原生绿色网络

未来十年，对于移动网络产业来说，为了满足大众随时随地获得良好网络体验的诉求，为了万物互联和支撑社会的数字化转型，网络流量仍有百倍的增长需求。在全球各行业绿色化的背景下，为了避免移动网络的功耗随着流量线性增长，我们需要的是全链路、全周期的原生绿色网络，以实现比特能效百倍提升。

7. Sub100GHz全频段灵活使用

随着超高清视频、扩展现实（eXtended Reality，XR）业务的普及，全息全感技术成熟，每月每用户平均数据流量快速增长，预计到2030年数据可能将达到600GB。同时全球50%以上的流量将由移动网络承载，20%的家庭宽带接入由无线宽带接入承载。Sub10GHz（10GHz以下）频谱资源极为宝贵，为了最大化发挥黄金频谱价值，需要通过多频段组合实现广域覆盖连片组网。随着流量的增长，2025年左右高容量站点需要借助毫米波基站进行扩容，毫米波基站逐步开始有规模部署诉求，Sub10GHz和毫米波频谱需要建成一张连片覆盖的移动网络。同时，未来运营商面临Sub10GHz不同频段组合、离散的频谱资源使用等问题，需要重构多频的使用方式，最大化频谱价值。

8. 广义多天线极大降低比特成本

未来十年，移动网络的发展存在着很多未知数，但移动网络所承载的流量将会呈几何级增长是非常确定的。为了构建可持续发展的无线网络，比特成本的持续降低成为移动通信产业健康发展的刚需，从2G到4G，再到5G，编码技术的创新帮助移动通信的性能不断达到新高度，随之而来的是香农定律也逐渐走向极限。5G时代，多天线技术的普及扩展了香农定律极限，极大地降低了比特成本。面向2030年，为了实现比特成本进一步降低，我们必须寻求无线通信基础理论的突破，挖掘无线通信的新维度、新空间。

9. 安全将成为数字化未来的基石

面向未来，网络安全需要达成一体化防护能力、一键式威胁处置、一站式安全服务的目标。未来，我们无法继续通过叠加、外挂安全设备的方式覆盖所有风险点，需要无线通信系统内生安全能力，安全架构和系统架构共生融合，纵深打造韧性系统，从全局视角构建一个可视、可管、可控的安全无线系统，才能高效地保障用户网络安全运行。此外，面向2030年，AI和量子计算等新技术也带来了新的安全风险和机遇。

10. 移动计算网络环境下的云-管-端深度协同

2025年，XR业务进一步提升交互式体验，行业数字化推进到工业OT（Operational Technology，运营技术）现场网领域。这一阶段的云网协同需要网络方与计算方通过应用程序接口（如QoS、位置、视频压缩、业务开通）实现实时能力协同。而面向2030年的触觉互联网、元宇宙（Metaverse）、高速移动车联网，新数字化平台难以用单一业务模型抽象，需要网络方与计算方无缝、无间断、实时按需地提供高质量业务，移动计算网络（Mobile Computing Network，MCN）应运而生。

习题

1.1　简述移动通信的特点。

1.2　移动台主要受哪些干扰？哪种干扰是蜂窝式移动通信系统所特有的？

1.3　移动通信所涉及的资源有哪些？

1.4　简述蜂窝式移动通信的发展历史，说明各代移动通信系统的特点。

1.5　移动通信的工作方式主要有几种？蜂窝式移动通信系统采用哪种工作方式？

1.6　简述移动通信网的发展趋势。

第 2 章

无线电波传播与信道模型

本章主要介绍移动通信中无线电波传播与信道模型的基本概念和原理。首先介绍无线电波传播的基本特性、信道研究；其次阐述实际环境中的传播机制和移动环境下的多普效应；然后给出衰落信道模型，包括大尺度衰落和多径衰落，进而对多径信道进行深入分析；最后给出SISO瑞利衰落信道和MIMO信道的仿真、实测与校正的方法。

2.1 无线电波传播与信道概述

2.1.1 无线电波传播的特性及信道模型

1. 无线电波传播的特性

移动通信的首要问题是研究无线电波传播的特性，其对移动通信中无线传输技术的研发和移动通信的系统设计具有重要意义。

移动信道的基本特性是衰落特性，该特性取决于无线电波的传播环境，不同传播环境的传播特性也不尽相同。传播环境的复杂导致移动信道特性十分复杂。传播环境主要包括地貌、人工建筑、气候特征、电磁干扰情况、通信体移动速度和使用的频段等。无线电波在不同的环境下表现出几种主要的传播方式：直射、反射、绕射、散射，以及它们的合成。图2.1所示为一种典型的信号传播环境。

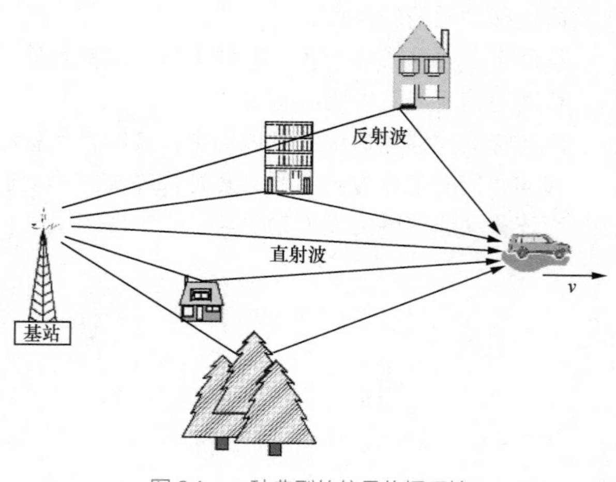

图 2.1 一种典型的信号传播环境

移动信道是一种时变信道。无线电波通过这种信道时所表现出的衰落一般有以下几种：①随传播距离变化，信号能量扩散并被介质吸收，出现损耗，即路径损耗；②传播环境中地形起伏、建筑物及其他障碍物对电磁波的遮蔽，使得接收信号的平均功率（或者信号中值）在一个比较大的空间（或时间）区间内发生波动或衰落，即阴影衰落；③无线电波在传播路径上受环境作用产生反射、绕射和散射，到达接收机的是从多条路径传来的多个信号的叠加，这种多径传播使信号的幅度、相位和到达时间随机变化，导致严重的衰落，即多径衰落。

另外，移动信道的时变性还表现在移动台在无线电波传播方向上的运动使信号产生多普勒（Doppler）效应，导致信号在频域上发生扩展，进而改变信号电平的变化率。这就是多普勒频移，它会使信号产生附加的调频噪声，出现失真。

2. 无线电波传播的信道模型

人们研究无线信道时，常将无线信道分为大尺度（Large-Scale）衰落信道模型和小尺度（Small-Scale）衰落信道模型。大尺度衰落信道模型主要用于描述接收机和发射机间长距离（几百米或几千米）上信号强度的变化，包括路径损耗和阴影衰落。小尺度衰落信道模型用于描述短距离（几个波长）或短时间（秒级）内信号强度的快速变化，主要由多径传播和多普勒频移引起。

如图2.2所示（该图中d为传播距离），这两种衰落并不是独立存在的，在同一个无线信道中既存在大尺度衰落，也存在小尺度衰落。因此，无线信道随时间变化的衰落特性可以描述为

$$g(t) = m(t) \times h(t) \tag{2.1}$$

式（2.1）中，$g(t)$表示信道衰落系数，$m(t)$表示大尺度衰落，$h(t)$表示小尺度衰落。

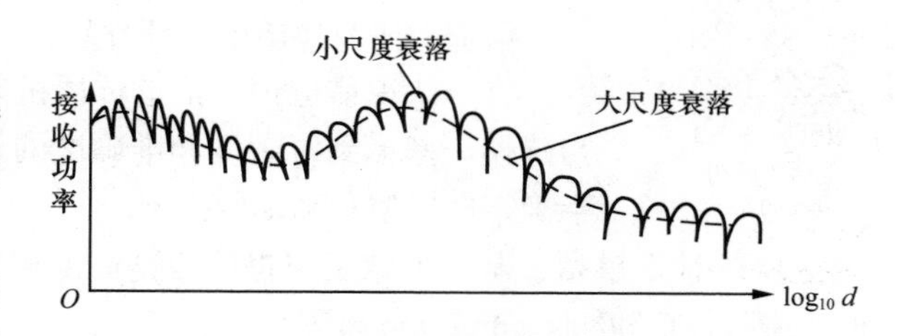

图 2.2　无线信道中的大尺度衰落和小尺度衰落

另外，根据发送信号与信道的变化特性，无线信道的衰落又可分为长期慢衰落和短期快衰落。

一般而言，“大尺度”是指接收信号功率在一定时间内的均值随传播距离和环境变化而呈现缓慢变化，大尺度衰落具有对数正态分布的特征；从无线系统工程的角度看，大尺度衰落主要影响无线小区覆盖。“小尺度”是指接收信号短时间内快速波动，小尺度衰落是因移动台运动和地点变化而产生的，其中多径传播产生时间扩散，引起信号的符号间干扰（Inter-Symbol Interference，ISI），运动产生多普勒效应，引起信号随机调频；小尺度衰落严重影响信号的传输质量，只能采用抗衰落技术来减少其影响。

2.1.2　无线信道的研究

移动通信的信道是指基站天线和移动用户天线间的传播路径。移动通信的信道传播环境十分恶劣和复杂，因此，研究和设计移动通信系统，必须了解移动通信环境下的无线信道传播。

1. 研究无线信道主要考虑的问题

（1）在某个特定频段和某种特定环境中，无线电波传播和接收信号衰落的物理机制是什么？

（2）在无线信道中，信号功率的路径损耗是多少？（很好地了解路径损耗对移动通信中的无线小区覆盖设计及网络规划具有实际意义）

（3）接收信号的幅度、相位、多径分量到达时间和功率分布是如何变化的？其概率密度的统

计规律是怎样的?（了解这些变化和分布特性，有助于研究相应的抗衰落技术）

2. 研究移动信道的基本方法

（1）理论分析：用电磁场理论分析无线电波在移动环境中的传播特性，并用数学模型来描述移动信道。理论分析通常采用所谓射线跟踪法，即用射线表示电磁波束的传播，在确定收发天线位置及周围建筑等环境特性后，根据反射、绕射和散射等波动现象直接寻找出可能的主要传播路线，并计算出路径损耗及其他反映信道特性的参数。在理论分析中，往往要忽略次要因素，突出主要因素，以建立简化的信道模型，简化计算。

（2）现场测试：在不同的传播环境中做无线电波实测，然后用计算机对大量的实测数据进行统计分析，寻找出反映传播特性的各种参数的统计分布，再根据数据的分析结果，建立信道的统计模型来进行传播预测。在研究中，统计数据通常用以建立信道的冲激响应模型，所以此方法也称为冲激响应法。

理论分析方法应用电磁波传播理论来建立预测模型，因而更具有普遍意义；其预测模型的预测准确度取决于对预测区域内传播环境描述的详细程度。现场测试方法通过对大量实测数据的统计分析来建立预测模型；其预测模型的预测准确度较高，但对环境的依赖较大，对测试设备的要求很高，同时测试工作量较大。需要说明的是，理论分析方法和现场测试方法不是对立的，而是相互联系，互为补充的。理论分析预测模型的正确性常用现场测试数据来证实；现场测试和实测数据的统计分析要在电磁波传播理论的指导下进行。

信道发展的驱动力

3. 信道研究的发展

信道的研究经历了3个阶段：认识信道、利用信道、改造信道。

（1）认识信道：对信道传播机制进行研究，并依据实测数据进行统计分析与建模。考虑到复杂度和准确度的折中，通常将信道模型分类为统计性模型、半确定性模型和确定性模型。

① 统计性模型：基于大数定理将信道特性范化成随机分布，如描述不可分辨多径的瑞利分布、莱斯分布和Nakagami-*m*分布等。

② 半确定性模型：基于统计性模型和确定性模型进行建模，主要用于算法或系统架构的“标准通用”性能评估等。

③ 确定性模型：具备与具体环境严格对齐的信道特性，主要用于算法或系统架构的“站点级”性能评估等。

（2）利用信道：针对信道的传播机制和特性，进行发送端和接收端波形及算法的设计，以适应或克服信道对信号传播的影响，提高系统的有效性和可靠性。例如，在建立预测模型后，根据给定的频率、传播距离、发射机和接收机天线高度、环境特性参数，预测出无线电波传播的路径损耗，用于移动通信的无线网络规划设计。该阶段研究者致力于进行无线传输系统的仿真试验，进行调制解调技术、各种抗衰落技术及网络性能的研究和开发。

（3）改造信道：通过对信道特性的深入研究，应用先进的技术和策略，在一定程度上对信道进行优化。交织技术与可重构智能表面（Reconfigurable Intelligent Surfaces，RIS）是两种典型的改造信道技术。

交织技术是一种将等效突发错误或连续错误信道改造为离散随机错误信道的技术，同时具有利用信道和改造信道的特点，后面章节将具体讨论。

RIS是一种用于设计无线网络和无线传输模式的新兴范式。RIS可以形成智能无线环境（也叫“智能无线信道”），这意味着我们可以控制环境中的无线电波传播特性，创建出个性化的通信信道。在图2.3所示的一体化RIS无线传输场景中，多个基站间建立了一张RIS网络，形成了大规模智能无线信道，以便为多个用户提供服务。如果环境不可控，无线系统架构和传输模式只能根据物理信道的统计特性或接收机反馈给发射机的信息进行优化；如果环境可控，RIS会先感知环境数据，然后反馈给系统，根据这些反馈数据，系统就能通过智能无线信道方式对发送端、信道和接收端的传输模式和RIS参数进行优化。

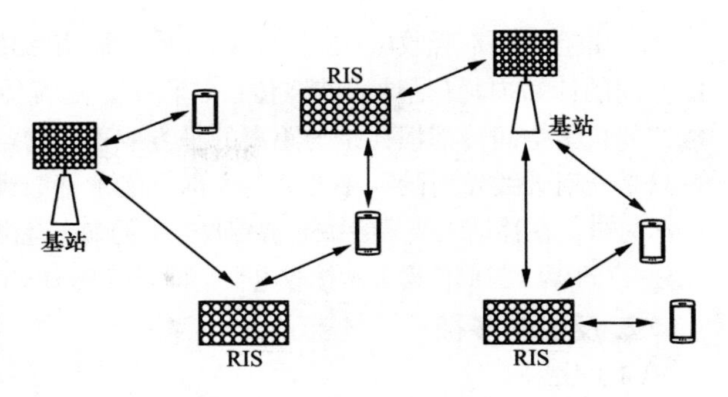

图 2.3　一体化 RIS 无线传输场景

2.2 无线电波传播

本节首先介绍无线电波在实际环境中传播的基本机制，然后讲解接收机或发射机运动时无线电波传播的多普勒效应。

2.2.1　无线电波传播基本机制

一般认为，移动通信系统中无线电波传播的基本机制为直射、反射、绕射和散射。

1. 直射

直射是指接收机和发射机间没有障碍物，无线电波可沿着接收机和发射机间的视距路径（Line of Sight，LoS）传播，到达接收机。下面先以自由空间条件说明理想的直射传播，再结合具体环境说明实际的直射传播。

自由空间是指理想的、均匀的、各向同性的介质，无线电波在其中传播不发生反射、折射、绕射、散射和吸收现象，只存在电磁波能量扩散而引起的传播损耗。在自由空间中，设发射机处的发射功率为 P_T，以球面波辐射；设接收机的接收天线面积为 $A_R = \lambda^2 G_R/(4\pi)$，则接收天线的功率 P_R 为

$$P_R = \frac{A_R}{4\pi d^2} P_T G_T = \left(\frac{\lambda}{4\pi d}\right)^2 P_T G_T G_R \tag{2.2}$$

式（2.2）中，λ 为工作波长，G_T 和 G_R $(G_R = 4\pi A_R/\lambda^2)$ 分别表示发射天线增益和接收天线增益，d 为收发天线间的距离。

自由空间的传播损耗 L 定义为

$$L = \frac{P_T}{P_R} \overset{G_T=G_R=1}{=} \left(\frac{4\pi d}{\lambda}\right)^2 \tag{2.3}$$

若以分贝表示，则有

$$[L] = 32.45 + 20\log_{10} f + 20\log_{10} d \tag{2.4}$$

式（2.4）中，f（MHz）是工作频率，d（km）是收发天线间距离。

自由空间是不吸收电磁波能量的介质，而实际传播环境势必造成能量的吸收损耗。实质上自由空间的传播损耗L是球面波在传播过程中，随着传播距离的增大出现的球面波扩散损耗。无线电波的自由空间传播损耗是与距离的平方成正比的。实际传播环境中，接收天线所捕获的信号能量只是发射天线发射的一小部分，大部分能量都散失掉了，而且传播过程中存在能量的吸收。

另外，在移动无线系统中通常接收电平的动态范围很大，因此常用毫瓦分贝（dBW或dBm）或每瓦分贝（dBW）为单位来表示接收电平，即$P_{\mathrm{R}}(\mathrm{dBm}) = 10\log_{10} P_{\mathrm{R}}(\mathrm{mW})$，$P_{\mathrm{R}}(\mathrm{dBW}) = 10\log_{10} P_{\mathrm{R}}(\mathrm{W})$。

2. 反射与多径

（1）反射

反射发生于地球表面、建筑物表面，电磁波遇到比其波长大得多的物体时就会发生反射。反射是产生多径衰落的主要因素。电磁波的反射发生在不同界面上，这些反射界面可能是规则的，也可能是不规则的；可能是平滑的，也可能是粗糙的。为了简化分析，我们考虑反射界面是平滑的，即所谓理想介质表面。如图2.4所示，如果电磁波遇到理想介质表面，则能量都将反射回来。

入射波幅度与反射波幅度的比值称为反射系数（R）。反射系数与入射角θ、电磁波的极化方式和介质的特性有关。反射系数可表示为

$$R = \frac{\sin\theta - z}{\sin\theta + z} \tag{2.5}$$

式（2.5）中，垂直极化时$z = \sqrt{\varepsilon_0 - \cos^2\theta}/\varepsilon_0$，水平极化时$z = \sqrt{\varepsilon_0 - \cos^2\theta}$，而$\varepsilon_0 = \varepsilon - \mathrm{j}60\sigma\lambda$，$\varepsilon$为介电常数，$\sigma$为电导率，$\lambda$为波长。对于地面反射，当工作频率高于150MHz（$\lambda < 2\mathrm{m}$）时，$\theta < 1°$，可以算出垂直极化和水平极化反射系数为$R_{\mathrm{V}} = R_{\mathrm{H}} = -1$。

所谓极化是指电磁波在传播过程中，其电场向量方向和幅度随时间变化的状态。电磁波的极化形式可分为线极化、圆极化和椭圆极化。如图2.5所示，相对于地面而言，线极化存在两种特殊情况：电场方向垂直于地面的垂直极化和电场方向平行于地面的水平极化。

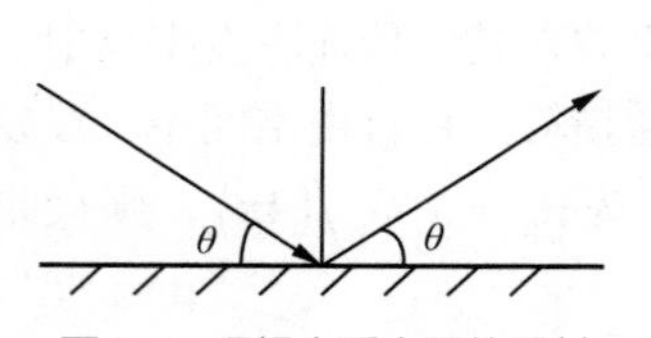

图 2.4 理想介质表面的反射

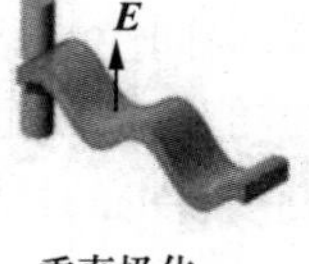

垂直极化

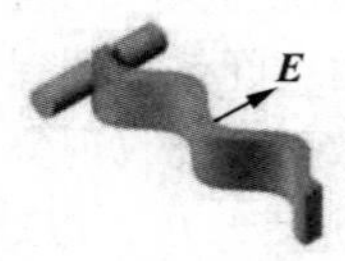

水平极化

图 2.5 垂直极化和水平极化

接收天线只有极化形式同被接收的电磁波极化形式一致时，才能有效地接收信号，否则接收信号质量变差，甚至完全收不到信号，这种现象称为极化失配。例如，线极化天线可以接收圆极化波，但仅能收到两分量中的一个；圆极化天线可以有效接收与之旋转方向相同的圆极化波或椭圆极化波，若旋转方向不一致则几乎不能接收。

（2）多径传播模型

H5

两径衰落信道

由于众多反射波的存在，因此接收信号是大量多径信号的叠加。我们首先考虑简单的两径传播情况，然后研究多径的问题。

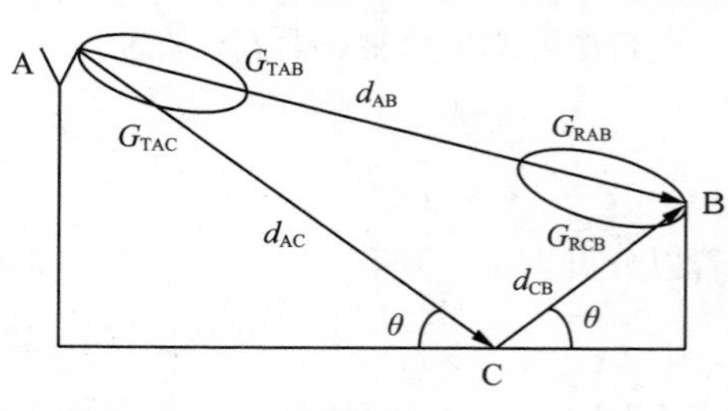

图 2.6 两径传播模型

图2.6所示为有一条直射波路径和一

条反射波路径的两径传播模型。A表示发射天线（点），B表示接收天线（点），AB表示直射波路径，ACB表示反射波路径。在接收天线B处的接收信号功率可表示为

$$\begin{aligned}P_{\rm R} &= P_{\rm T}\left[\frac{\lambda}{4\pi}\right]^2\left|\frac{\sqrt{G_{\rm AB}}}{d_{\rm AB}}+\frac{\sqrt{G_{\rm ACB}}}{d_{\rm AC}d_{\rm CB}}R{\rm e}^{{\rm j}\Delta\Phi}+(1-R)C{\rm e}^{{\rm j}\Delta\Phi}+\cdots\right|^2 \\ &\approx P_{\rm T}\left[\frac{\lambda}{4\pi}\right]^2\left|\frac{\sqrt{G_{\rm AB}}}{d_{\rm AB}}+\frac{\sqrt{G_{\rm ACB}}}{d_{\rm AC}d_{\rm CB}}R{\rm e}^{{\rm j}\Delta\Phi}\right|^2\end{aligned} \tag{2.6}$$

式（2.6）中，绝对值号内的第一项代表直射波，第二项代表地面反射波，第三项代表地表面波，省略号代表感应场和地面二次效应；在多数场合，地表面波的影响可以忽略。$P_{\rm R}$和$P_{\rm T}$分别为接收功率和发射功率；$G_{\rm AB}(G_{\rm AB}=G_{\rm TAB}G_{\rm RAB})$和$G_{\rm ACB}(G_{\rm ACB}=G_{\rm TAC}G_{\rm RCB})$分别为直射波路径和反射波路径的天线增益；$R$为地面反射系数，可由式（2.5）求出；$d_{\rm AB}$为收发天线距离；$\lambda$是波长；$\Delta\Phi$是两条路径的相位差，即

$$\Delta\Phi=\frac{2\pi\times\Delta l}{\lambda},\quad \Delta l=(d_{\rm AC}+d_{\rm CB})-d_{\rm AB} \tag{2.7}$$

当考虑L个路径时，式（2.6）可以推广为

$$P_{\rm R}=P_{\rm T}\left[\frac{\lambda}{4\pi}\right]^2\left|\frac{\sqrt{G_{\rm AB}}}{d_{\rm AB}}+\sum_{l=1}^{L}\frac{\sqrt{G_l}}{d_{{\rm A}l}d_{l{\rm B}}}R_l\,{\rm e}^{{\rm j}\Delta\Phi_l}\right|^2 \tag{2.8}$$

其中，$d_{{\rm A}l}$和$d_{l{\rm B}}$分别为A和B到第l个反射点的距离。

当多径数目很大时，无法用式（2.8）准确计算出接收信号的功率，必须用统计的方法计算接收信号的功率。

3. 绕射

当接收机和发射机间的无线路径被尖利的边缘阻挡时会发生绕射。由阻挡表面产生的二次波分布于整个空间，甚至绕射于阻挡体的背面。接收机和发射机间不存在视距路径（LoS）称为非视距路径（None-Line of Sight，NLoS）情况（移动台和基站天线互相不可见），围绕阻挡体会产生波的弯曲。

惠更斯-菲涅尔原理

（1）惠更斯-菲涅尔原理

绕射现象可由惠更斯-菲涅尔原理（Huygens-Fresnel Principle）解释，即波在传播过程中，波前（波阵面）上的每一点都可作为产生次级波的点源，这些次级波组合起来形成传播方向上新的波前（波阵面）。绕射由次级波的传播进入阴影区而形成，阴影区绕射波场强为围绕阻挡体所有次级波的向量和。

图2.7是对惠更斯-菲涅尔原理的说明。在P_1点处的次级波前中，只有传播方向满足图2.7中夹角θ（即$\angle TP_1R$）的次级波前能到达接收点R。在P点$\theta=180°$，对于波前上的任一点，角度θ取值范围为$0°\sim180°$。θ的变化决定了到达接收点辐射能量的大小，显然P_2点的次级波对接收R处接收信号电平的

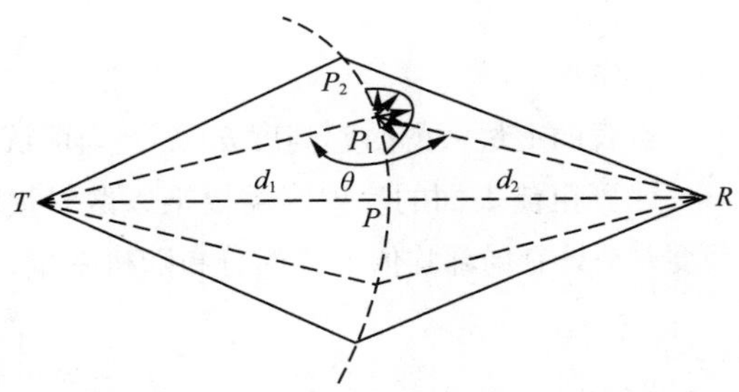

图 2.7　惠更斯 - 菲涅尔原理说明

贡献小于点 P_1。

（2）菲涅尔区

若经由点 P_1 的间接路径比经由点P的直接路径 d 长 $\lambda/2$，则这两个信号到达接收点R后，由于相位相差 180° 而相互抵消。如果间接路径长度再增加半个波长，则通过这条间接路径到达接收点的信号与直接路径信号（经由点P）是同相叠加的。如果间接路径长度继续增加，经这条路径到达接收点的信号就会在接收点R与直接路径信号交替抵消和叠加。

上述现象可用菲涅尔区来解释。如图2.8所示，菲涅尔区表示接收点和发送点之间次级波路径长度比直接路径长度大 $n\lambda/2$ 的连续区域。经过推导可得第n菲涅尔区同心圆半径为

$$r_n = \sqrt{\frac{n\lambda d_1 d_2}{d_1 + d_2}} \tag{2.9}$$

当 $n=1$ 时，就得到第1菲涅尔区半径。通常认为，在接收点处第1菲涅尔区的场强是全部场强的一半。

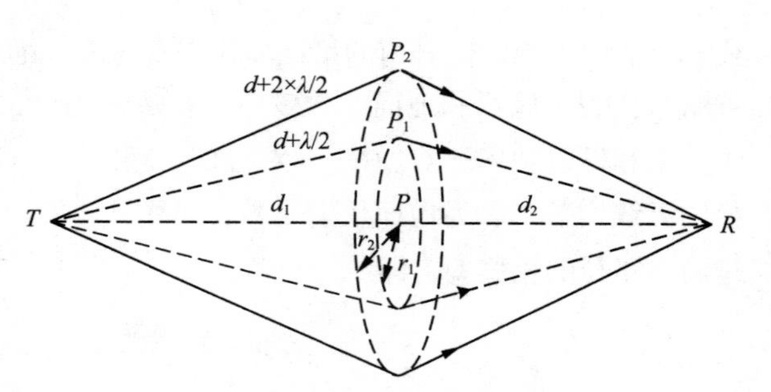

图 2.8 菲涅尔区无线路径的横截面

（3）基尔霍夫公式

基于上述概念，可以利用基尔霍夫（Kirchhoff）公式求出从波前点到空间任何一点的场强，即

$$E_{\mathrm{R}} = \frac{-1}{4\pi}\int_s \left[E_s \frac{\partial}{\partial n}\left(\frac{\mathrm{e}^{-\mathrm{j}kr}}{r}\right) - \frac{\mathrm{e}^{-\mathrm{j}kr}}{r}\frac{\partial E_s}{\partial n} \right] \mathrm{d}s \tag{2.10}$$

式（2.10）中，E_s 是波面场强，$\partial E_s/\partial n$ 是与波面正交的场强导数，波数 $k=2\pi/\lambda$，r 是波面到接收点的距离。

在实际计算绕射损耗时，很难给出精确的结果。为了计算方便，常利用一些典型的绕射模型，如刃形绕射模型和多重刃形绕射模型等。

4. 散射

散射波产生于粗糙表面、小物体或其他不规则物体。在实际的移动通信系统中，当无线电波遇到粗糙表面时，反射能量由于散射而散布于所有方向。树叶、标志牌和灯柱等都会引发散射。

分析反射一般采用平滑的表面，而散射发生的表面常是粗糙不平的。给定入射角 θ_{i} 和入射波的波长 λ，则可以得到表面平整度的参数为

$$h_{\mathrm{c}} = \frac{\lambda}{8\sin\theta_{\mathrm{i}}} \tag{2.11}$$

若表面上最大的凸起高度 $h<h_{\mathrm{c}}$，则可认为该表面是光滑的；反之，认为该表面是粗糙的。

计算粗糙表面的反射时需要乘以散射损耗系数 ρ_{s}，以表示减弱的反射场。有文献提出凸起高度 h 是具有局部均值的高斯分布随机变量，假设 σ_h 为凸起高度的标准差，此时有

$$\rho_{\mathrm{s}} = \exp\left[-8\left(\frac{\pi\sigma_h \sin\theta_{\mathrm{i}}}{\lambda}\right)^2\right] \tag{2.12}$$

学者波提亚斯（Boithias）对式（2.12）进行了修正，得到

$$\rho_s = \exp\left[-8\left(\frac{\pi\sigma_h \sin\theta_i}{\lambda}\right)^2\right] I_0\left[8\left(\frac{\pi\sigma_h \sin\theta_i}{\lambda}\right)^2\right] \tag{2.13}$$

式（2.13）中，$I_0(\cdot)$是0阶第一类贝塞尔函数。

因此，当$h>h_c$时，可以用粗糙表面的修正反射系数表示反射场强：

$$\Gamma_{\text{rough}} = \rho_s \Gamma \tag{2.14}$$

2.2.2　多普勒频移

如图2.9所示，当移动台在x轴上以速度v移动时会引起多普勒频移。此时，多普勒效应引起的多普勒频移可表示为

$$f_d = \frac{v}{\lambda}\cos\theta \leqslant f_m \tag{2.15}$$

式（2.15）中，v是移动速度，λ是波长，θ是无线电波入射方向与移动台移动方向的夹角，$f_m = v/\lambda$是最大多普勒频移。

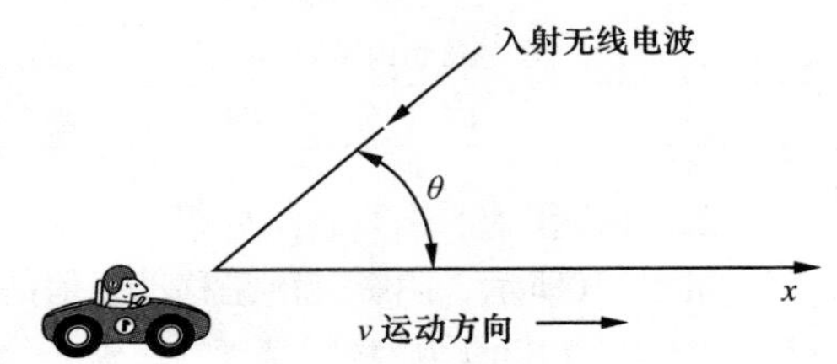

图 2.9　多普勒频移示意图

由式（2.15）可知，多普勒频移与移动台运动的方向和速度有关。若移动台朝波源靠近，则多普勒频移为正（接收信号频率上升）；反之，则多普勒频移为负（接收信号频率下降）。信号经过不同方向传播，其多径分量造成接收机信号的多普勒扩散，因而增加了信号的带宽。

2.3　衰落信道模型

基于前述讨论，衰落信道模型由大尺度衰落信道模型和小尺度衰落信道模型共同组成，本节将分别进行讨论。我们对大尺度衰落信道模型主要研究其信号功率的衰落值L，该值与前述大尺度衰落$m(t)$间关系为$L = m^2(t)$，若以分贝表示，则$L = 10\log_{10} m^2(t)$。

2.3.1　大尺度衰落信道模型

1. 对数距离路径损耗模型

对数距离路径损耗模型是一个能够反映无线电波传播主要特性的简单模型。对于实际信道来说，这个模型只是一种近似。若想要更精确的模型，可采用复杂的解析模型或者通过实测来建立模型。不过，在一般系统设计中经常采用对数距离路径损耗模型，即以分贝表示的衰落值为

$$L(d) = L(d_0) + 10n\log_{10}\left(\frac{d}{d_0}\right) \tag{2.16}$$

其中，d_0是一个参考距离，可根据蜂窝小区的大小确定，例如，在半径大于10km的蜂窝小区中，d_0可设置为1km；在半径为1km的蜂窝小区或微蜂窝小区中，d_0可设置为100m或1m。在距

发射天线接近参考距离的位置，路径损耗具有自由空间传播损耗的特点。d是发射天线和接收天线间的距离。n是路径损耗指数，主要取决于传播环境，其变化范围为2～6。表2.1给出了不同环境下的路径损耗指数。

表 2.1　不同环境下的路径损耗指数

环境	路径损耗指数 n
自由空间	2
市区蜂窝	2.7～3.5
市区蜂窝阴影	3～5
建筑物内视距路径	1.6～1.8
建筑物内障碍物阻挡	4～6
工厂内障碍物阻挡	2～3

2. 对数正态阴影衰落模型

如图2.10所示，阴影衰落是移动通信信道环境中的地形起伏、建筑物及其他障碍物阻挡无线电波传播路径而形成的电磁场阴影效应，与障碍物的分布、高度有关。阴影衰落导致的信号电平起伏是相对缓慢的，因此阴影衰落又被称为慢衰落。

图 2.10　阴影衰落

描述阴影衰落常用对数正态阴影衰落模型，它已被实测数据证实可以精确地反映室内和室外无线传播环境中接收功率的变化。假设移动用户和基站间的距离为d，路径损耗和阴影衰落可以表示为

小区覆盖分析

$$L(d)=L(d_0)+10n\log_{10}\left(\frac{d}{d_0}\right)+\xi_\sigma \tag{2.17}$$

式（2.17）中，ξ_σ（dB）为阴影造成的对数损耗，服从零均值和标准偏差σ（dB）的正态分布。

3. 常用大尺度衰落信道模型

无线传播环境决定了无线电波传播损耗。然而由于传播环境极为复杂，因此人们在建立预测模型时，常根据测试数据归纳出基于不同环境的经验模型。在此基础上对模型进行校正，可使其接近实际和更加准确。常用大尺度衰落信道模型通常分为室外传播模型和室内传播模型。

（1）室外传播模型

室外大尺度衰落模型

决定某特定地区无线传播环境的主要因素有自然地形（高山、丘陵、平原、水域等），人工建筑的数量、高度、分布和材料特性，植被特征，天气状况，自然和人为的电磁噪声状况；另外，还要考虑系统的工作频率和移动台运动等因素。

常用的几种室外传播模型有Okumura-Hata模型、COST 231-Hata模型、CCIR模型、LEE模型以及COST 231 Walfisch-Ikegami模型。不同模型有不同的适用范围。

（2）室内传播模型

室内大尺度衰落模型

室内无线信道与室外无线信道相比具有两个显著特点：覆盖面积小，环境变化大。研究表明，影响室内无线传播的因素主要是建筑物的布局、建筑材料和建筑类型等。

室内无线传播同样受反射、绕射、散射三种主要传播方式的影响，但与室外环境相比，条件却大大不同。研究表明，建筑物内部接收到的信号强度随楼层高度增加：在较低楼层，都市建筑群的存在令信号有较大的衰减，进入建筑物的信号电平很低；在较高楼层，若存在视距路径，则会产生较强的直射信号。因此，对室内传播特性的预测需要使用针对性更强的模型。常见的几种室内传播模型包括Ericsson多重断点模型、衰落因子模型等。

2.3.2　小尺度多径衰落信道模型

1. 多径衰落的基本特性

移动无线信道的主要特征是多径传播。由于无线传播环境的影响，无线电波在传播路径上产生了反射、绕射和散射，因此当无线电波传输到移动台的天线时，接收信号是多径的多个信号叠加。无线电波在各个路径上传播距离不同，因此到达接收机的时间不同，相位也就不同。不同相位的多个信号在接收端叠加，有时是同相叠加而加强，有时是反相叠加而减弱，因此接收信号的幅度急剧变化，产生了所谓的多径衰落。

按照大尺度衰落和小尺度衰落分类，这里讨论的属于小尺度衰落。

多径衰落的基本特性表现在信号幅度的衰落和时延扩展。具体地说，从空间角度考虑多径衰落时，接收信号的幅度将随着移动台移动距离的变动而衰落，其中本地反射物所引起的多径衰落表现为较快的幅度变化，其局部均值是随距离增加而起伏的，反映了地形变化所引起的衰落以及空间扩散损耗；从时间角度考虑，由于信号的传播路径不同，因此到达接收端的时间也就不同，当基站发出一个脉冲信号时，接收信号不仅包含该脉冲，还包含此脉冲的各个延时信号，这种由多径效应引起的接收信号中脉冲的宽度扩展现象称为时延扩展。一般来说，模拟通信系统主要考虑多径效应引起的接收信号的幅度变化，数字通信系统主要考虑多径效应引起的脉冲信号的时延扩展。

AR 交互动画

多径信道

基于上述多径衰落特性，在研究多径衰落时，本节先研究无线信道的数学描述方法。下节我们将考虑多径信道的特性参数，并根据测试和统计分析的结果，建立无线信道的统计模型，考察衰落特性的特征量。

2. 多径衰落的信道模型

通常信道可以看成作用于信号上的一个滤波器，因此可通过分析滤波器的冲激响应和传递函数得到多径信道。

多径信道

设 f_c 为发射信号的载波频率，$s(t)$ 为复基带信号，则此时传输的带通信号为

$$x(t)=\mathrm{Re}\left\{s(t)\mathrm{e}^{\mathrm{j}2\pi f_c t}\right\} \tag{2.18}$$

此信号通过无线信道时，会受多径信道的影响而产生多径效应。假设第 l 径的路径长度为 d_l、时延为 $\tau_l=d_l/c$、衰落系数 $R_l=a_l\mathrm{e}^{\mathrm{j}\phi_l}$ 由幅值 a_l 和相位变化 ϕ_l 组成；该路径和移动台运动方向间夹角为 θ_l，多普勒频移 $f_l=f_c v\cos\theta_l/c=f_m\cos\theta_l$，则接收到的带通信号可表示为

$$y(t)=\sum_l a_l\,\mathrm{Re}\left\{s\left(t-\tau_l\right)\mathrm{e}^{\mathrm{j}\left[2\pi\left(f_c+f_l\right)\left(t-\tau_l\right)+\phi_l\right]}\right\} \tag{2.19}$$

因此，接收信号的复包络是衰落、相移和时延都不同的多个路径的总和，即

$$\begin{aligned} r(t)&=\sum_l a_l\,\mathrm{e}^{\mathrm{j}\left[2\pi f_l t-2\pi\left(f_c+f_l\right)\tau_l+\phi_l\right]}s\left(t-\tau_l\right)\\ &\triangleq h(\tau,t)*s(\tau)\end{aligned} \tag{2.20}$$

式（2.20）中，符号$*$表示卷积；$h(\tau,t)$为信道的冲激响应，可以表示为

$$h(\tau,t)=\sum_{l}a_{l}\mathrm{e}^{\mathrm{j}\psi_{l}(t)}\delta\left(\tau-\tau_{l}\right) \tag{2.21}$$

实际使用中，a_l和τ_l分别表示第l径分量的实际幅度和相对时延（指实际时延减去第一到达径的时延），两者都随时间变化；$\delta(\cdot)$为单位冲激函数；相位为

$$\psi_{l}(t)=2\pi f_{l}t-2\pi\left(f_{\mathrm{c}}+f_{l}\right)\tau_{l}+\phi_{l} \tag{2.22}$$

其中，多普勒效应、多径时延、反射对随机相位的影响都是随时间变化的。

若定义$h_{l}(t)=a_{l}\mathrm{e}^{\mathrm{j}\psi_{l}(t)}$，则这种等效冲激响应的信道模型如图2.11所示。如果假设信道冲激响应具有时不变性，或者至少在一小段时间间隔或距离上具有不变性，可令$\psi_{l}=\phi_{l}-2\pi f_{c}\tau_{l}$，则信道冲激响应可以简化为

$$h(\tau)=\sum_{l}h_{l}\delta\left(\tau-\tau_{l}\right) \tag{2.23}$$

此冲激响应信道模型在工程上可用抽头时延线实现。

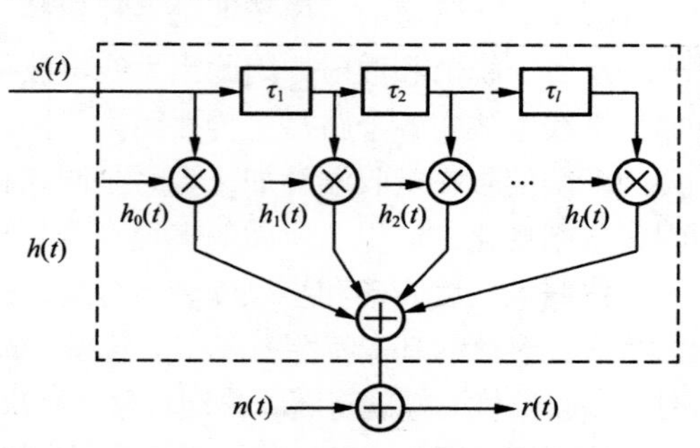

图 2.11 等效冲激响应的信道模型

2.4 多径信道分析

2.4.1 多径信道的特性参数

由于多径环境和移动台运动等因素的存在，因此移动信道会使传输信号在时间、频率和角度上发生弥散。我们通常用功率在时间、频率以及角度上的分布来描述这种弥散，即用功率时延谱（Power-Delay-Profile，PDP）描述信道在时间上的弥散性，用多普勒功率谱密度（Doppler-Power-Spectral-Density，DPSD）描述信道在频率上的弥散性，用功率角度谱（Power-Azimuth-Spectrum，PAS）描述信道在角度上的弥散性。定量描述这些弥散时，常要用到一些特定参数，即所谓多径信道的特性参数。

1. 时间弥散参数和相关带宽

（1）时间弥散参数

多径信道时间弥散主要用平均时延$\bar{\tau}$和根均方（Root Mean Square，RMS）时延扩展σ_{τ}以及最大时延扩展（*X*dB）等特性参数来描述，并由PDP的$P(\tau)$来定义。功率时延谱是基于固定时延参考τ_0（常取第一到达径的时延）的相对时延（或附加时延）τ的函数，通过对本地瞬时功率取平均值得到。如图2.12所示，在市区环境中常将功率时延谱近似为负指数分布，即

$$P(\tau)=\frac{1}{T}\exp\left(-\frac{\tau}{T}\right) \tag{2.24}$$

式（2.24）中，T为多径时延的平均值，在郊区环境的典型值为0.1～0.5μs，在市区环境的典型值为1～2μs。

平均时延 $\bar{\tau}$ 定义为

$$\bar{\tau}=\frac{\sum_l a_l^2\tau_l}{\sum_l a_l^2}=\frac{\sum_l P(\tau_l)\tau_l}{\sum_l P(\tau_l)} \tag{2.25}$$

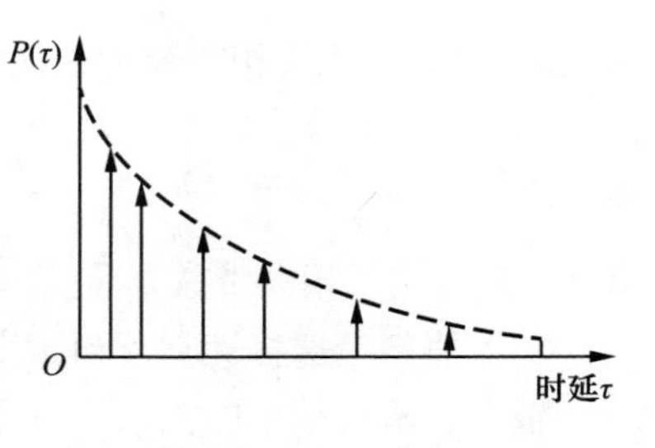

图 2.12　功率时延谱示意图

RMS时延扩展 σ_τ 定义为

$$\sigma_\tau=\sqrt{E\left[\tau^2\right]-\bar{\tau}^2} \tag{2.26}$$

其中

$$E\left[\tau^2\right]=\frac{\sum_l a_l^2\tau_l^2}{\sum_l a_l^2}=\frac{\sum_l P(\tau_l)\tau_l^2}{\sum_l P(\tau_l)} \tag{2.27}$$

最大时延扩展（XdB）定义为高于某特定功率门限的多径分量时间范围。也就是说最大附加时延扩展定义为 $T_m=\tau_m-\tau_0$，其中 τ_0 是第一个信号到达的时刻，τ_m 是最大时延，其间到达的多径分量不低于最大分量功率减去XdB（最强路径信号不一定在 τ_0 处到达）。

为了更直观地说明平均时延 $\bar{\tau}$ 和RMS时延扩展 σ_τ 以及最大时延扩展（XdB）的概念，图2.13给出了典型的利用最强路径信号功率归一化的功率时延谱。该图中，归一化的最大时延扩展为T_m，$\bar{\tau}$ 为归一化平均时延，σ_τ 为归一化RMS时延扩展。

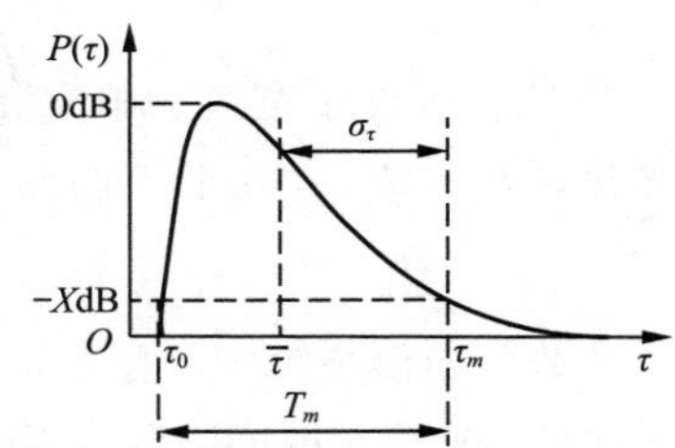

图 2.13　典型的归一化功率时延谱

（2）相关带宽

当信号通过移动信道时，会发生多径衰落。信号中不同频率分量通过多径衰落信道后衰落是否相同直接影响接收机的设计。我们将经历相同或相似衰落的一段频率间隔称为“相干”（Coherence）或“相关”（Correlation）带宽（B_C）。

下面考虑两个信号包络的相关性，并推导出相关带宽。设两个信号的包络为 $r_1=r(t_1,f_1)$ 和 $r_2=r(t_2,f_2)$，其中频率差为 $\Delta f=|f_1-f_2|$，时间差为 $\Delta t=t_2-t_1$，则包络相关系数为

$$\rho_r(\Delta f,\Delta t)=\frac{R_r(\Delta f,\Delta t)-E\left[r_1\right]E\left[r_2\right]}{\sqrt{\mathrm{var}\left[r_1\right]\mathrm{var}\left[r_2\right]}} \tag{2.28}$$

此处相关函数 $R_r(\Delta f,\Delta t)$ 为

$$R_r(\Delta f,\Delta t)=\int_0^{+\infty} r_1 r_2 p(r_1,r_2)\mathrm{d}r_1\mathrm{d}r_2 \tag{2.29}$$

若信号衰落符合瑞利分布，则 $\rho_r(\Delta f,\Delta t)$ 可近似为

$$\rho_r(\Delta f,\Delta t)\approx\frac{J_0^2(2\pi f_\mathrm{m}\Delta t)}{1+(2\pi\Delta f)^2\sigma_\tau^2} \tag{2.30}$$

式（2.30）中，$J_0(\cdot)$ 为0阶贝塞尔函数，f_m 为最大多普勒频移。

不失一般性，令 $\Delta t=0$，式（2.30）可简化为

$$\rho_r(\Delta f)\approx\frac{1}{1+(2\pi\Delta f)^2\sigma_\tau^2} \tag{2.31}$$

式（2.31）表明当频率间隔增加时，包络的相关性降低。通常，我们根据包络相关系数

$\rho_r(\Delta f)=0.5$ 来测度相关带宽，此时相关带宽为

$$B_{\mathrm{C}}=\Delta f=\frac{1}{2\pi\sigma_\tau} \tag{2.32}$$

式（2.32）说明相关带宽 B_{C} 是信道本身的特性参数，与信号无关。

（3）非频率选择性衰落和频率选择性衰落

根据衰落与频率的关系，可将衰落分为两种：频率选择性衰落和非频率选择性衰落（又称为平坦衰落）。频率选择性衰落是指传输信道对信号不同频率分量有不同的随机响应，信号中不同频率分量衰落不一致，将引起信号波形失真（数字通信系统中会产生符号间干扰）。非频率选择性衰落是指信号经过传输信道后，各频率分量的衰落或增益是恒定或相关的，频谱特性保持不变（因此也称为平坦衰落），波形不失真。

是否发生频率选择性衰落或非频率选择性衰落要由信道和信号两方面来决定。

① 当信号带宽远小于相关带宽（$B_{\mathrm{S}}\ll B_{\mathrm{C}}$）时，发生非频率选择性衰落。在数字通信系统中，$B_{\mathrm{S}}$ 与符号速率 $R_{\mathrm{S}}=1/T_{\mathrm{S}}$ 成正比（其中 T_{S} 为符号周期），而 B_{C} 与时延扩展 σ_τ 成反比，因此非频率选择性衰落条件可以概括为

$$B_{\mathrm{S}}\ll B_{\mathrm{C}} \text{ 或 } T_{\mathrm{S}}\gg\sigma_\tau \tag{2.33}$$

② 当信号的带宽大于相关带宽（$B_{\mathrm{S}}>B_{\mathrm{C}}$）时，发生频率选择性衰落。在数字通信系统中，符号速率 $R_{\mathrm{S}}=1/T_{\mathrm{S}}$，$B_{\mathrm{C}}$ 仍与时延扩展 σ_τ 成反比，因此频率选择性衰落的条件可以概括为

$$B_{\mathrm{S}}>B_{\mathrm{C}} \text{ 或 } T_{\mathrm{S}}<\sigma_\tau \tag{2.34}$$

在数字通信系统中，存在频率选择性衰落时，由于 $T_{\mathrm{S}}<\sigma_\tau$ 使得接收信号中存在可分辨多径或发送信号产生了时间弥散，不同径的接收信号经历了不同的衰减和时延，因此产生接收信号失真，会引起符号间干扰。虽然信道衰落程度取决于所采用的调制类型，但通常在 $T_{\mathrm{S}}\leqslant 10\sigma_\tau$ 时，可以认为信道具有频率选择性衰落。

2. 频率弥散参数和相关时间

频率弥散使得可见光波呈现多种颜色，因此也称频率色散。频率色散主要用多普勒扩展参数来描述，而相关时间是与多普勒扩展相对应的参数，它们表征的是信道时变特性，是由移动台与基站的相对运动或信道路径中物体的运动引起的。当信道时变时，信道具有时间选择性衰落，这种衰落会造成信号的失真。发送信号在传输过程中，信道特性发生了变化，信号尾端的信道特性与信号前端的信道特性不同，就会产生时间选择性衰落。

（1）多普勒扩展

假设发送端以载波频率 f_{c} 给一个处于丰富散射体环境的移动接收端发送信号，且满足Clarke（克拉克）模型条件：①发射机和接收机间不存在直射波路径；②有大量的反射波存在，且到达接收天线的反射波方向角服从 $[0,2\pi]$ 上的均匀分布；③各个反射波的幅度和相位都是统计独立的，且各个入射方向的反射波具有相等的平均功率。当接收端采用全向天线时，可以得到典型的U形多普勒功率谱：

U形功率谱的证明

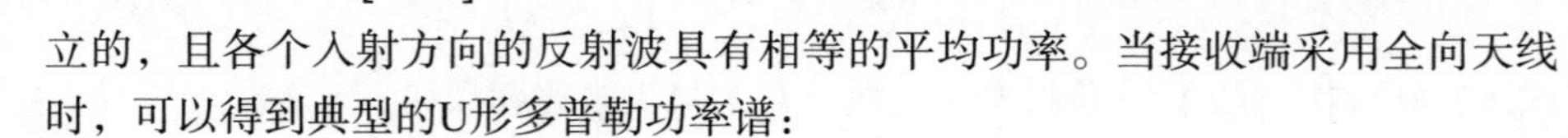

$$S(f)=\frac{1}{\pi\sqrt{f_{\mathrm{m}}^2-(f-f_{\mathrm{c}})^2}},\ |f-f_{\mathrm{c}}|<f_{\mathrm{m}} \tag{2.35}$$

图2.14所示为多普勒功率谱，即多普勒扩展。由于多普勒效应的作用，接收信号的功率谱展宽到$f_c - f_m$到$f_c + f_m$了。

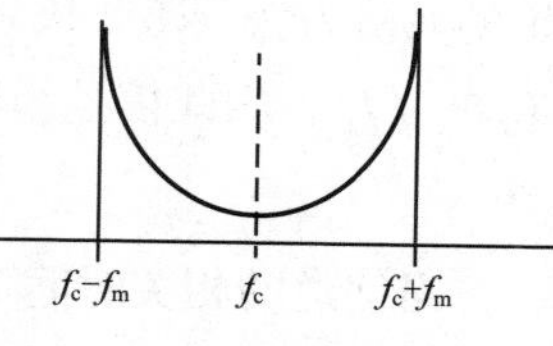

图 2.14　多普勒功率谱

在应用多普勒功率谱时，通常假设以下条件成立。

① 对于室外无线信道，大量到达的接收波均匀地分布在移动台的水平方位上，每个时间间隔产生的仰角都为0°（假设天线方向图在水平方位上是均匀的）。而在基站一方，一般来说，到达的接收波在水平方位上处于一个有限的范围内。这种情况的多普勒扩展由式（2.35）表示，称为典型（Classic）多普勒扩展。

② 对于室内无线信道，在基站一方，对于每个时间间隔，大量到达的接收波均匀地分布在仰角方位和水平方位上。假设天线是短波或半波垂直极化天线，此时天线增益$G(\theta)=1.64$。这种情况的多普勒扩展称为平坦（Flat）多普勒扩展，表达式为

$$S(f)=\frac{1}{2f_m},|f-f_c|\ll f_m \tag{2.36}$$

（2）相关时间

相关时间

相关时间是信道冲激响应维持不变的时间间隔的统计平均值。在相关时间内信道特性没有明显的变化，到达的信号具有很强的相关性。相关时间表征时变信道中信号的衰落节拍，这种衰落是由多普勒效应引起的，并导致时域上产生的选择性衰落为时间选择性衰落。时间选择性衰落对数字信号误码率有明显的影响。

时间相关函数$R(\Delta\tau)$与多普勒功率谱$S(f)$间是傅里叶变换关系，即$R(\Delta\tau)\leftrightarrow S(f)$，所以多普勒扩展的倒数就是对信道相关时间的度量，即

$$T_C \approx \frac{1}{B_D} \approx \frac{1}{f_m} \tag{2.37}$$

式（2.37）中，B_D为多普勒扩展或多普勒频移，当入射波与移动台运动方向间夹角$\theta=0°$时为最大多普勒频移f_m。

与讨论相关带宽的方法类似，如果将相关时间定义在信号包络相关系数为0.5时，令式（2.30）中$\Delta f=0$，则

$$\rho_r(0,T_C)\approx J_0^2(2\pi f_m T_C)=0.5 \tag{2.38}$$

可以推导出相关时间为

$$T_C \approx \frac{9}{16\pi f_m} \tag{2.39}$$

式（2.39）中，f_m为最大多普勒频移。

在数字通信中，比较粗糙的方法是利用式（2.37）和式（2.39）的几何平均值作为经验相关时间，即

$$T_C \approx \sqrt{\frac{9}{16\pi f_m^2}}=\frac{0.423}{f_m} \tag{2.40}$$

（3）快衰落信道和慢衰落信道

当信道的相关时间T_C比发送信号的符号周期T_S短，信道冲激响应在符号周期内变化很快，产

生的衰落为快衰落。快衰落将导致信号失真，引起误码率上升。由于基带信号的带宽 $B_S \propto 1/T_S$ 且 $T_C \propto 1/f_m$，因此信号经历快衰落的条件是

$$T_S > T_C \text{ 或 } B_S < B_D \tag{2.41}$$

当信道的相关时间 T_C 远大于发送信号的符号周期 T_S，也就是基带信号的带宽 B_S 远大于多普勒扩展 B_D 时，信道冲激响应的变化速度比传送符号的速度慢很多，则可以认为该信道是慢衰落信道，即信号经历慢衰落的条件是

$$T_S \ll T_C \text{ 或 } B_S \gg B_D \tag{2.42}$$

显然，移动台的运动速度（或信道路径中物体的运动速度）和基带信号发送速率，决定了信号经历的是快衰落还是慢衰落。例如，移动台的运动速度为30m/s，信道的载波频率为2GHz，则相关时间约为1ms，所以要保证信号经过信道不会在时间上产生失真，就必须保证传输的比特率大于1kbit/s。

3. 角度弥散参数和相关距离

无线通信中移动台和基站周围的散射环境不同，使得多天线阵列不同位置的天线经历的衰落不同，从而产生了角度弥散，即空间选择性衰落。因此与单天线的研究不同，在对多天线的研究过程中，不仅需要了解无线信道的衰落、时延等变量的统计特性，还需要了解相关角度的统计特性，如到达角度（Angle of Arrival，AoA）和离开角度（Angle of Departure，AoD）等，正是这些角度引起了空间选择性衰落。角度扩展和相关距离是描述空间选择性衰落的两个主要参数。

（1）角度扩展

角度扩展 $\varDelta$（Azimuth Spread，AS）是用来描述空间选择性衰落的重要参数，它与功率角度谱（PAS）$p(\theta)$ 有关。功率角度谱是信号功率谱密度在角度上的分布。研究表明，功率角度谱一般服从均匀分布、截断高斯分布和截断拉普拉斯分布。

角度扩展等于功率角度谱 $p(\theta)$ 的二阶中心矩的平方根，即

$$\varDelta = \sqrt{\frac{\int_0^{+\infty}(\theta-\bar{\theta})^2 p(\theta)\mathrm{d}\theta}{\int_0^{+\infty} p(\theta)\mathrm{d}\theta}} \tag{2.43}$$

式（2.43）中，$\bar{\theta} = \int_0^{+\infty}\theta p(\theta)\mathrm{d}\theta \Big/ \int_0^{+\infty} p(\theta)\mathrm{d}\theta$。

角度扩展 $\varDelta$ 描述了功率谱在空间上的弥散程度，角度扩展在 $0°\sim360°$ 分布。角度扩展越大，表明散射越强，信号在空间上的弥散程度越高；角度扩展越小，表明散射越弱，信号在空间上的弥散程度越低。

（2）相关距离与空间选择性

相关距离 D_C 指的是信道冲激响应保证一定相关度的空间距离。研究表明，其可以用 $D_C = \lambda/\varDelta$ 来估算。在相关距离内，信号经历的衰落具有很大的相关性，即非空间选择性衰落，此时可以认为空间传输函数是平坦的，要求放置天线的空间距离 Δd 比相关距离小得多，即

$$\Delta d \ll D_C \tag{2.44}$$

信道类型分类

当 $\Delta d > D_C$ 时，天线接收信号将经历空间选择性衰落。

根据信道是否考虑了空间选择性，可以把信道分为标量信道和向量信道。标量信道是指只考虑时间和频率两个维度的信道；而向量信道指的是考虑了时间、频率和空间三个维度的信道。

2.4.2　多径信道的统计分析

多径信道的统计分析主要是指多径信道信号包络的统计特性。接收信号的包络根据不同的无线环境服从瑞利分布或莱斯分布；另外，还有一种具有参数m的Nakagami-m分布，参数m取值不同对应的分布也不相同，因此更具广泛性。

1. 瑞利分布

通常离基站较远、反射物较多的地区是符合Clarke模型条件的。如图2.15所示，假设有一台垂直极化的固定发射机，入射到移动天线的电磁场由L个平面波组成，在上述假设下这些平面波具有任意载波频率相位、入射方位角和相等的平均功率。

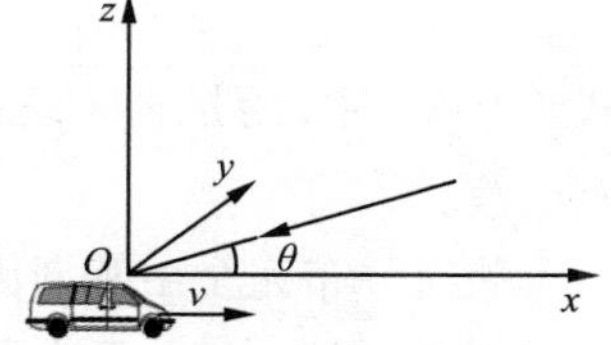

图 2.15　入射角到达平面示意图

进一步假设路径时延比采样周期小得多，不同路径的时延近似相等，即 $\hat{\tau}=\tau_l(l=1,2,\cdots,L)$，进而基于式（2.21）可得信道冲激响应为

$$\begin{aligned}h(\tau,t)&=\sum_l h_l(t)\delta(\tau-\hat{\tau})\\&=\left[h_\mathrm{I}(t)+\mathrm{j}h_\mathrm{Q}(t)\right]\delta(\tau-\hat{\tau})\end{aligned} \tag{2.45}$$

其中，$h_\mathrm{I}(t)=\sum_l a_l\cos\psi_l(t)$, $h_\mathrm{Q}(t)=\sum_l a_l\sin\psi_l(t)$。$\psi_l(t)=2\pi f_l t-2\pi\left(f_\mathrm{c}+f_l\right)\tau_l+\phi_l$，且有$E\left[h_\mathrm{I}^2(t)\right]=E\left[h_\mathrm{Q}^2(t)\right]\triangleq\sigma^2$。

瑞利衰落幅度和相位分布的证明

经过推导可以得到，信道的信号包络 $r(t)=\sqrt{h_\mathrm{I}^2(t)+h_\mathrm{Q}^2(t)}$ 和相位 $\theta(t)=\tan^{-1}\left[h_\mathrm{I}(t)/h_\mathrm{Q}(t)\right]$分别服从瑞利分布

$$p(r)=\frac{r}{\sigma^2}\mathrm{e}^{-\frac{r^2}{2\sigma^2}},r\geqslant 0 \tag{2.46}$$

和$\left[0,2\pi\right]$上的均匀分布

$$p(\theta)=\frac{1}{2\pi},\theta\in\left[0,2\pi\right] \tag{2.47}$$

瑞利分布的概率密度函数如图2.16所示。瑞利分布的均值为$E\left[r\right]=\sigma\sqrt{\pi/2}=1.2533\sigma$，方差为 $\mathrm{var}\left[r\right]=\left(2-\pi/2\right)\sigma^2=0.4292\sigma^2$。接收信号包络不超过特定值$R$的累积分布函数为$P\{r\leqslant R\}=1-\exp\left[-R^2/\left(2\sigma^2\right)\right]$，满足 $P\{r\leqslant R\}=0.5$ 的 R 值称为信号包络的中值，为$R=1.177\sigma$。

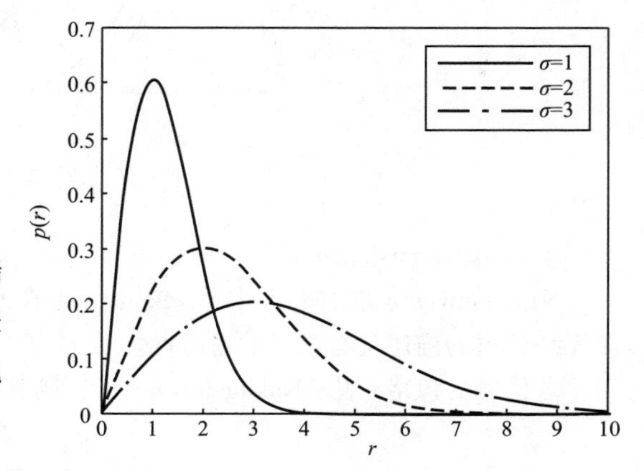

图 2.16　瑞利分布的概率密度函数

2. 莱斯分布

当接收信号中视距路径上的直射波信号为主导分量，同时还有不同角度随机到达的多径分量叠加在这个视距路径信号分量上时，接收信号的包络就服从莱斯分布。若没有视距路径信号分量，但多径分量中存在一个较强的主导径分量，则接收信号包络也服从莱斯分布；但当主导分量减弱到与其他多径分量功率一样

莱斯分布

时，接收信号的包络又退化为服从瑞利分布。包络的莱斯分布概率密度函数与瑞利分布的推导过程类似，此处不再赘述。

衰落信号包络r的莱斯分布概率密度为

$$p(r)=\frac{r}{\sigma^2}\mathrm{e}^{-\frac{(r^2+A^2)}{2\sigma^2}}I_0\left(\frac{Ar}{\sigma^2}\right),A\geqslant 0,r\geqslant 0 \tag{2.48}$$

式（2.48）中，A是主导径的信号幅度峰值，$2\sigma^2$为非主导径的功率，$I_0(\cdot)$是0阶第一类修正贝塞尔函数。

莱斯分布完全由莱斯因子决定，莱斯因子定义为主导分量的功率与多径分量功率之比，即$K=A^2/(2\sigma^2)$，用分贝表示可以写为

$$K(\mathrm{dB})=10\log_{10}\frac{A^2}{2\sigma^2} \tag{2.49}$$

固定σ^2，当$A\to 0$或$K\to -\infty$时，莱斯分布变为瑞利分布；强主导波的存在使得接收信号包络从瑞利分布变为莱斯分布；当主导波进一步增强（$K>>1$）时，莱斯分布将趋近于高斯分布，如图2.17所示。

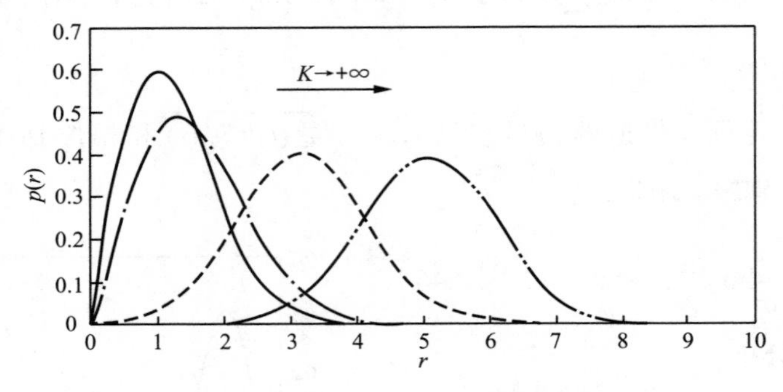

图2.17 莱斯分布的概率密度函数

3. Nakagami-*m*分布

Nakagami-*m*分布由中山木（Nakagami）在20世纪60年代提出。研究表明，Nakagami-*m*分布对无线信道的描述具有很好的适应性。

若信号的包络r服从Nakagami-*m*分布，则其概率密度函数为

$$p(r)=\frac{2m^m r^{2m-1}}{\Gamma(m)\Omega^m}\exp\left(-\frac{mr^2}{\Omega}\right) \tag{2.50}$$

式（2.50）中，形状因子$m=E^2\left[r^2\right]/\mathrm{var}\left[r^2\right]\geqslant 1/2$为实数，$\Omega=E[r^2]$，$\Gamma(m)=\int_0^{+\infty}x^{m-1}\mathrm{e}^{-x}\mathrm{d}x$为伽玛函数。对于功率$s=r^2/2$的概率密度函数，则有

$$p(s)=\left(\frac{m}{\overline{s}}\right)^m\frac{s^{m-1}}{\Gamma(m)}\exp\left(-\frac{ms}{\overline{s}}\right) \tag{2.51}$$

式（2.51）中，$\overline{s}=E[s]=\Omega/2$为信号的平均功率。

（1）当 $m=1$ 时，Nakagami-m分布为瑞利分布：

$$p(r)=\frac{2r}{\Omega}\exp\left(-\frac{r^2}{\Omega}\right)=\frac{r}{\overline{s}}\exp\left(\frac{r^2}{2\overline{s}}\right) \tag{2.52}$$

（2）当 m 较大时，Nakagami-m分布近似为莱斯分布，形状因子 m 和莱斯因子 K 间的关系为

$$m=\frac{(K+1)^2}{2K+1} \tag{2.53}$$

（3）当 m 更大时，Nakagami-m分布也接近高斯分布。

2.4.3 衰落特性的特征量

我们通常用电平通过率及平均衰落持续时间等特征量表示信道的衰落特性。

1. 电平通过率

电平通过率是信号包络在单位时间内以正斜率通过某一规定电平R的平均次数，描述衰落次数的统计规律。衰落率是电平通过率的一个特例，即规定的电平值为信号包络的中值。衰落率是与衰落深度有关的，深度衰落发生的次数较少，而浅度衰落发生得相当频繁。电平通过率可以定量描述这一特征。

电平通过率定义为

$$N(R)=\int_0^{+\infty}\dot{r}p(R,\dot{r})\mathrm{d}\dot{r} \tag{2.54}$$

式（2.54）中，$\dot{r}$ 是信号包络 r 对时间的导函数，$p(R,\dot{r})$ 是 R 和 $\dot{r}$ 的联合概率密度函数。

由于电平通过率是随机变量，因此我们通常采用平均电平通过率；对于瑞利分布可得

$$N(R)=\sqrt{2\pi}f_{\mathrm{m}}\rho\mathrm{e}^{-\rho^2} \tag{2.55}$$

式（2.55）中，f_{m} 是最大多普勒频移，$\rho=R/R_{\mathrm{rms}}=R/\sqrt{2}\sigma$。

2. 平均衰落持续时间

信号包络低于某个给定电平值的平均时间称为平均衰落持续时间。平均衰落持续时间是信号包络低于某个给定电平值的概率与该电平所对应的电平通过率之比，即

$$\tau(R)=\frac{P(r\leqslant R)}{N(R)} \tag{2.56}$$

对于瑞利衰落，可以得出平均衰落持续时间

$$\tau(R)=\frac{1}{\sqrt{2\pi}f_{\mathrm{m}}\rho}\left(\mathrm{e}^{\rho^2}-1\right) \tag{2.57}$$

当接收信号电平低于接收机门限电平时，就可能发生语音中断或误比特率突然增大。了解接收信号包络低于某个门限电平的持续时间的统计规律，就可以判定语音受影响的程度，以及在数字通信中是否会出现突发性错误和突发性错误的长度。

例2.1 在图2.18中，R为规定电平，信号包络在时间T内以正斜率通过R的次数为4，所以电平通过率为$4/T$，平均衰落持续时间为 $\tau(R)=\sum_{n=1}^{4}t_n/4$。

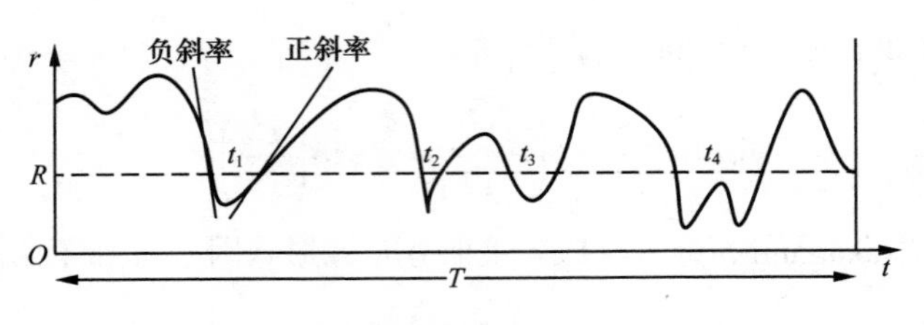

图 2.18 电平通过率和平均衰落持续时间

2.5 衰落信道建模与校正

当基站端和用户端的天线都为一副天线时，移动通信信道为单输入单输出（Single-Input Single-Output，SISO）信道。而多输入多输出（MIMO）信道就是基站端和用户端都用多副天线。本节针对SISO信道和MIMO信道分别进行建模仿真研究。

2.5.1 SISO信道建模与仿真

根据2.1节可知，信道有大尺度衰落信道和小尺度衰落信道。大尺度衰落信道中的路径损耗根据模型计算或实测即可，而阴影衰落在考虑多基站和多用户时，则需要考虑不同位置间阴影衰落的相关性。小尺度衰落信道中，平坦衰落下多径不可分辨，因此为单簇模型，且一般可假设多径到达方向均匀分布，功率差别不大，故一般仅需建模为瑞利衰落即可，广泛应用的莱斯信道可以通过在瑞利信道的基础上添加直射分量实现；而在频率选择性衰落中，可以将多径建模为多个可分辨簇，每簇仍可以建模为瑞利衰落，不同簇的功率采用负指数分布来模拟即可。因此，下面只对不同位置相关的阴影衰落和瑞利衰落建模仿真。

1. 阴影衰落建模仿真

仿真实现阴影衰落时，可以建立站内空间相关模型或站间空间相关模型。

（1）站内空间相关模型

对站内不同位置间的阴影衰落建模常用古德蒙森（Gudmundson）相关模型、高斯（Gaussian）相关模型和巴特沃斯（Butterworth）相关模型，它们只是在相关函数或功率谱密度方面有差别。此处以Gudmundson相关模型为例，说明站内多位置相关的阴影衰落建模方法。

假设任意两个位置的距离为Δd，则Gudmundson相关函数及对应的功率谱密度可以表示为

$$R(\Delta d)=\mathrm{e}^{-\frac{|\Delta d|}{D_{\mathrm{C}}}} \tag{2.58}$$

$$S(f)=\frac{2D_{\mathrm{C}}}{1+(2\pi f D_{\mathrm{C}})^2} \tag{2.59}$$

式（2.58）和式（2.59）中，D_{C}表示去相关距离（相关距离减少至一半或者0时的距离）。市区和郊区环境下的模型参数如表2.2所示。

表 2.2 模型参数

阴影区域	D_C /m	$\max\{\Delta d\}$ /m
自由空间	503.9	2500
市区蜂窝	8.3058	40

基于上面的相关函数生成一个基站下N个位置$[d_1,d_2,\cdots,d_N]$的阴影衰落的步骤如下。

① 生成N个独立的高斯白噪声向量$\boldsymbol{a}=[a_1,a_2,\cdots,a_N]^{\mathrm{T}}$，其中$a_n \sim N(0,\sigma^2)$（～表示服从分布），$\sigma$为阴影衰落的标准差。

② 通过相关函数生成相关矩阵$\boldsymbol{R}=\left[R\left(d_m-d_n\right)\right]_{N\times N}$，经过乔里斯基（Cholesky）分解得到$\boldsymbol{L}$满足$\boldsymbol{R}=\boldsymbol{L}\boldsymbol{L}^{\mathrm{T}}$。

③ 由$\boldsymbol{s}=\boldsymbol{L}\boldsymbol{a}$获得多个位置阴影衰落的分贝值。

通过上面的步骤可知，生成的阴影衰落向量满足$\boldsymbol{s}\boldsymbol{s}^{\mathrm{T}}=\boldsymbol{L}\boldsymbol{a}\boldsymbol{a}^{\mathrm{T}}\boldsymbol{L}^{\mathrm{T}}=\sigma^2\boldsymbol{R}$。

（2）站间空间相关模型

如图2.19所示，两条传播路径若包含部分共同的路径或穿过部分相同的阻碍物，则这两条传播路径会呈现出相关性。链路间夹角与阴影衰落相关系数的大小具有相反的变化关系：两条无线链路之间的夹角越小，则阴影衰落相关系数越大。

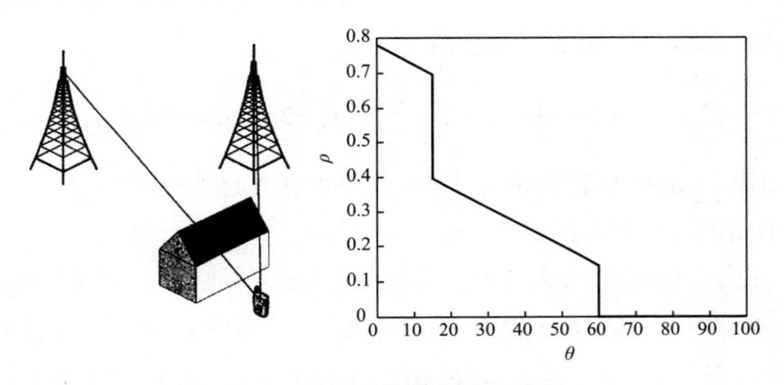

图 2.19 站间空间阴影衰落示意图

站间空间阴影衰落的代表性模型为Sφrensen模型。当两个基站端与用户端间的夹角为θ时，其相关性表达式为

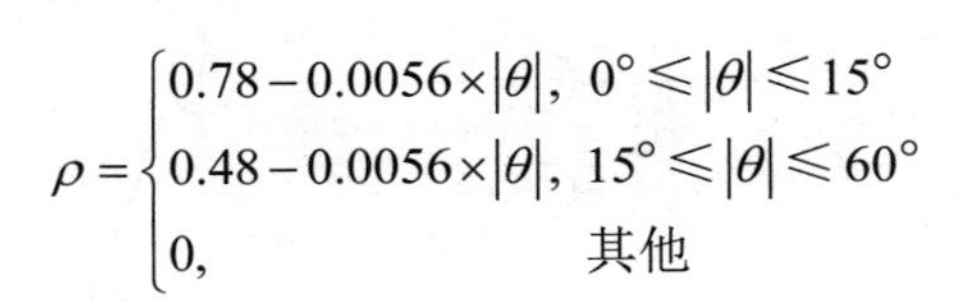

$$\rho=\begin{cases}0.78-0.0056\times|\theta|, & 0^\circ\leqslant|\theta|\leqslant15^\circ\\0.48-0.0056\times|\theta|, & 15^\circ\leqslant|\theta|\leqslant60^\circ\\0, & \text{其他}\end{cases}$$

2. 瑞利信道建模仿真

在瑞利衰落状态下，多普勒功率谱具有Jakes功率谱密度函数，即为U形多普勒功率谱。许多信道建模和仿真方法均以Clarke模型的统计特性作为性能评估的标准，但Clarke模型是一种理想模型，物理上不可实现。根据2.4节可知，Clarke模型是多个正弦波相加，但要求个数非常大，理想统计特性在个数为无穷大时取得。从模型的仿真结果来看，一般在大于50个正弦波的条件下才能取得较好的仿真效果。Clarke模型的实现方法有正弦波叠加法和成形滤波法，两种方法各有优缺

点。正弦波叠加法由于计算复杂度低而在工业界得到广泛应用，因此，这里给出其正弦波叠加实现方法，即Jakes仿真器。

Jakes仿真器在均匀介质散射环境中模拟非频率选择性衰落信道的复包络，用有限个（大于或等于10个）低频振荡器来近似构建一种可分析的模型。依据Clarke模型，接收端波形可表示为经历了L条路径的一系列平面波叠加，此时信道的归一化同相和正交分量可以写为

$$\begin{aligned} h_{\mathrm{I}}(t) &= \sqrt{2}\sum_{l} a_l \cos\left(2\pi f_{\mathrm{m}} t \cos\theta_l + \varphi_l\right) \\ h_{\mathrm{Q}}(t) &= \sqrt{2}\sum_{l} a_l \sin\left(2\pi f_{\mathrm{m}} t \cos\theta_l + \varphi_l\right) \end{aligned} \tag{2.60}$$

其中，φ_l可以假设服从$[0,2\pi]$上的均匀分布。又由于L个平面波的入射角在$(0,2\pi]$上均匀分布，因此模型中的参数为

$$\mathrm{d}\theta = \frac{2\pi}{L} \Rightarrow \theta_l = \frac{2\pi l}{L}, l = 1,2,\cdots,L \tag{2.61}$$

$$a_l^2 = p\left(\theta_l\right)\mathrm{d}\theta = \frac{1}{2\pi}\mathrm{d}\theta = \frac{1}{L} \Rightarrow a_l = \sqrt{\frac{1}{L}} \tag{2.62}$$

$$f_l = f_{\mathrm{m}} \cos\left(\frac{2\pi}{L} l\right) \tag{2.63}$$

将这些参数代入式（2.60）可得信道的复包络为

$$h(t) = h_{\mathrm{I}}(t) + \mathrm{j}h_{\mathrm{Q}}(t) = \sqrt{\frac{2}{L}}\sum_{l} \exp\left\{\mathrm{j}\left(2\pi f_{\mathrm{m}} t \cos\theta_l + \varphi_l\right)\right\} \tag{2.64}$$

由此可得出，可以用L组随机变量$\left[a_l,\theta_l,\varphi_l\right]$来描述平坦衰落的随机信号$r(t)$，且它们都是相互独立的。所以$r(t)$可以用$L$个低频振荡器来生成。

实际仿真中，由于L个低频振荡器之间可能存在频率重复等原因，当$L/2$为奇数时，$r(t)$常采用L_0+1个低频振荡器来生成，其中$L_0=\left(L/2-1\right)/2$。此时，离散的$\varphi_l = l\pi/\left(L_0+1\right)$（$l=0,1,2,\cdots,L_0$）使得信道相位服从均匀分布，而$f_l = f_{\mathrm{m}}\cos\left(2\pi l/L\right)$（$l=0,1,2,\cdots,L_0$）。图2.20所示为Jakes仿真器模型。有关Jakes仿真器的平稳特性，此处不再讨论，请读者参考有关文献。

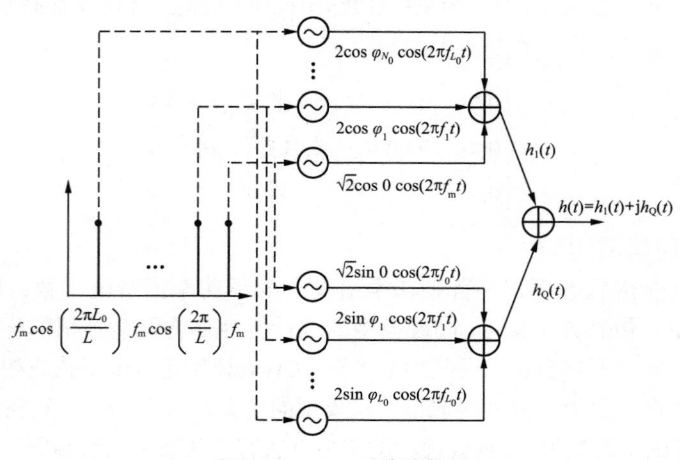

图 2.20 Jakes 仿真器模型

2.5.2 MIMO 信道建模与仿真

MIMO信道建模与SISO信道建模的不同点在于，MIMO信道建模要考虑收发天线间的相关性。目前MIMO信道模型主要有两种：一是分析模型，主要考虑MIMO信道的空时特征；二是物理模型，主要考虑MIMO信道的传播特征。通常物理模型是基于无线传播的特定参数，如传播时延扩展、角度扩展、幅度增益以及天线分布等来构建MIMO信道矩阵的；而分析模型是对基本物理模型的数学抽象，重点考虑空间的相关性，也就是说通过相关矩阵等运算来构建MIMO信道矩阵，而不考虑特殊的传播过程。一般而言，分析模型构造相对简单，而物理模型构造较为复杂，在链路级和系统级性能评估中可以视情况选用。下面对这两种模型的构建做一些简单介绍。

1. 分析模型

（1）MIMO模型

如图2.21所示，假设基站（Base Station，BS）由M个天线阵列构成，移动台（Mobile Station，MS）由N个天线阵列构成，基站的信号向量表示为$\boldsymbol{y}(t)=\left[y_1(t),y_2(t),\cdots,y_M(t)\right]^{\mathrm{T}}$，移动台的信号向量表示为$\boldsymbol{s}(t)=\left[s_1(t),s_2(t),\cdots,s_N(t)\right]^{\mathrm{T}}$，MIMO信道的冲激响应为

$$\boldsymbol{H}(t)=\sum_{l=1}^{L}\boldsymbol{A}_l\delta(t-\tau_l) \tag{2.65}$$

式（2.65）中，$\boldsymbol{H}(t)\in\mathbb{C}^{M\times N}$，而每径信道的空时响应矩阵为

$$\boldsymbol{A}_l=\begin{pmatrix} a_{11}^{(l)} & a_{12}^{(l)} & \cdots & a_{1N}^{(l)} \\ a_{21}^{(l)} & a_{22}^{(l)} & \cdots & a_{2N}^{(l)} \\ \vdots & \vdots & & \vdots \\ a_{M1}^{(l)} & a_{M2}^{(l)} & \cdots & a_{MN}^{(l)} \end{pmatrix}_{M\times N} \tag{2.66}$$

其中，$a_{mn}^{(l)}$表示BS端第m个天线和MS端第n个天线之间链路的第l径的复衰落系数。

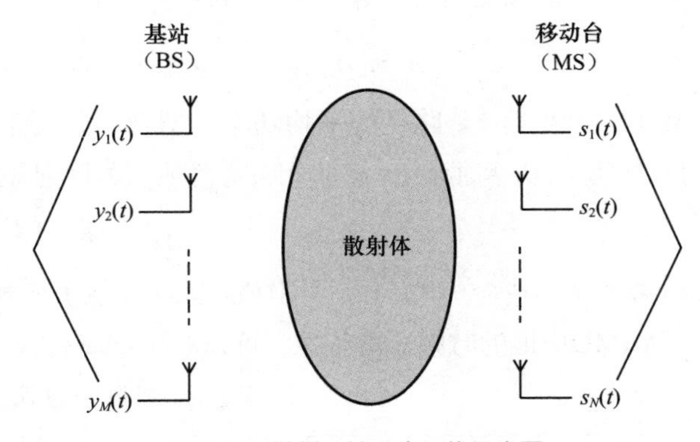

图 2.21　散射环境下多天线示意图

因此，可以得出上行BS和下行MS的接收信号分别为

$$\boldsymbol{y}(t)=\int\boldsymbol{H}(\tau)\boldsymbol{s}(t-\tau)\mathrm{d}\tau \tag{2.67}$$

$$\boldsymbol{s}(t)=\int\boldsymbol{H}(\tau)\boldsymbol{y}(t-\tau)\mathrm{d}\tau \tag{2.68}$$

（2）空间相关矩阵

假设$a_{mn}^{(l)}$是服从零均值的复高斯分布，则幅度$|a_{mn}^{(l)}|$服从瑞利分布，同时假设不同时延的多径分量不相关，即相关系数：

$$\rho_{mn}^{l_1l_2}=E\left[\left|a_{mn}^{(l_1)}\right|^2\left|a_{mn}^{(l_2)}\right|^2\right]=0,l_1\neq l_2 \tag{2.69}$$

BS端和MS端天线间的相关系数分别为$\rho_{m_1m_2}^{\mathrm{BS}}=E\left[\left|a_{m_1n}^{(l)}\right|^2\left|a_{m_2n}^{(l)}\right|^2\right]$和$\rho_{n_1n_2}^{\mathrm{MS}}=E\left[\left|a_{mn_1}^{(l)}\right|^2\left|a_{mn_2}^{(l)}\right|^2\right]$，进而得到BS端和MS端天线间的相关矩阵为

$$\boldsymbol{R}_{\mathrm{BS}}=\begin{pmatrix}\rho_{11}^{\mathrm{BS}} & \rho_{12}^{\mathrm{BS}} & \cdots & \rho_{1M}^{\mathrm{BS}}\\ \rho_{21}^{\mathrm{BS}} & \rho_{22}^{\mathrm{BS}} & \cdots & \rho_{2M}^{\mathrm{BS}}\\ \vdots & \vdots & & \vdots\\ \rho_{M1}^{\mathrm{BS}} & \rho_{M2}^{\mathrm{BS}} & \cdots & \rho_{MM}^{\mathrm{BS}}\end{pmatrix}_{M\times M} \tag{2.70}$$

$$\boldsymbol{R}_{\mathrm{MS}}=\begin{pmatrix}\rho_{11}^{\mathrm{MS}} & \rho_{12}^{\mathrm{MS}} & \cdots & \rho_{1N}^{\mathrm{MS}}\\ \rho_{21}^{\mathrm{MS}} & \rho_{22}^{\mathrm{MS}} & \cdots & \rho_{2N}^{\mathrm{MS}}\\ \vdots & \vdots & & \vdots\\ \rho_{N1}^{\mathrm{MS}} & \rho_{N2}^{\mathrm{MS}} & \cdots & \rho_{NN}^{\mathrm{MS}}\end{pmatrix}_{N\times N} \tag{2.71}$$

另外，为了产生信道增益矩阵 $\boldsymbol{A}_l$，还需要收发天线对间的相关系数。我们可以将收发天线对构成的多径分量间的相关系数表示为

$$\rho_{n_2m_2}^{n_1m_1}=E\left[\left|a_{m_1n_1}^{(l)}\right|^2\left|a_{m_2n_2}^{(l)}\right|^2\right] \tag{2.72}$$

一般地，多径分量相关系数满足关系 $\rho_{n_2m_2}^{n_1m_1}=\rho_{n_1n_2}^{\mathrm{MS}}\rho_{m_1m_2}^{\mathrm{BS}}$，这样可得MIMO信道的空间相关矩阵为

$$\boldsymbol{R}=\boldsymbol{R}_{\mathrm{MS}}\otimes\boldsymbol{R}_{\mathrm{BS}}=\left(\rho_{n_2m_2}^{n_1m_1}\right)_{MN\times MN} \tag{2.73}$$

其中，⊗表示克罗内克（Kronecker）积。

（3）MIMO信道系数的产生

首先需要生成 $L\times M\times N$ 个非相关的高斯分量，然后通过滤波器获得满足空间相关的空时响应向量，即 $\tilde{\boldsymbol{A}}_l$ 是将矩阵 $\boldsymbol{A}_l$ 中元素写为包含 $M\times N$ 个元素的列向量：

$$\tilde{\boldsymbol{A}}_l=\left[a_{11}^{(l)},a_{21}^{(l)},\cdots,a_{M1}^{(l)},a_{12}^{(l)},a_{22}^{(l)},\cdots,a_{M2}^{(l)},a_{13}^{(l)},\cdots,a_{MN}^{(l)}\right]^{\mathrm{T}}=\sqrt{P_l}\boldsymbol{C}\boldsymbol{a}_l \tag{2.74}$$

其中，P_l 是第 l 条路径的平均功率，即功率时延谱中第 l 个可分辨径的功率（表2.3给出了扩展ITU模型的功率时延）；$\boldsymbol{C}$ 为相关矩阵或对称映射矩阵，可以通过 $\boldsymbol{R}$ 的Cholesky分解得到

$$\boldsymbol{R}=\boldsymbol{C}\boldsymbol{C}^{\mathrm{T}} \tag{2.75}$$

而 $\boldsymbol{a}_l=\left[a_1^{(l)},a_2^{(l)},\cdots,a_{MN}^{(l)}\right]^{\mathrm{T}}\sim\mathrm{CN}\left(\boldsymbol{0}_{MN\times MN},\boldsymbol{I}_{MN\times MN}\right)$ 为第 l 条路径中的独立复高斯向量，其中 $a_i^{(l)}$ 反映了MIMO信道的时频衰落特性，可以利用Jakes仿真器来生成。

表 2.3 扩展 ITU 模型的功率时延表

抽头号	EPA（扩展步行者A模型）		EVA（扩展车辆A模型）		ETU（扩展典型城市模型）	
	附加抽头时延/ns	相对抽头功率/dB	附加抽头时延/ns	相对抽头功率/dB	附加抽头时延/ns	相对抽头功率/dB
1	0	0.0	0	0.0	0	−1.0
2	30	−1.0	30	−1.5	50	−1.0
3	70	−2.0	150	−1.4	120	−1.0
4	80	−3.0	310	−3.6	200	0.0
5	110	−8.0	370	−0.6	230	0.0
6	190	−17.2	710	−9.1	500	0.0
7	410	−20.8	1090	−7.0	1600	−3.0
8	—	—	1730	−12.0	2300	−5.0
9	—	—	2510	−16.9	5000	−7.0

接下来，根据功率时延表得到各个可分辨径间的相对时延，再根据L抽头的时延抽头线模型产生带有相关性的MIMO信道冲激响应；对信道模型进行离散化处理（$\tau = kT_S$），可以得到图2.22所示的离散MIMO信道模型。如果天线间距很小，还需要考虑天线阵列的到达相位差，此处不再赘述。

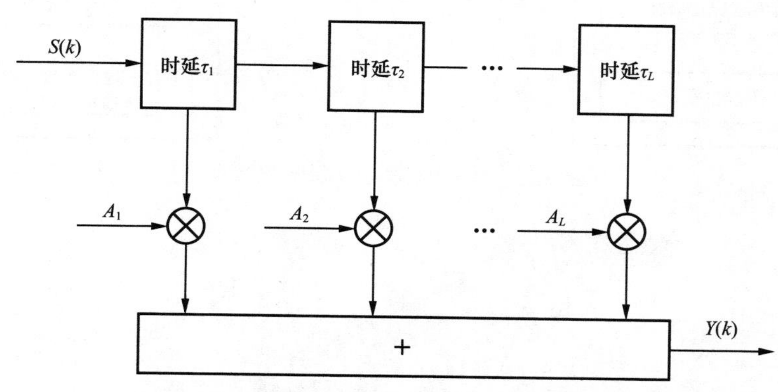

图 2.22 离散 MIMO 信道模型

2. 物理模型

相对于分析模型来说，物理模型较为准确，但计算复杂。物理模型利用收发端电磁波的多径双向传播来提取物理环境特性，因此需要对信号的多种传播参数建模，如多径时延、多径功率、相位、到达角度和离开角度等。物理模型可以分为三类：确定性模型、几何随机模型（Geometry-Based Stochastic Model，GBSM）和非几何随机模型（Non-Geometry Stochastic Model，NGSM）。

在确定性模型中，物理传播参数是完全确定的，因此可以完整地重建某些特定场景下的真实物理信道。确定性物理模型包括测量存储模型和射线追踪（Ray Tracing，RT）模型：测量存储模型就是将信道的测量数据直接用于确定性信道模型；而射线追踪模型利用光学几何原理对信号的直射、反射和衍射过程建模，因此它可以较容易地重建多径传播环境。GBSM是一种广泛用于多天线系统的信道仿真方法，它以散射体簇的分布对无线信道建模。GBSM中可以有单次散射和多次散射过程，即在收发端之间，信号的传播经过单个散射体簇或者多个散射体簇。GBSM包括3GPP空间信道模型（Spatial Channel Model，SCM）、WINNER模型和COST 2100模型等。NGSM不考虑散射体簇在仿真环境中的分布，而直接随机地给出物理传播参数，如Saleh-Valenzuela模型。

（1）射线追踪模型

如图2.23所示，利用射线追踪方法进行无线传播仿真的方法流程：首先，输入具体仿真环境的数字地图环境信息，包括建筑物分布、高度、植被和地形情况（山脉、河流等），以及收发端的公共参数，如位置信息、高度、天线朝向、倾角和天线方向图数据；然后，使用这些输入参数，进行基于光学几何原理的射线追踪和电磁场计算；最后，计算输出于接收端的接收功率、多径参数等信息。

图2.24所示为利用射线追踪软件仿真得到的无线信道多径传播分布，该图中UE表示用户设备（User Equipment）。可以看到，射线追踪仿真可以直接给出收发机间信道多径的空间分布，具有很好的直观性。

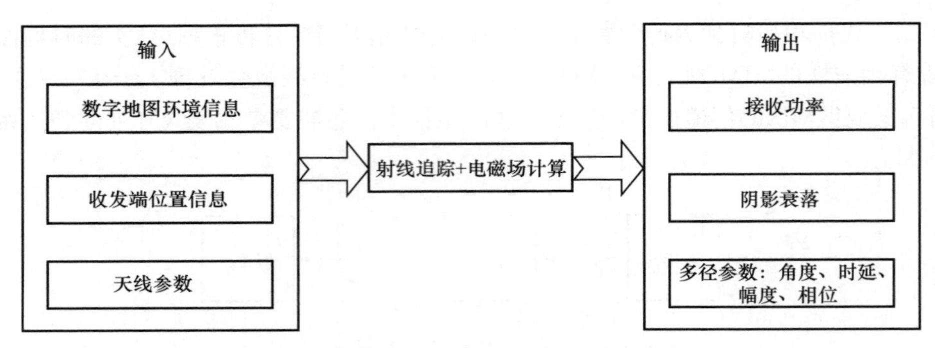

图 2.23 基于射线追踪的无线传播模型

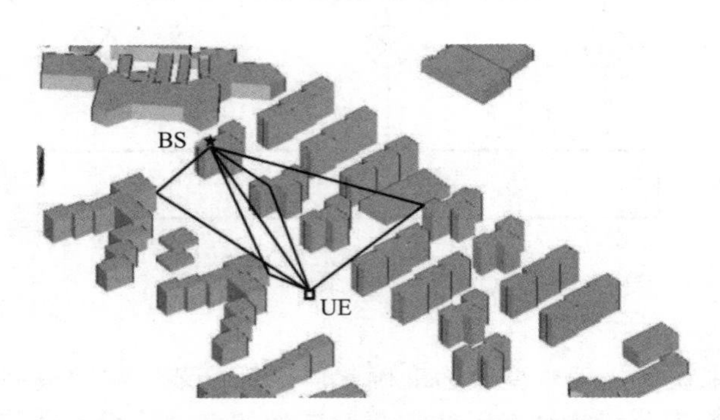

图 2.24 射线追踪仿真无线信道的多径传播分布

（2）SCM

SCM是基于散射随机假设建立的信道模型，基本原理是利用统计得到的信道特性，如时延扩展、角度扩展等来构建模型。模型的每条径（或簇）都有特定角度扩展值，这些空间分布特性造成了每条径在不同天线间的空间相关特性，通过引入天线间距，可得到信道间的相关性。每条径（或簇）的衰落特性由多条等功率的子径所构成，这些子径的角度服从拉普拉斯分布。SCM主要定义了三种场景：市区宏小区（UMa）、市区微小区（UMi）和郊区宏小区（RMa）。三种场景的模型构造和仿真方法相同，但角度、时延等参数的产生过程有所不同。

如图2.25所示（其中N代表方向北），移动台收到的信号由N个时延的多径或簇组成，这N条路径由功率、时延和角度参数来定义，其参数说明如表2.4所示。

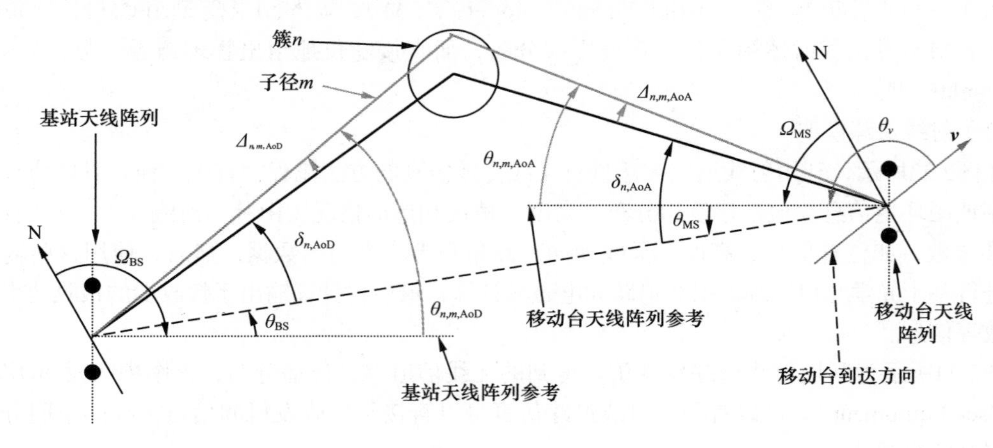

图 2.25 SCM 示意图

表 2.4 参数说明（一）

参数名称	参数含义
Ω_{BS}/Ω_{MS}	基站/移动台天线阵列方向
θ_{BS}/θ_{MS}	视距路径与基站/移动台天线法线的夹角
$\delta_{n,AoD}/\delta_{n,AoA}$	第n条主径的离开方向/到达方向与视距路径的夹角
$\Delta_{n,m,AoD}/\Delta_{n,m,AoA}$	第n条主径的第m条子径相对于 $\delta_{n,AoD}/\delta_{n,AoA}$ 的角度偏移
$\theta_{n,m,AoD}/\theta_{n,m,AoA}$	第n条主径的第m条子径的绝对离开角度/到达角度
v/θ_v	移动台的运动速度/方向

考虑具有S个天线单元的发射天线和具有U个天线单元的接收天线，在第s根发射天线和第u根接收天线间，第n条路径的信道系数可以表示为

$$h_{s,u,n}=\sqrt{\text{第}n\text{条路径功率}}\sum_{m=1}^{M}\left\{\begin{pmatrix}\text{BS}\\ \text{PAS}\end{pmatrix}\cdot(\text{BS阵列相位})\cdot\begin{pmatrix}\text{MS}\\ \text{PAS}\end{pmatrix}\cdot(\text{MS阵列相位})\right\} \tag{2.76}$$

式（2.76）中，M表示每一径内的子径数，小括号内的量对应每一径的属性。具体地说，对于单极化场景中具有均匀功率的子径，式（2.76）可表示为

$$h_{s,u,n}(t)=\sqrt{\frac{p_n\xi_{SF}}{M}}\sum_{m=1}^{M}\left\{\begin{array}{l}\sqrt{G_{BS}\left(\theta_{n,m,AoD}\right)}\exp\left(\mathrm{j}\left[kd_s\sin\left(\theta_{n,m,AoD}\right)+\Phi_{n,m}\right]\right)\\ \times\sqrt{G_{MS}\left(\theta_{n,m,AoA}\right)}\exp\left(\mathrm{j}kd_u\sin\left(\theta_{n,m,AoA}\right)\right)\times\\ \exp\left(\mathrm{j}k\|\boldsymbol{v}\|\cos\left(\theta_{n,m,AoA}-\theta_v\right)t\right)\end{array}\right\} \tag{2.77}$$

式（2.77）中，各参数说明如表2.5所示。

表 2.5 参数说明（二）

参数名称	参数含义
p_n	每一径的功率
ξ_{SF}	对数正态阴影衰落
M	每一径的子径数
$\theta_{n,m,AoD}$	第n径的第m子径的离开方向与基站天线阵列法线的夹角
$\theta_{n,m,AoA}$	第n径的第m子径的到达方向与移动台天线阵列法线的夹角
$G_{BS}(\theta_{n,m,AoD})$	基站天线增益
$G_{MS}(\theta_{n,m,AoA})$	移动台天线增益
κ	波数 $\kappa=2\pi/\lambda$（λ为载波波长）
d_s	基站处天线到参考天线的距离（s=1时，$d_1=0$）
d_u	移动台处天线到参考天线的距离（u=1时，$d_1=0$）
$\Phi_{n,m}$	第n径的第m子径的相位
$\|\boldsymbol{v}\|/\theta_v$	移动台速度向量的模/相位

（3）Saleh-Valenzuela模型

如图2.26所示，萨利赫（Saleh）和瓦伦苏埃拉（Valenzuela）等人发现在室内信道中多径分量趋向于成组分布，因此可以近似地将各组多径分量中的散射体集合看作一个个散射体簇，一

个散射体簇对应一条路径，散射体簇中的各散射体对应路径中各条子径，以此为基础，诞生了Saleh-Valenzuela模型。在这个模型中，各径功率和各子径功率均服从指数分布，到达角度的生成则服从泊松分布。此后，为适应MIMO场景，这个模型被扩展至空域。

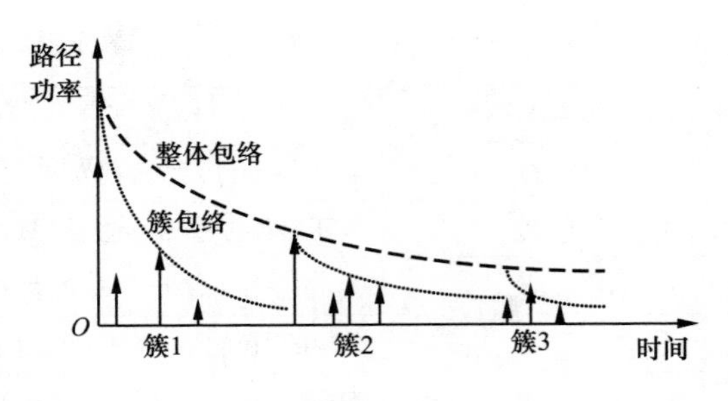

图 2.26 Saleh-Valenzuela 模型原理图

如图2.27所示，假设发射天线数和接收天线数分别为 N_{T} 和 N_{R}，d_{T} 和 d_{R} 分别为发送天线阵列和接收天线阵列中相邻天线间距，当散射体簇数为L且各路径子径总数为C，簇衰落系数为 α_l，簇内各子径衰落系数为 β_{lc} 时，窄带频域信道模型可以表示为

$$\boldsymbol{H}=\sqrt{\frac{N_{\mathrm{R}}N_{\mathrm{T}}}{LC}}\sum_{l=1}^{L}\alpha_l\sum_{c=1}^{C}\beta_{lc}\boldsymbol{u}_{lc}\boldsymbol{v}_{lc}^{\mathrm{H}}$$

其中，接收和发送的响应向量可以写为

$$\boldsymbol{u}_{lc}=\frac{1}{\sqrt{N_{\mathrm{R}}}}\left[1,\mathrm{e}^{\mathrm{j}\kappa d_{\mathrm{R}}\cos\left(\phi_{\mathrm{R},lc}\right)},\cdots,\mathrm{e}^{\mathrm{j}\kappa\left(N_{\mathrm{R}}-1\right)d_{\mathrm{R}}\cos\left(\phi_{\mathrm{R},lc}\right)}\right]^{\mathrm{T}}$$

$$\boldsymbol{v}_{l}=\frac{1}{\sqrt{N_{\mathrm{T}}}}\left[1,\mathrm{e}^{\mathrm{j}\kappa d_{\mathrm{T}}\cos\left(\phi_{\mathrm{T},lc}\right)},\cdots,\mathrm{e}^{\mathrm{j}\kappa\left(N_{\mathrm{T}}-1\right)d_{\mathrm{T}}\cos\left(\phi_{\mathrm{T},lc}\right)}\right]^{\mathrm{T}}$$

而 $\kappa=2\pi/\lambda$ 为波数。

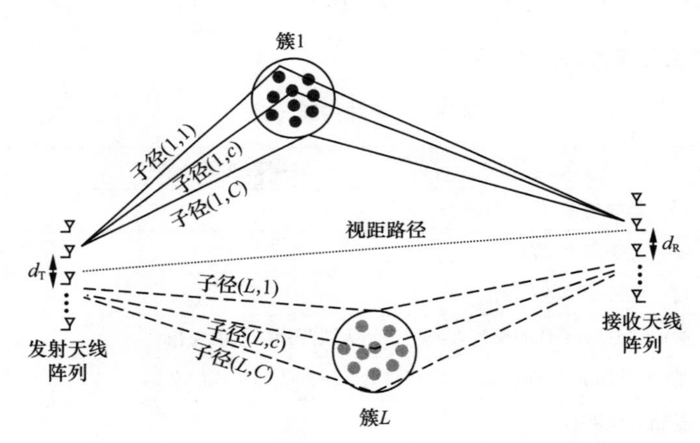

图 2.27 Saleh-Valenzuela 模型示意图

2.5.3 无线信道模型实测与校正

信道模型最终可以归结为参数配置的数学式表达，不同场景的无线传播环境存在差异，这些模型的参数取值必然不同，因此，不同场景的大小尺度模型的参数取值是构建模型的关键。在相关标准协议中，默认参数值是提出模型的学者通过外场实测并进行参数拟合获取的；通常情况下，在实际工程应用中，针对不同确定性场景依然需要在实测后对参数进行修正。一般地，针对小尺度模型和大尺度模型的实测方案有所区别。

如图2.28所示，通常用于修正大尺度模型的测量平台只需要发送端和接收端采用偶极子天线，发送端发送单载波信号，接收端采用频谱仪等设备进行接收点的接收功率统计即可。在外场进行数据采集后，再对数据进行最小二乘拟合，即可修正模型中的衰落因子等参数。图2.29所示为外场采集的路径损耗数据和拟合的大尺度模型。

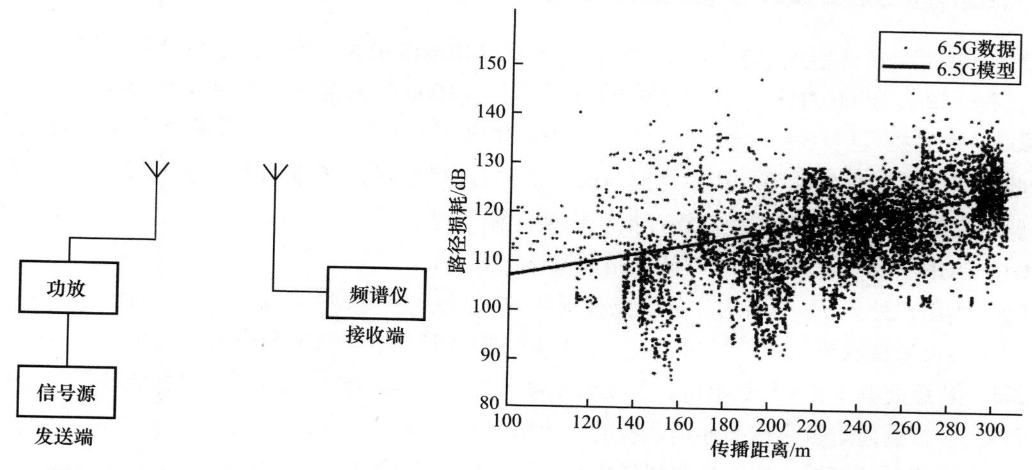

图 2.28　大尺度模型测量平台示意图

图 2.29　大尺度实测数据和拟合模型

无线信道小尺度模型的实测涉及无线信道的多径时延、角度等多维信息，所以小尺度模型测量平台比大尺度模型测量平台要复杂。如图2.30所示，首先，小尺度模型测量平台的发送端和接收端均配置天线阵列进行空间采样，以提取无线信道多径的角度信息；其次，发送端需要发送宽带信号，进行无线信道频域特征的采集；最后，发送端和接收端需要通过GPS和同步时钟保证时序同步。

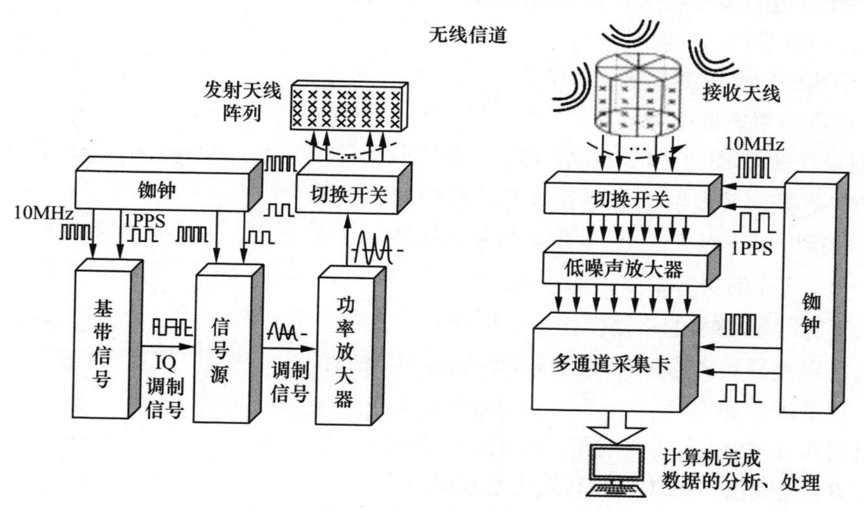

图 2.30　小尺度模型测量平台示意图

基于小尺度模型测量平台，可对物理模型参数进行修正。图2.30给出的3GPP标准中的SCM参数，就是各家公司利用外场实测所得数据进行信道参数提取和建模后得到的结果。

基于外场实测来构建无线信道大尺度模型和小尺度模型，需要构建硬件测试平台，还需要大量的外场数据以进行模型拟合。虽然这是准确获取信道模型的方法，但成本较高。相对成本较低的方式是通过电磁场计算仿真来获取大尺度模型和小尺度模型，如采用射线追踪方法进行无线信道仿真；但受限于输入地图的精度及仿真算力，基于射线追踪构建的信道模型，精度依然是一个瓶颈，在实际应用中需要采用一些实测数据进行相应的校正才可以使用。

习题

2.1　某发射机发射功率为100W，请将其换算成dBm和dBW。如果发射机的天线增益为单位增益，载波频率为900MHz，则在自由空间中距离天线100m处的接收功率为多少dBm?

2.2　发射机发射功率 $P_t = 10\text{W}$，信号的载波频率 $f_c = 1000\text{MHz}$，收发机均采用全向天线。假设收发机间路径损耗如下：距离 $d_0 = 1\text{km}$ 时按照自由空间路径损耗模型计算；距离 $d > d_0$ 时，按照路径损耗指数为6的对数距离路径损耗模型计算。则：

（1）当用户处于 $d_0 = 1\text{km}$ 时，计算路径损耗的大小；

（2）当用户处于 $d = 5\text{km}$ 时，计算路径损耗的大小；

（3）当要求接收机接收信号功率 $P_R \geqslant -112.45\text{dBm}$ 时，求收发机间最大通信距离 d_M。

2.3　若载波频率 $f_c = 800\text{MHz}$，移动台运动速度 $v = 60\text{km/h}$，求最大多普勒频移。

2.4　多径衰落对数字移动通信系统的主要影响有哪些?

2.5　说明时延扩展、相关带宽和多普勒扩展、相关时间的基本概念。

2.6　设载波频率 $f_c = 1900\text{MHz}$，移动台运动速度 $v = 50\text{m/s}$，问：移动10m进行无线电波传播测量时需要多少个样值？进行这些测量需要多少时间？信道的多普勒扩展为多少?

2.7　无线信道的多径功率时延如题2.7图所示，试求：

（1）该信道的平均附加时延；

（2）该信道的RMS时延扩展；

（3）该信道的相关带宽。

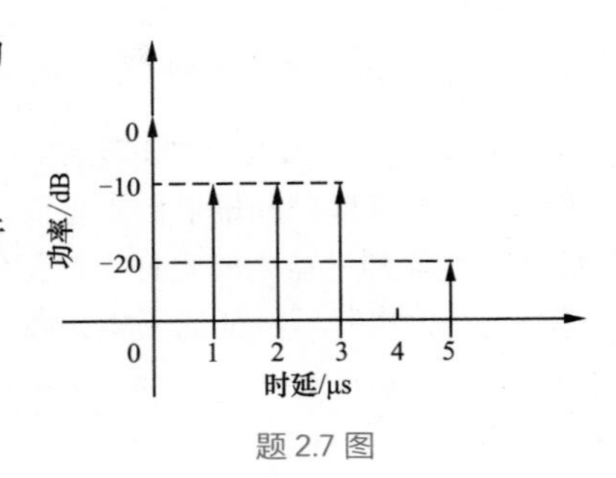

题 2.7 图

2.8　假设在题2.8图所示的自由空间中，系统载波频率为 $f_0 = 100\text{MHz}$，发射机（点）A位于椭圆的一个焦点处，其发射的信息经过两条路径到达位于另一个焦点的接收机（点）B。已知发射机和接收线天线增益 $G_A = G_B = 1$，P点的反射系数为 $R_P = 1$。

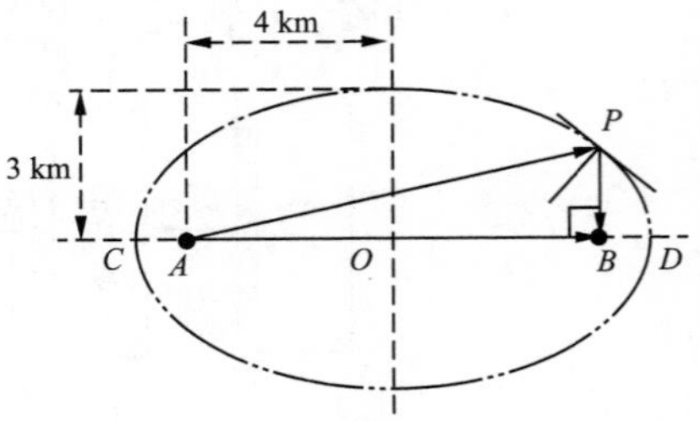

（1）求直射路径AB上的路径损耗是多少dB；

（2）求反射路径第一段AP、第二段PB及总路径APB的路径损耗分别是多少dB；

（3）反射路径APB相对于直射路径AB的相位差是多少？反射路径APB对接收信号的功率起增强还是起减弱作用?

（4）计算收发机间信道的均方根时延扩展。

题 2.8 图

2.9　若 $f_c = 800\text{MHz}$，移动台以 $v = 50\text{km/h}$ 的速度沿无线电波传播方向运动，求接收信号的平均衰落率。

2.10　已知移动台运动速度 $v = 60\text{km/h}$，$f_c = 1000\text{MHz}$，求对于信号包络均方值电平 R_{rms} 的电平通过率。

2.11　思考如何利用类似Jakes仿真器的原理对站内多个位置的阴影衰落建模。

第3章 现代编码与调制技术

本章首先介绍移动通信系统对信源编码、信道编码和调制技术的要求；之后介绍信源编码的基本概念和移动通信中常用的信源编码技术；接着介绍移动通信系统中实用的信道编码技术，进而介绍常用的几种数字调制方式、软解调和正交频分复用技术。

3.1 现代编码与调制技术概述

如图3.1所示，移动通信系统中较简单的数字传输链路模型主要包含信源编码、信道编码和调制解调，它们对移动通信系统的有效性和可靠性均有重要的影响。

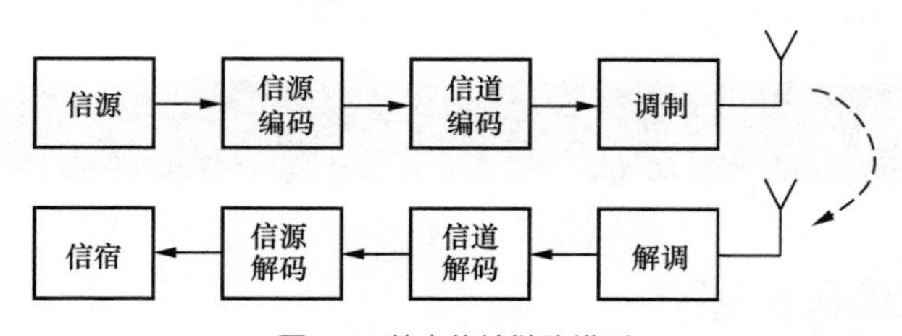

图3.1 数字传输链路模型

1. 信源编码

信源编码是对信源信息中的冗余信息进行压缩，减少传递信息所需的带宽资源，这对于频谱有限的移动通信系统而言具有重大意义。从数字化的2G移动通信系统开始，信源编码就得到充分应用并不断发展，例如，语音编码有GSM系统中的全速率（Full Rate，FR）编码、半速率（Half Rate，HR）编码、增强全速率（Enhanced Full Rate，EFR）编码，GPRS/WCDMA系统中的自适应多速率（Adaptive Multi-Rate，AMR）编码，IS-95系统中使用的码激励线性预测（Code Excited Linear Prediction，CELP）编码，以及CDMA2000演进系统中使用的可选择模式声码器（Selectable Mode Vocoder，SMV），它们都能够以10kbit/s左右甚至更低的平均比特率实现与普通64kbit/s脉冲编码调制（Pulse-Code Modulation，PCM）语音可懂度相当的性能，从而提高无线频谱的利用效率。

由于移动通信环境中存在一些特有的问题，如衰落和干扰的影响、终端电池受限制等，因此信源编码除了满足有效性的目标，还需要考虑对差错具有较高的容忍度、较低的编译码复杂度等，这些都使得信源编码更具有挑战性。

2. 信道编码

信道编码的目的是尽量减小信道中噪声或干扰的影响，以改善通信链路的可靠性。其基本思想是通过在发送端引入可控冗余比特，使信息序列中各符号和添加的冗余符号间存在相关性。在接收端，信道译码器根据这种相关性对接收的序列进行检查，从中发现或纠正错误。对某种调制方式，在给定信噪比下无法达到误码率要求时，增加信道编码是一种提高可靠性的方法。

3. 调制解调

调制就是对信源信息进行编码的过程，其目的就是使携带信息的信号与信道特性相匹配，以及有效地利用信道。1G蜂窝式移动电话系统如AMPS、TACS等是模拟系统，其语音采用模拟调频（信令用数字调制方式），2G～5G移动通信系统都采用数字调制方式。

移动信道中的多径衰落和多普勒扩展都会影响信号传输的可靠性；另外，日益增加的用户和无线信道频谱的拥挤要求系统有比较高的频谱效率。所有这些因素对调制方式的选择都有重大的影响。在移动通信系统中，采用何种调制方式，要综合考虑频带利用率、功率效率、已调信号恒包络、解调难度、带外辐射等各种因素。实际上没有一种调制方式能同时在上述各方面令人满意。例如，采用QAM（Quadrature Amplitude Modulation，正交幅度调制）调制方式就比采用BPSK（Binary Phase Shift Keying，二进制相移键控）调制方式有更高的频谱效率，但为了控制误码率，就需要提高QAM发射功率。这就是说，频谱效率可以以牺牲功率效率来获得；反过来也可用频谱效率来换取功率效率。

调制选择的影响因素

3.2 信源编码

3.2.1 信源编码概述

1. 信源编码的概念

在数字通信系统中，信源编码是从信源到信宿的整个传输链路中的第一个环节，其基本目的就是通过压缩信源产生的冗余信息，降低信息传递的开销，从而提高整个传输链路的有效性。对冗余信息的界定和处理是信源编码的核心问题。只有根据冗余信息的不同特点来设计相应的压缩技术，才能进行高效的信源编码。

信源信息的冗余主要来自以下两个方面。

（1）从信源来看，冗余源于信源符号间的相关性和信源符号的不均匀性。信息论表明，无记忆信源比有记忆信源具有更大的信息熵，而现实中的信源符号间通常都具有一定的相关性，即信源是有记忆的，这为信源编码带来了空间。例如，在一段话中某一个词组反复出现，其第二次及以后出现时通常使用缩写和简称来表示，这就可以看作一种压缩或编码。针对这种类型的冗余，信源编码的主要处理是降低输出信息的相关性和记忆性，即对相关性高和记忆性高的信息采用低速率的编码。这类编码的典型例子有预测编码、变换编码等。此外，信源符号分布的不均匀性也会使信源信息的实际熵变小。

（2）从信宿来看，冗余源于信宿对信源信息失真具有一定的容忍度。由于信宿本身的局限性，例如，受接收机的灵敏度、分辨率等限制或受感官分辨信息精度的限制，信源信息不可能被信宿完全接收或处理，这些无法被接收或处理的信息就可以看作冗余信息。例如，每秒超过25帧的连续画面对于人的视觉而言就没有什么区别，因此电影放映的每秒帧数没有必要设置得比这个值更大。对信源信息的处理将带来一些可接受的失真，从而提高有效性。这类编码大部分应用在对模拟信源的量化上或连续信源的限失真编码中。

需要注意的是，虽然信源编码中对冗余信息的界定和处理是核心问题，但不能忽略压缩处理的重要前提，即对信息传递质量的保障。经过编译码后的信息失真必须在允许的范围内，因此，信源编码可看作在信息传输的有效性和完整性（质量）间的一种折中手段。

2. 移动通信中信源编码的特点

目前绝大多数有线通信和无线通信都需要信源编码来保障信息传输的有效性。在移动通信系统中，信源编码需要考虑以下几个方面。

（1）容量、覆盖范围与质量的折中。容量或比特率受无线频谱带宽的限制，通信距离或覆盖范围受无线电波衰减和发射功率的限制，通信质量或可靠性受无线信道衰落和干扰等不理想因素的影响。在有线通信中，带宽、通信距离和质量相对而言都是理想的；而在移动通信系统中，容量、覆盖范围和质量指标相互关联，因此信源编码不仅需要考虑有效性，还需要考虑其与覆盖范围和质量的相互平衡。以GSM系统中全速率和半速率编码来说，其比特率分别为13kbit/s和6.5kbit/s，前者的语音质量好于后者，但占用的系统资源是后者的两倍左右。当系统的覆盖范围不是限制因素时，使用半速率编码可以牺牲质量以换取倍增的容量，即提高系统的有效性。而当系统的容量相对固定时，可以通过使用半速率编码牺牲质量以换取覆盖范围的增加。

（2）终端处理能力。移动终端通常由电池供电，其运算处理能力有限，因此要求信源编码和译码在保证质量的前提下具有尽可能低的复杂度，以减小功耗和处理时延。例如，移动多媒体广播的H.264标准中，基站侧的图像编码处理较为复杂，但终端侧的译码处理则相对简单。另外，信宿处理能力存在差异，不同档次终端屏幕分辨率不同，因此信源编码应具有可扩展性，即编码后的数据流包含不同的质量等级，以适应不同终端应用需求。

（3）业务实时性。移动信道的差错特性和一些语音、多媒体业务的实时性要求移动通信中信源编码能够容忍一定差错而无须重传。这可能涉及在发送端联合考虑信源编码和信道编码，对重要信息（如画面布局）进行重点保护，而对一些不重要的信息（如相对静止的画面细节）降低保护程度；或者在接收端采取差错隐藏技术，例如，基于已经收到的画面和预测信息填补丢失的画面等。

3.2.2 移动通信中的信源编码

1. 语音信源编码

（1）语音信源编码分类

在数字通信系统中，语音信号的基本编码方式主要有波形编码、参数编码和混合编码。

① 波形编码：直接将时域信号变成数字信号的一种编码方式。波形编码在信号采样和量化中考虑人的听觉特征，使编码信号与原信号在听感上基本保持一致，进而以奈奎斯特（Nyquist）采样定理为基准，主要采用脉冲编码调制（PCM），考虑到抗混叠滤波器的等陡度特性，采样率为语音最高频率的2.5倍左右，将频带宽度为300～3400 Hz的语音信号变换成64 kbit/s（8 kHz

采样，8位量化）的数字信号。此外，还有较高压缩率的差分PCM（DPCM）、自适应差分PCM（ADPCM）和自适应预测编码（Adaptive Predictive Coding，APC）等编码方式。

波形编码的特点是在高比特率条件（16～64 kbit/s）下可获得高质量的语音；然而，当比特率低于16 kbit/s时，语音质量迅速下降。

② 参数编码：以发音机制模型为基础的一种编码方式。发音机制模型是用一套模拟声带频谱特性的滤波器参数和若干声源参数来描述的，参数编码就是将这些参数变换为数字信号的一种编码方式。参数编码的压缩比很高，计算量大，通常语音质量只能达到中等水平。例如，数字移动通信系统和卫星移动通信系统中使用的线性预测编码（Linear Predictive Coding，LPC）及其改进型，比特率可压缩到2～4.8 kbit/s，甚至更低。

③ 混合编码：一种综合编码方式，吸取了波形编码和参数编码的优点，使编码后的数字语音既包含语音特征参量，又包含部分波形编码信息。混合编码包括多脉冲激励线性预测编码（Multi-Pulse Linear Predictive Coding，MPLPC）、规则脉冲激励（Regular Pulse Excited，RPE）编码、码激励线性预测（CELP）编码等。混合编码可将比特率压缩至4～16 kbit/s，且在此范围内能够获得良好的语音效果。

语音质量常被从客观与主观的角度进行评价。客观度量的指标包括信噪比、误码率、误帧率。主观度量是由人耳来判断的，比客观度量复杂。目前国际范围内常采用的主观评价方法为MOS（Mean Opinion Score，平均意见值）法。

（2）语音信源编码举例

在2G标准中，语音信源编码有码激励线性预测（CELP）编码、规则脉冲激励长期预测（RPE-Long Term Prediction，RPE-LTP）编码、自适应多速率窄带（Adaptive Multi-Rate NarrowBand，AMR-NB）编码；在3G标准中，语音信源编码有增强型变速率编解码（Enhanced Variable Rate Codec，EVRC）、自适应多速率窄带（AMR-NB）编码、自适应多速率宽带（Adaptive Multi-Rate WideBand，AMR-WB）编码；在4G和5G标准中，语音信源编码采用自适应多速率宽带（AMR-WB）编码、增强型语音服务（Enhanced Voice Services，EVS），以及标准正在制定中的沉浸式语音和音频服务（Immersive Voice and Audio Services，IVAS）。

下面仅对LTE/NR系统中的EVS进行介绍。EVS是3GPP于2014年在Release-12版本中推出的新一代VoLTE的语音信源编码服务，是继宽带AMR编码后对语音信源编码技术的又一次改进。改进内容具体包括：提高窄带和宽带语音服务的质量和编码效率；引入超宽带和全带（Full Bank）宽语音服务，提高通信质量；增强通话过程中音乐信号和混合内容的质量；具备防止数据丢包和时延抖动的能力；后向兼容AMR编码。如表3.1所示，EVS支持8kHz、16kHz、32kHz和48kHz采样率，以及四种带宽（窄带、宽带、超宽带和全带），编码比特率从5.9kbit/s到128kbit/s共12种。

表 3.1 EVS 不同带宽下的采样率和编码比特率

带宽	采样率/kHz	编码比特率/kbit · s^{-1}
窄带	8	5.9、7.2、8.0、9.6、13.2、16.4、24.4
宽带	16	5.9、7.2、8.0、9.6、13.2、16.4、24.4、32、48、64、96、128
超宽带	32	9.6、13.2、16.4、24.4、32、48、64、96、128
全带	48	16.4、24.4、32、48、64、96、128

在编码方面，EVS支持基于代数码激励线性预测（Algebraic Code-Excited Linear Prediction，

ACELP）的时域编码、基于修改型离散余弦变换（Modified Discrete Cosine Transform，MDCT）的频域编码和静音的混合编码方案。由于语音信号相对音乐信号来说，频率范围更窄，对分辨率的要求也更低，因此ACELP主要用于低比特率语音编码；当输入音频信号不是语音，或者编码比特率大于48kbit/s时，编码器会自动选择基于MDCT的频域编码策略；当输入为静音或噪声时，编码器会自动选择静音的编码策略。EVS是3GPP迄今性能和质量最好的音频信源编码服务，不仅对于语音和音乐信号都能够提供非常高的音频质量，还具有很强的抗丢帧和抗时延抖动的能力，可以为用户带来更好的通话体验。

2. 图像信源编码

（1）图像信源编码分类

如表3.2所示，图像分为静止图像和活动图像（视频），标准分为第一代图像编码标准和第二代图像编码标准。第一代图像编码标准常采用客观度量指标进行编码效果的衡量；而第二代图像编码标准则以主观度量指标进行编码效果的衡量。

表 3.2 图像信源编码分类

标准	静止图像	活动图像（视频）
第一代图像编码标准	JPEG	MPEG1/2、H.261
第二代图像编码标准	JPEG2000	MPEG4、H.264等

① 第一代图像编码标准。

静止图像所用的JPEG（Joint Photographic Experts Group，联合图像专家组）标准有两类编码方案：无失真编码和限失真编码。无失真编码采用DPCM技术，其压缩比较低，用于高保真图片压缩。限失真编码压缩比较高，主要采用离散余弦变换（DCT）的方法，具体来说，就是将图片划分为像素块，逐块进行DCT，保留低频分量并扔掉高频分量，然后对保留DCT系数进行量化，考虑量化后0和1比特分布不等概（概率不相等），从而进行熵编码，以消除信源统计分布上的冗余。

活动图像所用的H.261标准中共采用了5类关键技术：利用帧间预测来消除图像在时域内的相关性，例如，仅传奇数帧，偶数帧利用前后帧进行预测；通过DCT消除图像在空域内的相关性，如仅保留中低频系数；利用人眼的视觉特性进行可变步长及自适应量化；利用变长编码（Variable-Length Coding，VLC）匹配信源统计特性，如赫夫曼（Huffman）编码；利用输入输出的缓存实现平滑数据流传输。MPEG（Moving Picture Experts Group，动态图像专家组）标准有很多版本，如VCD1.0采用的MPEG1标准，VCD2.0采用的MPEG2标准，DVD采用的MPEG4标准。MPEG1的设计思想与H.261类似，也采用了5类关键技术，但视频对象结构分为I、P、B、D帧。其中，I帧为帧内编码帧；P帧为预测编码帧，采用前向运动补偿预测和误差DCT编码，由前面的I帧或P帧进行预测；B帧为双向预测编码帧，采用双向运动补偿预测和误差DCT编码；D帧为直流编码器，只包含每个像素块的直流分量。

② 第二代图像编码标准。

第一代视频编码以像素块为单位进行编码，容错性较差，且没有考虑人的主观感受。第二代视频编码则以人的主观感受为指标。

以JPEG2000为例，它用小波变换代替了DCT，并采用渐进传输技术，给人的感受为图像的轮廓先出现，然后逐渐出现细节纹理特征。与H.261或MPEG1/2不同，MPEG4主要将视频帧分解为纹理、轮廓和运动。纹理主要是帧的高频部分，轮廓是帧的低频分量，运动则涉及时间上的相关性。MPEG4在帧分解后再进行编码，以适应比特率或人的主观感受。

（2）视频信源编码举例

移动通信中视频业务开始于3G，在4G时代得到蓬勃发展。移动通信中的视频信源编码，主要由国际标准化组织（International Organization for Standardization，ISO）及国际电工委员会（International Electrotechnical Committee，IEC）旗下的MPEG和国际电信联盟电信标准化部门ITU-T旗下的视频编码专家组（Video Coding Experts Group，VCEG）制定标准，该系列标准包括H.262/MPEG 2、H.264/AVC（Advanced Video Coding，高级视频编码）、H.265/HEVC（High Efficiency Video Coding，高效视频编码）、H.266/VVC（Versatile Video Coding，多功能视频编码）。

例如，4G系统中采用H.264或H.265作为短视频、视频直播、视频监控等业务的视频信源编码标准。因为H.264/AVC在系统层面上提出了视频编码层（Video Coding Layer，VCL）和网络自适应层（Network Adaptive Layer，NAL），VCL对视频编码信息进行有效的描述，尽可能独立于网络而进行高效编码，NAL则负责对VCL产生的比特流进行打包封装并通过特定网络传输编码后的视频信息。而且其扩展版本H.264/SVC（Scalable Video Coding，可伸缩视频编码）将视频编码成一个基础层和多个增强层，基础层译码是增强层译码的前提，也就是说，基础层的数据要远远重要于增强层数据。这样，比特流具有不同的优先级，在传输时就可以将它们拆分成多个视频流，为不同信道情况下的终端提供不同等级的自适应视频流。图3.2为H.264/SVC适应不同信道质量示意图。

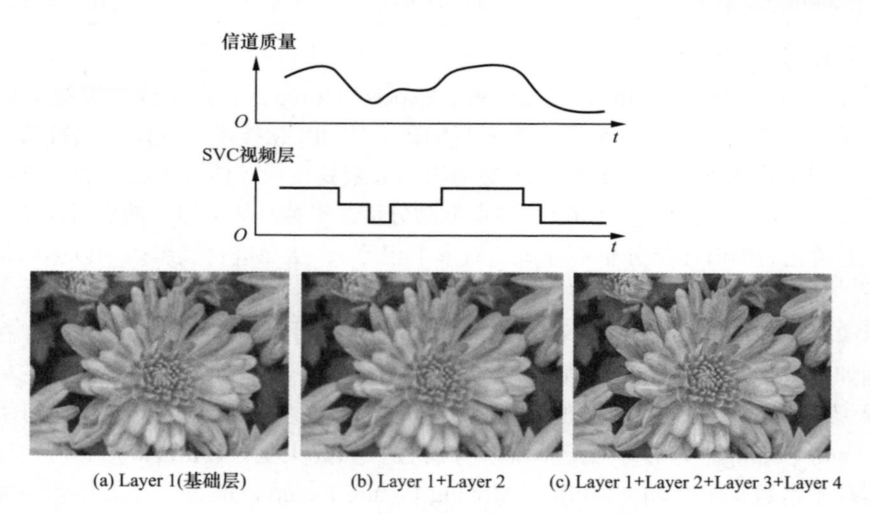

图 3.2 H.264/SVC 适应不同信道质量示意图

作为高清视频后的新一代革新技术，超高清视频被认为是5G的核心应用之一，并为VR/AR应用提供支持，其典型特征是大数据、高比特率。超高清视频对网络的需求如表3.3所示。

表 3.3 超高清视频对网络的需求

业务应用	视频分辨率	编码标准	比特率	时延
1080P高清视频	1920像素×1080像素	H.264	30～50Mbit/s	≤20ms
4K超高清视频	3840像素×2160像素	H.265	50～200Mbit/s	≤16ms
8K超高清视频	7680像素×4320像素	H.265	200～800Mbit/s	≤10ms

H.265/HEVC以H.264为基础，优化了编码方式，平衡了比特率、编码质量、时延及算法复杂

度间的关系，提升了编码效率，以满足4K、8K超高清视频的传输和编码需求。后续其又在可伸缩、多视角、3D、屏幕内容等方面进行了扩展，以适应更广的应用范围。2018年9月，我国首次在杭州云栖大会上实现了专业级5G+8K直播应用。

我国AVS视频编码标准

H.266/VVC首次采纳了基于深度学习的编码技术，于2020年被正式发布，其不仅具有卓越的压缩性能，而且兼顾了编译码复杂度。据统计，在相同的感知质量下，H.266/VVC比H.265/HEVC平均节省大约50%的比特率，编码复杂度与压缩性能基本保持正比关系，译码复杂度不超过H.265/HEVC的2倍。H.266/VVC在标准制定过程中考虑了更多样的视频格式和内容，例如，采用专用编码工具生成的视频或360° 全景视频，采用渐进译码刷新技术避免超低时延视频流中比特率的波动，采用参考帧重采样技术为自适应视频流提供灵活的空间分辨率变化，采用多层编码机制提供时域、空域及质量域的可分级能力等。

3.3 信道编码

3.3.1 信道编码概述

信道编码包括分组码、卷积码、级联码等多种类型，这些码在移动通信中得到了广泛应用。早期的信道编码为接近香农定律极限，需要增加线性分组码的长度或卷积码的约束长度，这样会使最大似然估计译码器的计算复杂度呈指数级增加，以致译码器无法实现。

20世纪90年代出现的Turbo码在接近理论极限方面开辟了新的途径。1993年，在日内瓦IEEE（Institute of Electrical and Electronics Engineers，电气电子工程师学会）国际通信大会上，两位法国电机工程师克劳德·贝鲁（Claude Berrou）和阿兰·格拉维厄（Alain Glavieux）提出了Turbo码，该编码在误比特率低于10^{-5}的情况下，能将与香农定律极限的距离缩小到0.5dB以内。Turbo码对纠错编码具有革命性的影响，在3G和4G移动通信中得到应用。

低密奇偶校验（Low Density Parity Check，LDPC）码是一种具有优异性能的线性分组码。1963年，香农（Shannon）的学生罗伯特·加拉格尔（Robert G. Gallager）博士首先提出LDPC码，但受限于当时硬件水平和缺乏简单、有效的译码方案，LDPC码被“遗忘”了30多年，直到1996年戴维·麦凯（David Mackay）等人证明了基于置信度传播（Belief Propagation，BP）的迭代译码方案具有逼近香农定律极限的性能，LDPC码才被“重发现”，并迎来一段高速发展时期。1997年，卢比（Luby）等人首次提出非规则LDPC码，获得了比规则LDPC码更好的性能。随后，2001年，理查森（Richardson）等人提出密度进化方法，可以有效地分析消息传递译码中LDPC码的容量，并据此设计出距离香农定律极限仅有0.0045dB的非规则LDPC码。受益于其优异的性能，LDPC码在理论分析、编码设计、编译码算法以及硬件实现等各方面均取得了爆发式的进展，在纠错性能、译码吞吐率和低功耗等方面显示出巨大的潜力和优势，并被广泛应用于WiFi、存储、光通信、微波通信、卫星通信以及深空通信等领域。

2008年，阿里坎（Arikan）在IEEE的信息论国际研讨会（ISIT）上展示论文，宣布他发现了信道极化现象，即先进行信道联合再进行信道分裂后，可以得到不同容量的分裂信道，它们的容量一部分趋近于1，一部分趋近于0。一年后，Arikan又发表论文指出可以利用信道极化的方法去构造一种能够被严格证明达到香农定律极限的信道编码，即极化（Polar）码。Polar码具有特定的显式编码结构，其基本编码思想是通过信道极化方法，在容量趋近于1的子信道上发送承载信息的比特，在容量趋近于0的子信道上发送收发端都已知的固定比特。译码时，考虑到信道极化时前后比特具有依赖关系，采用串行抵消（Successive Cancellation，SC）译码算法。而为解决有限码长SC译码算法性能不佳的问题，塔尔（Tal）和瓦尔迪（Vardy）提出了SC-List（SCL）译码算法，显著提升了Polar码短码的性能。

卷积码

Turbo码

在移动通信中，2G系统主要采用了卷积码、费尔码（一种循环码）、费尔码和卷积码组成的级联码；3G系统采用了卷积码、Turbo码；4G系统采用了卷积码（采用咬尾方式）和Turbo码（采用新的内交织器，更适合并行译码），分别用于控制信道和数据信道的编码；5G系统采用LDPC码和Polar码，分别用于数据信道和控制信道的编码。

本节后续主要对分组码、LDPC码和Polar码进行介绍。

3.3.2 分组码

1. 分组码概述

二进制分组码编码器的输入是一个长度为k的信息向量$\boldsymbol{a}=[a_1,a_2,\cdots,a_k]$，它通过一个线性变换，输出一个长度等于$n$的码字$\boldsymbol{c}$，即

$$\boldsymbol{c}=\boldsymbol{aG} \tag{3.1}$$

式（3.1）中，$\boldsymbol{G}$为$k\times n$的矩阵，称作生成矩阵。$R_c(R_c=k/n)$称作编码率。长度等于k的输入向量有2^k个，因此编码得到的码字也有2^k个，这个码字集合称作线性分组码，即(n,k)分组码。

分组码的设计任务就是找到一个合适的生成矩阵$\boldsymbol{G}$。生成矩阵可以写成

$$\boldsymbol{G}=[\boldsymbol{I}\,|\,\boldsymbol{P}] \tag{3.2}$$

式（3.2）中，$\boldsymbol{I}$为k阶单位矩阵，$\boldsymbol{P}$为$k\times(n-k)$矩阵。基于式（3.2）生成的分组码称作系统码，其码字的前k位就是信息向量$\boldsymbol{a}$，后面的$n-k$位则是校验比特。

对一个分组码的生成矩阵$\boldsymbol{G}$，也存在一个$(n-k)\times n$矩阵$\boldsymbol{H}$满足

$$\boldsymbol{GH}^{\mathrm{T}}=\boldsymbol{O} \tag{3.3}$$

式（3.3）中，$\boldsymbol{O}$为一个$k\times(n-k)$全零矩阵。$\boldsymbol{H}$称作校验矩阵，满足

$$\boldsymbol{cH}^{\mathrm{T}}=\boldsymbol{o} \tag{3.4}$$

式（3.4）中，$\boldsymbol{o}$为$1\times(n-k)$全零行向量。根据式（3.4），能够校验所接收的码字是否有错。

通常码字$\boldsymbol{c}_i$中1的个数称作$\boldsymbol{c}_i$的重量，表示为$w\{\boldsymbol{c}_i\}$。两个分组码字$\boldsymbol{c}_i$和$\boldsymbol{c}_j$对应位不同的数目称作$\boldsymbol{c}_i$和$\boldsymbol{c}_j$的汉明距离，表示为$d\{\boldsymbol{c}_i,\boldsymbol{c}_j\}$。任意两个码字间汉明距离的最小值称作码的最小距离，表示为$d_{\min}$。对线性分组码来说，任何两个码字之和都是另一个码字，所以码的最小距离等于非零码字重量的最小值。$d_{\min}$是衡量码的抗干扰能力（检错、纠错能力）的重要参数；$d_{\min}$越大，码字间差别就越大，即使传输过程中产生较多的错误，某个码字也不会变成其他码字，因此码的抗干扰能力就越强。理论分析结论如下。

（1）(n,k)线性分组码能纠正t个错误的充分条件是

$$d_{\min}=2t+1\text{ 或 }t=\left\lfloor\frac{d_{\min}-1}{2}\right\rfloor \tag{3.5}$$

式（3.5）中，$\lfloor x\rfloor$表示对x取整数部分。

（2）(n,k)线性分组码能发现接收码字中l个错误的充分条件是

$$d_{\min} = l + 1 \tag{3.6}$$

（3）(n,k)线性分组码能纠正t个错误并能发现l（$l > t$）个错误的充分条件是

$$d_{\min} = t + l + 1 \tag{3.7}$$

译码是编码的反变换。译码器根据编码规则和信道特性，对所接收的码字进行“判决”，这一过程就是译码。通过译码可以纠正码字在传输过程中产生的错误，从而求出发送码字的估值。设发送的码字为$\boldsymbol{c}$，接收的码字$\boldsymbol{r} = \boldsymbol{c} + \boldsymbol{e}$，其中$\boldsymbol{e}$为错误图样，它指示码字中错误符号的位置。当没有错误时，$\boldsymbol{e}$为全零向量。因为码字符合式（3.4），所以也可以利用这种关系检查接收的码字是否有错。定义接收码字$\boldsymbol{r}$的伴随式（或校验子）为

$$\boldsymbol{s} = \boldsymbol{r}\boldsymbol{H}^{\mathrm{T}} \tag{3.8}$$

若$\boldsymbol{s} = \boldsymbol{0}$，则$\boldsymbol{r}$是一个码字；若$\boldsymbol{s} \neq \boldsymbol{0}$，则传输一定有错。但任意两个码字的和是另外一个码字，所以$\boldsymbol{s} = \boldsymbol{0}$不等于没有错误发生，而未能发现这种错误的图样有$2^k-1$个。由于

$$\boldsymbol{s} = \boldsymbol{r}\boldsymbol{H}^{\mathrm{T}} = (\boldsymbol{c} + \boldsymbol{e})\boldsymbol{H}^{\mathrm{T}} = \boldsymbol{c}\boldsymbol{H}^{\mathrm{T}} + \boldsymbol{e}\boldsymbol{H}^{\mathrm{T}} = \boldsymbol{e}\boldsymbol{H}^{\mathrm{T}} \tag{3.9}$$

因此伴随式仅与错误图样有关，与发送的具体码字无关。不同的错误图样有不同的伴随式，它们有一一对应的关系，据此可以构造基于伴随式与错误图样关系的译码表。综上，(n,k)线性分组码对接收码字的译码步骤如下：①计算伴随式$\boldsymbol{s} = \boldsymbol{r}\boldsymbol{H}^{\mathrm{T}}$；②根据伴随式检出错误图样$\boldsymbol{e}$；③计算发送码字的估值$\hat{\boldsymbol{c}} = \boldsymbol{r} \oplus \boldsymbol{e}$。这种译码方法可以用于任何线性分组码。

2. 分组码举例

（1）汉明码

汉明码是最早（1950年）出现的纠正一个错误的线性分组码。由于编码简单，其在通信和数据存储系统中有广泛的应用。其主要参数如下：码长$n = 2^m - 1$，其中m为校验比特的个数；信息比特数$k = 2^m - m - 1$；监督比特数$n - k = m(m \geqslant 3)$；最小距离$d_{\min} = 3$。

（2）循环码

前面的线性分组码在译码求错误图样$\boldsymbol{e}$时，需要使用组合逻辑电路，当$n-k$比较大时，电路将变得复杂而不实际。循环码可以使用线性反馈移位寄存器，很容易实现编码和伴随式计算，其译码方法简单，因此得到广泛的应用。

如果(n,k)线性分组码的每个码字经过任意循环移位后仍是一个分组码的码字，则称该码为循环码。为便于讨论，把码字$\boldsymbol{c} = [c_{n-1}, c_{n-2}, \cdots, c_1, c_0]$的各个分量看作一个多项式的系数，即

$$C(x) = c_{n-1}x^{n-1} + c_{n-2}x^{n-2} + \cdots + c_1 x + c_0 \tag{3.10}$$

$C(x)$称作码字多项式。循环码可以由一个$n-k$阶生成多项式$g(x)$产生，$g(x)$的一般形式为

$$g(x) = x^{n-k} + g_{n-k-1}x^{n-k-1} + \cdots + g_1 x + 1 \tag{3.11}$$

$g(x)$是$1 + x^n$的一个$n-k$次因式。设信息多项式为

$$m(x) = m_{k-1}x^{k-1} + \cdots + m_1 x + m_0 \tag{3.12}$$

循环码的编码步骤如下：①计算$x^{n-k}m(x)$；②计算$x^{n-k}m(x)/g(x)$得余式$r(x)$；③得到码字多项式$C(x) = x^{n-k}m(x) + r(x)$。循环码的译码步骤基本上和分组码的译码步骤相同。由于采用了线性反馈移位寄存器，因此译码电路变得十分简单。

分组码的应用

循环码特别适合误码检测，实际应用中许多用于误码检测的码都属于循环

码。当码字满足$c(x)/g(x)=0$时，该码字$c(x)$可以在接收端用于误码检测，因此称为循环冗余校验（Cyclic Redundancy Check，CRC）码；但CRC码不一定是循环码，这是因为用于CRC码的生成多项式$g(x)$不必是x^n+1的因式，即码字不满足循环封闭性。

3.3.3 LDPC码

根据编译码操作是在二元域上完成的，还是在q元伽罗华域上进行的，LDPC码可以分为二进制LDPC码和多进制LDPC码。此处仅对二进制LDPC码进行介绍。

多进制LDPC

1. LDPC码概述

（1）校验矩阵

LDPC码的校验矩阵是稀疏矩阵，其中非零元素的占比极小，因此通常采用校验矩阵来表示其码字，编码和译码操作也基于校验矩阵进行。定义信息比特长度为k，编码输出长度为n，那么LDPC码校验矩阵$\boldsymbol{H}$维度为$(n-k)\times n$，对应的码字$\boldsymbol{v}$可以由校验矩阵定义为$\boldsymbol{v}\in\{\boldsymbol{v}\mid\boldsymbol{H}\boldsymbol{v}^{\mathrm{T}}=0,\boldsymbol{v}\in\{0,1\}^n\}$。例如，一个$k=5,n=10$的LDPC码校验矩阵如下。

$$\boldsymbol{H}=\begin{array}{c} \begin{matrix} v_0 & v_1 & v_2 & v_3 & v_4 & v_5 & v_6 & v_7 & v_8 & v_9 \end{matrix} \\ \begin{bmatrix} 1 & 1 & 1 & 0 & 0 & 0 & 1 & 0 & 0 & 0 \\ 1 & 0 & 0 & 0 & 1 & 1 & 1 & 0 & 0 & 0 \\ 0 & 1 & 0 & 0 & 1 & 0 & 0 & 1 & 1 & 0 \\ 0 & 0 & 1 & 1 & 0 & 0 & 1 & 0 & 0 & 1 \\ 0 & 0 & 0 & 1 & 0 & 0 & 0 & 1 & 1 & 1 \end{bmatrix} \end{array} \begin{matrix} c_0 \\ c_1 \\ c_2 \\ c_3 \\ c_4 \end{matrix} \tag{3.13}$$

校验矩阵$\boldsymbol{H}$中，每列对应LDPC码的一个比特，又被称作变量节点；每行对应一个校验方程，又被称作校验节点。校验矩阵中的非零元素$h_{i,j}$表示第i个校验节点和第j个变量节点相连。由于校验矩阵是稀疏的，因此节点间的连接关系也比较稀疏，每一行中的非零元素个数（行重，又称校验节点的度）和每一列中的非零元素个数（列重，又称变量节点的度）都比较小。如果一个矩阵所有行的行重和所有列的列重都相等，那么该矩阵对应的LDPC码为规则码，否则就是非规则码。上面给出的矩阵行重为4，列重为2，该矩阵是一个规则LDPC码的校验矩阵。

（2）Tanner图

LDPC码不仅可以用校验矩阵表示，还可以用图模型表示。Tanner（坦纳）图是一种常见的图模型表示方法，它能够直观反映节点间的连接关系。式（3.13）中矩阵对应的Tanner图如图3.3所示，其中每个节点连接的边数就对应该节点的度。

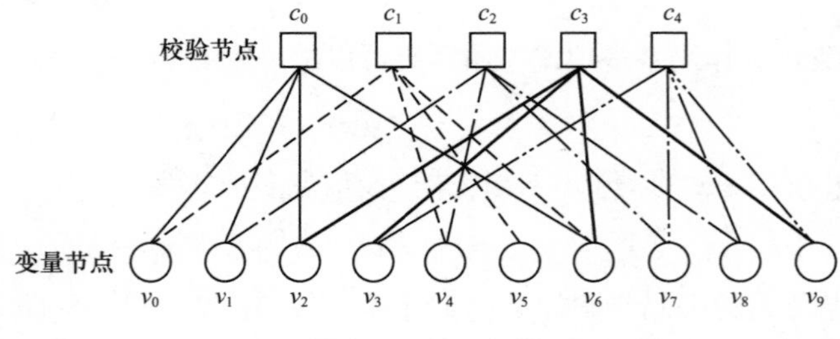

图3.3 LDPC码的Tanner图

（3）准循环LDPC码

当LDPC码较长时，节点数可能会达到几千甚至几万个，此时对应的校验矩阵维度就变得非常庞大，难以直接表示。为简化矩阵表达，人们引入了一些结构特征，比较典型的就是准循环（Quasi-Cyclic，QC）LDPC码。准循环LDPC码采用准循环结构，可以大幅简化矩阵表达。它采用一个$m_b\times n_b$的基矩阵来表达一个

$(m_b z)\times(n_b z)$的校验矩阵，基矩阵中的每个元素为循环移位系数，可以扩展成一个$z\times z$的矩阵，其中循环移位系数为−1的部分对应$z\times z$的全零矩阵，大于或等于0的部分对应$z\times z$单位矩阵的循环移位矩阵，循环移位系数的取值表示循环移位次数。例如，当扩展因子z=4时，简单的示例如下。

$$-1\to\begin{bmatrix}0&0&0&0\\0&0&0&0\\0&0&0&0\\0&0&0&0\end{bmatrix},0\to\begin{bmatrix}1&0&0&0\\0&1&0&0\\0&0&1&0\\0&0&0&1\end{bmatrix},1\to\begin{bmatrix}0&1&0&0\\0&0&1&0\\0&0&0&1\\1&0&0&0\end{bmatrix},2\to\begin{bmatrix}0&0&1&0\\0&0&0&1\\1&0&0&0\\0&1&0&0\end{bmatrix}\tag{3.14}$$

准循环结构不仅能大幅减少校验矩阵的表达维度，而且由于$z\times z$矩阵均为全零矩阵或者单位矩阵的循环移位矩阵，内部节点不会直接交互，因此实现时可以方便地并行处理，从而支撑高吞吐率译码。

2. 二进制LDPC码的编码

下面介绍LDPC码的编码，并着重介绍一些编码非常简单的典型矩阵结构。

将LDPC码字记作$\boldsymbol{v}=[\boldsymbol{s},\boldsymbol{p}]$，其中$\boldsymbol{s}$为已知的信息比特，$\boldsymbol{p}$为待求的校验比特，编码的过程就是根据校验矩阵$\boldsymbol{H}$和信息比特$\boldsymbol{s}$，按照$\boldsymbol{H}\boldsymbol{v}^{\mathrm{T}}=\boldsymbol{0}$的关系解方程求得校验比特$\boldsymbol{p}$的过程；此外还可以根据校验矩阵$\boldsymbol{H}$和生成矩阵$\boldsymbol{G}$间的关系$\boldsymbol{G}\boldsymbol{H}^{\mathrm{T}}=\boldsymbol{0}$恢复出生成矩阵$\boldsymbol{G}$，然后将信息向量与生成矩阵相乘得到完整码字$\boldsymbol{v}=\boldsymbol{s}\boldsymbol{G}$。不过对一个随机矩阵，这两种方法都比较复杂。为了使编码简单易行，学术界提出了下三角结构、双对角结构等具有一定特征的准循环LDPC码校验矩阵结构，下面来进行介绍。

（1）下三角结构。LDPC码的校验矩阵可以分为两部分，$\boldsymbol{H}=\begin{bmatrix}\boldsymbol{H}_{\mathrm{s}} & \boldsymbol{H}_{\mathrm{p}}\end{bmatrix}$，其中$\boldsymbol{H}_{\mathrm{s}}$对应信息比特，$\boldsymbol{H}_{\mathrm{p}}$对应校验比特。下三角结构的LDPC码校验矩阵$\boldsymbol{H}_{\mathrm{p}}$部分为下三角矩阵，编码时按照$\boldsymbol{H}\boldsymbol{v}^{\mathrm{T}}=\boldsymbol{0}$求校验比特。一个简单的下三角结构校验矩阵$\boldsymbol{H}$为

$$\begin{matrix} & s_0 & s_1 & s_2 & s_3 & s_4 & p_0 & p_1 & p_2 & p_3 & p_4 \end{matrix}$$
$$\boldsymbol{H}=\begin{bmatrix}1&1&1&0&0&1&0&0&0&0\\1&0&0&0&1&1&1&0&0&0\\0&1&0&0&1&0&0&1&0&0\\0&0&1&1&0&0&1&0&1&0\\0&0&0&1&0&0&0&1&1&1\end{bmatrix}\tag{3.15}$$

编码时根据第一行方程$s_0+s_1+s_2+p_0=0$可以直接求得校验比特p_0，再根据第二行方程$s_0+s_4+p_0+p_1=0$可以求出p_1，依次求出所有的校验比特，便可完成编码。

（2）双对角结构。双对角结构是另一种常用的校验矩阵结构，双对角结构的校验矩阵$\boldsymbol{H}$为

$$\begin{matrix} & s_0 & s_1 & s_2 & s_3 & s_4 & p_0 & p_1 & p_2 & p_3 & p_4 \end{matrix}$$
$$\boldsymbol{H}=\begin{bmatrix}1&1&1&0&0&1&1&0&0&0\\1&0&0&0&1&0&1&1&0&0\\0&1&0&0&1&1&0&1&1&0\\0&0&1&1&0&0&0&0&1&1\\0&0&0&1&0&1&0&0&0&1\end{bmatrix}\tag{3.16}$$

编码时根据$\boldsymbol{H}\boldsymbol{v}^{\mathrm{T}}=\boldsymbol{0}$可以得到5个校验方程，将它们相加可以消去$p_1$到$p_4$，这样就可求得$p_0$；然后将$p_0$的值代入第一个方程就可以求出$p_1$，依次就可求得所有校验比特，完成双对角结构校验矩阵的编码过程。

LDPC硬判决译码

BP译码算法的引理

3. 二进制LDPC码的译码

LDPC码的译码可以分为硬判决译码和软判决译码两种。硬判决译码在译码过程中传递单比特信息，复杂度低但性能较差；软判决译码在译码过程中传递LLR（Log-Likelihood Ratio，对数似然比）信息，复杂度相对更高但性能好，在通信系统中更为常用。因此本节重点对软判决译码进行介绍。

软判决译码算法中比较经典的是置信度传播（BP）算法。该算法通过变量节点和校验节点间的信息交替传递来完成译码，过程中传递比特的概率信息。在每次迭代中，校验节点根据校验方程来修正传递给变量节点的信息，变量节点对来自不同方程的信息进行合并，最终得到能满足所有校验方程的码字作为译码结果。如果达到一定的迭代次数仍无法满足校验方程，则译码失败。

（1）BP译码算法的引理与Gallager定理

BP译码算法的推导需要用到如下引理。

BP译码算法的引理： 长为K的独立二进制序列$\boldsymbol{a}=\left[a_1,a_2,\cdots,a_K\right]$，其中$P\left(a_k=1\right)=p_k$，则$\boldsymbol{a}$包含偶数个1的概率是$\frac{1}{2}+\frac{1}{2}\prod_{k=1}^{K}\left(1-2p_k\right)$，$\boldsymbol{a}$包含奇数个1的概率是$\frac{1}{2}-\frac{1}{2}\prod_{k=1}^{K}\left(1-2p_k\right)$。

Gallager定理： 发送码字$\boldsymbol{v}$通过调制映射为调制向量$\boldsymbol{x}$，$\boldsymbol{x}$经过信道后，到达接收端的是等效观察向量$\boldsymbol{y}$，假设$P_i=P\left\{v_i=1|\,\boldsymbol{y}\right\}$表示已知接收$\boldsymbol{y}$后$v_i=1$的概率，$P\left(v_i=0|\,\boldsymbol{y},S\right)$或$P\left(v_i=1|\,\boldsymbol{y},S\right)$表示已知接收码字后$v_i=0$或$v_i=1$满足所有校验方程的概率，$P_{i'j}$为第$j$个校验方程中第$i'$个比特为1的概率，则有

$$\frac{P\left(v_i=0|\,\boldsymbol{y},S\right)}{P\left(v_i=1|\,\boldsymbol{y},S\right)}=\frac{1-P_i}{P_i}\frac{\prod_{j\in C_i}\left(1+\prod_{i'\in V_j\backslash i}\left(1-2P_{i'j}\right)\right)}{\prod_{j\in C_i}\left(1-\prod_{i'\in V_j\backslash i}\left(1-2P_{i'j}\right)\right)}\triangleq\frac{1-P_i}{P_i}\frac{\prod_{j\in C_i}r_{ji}(0)}{\prod_{j\in C_i}r_{ji}(1)} \tag{3.17}$$

进而由第i个变量节点给第j个校验节点传递的外信息为

$$q_{ij}(0)=\left(1-P_i\right)\prod_{j'\in C_i\backslash j}r_{j'i}(0),\ q_{ij}(1)=P_i\prod_{j'\in C_i\backslash j}r_{j'i}(1) \tag{3.18}$$

式（3.17）和式（3.18）中，V_j是与校验节点j相连的变量节点集合；C_i是与变量节点i相连的校验节点集合。

（2）LDPC码的译码算法

① BP译码算法。根据Gallager定理，有BP译码算法如下。

BP译码算法
初始化
$q_{ij}^{(0)}(0)=P_i(0)$，$q_{ij}^{(0)}(1)=P_i(1)$
迭代处理
步骤1：校验节点消息处理。 $r_{ji}^{(l)}(0)=\frac{1}{2}+\frac{1}{2}\prod_{i'\in V_j\backslash i}\left(1-2q_{i'j}^{(l-1)}(1)\right)$，$r_{ji}^{(l)}(1)=\frac{1}{2}-\frac{1}{2}\prod_{i'\in V_j\backslash i}\left(1-2q_{i'j}^{(l-1)}(1)\right)$

步骤2：变量节点消息处理。

$$q_{ij}^{(l)}(0)=K_{ij}^{(l)}P_i(0)\prod_{j'\in C_i\setminus j} r_{j'i}^{(l)}(0)，\quad q_{ij}^{(l)}(1)=K_{ij}^{(l)}P_i(1)\prod_{j'\in C_i\setminus j} r_{j'i}^{(l)}(1)$$

步骤3：译码判决。

$$q_i^{(l)}(0)=K_i^{(l)}P_i(0)\prod_{j'\in C_i} r_{j'i}^{(l)}(0)，\quad q_i^{(l)}(1)=K_i^{(l)}P_i(1)\prod_{j'\in C_i} r_{j'i}^{(l)}(1)$$

步骤2和步骤3中$K_{ij}^{(l)}$和$K_i^{(l)}$为归一化因子，保证0和1的概率之和为1。

若$q_i^{(l)}(0)>0.5$，则$\hat{v}_i=0$，否则$\hat{v}_i=1$。

终止

若$\boldsymbol{H}\hat{\boldsymbol{v}}^{\mathrm{T}}=\boldsymbol{0}$或者达到最大迭代次数，则运算结束，否则回到步骤1继续迭代。

② Log-BP译码算法。概率域BP译码算法中有大量的乘法计算，为了对其进行简化，通常在LLR域上进行译码，将乘法转变为加法，因此有了Log-BP译码算法。

Log-BP译码算法

初始化

$$L^{(0)}(q_{ij})=\ln\frac{q_{ij}^{(0)}(0)}{q_{ij}^{(0)}(1)}=\ln\frac{P_i(0)}{P_i(1)}=L(P_i)$$

迭代处理

步骤1：校验节点消息处理。

利用$\tanh x=\dfrac{\mathrm{e}^x-\mathrm{e}^{-x}}{\mathrm{e}^x+\mathrm{e}^{-x}},\tanh\left(\dfrac{1}{2}\ln\dfrac{1-p_1}{p_1}\right)=1-2p_1$，则有

$$L^{(l)}(r_{ji})=\ln\frac{r_{ji}^{(l)}(0)}{r_{ji}^{(l)}(1)}=2\tanh^{-1}\left(1-2r_{ji}^{(l)}(1)\right)=2\tanh^{-1}\left(\prod_{i'\in V_j\setminus i}\left(1-2q_{i'j}^{(l-1)}(1)\right)\right)$$

$$=2\tanh^{-1}\left(\prod_{i'\in V_j\setminus i}\tanh\left(\frac{1}{2}\ln\frac{q_{i'j}^{(l-1)}(0)}{q_{i'j}^{(l-1)}(1)}\right)\right)=2\tanh^{-1}\left(\prod_{i'\in V_j\setminus i}\tanh\left(\frac{1}{2}L^{(l-1)}(q_{i'j})\right)\right)$$

步骤2：变量节点消息处理。

$$L^{(l)}(q_{ij})=\ln\frac{q_{ij}^{(l)}(0)}{q_{ij}^{(l)}(1)}=\ln\frac{P_i(0)}{P_i(1)}+\sum_{j'\in C_i\setminus j}\ln\frac{r_{j'i}^{(l)}(0)}{r_{j'i}^{(l)}(1)}=L(P_i)+\sum_{j'\in C_i\setminus j}L^{(l)}(r_{j'i})$$

步骤3：译码判决。

$$L^{(l)}(q_i)=\ln\frac{q_i^{(l)}(0)}{q_i^{(l)}(1)}=\ln\frac{P_i(0)}{P_i(1)}+\sum_{j'\in C_i}\ln\frac{r_{j'i}^{(l)}(0)}{r_{j'i}^{(l)}(1)}=L(P_i)+\sum_{j'\in C_i}L^{(l)}(r_{j'i})$$

若$L^{(l)}(q_i)>0$，则$\hat{v}_i=0$，否则$\hat{v}_i=1$。

终止

若 $\boldsymbol{H}\hat{\boldsymbol{v}}^{\mathrm{T}}=\mathbf{0}$ 或者达到最大迭代次数，则运算结束，否则回到步骤1继续迭代。

③ MinSum译码算法。尽管Log-BP译码算法把乘法都转换为了加法，但它引入了tanh的非线性运算，人们考虑对其进一步简化，因此有了MinSum（最小和）算法。与Log-BP译码算法相比，MinSum译码算法对步骤1进行了简化，简化后的处理方式为

$$L^{(l)}\left(r_{ji}\right)=\left\{\prod_{i'\in V_j\backslash i}\operatorname{sign}\left[L^{(l-1)}\left(q_{i'j}\right)\right]\right\}\cdot\min_{i'\in V_j\backslash i}\left\{\left|L^{(l-1)}\left(q_{i'j}\right)\right|\right\} \tag{3.19}$$

MinSum译码算法相较于Log-BP译码算法会有一定的性能损失。为了弥补这一损失，可以引入归一化（Normalized）或者偏置（Offset）的修正，使其性能接近Log-BP译码算法。假设归一化因子为 α，则归一化修正的处理方式为

$$L^{(l)}\left(r_{ji}\right)=\alpha\cdot\left\{\prod_{i'\in V_j\backslash i}\operatorname{sign}\left[L^{(l-1)}\left(q_{i'j}\right)\right]\right\}\cdot\min_{i'\in V_j\backslash i}\left\{\left|L^{(l-1)}\left(q_{i'j}\right)\right|\right\} \tag{3.20}$$

而假设 β 为偏置因子时，偏置修正的处理方式为

$$L^{(l)}\left(r_{ji}\right)=\left\{\prod_{i'\in V_j\backslash i}\operatorname{sign}\left[L^{(l-1)}\left(q_{i'j}\right)\right]\right\}\cdot\max\left\{\min_{i'\in V_j\backslash i}\left\{\left|L^{(l-1)}\left(q_{i'j}\right)\right|-\beta\right\},0\right\} \tag{3.21}$$

（3）译码算法的调度更新

译码算法确定后，译码的更新顺序也会影响最终的性能。上述译码算法中的步骤1和步骤2的交替更新有两种常见模式，即洪水调度更新译码和分层调度更新译码。

① 洪水调度更新译码。每次迭代需要先完成所有校验节点的更新，再完成所有变量节点的更新。

② 分层调度更新译码。此模式又可以分为按行分层调度和按列分层调度。按行（按列）分层调度时，迭代过程中逐行（逐列）处理，每完成一层对应的校验节点（变量节点）更新，便将与其相连的变量节点（校验节点）更新，之后更新下一个校验节点（变量节点），直至所有校验节点（变量节点）更新一轮，视为一次迭代。分层调度更新译码保证了每次迭代中信息的充分交互传递，因此可以有效地加快译码的收敛速度。

4. 5G中的LDPC码

移动通信中信道环境多变，为保证系统容量，需要支持物理层重传，这样就要求NR系统中的LDPC码编码率灵活可变，能够高效地支持HARQ（Hybrid Automatic Repeat reQuest，混合自动重传请求）；同时由于无线业务繁多，不同业务需要传输的数据量有较大差异，这样就要求LDPC码码长也能够灵活变化。为了满足这种灵活性，如图3.4所示，NR系统中的LDPC码采用了类喷泉（Raptor-Like，RL）码的结构：一方面通过准循环扩展因子z的灵活变化来支持码长可变；另一方面通过单列重扩展部分来支持编码率可变，即图3.4中的每个额外校验比特是完全独立的，一个矩阵便可以支持所有编码率。灵活的编码率使得HARQ模式中基于增量冗余（Incremental Redundancy，IR）的合并成为可能，通过重传能够获得接近最优的编码增益，从而

保证整个系统的频谱效率最大化。

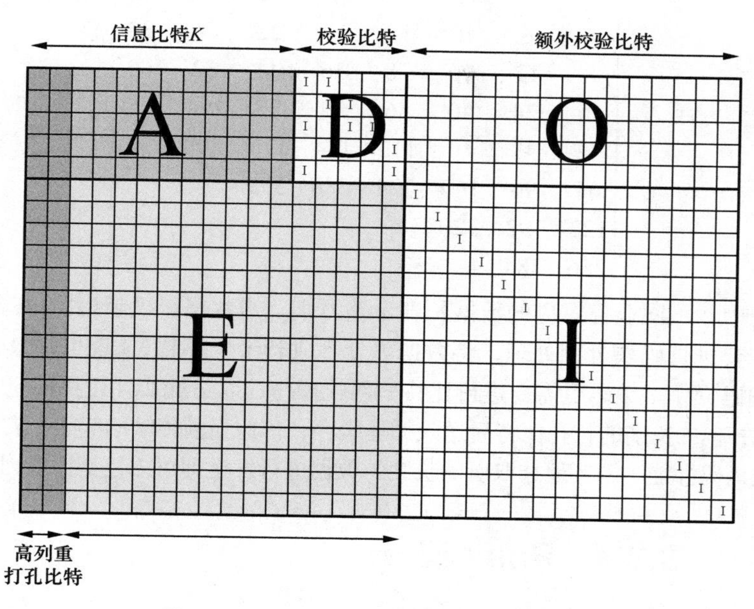

图 3.4　Raptor-Like LDPC 码校验矩阵结构图

NR系统中LDPC码的基矩阵有5个部分，其中$\boldsymbol{A}$矩阵和$\boldsymbol{E}$矩阵都是循环置换矩阵和全零矩阵组成的矩阵，$\boldsymbol{O}$矩阵为全零矩阵，$\boldsymbol{I}$矩阵为单位矩阵。$\boldsymbol{A}$矩阵对应系统信息比特，$\boldsymbol{D}$矩阵对应校验信息比特，矩阵$\boldsymbol{H}_{\text{core}}=[\boldsymbol{A}\quad \boldsymbol{D}]$对应一个高编码率的LDPC码，矩阵$[\boldsymbol{E}\quad \boldsymbol{I}]$对应支持IR-HARQ的扩展冗余比特，其中单位矩阵$\boldsymbol{I}$实际上对应一个度为1的单校验比特。所以该结构等价于一个高编码率LDPC码与多个单校验码串行级联，并且可以随着扩展矩阵行数和列数的增加来得到编码率任意低的LDPC码校验矩阵，从而NR系统中LDPC码的校验矩阵可以支持IR-HARQ与灵活的编码率。

NR协议的LDPC码采用两个基矩阵，分别为BG1和BG2。BG1用于较大块长（信息块长度）较高编码率（矩阵维度为46×68，$\boldsymbol{H}_{\text{core}}$的大小为$4\times26$，$\boldsymbol{E}$的大小为$42\times26$，最低编码率为1/3，最大信息比特长度为8448）情况，BG2用于较小块长较低编码率（矩阵维度为42×52，$\boldsymbol{H}_{\text{core}}$的大小为$4\times14$，$\boldsymbol{E}$的大小为$38\times14$，最低编码率为1/5，最大信息比特长度为3840）情况。BG2稍显特殊，可以通过删除$\boldsymbol{H}_{\text{core}}$中的部分列，实现基矩阵大小随着信息块大小的变化而变化。具体来说，当信息块长度小于或等于192时，$\boldsymbol{H}_{\text{core}}$的列数为10；当信息块长度大于192且小于560时，$\boldsymbol{H}_{\text{core}}$的列数为12；当信息块长度大于560且小于或等于640时，$\boldsymbol{H}_{\text{core}}$的列数为13；当信息块长度大于640时，$\boldsymbol{H}_{\text{core}}$的列数为14。

为了支持不同的信息块长度，同时考虑描述复杂度和性能的折中，5G NR根据$a\in\{2,3,5,7,9,11,13,15\}$定义了8组扩展因子$z=a\times2^j$（$j=0,1,\cdots,7$）。$z$的取值是$2\sim384$的正整数。这些值分为8个集合，每个集合对应一个$a$。对于每个$a$，NR协议基于每个基矩阵定义了一个奇偶校验矩阵（Parity Check Matrix），对应这个集合中最大的z。BG1和BG2分别对应8套奇偶校验矩阵基矩阵，按照扩展因子z进行分类。z的取值范围如式（3.22）所示，每个校验矩阵对应其中一列。

$$z \in \left\{\begin{matrix} 2 & 3 & 5 & 7 & 9 & 11 & 13 & 15 \\ 4 & 6 & 10 & 14 & 18 & 22 & 26 & 30 \\ 8 & 12 & 20 & 28 & 36 & 44 & 52 & 60 \\ 16 & 24 & 40 & 56 & 72 & 88 & 104 & 120 \\ 32 & 48 & 80 & 112 & 144 & 176 & 208 & 240 \\ 64 & 96 & 160 & 224 & 288 & 352 & & \\ 128 & 192 & 320 & & & & & \\ 256 & 384 & & & & & & \end{matrix}\right\} \tag{3.22}$$

在实际系统中，不同业务对应的数据长度千差万别。当数据长度超出LDPC码所能支持的最大长度时，就需要进行码块分割处理，将数据等分割成若干个不超过LDPC码最大长度的码块，各自独立进行编码操作。编码后需要进行比特率匹配操作，以适配实际可用的空口资源。具体做法是将数据扣除掉前2z长度的打孔比特后送入循环缓存，依照当前传输的起始位置（重传时会选取不同的起点优化译码性能）循环地选取所需长度的数据进行发送即可（且是扩展因子z的整数倍）。

3.3.4 Polar 码

1. 信道极化

Polar码的基本原理是信道极化，因此我们首先介绍信道极化的基本原理。定义$W(y|x)=p(y|x)$表示信道转移概率，而$W_2:(u_1,u_2)\to(y_1,y_2)$，则按照图3.5所示的方式，可以得到

$$W_2(y_1,y_2|u_1,u_2)=W(y_1|u_1\oplus u_2)W(y_2|u_2)\triangleq W_2^{(1)}W_2^{(2)} \tag{3.23}$$

首先考虑二进制擦除信道（Binary Erasure Channel，BEC）下分裂子信道的信道容量，并假设信道擦除概率为1−p。对于图3.5所示的2个分裂子信道的情况，若无错误传输则有$y_1=u_1+u_2, y_2=u_2$。当有错误传输时，若采用连续干扰消除译码，则先译u_1再译u_2。u_1只能通过$u_1=y_1+y_2$得到，因此必须保证y_1和y_2都正确，正确译码的概率为$W_2^{(1)}=p^2$；由于采用串行译码，u_2可以通过$u_2=y_1+u_1$（假定u_1已知）或者$u_2=y_2$得到，也就是只要y_1和y_2中有一个正确就能得到，因此u_2正确译码的概率为$W_2^{(2)}=1-(1-p)^2=2p-p^2$。

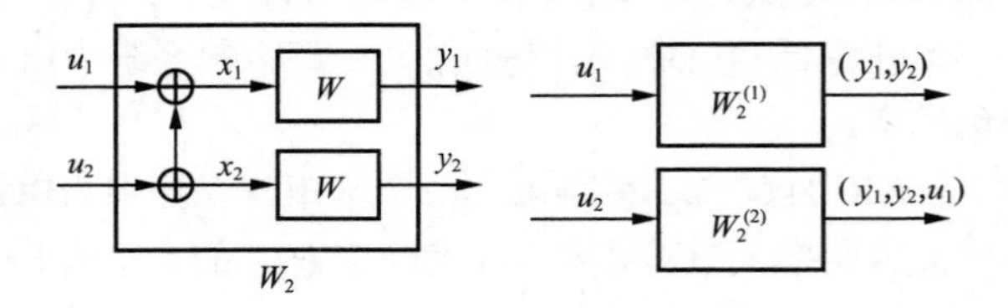

图 3.5 信道分裂示意图

根据上述分析，并进行类比，可得结论如下。

① 当$N=2$时，若$(W,W)\to\left(W_2^{(1)},W_2^{(2)}\right)$，则有

$$\begin{gathered} I\left(W_2^{(1)}\right)+I\left(W_2^{(2)}\right)=2\cdot I(W) \\ I\left(W_2^{(1)}\right)\leqslant I(W)\leqslant I\left(W_2^{(2)}\right) \end{gathered} \tag{3.24}$$

若$I(W)=0.5$，那么$I\left(W_2^{(1)}\right)=0.5^2=0.25$，$I\left(W_2^{(2)}\right)=2\times0.5-0.5^2=0.75$。也就是说图3.5中$W$的信道容量相同，但$W_2^{(2)}$比$W_2^{(1)}$的信道容量大，这就是信道极化。

② 当$N=4$时，如图3.6所示，同理可以得到

$$\begin{cases} I\left(W_4^{(1)}\right)=I\left(W_2^{(1)}\right)^2 \\ I\left(W_4^{(2)}\right)=2\cdot I\left(W_2^{(1)}\right)-I\left(W_2^{(1)}\right)^2 \\ I\left(W_4^{(3)}\right)=I\left(W_2^{(2)}\right)^2 \\ I\left(W_4^{(4)}\right)=2\cdot I\left(W_2^{(2)}\right)-I\left(W_2^{(2)}\right)^2 \end{cases} \tag{3.25}$$

若$I(W)=0.5$，得到4个分裂子信道的信道容量依次为0.0625、0.4375、0.5625和0.9375。由此可见，随着分裂子信道变多，信道容量差别进一步变大。

③ 当N逐渐增大时，如图3.7所示，N个分裂子信道可以由两组$N/2$个分裂子信道递归地得到。图3.7中置换矩阵$\boldsymbol{R}_N$对输入序列完成奇序元素和偶序元素的分离，即先排奇序元素，再排偶序元素，即

$$[s_1,s_2,s_3,s_4,\cdots,s_{N-1},s_N]\boldsymbol{R}_N=[s_1,s_3,\cdots,s_{N-1},s_2,s_4,\cdots,s_N] \tag{3.26}$$

随着N逐渐增大，各个极化信道之间的容量差别越来越大，直至趋向0和1两个极端。

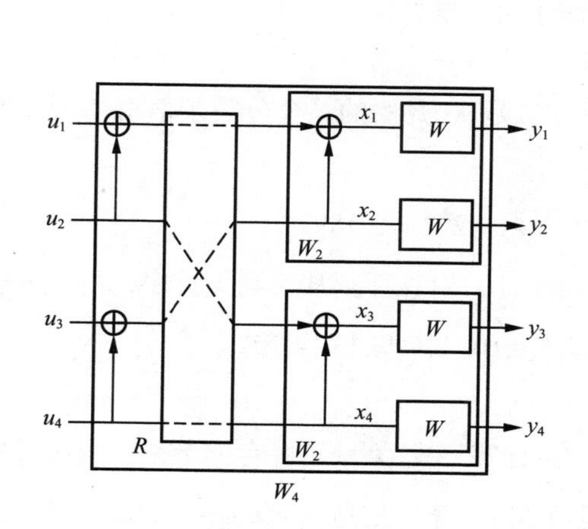

图 3.6　N=4 时的传输模型

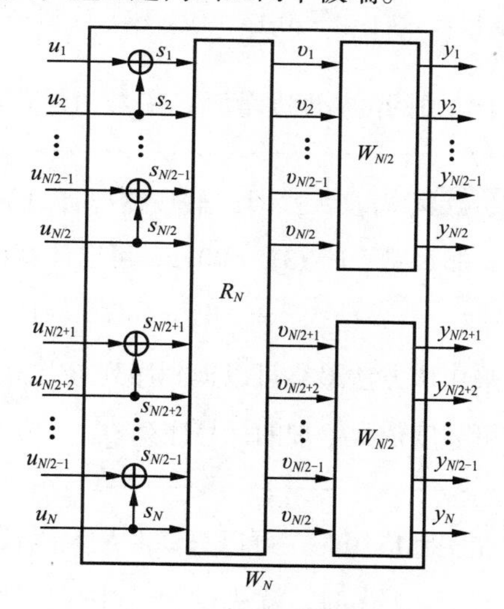

图 3.7　一般情况的传输模型

定理：对于任意的二进制对称输入离散无记忆信道，经过n次信道极化变换，得到$N=2^n$个极化子信道$\left\{W_N^{(i)},1\leqslant i\leqslant N\right\}$。当码长$N\to+\infty$时，对于$\forall\delta\in(0,1)$，$W_N^{(i)}$中满足$1-\delta<I\left(W_N^{(i)}\right)\leqslant 1$的信道数量占总信道数量$N$的比例接近$I(W)$；相反，满足$0\leqslant I\left(W_N^{(i)}\right)<1-\delta$的信道数量占总信道数量$N$的比例趋近于$1-I(W)$。

和Arikan论文中原始Polar码略有不同的是，5G标准采用不通过比特逆序网络的Polar码，即$\boldsymbol{R}_N$为直连网络。这样得到的编码结果和Arikan的编码结果位置互为比特逆序关系。例如，考虑N=8的Polar码，对相同的序列进行编码，假设根据Arikan论文得到的码字为$c_0c_1c_2c_3c_4c_5c_6c_7$，那么根据5G标准得到的码字为$c_0c_4c_2c_6c_1c_5c_3c_7$。

利用信道极化原理，Polar码在容量低的信道上发送已知比特，这些已知比特称作冻结比

特，在容量高的信道上则发送信息。

2. Polar码的构造和编码

（1）Polar码的构造

构造Polar码的主要任务是确定可靠度排序，即信道好坏排序，以便确定信息比特位置A和冻结比特位置A^c。目前：①对于BEC，可以采用巴氏（Bhattacharyya）参数衡量子信道的可靠度；②对于连续信道，可采用密度进化（Density Evolution，DE）的方法计算各极化信道的值；③在二进制加性高斯白噪声（Binary Additive White Gaussian Noise，AWGN）下，可以将密度进化中的LLR值的概率密度函数用一组方差为均值2倍的高斯分布来近似，从而将其简化成对一维均值的计算，大大降低计算量，这种对DE的简化计算即为高斯近似（Gaussian Approximation，GA）。

上述方法中，可靠度与噪声方差或信噪比有关。在实际应用时，我们希望可靠度是静态的，以免临时根据信噪比情况计算序列，因此设计时可以遍历多种信噪比下由高斯近似得到的序列对应的性能，然后选出具有最佳性能的序列。而5G Polar码的可靠度是基于极化权重（Polarization Weight，PW）序列得到的。PW序列的特点是采用分裂子信道可靠度排序的方法，计算复杂度比较低且不依赖于信噪比，同时能够保持比较好的精度。下面具体阐述该方法。

对于码长为$N=2^n$的Polar码，假设i的n位二进制表示为$i=B_{n-1}B_{n-2}\cdots B_0$，其中$B_j\in\{0,1\}$，$j=\{0,1,\cdots,n-1\},i=\{0,1,\cdots,N-1\}$（分裂子信道的标号从0开始），那么$W_i=\sum_{j=0}^{n-1}B_j\times 2^{j/4}$可作为各分裂子信道的可靠度度量值，$W_i$数值越大表示该分裂子信道越可靠。

例3.1 当$N=2^4$时，假设需要计算第3（注意标号是从0开始的）个分裂子信道的可靠度度量值，那么对于$i=(3)_2=0011$，可以计算出

$$W_3=1\times 2^{0/4}+1\times 2^{1/4}+0\times 2^{2/4}+0\times 2^{3/4}=2.1892$$

采用该方法最终可以得到序列$\boldsymbol{W}_0^{15}=\{W_0,W_1,\cdots,W_{15}\}$，对该序列从小到大排序，得到分裂子信道可靠度依次增加的标号序列$\boldsymbol{Q}_0^{15}=\{0,1,2,4,8,3,5,6,9,10,12,7,11,13,14,15\}$。

在实际应用时，可以只针对最大码长$N_{\max}=2^{n_{\max}}$计算一次$\boldsymbol{Q}_0^{N_{\max}-1}$并存储下来。当实际码长$N<N_{\max}=2^{n_{\max}}$时，就从$\boldsymbol{Q}_0^{N_{\max}-1}$中找出那些标号小于$N$的元素，这些元素的相对顺序就是当前码长$N$下各个分裂子信道的可靠度排序。这样的存储复杂度就是$cN_{\max}$（c是一个常系数），而如果对所有可能的码长都存储一个序列，存储复杂度将是$c+2c+2^2c+2^3c+\cdots+2^{n_{\max}}c=c(2N_{\max}-1)$，大约是$cN_{\max}$的两倍（当然一些短码如$2^2$可能根本不会使用到度量值，因此也不需要存储，这里并没有考虑这些特殊情况）。

因此，只需要事先对长度为$N_{\max}=2^{n_{\max}}$的Polar码计算其各个分裂子信道的可靠度序列并存储，便可以对任意码长$N=2^n$的Polar码取出那些标号小于N的元素，它们的相对顺序就是这N个分裂子信道的可靠度排序。

例3.2 假设$N_{\max}=2^{n_{\max}}=16$，且有$\boldsymbol{Q}_0^{15}=\{0,1,2,4,8,3,5,6,9,10,12,7,11,13,14,15\}$，那么当实

际使用的码长是 $N=2^2$ 时，只需要从 $\boldsymbol{Q}_0^{15}$ 中找出小于4的元素并保持它们的原始顺序就可以得到 $\boldsymbol{Q}_0^4=\{0,1,2,3\}$，即此时分裂子信道的可靠度排序。

5G标准在PW序列的基础上做了微调，详细规范参见3GPP 38.212协议。

（2）Polar码的编码

Polar码的编码主要分为信息比特映射和极化编码两步。

① 信息比特映射：将长度为K的原始信息序列 $\boldsymbol{a}=(a_0,a_1,a_2,\cdots,a_{K-1})$ 扩展成长度为N的待编码比特序列 $\boldsymbol{u}=(u_0,u_1,u_2,\cdots,u_{N-1})$（$N=2^n$，$n$为正整数）的过程。具体方法如下。

首先，将待编码比特序列 $\boldsymbol{u}$ 全部设为零值。

其次，将信息序列 $\boldsymbol{a}$ 按照标号由小到大放入 $\boldsymbol{u}$ 中信息比特的位置 A，即 $\boldsymbol{u}_A=\boldsymbol{a}$。以 $N=32$ 和 $K=10$ 为例，原始信息序列 $\boldsymbol{a}=(a_0,a_1,a_2,\cdots,a_9)$，假设放置信息比特的分裂子信道标号为 A={11, 13, 14, 19, 21, 22, 23, 27, 29, 30}，则映射后序列为 $\boldsymbol{u}=\{0000\ 0000\ 000a_0\ 0a_1a_2 0\ 000a_3\ 0a_4a_5a_6\ 000a_7\ 0a_8a_9 0\}$。

最后，序列 $\boldsymbol{u}$ 经过奇偶校验（Parity Check，PC）编码后，得到 $\boldsymbol{u}_{\text{pc}}=(u_{\text{pc}0},u_{\text{pc}1},u_{\text{pc}2},\cdots,u_{\text{pc}(N-1)})$。PC编码只是改变了 $\boldsymbol{u}$ 序列中校验比特的取值，而对冻结比特和信息比特的取值并没有任何影响，即 $\boldsymbol{u}_{\text{pc}}$ 和 $\boldsymbol{u}$ 仅在校验比特上取值不同。

② 极化编码：将 $\boldsymbol{u}_{\text{pc}}$ 输入编码模块，得到编码码字 $\boldsymbol{x}=\boldsymbol{u}_{\text{pc}}\boldsymbol{G}_N$，其中Polar码矩阵 $\boldsymbol{G}_N=\boldsymbol{F}^{\otimes n}$，$\boldsymbol{F}=\begin{bmatrix}1&0\\1&1\end{bmatrix}$，而 $\otimes$ 表示Kronecker积。

例3.3 Kronecker积举例：

$$\boldsymbol{F}^{\otimes 2}=\boldsymbol{F}\otimes\boldsymbol{F}=\begin{bmatrix}1&0\\1&1\end{bmatrix}\otimes\boldsymbol{F}=\begin{bmatrix}\boldsymbol{F}&\boldsymbol{0}\\\boldsymbol{F}&\boldsymbol{F}\end{bmatrix}=\begin{bmatrix}1&0&0&0\\1&1&0&0\\1&0&1&0\\1&1&1&1\end{bmatrix} \tag{3.27}$$

---

3. Polar码的译码

Polar码常见的译码算法可以分为两类：基于SC的译码算法和基于BP的译码算法。在这些译码算法中，以SC译码算法为基础得到的SCL译码算法在译码复杂度适中的前提下具有优异的译码性能，是Polar码的主流译码算法。下面介绍SC和SCL两种译码算法。

（1）SC译码算法

SC译码算法最初是由Arikan提出的。对于给定参数为 $(N,K,A,\boldsymbol{u}_{A^c})$ 的Polar码，其中集合 A 为信息比特的位置，A^c 表示冻结比特的位置，$\boldsymbol{u}_{A^c}$ 表示冻结比特序列，一般用全零序列表示，待编码信息 $\boldsymbol{u}$ 由 $\boldsymbol{u}_A$ 和 $\boldsymbol{u}_{A^c}$ 组成，Polar码的码字 $\boldsymbol{x}$ 经过信道，信道输出 $\boldsymbol{y}_0^{N-1}=[y_0,y_1,y_2,\cdots,y_{N-1}]$，则译码问题就是在给定信道输出 $\boldsymbol{y}_0^{N-1}$、冻结比特序列 $\boldsymbol{u}_{A^c}$ 和信息比特位置 A 的条件下估算信息比特。

将译码得出的信息视为N个判决单元，每个判决单元对应一个信息比特 u_i，而这N个判决单元是按照从0到$N-1$依次被解出的，这就是SC译码。若$i \in A^{c}$，则对于接收端该信息比特u_i是已知的，可将该结果直接传递给对应的判决单元；若$i \in A$，则第i个判决单元u_i要根据已经判决出来的序列$\boldsymbol{u}_0^{i-1}$进行计算，即先计算

$$LLR_i^{(N)} = \ln\left[\frac{P\left(\boldsymbol{y}_0^{N-1}, \boldsymbol{u}_0^{i-1} | 0\right)}{P\left(\boldsymbol{y}_0^{N-1}, \boldsymbol{u}_0^{i-1} | 1\right)}\right] \tag{3.28}$$

再对$LLR_i^{(N)}$进行硬判决得到

$$\hat{u}_i = \begin{cases} 0, & LLR_i^{(N)} \geqslant 0 \\ 1, & LLR_i^{(N)} < 0 \end{cases} \tag{3.29}$$

上述$LLR_i^{(N)}$可以通过递归得到，即

$$\begin{cases} LLR_{2i}^{(N)}\left(\boldsymbol{y}_0^{N-1}, \hat{\boldsymbol{u}}_0^{2i-1}\right) = f\left(R_a, R_b\right) = \ln\left(\dfrac{\mathrm{e}^{R_a + R_b} + 1}{\mathrm{e}^{R_a} + \mathrm{e}^{R_b}}\right) \\ \qquad\qquad \approx \operatorname{sign}\left(R_a\right)\operatorname{sign}\left(R_b\right)\min\left(\left|R_a\right|, \left|R_b\right|\right) \\ LLR_{2i+1}^{(N)}\left(\boldsymbol{y}_0^{N-1}, \hat{\boldsymbol{u}}_0^{2i}\right) = g\left(R_a, R_b, \hat{u}_{2i}\right) = (-1)^{\hat{u}_{2i}} R_a + R_b \end{cases} \tag{3.30}$$

其中

$$\begin{cases} R_a = LLR_i^{(N/2)}\left(\boldsymbol{y}_0^{N/2-1}, \hat{\boldsymbol{u}}_{0,\mathrm{e}}^{2i-1} \oplus \hat{\boldsymbol{u}}_{0,\mathrm{o}}^{2i-1}\right) \\ R_b = LLR_i^{(N/2)}\left(\boldsymbol{y}_{N/2}^{N-1}, \hat{\boldsymbol{u}}_{0,\mathrm{o}}^{2i-1}\right) \end{cases} \tag{3.31}$$

式（3.31）中，$\hat{\boldsymbol{u}}_{0,\mathrm{e}}^{2i-1}$表示$\hat{\boldsymbol{u}}_0^{2i-1}$中顺序抽取的偶数标号元素序列$\hat{\boldsymbol{u}}_{0,\mathrm{e}}^{2i-1} = \left(\hat{u}_0, \hat{u}_2, \hat{u}_4, \cdots, \hat{u}_{2i-2}\right)$；$\hat{\boldsymbol{u}}_{0,\mathrm{o}}^{2i-1}$表示序列$\hat{\boldsymbol{u}}_0^{2i-1}$中顺序抽取的奇数标号元素序列$\hat{\boldsymbol{u}}_{0,\mathrm{o}}^{2i-1} = \left(\hat{u}_1, \hat{u}_3, \hat{u}_5, \cdots, \hat{u}_{2i-1}\right)$；$\hat{\boldsymbol{u}}_{0,\mathrm{e}}^{2i-1} \oplus \hat{\boldsymbol{u}}_{0,\mathrm{o}}^{2i-1}$为$\hat{\boldsymbol{u}}_{0,\mathrm{e}}^{2i-1}$与$\hat{\boldsymbol{u}}_{0,\mathrm{o}}^{2i-1}$对应位置的比特异或，即$\left(\hat{\boldsymbol{u}}_{0,\mathrm{e}}^{2i-1} \oplus \hat{\boldsymbol{u}}_{0,\mathrm{o}}^{2i-1}\right) = \left(\hat{u}_0 \oplus \hat{u}_1, \hat{u}_2 \oplus \hat{u}_3, \cdots, \hat{u}_{2i-2} \oplus \hat{u}_{2i-1}\right)$；信道输入端的LLR为初始化的值$LLR_1^{(1)}\left(y_j\right) = \ln\left[W\left(y_j | 0\right) / W\left(y_j | 1\right)\right]$。

例3.4 以$N=4$为例，Polar码SC译码的步骤如图3.8所示。该图中软值为考虑了信号实际幅度的判决值，硬值为简单判决值。

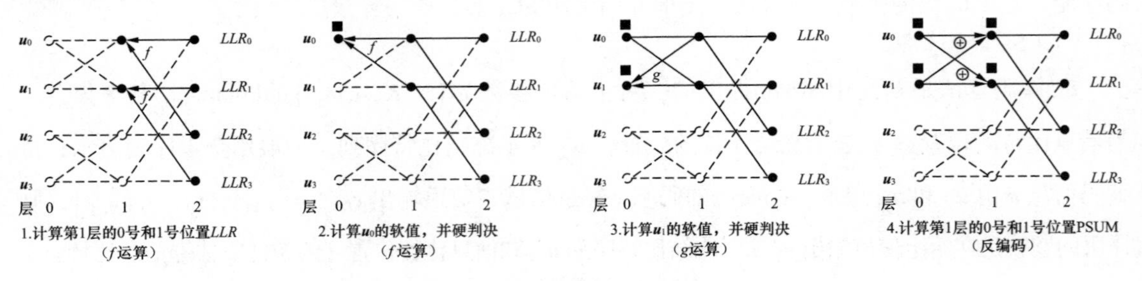

图 3.8 Polar 码 SC 译码的步骤

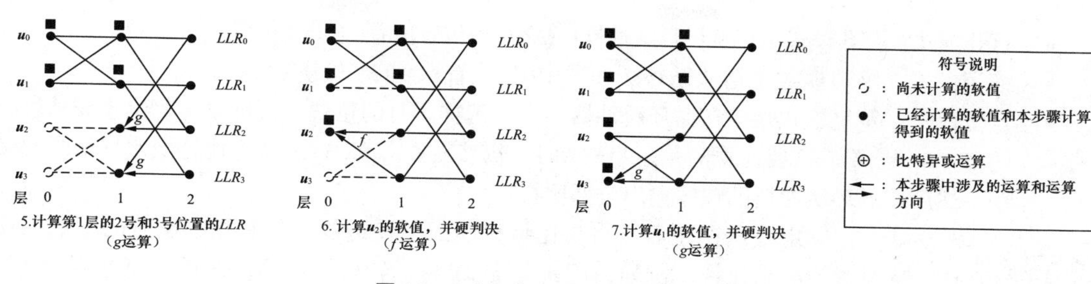

图 3.8 Polar 码 SC 译码的步骤（续）

（2）SCL译码算法

Polar码的SCL译码算法建立在SC译码算法之上，不同之处是SC译码每次只保留一条候选路径，而SCL译码每次保留L条路径，最后会产生L组译码结果。

由于SCL译码在每一步计算 LLR_i 时都会保留$2L$个候选路径，根据每条路径的路径度量选出其中最小的L条，作为当前的幸存路径，因此，相对于SC译码，SCL译码需要增加计算每一步的分支度量（Branch Metric，BM）和路径度量（Path Metric，PM）的步骤，并且每一步都需要从$2L$个PM中选出L个最小值。

4. 5G Polar码

（1）5G Polar码的比特率匹配

比特率匹配涉及比特收集模块和比特选择模块，其中比特收集模块把Polar码编码得到的母码比特流按特定顺序写入循环缓存，比特选择模块从循环缓存中读取需要发送的比特。

① 比特收集模块：主要完成比特率匹配的交织功能。把编码后长度为N的码字（N为2的n次幂）重新排列，以确定放入比特率匹配循环缓冲器的顺序。比特率匹配交织以子块（Subblock）为单位：将长度为N的码字分为32个大小为$N/32$的子块；这些子块按照自然顺序依次编号，即 $x_{iN/32}, x_{iN/32+1}, \cdots, x_{(i+1)N/32-1}$ 为子块 i（$i=0,1,\cdots,31$）。那么比特率匹配交织的输入和输出子块编号如图3.9所示。

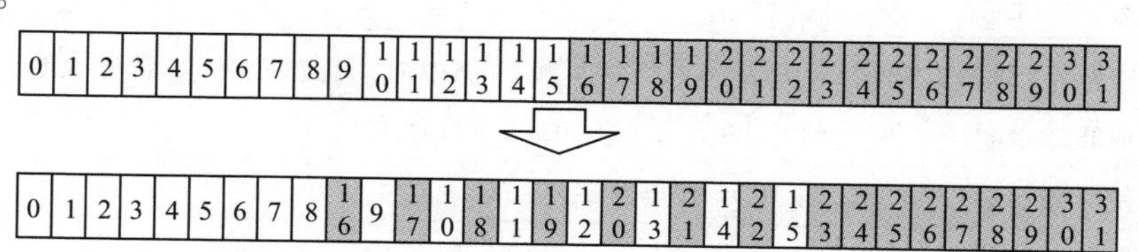

图 3.9 比特率匹配交织

② 比特选择模块：将比特率匹配交织后的各个比特依次放入长度为N的循环缓冲器，从起点开始依次编号为 $0,1,\cdots,N-1$，取出待发送的标号为E的比特。如图3.10所示，从循环缓冲器中取值有打孔模式、缩短模式和重复模式这3种模式。当 $E \geqslant N$ 时使用重复模式，$E<N$时采用打孔模式或者缩短模式。对于后者，具体采用打孔模式还是缩短模式由编码率 K/E 确定：当编码率 $K/E<7/16$ 时采用打孔模式，否则采用缩短模式。

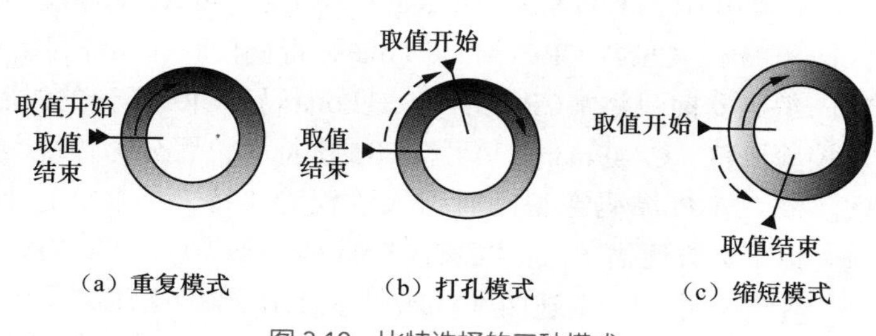

图 3.10 比特选择的三种模式

- 打孔模式：打孔模式是指从循环缓冲器中$(N-E)$号位置取到$(N-1)$号位置。
- 缩短模式：缩短模式是指从循环缓冲器中0号位置取到$(E-1)$号位置。
- 重复模式：重复模式是指在循环缓冲器中，先选择所有的位置，再重复选取位置编号最小的$(E-N)$个位置。需要注意的是，当$E=N$时，仍然需要对编码后的N个比特做比特率匹配交织，然后按循环缓冲器的顺序输出全部比特。

Polar码速率匹配举例

在确定发送比特后，将与比特率匹配不发送位置具有相同编号的编码前比特设置为冻结比特。例如，记 $\boldsymbol{a}$ 为通过Polar码编码前长度为N的比特序列，$\boldsymbol{x}$ 为编码后长度为N的码字序列，比特率匹配后 x_0,x_1,x_2 不发送，则将 a_0,a_1,a_2 设置为冻结比特。

此外，若采用打孔模式，还需额外冻结以下位置。

$$\begin{cases}0 \leqslant u < \mathrm{ceil}\left(3N/4 - E/2\right), & 3N/4 \leqslant E < N \\ 0 \leqslant u < \mathrm{ceil}\left(9N/16 - E/4\right), & E < 3N/4\end{cases} \tag{3.32}$$

式（3.32）中，u为编码前的比特位置，即子信道标号。若采用缩短模式或重复模式，则不需要做额外预冻结。

各模式参数如表3.4所示。

表 3.4　模式参数

参数	说明
K	信息比特（包括有效载荷和CRC/分布式CRC比特）
E	目标码长，即比特率匹配后的长度
N_{DM}	不小于E的最小的2的幂，即 $N_{\mathrm{DM}}=2^{\mathrm{ceil}(\log_2 E)}$
N_{M}	根据如下情况来取值。 情况1：如果 $E \leqslant \beta \times N_{\mathrm{DM}}/2$ 且 $K/E < 9/16$，其中 $\beta = 1+1/8$，则 $N_{\mathrm{M}} = N_{\mathrm{DM}}/2$ 情况2：不满足情况1，则令 $N_{\mathrm{M}} = N_{\mathrm{DM}}$
N_R	不小于 $K/R_{\min}$ 的最小的2的幂，即 $N_R = 2^{\mathrm{ceil}\left(\log_2\left(K/R_{\min}\right)\right)}$，其中 $R_{\min}$ 是支持的最小编码率，且 $R_{\min}=1/8$
$N_{\max}$	支持的最大Polar母码长度（单位：bit），上行为1024，下行为512
N	实际使用的Polar码长度（单位：bit）为 $N=\min\{N_{\mathrm{M}}, N_R, N_{\max}\}$

（2）5G Polar码种类

在5G中有两种Polar码：CA-Polar（CRC-Aided-Polar，循环冗余校验辅助极化）码、PC-CA-Polar（Parity-Check-CRC-Aided-Polar，奇偶校验和循环冗余校验联合辅助极化）码。前者在输入Polar编码器前只添加CRC比特，是Polar码和CRC部分的级联码；后者除添加CRC比特外，还添加校验比特。CA-Polar码又可按CRC比特的位置分为传统CA-Polar码和带分布式CRC的CA-Polar码。PC-CA-Polar码在编码时引入了校验比特，并在SCL译码过程中根据校验比特进行路径筛选。以下为方便描述，将PC-CA-Polar码简称为PC-Polar码。

在5G标准中，上述两种Polar码主要用于以下信道。

① 对于PDCCH和PBCH信道，采用CA-Polar码，CRC部分长度为24，并且采用分布式CRC。

② 对于PUCCH和PUSCH信道中的随路上行控制信息，当有效载荷比特长度 K_{pay}<12 时采用PC-Polar码或CA-Polar码，CRC部分均级联在尾端；当 $12 \leqslant K_{\mathrm{pay}} \leqslant 19$ 时采用PC-Polar码，其中

CRC部分长度为6，校验比特个数为3；当$K_{pay} \geqslant 20$时采用CA-Polar，其中CRC部分长度为11。

如图3.11所示，首先从编码角度简单对比这三种情况。在CA-Polar（不含分布式CRC）编码方案中，CRC部分总是位于整个序列的尾端且连续放置（中间可能会穿插冻结比特，但是不会穿插信息比特）。在PC-Polar编码方案中，校验比特散布在不同的位置上，而且会和冻结比特、信息比特穿插在一起，并没有明显的分布规律。在CA-Polar（包含分布式CRC）编码方案中，部分CRC比特散布在信息比特间。

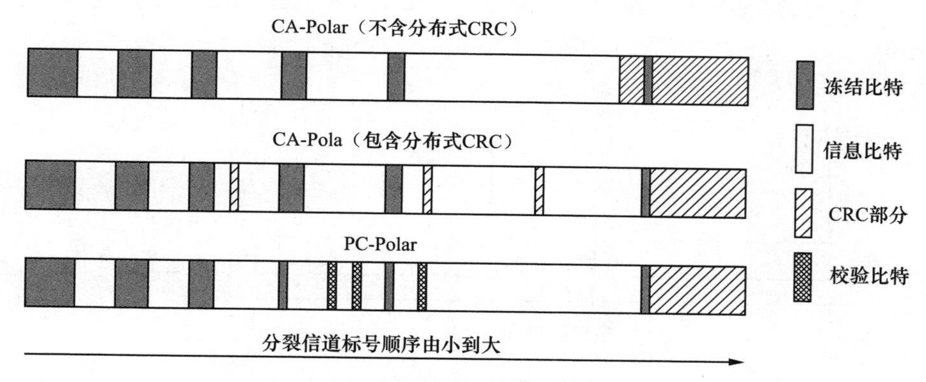

图3.11 Polar码示意图

（3）分布式CRC比特的产生方法

和传统的CRC部分级联在尾端的Polar码不同，包含分布式CRC的Polar码，其某些CRC比特也是级联在尾端的，而其余的CRC比特是散布在有效载荷中间的。编码端在计算CRC比特的取值并加掩后，要将某些CRC比特“分布”在有效载荷中间。交织后有效载荷和CRC比特的位置由交织序列DCRC_Smax给出。

DCRC_Smax的大小为$K_{\Pi} = A_{max} + L = K_{max}$，其中$K_{\Pi} = 224$，$A_{max} = 200$，$L = 24$，如表3.5所示，该表中*n*FAR为控制虚警概率的参数。假设输入是加掩后的序列c_k（$0 \leqslant k \leqslant A+L-1$）。要求实际的码长能从最大交织序列中提取出需要的序列，再做交织：首先从长度为$K_{\Pi} = A_{max} + L = K_{max}$的最大交织器$\Pi$中提取出长度为$K_{\Pi'} = A + L = K$的交织器$\Pi'$，提取方法为将$\Pi$中的各元素均减去$(K_{\Pi} - K)$，保留其中的非负元素，即为需要的交织器$\Pi'$；然后将序列$c_k$（$0 \leqslant k \leqslant A+L-1$）放入交织器$\Pi'$，交织器的输出为$a_k = c_{\Pi'(k)}$（$k = 0,1,\cdots,A+L-1$）。

表3.5 交织序列DCRC_Smax

*n*FAR	21
多项式	$D^{24}+D^{23}+D^{21}+D^{20}+D^{17}+D^{15}+D^{13}+D^{12}+D^{8}+D^{4}+D^{2}+D+1$（0xB2B117）
交织器	0, 2, 3, 5, 6, 8, 11, 12, 13, 16, 19, 20, 22, 24, 28, 32, 33, 35, 37, 38, 39, 40, 41, 42, 44, 46, 47, 49, 50, 54, 55, 57, 59, 60, 62, 64, 67, 69, 74, 79, 80, 84, 85, 86, 88, 91, 94, 102, 105, 109, 110, 111, 113, 114, 116, 118, 119, 121, 122, 125, 126, 127, 129, 130, 131, 132, 136, 137, 141, 142, 143, 147, 148, 149, 151, 153, 155, 158, 161, 164, 166, 168, 170, 171, 173, 175, 178, 179, 180, 182, 183, 186, 187, 189, 192, 194, 198, 199, 200, 1, 4, 7, 9, 14, 17, 21, 23, 25, 29, 34, 36, 43, 45, 48, 51, 56, 58, 61, 63, 65, 68, 70, 75, 81, 87, 89, 92, 95, 103, 106, 112, 115, 117, 120, 123, 128, 133, 138, 144, 150, 152, 154, 156, 159, 162, 165, 167, 169, 172, 174, 176, 181, 184, 188, 190, 193, 195, 201, 10, 15, 18, 26, 30, 52, 66, 71, 76, 82, 90, 93, 96, 104, 107, 124, 134, 139, 145, 157, 160, 163, 177, 185, 191, 196, 202, 27, 31, 53, 72, 77, 83, 97, 108, 135, 140, 146, 197, 203, 73, 78, 98, 204, 99, 205, 100, 206, 101, 207, 208, 209, 210, 211, 212, 213, 214, 215, 216, 217, 218, 219, 220, 221, 222, 223

（4）校验比特的产生方法

校验比特产生也就是校验编码。校验比特的校验函数可以通过一个长度为质数PRIME的循环移位寄存器来说明，编码主要步骤如下。

① 将一个长度为质数PRIME的循环移位寄存器 cc_reg[0], cc_reg[1], ⋯, cc_reg[PRIME − 1] 初始化为零值。

② 如图3.12所示，对于待编码的比特序列 $u_0,u_1,u_2,\cdots,u_{N-1}$，依次处理每一个比特时，首先循环左移一位，然后如果 u_i 是信息比特就令 $\text{cc\_reg}[0]=\text{cc\_reg}[0]\oplus u_i$，如果是校验比特则令 $u_i=\text{cc\_reg}[0]$。

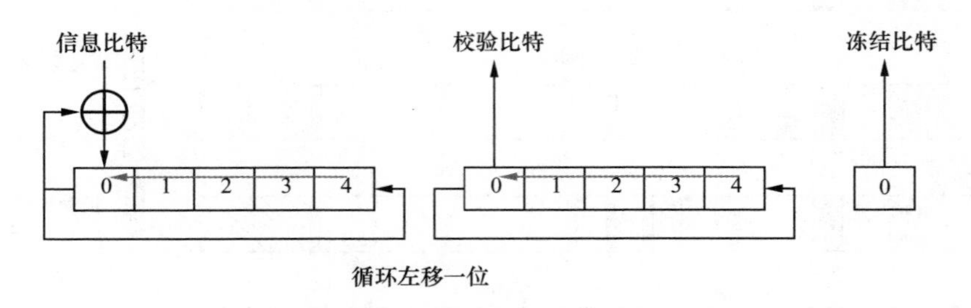

图 3.12　循环移位寄存器校验编码示意图

例3.5 如图3.13所示，当 PRIME = 5 时，将分裂子信道标号从左向右按列依次写出来，每列包含 PRIME = 5 个标号（这样写其实对应了循环移位寄存器长度为5的循环移位操作），其中加下画线的数字表示信息比特，而加波浪线的数字表示校验比特，其他数字表示冻结比特。下面以第4行为例进行说明。由于23号是校验比特，它校验前面的信息比特，因此 $u_{23}=u_8\oplus u_{18}$；33号是校验比特，因此它校验的是 $u_{33}=u_8\oplus u_{18}\oplus u_{28}$，又可以写成 $u_{33}=u_{23}\oplus u_{28}$。所以对于校验比特，可以理解成它校验了前面每隔 PRIME = 5 个位置的信息比特，也可以理解成它校验了从前面最近位置的校验比特（包含该校验比特）到本位置的信息比特。具体的编码过程可以通过循环移位直接实现，因此复杂度是 $O(N)$。注意，其实可以不关心校验比特到底校验了哪些信息比特，因为只需要得到校验编码之后的序列。

0	5	10	**15**	20	25	30
1	6	11	**16**	21	26	*31*
2	*7*	12	*17*	22	27	32
3	**8**	13	**18**	*23*	**28**	*33*
4	9	14	19	**24**	29	34

图 3.13　校验比特校验函数的运算方式

H5
QAM误码率

5G标准中，对校验比特的位置规定如下：在排除比特率匹配冻结的位置后，对剩余的位置按可靠度进行排序，当 $E-K+3\leqslant 192$ 时，校验比特位置如图3.14所示；当 $E-K+3>192$ 时，校验比特位置如图3.15所示。

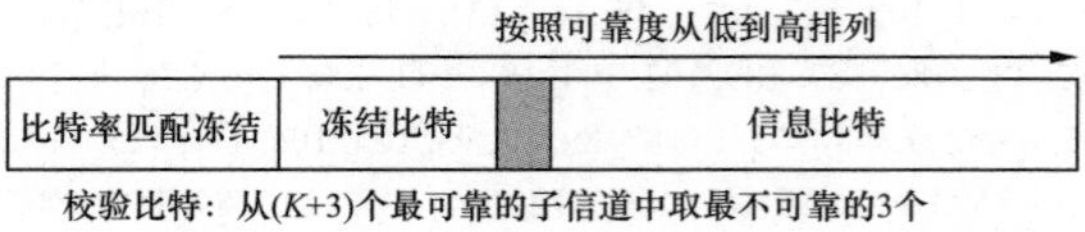

按照可靠度从低到高排列

比特率匹配冻结	冻结比特		信息比特

校验比特：从(K+3)个最可靠的子信道中取最不可靠的3个

图 3.14　$E-K+3\leqslant 192$ 时的校验比特位置

按照可靠度从低到高排列

比特率匹配冻结	冻结比特		信息比特	

校验比特：从(K+3)个最可靠的子信道中取最不可靠的2个及最小列中最可靠的1个

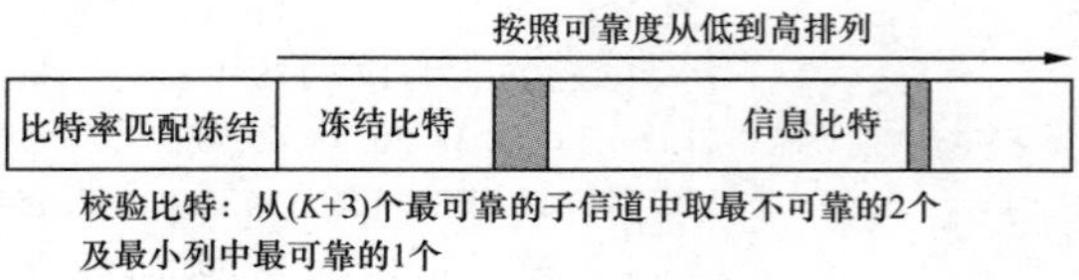

图 3.15　$E-K+3>192$ 时的校验比特位置

3.3.5　交织技术

移动通信信道上持续较长的深衰落会影响相继的一串比特，使比特差错成串发生。然而，信道编码仅能检测、校正单个差错和不太长的差错串。为了解决成串的比特差错问题，需要使用交织技术。交织技术是使一条信息中的相继比特分散开的方法，即把一条信息中的相继比特以非相继方式发送，这样即使在传输过程中发生了成串差错，把信息恢复成一条相继比特串时，差错也就变成单个（或者个数很少）的错误比特了，这时可以再用信道编码纠正随机差错。例如，在移动通信中，信道的干扰、衰落等产生较长的突发误码，采用交织技术就可以使误码离散化，然后接收端用纠正随机差错的编码技术消除随机差错，能够改善整个数据序列的传输质量。

交织器从实现方式上大体可以分为两类：随机交织器和块交织器。

1. 随机交织器

理论上随机交织器具有最佳的交织性能，但是随机交织器生成随机序列的算法开销较大，且随机交织器的交织信息是随机生成的，接收端需要通过无线信道接收这些信息，因此随机交织器没有广泛应用在实际的数字通信系统中。

随机交织的原理如下：在写入第一个分量编码器时，将信息序列以本来次序写进存储器，然后随机交织器以随机方式将其重新排列，生成索引数组，存放0～N−1共N个随机数据，最后信息序列以索引数组中的随机数据所指示的顺序输出；而接收端做相反操作。例如，N=7的交织方式如图3.16所示。

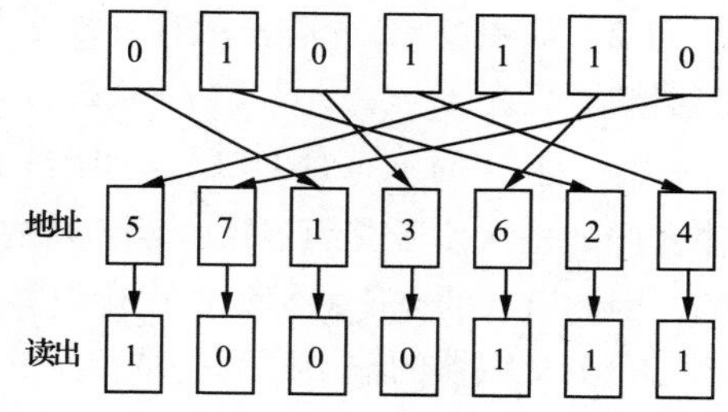

图 3.16　随机交织器交织方式

伪随机交织器（或确定性交织器）可以很好地解决随机交织器存在的问题。其交织信息是确定的，但性能十分接近随机交织器的性能，因此伪随机交织器在实际的数字通信系统中得到了广泛应用。伪随机交织器事先经过随机选择生成一种性能较好的交织方式，然后将其做成表的形式存储起来，以供读取使用。伪随机交织器在Turbo码中得到了应用。

此外常用的还有半随机交织器，又称S随机交织器，也常用在Turbo码中。半随机交织器是一种结合随机交织和非随机交织特点的交织器，本质上属于确定性交织器。每次在1～N（N是交织深度）内随机生成1个随机数X（$1 \leqslant X \leqslant N$），与先前产生的$S$位以内的随机数相比较，如果两者之差的绝对值大于$S$，则当前选择的这个随机数$X$符合要求，否则不符合；依此循环，直至得到$N$个数，该$N$个数即为半随机交织器的输出序列。该算法的交织器随着S的变化而改变，算法的搜索时间也随着S的增加而增加，但并不能保证每次都成功。一般需要满足

$$S \leqslant \sqrt{N/2} \tag{3.33}$$

这时，半随机交织器可以在合理的时间内完成交织。

2. 块交织器

块交织器在发送端做按行写入和按列输出，在接收端做相反操作，交织的深度与存储器的大小有关。例如，对于一段长度$L=M \times N$的数据，传统块交织方法如式（3.34）所示。这种块交织方法在解交织后能将错误码字分散到相隔N−1个码字，从而实现将突发错误转换为随机错误。而针对实际应用，块交织技术在连续读写上也有很多变形，如基于乒乓操作的块交织，在此不赘述。

块交织举例

$$
\begin{array}{c} \rightarrow \quad \text{按行写入} \\ \begin{matrix}\text{按}\\\text{列}\\\text{输}\\\text{出}\end{matrix}\downarrow \begin{bmatrix} x_1 & x_2 & x_3 & \cdots & x_N \\ x_{1+N} & x_{2+N} & x_{3+N} & \cdots & x_{2N} \\ x_{1+2N} & x_{2+2N} & x_{3+2N} & \cdots & x_{3N} \\ \vdots & \vdots & \vdots & & \vdots \\ x_{1+(M-1)N} & x_{2+(M-1)N} & x_{3+(M-1)N} & \cdots & x_{MN} \end{bmatrix}_{M\times N} \end{array} \tag{3.34}
$$

3. 5G系统中的交织器

在5G系统中，为了提升Polar码的性能，对Polar码交织器进行研究是必要的。而5G系统最终采用的Polar码交织器是由高通（Qualcomm）公司提出的三角交织器。三角交织器是一种基于等腰三角形结构的按行存储、按列读取的技术。该交织器性能出色，在不同码长和不同高阶调制阶数的任意组合下是相对稳定的。

具体实现中，假设输入序列比特可以表示为$e_1, e_2, \cdots, e_{E-1}$，其中$E$是序列的比特数（需要注意的是，这种交织器位置是在打孔之前的），交织器计算交织序列地址的方案如下。

（1）计算三角交织器的行列数。由下式计算得到整数P：

$$
E \leqslant \frac{P(P+1)}{2} = Q \tag{3.35}
$$

（2）如果$Q>E$，则表示存在$Q-E$个空比特填充在三角交织器中。设定$y_k = e_k$，其中$k = 1, 2, \cdots, E-1$，并且当$k = E+1, E+2, \cdots, Q-1$时$y_k = \langle \text{NULL} \rangle$。如图3.17所示，由于交织器的输入序列是从位于交织器第0行第0列的y_0位置开始按行序输入的，因此所有的空比特都集中在交织器的左下角。

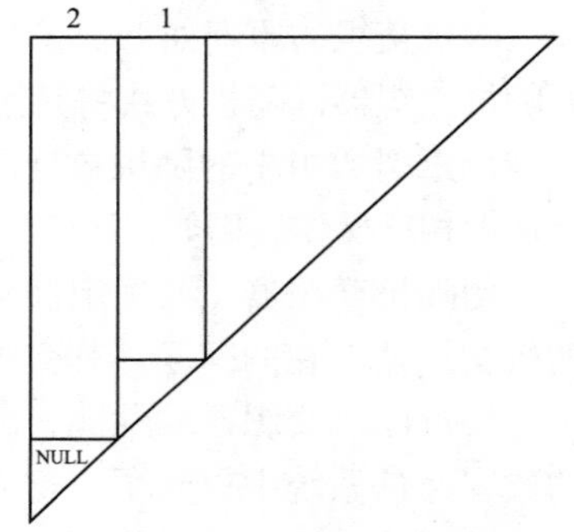

图 3.17　三角交织器

（3）交织器的输出序列是从位于交织器第0行第0列的y_0位置开始按列序输出的。将输出序列表示为$v_0, v_1, v_2, \cdots, v_{E-1}$，其中$v_0$对应$y_0$，$v_1$对应$y_P$，$v_{E-1}$对应$y_{P-1}$。需要注意的是，空比特$y_k = \langle \text{NULL} \rangle$不读出。

这种三角交织器拥有两个特性。首先，两个位于相同列的相邻输出元素，从y_0与y_1至y_{Q-2}与y_{Q-1}，它们的行号分别相差$P, P-1, P-2, \cdots, 3, 2$；输出的序列虽然不完全，但是近似是随机的。其次，每一行拥有不同的长度，因此每一行的迭代方式都与其他行不相同。这两个特性保证了三角交织器拥有出色的性能。另外，三角交织器的结构保证了它的实现复杂度较低。特别是，它类似于块交织器，只需要插入非常少的空比特。三角交织器的硬件实现相较于随机交织器非常友好，因为三角交织器可以通过并行的方式实现，在此不赘述。

3.4 数字调制技术

3.4.1 数字调制概述

1. 带通信号的基带表示

为直观地分析信号的特性，我们常将带通信号表示为复包络或基带形式。数字基带信号$x(t)$

是由编码后的0和1比特序列 $[\cdots u_{k-1}u_k u_{k+1}\cdots]$ 经过2/M轮转换变为符号序列 $[\cdots x_{k-1}x_k x_{k+1}\cdots]$（其中一个符号由 $k=\log_2 M$ 个比特产生），再通过基带成形滤波器 $g(t)$ 生成的。假设 T_S 为符号间隔，则由第 k 个符号形成的基带信号可以写为

$$x(t)=x_k g\left(t-kT_S\right)=I\left(t\right)+jQ\left(t\right)=r\left(t\right)\exp\left\{j\theta\left(t\right)\right\} \tag{3.36}$$

其中，基带信号的实部或同向分量 $I\left(t\right)=\mathrm{Re}\left\{x\left(t\right)\right\}$，虚部或正交分量 $Q\left(t\right)=\mathrm{Im}\left\{x\left(t\right)\right\}$；而包络 $r\left(t\right)=\sqrt{I^2\left(t\right)+Q^2\left(t\right)}$，相位 $\theta\left(t\right)=\arctan\left\{Q\left(t\right)/I\left(t\right)\right\}$。

当载波频率为 f_c 时，带通信号可以表示为

$$\begin{aligned}s(t)&=\mathrm{Re}\left\{x\left(t\right)e^{j2\pi f_c t}\right\}=r\left(t\right)\cos\left[2\pi f_c t+\theta\left(t\right)\right]\\&=I\left(t\right)\cos\left(2\pi f_c t\right)-Q\left(t\right)\sin\left(2\pi f_c t\right)\end{aligned} \tag{3.37}$$

式（3.37）表明带通信号 $s\left(t\right)$ 可以通过使用基带信号对频率为 f_c 的一对正交信号进行调制后相加得到。因此，在实际3G、4G和5G系统中，通常先生成 $I\left(t\right)$ 和 $Q\left(t\right)$ 两路基带信号，然后使用正交调制的方法将基带信号调制到频率为 f_c 的载波上，得到最终发送的带通信号 $s\left(t\right)$，如图3.18所示。

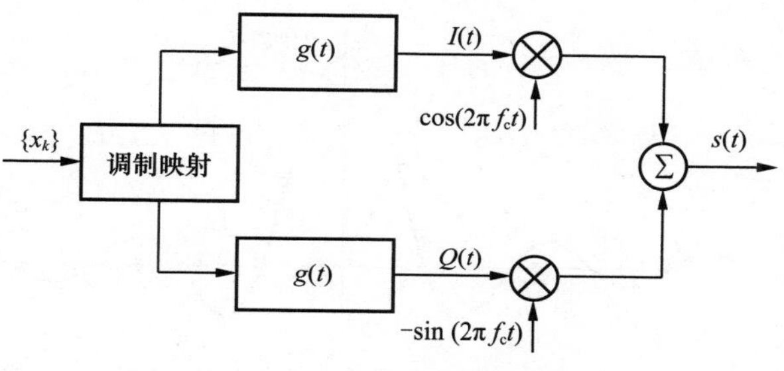

图 3.18 正交调制原理图

基带信号 $x\left(t\right)$ 与带通信号 $s\left(t\right)$ 在时域、频域和欧氏距离上有类似的性质。由于复基带信号的频率更低，分析和处理更简单，因此我们常使用复基带信号代替原始带通信号。

（1）从频域上看，带通信号 $s\left(t\right)$ 与基带信号 $x\left(t\right)$ 的频谱间满足

$$S\left(f\right)=\frac{1}{2}X\left(f-f_c\right)+\frac{1}{2}X^*\left(-f-f_c\right) \tag{3.38}$$

其中，$S\left(f\right)$ 和 $X\left(f\right)$ 分别表示 $s\left(t\right)$ 和 $x\left(t\right)$ 的傅里叶变换。

（2）从欧氏距离上看，两个带通信号的欧氏距离与对应复基带信号在复平面上的欧氏距离存在线性关系。令 $s_m(t)=\mathrm{Re}\left\{x_m g(t)e^{j2\pi f_c t}\right\}$ 和 $s_n(t)=\mathrm{Re}\left\{x_n g(t)e^{j2\pi f_c t}\right\}$ 分别为调制符号 $x_m,x_n\in X$ 对应的信号，X 为某种调制的符合集合，$g(t)$ 是波形能量为 E_g 的基带成形波形，则这两个信号的欧氏距离可以表示为

$$\begin{aligned}d_{mn}&=\left\{\int_{-\infty}^{+\infty}\left[s_m(t)-s_n(t)\right]^2 dt\right\}^{\frac{1}{2}}=\sqrt{\frac{1}{2}}\left\{\int_{-\infty}^{+\infty}\left|\left(x_m-x_n\right)g(t)\right|^2 dt\right\}^{\frac{1}{2}}\\&=\sqrt{\frac{1}{2}\left|x_m-x_n\right|^2}\left\{\int_{-\infty}^{+\infty}\left|g(t)\right|^2 dt\right\}^{\frac{1}{2}}=\sqrt{\frac{E_g}{2}}\left|x_m-x_n\right|\end{aligned} \tag{3.39}$$

误码性能的好坏是通过欧氏距离来衡量的。两个调制信号的欧氏距离与调制符号在复平面上的欧氏距离存在线性关系，因此分析调制符号在复平面上的欧氏距离可以很简单、直观地分析误码性能。一般而言，调制阶数越高，欧氏距离就越小；但由于频谱资源的限制，必须考虑采用比较高的调制阶数。例如，在信噪比足够高的情况下，可以采用高阶调制以提高频谱效率和吞吐率。

2. 基带信号的波形

信号的码型 $\{x_k\}$ 和波形 $g(t)$ 决定了最终的发送信号，因此决定了信号的带宽和接收端的误码率。一般而言，码型的设计应该使得信号包络起伏比较小，且尽量提高符号间的最小距离；而波形设计决定了信号的时频特性，应该在满足奈奎斯特采样定理和工程可实现的前提下尽量提高频带利用率。常见的波形包括单载波函数和傅里叶函数两种。

（1）单载波函数。WCDMA使用的波形和LTE/NR系统中的DFT-S-OFDM（离散傅里叶变换扩频正交频分复用）波形均属于单载波波形。常用的单载波函数包括时域矩形成形函数和频域根升余弦函数两种。时域矩形成形函数是时域持续时长为 T_S 的方波，即

$$g(t)=\begin{cases}1, & 0\leqslant t\leqslant T_S\\ 0, & 其他\end{cases} \quad (3.40)$$

而根升余弦函数的时频特征如图3.19所示。

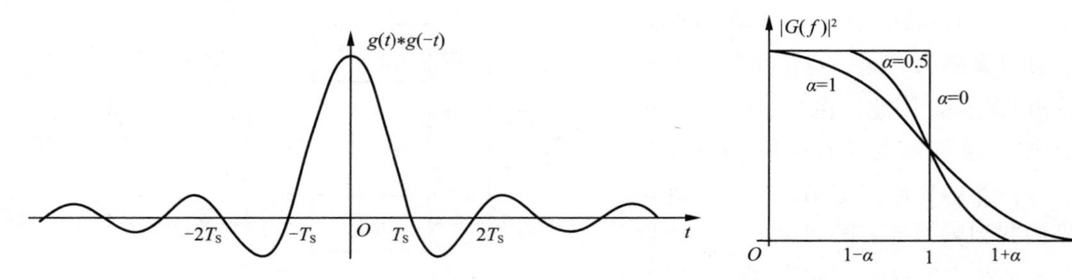

图 3.19 根升余弦函数时域和频域波形

根升余弦滤波器的时域响应函数 $g(t)$ 在 $t=0$ 时有最大值 $g(0)$，且占满整个时间轴，这样的波形是物理不可实现的。但不难注意到 $g(t)$ 在一个区间之外的能量较小，因此可以截取包含绝大部分能量的区间作为实际的时域成形函数，以满足物理可实现。

（2）傅里叶函数。在4G/5G系统中使用的OFDM（正交频分复用）波形由一组正交傅里叶函数组成，即

$$g_n(t)=g(t)\mathrm{e}^{\mathrm{j}2\pi n\Delta ft}, n=1,2,\cdots,0\leqslant t\leqslant T_S \quad (3.41)$$

其中，$g(t)$ 为窗函数且常采用矩形窗，$\Delta f=T_S$ 保证了函数间的正交性。在OFDM系统中，一个正交基称为一个子载波，可以看出每个子载波拥有相同的功率谱形状和不同的中心频率，中心频率分别为 $n\Delta f$。因此，n 的取值范围决定了OFDM波形的带宽。

3. 调制方式的选择

频谱资源是有限而珍贵的，且是不可再生资源。随着移动通信各种标准的发展，频谱资源日渐紧缺；另外，新业务所需要的比特率越来越高，这对频带利用率提出了更高的要求。例如，LTE系统的峰值比特率达到1 Gbit/s，而5G系统的峰值比特率达到20 Gbit/s。在这种情况下，人们对高阶调制的需求就越来越迫切。高阶调制能够在有限带宽下实现高速数据传输，从而在很大程度上提高频谱利用率。另外，线性功放在1986年以后取得的突破性进展以及链路自适应技术的应用为高阶调制的使用奠定了技术基础。

移动通信中调制技术的应用

调制一般是利用载波的幅度、相位或频率来承载信息，并与信道特性相匹配，更有效地利用信道。M进制数字调制，一般可以分为MASK（M进制数字幅度调制）、MPSK（M进制相移键控）、MQAM（M进制正交幅度调制）和MFSK

（*M*进制频移键控），它们属于无记忆调制。结合信号的向量空间表示，不同的调制方式可以理解为采用了不同的正交函数集，一般认为在阶数 $M \geqslant 8$ 时为高阶调制。*M*ASK、*M*QAM、*M*PSK这三种调制方式在比特率和*M*值相同的情况下，频谱利用率相同。*M*ASK信号是对载波的幅度进行调制，所以不适合衰落信道；由于*M*PSK的抗噪声性能优于*M*ASK，因此BPSK、QPSK获得了广泛应用。在 $M \geqslant 8$ 时，*M*QAM的抗噪声性能优于*M*PSK，所以高阶调制一般采用*M*QAM。例如，在5G NR中，一般使用的是QPSK、16QAM、32QAM、64QAM、256QAM等。而*M*FSK是用带宽增加来换取误码率的降低，这种方式牺牲了带宽，因而不适用于无线通信。下面仅介绍目前应用广泛的低阶*M*PSK和*M*QAM。

3.4.2　低阶*M*PSK

1. 二进制调制

（1）BPSK

在BPSK（二进制相移键控）中，假设二进制单极性序列为 $u_k \in \{0,1\}$，首先将其映射为二进制双极性符号：

$$x_k = \frac{1}{\sqrt{2}}\left[(1-2u_k)+\mathrm{j}(1-2u_k)\right] = \mathrm{e}^{\mathrm{j}\varphi_k} \tag{3.42}$$

其中，相位 $\varphi_k \in \{\pi/4, 5\pi/4\}$，从而当 $g(t)$ 为方波时，第 k 个符号内的BPSK带通信号为

$$S_{\mathrm{BPSK}}(t) = \mathrm{Re}\left\{\sum_k x_k g(t-kT_{\mathrm{S}})\mathrm{e}^{\mathrm{j}2\pi f_{\mathrm{c}}t}\right\} = \frac{1-2u_k}{\sqrt{2}}\left[\cos(2\pi f_{\mathrm{c}}t)-\sin(2\pi f_{\mathrm{c}}t)\right] \tag{3.43}$$

式（3.43）中的基带时域成形函数为持续时长为 $T_{\mathrm{S}} = T_{\mathrm{b}}$ 的方波。

当基带时域成形函数为方波时，BPSK信号的波形如图3.20所示。

BPSK信号是一种线性调制信号。当时域成形函数为方波时，其功率谱如图3.21所示，主瓣带宽 $B = 2R_{\mathrm{S}} = 2R_{\mathrm{b}}$，频带利用率只有1/2 Baud/Hz。BPSK信号有较大副瓣，副瓣的总功率约占信号总功率的10%，带外辐射严重。对于单载波波形，系统带宽由时域成形函数决定，因此为减小信号带宽，可以使用带宽和副瓣更小的时域成形函数，如使用根升余弦滤波器对应的时域成形函数 $g(t)$。

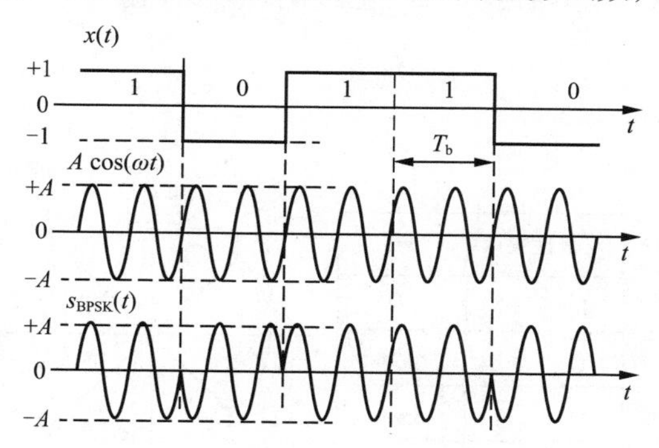

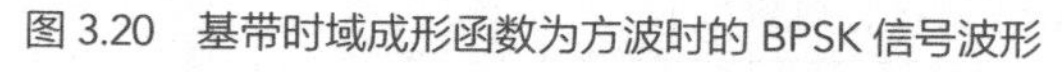
图3.20　基带时域成形函数为方波时的BPSK信号波形

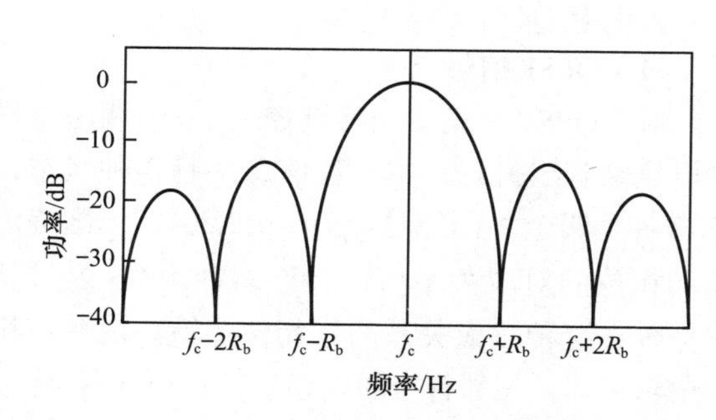

图3.21　NRZ基带信号的BPSK信号功率谱

（2）π/2-BPSK

当时域成形函数为根升余弦滤波器对应的冲激响应时，BPSK信号的功率完全被限制在根升余弦滤波器的通带内。

以根升余弦滤波器冲激响应作为时域成形函数时，形成的基带信号是连续波形；在符号转换时刻，相位跳变±π时，它以有限的斜率通过零点，因此BPSK信号的包络有起伏且最小值为零。具有恒包络特性的信号可以使用非线性（C类）功率放大器，这种高功率效率放大器对电池容量有限的移动用户设备有重要意义；而非恒包络信号对非线性放大很敏感，它会通过非线性放大使功率谱的副瓣再生，因此应当设法减小信号包络的波动幅度。从图3.22可以看出，信号相位跳变过大导致了信号包络有起伏且最小值为0，因此需要通过减小信号相位跳变幅度来减小信号包络的波动幅度。

$\pi/2$-BPSK把BPSK在奇数符号上的相位旋转$\pi/2$，在偶数符号上保持原相位，即

$$x_k=\frac{1}{\sqrt{2}}\mathrm{e}^{\mathrm{j}\frac{\pi}{2}(k\bmod 2)}\left[(1-2u_k)+\mathrm{j}(1-2u_k)\right]=\frac{1}{\sqrt{2}}\mathrm{e}^{\mathrm{j}\left[\frac{\pi}{2}(k\bmod 2)+\varphi_k\right]} \tag{3.44}$$

这样在符号转换时刻，相位跳变被限制在$\pm\pi/2$，因而可以减小信号包络的波动幅度。

如图3.23所示，$\pi/2$-BPSK信号波形的包络变化幅度要比BPSK小许多，且没有包络零点。与BPSK信号相比，$\pi/2$-BPSK信号对放大器的非线性不那么敏感，信号动态范围较小，因此可以有较高的功率效率，且不会引起副瓣功率的显著增加。NR系统在上行链路中引入该种调制方式以提升上行的覆盖性能。

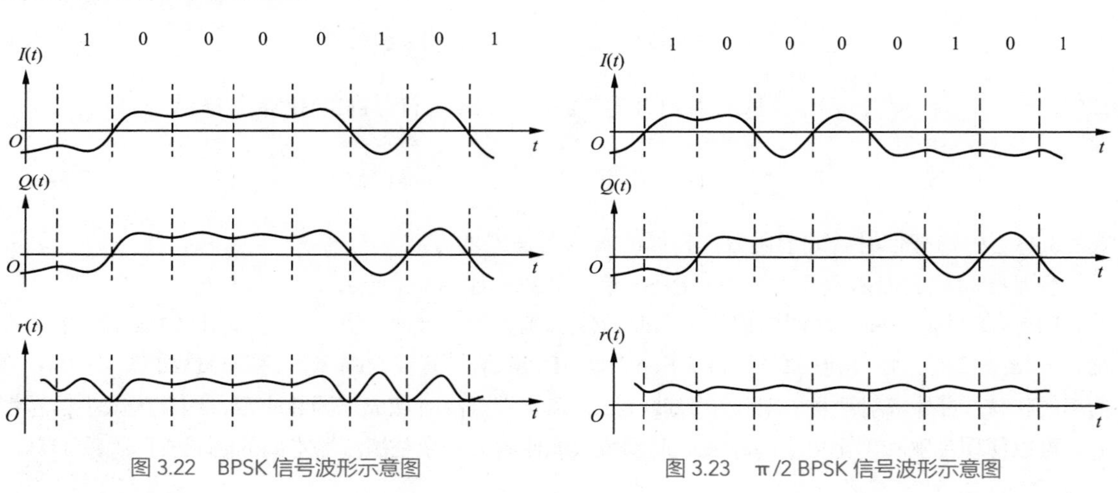

图 3.22 BPSK 信号波形示意图　　图 3.23 π/2 BPSK 信号波形示意图

2. QPSK

（1）QPSK信号

对于QPSK（正交相移键控），一个调制符号可以承载2比特信息，2比特信息共有四种状态，分别对应四个不同相位$\varphi_n(n=1,2,3,4)$。2比特信息和相位的对应关系可以有许多种，图3.24是其中一种，这种对应关系叫作相位逻辑。观察该相位逻辑可知，相邻符号间仅相差1比特，此种比特和星座点间的映射关系称为格雷映射。格雷映射方法可以扩展到后文的MPSK和MQAM等高阶调制中；在误码率相同情况下，格雷映射有助于降低系统的误比特率。

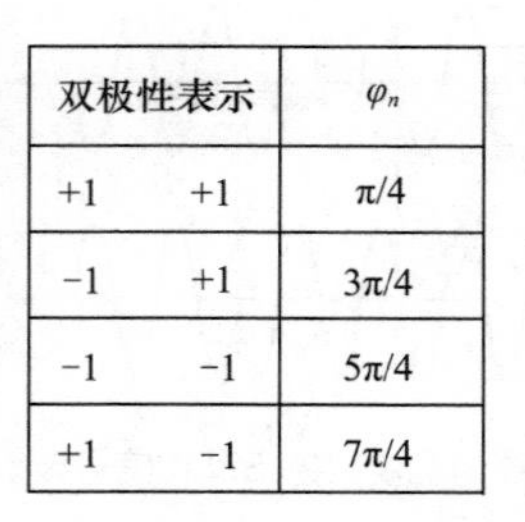

双极性表示		φ_n
+1	+1	π/4
−1	+1	3π/4
−1	−1	5π/4
+1	−1	7π/4

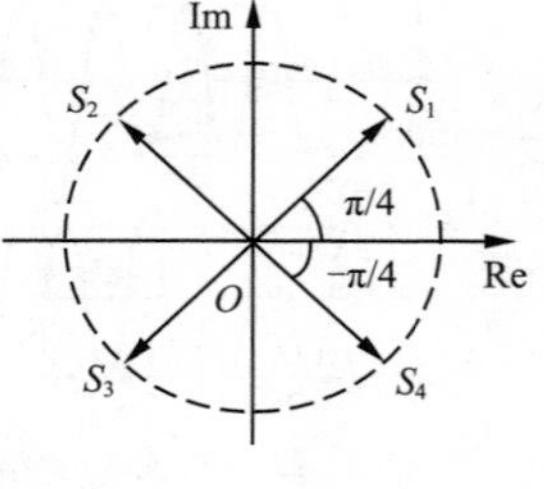

图 3.24 QPSK 的一种相位逻辑

使用图3.24中的对应关系，QPSK信号可以表示为

$$S_{\mathrm{QPSK}}(t)=\mathrm{Re}\left\{x(t)\mathrm{e}^{\mathrm{j}2\pi f_{\mathrm{c}}t}\right\}=\mathrm{Re}\left\{\sum_k x_k g(t-kT_{\mathrm{S}})\mathrm{e}^{\mathrm{j}2\pi f_{\mathrm{c}}t}\right\} \tag{3.45}$$

其中，符号序列 $\{x_k\}$ 是功率归一化的，且和单极性二进制序列 $\{u_k\}$ 间满足

$$x_k=\frac{1}{\sqrt{2}}\left[\left(1-2u_{2k}\right)+\mathrm{j}\left(1-2u_{2k+1}\right)\right]=\mathrm{e}^{\mathrm{j}\varphi_k} \tag{3.46}$$

（2）QPSK信号产生

当时域成形函数为持续时间为 T_{S} 的方波时，可以将式（3.45）展开为

$$S_{\mathrm{QPSK}}(t)=\frac{1}{\sqrt{2}}\left[\left(1-2u_{2k}\right)\cos\left(2\pi f_{\mathrm{c}}t\right)-\left(1-2u_{2k+1}\right)\sin\left(2\pi f_{\mathrm{c}}t\right)\right],\ T_{\mathrm{S}}\leqslant t\leqslant\left(k+1\right)T_{\mathrm{S}} \tag{3.47}$$

因此，QPSK很容易使用正交调制生成，原理图如图3.25所示，QPSK调制器的各点波形如图3.26所示。

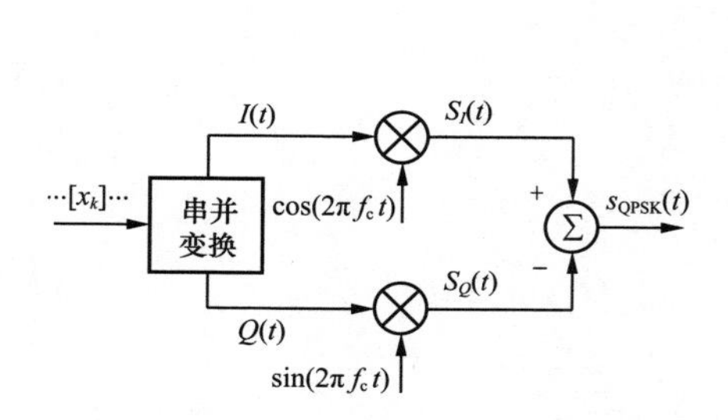

图 3.25 QPSK 正交调制原理图

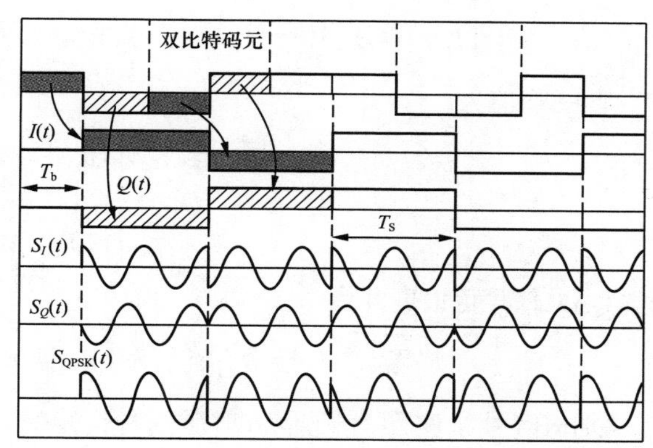

图 3.26 QPSK 调制器各点波形

（3）QPSK信号的功率谱

正交调制产生QPSK信号的方法实际上是把两路BPSK信号相加，因此相同时间内，QPSK传输的比特数是BPSK的两倍。由于单载波的功率谱是由时域成形函数决定的，因此当BPSK和QPSK使用相同的时域成形函数时，它们的功率谱和所占带宽是相同的，此时QPSK的频带效率是BPSK的两倍。

OQPSK（Offset QPSK）

与BPSK一样，当时域成形函数为方波时，QPSK已调信号功率谱副瓣很大。为了减小已调信号的带宽，可以采用与BPSK类似的方法，使用带宽和副瓣更小的时域成形函数，如使用根升余弦滤波器的冲激响应作为时域成形函数。此外，为了减少QPSK的包络起伏，可以采用OQPSK（偏移正交相移键控），以提升功率放大器的功率效率，具体不再赘述。

*M*进制移相键控（*M*PSK）

3.4.3 高阶*M*QAM

*M*ASK信号的向量空间是一维的，*M*PSK信号的向量空间是二维的，随着调制阶数增加，符号间的欧氏距离在减小。如果能充分利用二维向量空间，在不减小欧氏距离的情况下增加星座点数就可以提高频谱利用率，这样就引出了联合控制载波幅度和相位的正交幅度调制，即QAM。*M*QAM是高阶调制中使用最多的调制方式。

1. *M*QAM

*M*QAM信号由相互独立的多电平幅度序列调制两个正交载波叠加形成。假设两组相互独立的离散幅度序列为 $\left\{x_k^i\right\}$ 和 $\left\{x_k^q\right\}$，则*M*QAM信号可以表示为

$$S_{\text{MQAM}}(t)=\operatorname{Re}\left\{\sum_k\left(x_k^i+\mathrm{j}x_k^q\right)g\left(t-kT_{\mathrm{S}}\right)\mathrm{e}^{\mathrm{j}2\pi f_{\mathrm{c}}t}\right\} \tag{3.48}$$

其中，$x_k^i+\mathrm{j}x_k^q=x_k$ 为复平面上归一化的星座点。而非归一化的星座点 $\tilde{x}_k=\sqrt{D_M}x_k$ 为

$$\tilde{x}_k=\begin{cases}(1-2u_{4k})\left[2-(1-2u_{4k+2})\right]+\mathrm{j}(1-2u_{4k+1})\left[2-(1-2u_{4k+3})\right], M=16\\(1-2u_{6k})\left\{4-(1-2u_{6k+2})\left[2-(1-2u_{6k+4})\right]\right\}+\\\mathrm{j}(1-2u_{6k+1})\left\{4-(1-2u_{6k+3})\left[2-(1-2u_{6k+5})\right]\right\}, M=64\\(1-2u_{8k})\left\{8-(1-2u_{8k+2})\left[4-(1-2u_{8k+4})(2-(1-2u_{8k+6}))\right]\right\}+\\\mathrm{j}(1-2u_{8k+1})\left\{8-(1-2u_{8k+3})\left[4-(1-2u_{8k+5})(2-(1-2u_{8k+7}))\right]\right\}, M=256\end{cases} \tag{3.49}$$

其中，归一化值为

$$D_M=\begin{cases}10, & M=16\\42, & M=64\\170, & M=256\end{cases} \tag{3.50}$$

进而*M*QAM信号可以展开为

$$S_{\text{MQAM}}(t)=\sum_k g\left(t-kT_{\mathrm{S}}\right)\left[x_k^i\cos\left(2\pi f_{\mathrm{c}}t\right)-x_k^q\sin\left(2\pi f_{\mathrm{c}}t\right)\right] \tag{3.51}$$

*M*QAM信号星座图有圆形和矩形两种，矩形星座图实现和解调简单，因此获得了广泛的应用。在矩形星座图中，当满足 $M=4^l, l=2,3,4,\cdots$，即16QAM、64QAM、256QAM等，两路离散幅度序列互相对称，且可以分别由l个信息比特独立映射得到，因此使用最为广泛。图3.27所示为4QAM信号和16QAM信号的矩形星座图，根据式（3.39），图3-27中*M*QAM信号相邻符号间的欧氏距离为

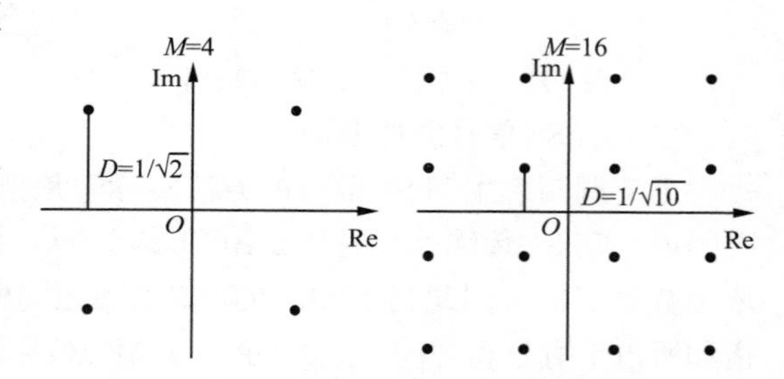

图 3.27 MQAM 信号的矩形星座图

$$d_{\min}=\sqrt{\frac{E_g}{2}}\min_{m,n\in\{1,2,\cdots,M\}}\left\|\left[\left(x_m^i-x_n^i\right)+\mathrm{j}\left(x_m^q-x_n^q\right)\right]\right\|=\sqrt{\frac{2E_g}{D_M}} \tag{3.52}$$

因此，将输入的二进制序列 $\{u_k\}$ 每 $\log_2 M$ 比特分为一组，并转换为*M*进制，进而映射到*M*个星座点对应的电平。当*M*满足 $M=4^l, l=2,3,4,\cdots$ 时，*I*路和*Q*路的电平可以分别由l个信息比特独立映射得到，如图3.28所示。

2. *M*QAM解调

当 $M=4^l$ 时，*I*和*Q*两路信号可以独立进行判决检测。在加性高斯白噪声信道条件下，其最佳接收框图如图3.29所示。该图中分别按照同相及正交支路的 $\sqrt{M}$ 进制ASK进行解调，在采样和判决后恢复数据。

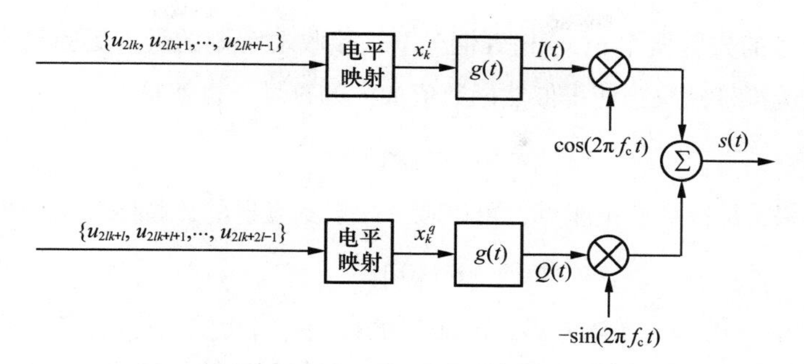

图 3.28 *M*QAM 信号产生框图

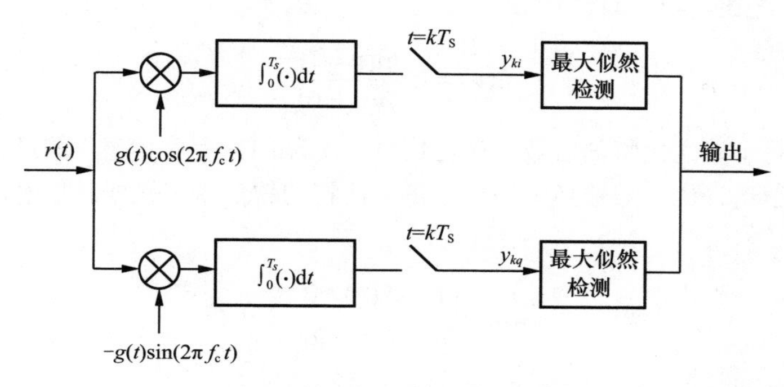

图 3.29 *M*QAM 信号的最佳接收框图

因此，*M*QAM信号的误码率为

$$P_M = 1-\left(1-P_{\sqrt{M}}\right)^2 \approx 2P_{\sqrt{M}} \tag{3.53}$$

其中，$P_{\sqrt{M}}$ 是 $\sqrt{M}$ 进制ASK信号的平均误码率，即

$$P_{\sqrt{M}} = 2\left(1-\frac{1}{\sqrt{M}}\right)Q\left[\sqrt{\frac{3}{M-1}\frac{E_S}{N_0}}\right] \tag{3.54}$$

而 E_S 是 T_S 内信号的平均能量，即

$$E_S = \frac{1}{M}\sum_{m=1}^{M}E_m = \frac{1}{M}\sum_{m=1}^{M}\int_0^{T_S} s_m^2(t)\mathrm{d}t \tag{3.55}$$

3.4.4 软解调

1. 软解调的概念

3.4.1节介绍过，*K*个比特信息向量 $\boldsymbol{u}=\left[u_1,u_2,\cdots,u_K\right]=\{0,1\}^K$ 通过2/*M*转换，可以转换为 $M=2^K$ 进制符号集合中的一个符号或归一化星座点 $\boldsymbol{x}=\left[x_I,x_Q\right]\in X$，其中 x_I 和 x_Q 为发送符号的实部和虚部，*X*为某种调制方式的归一化星座点或符号的集合。在不考虑信道衰落的情况下，通过加性高斯白噪声信道后，到达接收端的观察向量为

$$\boldsymbol{y}=\left[y_I,y_Q\right]=\boldsymbol{x}+\boldsymbol{n}=\left[x_I,x_Q\right]+\left[n_I,n_Q\right] \tag{3.56}$$

其中，$\boldsymbol{n}=\left[n_I,n_Q\right]$ 为等效噪声向量，n_I 和 n_Q 独立同分布，均值都为0，功率都为 $N_0/2$。

在所有发送符号的先验概率$p(\boldsymbol{x})$相等情况下，接收端解调的最大后验概率准则等效为最大似然准则，即将发送符号判决为使得似然函数值最大的符号，也就是

$$\hat{\boldsymbol{x}} = \max_{\boldsymbol{x}\in X}\left\{p\left(\boldsymbol{y}\mid\boldsymbol{x}\right)\right\} \tag{3.57}$$

即硬解调的判决结果$\hat{\boldsymbol{x}}$是标准的星座点，可以唯一映射到发射的比特序列上，也就是

$$\hat{\boldsymbol{u}}=\{0,1\}^K \tag{3.58}$$

然而性能较高的Turbo码、LDPC码、Polar码的译码常采用软信息，即每个比特为0或1的概率或该概率的单调函数。一般为简化译码器的操作，常使用对数似然比（LLR），即每个比特为1的概率与为0的概率之比，再取自然对数，即

$$L(u) = \ln\frac{p(u=1)}{p(u=0)} \tag{3.59}$$

从接收信号中得到每个发送比特的对数似然比信息（或为0/1的概率信息）的过程，称为软解调。

基于软信息的信道译码一般输出的仍然是每个比特的软信息。根据软信息进行判决，就可以得到发送的比特为

$$u=\begin{cases}1, & L(u)>0\\ 0, & L(u)<0\end{cases} \tag{3.60}$$

2. 软解调的原理

（1）对数似然比算法（精确算法）

基于前述模型假设，解调输出每个比特的对数后验概率比：

$$L(u_k\mid\boldsymbol{y}) = \ln\frac{p(u_k=1\mid\boldsymbol{y})}{p(u_k=0\mid\boldsymbol{y})}, k=1,2,\cdots,K \tag{3.61}$$

根据贝叶斯公式，可以得到

$$p(u_k=1\mid\boldsymbol{y}) = \frac{p(\boldsymbol{y}\mid u_k=1)p(u_k=1)}{p(\boldsymbol{y})} \tag{3.62}$$

$$p(u_k=0\mid\boldsymbol{y}) = \frac{p(\boldsymbol{y}\mid u_k=0)p(u_k=0)}{p(\boldsymbol{y})} \tag{3.63}$$

在没有任何先验信息时，可以假设先验概率$p\left(u_k=1\right)=p\left(u_k=0\right)=1/2$，则上述最大后验概率等价于似然函数，进而取对数可以得到对数后验概率比或对数似然比：

$$L(u_k\mid\boldsymbol{y}) = \ln\frac{p(u_k=1\mid\boldsymbol{y})}{p(u_k=0\mid\boldsymbol{y})} = \ln\frac{p(\boldsymbol{y}\mid u_k=1)}{p(\boldsymbol{y}\mid u_k=0)} \tag{3.64}$$

假设$X_{u_k=1}$为第k个比特取值为1的星座点集合，$X_{u_k=0}$为第k个比特取值为0的星座点集合，则有$X_{u_k=1}\cap X_{u_k=0}=\varnothing$和$X_{u_k=1}\cup X_{u_k=0}=X$，即可得全概率公式为

$$p(\boldsymbol{y}\mid u_k=1) = \sum\nolimits_{\boldsymbol{x}\in X_{u_k=1}} p(\boldsymbol{y}\mid\boldsymbol{x}) \tag{3.65}$$

$$p(\boldsymbol{y}\mid u_k=0) = \sum\nolimits_{\boldsymbol{x}\in X_{u_k=0}} p(\boldsymbol{y}\mid\boldsymbol{x}) \tag{3.66}$$

将式（3.65）和式（3.66）代入式（3.64），可得基于对数似然比的软解调公式：

$$L(u_k \mid \boldsymbol{y}) = \ln \frac{\sum_{\boldsymbol{x} \in X_{u_k=1}} p(\boldsymbol{y} \mid \boldsymbol{x})}{\sum_{\boldsymbol{x} \in X_{u_k=0}} p(\boldsymbol{y} \mid \boldsymbol{x})} \tag{3.67}$$

从式（3.67）可以看出，软解调需要穷举调制的所有星座点，并计算对应的概率值，进而根据每个比特值的不同将其分组累加，最终计算每个比特的对数似然比。由于上述方法的计算量很大，尤其在星座图较大时，其计算复杂度较高，因此出现了软解调的MAX算法。

（2）MAX算法（简化算法）

一方面，在AWGN信道下，接收信号的二维条件联合概率密度函数可以写为

$$p(\boldsymbol{y} \mid \boldsymbol{x}) = \frac{1}{\pi N_0} \exp\left\{-\frac{1}{N_0}\|\boldsymbol{y}-\boldsymbol{x}\|^2\right\} \tag{3.68}$$

另一方面，考虑近似计算公式 $\ln\left(e^x + e^y\right) \approx \max\{x, y\}$，式（3.67）可以近似写为

$$L(u_k \mid \boldsymbol{y}) = \frac{1}{N_0}\left[\min_{\boldsymbol{x} \in X_{u_k=0}}\left\{\|\boldsymbol{y}-\boldsymbol{x}\|^2\right\} - \min_{\boldsymbol{x} \in X_{u_k=1}}\left\{\|\boldsymbol{y}-\boldsymbol{x}\|^2\right\}\right] \tag{3.69}$$

式（3.69）即为软解调的MAX算法。可以看出采用MAX算法后，软解调过程的计算复杂度将大大降低。

3. 软解调举例

例3.6　假设QPSK的星座点如图3.30所示，接收信号 $\boldsymbol{y} = [y_1, y_2]$，归一化因子 $D = 1/\sqrt{2}$，求其软解调公式。

解　由软解调的MAX算法可以得到第一个发送比特的软信息为

$$\begin{aligned} L_1 &= \frac{1}{N_0}\left\{\|\boldsymbol{y}-\boldsymbol{x}(0,1)\|^2 - \|\boldsymbol{y}-\boldsymbol{x}(1,1)\|^2\right\} \\ &= \frac{1}{N_0}\left\{\left[(y_1+D)^2 + (y_2-D)^2\right] - \left[(y_1-D)^2 + (y_2-D)^2\right]\right\} \\ &= \frac{1}{N_0} \cdot 4D \cdot y_1 \end{aligned} \tag{3.70}$$

同理可以推导得到第二个发送比特的软信息为

$$L_2 = \frac{1}{N_0} \cdot 4D \cdot y_2 \tag{3.71}$$

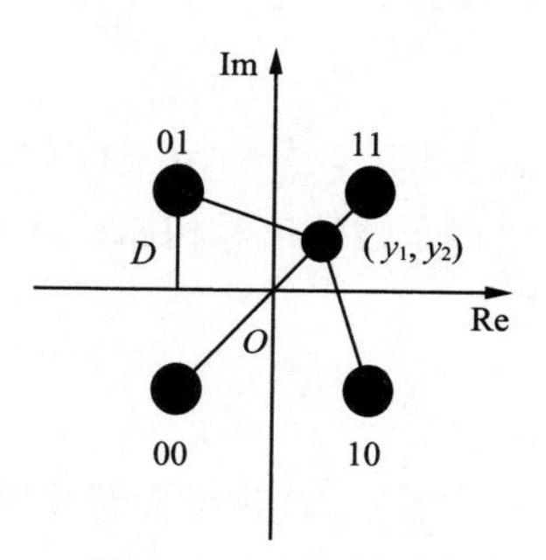

图 3.30　QPSK 的软解调示意图

3.5 OFDM 技术

3.5.1 OFDM 概述

为对抗多径中的符号间干扰（Inter-Symbol Interference，ISI）并提高系统的频率效率，出现了正交频分复用（OFDM）技术。在频分复用（FDM）技术中，将可用频带B划分为N个带宽为

$2\Delta f$的子信道；把N个串行符号变换为N个并行符号，分别调制到这N个子信道载波上进行同步传输；若子信道的符号速率$1/T_S = \Delta f \ll B_C$，则各子信道可看作平坦信道，从而避免符号间干扰。进一步，若相邻子信道允许重叠，则还可以避免FDM导致的频谱效率损失；若$\Delta f = 1/T_S$，则可以保证子信道载波间正交，即可得到OFDM。FDM和OFDM的比较如图3.31所示。

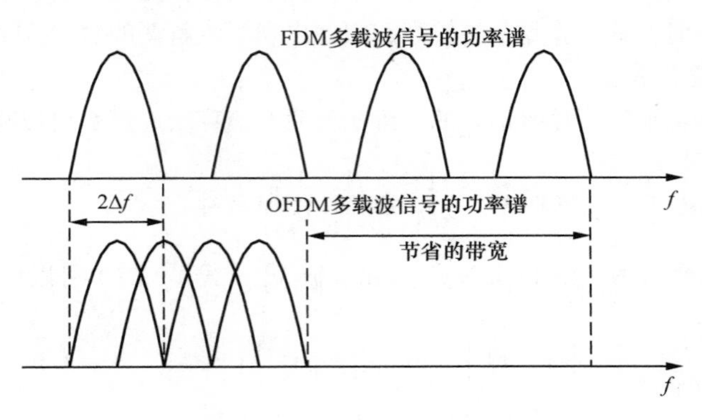

图 3.31　FDM 和 OFDM 的比较

3.5.2　OFDM 的原理

1. 发送与接收

假设串行的N个$M = 2^K$进制符号为$x_n = x_{In} + jx_{Q_n}$（$n = 1, 2, \cdots, N$），且符号周期为t_S，经过串并变换后符号周期为$T_S = Nt_S$。将这N个符号分别调制到如下N个子载波上：

$$f_n = f_c + n\Delta f, \quad n = 0, 1, 2, \cdots, N-1 \tag{3.72}$$

式（3.72）中，$\Delta f = 1/T_S$为子载波间隔（Subcarrier Spacing，SCS）。进一步把这N个并行支路的已调子载波信号相加，就可以得到OFDM信号。

$$x(t) = \mathrm{Re}\left\{\sum_{n=0}^{N-1} x_n g_T(t) e^{j2\pi n\Delta f t} e^{j2\pi f_c t}\right\} \triangleq \mathrm{Re}\left\{x_L(t) e^{j2\pi f_c t}\right\} \tag{3.73}$$

其中，$g_T(t)$为矩形滤波器，$x_L(t) = \sum_{n=0}^{N-1} x_n g_T(t) e^{jn2\pi\Delta f t} = x_I(t) + jx_Q(t)$为OFDM的基带信号，并且

$$\begin{cases} x_I(t) = \mathrm{Re}\{x_L(t)\} = \sum_{n=0}^{N-1}\left[x_{In}\cos(n2\pi\Delta f t) - x_{Q_n}\sin(n2\pi\Delta f t)\right] g_T(t) \\ x_Q(t) = \mathrm{Im}\{x_L(t)\} = \sum_{n=0}^{N-1}\left[x_{In}\sin(n2\pi\Delta f t) + x_{Q_n}\cos(n2\pi\Delta f t)\right] g_T(t) \end{cases} \tag{3.74}$$

由式（3.74）可知，OFDM可以由图3.32所示的框图来实现。另外，各子载波是两两正交的，即

$$\int_0^{T_s} e^{-jm2\pi\Delta f t} e^{jn2\pi\Delta f t} dt = 0, m \neq n \tag{3.75}$$

在接收端，若不考虑噪声，接收信号同时进入N个并联支路，分别与N个子载波相乘和积分（相干解调）便可以恢复各并行支路的数据。

$$\hat{x}_n = \frac{1}{T_s}\int_0^{T_s} x(t)\mathrm{e}^{-\mathrm{j}2\pi(f_c+n\Delta f)t}\mathrm{d}t = \frac{1}{T_s}\int_0^{T_s} x_L(t)\mathrm{e}^{-\mathrm{j}2\pi n\Delta ft}\mathrm{d}t = x_n \quad (3.76)$$

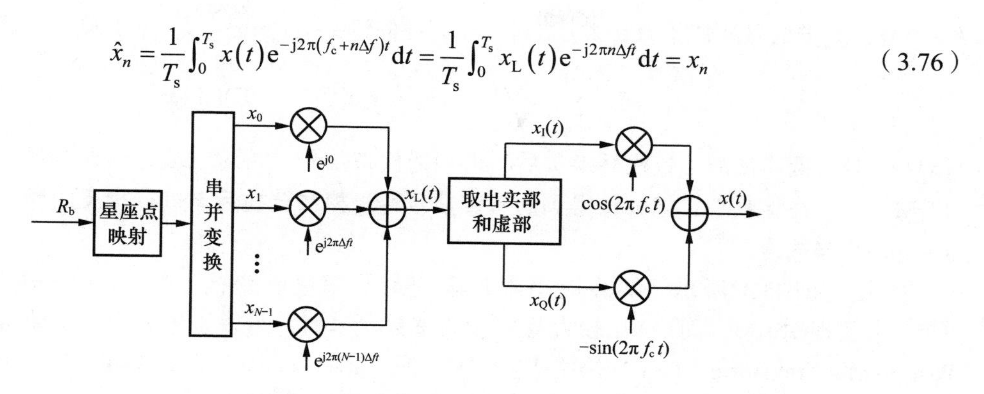

图 3.32　OFDM 系统正交调制实现

2. 功率谱密度与频谱效率

当子信道的脉冲为矩形脉冲时，各子路信号具有sinc函数形式的频谱，即

$$g_T(t) \Leftrightarrow G_T(f) = T_s\mathrm{sinc}(T_s f)\mathrm{e}^{-\mathrm{j}\pi T_s f} \quad (3.77)$$

进而可以得到OFDM的频谱为

$$X(f)=\frac{1}{2}\sum_{n=0}^{N-1} x_n\left[G_T(f-f_n)+G_T(f+f_n)\right]\text{或}X_L(f)=\sum_{n=0}^{N-1} x_n G_T(f-n\Delta f) \quad (3.78)$$

由于不同子载波间正交且载波上的符号序列相互独立，因此OFDM功率谱可以由各子载波功率谱叠加得到。当发送符号均为1时，N=4和N=32时的OFDM功率谱如图3.33所示。

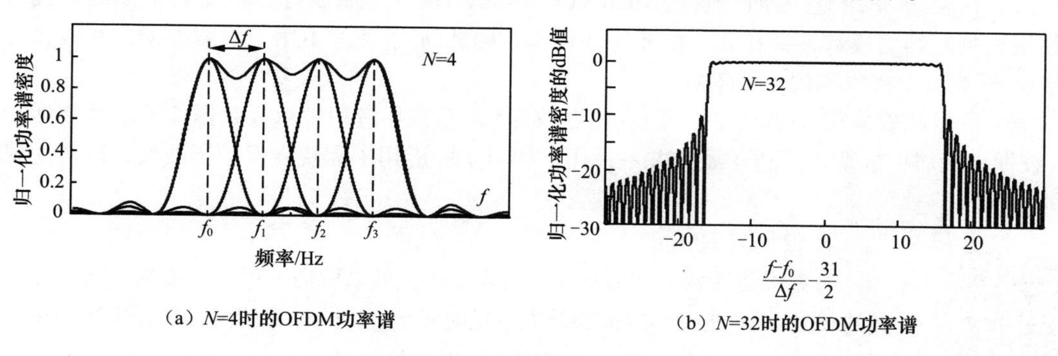

图 3.33　OFDM 功率谱示例

OFDM信号的主瓣带宽可以表示为

$$B = f_{N-1} - f_0 + 2\Delta f = (N-1)\Delta f + 2\Delta f \approx N\Delta f \quad (3.79)$$

设每个支路采用 $M = 2^K$ 进制调制，则频谱利用率为

$$\eta = \frac{NR_s K}{(N-1)\Delta f + 2\Delta f} = \frac{N}{N+1}K \to K, N \to +\infty \quad (3.80)$$

3.5.3　OFDM 的 DFT 实现

1. OFDM的实现

若对基带信号 $x_L(t)$ 以奈奎斯特采样间隔 $T_c = 1/B \approx T_s/N$（即当N很大时，频带信号带宽

$B=N\Delta f$，基带信号的带宽为 $B/2$）进行采样，并假设 $\boldsymbol{x}=[x_0,x_1,\cdots,x_{N-1}]^{\mathrm{T}}$，则可得到

$$x_{\mathrm{L}}(m)=\sum_{n=0}^{N-1}x_n\mathrm{e}^{\mathrm{j}n2\pi\Delta f mT_{\mathrm{c}}}=\sum_{n=0}^{N-1}x_n\mathrm{e}^{\mathrm{j}2\pi nm/N}=\mathrm{IDFT}\{\boldsymbol{x}\} \tag{3.81}$$

而 $x_{\mathrm{L}}(m)$ 经过低通滤波（数模转换）后，得到的模拟信号，再对载波进行调制便可得到所需的OFDM信号。在接收端，把解调得到的基带信号经过模数转换后，进行相反的操作得到 $\hat{x}_n$，再经过并串变换输出。

因此，如图3.34所示，实际应用中常采用离散傅里叶变换（Discrete Fourier Transform，DFT）来实现OFDM；而当N比较大且N是2的整数次幂时，可以采用效率高的快速傅里叶变换（Fast Fourier Transform，FFT）/快速傅里叶逆变换（Inverse Fast Fourier Transform，IFFT）算法。在OFDM系统中 $\{x_n\}$ 与 $\{x_{\mathrm{L}}(m)\}$ 分别称为频域符号与时域样值。

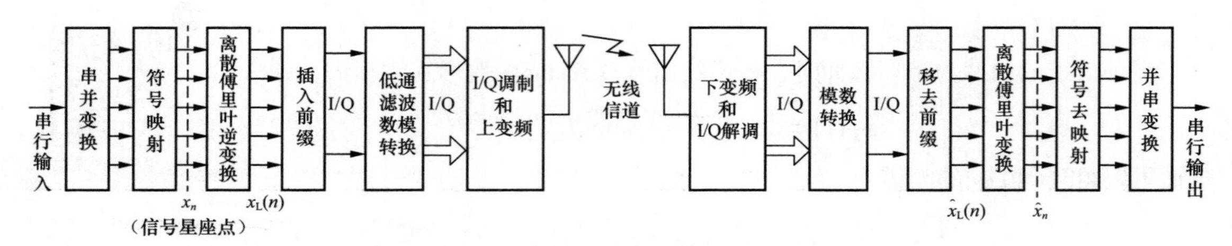

图 3.34　OFDM 的 DFT 实现

需要说明以下两点。

（1）在发送OFDM信号时，直流（Direct Current，DC）子载波有可能受到很强的干扰，在接收端也可能因为模数转换存在一个非零的偏移，因此DC子载波不用于承载数据，在接收端可以将DC子载波上接收到的信号忽略。

（2）虽然此处采用FFT（IFFT）的星座点数为N，但实际应用中承载数据的子载波数远小于N，数据一般居中放置，两边子载波并不占用；同时实际应用中需要有保护子载波，以避免载波间的干扰。

2. OFDM的前缀

为克服前后两个OFDM符号间的干扰，可采取插入保护间隔的方法。保护间隔的长度 T_{G} 不能小于信道的最大多径时延 $\tau_{\max}$，这样才能消除多径带来的符号间干扰（ISI）。如图3.35所示，通常为不引起载波间干扰（Inter-Carrier Interference，ICI），T_{G} 以循环前缀（Cyclic Prefix，CP）的形式存在，而不是会引起载波间干扰的空白前缀。这些前缀由OFDM信号的尾部 N_{G} 个时域样值构成，因此发送的时域样值序列长度增加到 $N+N_{\mathrm{G}}$。在接收端，需要舍弃保护间隔，然后进行DFT及后续操作。而在采用循环前缀时，假设多径时延为 τ，则接收端时延为0的载波m和时延为 τ 的载波n间仍满足正交关系，即

$$\int_0^{T_{\mathrm{s}}}\mathrm{e}^{-\mathrm{j}m2\pi\Delta ft}\mathrm{e}^{\mathrm{j}n2\pi\Delta f(t-\tau)}\mathrm{d}t=\mathrm{e}^{-\mathrm{j}n2\pi\Delta f\tau}\int_0^{T_{\mathrm{s}}}\mathrm{e}^{-\mathrm{j}m2\pi\Delta ft}\mathrm{e}^{\mathrm{j}n2\pi\Delta ft}\mathrm{d}t=0,m\neq n \tag{3.82}$$

而空白前缀则无法满足式（3.82），因此会导致ICI。

保护间隔 T_{G} 的存在会使得OFDM的频谱效率小于K，具体表达式为

$$\eta=\frac{NK}{N+1}\frac{T_{\mathrm{S}}}{T_{\mathrm{S}}+T_{\mathrm{G}}}\approx\frac{T_{\mathrm{S}}}{T_{\mathrm{S}}+T_{\mathrm{G}}}K,N\to+\infty \tag{3.83}$$

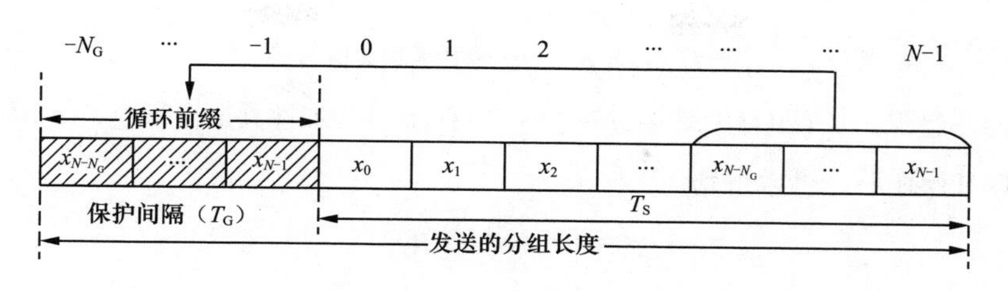

图 3.35　循环前缀

3. OFDM系统的设计

在OFDM系统的设计中，需要综合考虑各种系统因素和实际需求。一般情况下，其设计的基本准则可以概括如下。

（1）为了克服符号间干扰，需要满足保护间隔大于或等于最大多径时延（即 $T_G \geqslant \tau_{\max}$），或者远大于时延扩展（可选择 $T_G \geqslant (2\sim4)\sigma_\tau$），具体选择与调制方式和信道编码的干扰能力有关，调制阶数越高，系统对ISI和ICI越敏感，而纠错编码可以降低其敏感性。

（2）保证有效符号周期 $T_S \geqslant 5T_G$，这样其信噪比和频谱效率才能得到保证，具体符号周期还与系统的复杂度、相位噪声、频偏和功率峰均比（Peak-to-Average Power Ratio，PAPR）等有关。

（3）子载波数N应该使得系统总带宽在给定频谱 B 范围内（$N\Delta f = N/T_S \leqslant B$），且一般采用IFFT/FFT实现时，要求 N 为2的幂；同时 N 决定了系统的比特率，也就决定了信道编码率以及调制方式。

例3.7 给定系统最大带宽为10MHz，信道的时延扩展为4μs，试设计一个频谱利用率较高的OFDM系统。

解　根据OFDM的设计准则可知，首先要保证 $T_G \geqslant 4\sigma_\tau = 16\mu s$；进而为了保证一定的频谱效率，我们可以采用 $T_S = 6T_G = 96\mu s \geqslant 5T_G$；载波数需要满足系统带宽不超过10MHz，因此有 $N_a \leqslant BT_S = 10\times10^6 \times 96\times10^{-6} = 960$，而考虑采用IFFT/FFT实现OFDM时，则取 $N = 1024$；但实际占用带宽仍为 $N_a/T_S = 10\text{MHz}$，子载波间隔为 $\Delta f = 1/T_S \approx 10.41\text{kHz}$。

---

4. OFDM的时频关系

如图3.36所示，假设带有CP的OFDM符号（简称CP-OFDM）经过L径信道，基带信道增益可以表示为 $\boldsymbol{h}_L = [\tilde{h}_0, \tilde{h}_1, \cdots, \tilde{h}_{L-1}]^{\mathrm{T}}$，则接收端去掉CP后，某个等效基带符号的样值可以写为

$$\underbrace{\begin{bmatrix} y_L(0) \\ y_L(1) \\ \vdots \\ y_L(N-1) \end{bmatrix}}_{\boldsymbol{y}_L} = \underbrace{\begin{bmatrix} \tilde{h}_0 & 0 & \cdots & 0 & \tilde{h}_{L-1} & \cdots & \tilde{h}_2 & \tilde{h}_1 \\ \tilde{h}_1 & \tilde{h}_0 & 0 & \cdots & 0 & \tilde{h}_{L-1} & \cdots & \tilde{h}_2 \\ \vdots & \vdots & \vdots & \vdots & \vdots & \vdots & \vdots & \vdots \\ \tilde{h}_{L-1} & \cdots & \tilde{h}_2 & \tilde{h}_1 & \tilde{h}_0 & 0 & \cdots & 0 \\ 0 & \tilde{h}_{L-1} & \cdots & \tilde{h}_2 & \tilde{h}_1 & \tilde{h}_0 & 0 & \cdots \\ \cdots & 0 & \tilde{h}_{L-1} & \cdots & \tilde{h}_2 & \tilde{h}_1 & \tilde{h}_0 & 0 \\ 0 & \cdots & 0 & \tilde{h}_{L-1} & \cdots & \tilde{h}_2 & \tilde{h}_1 & \tilde{h}_0 \end{bmatrix}}_{\boldsymbol{H}_L} \underbrace{\begin{bmatrix} x_L(0) \\ x_L(1) \\ \vdots \\ x_L(N-1) \end{bmatrix}}_{\boldsymbol{x}_L} + \underbrace{\begin{bmatrix} n_L(0) \\ n_L(1) \\ \vdots \\ n_L(N-1) \end{bmatrix}}_{\boldsymbol{n}_L} \tag{3.84}$$

也就是

$$\boldsymbol{y}_L = \boldsymbol{H}_L \boldsymbol{x}_L + \boldsymbol{n}_L = \boldsymbol{h}_L \otimes \mathrm{IDFT}[\boldsymbol{x}] + \boldsymbol{n}_L \tag{3.85}$$

其中，$\otimes$表示循环卷积，$n_L(i)(i=0,2,\cdots,N-1) \sim \mathrm{CN}(0,\sigma^2)$为加性高斯白噪声，$\sigma^2$为噪声方差。

进而进行DFT操作后，可以得到

$$\boldsymbol{y} = \mathrm{diag}\{\boldsymbol{x}\}\boldsymbol{h} + \boldsymbol{n} \tag{3.86}$$

其中，$\boldsymbol{y} = \mathrm{DFT}\{\boldsymbol{y}_L\}$，$\boldsymbol{h} = \mathrm{DFT}\{\boldsymbol{h}_L\}$，而$\boldsymbol{n} = \mathrm{DFT}\{\boldsymbol{n}_L\}$。

OFDM频域收发关系

从上面的讨论可知，接收端每个OFDM子载波上收到的频域基带符号y_n等于发送端对应子载波上的基带符号x_n乘以对应的子载波频域基带信道h_n，再加上频域噪声n_n，也就是

$$y_n = h_n x_n + n_n \tag{3.87}$$

因此，CP-OFDM的频域收发关系如图3.37所示。

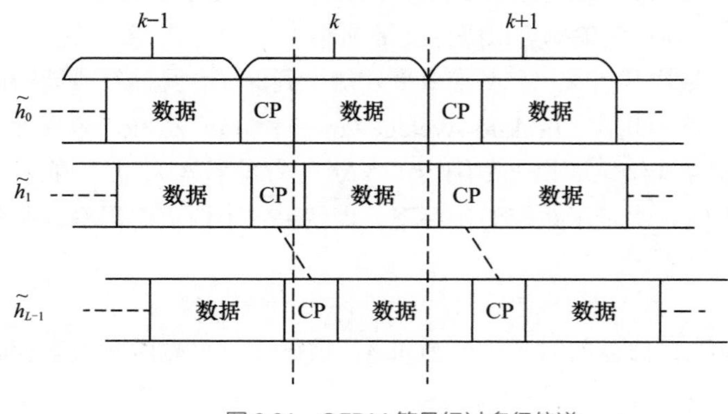

图 3.36 OFDM 符号经过多径信道

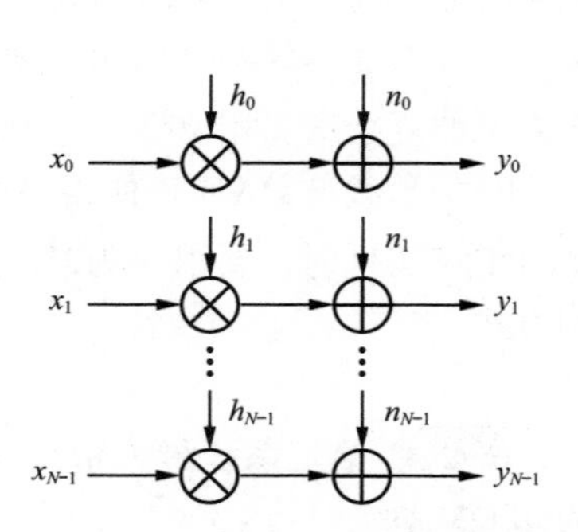

图 3.37 CP-OFDM 的频域收发关系

3.5.4 OFDM 的信道估计

1. OFDM信道估计概述

（1）信道估计算法分类

信道估计算法一般可以分为盲估计和非盲估计两大类。盲估计算法基于信道的统计特性，需要有大量数据才能够获得较好的性能，常用于慢变信道；在快衰落信道中，其收敛性会急剧恶化，系统性能较差。因此盲估计算法主要停留在理论分析阶段，实际系统中很少采用。

非盲估计算法又可以分为数据辅助算法和判决指导算法。在数据辅助算法中，OFDM符号的整体或部分用于导频数据传输，利用导频数据进行信道频域响应的估计。该方法的信道估计性能较好，但增加了系统的时频资源开销，降低了OFDM的频谱利用率。判决指导算法类似于后文中的判决反馈均衡器，可以降低系统的开销，提高系统的频谱效率，但其复杂度较高，且当信道状态剧烈变化时，信道估计性能会下降。因此，实际应用中常采用数据辅助算法，也就是基于导频的信道估计算法。

基于AI的信道估计

（2）基于导频的信道估计算法

基于导频的OFDM信道估计算法分为两步：第一步是分别根据收发端已知的导频符号进行导频符号位置的信道估计；第二步是根据估算出的导频符号位置信道进行插值，以得到数据符号位置的信道，进而用于数据的均衡和解调等。

此处假设导频符号位置的信道已经得到，简单介绍数据符号位置信道的插值方法，之后详细介绍导频图样的设计原则和导频符号位置的信道估计算法。

一般插值方法可以分为线性插值、多项式插值、AI插值。线性插值以增大导频开销来提高信道估计的性能；而采用多项式插值，则有可能减少导频开销。随着机器学习的兴起，一些典型的神经网络方法（如卷积操作、超分辨率网络等）也被用于插值，以提高数据符号位置的信道精度或减少导频开销。这些插值方法都可以等效为不同的低通滤波器。

2. 导频图样的设计

如图3.38所示，在基于导频的信道估计算法中，导频图样一般有两种：符号导频和子载波导频。在图3.38中，横轴为时域或OFDM符号索引，纵轴为频域或OFDM子载波索引。在符号导频中，所有OFDM子载波都是导频信号，导频符号与数据符号间是时分关系；在子载波导频中，导频符号是在时域与频域间隔插入的。导频信号可以用于信道估计或者用于对信道的测量，不同应用场景对导频信号的具体设计有不同的需求。例如，用于数据信道解调的信道估计，需要导频信号的密度达到解调需要的信道估计性能要求，且导频信号占用的时频资源的信道状态能够反映调度数据占用的时频资源的信道状态。又如，用于对信道响应的测量时，接收机通过测量导频信号获得时间资源和频谱资源上信道的衰落信息，导频信号通常可以比较稀疏。两种导频图样都有其实际用途，一般符号导频主要用于初始信道估计，而子载波导频用于信道跟踪，即跟踪信道的时变特性。

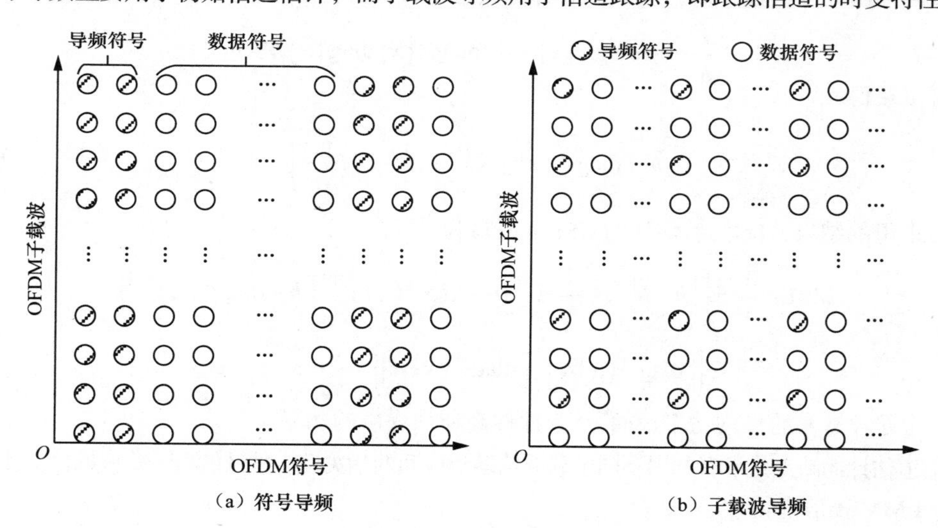

图 3.38 两种导频图样示意图

导频信号的功率和时频位置是影响信道估计的主要因素。导频信号的总功率应该达到信道估计性能的需求；确定导频信号插入位置的间隔可以视为采样问题。为了无失真恢复信道在整个时频资源上的波形，插入导频信号即在时频二维空间进行采样。因此，插入导频信号的密度需要满足时频二维奈奎斯特采样定理，即频域和时域导频信号间隔为

$$N_{\mathrm{F}} \leqslant \frac{1}{\tau_{\mathrm{M}} \Delta f} \text{且} N_{\mathrm{T}} \leqslant \frac{1}{2 f_{\mathrm{D}}\left(T_{\mathrm{S}}+T_{\mathrm{G}}\right)} \tag{3.88}$$

对于频域，式（3.88）表明在一个相关带宽中，至少需要分配一个子载波用于传输导频符号；而在一个时域相关时间中，至少要有两个导频符号。实际系统中，导频信号比采样定理所要求的密集得多。若再考虑MIMO系统，不同天线间发送的信号中，放置的导频信号是需要正交的，故此

时还需要考虑空间的奈奎斯特采样定理。

3. 常用的OFDM信道估计算法

常用的OFDM信道估计算法主要有最小二乘（Least Square，LS）信道估计、线性最小均方误差（Linear Minimum Mean Square Error，LMMSE）信道估计和功率时延谱（PDP）信道估计等。在介绍具体的信道估计算法前，我们首先给出评价信道估计算法好坏的性能指标，即信道估计的均方误差：

$$\mathrm{MSE}=\frac{1}{N}E\left[\left(\boldsymbol{h}-\hat{\boldsymbol{h}}\right)^{\mathrm{H}}\left(\boldsymbol{h}-\hat{\boldsymbol{h}}\right)\right] \tag{3.89}$$

其中，$\hat{\boldsymbol{h}}$ 为估计得到的信道，N 为信道向量的维度。

下面的信道估计算法中假设发送的导频符号向量为$\boldsymbol{x}$，其传输模型仍然满足式（3.86）。

（1）LS信道估计

根据LS准则，可以得到其优化目标函数为

$$\begin{aligned}J&=\|\boldsymbol{y}-\hat{\boldsymbol{y}}\|^2=\left(\boldsymbol{y}-\mathrm{diag}\{\boldsymbol{x}\}\hat{\boldsymbol{h}}\right)^{\mathrm{H}}\left(\boldsymbol{y}-\mathrm{diag}\{\boldsymbol{x}\}\hat{\boldsymbol{h}}\right)\\&=\boldsymbol{y}^{\mathrm{H}}\boldsymbol{y}-\boldsymbol{y}^{\mathrm{H}}\mathrm{diag}\{\boldsymbol{x}\}\hat{\boldsymbol{h}}-\hat{\boldsymbol{h}}^{\mathrm{H}}\mathrm{diag}^{\mathrm{H}}\{\boldsymbol{x}\}\boldsymbol{y}+\hat{\boldsymbol{h}}^{\mathrm{H}}\mathrm{diag}^{\mathrm{H}}\{\boldsymbol{x}\}\mathrm{diag}\{\boldsymbol{x}\}\hat{\boldsymbol{h}}\end{aligned} \tag{3.90}$$

为了使该目标函数取得最小值，对其求导并令其等于0可以得到

$$\frac{\partial J}{\partial\hat{\boldsymbol{h}}}=-2\mathrm{diag}^{\mathrm{H}}\{\boldsymbol{x}\}\boldsymbol{y}+2\mathrm{diag}^{\mathrm{H}}\{\boldsymbol{x}\}\mathrm{diag}\{\boldsymbol{x}\}\hat{\boldsymbol{h}}=\boldsymbol{0} \tag{3.91}$$

整理后可以获得

$$\hat{\boldsymbol{h}}=\mathrm{diag}^{-1}\{\boldsymbol{x}\}\boldsymbol{y}=\left(\frac{y_1}{x_1},\frac{y_2}{x_2},\cdots,\frac{y_N}{x_N}\right) \tag{3.92}$$

根据求得的结果，LS信道估计的MSE可以写为

$$\begin{aligned}\mathrm{MSE}&=\frac{1}{N}E\left[\left\|\boldsymbol{h}-\hat{\boldsymbol{h}}\right\|^2\right]=\frac{1}{N}E\left\{\left[\boldsymbol{h}-\mathrm{diag}^{-1}(\boldsymbol{x})\boldsymbol{y}\right]^{\mathrm{H}}\left[\boldsymbol{h}-\mathrm{diag}^{-1}(\boldsymbol{x})\boldsymbol{y}\right]\right\}\\&=\frac{1}{N}E\left\{\left[\mathrm{diag}^{-1}(\boldsymbol{x})\boldsymbol{n}\right]^{\mathrm{H}}\left[\mathrm{diag}^{-1}(\boldsymbol{x})\boldsymbol{n}\right]\right\}=\frac{\sigma^2}{p}\end{aligned} \tag{3.93}$$

其中，p 为导频符号的平均功率，而 σ^2 为加性高斯白噪声的功率。

LS信道估计的缺点是没有利用不同子载波信道响应间的相关性，估计的信道响应的信噪比较低。

（2）LMMSE信道估计

在LMMSE信道估计中，假设信道估计为接收信号的线性形式，即 $\hat{\boldsymbol{h}}=\boldsymbol{W}\boldsymbol{y}$，并使均方误差最小，即使下式最小：

$$\begin{aligned}\mathrm{MSE}&=E\left[\left(\boldsymbol{h}-\hat{\boldsymbol{h}}\right)\left(\boldsymbol{h}-\hat{\boldsymbol{h}}\right)^{\mathrm{H}}\right]=E\left[(\boldsymbol{h}-\boldsymbol{W}\boldsymbol{y})(\boldsymbol{h}-\boldsymbol{W}\boldsymbol{y})^{\mathrm{H}}\right]\\&=E\left[\boldsymbol{h}\boldsymbol{h}^{\mathrm{H}}-\boldsymbol{h}\boldsymbol{y}^{\mathrm{H}}\boldsymbol{W}^{\mathrm{H}}-\boldsymbol{W}\boldsymbol{y}\tilde{\boldsymbol{h}}^{\mathrm{H}}+\boldsymbol{W}\boldsymbol{y}\boldsymbol{y}^{\mathrm{H}}\boldsymbol{W}^{\mathrm{H}}\right]\end{aligned} \tag{3.94}$$

利用与LS信道估计相同的方法，求式（3.94）的偏导并令其等于0可以得到

$$\frac{\partial\mathrm{MSE}}{\partial\boldsymbol{W}}=-2\boldsymbol{R}_{\boldsymbol{h}\boldsymbol{y}^{\mathrm{H}}}+2\boldsymbol{W}\boldsymbol{R}_{\boldsymbol{y}}=0 \tag{3.95}$$

化简式（3.95）可以得到

$$\boldsymbol{W}=\boldsymbol{R}_{\boldsymbol{h}\boldsymbol{y}^{\mathrm{H}}}\boldsymbol{R}_{\boldsymbol{y}}^{-1} \tag{3.96}$$

其中，两个相关矩阵为

$$\boldsymbol{R}_{\boldsymbol{h}\boldsymbol{y}^{\mathrm{H}}}=E\left[\boldsymbol{h}\boldsymbol{y}^{\mathrm{H}}\right]=E\left[\boldsymbol{h}\left(\operatorname{diag}\{\boldsymbol{x}\}\boldsymbol{h}+\boldsymbol{n}\right)^{\mathrm{H}}\right]=\boldsymbol{R}_{\boldsymbol{h}}\operatorname{diag}^{\mathrm{H}}\{\boldsymbol{x}\} \tag{3.97}$$

$$\boldsymbol{R}_{\boldsymbol{y}}=E\left[\boldsymbol{y}\boldsymbol{y}^{\mathrm{H}}\right]=\operatorname{diag}\{\boldsymbol{x}\}\boldsymbol{R}_{\boldsymbol{h}}\operatorname{diag}^{\mathrm{H}}\{\boldsymbol{x}\}+\sigma^{2}\boldsymbol{I} \tag{3.98}$$

进而估计所得到的信道为

$$\hat{\boldsymbol{h}}=\boldsymbol{R}_{\boldsymbol{h}\boldsymbol{y}^{\mathrm{H}}}\boldsymbol{R}_{\boldsymbol{y}}^{-1}\boldsymbol{y}=\boldsymbol{R}_{\boldsymbol{h}}\left[\boldsymbol{R}_{\boldsymbol{h}}+\sigma^{2}\operatorname{diag}^{-2}\{|x_1|,\cdots,|x_N|\}\right]^{-1}\operatorname{diag}^{-1}\{\boldsymbol{x}\}\boldsymbol{y} \tag{3.99}$$

当导频符号为恒模（如常用的QPSK）时，则$|x_n|^2=p$（$n=1,2,\cdots,N$），进而有

$$\hat{\boldsymbol{h}}=\boldsymbol{R}_{\boldsymbol{h}}\left[\boldsymbol{R}_{\boldsymbol{h}}+\frac{\sigma^{2}}{p}\boldsymbol{I}\right]^{-1}\operatorname{diag}^{-1}\{\boldsymbol{x}\}\boldsymbol{y} \tag{3.100}$$

在LMMSE信道估计中，需要知道频域信道的自相关矩阵$\boldsymbol{R}_{\boldsymbol{h}}$，实际应用中可以采用PDP进行估算。根据LMMSE信道估计的求解过程可知，其MSE无疑是最小的，此处略。

（3）PDP信道估计

LMMSE信道估计需要知道信道的自相关矩阵$\boldsymbol{R}_{\boldsymbol{h}}$，实用性较差，因此人们提出了基于信道功率时延谱的信道估计算法。

一般OFDM的设计要求CP长度大于信道的最大相对时延，因此一般假设信道功率时延谱在整个CP上都有分布，且各子信道具有相同的指数型PDP，即

$$\tilde{P}_l=\mathrm{e}^{-\frac{\tau_l}{T}}=\mathrm{e}^{-\frac{lT_{\mathrm{c}}}{T}},l=1,2,\cdots,N_{\mathrm{g}} \tag{3.101}$$

进而其归一化功率时延谱满足

$$P_l=\tilde{P}_l\Big/\sum_{l=1}^{N_{\mathrm{g}}}\tilde{P}_l,l=1,2,\cdots,N_{\mathrm{g}} \tag{3.102}$$

式（3.101）中，T在郊区环境的典型值为0.1～0.5μs，在市区环境的典型值为1～2μs。

根据OFDM的时域和频域间的转换关系可以得到

$$\begin{aligned}\boldsymbol{y}&=\operatorname{diag}(\boldsymbol{x})\boldsymbol{h}+\boldsymbol{n}=\operatorname{diag}(\boldsymbol{x})\boldsymbol{F}\tilde{\boldsymbol{h}}+\boldsymbol{n}\\&=\boldsymbol{Q}\tilde{\boldsymbol{h}}+\boldsymbol{n}\end{aligned} \tag{3.103}$$

其中，$\boldsymbol{Q}=\operatorname{diag}\{\boldsymbol{x}\}\boldsymbol{F}$。我们仍然利用最小均方误差的方法，即使下式最小：

$$\mathrm{MSE}=E\left[\left(\tilde{\boldsymbol{h}}-\hat{\boldsymbol{h}}\right)^{\mathrm{H}}\left(\tilde{\boldsymbol{h}}-\hat{\boldsymbol{h}}\right)\right] \tag{3.104}$$

通过类似LMMSE信道估计的方法，可以得到

$$\hat{\boldsymbol{h}}=\boldsymbol{R}_{\tilde{\boldsymbol{h}}}\boldsymbol{Q}^{\mathrm{H}}[\boldsymbol{Q}\boldsymbol{R}_{\tilde{\boldsymbol{h}}}\boldsymbol{Q}^{\mathrm{H}}+\sigma^{2}\boldsymbol{I}]^{-1}\boldsymbol{y} \tag{3.105}$$

其中，$\boldsymbol{R}_{\tilde{\boldsymbol{h}}}=\operatorname{diag}\left\{P_1,P_2,\cdots,P_{N_{\mathrm{g}}}\right\}$。

3.5.5 OFDM的工程问题

1. 功率峰均比

（1）功率峰均比的定义

信号功率的峰值与均值之比，称为信号的功率峰均比（PAPR）；信号的功率峰均比对功率放

大器的效率有很大影响，因此一般要求信号具有较低的功率峰均比，这对性能受限的用户终端尤为重要。

假设L个串行OFDM符号的带通信号为$x(t)$，则其功率峰均比可以表示为

$$\mathrm{PAPR}=\frac{\max\limits_{0\leqslant t\leqslant L(T_\mathrm{S}+T_\mathrm{G})}\left|x(t)\right|^2}{\frac{1}{L(T_\mathrm{S}+T_\mathrm{G})}\int_0^{L(T_\mathrm{S}+T_\mathrm{G})}\left|x(t)\right|^2\mathrm{d}t} \tag{3.106}$$

如图3.39所示，由于OFDM信号为多个子载波信号的叠加，且每个时间点上的信号是多载波上承载的调制符号经过相位旋转叠加得到的，因此根据中心极限定理，每个时间点上的信号近似为复高斯分布，其包络为瑞利分布；由于瑞利分布的拖尾较大，因此OFDM信号的功率峰均比较高。

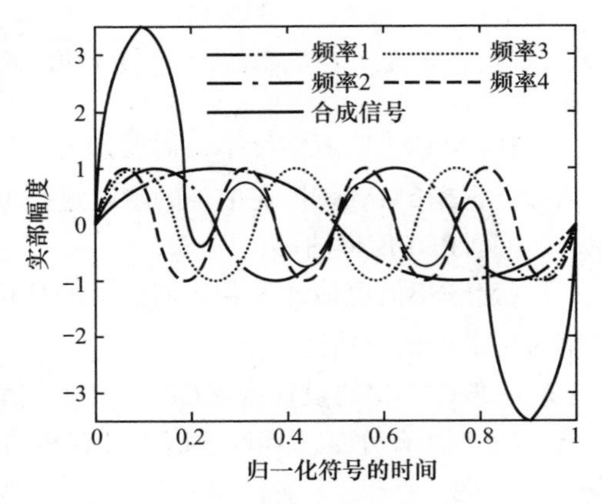

图 3.39 OFDM 信号示意图

（2）降低功率峰均比的方法

在系统设计之初，可以从发射方式上降低发送信号的功率峰均比。例如，在4G和5G移动通信系统中，下行采用OFDMA（正交频分多址接入），而为降低对终端功率放大器性能的需求，上行可以考虑采用SC-FDMA（单载波频分多址接入）或DFT-S-OFDM（离散傅里叶交换扩频正交频分复用）以降低信号的功率峰均比。SC-FDMA系统框图如图3.40所示。又如，对于OFDM系统中的参考信号，可以考虑采用低功率峰均比的序列。另外一类降低功率峰均比的方法是通过发送端实现，不需要接收端做相应的处理。例如，在OFDM系统中，可以采用限幅技术来降低发射信号的功率峰均比，因为不需要接收机做相应的处理，所以这类技术需要保证对接收端性能的影响较小。

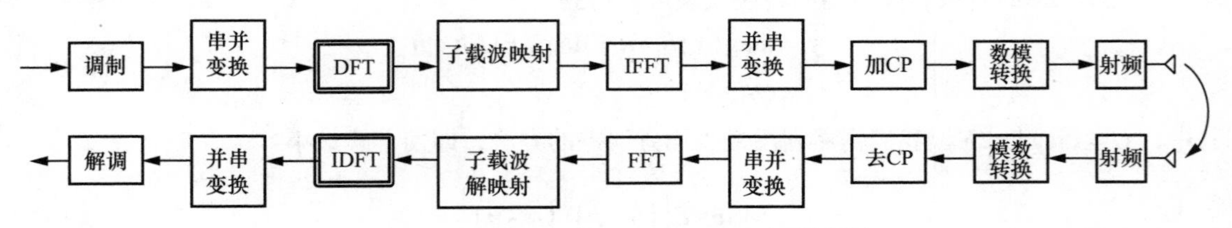

图 3.40 SC-FDMA 系统框图

2. 载波间干扰

由于OFDM要求各子载波间满足式（3.75）中的正交关系，以便接收端利用式（3.76）中的关系进行正确解调，因此子载波频率的精度严重影响系统的性能。若不同子载波或子载波组被分配给不同用户使用，则不同用户的载波频率须保持一致，否则将产生ICI。

即使发送端发送信号时，不同用户的载波频率保持一致，由于用户或卫星的移动，也会产生多普勒频移，因此接收端接收的子载波会产生频偏，影响系统的解调性能。一般而言，载波频偏f_s可以划分为整数偏移部分$k\Delta f$（k为整数）和小数偏移部分$\varepsilon\Delta f$（$\varepsilon\in(0,1)$为小数），即

$$f_\mathrm{s}=k\Delta f+\varepsilon\Delta f \tag{3.107}$$

若想采用OFDMA，则首先需要解决不同用户间的载波频率同步问题，其次在高速移动场景中需要解决高速移动带来的载波频偏问题。

3. 5G中的OFDM技术

5G NR支持多种业务特性（低时延、大连接、高频谱效率），加窗的OFDM和基于滤波的OFDM（filtered-OFDM，f-OFDM）等关键技术能够实现近似零的保护带宽，使多种业务能在系统中更加高效地共存。加窗和滤波都是为了降低目标频段对邻近频段的干扰。

（1）加窗的OFDM

由于OFDM时域是矩形窗，其带外泄漏较为严重，因此为了减少其带外泄漏，人们提出了加窗的OFDM。在加窗的OFDM中，时域采用非矩形窗使连续OFDM符号间的过渡更加平滑，具有较低的处理复杂度；但部分CP用于加窗，会导致有效CP长度缩短，进而可能影响OFDM的整体性能，因此加窗参数的设计要考虑到实际路径的多少和每个子径的功率等因素。

如图3.41所示，在加窗的OFDM中，OFDM符号的边界处不再是矩形窗，而是呈现其他形状的窗函数。加窗后不同OFDM符号间的过渡更加平滑，减少了高频分量，从而降低了高频分量对其他频带的干扰；从频域看，发送信号频域与窗函数的频率冲激响应进行卷积，使得子载波形状不再是sinc函数，而是一种滚降更快的形状，从而降低了频带边界处对其他频带的干扰。

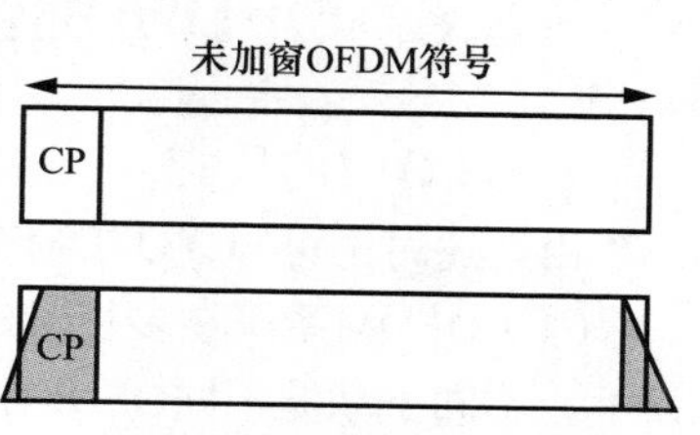

图 3.41 加窗的 OFDM 符号

（2）f-OFDM

5G NR支持混合基础参数（Numerology）的频分复用，在同一个OFDM符号中的不同子带上使用不同的子载波间隔，可达到极致的频谱效率，此时f-OFDM可以减小需要的保护带宽，减少不同基础参数的子带间干扰。图3.42所示为f-OFDM通用架构。相对于未滤波的OFDM系统，f-OFDM引入了子带滤波操作，可以有效减少子带间的干扰，极端情况下可以做到近似零的保护带宽。在系统中存在多种子载波间隔并行传输的情况下，滤波的主要作用是减小保护带宽，并满足邻道泄漏功率比（Adjacent Channel Leakage power Ratio，ACLR）、频谱模板等约束。

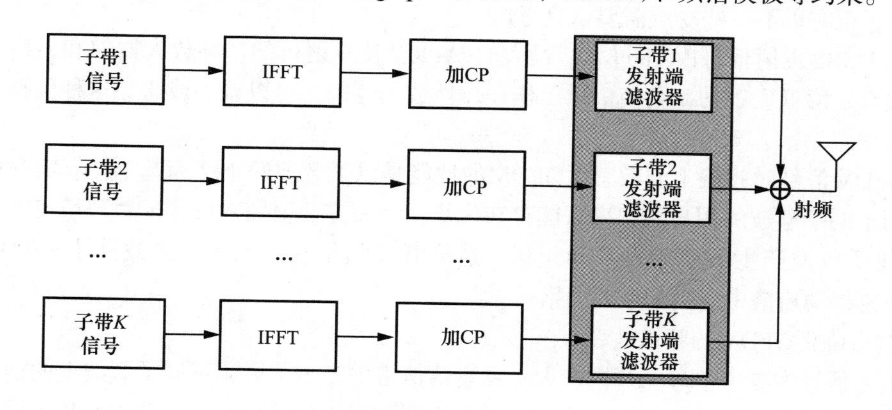

图 3.42 f-OFDM 通用架构

f-OFDM的核心技术是滤波器的设计，如滤波器长度及其抽头系数的确定。现有的FIR（Finite Impulse Response，有限冲激响应）滤波器设计方法都可以用于f-OFDM的滤波器设计，如窗函数法、最优化滤波器设计法（等波纹滤波器设计法）等。如图3.43所示，Windowed-SINC滤波器基于窗函数法设计，具有形式简单、易于在线生成的特点。它首先在时域用一个sinc函数

（$\mathrm{sinc}(x)=\sin(\pi x)/\pi x$）和一个平滑窗函数（如汉宁窗）相乘，再归一化得到时域滤波器系数；因此从频域来看，该发送信号的频域带外泄漏受到了滤波器抑制，从而降低了带外泄漏对其他频带的干扰。

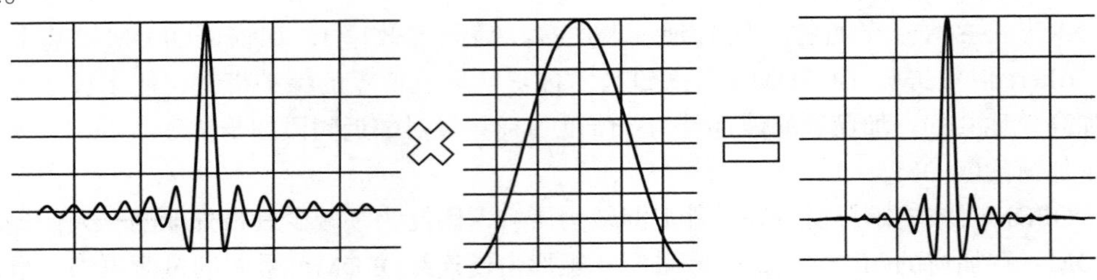

图 3.43 Windowed-SINC 滤波器设计示意图

3.5.6 OFDM 的优缺点

1. OFDM的优点

由上述讨论可知，OFDM有很多优点，总结如下。

（1）OFDM系统在多径时延不超过CP长度、一个OFDM符号内信号的时变特性可以忽略的假设下，不同子载波不同OFDM符号上传输的信号经过多径信道后，仍然保持正交。

（2）OFDM支持多个用户设备的信道频分复用，支持更大系统带宽的有效使用。

（3）OFDM支持频率选择性调度，使得不同用户各自使用衰落较小的信道，获得多用户调度增益。

（4）OFDM信号的发送和接收可以采用FFT实现，极大地简化了系统的硬件结构。

（5）接收机可以采用简单的单抽头频域均衡器。

2. OFDM的缺点

OFDM的优点使得它在有线信道或无线信道的高速数据传输中得到广泛的应用。但在应用OFDM之前，也有以下一些缺点需要认真考虑。

（1）OFDM的发射信号PAPR过大。过大的PAPR会使发射机的功率放大器饱和，造成发射信号的互调失真；降低发射功率会使信号工作在线性放大范围，可以减小或避免这种失真，但这样又降低了功率效率。

（2）OFDM信号对频偏十分敏感。OFDM的性能是以子载波间正交为基础的。实际应用中，一方面采用不同子载波的用户间频率可能存在失步，另一方面通信双方或反射环境可能在移动，会使得不同子载波产生不同的多普勒频移，造成载波间干扰。因此，载波同步和频偏是限制OFDM在高速移动通信中应用的重要因素。

（3）CP会降低OFDM的频谱效率。

（4）信道估计中参考信号的开销较大。在衰落信道中，为了解调不同子载波上的信息，需要估计出每个子载波上信道的衰落，以去除信道在不同频率上的不同影响。OFDM常采用插入导频信号的方法进行频域信道估计，导频信号占用了系统资源。

习题

3.1 对比分析信源编码中去除的冗余与信道编码中添加的冗余间的异同。

3.2　在移动通信中对调制方式的选择需要考虑哪些因素？

3.3　什么是码字的汉明距离？码字1101001和0111011的汉明距离等于多少？一个分组码的汉明距离为32时能纠正多少个错误？

3.4　若（7,4）循环码采用生成多项式$g(x)=x^3+x^2+1$，信息1010进行编码得到的码字是多少？接收端错误的漏检率约为多少？

3.5　假设发送信息s=[10101]，利用式（3.15）和式（3.16）中两种LDPC码校验矩阵，写出各自编码后的码字。

3.6　当Polar码的码长$N=2^3$时，基于极化权重的方法计算可靠度序列。若选择最低的4个位置作为冻结比特，且不考虑校验比特，则当发送信息为a=[1010]时，写出其编码码字。

3.7　总结分析各代移动通信系统中控制信道与业务信道中信道编码的特点及变化趋势。

3.8　π/2-BPSK信号和BPSK信号的相位跳变在信号星座图上的路径有什么不同？

3.9　QPSK以9600 bit/s传输数据，若基带信号采用具有升余弦特性的脉冲响应，滚降系数为0.5，计算信道应有的带宽和传输系统的频谱效率。若改用8PSK，频谱效率又等于多少？

3.10　在AWGN信道下，已知噪声功率为σ^2，计算64QAM软解调时的比特对数似然比。

3.11　OFDM为什么可以有效地抵抗频率选择性衰落？

3.12　OFDM中循环前缀的作用是什么？

3.13　OFDM频域发送符号和频域接收符号间的关系是什么？

3.14　给出OFDM系统中LMMSE信道估计的MSE。

3.15　在一个OFDM系统中，给某用户分配10个资源块（12子载波/资源块）的频域资源，每个子载波采用16QAM调制，且信道编码率为1/2。包含长度为$T_{\mathrm{CP}}=2\mu\mathrm{s}$的CP的OFDM符号总长度为$T_{\mathrm{S}}=52\mu\mathrm{s}$，请回答以下问题。

OFDM习题讲解

（1）给该用户分配的总带宽资源为多少MHz？

（2）在不考虑参考信号开销时，该用户的有效信息比特率是多少Mbit/s？

（3）在不考虑参考信号开销时，信道编码率不变，则该用户至少采用多少进制的QAM才能达到6Mbit/s以上的有效信息比特率？此时，该用户的频谱效率是多少？

第 4 章

抗衰落与链路增强技术

本章介绍移动通信中常用的抗衰落与链路增强技术，包括抵抗小尺度衰落的分集技术、均衡技术、扩频技术、多天线技术（MIMO系统）及抵抗阴影衰落的链路自适应技术。

4.1 抗衰落技术概述

移动信道中的路径损耗和阴影衰落会使接收信号过弱而造成通信中断，多径传播及多普勒频移会使接收信号严重衰落，信道中的噪声和干扰也会使接收信号失真而造成误码。因此，在移动通信中需要采取一些信号处理技术来改善接收信号的质量。不同技术的潜在增益如图4.1所示，其中E_b为比特能量，N_0为噪声功率谱密度。实际应用中可采用提高发射机功率和收发天线增益的方法来抵抗路径损耗；采用功率控制技术和链路自适应技术抵抗阴影衰落；时变信道可以插入导频信号，做信道估计跟踪信道变化；交织技术、分集技术、时域均衡技术（2G）、扩频与Rake接收技术（3G）、OFDM与频域均衡技术（4G）可分别用于抵抗各类选择性衰落；而第3章介绍的调制与编码技术则主要用于抵抗AWGN。根据信道的实际情况，上述方法可以独立或联合使用。

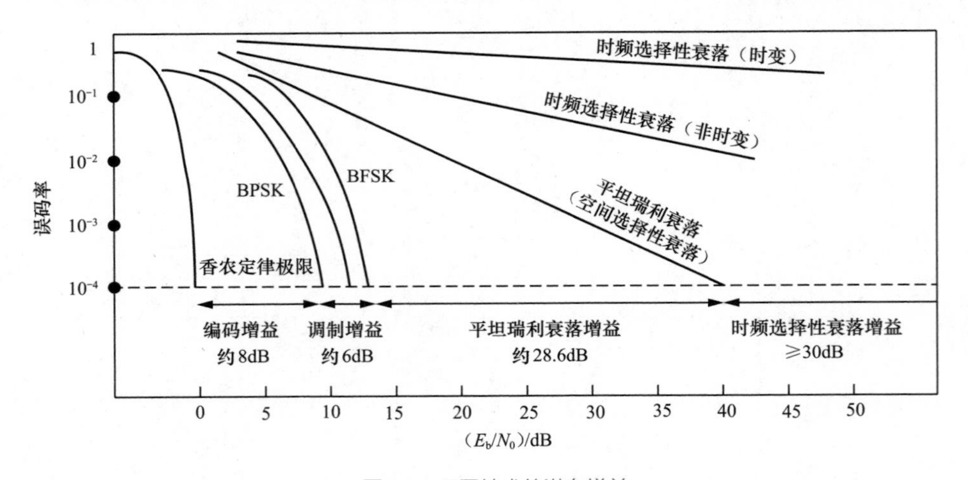

图 4.1 不同技术的潜在增益

分集技术的基本思想是先分后集。首先利用一定方法在接收端获得多个独立衰落的信号，再对这些信号加以利用，以改善接收信号的质量。分集技术通常用来缩减衰落信道上接收信号的衰落深度和衰落持续时间。分集技术充分利用接收信号的功率，因此无须增加发射信号功率就可使接收信号质量得到改善。

当传输信号带宽大于无线信道的相关带宽时，信号会产生频率选择性衰落，接收信号就会失真，在时域表现为接收信号的符号间干扰。均衡技术就是在接收端设计一个称为均衡器的网络，以补偿信道引起的失真。这种失真是不能通过增加发射信号功率来减小的。由于移动信道的时变特性，均衡器的参数必须能随信道特性的变化而自行调整，即均衡器应当是自适应的。

为了保证通信的隐蔽性、抵抗窄带干扰并提高系统的容量，出现了扩频技术。发送端采用扩频技术后极大地扩展了信息的传输带宽，不同频率信号在经历不同的衰落后到达接收端并被利用，因此扩频技术具有频率分集的特点。例如，在直接序列扩频系统的接收端，可以利用扩频码的相关性把携带相同信息的多径信号分离出来并进行合并，以改善接收信号的质量。扩频技术是克服多径衰落的有效手段，是3G移动通信中无线传输的主流技术。

MIMO技术是在发送端和接收端采用多天线配置，充分利用空间自由度，大幅度提高信道容量或可靠性的一种技术。研究表明，随着发射天线的增加，信道容量也相应增加，这一结论引发了研究MIMO技术的热潮。多天线接收分集技术SIMO可以算作MIMO的一种特例，它是一种抗衰落的传统技术；而基于多天线发送分集的空时编码可以在不同天线发射的信号间引入空域相关和时域相关，使接收端可以进行接收分集，从而提高信号质量。此外，利用发送端和接收端的信道信息，在发送端利用预编码或波束赋形可以改善接收信号质量或提高比特率。

无线信道具有复杂性，包含了时间、频率、空间三维的衰落。如果能够根据信道的衰落特性自适应地调整比特率，在信道条件好时提高比特率，信道条件差时降低比特率，就可以提高系统的平均吞吐率。本章将具体介绍自适应调制编码和混合自动重传两种链路自适应技术。

4.2 分集技术

4.2.1 分集技术概述

1. 分集技术思想

在移动通信环境中，通过不同途径接收的多路信号衰落情况不同，可近似认为是独立衰落的。设接收信号中某路信号分量的强度低于检测门限的概率为P，则所有M路信号分量的强度都低于检测门限的概率为P^M，远低于P。因此，综合利用多路独立衰落信号分量，就有可能明显改善接收信号的质量，这就是分集技术的基本思想。分集技术对信号的处理包含两个过程，首先在接收端获得M个相互独立的信号分量，然后对它们进行处理以获得信噪比的改善。分集技术的代价是增加了接收机的复杂度，因为要对各路信号进行跟踪，并及时对多路信号分量进行处理；但它可以提高通信性能，因此被广泛用于移动通信。

2. 分集技术分类

从不同的角度，可以对分集技术进行不同的分类。

（1）宏观分集与微观分集

针对信道中的大尺度衰落和小尺度衰落，常用的分集技术可以分为宏观分集和微观分集。

宏观分集如图4.2所示。为了消除阴影区的信号衰落，可以在两个不同地点设置两个基站，这两个基站可以同时接收移动台的信号。由于这两个基站接收天线相距甚远，所接收的信号衰落是互不相关的，甚至相互独立，因此，可以获得两个独立衰落且携带同一信息的信号。由于传播路径不同，所得到的两路信号强度（或平均功率）一般是不等的。设基站A接收的信号中值为m_A，基站B接收的信号中值为m_B，它们都服从对数正态分布。若$m_A > m_B$，则确定用基站A与移动台通信；若$m_A < m_B$，则确定用基站B与移动台通信。图4.2中，移动台在B路段运动时，可以和基站B通信；而在A路段则和基站A通信。从所接收的信号中选择最强信号，这是宏观分集中采用的信号合并技术。宏观分集所设置的基站可以不止两个，视需要而定。宏观分集也称作多基站分集。

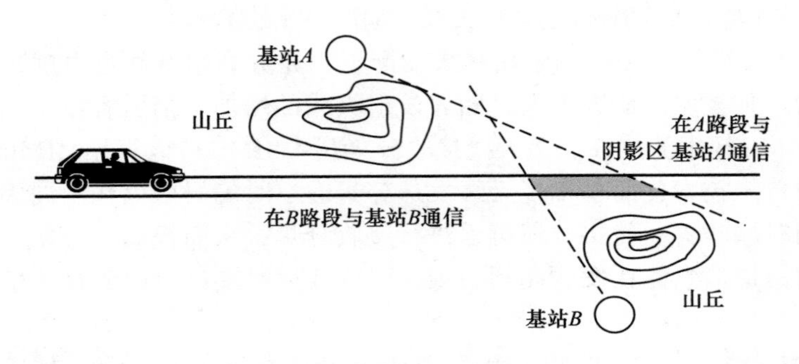

图 4.2 宏观分集

微观分集也就是通常所说的分集技术。微观分集又可以根据获得多路独立衰落信号的角度和接收端多路信号的合并方式两个方面进行分类。根据获得多路独立衰落信号的角度，微观分集可以分为时间分集、频率分集和空间分集；而根据接收端多路信号的合并方式，微观分集可以分为最大比合并（MRC）、等增益合并（EGC）和选择合并（SC）。后面将详细介绍微观分集。

（2）显分集与隐分集

一般而言，通过增加硬件设备来实现的分集增益称为显分集；而不靠增加硬件设备，靠优化信号体制或信号处理的算法（如发送端的编码、调制，接收端的译码、检测等）换来的分集增益称为隐分集。例如，通过增加天线获得的分集增益属于显分集；扩频通信中通过优化收发端的信号和算法而获得的分集增益则属于隐分集。一般显分集增益较大，但需要付出设备成本代价；隐分集增益适中，仅需增加算法复杂度。因此实际系统中两者应该组合使用。

4.2.2 独立衰落信号的获取

在局部地区（短距离上）接收无线信号，信号衰落所呈现的独立性是多方面的，如时间、频率、空间（包括角度和极化方向）等。利用这些特点采用相应的方法可以得到来自同一发射机的多个独立衰落信号，其中就会用到多种分集技术。这里只讨论目前移动通信中常见的几种分集技术。

1. 时间分集

在移动环境中，信道特性随时间变化。若移动的时间足够长（或移动距离足够远），移动时间大于信道的相关时间，则两个时刻（或地点）的无线信道衰落特性是不同的，可以认为是相互独立的。因此，若在不同的时刻发送同一信息，接收端则能够接收这些独立衰落的信号。时间分集只需使用一部接收机和一副天线，但要求发射机和接收机都有存储器，这使得它更适合于移动数字传输。若信号发送M次，则接收机接收M个独立衰落的信号，此时称系统为M重时间分集系统。要注意的是，因为$f_m=v/\lambda$，当移动速度v=0时，相关时间会变为无穷大，所以此时时间分集不起作用。

2. 频率分集

在无线信道中，若两个载波的间隔大于信道的相关带宽，则这两个载波信号的衰落是相互独立的。例如，若信道的时延扩展为$\sigma_\tau = 0.5\mu s$，则相关带宽为$B_C = 1/(2\pi\sigma_\tau) \approx 318kHz$，为了获得独立衰落的信号，两个载波的间隔应大于此带宽，实际上为了获得完全不相关的信号，信号频率间隔还应当更大（如1MHz）。因此，为了获得多路频率分集信号，要直接在多个载波上传输同一信息，所需的带宽就很宽，这对频谱资源短缺的移动通信来说，代价是很大的。

在实际应用中，一种实现频率分集的方法是采用跳频技术，也就是把调制符号在频率快速改变的多个载波上发送，如图4.3所示。采用跳频方式的频率分集很适合于采用TDMA方式的数字移动通信系统。如图4.4所示，由于瑞利衰落和频率有关，在同一地点，不同频率的信号衰落情况是不同的，所有频率同时产生严重衰落的可能性很小。当移动台静止或以慢速运动时，通过跳频获取频率分集的好处是明显的；当移动台高速运动时，跳频没什么帮助，也没什么危害。2G系统中的GSM系统在业务密集的地区常常采用跳频技术，以改善接收信号的质量。

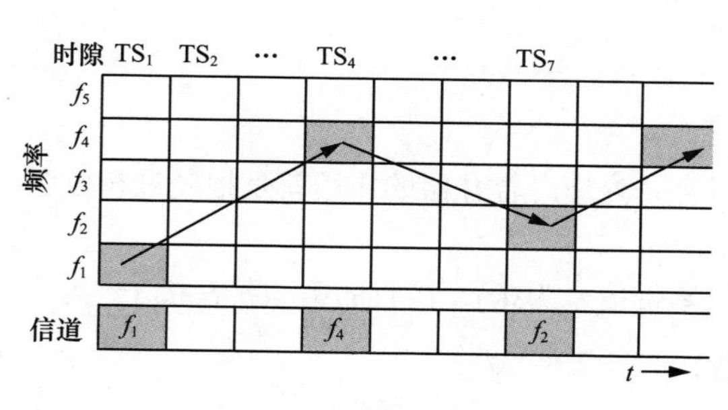

图4.3 跳频图解

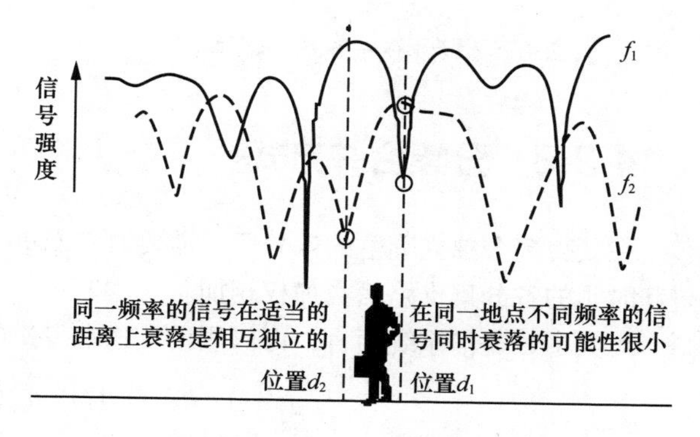

图4.4 瑞利衰落引起信号强度随地点、频率变化

3. 空间分集

受多径传播的影响，在移动信道中不同地点的信号衰落情况是不同的。在足够大的距离上，信号的衰落是相互独立的，若在此距离上设置两副接收天线，它们所收到的来自同一发射机的信号就可以认为是不相关的，这种分集方式也称作天线分集。移动台天线和基站天线所处的环境不同，接收信号不相关的两副天线间的最小距离也有区别。

一般移动台附近反射体、散射体比较多，移动台天线和基站天线间直线传播的可能性比较小，因此移动台接收的信号包络多是服从瑞利分布的。理论分析表明，移动台两副垂直极化天线的水平距离为d时，接收信号的相关系数与d的关系为

$$\rho(d)=\mathrm{J}_0^2\left(\frac{2\pi}{\lambda}d\right) \tag{4.1}$$

式（4.1）中，$\mathrm{J}_0(x)$为0阶第一类贝塞尔函数。相关系数ρ与d/λ的关系如图4.5所示。

由图4.5可以看出，随着天线距离的增加，相关系数呈现波动衰减。在d=0.4λ时，相关系数为0。实际上只要相关系数小于0.2，就可以认为两个信号是互不相关的。实际测量表明，通常在市区取d=0.5λ，在郊区可以取d=0.8λ。

如图4.6所示，对基站的天线来说，两路接收信号的相关系数ρ和天线高度h、天线距离d以及移动台相对于基站天线的方位角θ有关，当然和工作波长λ也有关。对它的理论分析是比较复杂的，可以通过实际测量来确定。实际测量结果表明，h/d越大，相关系数ρ就越大；h/d一定时，$\theta=0°$相关性最小，$\theta=90°$相关性最大。在实际的工程设计中，h/d约为10，天线一般高几十米，天线的距离约为几米，相当于十多个波长或更多。

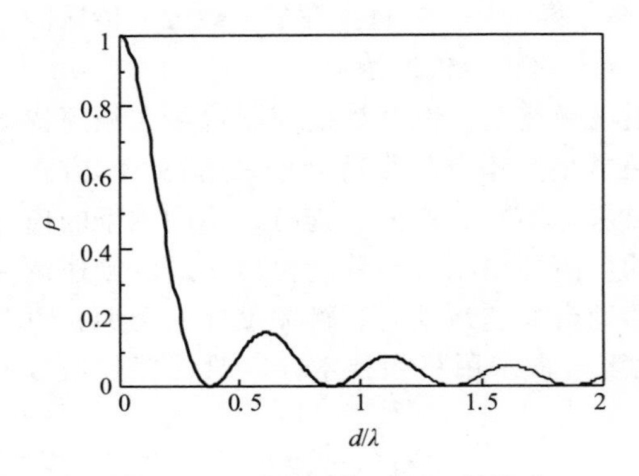

图4.5 相关系数ρ与d/λ的关系

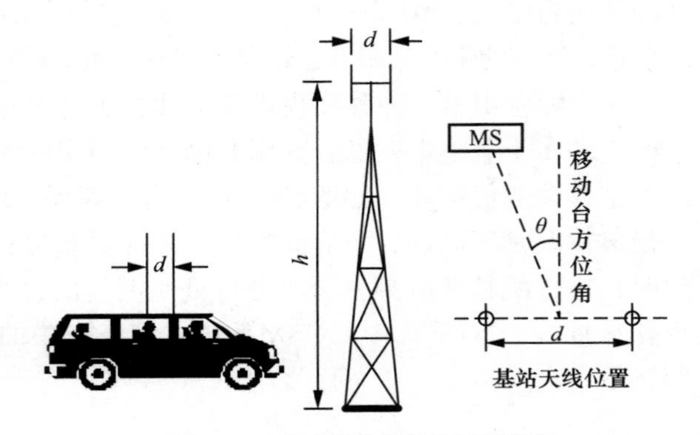

图4.6 空间分集中接收天线的距离

4.2.3 分集合并方式

在获得多个独立衰落的信号后，需要对它们进行合并处理。合并器的作用就是把经过相位调整和时延的各分集支路信号加权相加。

对大多数通信系统而言，可以假设发送端发送的基带信号为$s(t)$，接收的第m路基带信号为

$$f_m(t)=h_m(t)s(t)+n_m(t), m=1,2,\cdots,M \tag{4.2}$$

其中，$h_m(t)=h_{m\mathrm{I}}(t)+\mathrm{j}h_{m\mathrm{Q}}(t)$为第$m$支路的复信道，$n_m(t)$为第$m$支路的基带噪声。

对于M重分集，这些信号的处理可以概括为M支路信号的线性叠加。

$$f(t)=\alpha_1(t)f_1(t)+\alpha_2(t)f_2(t)+\cdots+\alpha_M(t)f_M(t)=\sum_{m=1}^{M}\alpha_m(t)f_m(t) \tag{4.3}$$

其中，$a_m(t)$为第m支路信号的加权系数。信号合并的目的就是使信噪比有所改善，因此对合并器的设计及性能分析都是围绕其输出信噪比进行的。分集的效果常用分集改善因子或分集增益来描述，也可以用中断概率来描述。可以预见，合并器的输出信噪比的均值将大于任一支路的输出信噪比均值。最佳分集就能够最有效地缩减信噪比低于正常工作门限信噪比的时间。信噪比的改善和加权系数有关，对加权系数的选择方式不同，就形成了前述3种基本合并方式：最大比合

并、等增益合并和选择合并。

下面的讨论考虑数字通信系统，单个符号内发送的基带信号可以写为s，功率为$p=|s|^2$，并假设：

① 每支路的基带噪声与信号无关，为零均值、功率恒定的加性噪声，即 $n_m \sim \mathrm{CN}(0,\sigma_m^2)$；

② 基带信号幅度的变化原因是信号的衰落，信号衰落的速率比信号的最低调制频率低许多，即 $h_m(t)$ 在一个符号间隔内可以视为常数 h_m；

③ 各支路信号相互独立，服从瑞利分布，即 $h_m \sim \mathrm{CN}(0,b_m^2)$ 或其包络 $r_m=|h_m|$服从

$$P(r_m)=\frac{2r}{b_m^2}\exp\left\{-\frac{r^2}{b_m^2}\right\},r>0 \tag{4.4}$$

由以上假设可以知道加权系数 a_m 在一个符号内与时间无关，即可以写为 a_m。

1. 最大比合并

最大比合并利用所有支路信号的功率，最大化线性合并器的输出信噪比，可以明显改善合并器输出信号的质量。

（1）最大比合并系数

根据式（4.2），第m路接收信号的信噪比可以表示为

$$\xi_m=\frac{p|h_m|^2}{\sigma_m^2} \tag{4.5}$$

Cauchy-Schwarz不等式

将式（4.2）代入式（4.3），可以计算合并器输出的有用信号为 $r_{\mathrm{MRC}}=\sum_{m=1}^{M}\alpha_m h_m s$，而输出的噪声功率等于各支路输出噪声功率之和，即 $\sigma_{\mathrm{MRC}}^2=\sum_{m=1}^{M}|\alpha_m|^2\sigma_m^2$，于是可以求得合并器输出信号的信噪比为

$$\xi_{\mathrm{MRC}}=\frac{|r_{\mathrm{MRC}}|^2}{\sigma_{\mathrm{MRC}}^2}=\frac{\left|\sum_{m=1}^{M}\alpha_m h_m\right|^2|s|^2}{\sum_{m=1}^{M}|\alpha_m|^2\sigma_m^2}=\frac{p\left|\sum_{k=1}^{M}\alpha_k\sigma_m\cdot h_k/\sigma_m\right|^2}{\sum_{m=1}^{M}|\alpha_m|^2\sigma_m^2} \tag{4.6}$$

最大比合并输出的目标是使输出信噪比最大，而根据柯西-施瓦茨（Cauchy-Schwarz）不等式有

$$\left|\sum_{m=1}^{M}\alpha_m\sigma_m\cdot\frac{h_m}{\sigma_m}\right|^2\leqslant\sum_{m=1}^{M}|\alpha_m\sigma_m|^2\sum_{m=1}^{M}\left|\frac{h_m}{\sigma_m}\right|^2 \tag{4.7}$$

其中等号成立的条件为

$$\frac{\alpha_1\sigma_1^2}{h_1^*}=\frac{\alpha_2\sigma_2^2}{h_2^*}=\cdots=\frac{\alpha_M\sigma_M^2}{h_M^*}=C\text{（常数）} \tag{4.8}$$

因此，当式（4.7）取等号时，就可以得到最大比合并的加权系数

$$\alpha_m=C\frac{h_m^*}{\sigma_m^2}\propto\frac{h_m^*}{\sigma_m^2},\qquad m=1,2,\cdots,M \tag{4.9}$$

将式（4.9）代入式（4.6），可以得到最大比合并器输出信号的信噪比为

$$\xi_{\mathrm{MRC}}=\frac{p\left|\sum_{k=1}^{M}\alpha_k\sigma_m\cdot h_k/\sigma_m\right|^2}{\sum_{m=1}^{M}|\alpha_m|^2\sigma_m^2}=\sum_{k=1}^{M}\frac{p|h_k|^2}{\sigma_m^2}=\sum_{m=1}^{M}\xi_m \tag{4.10}$$

由于第m路信号的包络 $r_m=|h_m|$ 服从瑞利分布，可以证明其功率 $r_m^2=|h_m|^2$ 服从负指数分布，即 $p(x)=\mathrm{e}^{-x/b_m^2}/b_m^2$（$x>0$），因此最大比合并器输出信号的平均信噪比可以写为

$$\bar{\xi}_{\mathrm{MRC}}=E\left[\xi_{\mathrm{MRC}}\right]=\sum_{m=1}^{M}E\left[\xi_m\right]=\sum_{m=1}^{M}\frac{p}{\sigma_m^2}E\left[\left|h_m\right|^2\right]=\sum_{m=1}^{M}\frac{pb_m^2}{\sigma_m^2}\triangleq\sum_{m=1}^{M}\bar{\xi}_m \tag{4.11}$$

（2）理解最大比合并

基于式（4.9）和式（4.10）可知，若第k支路的加权系数α_k和该支路信道衰落共轭 h_m^* 成正比，和噪声功率 σ_m^2 成反比，则合并器输出信号的信噪比有最大值，且等于各支路信噪比之和。此外，当各路信号噪声功率相等（$\sigma_m^2=\sigma^2$）时，最大比合并系数可以写为 $\alpha_m=h_m^*$；此时，最大比合并可以等效为先对各路信号相位进行调整，使之同相，然后以信号包络 $r_m=|h_m|$ 为权值加权相加。

例4.1 M=2的情况如图4.7所示，其 ξ_{MRC} 随时间变化的情况如图4.8所示，其中两路信号的平均信噪比均假设为 $\bar{\xi}$。由式（4.11），容易得到 $\bar{\xi}_{\mathrm{MRC}}=2\bar{\xi}$，换算得到 $\bar{\xi}_{\mathrm{MRC}}\approx\bar{\xi}+3$（dB），也就是说二重最大比合并后信号的信噪比是没有分集时信噪比的2倍，即增加了3dB。

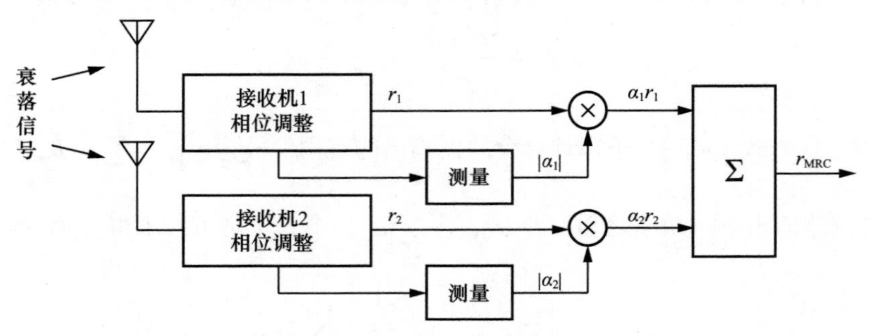

图 4.7 二重分集最大比合并

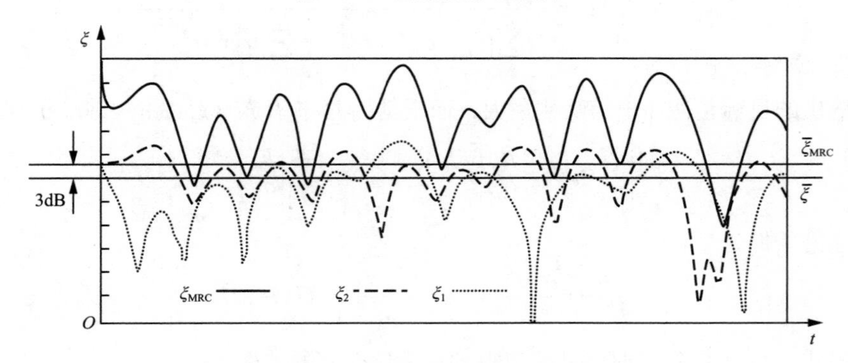

图 4.8 二重分集最大比合并的信噪比

（3）中断概率分析

通信中接收信号的质量可以用中断概率或可通率来衡量。中断概率定义为接收信号的信噪比小于或等于给定门限x（接收机正常工作的门限）的概率，而可通率定义为接收信号信噪比高于给定门限x的概率。下面对最大比合并后输出信号的中断概率进行分析。

当各支路信号中信道平均功率和噪声功率都相等时，即 $b_m^2 = b^2$ 和 $\sigma_m^2 = \sigma^2$ 时，各支路信号有相同的平均信噪比 $\bar{\xi} = E[\xi_m] = pb^2 / \sigma^2$，可以证明最大比合并输出信噪比的概率密度函数为

$$p(\xi_{\mathrm{MRC}}) = \frac{1}{(M-1)!(\bar{\xi})^M}(\xi_{\mathrm{MRC}})^{M-1}\mathrm{e}^{-\xi_{\mathrm{MRC}}/\bar{\xi}} \tag{4.12}$$

因此，信噪比 ξ_{MRC} 小于或等于给定值x的概率即中断概率为

$$F(x) = P(\xi_{\mathrm{MRC}} \leqslant x) = \int_0^x \frac{\xi_{\mathrm{MRC}}^{M-1}\mathrm{e}^{-\xi_{\mathrm{MRC}}/\bar{\xi}}}{(\bar{\xi})^M (M-1)!}\mathrm{d}\xi_{\mathrm{MRC}} = 1 - \mathrm{e}^{-x/\bar{\xi}}\sum_{k=1}^{M}\frac{(x/\bar{\xi})^{k-1}}{(k-1)!} \tag{4.13}$$

其中断概率$F(x)$如图4.9所示。可以看出，有分集（$M>1$）与无分集（$M=1$）时所要求的$x/\bar{\xi}$的值不同。对给定中断概率10^{-3}，无分集时$(x/\bar{\xi}) = -30$（dB），也就是$\bar{\xi} = x + 30$（dB），要求各支路接收信号的平均信噪比 $\bar{\xi}$ 比门限 x 高出30dB；而在二重分集$M=2$下，要求 $\bar{\xi} = x + 12.5$（dB），即在保证中断概率不超过10^{-3}下的情况，所需支路接收信号的平均信噪比下降了30−12.5=17.5（dB）；采用三重分集时，平均信噪比下降了30−7=23（dB）；采用四重分集时，平均信噪比则下降了30−2.5=27.5（dB）。因此，给定门限信噪比 x 下，分集支路增加，所需支路接收信号的平均信噪比 $\bar{\xi}$ 在下降，即采用分集技术可以降低对接收信号的平均功率（或者说发射功率）的要求，同时仍然能保证系统所需的通信质量。

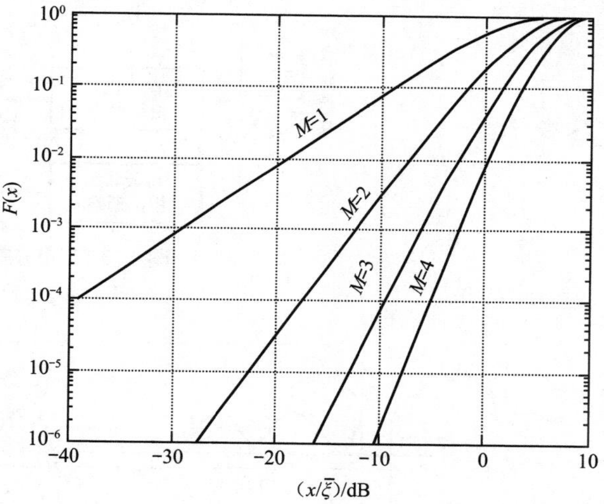

图 4.9　最大比合并的中断概率

2. 等增益合并

虽然最大比合并有很好的性能，但它要求有准确的加权系数，实现电路比较复杂。等增益合并的性能虽然比它差些，但实现起来要容易得多。等增益合并仅对各路信号中衰落信道相位进行调整并使其统一，再以各路加权系数均为1进行合并，即

$$\alpha_m = \exp\{-\mathrm{j}(\angle h_m + \phi)\}, \qquad m = 1,2,\cdots,M \tag{4.14}$$

其中，统一的相位为 $\phi \in [0, 2\pi]$，一般取为0。此时，各路接收信号中的噪声功率仍为 $|\alpha_m|^2 \sigma_m^2 = \sigma_m^2$，进而合并器输出的信噪比为

$$\xi_{\mathrm{EGC}} = \frac{\left(\sum_{m=1}^{M}|h_m|\right)^2 p}{\sum_{m=1}^{M}\sigma_m^2} = \frac{\left(\sum_{m=1}^{M}r_m\right)^2 p}{\sum_{m=1}^{M}\sigma_m^2} \overset{\text{若}\sigma_m^2=\sigma^2}{=} \frac{p}{M\sigma^2}\left(\sum_{k=1}^{M}r_k\right)^2 \tag{4.15}$$

根据式（4.15），可以求得等增益合并后输出信号的信噪比均值 $\bar{\xi}_{\mathrm{EGC}}$ 如下。

$$\bar{\xi}_{\mathrm{EGC}} = \frac{p}{M\sigma^2}E\left[\left(\sum_{k=1}^{M}r_k\right)^2\right] = \frac{p}{M\sigma^2}\left(\sum_{m=1}^{M}E[r_m^2] + \sum_{n,m=1,n\neq m}^{M}E[r_m r_n]\right) \tag{4.16}$$

因为各支路的信道衰落相互独立，所以有 $E[r_n r_m]=E[r_n]E[r_m](m\neq n)$；对瑞利分布有 $E[r_m^2]=b_m^2$ 和 $E[r_k]=b_m\sqrt{\pi/4}$。把这些关系代入式（4.16），便得到

$$\overline{\xi}_{\mathrm{EGC}}=\frac{p}{M\sigma^2}\left(\sum_{m=1}^{M}b_m^2+\frac{\pi}{4}\sum_{n,m=1,n\neq m}^{M}b_m b_n\right)\overset{若b_m=b}{=}\left[1+(M-1)\frac{\pi}{4}\right]\overline{\xi} \tag{4.17}$$

式（4.17）是假设各路信号中衰落信道功率均为 b^2 得到的，而 $\overline{\xi}=pb^2/\sigma^2$ 为每路信号的平均信噪比。

例4.2 二重分集（M=2）等增益合并如图4.10所示，对两路信号的相位进行调整对齐后，直接相加输出。而合并后的信噪比 ξ_{EGC} 随时间变化的情况如图4.11所示。当M=2时，根据式（4.17），有 $\overline{\xi}_{\mathrm{EGC}}=\overline{\xi}(1+\pi/4)=1.78\,\overline{\xi}$，即有分集时的平均信噪比等于没有分集时的平均信噪比的1.78倍，或者说平均信噪比提高了 $10\log_{10}1.78$=2.5（dB）。

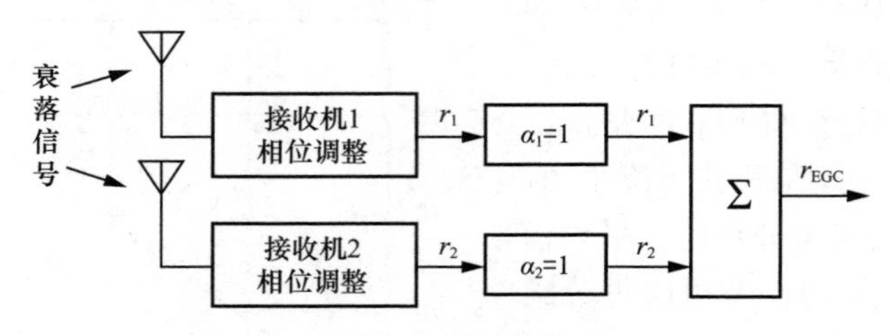

图 4.10 二重分集等增益合并

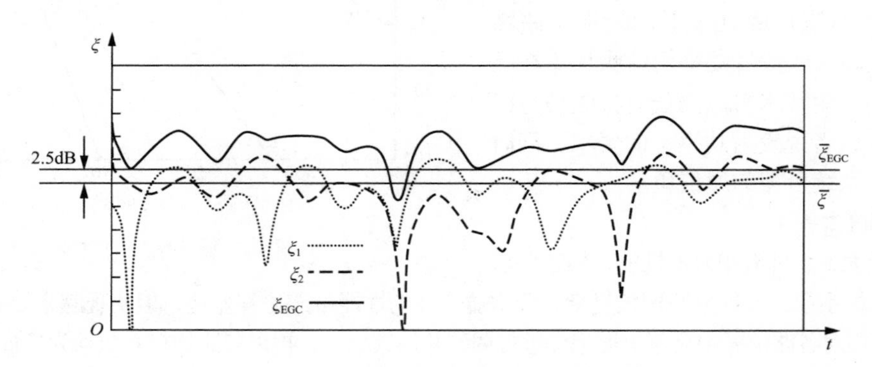

图 4.11 二重分集等增益合并的信噪比

对于M>2的情况，求 ξ_{EGC} 的累积分布函数和概率密度函数是比较困难的，可以用数值方法，而M=2时其累积分布函数或中断概率（推导过程略）为

$$F(x)=P(\xi_{\mathrm{EGC}}\leqslant x)=1-\mathrm{e}^{-2x/\overline{\xi}}-\sqrt{\frac{\pi x}{\overline{\xi}}}\mathrm{e}^{-x/\overline{\xi}}\mathrm{erf}\left(\sqrt{\frac{x}{\overline{\xi}}}\right) \tag{4.18}$$

概率密度函数为

$$p(\xi_{\mathrm{EGC}})=\frac{1}{\overline{\xi}}\mathrm{e}^{-2\xi_{\mathrm{EGC}}/\overline{\xi}}-\sqrt{\pi}\mathrm{e}^{-\xi_{\mathrm{EGC}}/\overline{\xi}}\left(\frac{1}{2\sqrt{\xi_{\mathrm{EGC}}\overline{\xi}}}-\frac{1}{\overline{\xi}}\sqrt{\frac{\xi_{\mathrm{EGC}}}{\overline{\xi}}}\right)\mathrm{erf}\left(\sqrt{\frac{\xi_{\mathrm{EGC}}}{\overline{\xi}}}\right) \tag{4.19}$$

对于等增益合并，其中断概率$F(x)$如图4.12所示。可以看出，达到中断概率10^{-3}时，二重分集中每个支路的接收信号平均信噪比需要比无分集时低17dB左右。

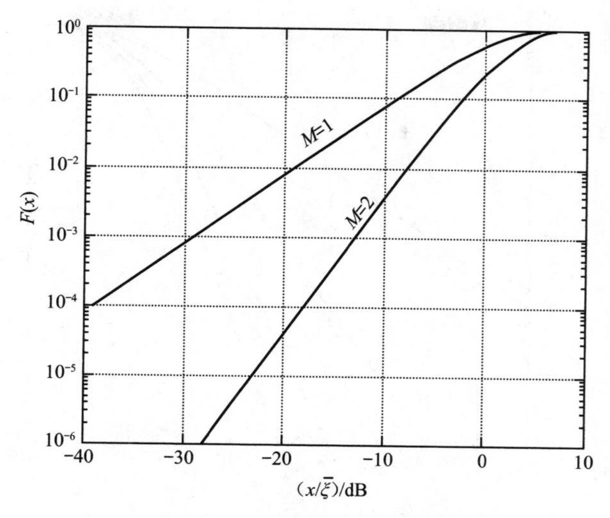

图 4.12　等增益合并的中断概率

3. 选择合并

选择合并是所有合并方式中最简单的一种。在所接收的多路信号中，合并器选择信噪比最高的一路输出，这相当于在M个系数 $\alpha_m(t)$ 中，只有一个等于1，其余的为0。这种选择可以在解调（检测）前的M个射频信号上进行，也可以在解调后的M个基带信号上进行。

由上可知，选择合并器的输出信噪比 ξ_{SC} 为

$$\xi_{\mathrm{SC}} = \max\{\xi_m, m=1,2,\cdots,M\} \tag{4.20}$$

仍假设各路信号中信道平均功率和噪声功率都相等，即 $b_m^2 = b^2$ 和 $\sigma_m^2 = \sigma^2$，因此，所有支路的信噪比ξ_k独立且都服从以平均信噪比 $\bar{\xi} = E[\xi_m] = pb^2/\sigma^2$ 为参数的负指数分布。由于M个支路的衰落是独立的，因此所有支路的ξ_k同时小于某个给定值x的概率，即中断概率为

$$F(x) = \left(1-\mathrm{e}^{-x/\bar{\xi}}\right)^M \tag{4.21}$$

而至少有一路信噪比超过x的概率就是系统的可通率，即

$$1-F(x) = 1-\left(1-\mathrm{e}^{-x/\bar{\xi}}\right)^M \tag{4.22}$$

根据$F(x)$可得选择合并输出信噪比 ξ_{SC} 的概率密度函数，即对$F(x)$求导得

$$p(\xi_{\mathrm{SC}}) = \left.\frac{\mathrm{d}F(x)}{\mathrm{d}x}\right|_{x=\xi_{\mathrm{SC}}} = \frac{M}{\bar{\xi}}\left(1-\mathrm{e}^{-\xi_{\mathrm{SC}}/\bar{\xi}}\right)^{M-1}\mathrm{e}^{-\xi_{\mathrm{SC}}/\bar{\xi}} \tag{4.23}$$

进一步求得 ξ_{SC} 的均值为

$$\bar{\xi}_{\mathrm{SC}} = \int_0^{+\infty}\xi_{\mathrm{SC}}\,p(\xi_{\mathrm{SC}})\mathrm{d}\xi_{\mathrm{SC}} = \bar{\xi}\sum_{m=1}^{M}\frac{1}{m} \tag{4.24}$$

选择合并的中断概率$F(x)$如图4.13所示。当$F=10^{-3}$时，二重分集、三重分集、四重分集所需支路接收信号的平均信噪比分别约下降了30−15=15（dB）、30−10=20（dB）和30−7=23（dB）。

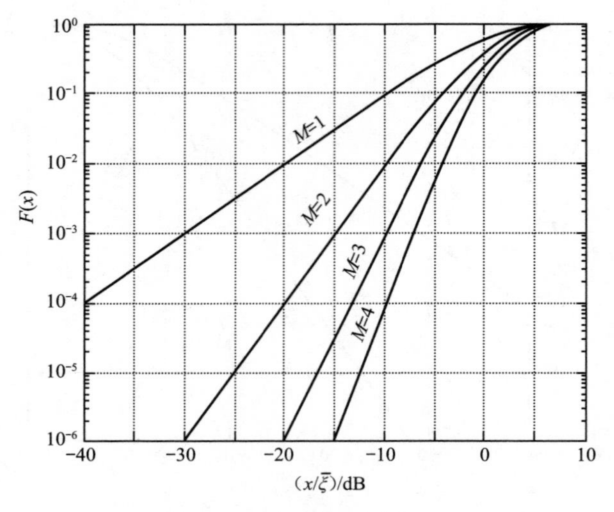

图 4.13 选择合并的中断概率

例4.3 当M=2时，二重分集选择合并如图4.14所示。合并器实际上就是一个开关，在各支路噪声功率相同的情况下，系统把开关置于最大信号功率的支路，输出的信号就有最大的信噪比。而当M=2时，ξ_{SC}的选择情况如图4.15所示。根据式（4.24），可以得到二重分集时的平均信噪比为$\bar{\xi}_{SC}=\bar{\xi}(1+1/2)=1.5\bar{\xi}$，它等于没有分集的平均信噪比的1.5倍，或者说平均信噪比提高了$10\log_{10}1.5$=1.76（dB）。

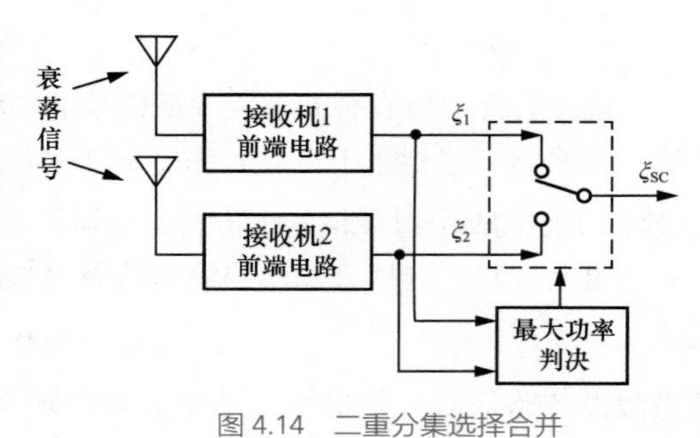

图 4.14 二重分集选择合并

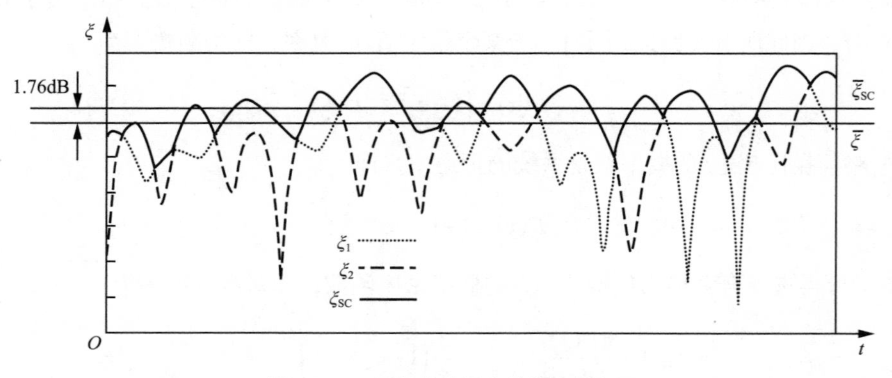

图 4.15 二重分集选择合并的信噪比

4.2.4 分集合并的性能比较

在分集技术中，除了用接收信号的中断概率进行其性能分析外，还可以从接收信号的平均信噪比改善情况和解调误码率降低情况进行其性能分析。

1. 改善因子

接收信号的信噪比改善情况可以用改善因子（D）表示，定义为分集合并器输出平均信噪比与没有分集时的平均信噪比之比值。下面仍假设各路信号中信道平均功率和噪声功率都相等，即 $b_m^2 = b^2$ 和 $\sigma_m^2 = \sigma^2$。

（1）对最大比合并，由式（4.11）可得改善因子为

$$D_{\text{MRC}} = \frac{\overline{\xi}_{\text{MRC}}}{\overline{\xi}} = M \tag{4.25}$$

（2）对等增益合并，由式（4.17）可得改善因子为

$$D_{\text{EGC}} = \frac{\overline{\xi}_{\text{EGC}}}{\overline{\xi}} = 1 + (M-1)\frac{\pi}{4} \tag{4.26}$$

（3）对选择合并，由式（4.24）可得改善因子为

$$D_{\text{SC}} = \frac{\overline{\xi}_{\text{SC}}}{\overline{\xi}} = \sum_{m=1}^{M} \frac{1}{m} \tag{4.27}$$

通常改善因子用分贝表示，即D=10$\log_{10}(D)$（dB），图4.16所示为各种合并方式的改善因子。由图4.16可见，信噪比的改善程度随着分集的重数增加而增加，从M=2到M=3时增加很快，但随着M的继续增加，改善程度的增加速率放慢，特别是选择合并。考虑到随着M的增加，电路复杂程度也会增加，实际的分集重数一般最高为3～4。在三种合并方式中，最大比合并对信噪比的改善程度最大，其次是等增益合并，再次是选择合并；这是因为选择合并在每个时刻仅利用其中一路信号的功率，而前两者利用了所有支路信号的功率。

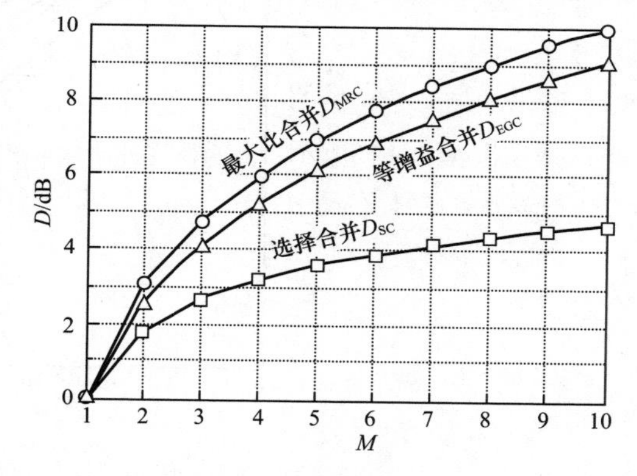

图 4.16　各种合并方式的改善因子

2. 误码率

在加性高斯白噪声信道中，数字传输的错误概率P_{e}取决于信号的调制解调方式及信噪比ξ。在数字移动信道中，信噪比是一个随机变量。前面我们通过对各种分集合并方式的分析，得到了在瑞利衰落时的信噪比概率密度函数。可以把P_{e}看作衰落信道中给定信噪比ξ的条件概率。为确定所有可能值的平均错误概率$\overline{P}_{\text{e}}$，可以计算下面的积分。

$$\overline{P}_{\text{e}} = \int_0^{+\infty} P_{\text{e}}(\xi) \cdot p_M(\xi) \mathrm{d}\xi \tag{4.28}$$

式（4.28）中$p_M(\xi)$即为M重分集时输出信噪比的概率密度函数。

下面以二重分集为例说明分集对二进制数字传输误码的影响。由于DPSK（差分相移键控）误码率的表达式是比较简单的指数函数，这里以它为例来分析多径衰落环境下各种分集的误码特性。DPSK误码率为$P_{\text{b}}(\xi) = \mathrm{e}^{-\xi}/2$。

利用式（4.28）的积分可以计算出各种合并器输出信号的误码率（推导过程略）。

（1）采用最大比合并器的DPSK平均误码率为

$$\overline{P}_{\text{b}} = \int_0^{+\infty} \frac{1}{2}\mathrm{e}^{-\xi_{\text{MRC}}} \cdot p\left(\xi_{\text{MRC}}\right) \mathrm{d}\xi_{\text{MRC}} = \frac{1}{2\left(1+\overline{\xi}\right)^M} \tag{4.29}$$

（2）采用等增益合并器的DPSK平均误码率为

$$\overline{P}_{\mathrm{b}}=\int_{0}^{+\infty}\frac{1}{2}\mathrm{e}^{-\xi_{\mathrm{EGC}}}\cdot p\left(\xi_{\mathrm{EGC}}\right)\mathrm{d}\xi_{\mathrm{EGC}}=\frac{1}{2(1+\overline{\xi})}-\frac{\overline{\xi}}{2\left(\sqrt{1+\overline{\xi}}\right)^{3}}\cot^{-1}\left(\sqrt{1+\overline{\xi}}\right) \tag{4.30}$$

（3）采用选择合并器的DPSK平均误码率为

$$\overline{P}_{\mathrm{b}}=\int_{0}^{+\infty}\frac{1}{2}\mathrm{e}^{-\xi_{\mathrm{SC}}}\cdot p\left(\xi_{\mathrm{SC}}\right)\mathrm{d}\xi_{\mathrm{SC}}=\frac{M}{2}\sum_{m=0}^{M-1}\mathrm{C}_{M-1}^{m}(-1)^{m}\frac{1}{1+m+\overline{\xi}} \tag{4.31}$$

式（4.31）中，二项式系数$\mathrm{C}_{m}^{n}=m!/\left[(m-n)!n!\right]$。

上述各积分计算也可以改为数值计算。图4.17所示为M=2时三种合并方式的平均误码率。由图4.17可见，二重分集相对于无分集，误码特性有了很大的改善，而三种合并方式的差别不是很大。

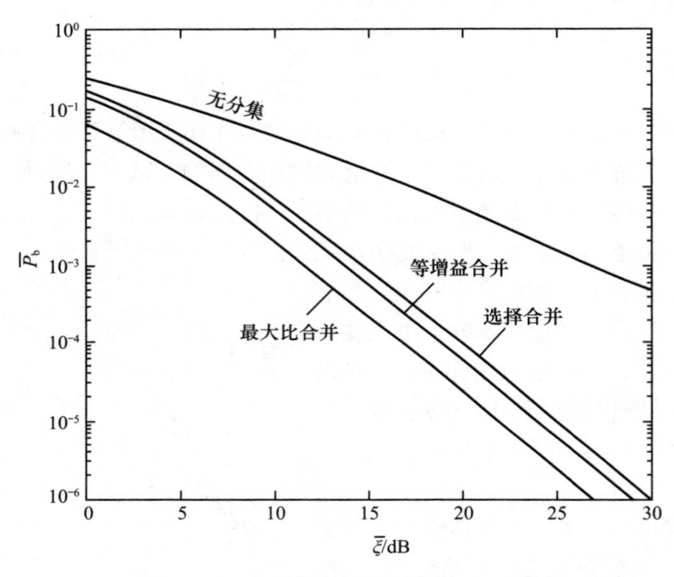

图 4.17 M=2 时各种合并方式的 DPSK 平均误码率

4.3 均衡技术

4.3.1 均衡技术概述

在数字传输系统中，一个无符号间干扰的理想传输系统，在没有噪声干扰的情况下其冲激响应$h(t)$应当具有图4.18所示的波形。它除了在指定的时刻对接收符号采样的样值不为0，在其余的采样时刻样值应当为0。图4.19所示的冲激响应$h_{\mathrm{d}}(t)$，由于实际信道（这里指包括一些收发设备在内的等效信道）的传输特性并非理想，冲激响应的波形失真是不可避免的，信号的样值在多个采样时刻不为0，这样就造成了样值信号之间的干扰，即符号间干扰（ISI）。严重的符号间干扰会使信息比特的判决出错。为了提高信息传输的可靠性，必须采取适当的措施来克服这种不良的影响，方法就是采用均衡技术。

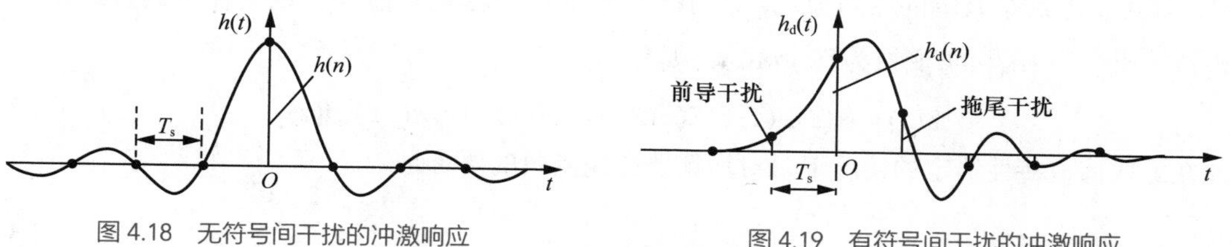

图 4.18　无符号间干扰的冲激响应

图 4.19　有符号间干扰的冲激响应

如图4.20所示，在数字通信系统中常采取的方法就是在接收端加入均衡器，用来补偿信道特性，从而减少接收端采样时刻的符号间干扰。为了突出均衡器的作用，这里暂时不考虑信道噪声的影响。假设从发送端到接收端的等效信道冲激响应及传递函数分别为$h(t)$和$H(f)$；接收端均衡器的冲激响应和传递函数分别为$e(t)$和$E(f)$。此时$h(t)$和$H(f)$不满足无符号间干扰的奈奎斯特时域和频域条件；而我们希望$g(t)=h(t)*e(t)$和$G(f)=H(f)E(f)$尽量满足无符号间干扰的奈奎斯特时域和频域条件，即

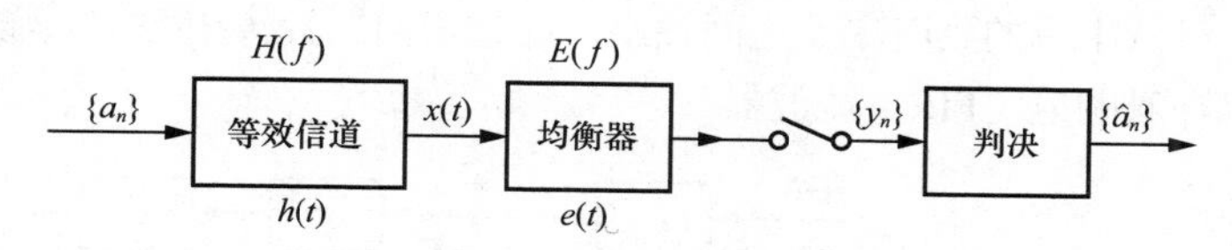

图 4.20　具有均衡器的数字基带传输系统

$$g(nT_S)=\begin{cases}1, & n=0\\0, & n\neq 0\end{cases},\quad \sum_{n=-\infty}^{+\infty}G\left(f+\frac{n}{T_S}\right)=T_S \tag{4.32}$$

其中，T_S为符号周期。

根据上述讨论，一般可以从时域响应和频域响应两个角度来考虑设计均衡器，分别称作时域均衡器和频域均衡器。在模拟通信系统中，常采用频域均衡器来补偿信道的非理想特性，但其性能受限于模拟电路的能力；在2G和3G数字通信系统中，常采用时域均衡器，然而高速数据传输时时域均衡器的抽头越来越多，导致复杂度上升，且收敛性和稳定性也会变差；在4G和5G数字通信系统中，由于采用基于FFT的OFDM技术，时域卷积可以变换为简单的频域乘积，因此数字频域均衡器得以发展。

均衡技术可以分为两大类：线性均衡和非线性均衡。若信道幅频特性在信号带宽内不为常数，但比较平坦、引起的符号间干扰不太严重，则可以采用线性均衡；而判决反馈均衡器（Decision Feedback Equalization，DFE）及最大似然估计均衡器（Maximum Likelihood Sequence Estimation Equalization，MLSEE）则属于非线性均衡，分别为最优均衡器和次优均衡器，主要用于信道失真严重，尤其是信道频率特性有传输零点的情况下。考虑信道的时变特性，所采用的均衡器也必须能够跟踪信道的变化，无论是线性均衡器还是非线性均衡器，均应及时调整其滤波器的参数，以补偿信道的非理想特性。下面就分别介绍线性均衡器、非线性均衡器和自适应均衡器。

4.3.2　线性均衡器

1. 线性均衡器的实现

考虑用一个线性滤波器来实现均衡器。采用z变换分析一个线性离散系统是方便的。设等

效信道的输入序列$\{a_n\}$的z变换为$A(z)$，它是一个有限长的多项式，等效信道冲激响应的z变换为$H(z)$，经过信道后接收端的序列为$\{x_n\}$且其z变换为$X(z)$。均衡器$\{e_n\}$的传输函数为$E(z)$，理想均衡器输出序列$\{\hat{a}_n\}$的z变换为$Y(z)=A(z)$，则有

$$Y(z)=G(z)A(z)=E(z)X(z)=E(z)H(z)A(z)=A(z) \tag{4.33}$$

因此在等效信道特性给定的情况下，对均衡器传输函数的要求是

$$E(z)=\frac{1}{H(z)} \tag{4.34}$$

由此可见，均衡器是等效信道的逆滤波。根据$E(z)$就可以设计所需要的均衡器。

基本的均衡器结构就是横向滤波器结构，如图4.21所示。它由$2N$个延时单元（z^{-1}）、$2N+1$个加权支路和一个加法器组成。e_n为各支路的加权系数，即均衡器的系数。由于输入的离散信号从串行的延时单元之间抽出，经过横向路径集中叠加后输出，故称横向均衡器。这是一个有限冲激响应（FIR）滤波器。

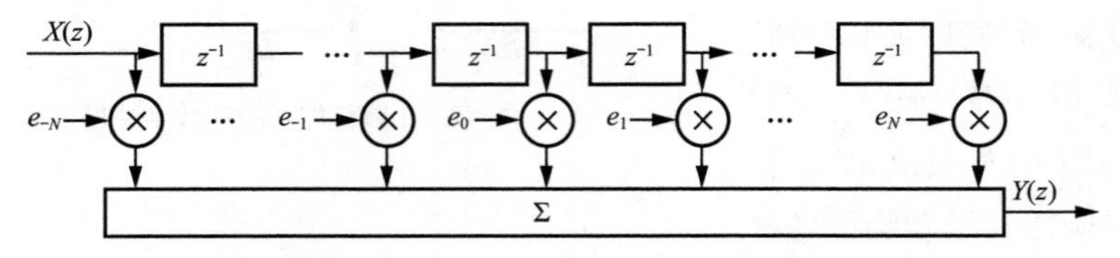

图 4.21　横向滤波器结构

对于给定的广义信道$H(z)$，适当设计均衡器的系数，就可以对输入序列进行均衡处理。

例4.4 如图4.22（a）所示，$H(z)$的抽头系数$\{h_n\}=\{1/4,1,1/2\}$，现设计一个二抽头（即二阶）均衡器$E(z)$，系数为$\{e_{-1},e_0,e_1\}=\{-1/3,4/3,-2/3\}$。对应等效信道和均衡器的传输函数分别为

$$H(z)=\frac{1}{4}z+1+\frac{1}{2}z^{-1}$$

和

$$E(z)=\frac{-1}{3}z+\frac{4}{3}+\frac{-2}{3}z^{-1}$$

于是系统的总传输函数为

$$G(z)=H(z)E(z)=\frac{-1}{12}z^2+1+\frac{-1}{3}z^{-2}$$

对应的采样序列为$\{g_n\}=\{-1/12,0,1,0,-1/3\}$，如图4.22（b）所示。由图4.22可以看出，输出序列的符号间干扰情况有了改善，但还不能完全消除符号间干扰，例如，g_{-2}、g_2均不为0，这是残留的符号间干扰。可以预期，若增加均衡器的抽头数，均衡的效果会更好。事实上，当$H(z)$为一个有限长的多项式时，用长除法展开式（4.34），$E(z)$将是一个无穷多项式，对应横向滤波器的无数个抽头。不同的设计所得到的残留的符号间干扰是不同的，但我们总是希望残留的符号间干扰越小越好。

线性均衡器除了横向均衡器，还有线性反馈均衡器，后者是一种无限冲激响应（Infinite Impulse Response，IIR）滤波器。在残留符号间干扰相同的情况下，线性反馈均衡器所需元件较

少。但由于其有反馈回路，因此存在稳定性问题，实际使用的线性均衡器多是横向均衡器。

评价一个均衡器的性能通常有两个准则：最小峰值准则和最小均方误差准则。根据这两个准则可以得到迫零（Zero-Forcing，ZF）算法和最小均方误差（Minimum Mean Square Error，MMSE）算法来获取线性均衡器的系数。

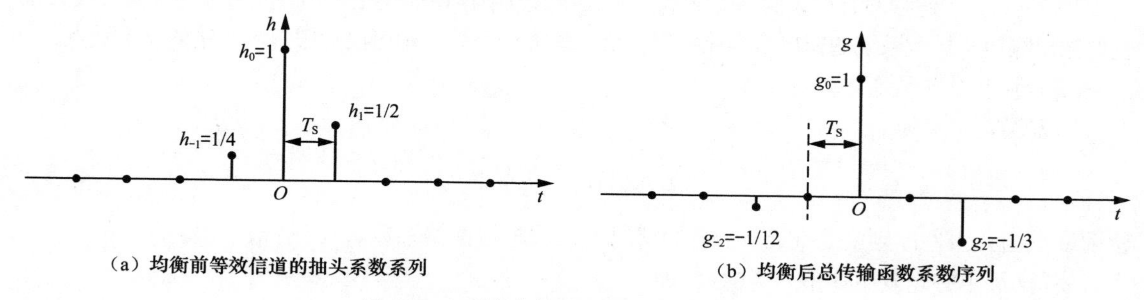

图 4.22　二阶均衡前后系统传输函数系数序列

2. 时域线性均衡算法

（1）迫零算法

峰值畸变定义为

$$D=\frac{1}{|g_0|}\sum_{n=-\infty,n\neq 0}^{+\infty}|g_n| \tag{4.35}$$

所谓峰值畸变准则就是在已知$\{h_n\}$情况下，调整均衡器系数$\{e_n\}$使$g_0=1$，同时迫使$D=0$，因此也称为迫零算法。

罗伯特·勒基（Robert Lucky）对$D(e_k)$做了充分研究，指出$D(e_k)$是一个凸函数，其最小值就是全局最小值。采用数值计算可以求得此最小值，如最速下降法。他同时指出有一种特殊但很重要的情况：若在均衡前系统峰值畸变（称初始畸变）D_0满足

$$D_0=\frac{1}{|h_0|}\sum_{n=-\infty,n\neq 0}^{+\infty}|h_n|<1 \tag{4.36}$$

则$D(e_k)$的最小值必定发生在$g_n=0$（$n\neq 0$）的情况下。

基于上述结论，并考虑现实中常使用截短的横向滤波器，假设共有滤波器的$2N+1$个抽头系数，则g_n可以写为

$$g_n=\sum_{k=-N}^{N}e_k h_{n-k}=\begin{cases}1, & n=0\\ 0, & n=\pm1,\pm2,\cdots,\pm N\end{cases} \tag{4.37}$$

进而可以建立$2N+1$个方程：

$$\underbrace{\begin{bmatrix} h_0 & \cdots & h_{-N} & \cdots & h_{-2N}\\ \vdots & & \vdots & & \vdots\\ h_N & \cdots & h_0 & \cdots & h_{-N}\\ \vdots & & \vdots & & \vdots\\ h_{2N} & \cdots & h_N & \cdots & h_0 \end{bmatrix}}_{\boldsymbol{H}}\underbrace{\begin{bmatrix} e_{-N}\\ \vdots\\ e_0\\ \vdots\\ e_N\end{bmatrix}}_{\boldsymbol{e}}=\underbrace{\begin{bmatrix} g_{-N}\\ \vdots\\ g_{-1}\\ g_0\\ g_1\\ \vdots\\ g_N\end{bmatrix}}_{\boldsymbol{g}}=\begin{bmatrix}0\\ \vdots\\ 0\\ 1\\ 0\\ \vdots\\ 0\end{bmatrix} \tag{4.38}$$

假定$\boldsymbol{H}$为列满秩矩阵，可以得到迫零算法中的2N+1个系数，即

$$\boldsymbol{e}=\left(\boldsymbol{H}^{\mathrm{H}}\boldsymbol{H}\right)^{-1}\boldsymbol{H}^{\mathrm{H}}\boldsymbol{g}=\boldsymbol{H}^{-1}\mathbf{g} \tag{4.39}$$

在迫零算法中，当等效信道的幅频特性在某频率上衰减很大时，均衡器会在此频率有很大的幅度增益；而实际信道中存在加性噪声，因此迫零均衡器会放大系统的输出噪声，导致系统的输出信噪比下降。最小均方误差算法则可以克服迫零算法的这个缺点。

（2）最小均方误差算法

均方误差定义为

$$L=E\left[\left(a_n-\hat{a}_n\right)^2\right] \tag{4.40}$$

所谓最小均方误差准则就是在已知$\{h_n\}$的情况下，调整均衡器系数e_k使L有最小值。

使得L最小必定发生在偏导为0处，即

$$\frac{\partial L}{\partial e_k}=-2E\left[\left(a_n-\hat{a}_n\right)\frac{\partial \hat{a}_n}{\partial e_k}\right]=0,k=0,\pm1,\pm2,\cdots \tag{4.41}$$

也就是

$$E\left[\left(a_n-\hat{a}_n\right)x_{n-k}\right]=0,k=0,\pm1,\pm2,\cdots \tag{4.42}$$

对于支路数为有限值2N+1的横向均衡器，式（4.42）中$\hat{a}_n$为

$$\hat{a}_n=\sum_{m=-N}^{N}e_m x_{n-m} \tag{4.43}$$

将式（4.43）代入式（4.42），整理后可得

$$E\left[a_n x_{n-k}\right]=\sum_{m=-N}^{N}e_m E\left[x_{n-m}x_{n-k}\right] \tag{4.44}$$

解式（4.44）的2N+1个联立方程便可求得均衡器的2N+1个系数。定义$R_{ax}(k)=E\left[a_n x_{n-k}\right]$和$R_x(m-k)=E\left[x_{m-i}x_{m-k}\right]$为相关系数，它们可以通过在发送端发送导频序列进行训练得到。

实际上由于信道参数经常是随时间变化的，均衡器的系数也必须随时调整。系数的确定不是采用一般解线性方程组的方法，而是采用迭代的方法。迭代的方法相对于解方程的方法，可以使均衡器更快地收敛到最佳状态。由此根据对均衡器的实际要求产生了许多迭代算法。篇幅所限，这里不再讨论。

3. 频域线性均衡算法

上述时域线性均衡算法计算复杂度高，在通信系统中对设备处理能力有着较高的要求。为了降低均衡的复杂度，在采用OFDM技术的移动通信系统中，如4G/5G系统，接收端通常采用频域均衡的方式进行均衡处理。

根据第3章内容可知，假设接收端OFDM解调后频域为$\boldsymbol{y}=\left[y_0,y_1,\cdots,y_{N-1}\right]^{\mathrm{T}}$（$y_n$表示第$n$个子载波上收到的信号），则$\boldsymbol{y}=\mathrm{diag}\{\boldsymbol{x}\}\boldsymbol{h}+\boldsymbol{n}$（$\boldsymbol{x}=\left[x_0,x_1,\cdots,x_{N-1}\right]^{\mathrm{T}}$，$x_n$表示第$n$个子载波上发送的信号；$\boldsymbol{h}=\left[h_0,h_1,\cdots,h_{N-1}\right]^{\mathrm{T}}$表示频域信道响应，$\boldsymbol{n}=\left[n_0,n_1,\cdots,n_{N-1}\right]^{\mathrm{T}}$表示等效频域噪声）。

接收端需要根据$\boldsymbol{y}$恢复发送端的发送信号$\boldsymbol{x}$中的每一个元素，即恢复每个子载波上发送的信号。接收端提前利用参考信号对信道的频域响应进行估计获取后，可以对每个子载波上的信号进行单独均衡操作。当采用ZF准则时，可以求得第n个子载波均衡后为

$$\hat{x}_n = \frac{h_n^* y_n}{|h_n|^2}, n = 0,1,\cdots,N-1 \tag{4.45}$$

其中，$\hat{x}_n$ 表示对第n个子载波上信号进行均衡处理后的信号，h_n^* 表示 h_n 的共轭。

可以看出，在OFDM系统中，在频域上进行均衡处理可以对每个子载波单独操作，直接通过复数乘法即可达到均衡的目的，其计算复杂度相较于时域均衡能够大大降低。

4.3.3 非线性均衡器

线性均衡器一般用在信道失真不大的场合。要使均衡器在失真严重的信道上有比较好的抗噪声性能，可以采用非线性均衡器，如判决反馈均衡器（DFE）、最大似然估计均衡器（MLSEE）。

1. 判决反馈均衡器

判决反馈均衡器的结构如图4.23所示。它由两个横向滤波器（前馈滤波器、反馈滤波器）和一个判决器构成。

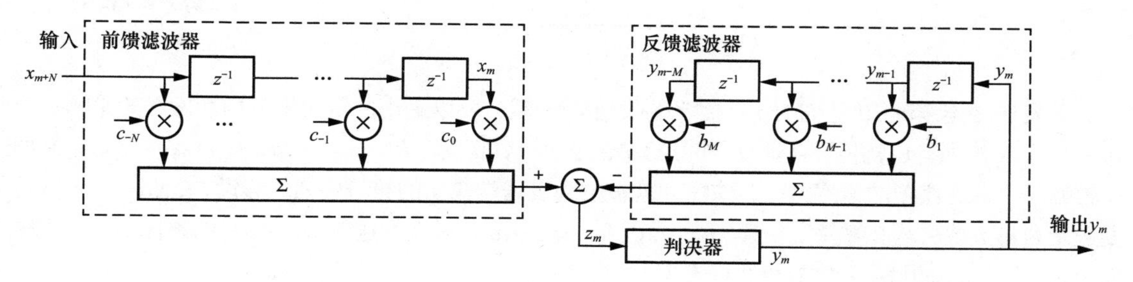

图 4.23 判决反馈均衡器

判决反馈均衡器的输入序列是前馈滤波器（Feed Forward Filter，FFF）的输入序列$\{x_n\}$。反馈滤波器（Feed Back Filter，FBF）的输入序列则是均衡器已检测到并经过判决输出的序列$\{y_n\}$。这些经过判决输出的数据若是正确的，它们经反馈滤波器的不同延时和与适当的系数相乘，就可以正确计算对其后面待判决符号的干扰（拖尾干扰）。前馈滤波器的输出（当前符号的估值）减去这拖尾干扰，就是判决器的输入，即

$$z_m = \sum_{n=-N}^{0} c_n x_{m-n} - \sum_{i=1}^{M} b_i y_{m-i} \tag{4.46}$$

式（4.46）中 c_n 是前馈滤波器的N+1个支路的加权系数，b_i 是反馈滤波器的M个支路的加权系数，z_m 就是当前判决器的输入，y_m 是其输出。$y_{m-1}, y_{m-2}, \cdots, y_{m-M}$ 则是判决反馈均衡器前M个判决输出。式（4.46）等号右侧第一项是前馈滤波器的输出，是对当前符号的估值；第二项则表示 $y_{m-1}, y_{m-2}, \cdots, y_{m-M}$ 对该估值的拖尾干扰。

应当指出，由于判决反馈均衡器的反馈环路包含了判决器，因此判决反馈均衡器的输入输出之间再也不是简单的线性关系，而是非线性关系。判决反馈均衡器是一种非线性均衡器。对它的分析要比线性均衡器复杂得多，这里不再进一步讨论。

和横向均衡器比较，判决反馈均衡器的优点是在抽头数相同的情况下，残留的符号间干扰比较小，误码率也比较低。特别是在失真十分严重的信道中，其优点更为突出。所以这种均衡器在高速数据传输系统中得到了广泛的应用。

2. 最大似然估计均衡器

最先把最大似然估计用于均衡器的是戴维·福尼（David Forney）。最大似然估计均衡器（MLSEE）的基本思想就是把多径信道等效为一个FIR滤波器，利用维特比算法在信号路径网格图上搜索最可能发送的序列，而不是对接收的符号逐个判决。最大似然估计可以看作对一个离散有限状态机状态的估计。实际符号间干扰的响应只发生在有限的几个符号，因此在接收滤波器输出端观察到的符号间干扰可以看作数据序列$\{a_n\}$通过系数为$\{h_n\}$的FIR滤波器的结果。如图4.24所示，T表示一个符号长度的时延，延时单元可以看作寄存器，共有$L=L_1+L_2$个。由于输入$\{a_n\}$是一个离散信息序列（二进制或M进制），因此滤波器的输出可以表示为叠加上高斯噪声的有限状态机的输出$\{y_n\}$。在没有噪声的情况下，滤波器的输出$\{x_n\}$可以由有M^L个状态的网格图来描述。滤波器各系数应当是已知的，或者通过某种算法预先测量得到。

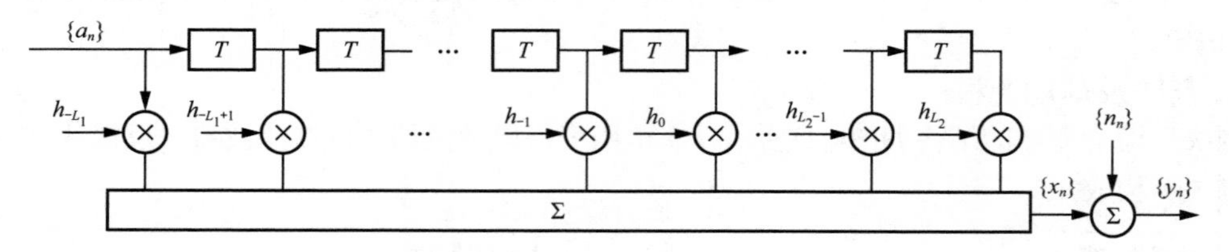

图 4.24 信道模型

设发送端连续输出N个符号a_n，接收端收到N个y_n后，要以最小的错误概率判断发送的是哪一个$a_1,a_2,\cdots,a_N$序列，也就是要计算M^N种可能发送序列的后验概率$P(a_1,a_2,\cdots,a_N \mid y_1,y_2,\cdots,y_N)$，然后比较哪一个发送序列的概率最大，该序列就被判为发送端输出的符号序列。假设$P(a_1,a_2,\cdots,a_N)$是发送序列$a_1,a_2,\cdots,a_N$的概率，$P(y_1,y_2,\cdots,y_N \mid a_1,a_2,\cdots,a_N)$是在发送$a_1,a_2,\cdots,a_N$的条件下，接收序列为$y_1,y_2,\cdots,y_N$的概率，则有后验概率为

$$P(a_1,a_2,\cdots,a_N \mid y_1,y_2,\cdots,y_N)=\frac{P(a_1,a_2,\cdots,a_N)P(y_1,y_2,\cdots,y_N \mid a_1,a_2,\cdots,a_N)}{P(y_1,y_2,\cdots,y_N)} \tag{4.47}$$

若各种序列以等概率发送，接收端可改为计算似然概率$P(y_1,y_2,\cdots,y_N \mid a_1,a_2,\cdots,a_N)$，对应似然概率最大的序列就作为发送序列的估计。因此，该检测方法称作最大似然估计。

随着时间的推移，寄存器的状态$u_n=\{a_{n-N+1},a_{n-N+2},\cdots,a_n\}$随发送序列而变化，其中$u_n$表示寄存器在$nT$时刻的状态，整个滤波器的状态共有$M^L$种。当$a_n$独立以等概率取$M$种值时，滤波器$M^L$种状态也以等概率出现。当状态$u_{n-1}$给定，根据输入的符号$a_n$，便可以确定一个输出$x_n$。接收机事先并不知道发送端状态序列的变化情况，因此要根据收到的y_n序列，从可能路径中搜索出最佳路径，使$P(y_1,y_2,\cdots,y_N \mid u_0,u_2,\cdots,u_{N-1},a_n)$最大。因为$x_n$只与$u_{n-1}$和$a_n$有关，在高斯白噪声情况下$y_n$也只与$u_{n-1}$和$a_n$有关，所以

$$P(y_1,y_2,\cdots,y_N \mid u_0,u_2,\cdots,u_{N-1},a_n)=\prod_{n=1}^{N}P(y_n \mid u_{n-1},a_n) \tag{4.48}$$

两边取自然对数

$$\ln P(y_1,y_2,\cdots,y_N \mid u_0,u_2,\cdots,u_{N-1},a_n)=\sum_{n=1}^{N}\left[A-B(y_n-x_n)^2\right] \tag{4.49}$$

其中A和B是常数，x_n是与$(a_n,u_{n-1})\to u_n$对应的值。因此求式（4.47）的最大值便归结为在网格图中搜索最小平方欧氏距离的路径，即

$$\min\left\{\sum_{n=1}^{N}(y_n - x_n)^2\right\} \tag{4.50}$$

例4.5 当ISI信道模型为三抽头时，设传输信号为二进制序列，即 $a_n = \pm 1$，信道系数为 $\boldsymbol{h}$=(1,1,1)，即滤波器有两个延时单元，可以画出它的状态图，如图4.25所示。经过信道后无噪声输出序列为 $x_n = a_0h_0 + a_{-1}h_1 + a_{-2}h_2$。设信道模型初始状态为$(a_{-1}, a_{-2})$=(−1,−1)，当信道输入信息序列为 $\{a_n\} = (-1,+1,+1,-1,+1,+1,-1,-1,\cdots)$ 时，则无噪声时接收序列为 $\{x_n\} = (-3,-1,+1,+1,+1,+1,+1,-1,\cdots)$；假设有噪声时接收序列为 $\{y_n\} = (-3.2,-1.1,+0.9,+0.1,+1.2,+1.5,+0.7,-1.3,\cdots)$，据图4.25可以画出相应的网格图。根据 y_n，在网格图中计算每一支路的平方欧氏距离 $(y_n - x_n)^2$，并在每一状态上累加，然后根据累加结果的最小值确定幸存路径，最终得到的路径如图4.26所示。该图中还给出了每一状态累加的平方欧氏距离。这一路径在网格图上对应的序列即 $\{x_n\}$。

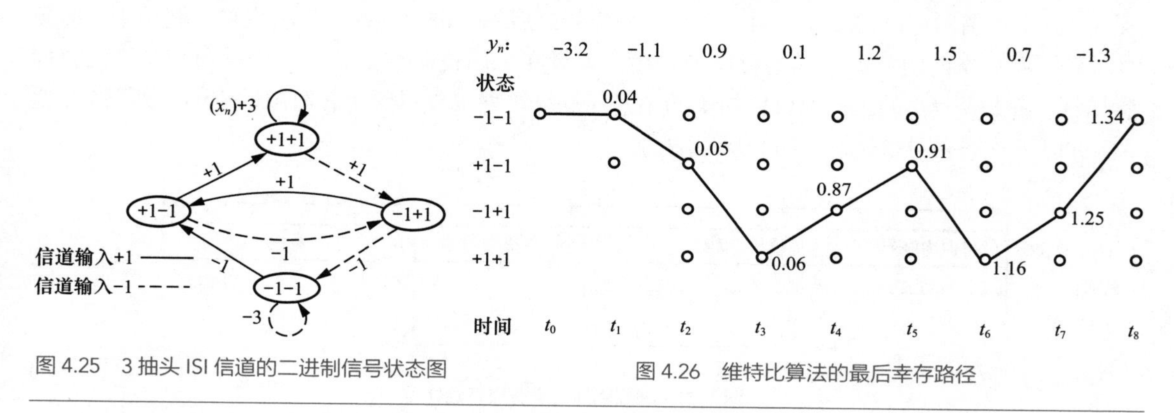

图 4.25 3抽头ISI信道的二进制信号状态图

图 4.26 维特比算法的最后幸存路径

在上述计算中，当M和L比较大时计算工作量是很大的，因此MLSEE一般适用于M为2～4和L≤5的情况，此时采用维特比算法一般可以提高计算效率。MLSEE的关键是要知道信道模型的参数，即滤波器系数。这就是信道的估计问题，这里不再介绍。

4.3.4 自适应均衡器

从原理上，在信道特性已知的情况下，均衡器的设计就是确定一组系数，使基带信号在采样时刻消除符号间干扰。若信道的传输特性不随时间变化，则通过解一组线性方程或用最优化求极值方法求得均衡器的系数就可以了。然而，实际信道特性往往是不确定的或随时间变化的。例如，每次电话呼叫所建立的信道，在整个呼叫期间，传输特性一般可以认为不变，但每次呼叫建立的信道的传输特性不会完全一样。又如，移动电话在移动状态下进行通信，所使用的信道的传输特性每时每刻都在发生变化，而且传输特性十分不理想。因此实际的传输系统要求均衡器能够基于对信道特性的测量随时调整自己的系数，以适应信道特性的变化。自适应均衡器就具有这样的功能。

为了获得信道参数的信息，接收端需要对信道特性进行测量。为此，如图4.27所示，自适应均衡器工作在两种模式：训练模式和跟踪模式。在发送数据前，发送端发送一个已知的序列（称作训练序列），接收端的均衡器开关置1，也产生同样的训练序列。由于传输过程的失真，接收

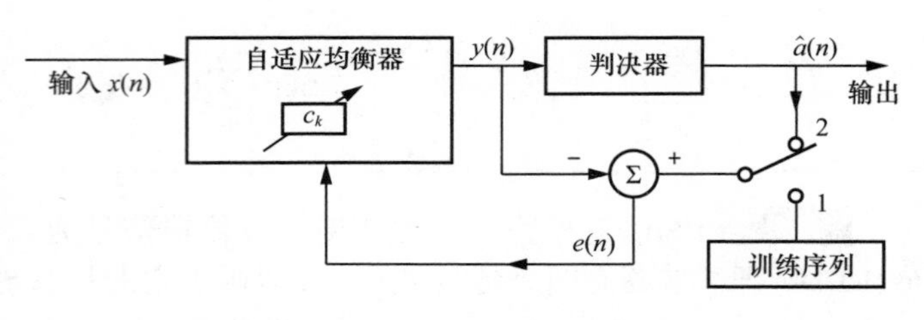

图 4.27 自适应均衡器

的训练序列和本地产生的训练序列之间必然存在误差$e(n)=\hat{a}(n)-y(n)$。利用$e(n)$和$x(n)$作为某种算法的参数，可以把均衡器的系数c_k调整到最佳，使均衡器满足峰值畸变准则或均方畸变准则。此阶段均衡器工作在训练模式。在训练模式结束后，发送端发送数据，均衡器转入跟踪模式，开关置2。此时均衡器达到最佳状态（均衡器收敛），判决器以很小的错误概率进行判决。均衡器系数实际上多是按均方畸变最小来调节的。与按峰值畸变最小来调节的迫零算法比较，它的收敛速度快，同时在初始畸变比较大的情况下仍然能够收敛。

时分多址的无线系统常是以固定时隙长度定时发送数据的，特别适合使用自适应均衡技术。它的每一个时隙（Time Slot，TS）都包含一个训练序列，可以安排在时隙的开始处，如图4.28所示。此时，均衡器可以按顺序从第一个数据采样到最后一个进行均衡处理；也可以利用下一时隙的训练序列对当前的数据采样进行反向均衡；或者在采用正向均衡后再采用反向均衡，比较误差大小，输出误差小的正向或反向均衡的结果。训练序列也可以安排在时隙的中间，如图4.29所示。此时训练序列对数据做正向和反向均衡。

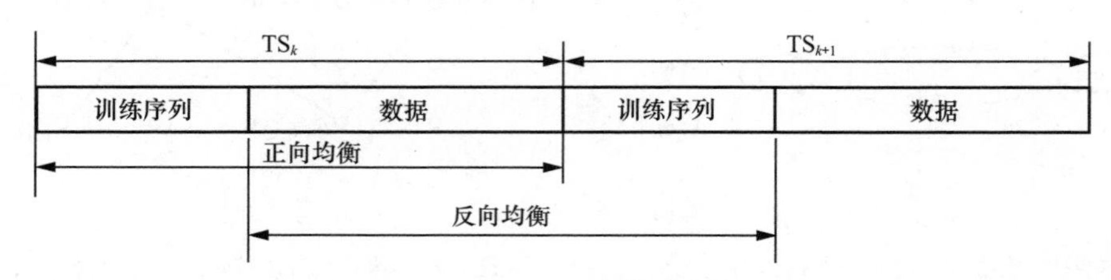

图 4.28 训练序列置于时隙开始处

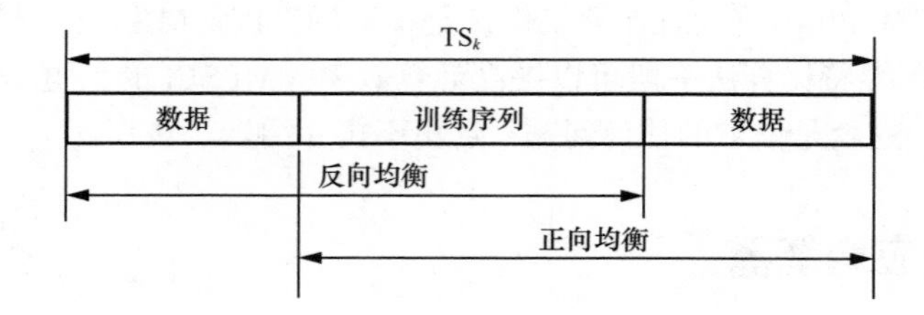

图 4.29 训练序列置于时隙的中间

4.4 扩频技术

本节介绍扩展信号频谱（简称扩频）的调制技术。它和前面介绍的调制技术有根本的差别。扩频通信最突出的优点是抗干扰能力和通信的隐蔽性，它最初用于军事通信，后来由于高频谱效率带来的高经济效益而被应用到民用通信。移动通信中，3G移动通信系统的三个标准都采用码分多址接入（CDMA），码分多址就建立在扩频通信的基础上。本节首先介绍扩频通信的理论基础；然后给出扩频技术中常采用的扩频序列；最后分别介绍三种典型的扩频方法，即直接序列（DS）扩频、跳频（FH）扩频、跳时（TH）扩频，以及它们的抗干扰和抗衰落能力。

4.4.1 扩频通信基础

1. 概述

扩频通信是一种信息传输方式，用来传输信息的信号带宽远远大于信息本身的带宽。在发送端带宽的扩展由独立于信息的扩频码来实现，在接收端则用相同的扩频码进行相关解调，实现解扩和恢复所传输的信息数据。该项技术称为扩频调制，而传输扩频信号的系统称为扩频系统。

长期以来，所有调制和解调技术都争取在静态加性高斯白噪声信道中达到更好的功率效率和（或）频谱效率，因此，调制方案的一个主要设计思想就是最小化传输带宽，以提高频带利用率。与之相反的方向是采用宽带调制技术，即以信道带宽来换取信噪比。

2. 扩频技术的理论基础

扩频技术的理论基础是香农定律。香农定律描述了信道容量C、信号带宽W、持续时间T与信噪比S/N之间的关系，即

$$C = WT\log_2\left(1+\frac{S}{N}\right) = WT\log_2\left(1+\frac{S}{N_0W}\right) \tag{4.51}$$

其中，信号功率为S，噪声功率$N = N_0W$，而N_0为噪声功率谱密度。

如图4.30所示，由信号带宽W、持续时间T与信噪比S/N组成的立方体体积就是信道容量C。在体积不变的条件下，三轴上的自变量或通信资源可以互换，根据各维度资源的情况取长补短。用频谱资源换取功率资源，是现代扩频通信的基本原理。如果通信中功率或信噪比受限，而带宽资源富余，就可以用大带宽提升信噪比及通信的可靠性；即使带宽没有富余，为了保证可靠性也要牺牲带宽，确保信噪比。

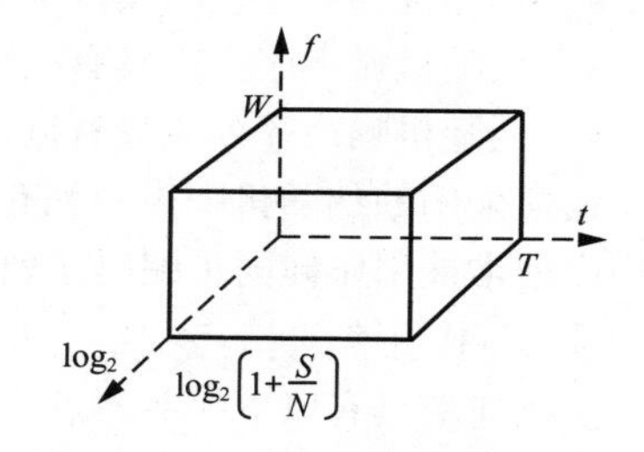

图 4.30 信道容量与不同资源间的关系

但用带宽换取信噪比存在极限，不能一味地牺牲带宽来换取信噪比的提高。根据香农公式，单位时间（$T=1$）内信道容量为

$$C = \frac{TW}{\ln 2}\ln\left(1+\frac{S}{N}\right)\overset{T=1}{=}1.44W\ln\left(1+\frac{S}{N_0W}\right) \tag{4.52}$$

假设信号功率受限（即S不变），对于干扰环境（等效为噪声功率谱N_0变大）或带宽无限大（$W\to+\infty$）时，有$S/(N_0W)\to 0$，则有$\ln\left(1+S/(N_0W)\right)\to S/(N_0W)$，进而可得

$$C = 1.44W\frac{S}{N_0W} = \frac{1.44S}{N_0} \tag{4.53}$$

由于$C(W)$为单调增函数，因此式（4.53）即为带宽无限大时的极限容量，也就是用带宽换取信噪比的极限容量。

3. 扩频的方法

扩频的方法有很多种：直接序列扩频（Direct Sequence Spread Spectrum，DSSS），简称直接扩频或直扩（DS）；跳变频率扩频（Frequency Hopping Spread Spectrum，FHSS），简称跳频（FH）扩频；跳变时间扩频（Time Hopping Spread Spectrum，THSS），简称跳时（TH）扩频；宽带线性调频（Chirp Modulation），简称Chirp扩频；混合方式扩频，如跳频/直扩、跳时/直扩等。下面主要介绍前三种。

（1）直接序列扩频

直接序列扩频就是直接用具有高比特率的扩频码序列在发送端扩展信号的频谱，而在接收端用相同的扩频码序列去进行解扩，把展宽的扩频信号还原成原始的信息。

（2）跳变频率扩频

跳变频率扩频则是用较低比特率编码序列指令去控制载波的中心频率，使其离散地在一个给定宽频带内跳变，形成一个宽带的离散频率谱。

（3）跳变时间扩频

跳变时间扩频把时间轴分成许多时片，在一帧内哪个时片发射信号就由扩频码序列去进行控制。

4. 扩频码的需求

在扩频通信中，扩频码包括伪随机噪声序列和正交序列。伪随机噪声序列码型影响序列的相关性，序列的符号长度决定扩展频谱的宽度，所以伪随机噪声序列的设计直接影响扩频通信系统的性能。扩频码的选择直接影响CDMA系统的容量、抗干扰能力、接入和切换速度等，所选扩频码应能提供足够多的序列数量，其相关函数应具有尖锐特性，这样才能使得解扩后的信号具有较高的信噪比。

直接扩频任意选址的通信系统对扩频码有如下三个要求：

- 伪随机噪声序列的比特率应能满足扩展带宽的需要；
- 伪随机噪声序列应具有尖锐的自相关特性，正交序列应具有尖锐的互相关特性；
- 伪随机噪声序列应具有近似噪声的频谱性质，即近似连续谱，且均匀分布。

通常采用的伪随机噪声序列有*m*序列、Gold序列等。在移动通信的数字信令格式中，伪随机噪声序列常被用作帧同步编码序列，利用相关峰来启动帧同步脉冲以实现帧同步。

5. 扩频通信的特点

扩频通信具有以下一些特点：

- 能实现频谱共享，即码分多址接入；
- 信号的功率谱密度低，因此信号具有隐蔽性且功率污染小；
- 有利于数字加密、防止窃听；
- 抗窄带干扰能力强，可在较低的信噪比条件下，保证系统传输质量；
- 抗衰落能力强，具有频率分集的作用。

上述特点的性能指标取决于具体的扩展方法、编码形式及扩展带宽。

4.4.2　扩频码

Walsh码

Gold码

扩频通信中用到的扩频码包括伪随机噪声（Pseudo-Noise，PN）序列和正交序列两种。PN序列具有类似随机噪声的一些统计特性，但和真正的随机信号不同，它可以重复产生和重复处理，故称作伪随机噪声序列。PN序列有多种，最常用的一种是最长线性反馈移位寄存器序列，即*m*序列；而Gold序列是另一种PN序列，由*m*序列派生而得，在相同长度下，Gold序列的个数远大于*m*序列。扩频中常用的典型正交序列有Walsh码。下面仅以*m*序列为例介绍扩频码的生成原理及性质。

1. *m*序列的产生

通常*m*序列由反馈移位寄存器产生。由*m*级寄存器构成的线性反馈移位寄存器如图4.31所示，通常把m称作该线性反馈移位寄存器的长度，寄存器中的存储值为0或1，而图4.31中的加号表示模2加法运算。每个寄存器的反馈支路都乘以C_i，C_i=0表示该支路断开；C_i=1表示该支路接通。显然，长度为m的线性反馈移位寄存器有2^m种状态，除了全零序列，能够输出序列的最大周期为$N=2^m-1$。此序列便称作最长线性移位寄存器序列，简称m序列。

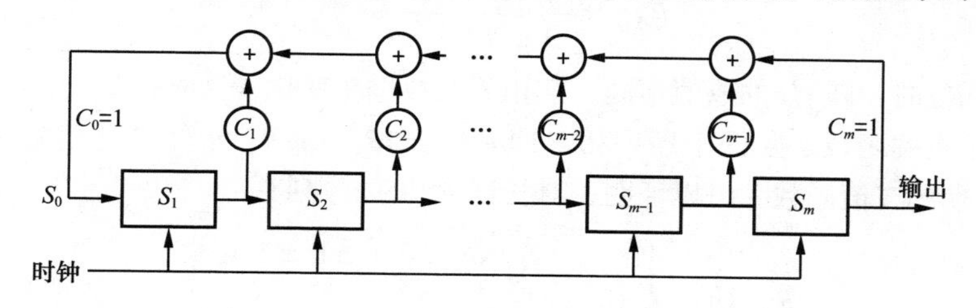

图 4.31　m 序列发生器的结构

在研究m序列的生成及其性质时，常用一个m阶多项式$f(x)$来描述它的反馈结构，称作移位寄存器的特征多项式，可以写为

$$f(x)=C_0+C_1x+C_2x^2+\cdots+C_mx^m \tag{4.54}$$

式（4.54）中，$C_0\equiv1$，$C_m\equiv1$。例如，对m=4，移位寄存器的特征多项式可以写为

$$f(x)=C_0+C_1x+C_4x^4=1+x+x^4 \tag{4.55}$$

为了获得一个m序列，反馈抽头不能是任意的。能够产生m序列的充分必要条件是其特征多项式为本原多项式。不同长度m序列的抽头系数如表4.1所示。

表 4.1　m 序列抽头系数

m	抽头系数
3	(1,3)
4	(1,4)
5	(2,5)(2,3,4,5)(1,2,4,5)
6	(1,6)(1,2,5,6)(2,3,5,6)
7	(3,7)(1,2,3,7)(1,2,4,5,6,7)(2,3,4,7)(1,2,3,4,5,7)(2,4,6,7)(1,7)(1,3,6,7)(2,5,6,7)
8	(2,3,4,8)(3,5,6,8)(1,2,5,6,7,8)(1,3,5,8)(2,5,6,8)(1,5,6,8)(1,2,3,4,6,8)(1,6,7,8)

2. m序列的随机特性

m序列的主要随机特性（证明略）如下。

（1）平衡特性

在m序列的一个完整周期$N=2^m-1$内，1的总数比0的总数多1。

（2）游程特性

在每个周期内，符号1或0连续相同的一段子序列称作一个游程。连续相同符号的个数称作游程的长度。m序列游程总数为$(N+1)/2$。其中长度为1的游程数等于游程总数的1/2，长度为2的游程数等于游程总数的1/4，长度为3的游程数等于游程总数的1/8……最长的游程（只有一个）是m个连续的1，次长的游程（也只有一个）是$m-1$个连续的0。

（3）移位相加特性

一个m序列M_p与其移位序列M_r模2加，得到的序列M_s仍是M_p的移位序列（移位数与M_r不同）。

（4）相关特性

两个序列a,b的对应位模2加，所得结果序列中0的数目为A，1的数目为D，则序列a,b的互相关系数为

$$R_{a,b}=\frac{A-D}{A+D}=\frac{A-D}{N} \tag{4.56}$$

当序列循环移动n位时，随着n的取值不同，互相关系数也在变化，这时式（4.56）就是n的函数，称作序列a,b的互相关函数。若两个序列相等即$a=b$，则$R_{a,b}(n)=R_{a,a}(n)$称作自相关函数。m序列的自相关函数是周期的二值函数。可以证明，对长度为N的m序列有

$$R_{a,a}(n)=\begin{cases}1, & n=lN, l=0,\pm1,\pm2,\cdots \\ -\dfrac{1}{N}, & \text{其余}n\end{cases} \tag{4.57}$$

式（4.57）中n和$R_{a,a}(n)$都取离散值，用线段把这些点连接起来，就可以得到关于n的自相关函数曲线。$N=7$时的自相关函数曲线如图4.32所示。显然，它是以$N=7$为周期的周期函数。

若把m序列表示为一个双极性NRZ（Non-Return-to-Zero，不归零）信号，用-1脉冲表示逻辑“1”，用$+1$脉冲表示逻辑“0”，则得到一个周期性脉冲信号。每个周期有N个脉冲，每个脉冲称作码片（Chip），码片的长度为T_c，周期为$T=NT_c$。此时，m序列就是连续时间t的函数$m(t)$，这是移位寄存器实际输出的波形。此时，其自相关函数定义为

$$R_{a,a}(\tau)=\frac{1}{T}\int_{-T/2}^{T/2}m(t)m(t+\tau)\mathrm{d}t \tag{4.58}$$

式（4.58）中，τ是连续时间的偏移量，$R_{a,a}(\tau)$是τ的周期函数，在一个周期$[-T/2,T/2]$内，它可以表示为

$$R_{a,a}(\tau)=\begin{cases}1-\dfrac{N+1}{N}\dfrac{|\tau|}{T_c}, & |\tau|\leqslant T_c \\ -\dfrac{1}{N}, & \text{其余}\tau\end{cases} \tag{4.59}$$

当$N=7$时，m序列的波形图如图4.32所示。它在nT_c时刻的样值就是$R_{a,a}(n)$，只有两种数值。由式（4.59）可知，当序列的周期很大时，m序列的自相关函数波形变得十分尖锐而接近冲激函数$\delta(t)$，这正是高斯白噪声的自相关函数。

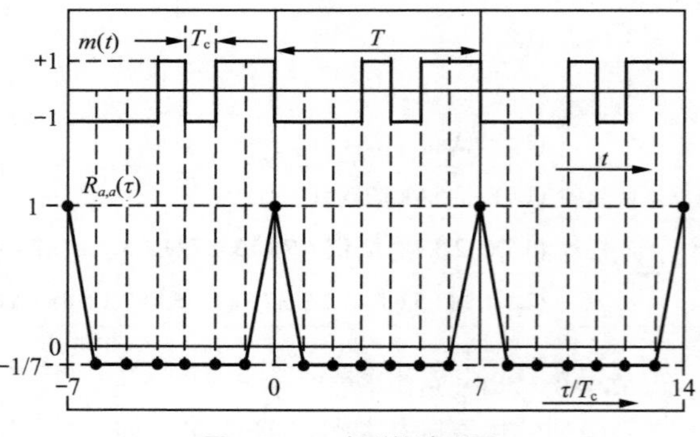

图4.32 m序列的波形图

3. m序列的功率谱

从移位寄存器输出的m序列波形是一个周期信号，所以其功率谱是一个离散谱。通过理论分析（过程略）可以给出m序列的功率谱为

$$P(f)=\frac{1}{N^2}\delta(f)+\frac{1+N}{N^2}\sum_{\substack{n=-\infty\\n\neq0}}^{+\infty}\mathrm{sinc}^2\left(\frac{n}{N}\right)\delta\left(f-\frac{n}{NT_c}\right) \tag{4.60}$$

m序列功率谱

图4.33（a）所示为$N=7$时$m(t)$的功率谱特性。图4.33（b）所示为功率谱包络随N变化的情况。可以看出，在序列周期$T=1$保持不变的情况下，随着N的增大，$m(t)$的码片长度$T_c=T/N$变小，脉冲变窄，频谱变宽，谱线变短。上述情况表明，随着

N的增大，$m(t)$的频谱变宽且功率谱密度下降，逐渐接近高斯白噪声的频谱。这也从频域说明了$m(t)$具有随机信号的特征。

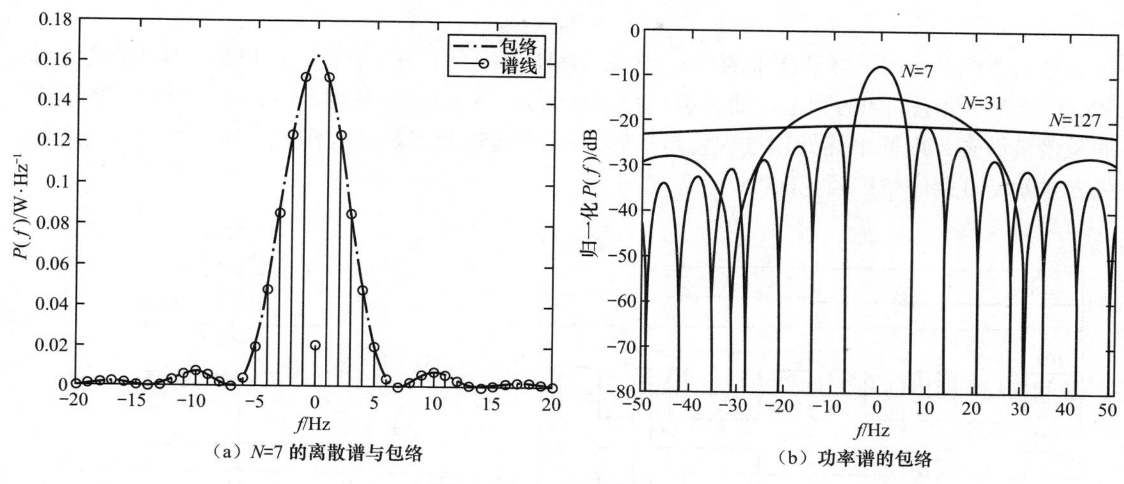

（a）N=7 的离散谱与包络

（b）功率谱的包络

图 4.33 $m(t)$ 的功率谱特性

4.4.3 直接序列扩频

直接序列扩频通信系统中，扩展数据信号带宽的一个方法是用PN序列和它相乘。所得到的宽带信号可以在基带传输系统中传输，也可以进行各种载波数字调制，如BPSK、QPSK等。下面以BPSK为例，说明直接序列扩频系统的原理和抗干扰能力。

1. 直接序列扩频的基本原理

采用BPSK调制的直接序列扩频系统如图4.34所示。其中$b(t)$为二进制数字基带信号，$c(t)$为m序列发生器输出的PN序列信号，它们的波形都是取值±1的双极性NRZ信号，这里逻辑“0”表示+1，逻辑“1”表示为−1。通常，$b(t)$的一个比特长度T_b等于PN序列$c(t)$的一个周期，即$T_b=NT_c$，其中N为PN序列的周期长度。可设信号$b(t)$的带宽为$B_b=R_b=1/T_b$，PN序列波形$c(t)$的带宽为$B_c=R_c=1/T_c$。对应图4.34，图4.35给出了相应的时域波形。

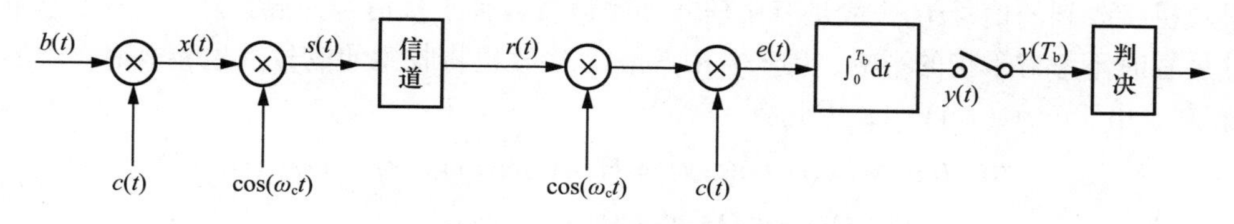

图 4.34 直接序列扩频系统

下面分别对发送端扩频和接收端解扩进行阐述。

（1）发送端扩频

发射机对基带信号$b(t)$处理的第一步就是扩频，即用$c(t)$和$b(t)$相乘得到

$$x(t)=b(t)c(t) \tag{4.61}$$

所以$x(t)$的频谱等于$b(t)$的频谱与$c(t)$的频谱相卷积。实际应用中，基带信号带宽B_b远小于PN序列带宽B_c，因此基带信号$b(t)$的带宽被扩展近似为$c(t)$的带宽B_c，扩展的倍数约等于PN序列的一个周

期码片数，即

$$N = \frac{B_c}{B_b} \approx \frac{T_b}{T_c} \tag{4.62}$$

而信号的功率谱密度下降到原来的1/N。如图4.36所示，为了表示方便，这里简单地用矩形谱$B(f)$和$C(f)$来表示$b(t)$和$c(t)$的频谱，而扩频后信号$x(t)$的频谱为$X(f)$。从图4.36中可以看到，基带信号的频谱被展宽，因此上述处理过程就是扩频。$c(t)$在这里起着扩频的作用，称为扩频码；这种扩频方式就是直接序列扩频（DSSS）。

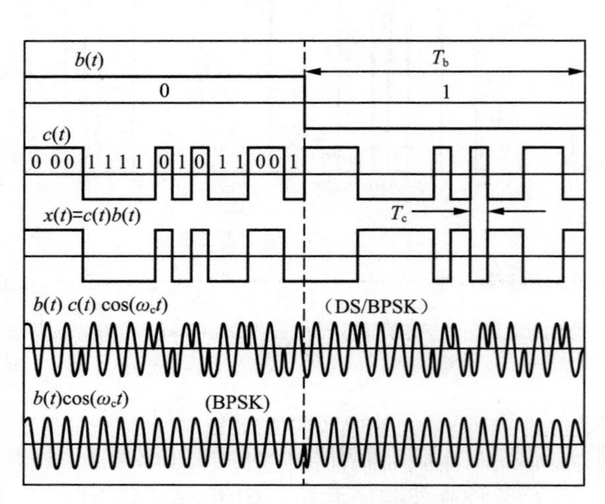

图 4.35 直接序列扩频系统的波形图

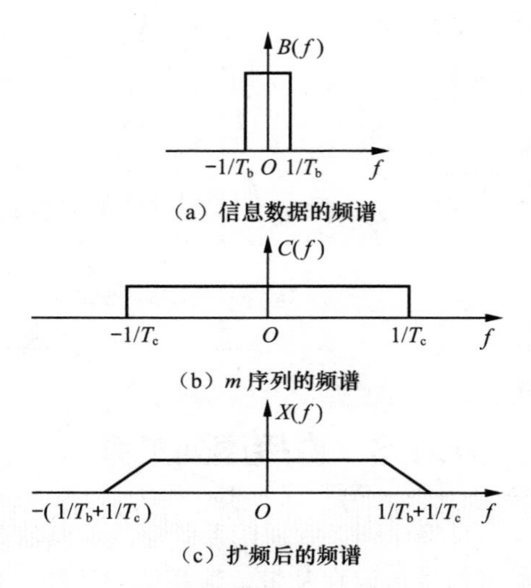

图 4.36 直接序列扩频信号频谱

对扩频后的基带信号进行BPSK调制，得到信号

$$s(t) = x(t)\cos(\omega_c t) = b(t)c(t)\cos(\omega_c t) \tag{4.63}$$

为了和一般的BPSK信号区别，我们把$s(t)$称作DS/BPSK。调制后信号$s(t)$的带宽为$2B_c$。由于扩频和BPSK调制这两步操作都是信号相乘，原理上也可以调换上述信号处理次序，即基带信号首先被调制成窄带的BPSK信号，信号带宽为$2R_b$，然后与$c(t)$相乘被扩频到$2B_c$。

（2）接收端解扩

接收机接收到的信号$r(t)$一般是有用信号和噪声及各种干扰信号的混合。为了突出解扩的概念，这里暂时不考虑干扰的影响，即$r(t)=s(t)+n(t)$。接收机将收到的信号首先和本地产生的PN序列$c(t)$相乘，由于$c^2(t)=(\pm 1)^2=1$，因此有

$$\begin{aligned} r(t)c(t) &= s(t)c(t) + n(t)c(t) = b(t)c(t)\cos(\omega_c t)c(t) + n(t)c(t) \\ &= b(t)\cos(\omega_c t) + n(t)c(t) \end{aligned} \tag{4.64}$$

如图4.37所示，若不考虑噪声，相乘所得的信号显然恢复为一个带宽为$2R_b$的窄带BPSK信号，这一操作过程就是解扩。需要注意的是，解扩要求本地PN序列和发射机的PN序列严格同步，否则收到的就是一片噪声。而解扩后的噪声项 $n(t)c(t)$ 与解扩前 $n(t)$ 的频谱特性基本保持一致，因此与非扩频系统的BPSK调制相比，扩频系统没有抗噪声增益。

解扩后所得到的窄带BPSK信号可以采用一般BPSK解调的方法解调。此处采用相关解调的方法。BPSK信号和相干载波相乘后进行积分，在T_b时刻采样。对样值$y(T_b)$进行判决：若$y(T_b)>0$，判为“0”；若$y(T_b)<0$，判为“1”。

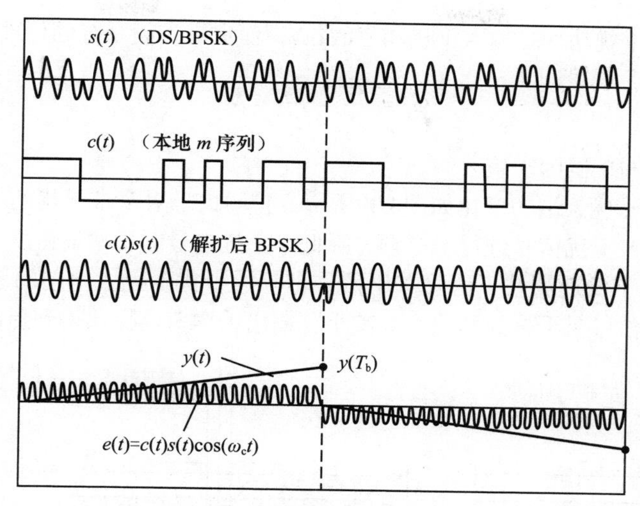

图 4.37　DS/BPSK 信号的解扩

综上所述，直接序列扩频系统在发送端直接用高比特率的扩频码去展宽数据信号的频谱，而在接收端则用同样的扩频码进行解扩，把扩频信号还原为原始的窄带信号。扩频后的信号带宽比原来扩展了N倍，功率谱密度下降到$1/N$，这是扩频信号的特点。扩频码与所传输的信息数据无关，和一般的正弦载波信号一样，不影响信息传输的透明性。扩频码仅起扩展信号频谱带宽的作用。

2. 直接序列扩频系统的抗窄带干扰能力

前文已经提到，在信号传输过程中，总会存在各种干扰和噪声。相对于携带信息的扩频信号带宽，干扰可以分为窄带干扰和宽带干扰。与一般的窄带传输系统相比，扩频系统的一个重要特点就是抗窄带干扰能力强。忽略接收端的噪声，直接序列扩频系统的抗窄带干扰模型如图4.38所示。其中$i(t)$为一窄带干扰信号，其频率接近信号的载波频率。

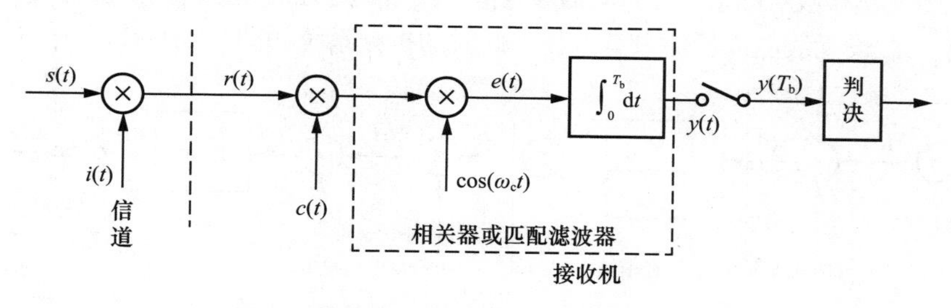

图 4.38　直接序列扩频系统的抗窄带干扰模型

接收机的输入信号为

$$r(t) = s(t) + i(t) \tag{4.65}$$

与本地PN序列相乘后，输出有用信号和干扰信号为

$$r(t)c(t) = b(t)\cos(\omega_c t) + i(t)c(t) \tag{4.66}$$

其中，窄带干扰信号$i(t)$和$c(t)$相乘后，其带宽被扩展到$W=2B_c$。设输入干扰信号的功率为P_i，则$i(t)c(t)$就是一个带宽为W、功率谱密度为$P_i/W=T_cP_i/2$的干扰信号。于是落入信号带宽的干扰功率为

$$P_o = \frac{2}{T_b}\cdot\frac{P_i}{2/T_c} = \frac{P_i}{T_b/T_c} = \frac{P_i}{N} \tag{4.67}$$

最终扩频系统的输出干扰功率是输入干扰功率的$1/N$，而定义扩频系统的处理增益为

$$G_{\mathrm{p}}=\frac{P_{\mathrm{i}}}{P_{\mathrm{o}}}=\frac{T_{\mathrm{b}}}{T_{\mathrm{c}}}=N \tag{4.68}$$

即等于扩频系统带宽的扩展因子N。

解调前后信号和干扰频谱的变化如图4.39所示。扩频信号对窄带干扰的抑制作用在于接收机对信号解扩的同时，对干扰信号进行了扩频，降低了干扰信号的功率谱密度。扩频后的干扰和载波相乘、积分（相当于低通滤波，滤除有用信号带外的干扰）极大地削弱了它对有用信号的干扰，因此采样后输出信号受干扰的影响大为减小，输出采样值信噪比得到提高。

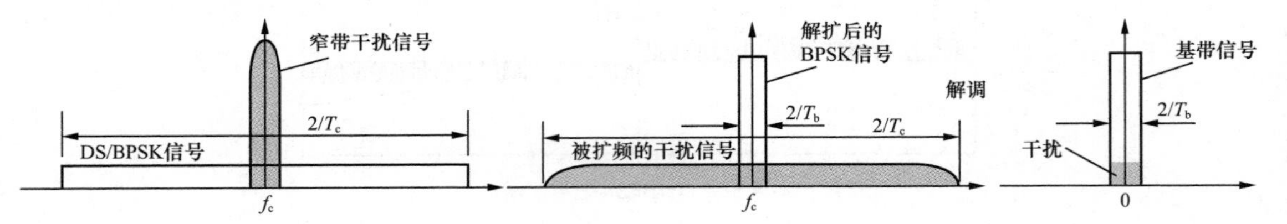

图4.39 解调前后信号和干扰频谱的变化

实际上，信道中还存在各种干扰和噪声，它们对扩频信号的影响比较复杂。一般而言，系统的处理增益越大，对各种干扰的抑制能力就越强；但对频谱无限宽的噪声来说，扩频系统不起什么作用。

3. 抗多径干扰与Rake接收机

（1）抗多径干扰

在扩频系统中，利用PN序列的尖锐自相关特性和很高的码片速率（T_c很小）可以克服多径传播造成的符号间干扰。由于多径传播所引起的干扰只和信号到达接收机的相对时间有关，因此此处讨论中以信号到达接收机的第一径时间为参考值，其后到达径的相对时间假设为$T_d(i)$（i=1,2,⋯）。为了讨论简单，假设无线电波传播只有二径，此时的扩频系统如图4.40所示。

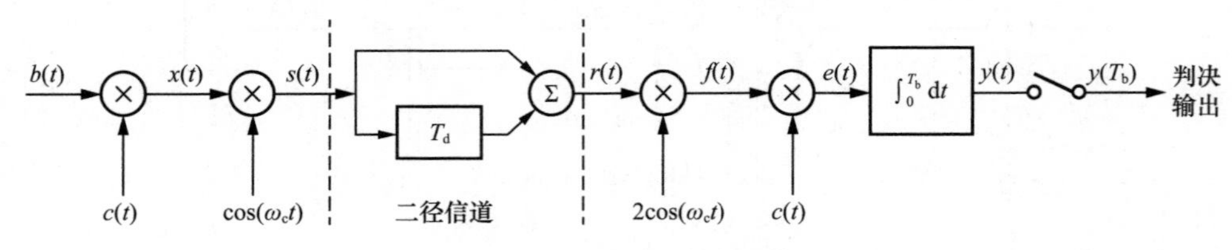

图4.40 二径信道的扩频系统

数据信号$b(t)$经过扩频码$c(t)$扩频和载波调制后的发射信号为

$$s(t)=x(t)\cos(\omega_{\mathrm{c}}t)=b(t)c(t)\cos(\omega_{\mathrm{c}}t) \tag{4.69}$$

经过二径信道传播，到达接收机的信号为

$$r(t)=a_0 s(t)+a_1 s(t-T_{\mathrm{d}})=a_0 x(t)\cos(\omega_{\mathrm{c}}t)+a_1 x(t-T_{\mathrm{d}})\cos[\omega_{\mathrm{c}}(t-T_{\mathrm{d}})] \tag{4.70}$$

式（4.70）中T_d为第二径信号相对于第一径信号的时延；a_0、a_1分别为第一径和第二径的衰减，方便起见，假设它们为a_0=1和a_1＜1的常数。于是接收信号和本地相干载波相乘得

$$\begin{aligned}f(t)&=r(t)\cdot 2\cos(\omega_{\mathrm{c}}t)\\&=x(t)[1+\cos 2(\omega_{\mathrm{c}}t)]+a_1 x(t-T_{\mathrm{d}})[\cos(\omega_{\mathrm{c}}T_{\mathrm{d}})+\cos(2\omega_{\mathrm{c}}t-\omega_{\mathrm{c}}T_{\mathrm{d}})]\end{aligned} \tag{4.71}$$

设本地扩频码$c(t)$和第一径信号同步对齐，$f(t)$与$c(t)$相乘得到积分器的输入为

$$e(t)=f(t)c(t)=b(t)\left[1+\cos(2\omega_c t)\right]+a_1 x(t-T_d)c(t)\left[\cos(\omega_c T_d)+\cos(2\omega_c t+\omega_c T_d)\right] \tag{4.72}$$

由于积分器相当于低通滤波器，对$e(t)$滤除高频分量。在$t=T_b$时刻，积分器的输出为

$$y(T_b)=\frac{1}{T_b}\int_0^{T_b} e(t)\mathrm{d}t=\frac{1}{T_b}\int_0^{T_b} b(t)\mathrm{d}t+\frac{k_d}{T_b}\int_0^{T_b} b(t-T_d)c(t-T_d)c(t)\mathrm{d}t \tag{4.73}$$

式（4.73）中$k_d=a_1\cos(\omega_c T_d)<1$。设发送的二进制符号为$\cdots b_{-1}b_0b_1b_2\cdots$。$x(t)$、$x(t-T_d)$和$c(t)$的时序如图4.41所示。要了解式（4.73）中多径干扰对信号检测的影响，只需分析其中一个比特的检测。

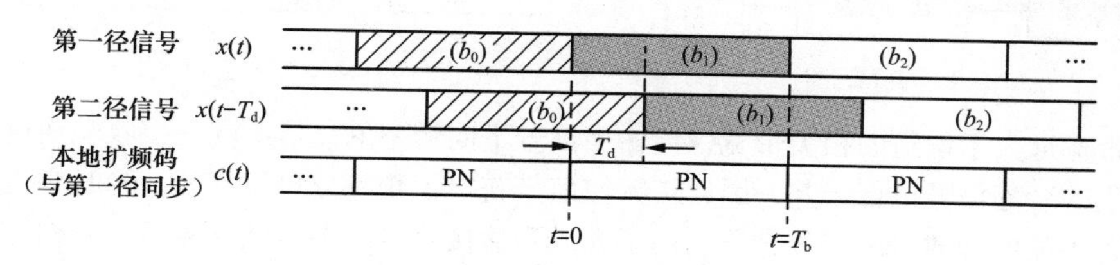

图 4.41　二径信号的接收

现在来考察b_1的检测。在$t=T_b$时刻，采样输出等于

$$\begin{aligned} y(T_b)&=\frac{1}{T_b}\int_0^{T_b} b_1\mathrm{d}t+k_d\frac{1}{T_b}\int_0^{T_b} b(t-T_d)c(t-T_d)c(t)\mathrm{d}t \\ &=b_1+k_d b_0\frac{1}{T_b}\int_0^{T_b} c(t-T_d)c(t)\mathrm{d}t+k_d b_1\frac{1}{T_b}\int_{T_d}^{T_b} c(t-T_d)c(t)\mathrm{d}t \\ &\triangleq b_1+k_d\left[b_0 R_c(-T_d)+b_1 R_c(T_b-T_d)\right] \end{aligned} \tag{4.74}$$

其中，$R_c(\tau)$为$c(t)$的局部自相关函数，即

$$R_c(\tau)=\frac{1}{T_b}\int_0^{\tau} c(t)c(t+\tau)\mathrm{d}t \tag{4.75}$$

式（4.74）的后两项就是第二径信号对第一径信号的干扰。当这干扰比较大时，判决就会出现错误。但对一个m序列来说，当$|\tau|>T_c$时，其局部自相关系数的幅度都比较小。正是PN序列这种自相关特性，有效地抑制了与它不同步的其他多径分量。

以上仅分析了二径信号的传输情况，不难推广到多径情况。总之，只有与本地相关器扩频码同步的这一多径分量可以被解调，而其他不同步多径分量的干扰受到抑制。也就是说，在混叠的多径信号中，单独分离出了与本地扩频码同步的多径分量。

（2）多径分离接收机（Rake接收机）

多径传输给信号的接收造成符号间干扰，利用扩频码的良好自相关特性，可以很好地抑制这种干扰，特别是多径时延大于扩频码的码片长度时。先后到达接收机的多径信号携带相同的信息，都具有能量，若能够利用这些能量，则可以变害为利，改善接收信号的质量。基于这种指导思想，普赖斯（Price）和格林（Green）在1958年提出多径分离接收技术，即Rake接收机。

Rake接收机主要由一组相关器构成，其原理如图4.42所示。每个相关器和多径信号中的一个时延分量同步，情况如图4.43所示，输出携带相同信息但时延不同的信号。把这些输出信号适当延时对齐，然后按某种方法合并，就可以增加信号的能量，改善信噪比，所以Rake接收机具有搜集多径信号能量的能力。用Price和Green的话来说，它的作用就有点像花园里用的耙子（rake），故取名Rake接收机。在CDMA/IS-95移动通信系统中，基站接收机有4个相关器，移动台有3个相关器。这都保证了对多径信号的分离和接收，提高了接收信号的质量。

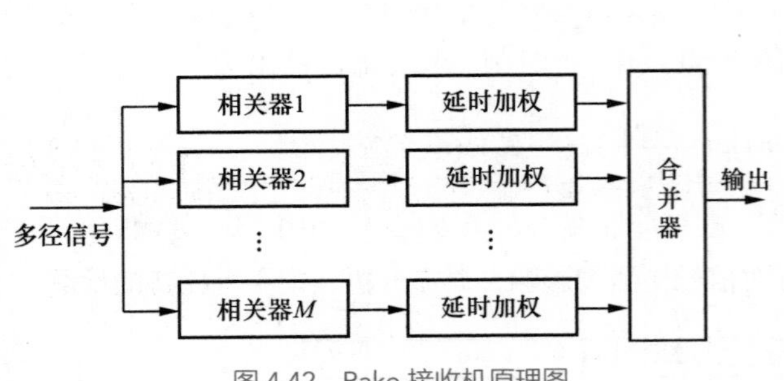

图 4.42 Rake 接收机原理图

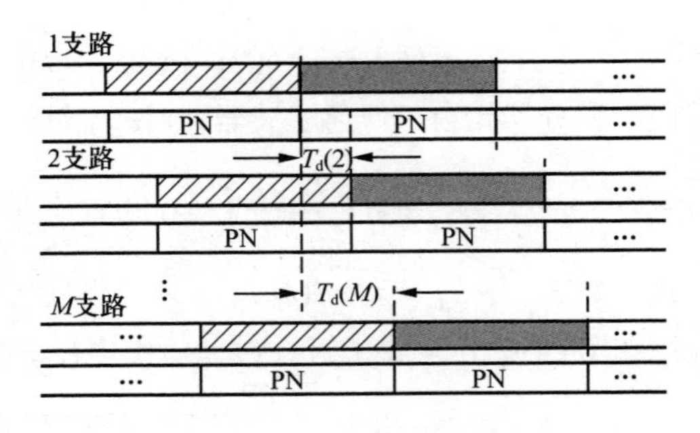

图 4.43 多径信号的分离

扩频信号的带宽远大于信道的相关带宽，传输中信号不同频率的衰落不同，接收端通过解扩操作对不同频率上的衰落信号进行合并，因此扩频使信号获得了频率分集的好处，同时它也是一种隐分集。另外，多径信号的分离接收充分利用了先后到达接收机的多个独立衰落信号的能量，改善了接收信号的质量，这是一种多径分集。

4. 多用户扩频系统

为简化分析，假定K个用户分别以功率p_k（$k=1,2,\cdots,K$）同时给基站发送BPSK信号，信号经过单径信道后同步到达基站，且所有用户载波相位为0，则接收信号的等效基带表示为

$$s(t)=\sum_{k=1}^{K}\sqrt{p_k}a_k(t)c_k(t)+n(t) \tag{4.76}$$

其中，$a_k(t)\in\{-1,1\}$为第k个用户信息比特值；$c_k(t)$为第k个用户归一化扩频信号，即$\int_0^{T_b}c_k^2(t)\mathrm{d}t=1$，$T_b$为信息比特的时间宽度；$n(t)$表示加性高斯白噪声，其双边功率谱密度为$N_0/2$，单位为W/Hz。

对于某一特定比特，相关器（解扩）的输出为

$$\begin{aligned}y_k&=\frac{1}{T_b}\int_0^{T_b}s(t)c_k(t)\mathrm{d}t=\sqrt{p_k}b_k+\sum_{\substack{i=1\\i\neq k}}^{K}\rho_{i,k}\sqrt{p_i}b_i+\frac{1}{T_b}\int_0^{T_b}n(t)c_k(t)\mathrm{d}t\\&=\sqrt{p_k}b_k+\mathrm{MAI}_k+z_k\end{aligned} \tag{4.77}$$

其中，相关系数$\rho_{i,k}=\dfrac{1}{T_b}\int_0^{T_b}c_i(t)c_k(t)\,\mathrm{d}t$为序列波形$c_i(t)$与$c_k(t)$的相关系数。如果$i=k$，则$\rho_{kk}=1$为自相关系数；如果$i\neq k$，$0\leqslant\rho_{i,k}<1$为互相关系数。

（1）多址干扰

式（4.77）表明，第k个用户本身的自相关给出了希望接收的数据项，它与其他用户的互相关产生出多址干扰项MAI，与热噪声的相关产生出噪声项z_k。由此可知互相关系数$\rho_{i,k}$越小越好，若$\rho_{i,k}=0$，则MAI=0，即本小区其他用户对被检测用户不产生干扰。由此可以看出扩频码相关特性的重要。

（2）远近效应

考虑到用户移动，多用户扩频系统中会产生远近效应，即近距离、大功率无用信号抑制远端小功率有用信号的现象；因此，在直接序列扩频系统中常需调整用户的发射功率，使得不同用户发射的信号到达基站的功率基本相同，以克服远近效应。

（3）多用户检测

在扩频系统中，采用多用户检测技术可以同时减轻多址干扰和远近效应的影响。式（4.77）

可以写为矩阵形式

$$\underbrace{\begin{bmatrix} y_1 \\ y_2 \\ \vdots \\ y_K \end{bmatrix}}_{\boldsymbol{y}} = \underbrace{\begin{bmatrix} \rho_{11} & \rho_{12} & \cdots & \rho_{1K} \\ \rho_{21} & \rho_{22} & \cdots & \rho_{2K} \\ \vdots & \vdots & & \vdots \\ \rho_{K1} & \rho_{K1} & \cdots & \rho_{KK} \end{bmatrix}}_{\boldsymbol{\Phi}} \underbrace{\begin{bmatrix} \sqrt{p_1} & 0 & \cdots & 0 \\ 0 & \sqrt{p_2} & \cdots & 0 \\ \vdots & \vdots & & \vdots \\ 0 & 0 & \cdots & \sqrt{p_K} \end{bmatrix}}_{\boldsymbol{P}} \underbrace{\begin{bmatrix} b_1 \\ b_2 \\ \vdots \\ b_K \end{bmatrix}}_{\boldsymbol{b}} + \underbrace{\begin{bmatrix} z_1 \\ z_2 \\ \vdots \\ z_K \end{bmatrix}}_{\boldsymbol{z}} \tag{4.78}$$

若多用户发射功率 $\boldsymbol{P}$ 和相关系数矩阵 $\boldsymbol{\Phi}$ 已知，则可以采用最大似然准则进行多用户检测，即最优（optimal）$\boldsymbol{b}$ 为

$$\boldsymbol{b}^{\text{o}} = \operatorname{argmax}\left\{P\left(\boldsymbol{y} \mid \boldsymbol{b}\right)\right\} = \operatorname{arg\,min}\left\{\left\|\boldsymbol{y} - \boldsymbol{\Phi P b}\right\|^2\right\} \tag{4.79}$$

其中似然函数 $P\left(\boldsymbol{y} \mid \boldsymbol{b}\right)$ 服从多元正态分布。但最大似然准则求解复杂度较高，实际应用中常采用线性多用户检测算法（如ZF和MMSE等）或干扰消除算法（如连续干扰消除和并行干扰消除等）来提高系统性能。具体算法请有兴趣的读者自行推导。

4.4.4　跳频与跳时扩频

1. 跳频扩频系统

直接序列扩频系统的处理增益 G_p 越大，扩频系统获得的抗干扰能力就越强，系统的性能就越好。但是直接序列扩频系统要求严格同步，系统定时和同步要求在几分之一码片内建立。因此，$G_p=N$ 越大，码片长度 T_c 就越小，硬件设备实现同步就越难。这是因为移位寄存器状态的转换和反馈逻辑计算都需要一定的时间，这实际上限制了 G_p 的增加。一种替代的方法就是采用跳频技术来产生扩频信号。

（1）跳频原理与分类

一般数字调制信号在整个通信过程中载波是固定的。所谓跳频扩频就是使窄带数字已调信号的载波频率在一个很宽的频率范围内随时间跳变，跳变的规律称作跳频图案。一种慢跳频图案如图4.44所示，横向为时间，纵向为频率，这个平面称作时间-频率域，图案说明载波频率随时间跳变的规律。只要接收机也按照这个规律同步跳变调谐，收发双方就可以建立起通信连接。出于通信保密（防窃听）或抗干扰抗衰落的需要，跳频应当有很大的随机性，但为了保证双方的正常通信，跳频序列实际上是可以重复的伪随机序列。例如，图4.44中有3个跳频序列，其中一个序列为 $f_5 \to f_4 \to f_7 \to f_0 \to f_6 \to f_3 \to f_1$。

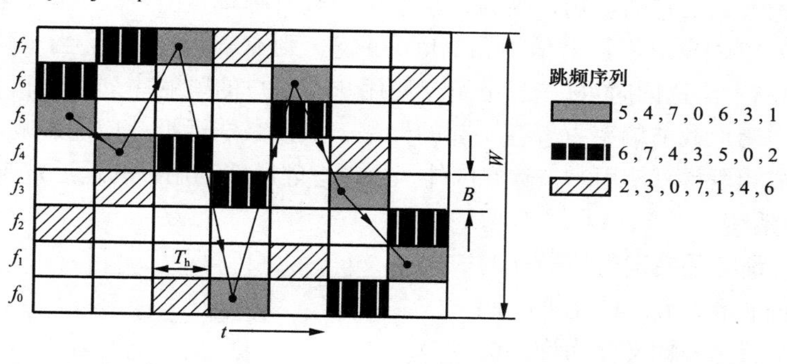

图 4.44　慢跳频图案

跳频信号在每一个瞬间都是窄带的已调信号，信号的带宽为B，称作瞬时带宽。快速的频率跳变形成了宏观的宽带信号。跳频信号所覆盖的整个频谱范围W就称作跳频信号的总带宽（或称跳频带宽）。在跳频系统中，系统的跳频处理增益定义为

$$G_{\mathrm{H}}=\frac{W}{B} \tag{4.80}$$

实际上$G_{\mathrm{H}}=W/B=N$就是跳频点数。

跳频信号每一跳持续的时间T_{h}称作跳频周期。$R_{\mathrm{h}}=1/T_{\mathrm{h}}$称作跳频速率。码片速率$R_{\mathrm{c}}$定义为$R_{\mathrm{c}}=\max\{R_{\mathrm{h}},R_{\mathrm{s}}\}$，因而码片长度$T_{\mathrm{c}}=\min\{T_{\mathrm{h}},T_{\mathrm{s}}\}$，也就是信号频率保持不变的最短持续时间。根据调制符号速率R_{s}和R_{h}的关系，有两种基本的跳频技术：慢跳频和快跳频。

① $R_{\mathrm{s}}=KR_{\mathrm{h}}$（$K$为正整数）的跳频称作慢跳频（Slow Frequency Hopping，SFH），即在每个载波频点上发送多个符号。

② $R_{\mathrm{h}}=KR_{\mathrm{s}}$的跳频称作快跳频（Fast Frequency Hopping，FFH），即在发送一个符号的时间内，载波频率发生多次跳变。

（2）多用户跳频

跳频信号在每一瞬间只占用可用频谱资源的极小一部分，因此可以在其余的频谱安排另外的跳频信号，只要控制频点的跳频序列不发生重叠，即在每个频点上不发生碰撞，就可以共用同一跳频带宽进行通信而互不干扰。图4.44就是具有3个跳频序列的跳频图案，跳频序列没有频点的重叠，因此不会引起信号间的干扰。通常把没有频点碰撞的两个跳频序列称为正交的跳频序列。利用多个正交的跳频序列可以组成正交跳频网。该网中的每个用户利用被分配到的跳频序列建立自己的跳频图案，就形成了另一种码分多址连接方式。所以跳频系统具有码分多址和频带共享的组网能力。

当给定跳频带宽及信道带宽时，该跳频系统中能同时工作的用户数量就被唯一确定。网内同时工作的用户数量与业务覆盖区的大小无关。

（3）跳频的抗干扰性能

跳频系统可以对抗单频或窄带干扰。和直接序列扩频系统不同，跳频系统没有分散窄带干扰信号功率谱密度的能力，而是利用跳频序列的随机性和众多的频点，使跳频信号和干扰信号的频率发生冲突的概率大为降低，即跳频是靠躲避干扰来获得抗干扰能力的。因此跳频系统的抗窄带干扰能力实际上是指它碰到干扰的概率较低。在通信的过程中，偶尔有个别频点受到干扰并不会给整个通信造成很大影响。特别是在快跳频系统中，所传输的符号分布在多个频点上，这种影响会更小。因此，跳频起着频率分集的作用，其抗干扰性能用其跳频处理增益G_{H}表示。

5G中扩频技术的应用

移动通信中采用跳频调制虽然不能完全避免远近效应带来的干扰，但是能大大减少它的影响，因为跳频系统的载波频率是随机改变的。例如，跳频带宽为10MHz，若每个信道占30kHz带宽，则有333个信道。当采用跳频系统时，333个信道同时可供333个用户使用。若用户的跳变序列相互正交，则可降低网内用户载波频率重叠在一起的概率，从而减弱远近效应的影响。当按蜂窝式构成频段重复使用时，除本区外，应考虑邻区移动用户的远近效应引起的干扰。

2. 跳时扩频系统

与跳频相似，跳时是使发射信号在时间轴上跳变。如图4.45所示，首先把时间轴分成不同的帧，而每一帧又分为许多的

1 2 3 4 5 6 7 8　4　7　4　6　t
第一帧　第二帧　第三帧　第四帧　第五帧

图 4.45　跳时扩频示意图

时间片。我们可以把跳时理解为用一定的序列来选择多时间片的时移键控。由于简单的跳时扩频抗干扰性不强，因此很少单独被使用。

4.5 MIMO技术

本节将介绍多天线技术，也就是发送端和接收端均采用多根天线进行通信，形成多输入多输出（MIMO）系统。MIMO系统可以抑制信道衰落，从而大幅度地提高信道容量或降低系统误码率。MIMO被认为是开采空间资源的重要手段。在MIMO系统中，为了更加充分地利用空间资源，需要在发送端和接收端设计相应的处理方案，以匹配信道条件，来获得频谱利用率的提升或误码率的降低。

4.5.1 MIMO技术概述

传统的无线通信一般采用单根发射天线和单根接收天线的配置，这使信道容量受到了很大的限制。20世纪90年代中期，贝尔（Bell）实验室的特拉塔尔（E. Telatar）深入研究了MIMO。经过几十年的发展，MIMO已经走向成熟，成为现代无线通信的关键技术之一。

1. MIMO的系统模型

图4.46给出了MIMO的系统模型，包含n_{T}根发射天线，n_{R}根接收天线。

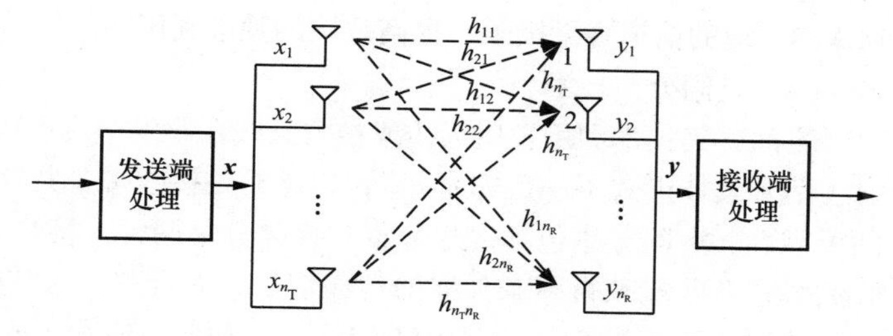

图4.46　MIMO的系统模型

为了便于后续分析，假定信道带宽足够小且传输的符号速率足够高，因此每个子信道上发生的是平坦慢衰落。令h_{ij}（$i=1,2,\cdots,n_{\mathrm{R}}; j=1,2,\cdots,n_{\mathrm{T}}$）表示从第$j$根发射天线到第$i$根接收天线的信道冲激响应，则系统的总信道响应矩阵为

$$\boldsymbol{H}=\begin{bmatrix} h_{11} & h_{12} & \cdots & h_{1n_{\mathrm{T}}} \\ h_{21} & h_{22} & \cdots & h_{2n_{\mathrm{T}}} \\ \vdots & \vdots & & \vdots \\ h_{n_{\mathrm{R}}1} & h_{n_{\mathrm{R}}2} & \cdots & h_{n_{\mathrm{R}}n_{\mathrm{T}}} \end{bmatrix}_{n_{\mathrm{R}}\times n_{\mathrm{T}}} \tag{4.81}$$

假设系统的总发射功率为P，第j根发射天线上的发射功率为p_j，则$\sum_{j=1}^{n_{\mathrm{T}}} p_j = P$。在发送端进行发送处理后的数据为$\boldsymbol{x}=[x_1,x_2,\cdots,x_{n_{\mathrm{T}}}]^{\mathrm{T}}$且$E[\boldsymbol{x}\boldsymbol{x}^{\mathrm{H}}]=\boldsymbol{I}_{n_{\mathrm{T}}}$，经过无线信道$\boldsymbol{H}$后，接收端接收的数据可以表示为$\boldsymbol{y}=[y_1,y_2,\cdots,y_{n_{\mathrm{R}}}]^{\mathrm{T}}$，则MIMO系统的数学模型可以表示为

$$\boldsymbol{y}=\boldsymbol{H}\boldsymbol{P}\boldsymbol{x}+\boldsymbol{n} \tag{4.82}$$

其中，$\boldsymbol{P}=\mathrm{diag}^{1/2}\{p_1,p_2,\cdots,p_{n_{\mathrm{T}}}\}$，而$\boldsymbol{n}=[n_1,n_2,\cdots,n_{n_{\mathrm{R}}}]^{\mathrm{T}}$表示每根接收天线上功率为$\sigma^2$的高斯白噪声。

接收端根据发送端的发送处理，进行对应的接收处理，即可估计得到发送的调制符号，用于后续的解调译码等。

2. MIMO技术分类

相对于单输入单输出（SISO）的传统系统，根据收发天线数量的不同，可以将多天线系统分为多输入单输出（Multiple-Input Single-Output，MISO）系统、单输入多输出（Single-Input Multiple-Output，SIMO）系统和多输入多输出（MIMO）系统。

当发送端有多根天线时，可以给单个用户发送信息，即SU-MIMO（Single User MIMO，单用户MIMO），也可以同时给多个用户发送信息，即MU-MIMO（Multiple User MIMO，多用户MIMO）。

根据发送端的发送处理不同，各根天线上发送的信息会有差别，据此可以将MIMO技术分为空间复用技术、空间分集技术和预编码或波束赋形技术。

（1）空间复用技术

空间复用技术在不同的天线上发送不同的信息，获得空间复用增益，从而大大提高系统的容量或频谱利用率。研究表明，MIMO系统相对SISO系统而言，随着发射天线的增加，信道容量也相应增加。例如，早期采用的VBLAST（Vertical Bell Labs Layered Space-Time，贝尔实验室垂直分层空时）码就可以增加系统容量。因此，空间复用技术的目的是通过收发两端联合处理，逼近MIMO系统的信道容量极限，提高系统的频谱利用率。

（2）空间分集技术

空间分集技术利用发射天线或接收天线在收发两端形成多条独立的传输路径，传输相同的信息（信号具体形式不一定完全相同），进而在接收端合并处理，以起到抗衰落的作用，提高系统的可靠性。空间分集包括发送分集和接收分集两种。接收分集常用于SIMO结构，其利用多根接收天线在接收端获得多条独立的传输信号，而合并方法与4.2节所讲的微观分集合并方法相同，不再赘述。发送分集常用于MISO结构，一种典型的发送分集是在发送端采用STBC（Space-Time Block Code，空时分组码）。空时编码技术大部分都是针对空间分集而言的。

（3）预编码或波束赋形技术

预编码或波束赋形技术介于空间复用与空间分集之间，空间复用与空间分集可以视为预编码或波束赋形的特殊情况。在预编码技术中，系统的空间自由度一部分用于空间复用，一部分用于空间分集，因此可以实现部分复用与部分分集的效果。但特定系统中，复用与分集相互矛盾，最优情况下两个增益是此消彼长的关系。预编码或波束赋形的主要实现手段是利用信道信息，在发送端用预编码或波束对发送符号或天线的相位及功率进行调整，配合接收处理算法来抑制天线干扰与小区间干扰，提高系统性能。常见的线性预编码算法有匹配滤波（Matched Filter，MF）、迫零、最小均方误差、奇异值分解（Singular Value Decomposition，SVD）等算法。

3. 性能衡量指标

在相同带宽与总发射功率的前提下，与SISO相比，通过增加空间信道维数（即增加天线）而获得收发总容量的增益、接收端误码率负对数的增益、接收处理信噪比的增益，分别称为MIMO的阵列增益、复用增益和分集增益。假设SISO系统中单根发射天线的发送端信噪比为$\rho = P/\sigma^2$，下面分别给出以上三种增益的数学表达式。

（1）阵列增益

假设$\bar{\gamma}_{\mathrm{S}}$为SISO接收端的平均信噪比，而$\bar{\gamma}_{\mathrm{P}}$表示MIMO接收处理后的平均信噪比，则阵列增

益可以表示为

$$AG = 10\log_{10}\frac{\overline{\gamma}_{\mathrm{P}}}{\overline{\gamma}_{\mathrm{S}}} \tag{4.83}$$

从式（4.83）可以看出，对于接收分集来说，阵列增益即为4.2.4节中的分集合并改善因子。

（2）复用增益

假设$R(\rho)$为单位带宽下MIMO的信道容量，则复用增益可以表示为

$$r = \lim_{\rho\to+\infty}\frac{R(\rho)}{\log_{10}\rho} \tag{4.84}$$

其中MIMO的容量$R(\rho)$的计算方法将在后续章节给出，而式（4.84）中ρ表征发送总功率和接收端单根接收天线的噪声功率与SISO系统相同。

一般MIMO系统的复用增益不超过MIMO信道提供的自由度，即$r \leqslant \min\{n_{\mathrm{T}}, n_{\mathrm{R}}\}$。

（3）分集增益

假设接收端处理接收信号后，进行符号解调所得到的误比特率为$P_{\mathrm{e}}(\rho)$，则分集增益可以表示为

$$d = \lim_{\rho\to+\infty} -\frac{\log_{10}P_{\mathrm{e}}(\rho)}{\log_{10}\rho} \tag{4.85}$$

一般MIMO系统的分集增益不超过$n_{\mathrm{T}} \times n_{\mathrm{R}}$。

在空间自由度一定的情况下，MIMO的复用增益与分集增益是一对矛盾量。在MIMO的多路信道为瑞利信道时，最优的分集增益与复用增益折中关系为

$$d(r) = (n_{\mathrm{T}} - r + 1)\times(n_{\mathrm{R}} - r + 1), r \in \{1, 2, \cdots, \min\{n_{\mathrm{T}}, n_{\mathrm{R}}\}\} \tag{4.86}$$

4.5.2 空间复用与检测技术

1. 空间复用理论基础

（1）MIMO信道容量

特拉塔尔（Telatar）和福斯基尼（Foschini）对MIMO系统的信道容量进行了分析，奠定了MIMO的理论基础。基于前述MIMO系统模型，假设信道矩阵$\boldsymbol{H}$的秩为$r \leqslant \min\{n_{\mathrm{T}}, n_{\mathrm{R}}\}$，通过奇异值分解可以得到$\boldsymbol{H} = \boldsymbol{U\Sigma V}^{\mathrm{H}}$，酉矩阵$\boldsymbol{U}$=[$\boldsymbol{u}_1, \boldsymbol{u}_2, \cdots, \boldsymbol{u}_{n_{\mathrm{R}}}$]和$\boldsymbol{V}$=[$\boldsymbol{v}_1, \boldsymbol{v}_2, \cdots, \boldsymbol{v}_{n_{\mathrm{R}}}$]分别是$\boldsymbol{H}$的左奇异矩阵和右奇异矩阵（满足$\boldsymbol{U}^{\mathrm{H}}\boldsymbol{U} = \boldsymbol{I}_{n_{\mathrm{T}}}$和$\boldsymbol{V}^{\mathrm{H}}\boldsymbol{V} = \boldsymbol{I}_{n_{\mathrm{R}}}$），$\boldsymbol{\Sigma}$是秩为$r$的对角矩阵，对角线前$r$个非零元素为$\sqrt{\lambda_1}, \sqrt{\lambda_2}, \cdots, \sqrt{\lambda_r}$且$\lambda_1 \geqslant \lambda_2 \geqslant \cdots \geqslant \lambda_r$。接收信号可以表示为

$$\boldsymbol{y} = \boldsymbol{U\Sigma V}^{\mathrm{H}}\boldsymbol{Px} + \boldsymbol{n} \tag{4.87}$$

对式（4.87）两侧左乘矩阵$\boldsymbol{U}^{\mathrm{H}}$，并且令$\tilde{\boldsymbol{y}} = \boldsymbol{U}^{\mathrm{H}}\boldsymbol{y}$，$\boldsymbol{x} = \boldsymbol{V}\tilde{\boldsymbol{x}}$且$E[\tilde{\boldsymbol{x}}\tilde{\boldsymbol{x}}^{\mathrm{H}}] = \boldsymbol{I}_{n_{\mathrm{T}}}$，$\tilde{\boldsymbol{n}} = \boldsymbol{U}^{\mathrm{H}}\boldsymbol{n}$，可以得到

$$\tilde{\boldsymbol{y}} = \boldsymbol{\Sigma P}\tilde{\boldsymbol{x}} + \tilde{\boldsymbol{n}} \tag{4.88}$$

由于$\boldsymbol{U}^{\mathrm{H}}$为酉矩阵，因此$\tilde{\boldsymbol{n}}$的元素仍是功率为$\sigma^2$的独立同分布高斯随机变量；由于$\boldsymbol{\Sigma}$和$\boldsymbol{P}$都是对角矩阵，因此MIMO信道变换为图4.47所示的r个相互独立的并联子信道。

若$\tilde{\boldsymbol{x}}$中元素为单位方差的独立同分布高斯随机变量，根据香农公式及独立并联信道容量的

可加性，可以得到MIMO信道容量为

$$C = B\sum_{i=1}^{r}\log_2\left(1+\frac{\lambda_i p_i}{\sigma^2}\right) \quad (4.89)$$

其中，B 表示MIMO信道的带宽。

根据式（4.89），并令 $\alpha_i = p_i / P$，可以得到其复用增益为

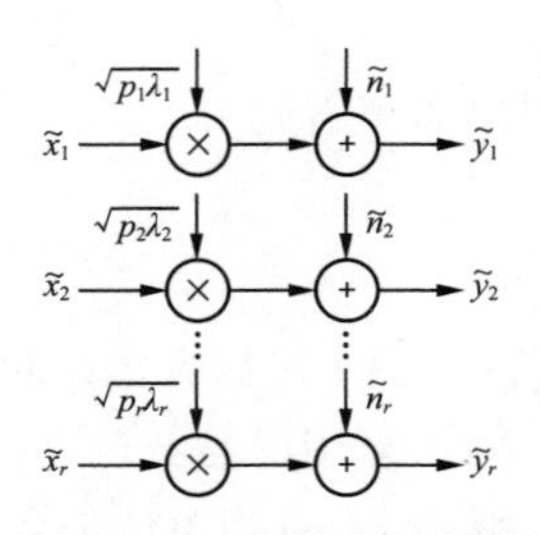

图 4.47 MIMO 等效独立并联信道

$$r_{\text{MIMO}} = \lim_{\rho\to+\infty}\frac{R(\rho)}{\log_{10}\rho} = \lim_{\rho\to+\infty}\frac{\sum_{i=1}^{r}\log_2(1+\lambda_i\alpha_i\rho)}{\log_2\rho} = \lim_{\rho\to+\infty}\sum_{i=1}^{r}\left(1+\frac{\log_2\lambda_i\alpha_i}{\log_2\rho}\right) = r \leqslant \min\{n_{\text{T}}, n_{\text{R}}\} \quad (4.90)$$

因此，在SU-MIMO系统中，最多给单个用户发送r小信息流；而在MU-MIMO系统中，一定有服务的用户数小于发送端的天线数 n_{T}。在实际系统中，由于各根天线间的距离不够大，天线间存在一定的相关性，致使信道的秩或复用增益r较小。因此，随着天线间相关性的增强，MIMO信道容量也逐渐降低。

（2）注水定理

基于式（4.89）可知，MIMO的信道容量与各并联子信道的功率有关。在发送总功率 $\sum_{j=1}^{r}p_j = P$ 一定的情况下，优化各并联子信道的功率 p_j 成为提升信道容量C的有效手段。

我们可以基于拉格朗日（Lagrange）乘子法求各子信道的功率。该问题的Lagrange函数为

$$L = B\sum_{i=1}^{r}\log_2\left(1+\frac{\lambda_i p_i}{\sigma^2}\right) - \mu\left(\sum_{j=1}^{r}p_j - P\right) \quad (4.91)$$

其中，μ 为Lagrange乘子。Lagrange函数的偏导为

$$\frac{\partial L}{\partial p_j} = \frac{B}{\ln 2}\frac{\lambda_j}{\sigma^2+\lambda_j p_j} - \mu, j = 1,2,\cdots,r \quad (4.92)$$

令 $\partial L / \partial p_j = 0$ 并整理可以得到

$$\frac{\sigma^2}{\lambda_j} + p_j = \frac{B}{\mu\ln 2} \triangleq D \quad (4.93)$$

式（4.93）即独立并联信道中的注水定理。其中D需要满足 $\sum_{j=1}^{r}p_j = P$。该式表明，信道增益 λ_j / σ^2 大的信道，应该多分配功率；而信道增益小的信道，应该少分配功率，甚至可能不分配功率。

根据上述注水定理可以得到最优功率分配为

$$p_j = D - \frac{\sigma^2}{\lambda_j} \quad (4.94)$$

将其代入式（4.89）即可得到最优MIMO系统容量为

$$C = B\sum_{i=1}^{r}\log_2\left(\frac{\lambda_i D}{\sigma^2}\right) \quad (4.95)$$

求常数D有很多种方法，此处介绍一种简单的迭代算法。

① 假设所有信道上分配的功率p_j（$j=1,2,\cdots,r$）都非零，则根据总功率约束条件$\sum_{j=1}^{r} p_j = rD-\sigma^2\sum_{j=1}^{r}\lambda_j^{-1}=P$，可以得到

$$D=\frac{1}{r}\left(P+\sigma^2\sum_{j=1}^{r}\lambda_j^{-1}\right) \tag{4.96}$$

式（4.96）代入式（4.94）得到

$$p_j=\frac{1}{r}\left[P+\sigma^2\sum_{i=1,\neq j}^{r}\left(\lambda_i^{-1}-\lambda_j^{-1}\right)\right] \tag{4.97}$$

若$p_r \geqslant 0$，则假设成立，按照此功率分配，即可得到最优系统容量；若$p_r<0$，则假设不成立，而此时由于第r个信道增益λ_r最小，根据注水定理，该信道最不应该分配功率。

② 令$p_r=0$并假设$p_j>0$（$j=1,2,\cdots,r-1$），此时可以得到

$$p_j=\frac{1}{r-1}\left[P+\sigma^2\sum_{i=1,\neq j}^{r-1}\left(\lambda_i^{-1}-\lambda_j^{-1}\right)\right] \tag{4.98}$$

利用第①中的方法继续判定p_{r-1}与0的关系。如此反复，直到满足假设。

2. 空间复用的发送与接收

通过理论分析，我们已经得到MIMO的信道容量，但在工程实现中发送信号不可能是高斯信号，而是标准的调制信号。为了提高接收端的解调性能，需进行发送端方案设计。分层空时码（Layered Space-Time Code，LSTC）最早是由贝尔实验室的Foschini等人提出的。LSTC描述了空时多维信号的发送结构，并且可以和不同的编码方式级联。其中较著名的是VBLAST码，其主要原理是将信源数据先分为多个子数据流，然后对这些子数据流进行独立的信道编码和调制，并在不同的天线上发送。如果是与编码器级联，还有水平分层空时码、对角化分层空时码、螺旋分层空时码等。

在实际使用中，根据信道编码码字个数与发送层数（此处可以认为是天线数）间的关系，可以将空间复用方案抽象为图4.48所示的两种方式，一种是码字个数等于天线数，另一种是码字个数小于天线数。但无论采用哪种方案，在讨论接收端检测或解调时，其接收信号都可以写为MIMO信号模型，即

串行干扰消除检测

$$\boldsymbol{y}=\tilde{\boldsymbol{H}}\boldsymbol{x}+\boldsymbol{n} \tag{4.99}$$

此处已经将功率$\boldsymbol{P}$包含在等效信道矩阵$\tilde{\boldsymbol{H}}=\boldsymbol{HP}=[\tilde{\boldsymbol{h}}_1,\tilde{\boldsymbol{h}}_2,\cdots,\tilde{\boldsymbol{h}}_{n_\mathrm{T}}]$中，而$\boldsymbol{x}$为发送的标准调制符号向量且满足$E[\boldsymbol{xx}^\mathrm{H}]=\boldsymbol{I}_{n_\mathrm{T}}$，高斯白噪声向量满足$E[\boldsymbol{nn}^\mathrm{H}]=\sigma^2\boldsymbol{I}_{n_\mathrm{R}}$。

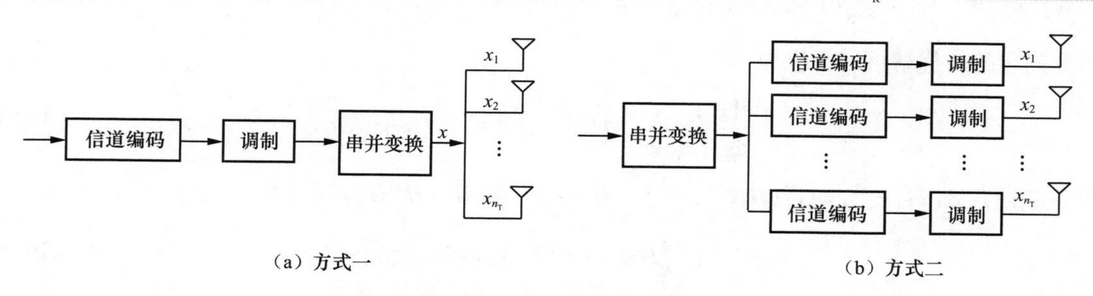

图 4.48　空间复用发送端方案

在接收端，由于每根接收天线收到的信息是多根发射天线发送信号的加权和，加权值为信道衰落值，因此在进行解调时，一般需要进行信道估计得到信道的 $\tilde{\boldsymbol{H}}$。假设 $\tilde{\boldsymbol{H}}$ 已经获得，目前有多种方式实现MIMO系统中的符号译码，如最大似然（ML）检测算法、线性最小均方误差（LMMSE）均衡算法、迫零（ZF）均衡算法以及连续干扰消除算法等。

（1）最大似然检测算法

在已知$\boldsymbol{y}$和 $\tilde{\boldsymbol{H}}$ 的情况下判决发送符号向量$\boldsymbol{x}$的最优准则是最大后验概率准则，也就是 $\hat{\boldsymbol{x}}=\text{argmax}_{\boldsymbol{x}}\{P(\boldsymbol{x}\mid\boldsymbol{y})\}$。由于 $P(\boldsymbol{x}\mid\boldsymbol{y})=P(\boldsymbol{y}\mid\boldsymbol{x})P(\boldsymbol{x})/P(\boldsymbol{y})$ 且在没有先验信息 $P(\boldsymbol{x})$ 的情况下，一般假设发送符号向量$\boldsymbol{x}$的概率相等，因此最大后验概率准则可以等效为似然概率准则，即 $\hat{\boldsymbol{x}}=\text{argmax}_{\boldsymbol{x}}\{P(\boldsymbol{y}\mid\boldsymbol{x})\}$。

基于接收信号的式（4.99），可以知道$P(\boldsymbol{y}|\boldsymbol{x})$服从高斯分布，即

$$P(\boldsymbol{y}\mid\boldsymbol{x})=\frac{1}{\left(\pi\sigma^2\right)^{n_{\mathrm{R}}/2}}\exp\left\{-\frac{1}{\sigma^2}\left\|\boldsymbol{y}-\tilde{\boldsymbol{H}}\boldsymbol{x}\right\|^2\right\} \tag{4.100}$$

进而最大似然判决准则等价于最小距离准则，即

$$\hat{\boldsymbol{x}}=\text{argmin}_{\boldsymbol{x}}\left\{\left\|\boldsymbol{y}-\tilde{\boldsymbol{H}}\boldsymbol{x}\right\|^2\right\} \tag{4.101}$$

此处由于$\boldsymbol{x}$是调制符号向量，不是连续的向量，因此不能对$\left\|\boldsymbol{y}-\tilde{\boldsymbol{H}}\boldsymbol{x}\right\|^2$求导得到$\boldsymbol{x}$，只能通过尝试$\boldsymbol{x}$的所有可能，进行比较得到最优的$\boldsymbol{x}$。

该算法的优点是译码性能较好，可获得最小差错概率；然而如图4.49所示，算法复杂度与天线数及调制星座点数呈指数关系。因此实际上我们一般不采用该算法，常将其作为一个性能界以衡量其他译码算法的性能。通常可以通过球译码等检测方法，获得复杂度和性能的折中。实际应用中常采用的是线性检测方法，即对接收信号进行线性加权合并输出，再进行解调。根据不同的准则，可以获得不同的线性均衡器 $\boldsymbol{G}=[\boldsymbol{g}_1,\boldsymbol{g}_2,\cdots,\boldsymbol{g}_{n_{\mathrm{R}}}]$，得到输出信号 $\hat{\boldsymbol{x}}=\boldsymbol{G}^{\mathrm{H}}\boldsymbol{y}$ 后进行解调。

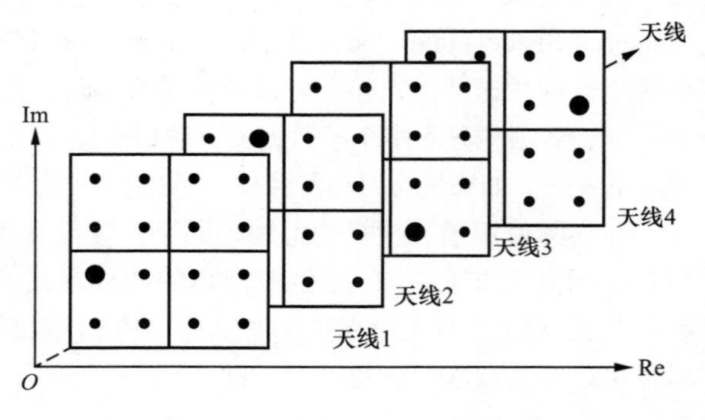

图 4.49 4 天线 16QAM 空间复用

（2）线性最小均方误差均衡算法

最小均方误差准则要求检测输出符号 $\hat{\boldsymbol{x}}$ 和发送符号$\boldsymbol{x}$的均方误差最小，即寻找$\boldsymbol{G}$使得 $e(\boldsymbol{G})=E[\|\hat{\boldsymbol{x}}-\boldsymbol{x}\|^2]=\sum_{i=1}^{n_{\mathrm{T}}}E[|\hat{x}_i-x_i|^2]\triangleq\sum_{i=1}^{n_{\mathrm{T}}}e(\boldsymbol{g}_i)$ 最小，其中 $e(\boldsymbol{g}_i)=E[|\hat{x}_i-x_i|^2]$。由于 $e(\boldsymbol{g}_i)$ 非负，因此问题的最优解可以转换为

$$\frac{\mathrm{d}e(\boldsymbol{g}_i)}{\mathrm{d}\boldsymbol{g}_i}=\frac{\mathrm{d}}{\mathrm{d}\boldsymbol{g}_i}E\left[\left|\hat{x}_i-x_i\right|^2\right]=0,i=1,2,\cdots,n_{\mathrm{T}} \tag{4.102}$$

由于 $E[(\hat{\boldsymbol{x}}-\boldsymbol{x})(\hat{\boldsymbol{x}}-\boldsymbol{x})^{\mathrm{H}}]=\boldsymbol{G}^{\mathrm{H}}(\tilde{\boldsymbol{H}}\tilde{\boldsymbol{H}}^{\mathrm{H}}+\sigma^2\boldsymbol{I}_{n_{\mathrm{R}}})\boldsymbol{G}+\boldsymbol{I}_{n_{\mathrm{T}}}-\boldsymbol{G}^{\mathrm{H}}\tilde{\boldsymbol{H}}-\tilde{\boldsymbol{H}}^{\mathrm{H}}\boldsymbol{G}$，因此有

$$e(\boldsymbol{g}_i)=\boldsymbol{g}_i^{\mathrm{H}}\left(\tilde{\boldsymbol{H}}\tilde{\boldsymbol{H}}^{\mathrm{H}}+\sigma^2\boldsymbol{I}_{n_{\mathrm{R}}}\right)\boldsymbol{g}_i+1-\boldsymbol{g}_i^{\mathrm{H}}\tilde{\boldsymbol{h}}_i-\tilde{\boldsymbol{h}}_i^{\mathrm{H}}\boldsymbol{g}_i \tag{4.103}$$

将式（4.103）代入式（4.102）可以得到

$$\boldsymbol{g}_i = \left(\tilde{\boldsymbol{H}}\tilde{\boldsymbol{H}}^{\mathrm{H}} + \sigma^2 \boldsymbol{I}_{n_{\mathrm{R}}}\right)^{-1} \tilde{\boldsymbol{h}}_i \tag{4.104}$$

因此检测矩阵为

$$\boldsymbol{G} = (\tilde{\boldsymbol{H}}\tilde{\boldsymbol{H}}^{\mathrm{H}} + \sigma^2 \boldsymbol{I}_{n_{\mathrm{R}}})^{-1} \tilde{\boldsymbol{H}} \tag{4.105}$$

基于上述检测方法，我们下面讨论其性能，包括检测后的均方误差和解调前的信噪比两个方面。将式（4.104）代入式（4.103），可以得到发送的第i个符号的均方误差（Mean Square Error，MSE）为

$$e(x_i) = 1 - \boldsymbol{g}_i^{\mathrm{H}} \tilde{\boldsymbol{h}}_i, i = 1,2,\cdots,n_{\mathrm{T}} \tag{4.106}$$

信噪比为

$$\gamma(x_i) = \frac{1 - e(\boldsymbol{g}_i)}{e(\boldsymbol{g}_i)} = \frac{\boldsymbol{g}_i^{\mathrm{H}} \tilde{\boldsymbol{h}}_i}{1 - \boldsymbol{g}_i^{\mathrm{H}} \tilde{\boldsymbol{h}}_i}, i = 1,2,\cdots,n_{\mathrm{T}} \tag{4.107}$$

（3）迫零均衡算法

类似于迫零均衡器，迫零检测器是在不考虑噪声时，使得检测器输出的调制符号间完全消除干扰，且保证检测输出符号与发送符号完全相等，即 $\boldsymbol{G}^{\mathrm{H}} \tilde{\boldsymbol{H}} \boldsymbol{x} = \boldsymbol{x}$，因此可以得到检测矩阵为

$$\boldsymbol{G} = \tilde{\boldsymbol{H}} \left(\tilde{\boldsymbol{H}}^{\mathrm{H}} \tilde{\boldsymbol{H}}\right)^{-1} \tag{4.108}$$

若 $\tilde{\boldsymbol{H}}$ 为可逆矩阵，则检测矩阵可以简化为 $\boldsymbol{G} = (\tilde{\boldsymbol{H}}^{-1})^{\mathrm{H}}$。此外可以看到，迫零检测器是不考虑噪声时的最小均方误差检测器，也就是说，令最小均方误差检测器中的 $\sigma^2=0$，即可得到迫零检测器。

基于检测矩阵$\boldsymbol{G}$，检测后的输出信号可以写为

$$\hat{\boldsymbol{x}} = \boldsymbol{G}^{\mathrm{H}} \boldsymbol{y} = \boldsymbol{G}^{\mathrm{H}} \tilde{\boldsymbol{H}} \boldsymbol{x} + \boldsymbol{G}^{\mathrm{H}} \boldsymbol{n} = \boldsymbol{x} + \left(\tilde{\boldsymbol{H}}^{\mathrm{H}} \tilde{\boldsymbol{H}}\right)^{-1} \tilde{\boldsymbol{H}}^{\mathrm{H}} \boldsymbol{n} \triangleq \boldsymbol{x} + \tilde{\boldsymbol{n}} \tag{4.109}$$

可以看到检测后信号间干扰完全消除，但噪声可能会被放大。相比之下，最小均方误差准则综合考虑干扰和噪声对检测效果的影响，可以提升解调前的信噪比。检测后的噪声协方差矩阵可以写为

$$E[\tilde{\boldsymbol{n}}\tilde{\boldsymbol{n}}^{\mathrm{H}}]=\boldsymbol{G}^{\mathrm{H}} E[\boldsymbol{n}\boldsymbol{n}^{\mathrm{H}}]\boldsymbol{G} = \sigma^2 \left(\tilde{\boldsymbol{H}}^{\mathrm{H}} \tilde{\boldsymbol{H}}\right)^{-1} \tag{4.110}$$

因此，第i个符号进行解调前的信噪比可以写为

$$\gamma(x_i) = \frac{1}{\sigma^2 \|\boldsymbol{g}_i\|^2} = \frac{1}{\sigma^2 \left[\left(\tilde{\boldsymbol{H}}^{\mathrm{H}} \tilde{\boldsymbol{H}}\right)^{-1}\right]_{ii}} = \frac{p_i}{\sigma^2 \left[\left(\boldsymbol{H}^{\mathrm{H}} \boldsymbol{H}\right)^{-1}\right]_{ii}}, i = 1,2,\cdots,n_{\mathrm{T}} \tag{4.111}$$

其中，$[\boldsymbol{A}]_{ii}$代表矩阵$\boldsymbol{A}$的第i行第i列元素。

4.5.3　空间分集技术

空间分集包括发送分集和接收分集。在接收分集中，接收端利用多根接收天线获得多路独立信号，进而利用一定的分集合并方法进行信号合并，在此不再赘述。在发送分集中，发送端利用多根发射天线发送同样的信息（信号具体形式不一定完全相同），进而在接收端合并处理，以起到抗衰落的作用。发送分集包括开环分集和闭环分集两种。若发送端利用收发两端间的信道信息进行发送分集，则称为闭环分集，否则称为开环分集。闭环分集可以获得分集增益和阵列增益，

而开环分集仅能获得分集增益。下面分别进行介绍。

1. 开环分集

一般开环分集是用空时编码来实现的。空时编码（Space-Time Coding）是无线通信中一种编码和信号处理技术，它在不同天线的发射信号之间引入时域和空域相关性，使得在接收端可以进行接收分集，进而大大改善无线系统的可靠性。与不使用空时编码的系统相比，使用空时编码可以在不牺牲带宽的情况下获得很高的编码增益，在接收机结构相对简单的情况下，空时编码的空时结构可以有效提高无线系统的传输容量。塔洛克（Tarokh）等人的研究也表明，如果无线信道中有足够的散射，使用适当的编码方法和调制方案可以获得相当大的容量。

一般空时编码分为空时分组码（STBC）和空时格码（STTC）。空时格码是一种考虑了信道编码、调制及收发分集联合优化的空时编码，它可以获得完全的分集增益及非常大的编码增益，同时还可以提高系统的频谱效率，但其实现复杂度较高，实际应用较为困难，因此不赘述。空时分组码是由AT&T公司的Tarokh等人在阿拉穆蒂（Alamouti）的研究基础上提出的。Alamouti提出采用两发一收的天线系统可以获得与采用一发两收天线系统相同的分集增益。

STBC是将每 k 个输入字符 x_k（$k=1,2,\cdots,K$）映射为一个 $n_{\mathrm{T}}\times p$ 矩阵 $\boldsymbol{c}_{n_{\mathrm{T}}}$，矩阵的每行对应在$p$个不同时间间隔里某根天线上所发送的符号。这种码的符号速率可以定义为 $r=k/p$。对于STBC，为了使各根天线上发送的数据正交，它的编码矩阵需要满足

$$\boldsymbol{c}_{n_{\mathrm{T}}}\boldsymbol{c}_{n_{\mathrm{T}}}^{\mathrm{H}}=\left(|x_1|^2+|x_2|^2+\cdots+|x_k|^2\right)\boldsymbol{I}_{n_{\mathrm{T}}} \tag{4.112}$$

满足式（4.112）的编码矩阵在高阶情况下没有唯一解，实际编码方式（也就是矩阵的形式）与参数k和p有直接联系。虽然分组码提供了发送分集增益，但是它并没有提供相关的编码增益。一般情况下STBC提供分集增益，可使用外信道编码提供编码增益。对STBC的研究主要集中在其码字设计，即如何设计一种性能更佳的码字构造，以及分析其带来的分集增益和信道容量的增加。另外，将STBC与OFDM技术结合使用，对实际系统也有非常重要的作用，如SFBC（Space Frequency Block Code，空频分组码）。STBC是针对平坦衰落信道提出的，将其扩展到频率选择性信道中的分组数据传输，大大提高了其应用范围。

接下来，仅对实际常用的Alamouti方案进行介绍。

在Alamouti方案中，$n_{\mathrm{T}}=2$，$k=2$，$p=2$，它的编码矩阵或编码码字可以写为

$$\boldsymbol{c}_2=\begin{pmatrix} x_1 & -x_2^* \\ x_2 & x_1^* \end{pmatrix} \tag{4.113}$$

在某时刻符号 x_1,x_2 分别在天线1和天线2上发送，在下个时刻这两个天线上发送的符号分别为 $-x_2^*,x_1^*$。

假设接收机采用单根接收天线，并且两根发射天线到接收天线的信道响应 h_1 和 h_2 在相邻两个发射符号的间隔内保持不变，则第1个和第2个发射符号的间隔内接收天线收到的信号可以分别表示为

$$y_1=\sqrt{p_1}h_1x_1+\sqrt{p_2}h_2x_2+n_1 \tag{4.114}$$

$$y_2=-\sqrt{p_1}h_1x_2^*+\sqrt{p_2}h_2x_1^*+n_2 \tag{4.115}$$

式（4.114）和式（4.115）中，加性复高斯白噪声 n_1 和 n_2 相互独立，均值都为0，方差都为 σ^2。

令 $\boldsymbol{y}=\left[y_1,y_2^*\right]^{\mathrm{T}}$，$\boldsymbol{x}=\left[x_1,x_2\right]^{\mathrm{T}}$，$\boldsymbol{n}=\left[n_1,n_2^*\right]^{\mathrm{T}}$，则式（4.114）和式（4.115）可以改写为

$$\boldsymbol{y}=\boldsymbol{HPx}+\boldsymbol{n} \tag{4.116}$$

其中，信道矩阵 $\boldsymbol{H}$ 和功率系数矩阵分别为

$$\boldsymbol{H}=\begin{pmatrix} h_1 & h_2 \\ h_2^* & -h_1^* \end{pmatrix},\ \boldsymbol{P}=\begin{pmatrix} \sqrt{p_1} & 0 \\ 0 & \sqrt{p_2} \end{pmatrix} \tag{4.117}$$

接收端为了估计得到发送端发送的调制符号，首先在式（4.116）两边同时乘以 $\boldsymbol{H}^{\mathrm{H}}$，并且令 $\tilde{\boldsymbol{y}}=\boldsymbol{H}^{\mathrm{H}}\boldsymbol{y}$ 和 $\tilde{\boldsymbol{n}}=\boldsymbol{H}^{\mathrm{H}}\boldsymbol{n}$ 可得

$$\tilde{\boldsymbol{y}}=\boldsymbol{H}^{\mathrm{H}}\boldsymbol{y}=\boldsymbol{H}^{\mathrm{H}}\boldsymbol{HPx}+\boldsymbol{H}^{\mathrm{H}}\boldsymbol{n}=\left(|h_1|^2+|h_2|^2\right)\boldsymbol{Px}+\tilde{\boldsymbol{n}} \tag{4.118}$$

其中，$\tilde{\boldsymbol{n}}$ 的元素为均值0和方差 $\left(|h_1|^2+|h_2|^2\right)\sigma^2$ 的独立高斯随机变量。采用最大后验概率准则进行译码，即

$$\hat{\boldsymbol{x}}=\underset{\boldsymbol{x}\in \boldsymbol{C}}{\operatorname{argmin}}\left\{P\left(\boldsymbol{x}\mid \boldsymbol{H}^{\mathrm{H}}\boldsymbol{y}\right)\right\} \tag{4.119}$$

其中，$\boldsymbol{C}$ 表示所有可能的调制符号对 (x_1,x_2) 的集合。当假设发送的不同符号向量 $\boldsymbol{x}$ 独立等概，最大后验概率准则等价于距离准则，即

$$\hat{\boldsymbol{x}}=\underset{\boldsymbol{x}\in \boldsymbol{C}}{\operatorname{argmin}}\left\{\left\|\boldsymbol{H}^{\mathrm{H}}\boldsymbol{y}-\left(|h_1|^2+|h_2|^2\right)\boldsymbol{Px}\right\|^2\right\} \tag{4.120}$$

或

$$\begin{bmatrix} \hat{x}_1 \\ \hat{x}_2 \end{bmatrix}=\begin{bmatrix} \underset{x_1}{\operatorname{argmin}}\left\{\left|\left(h_1^*y_1+h_2y_2^*\right)-\left(|h_1|^2+|h_2|^2\right)\sqrt{p_1}x_1\right|^2\right\} \\ \underset{x_2}{\operatorname{argmin}}\left\{\left|\left(h_2^*y_1-h_1y_2^*\right)-\left(|h_1|^2+|h_2|^2\right)\sqrt{p_2}x_2\right|^2\right\} \end{bmatrix} \tag{4.121}$$

从式（4.121）可以看出，空时分组码的编码正交性使得联合最大似然译码可以分解为对两个符号 x_1 和 x_2 分别进行最大似然译码，从而极大地降低了接收端译码的复杂度。

例4.6 若单极性二进制符号 $b_1,b_2\in\{0,1\}$ 通过BPSK调制后生成 $x_1,x_2\in\{+1,-1\}$，进而在Alamouti方案的发送端发送，其余假设与前述Alamouti方案相同，则在接收端解调的判决条件可以写为

$$b_1=\begin{cases}1, & \operatorname{Re}\left\{h_1^*y_1+h_2y_2^*\right\}>0 \\ 0, & \operatorname{Re}\left\{h_1^*y_1+h_2y_2^*\right\}<0\end{cases},\ b_2=\begin{cases}1, & \operatorname{Re}\left\{h_2^*y_1-h_1y_2^*\right\}>0 \\ 0, & \operatorname{Re}\left\{h_2^*y_1-h_1y_2^*\right\}<0\end{cases} \tag{4.122}$$

下面进一步对接收信号的信噪比进行分析，以获得MIMO的相关增益参数。为了理论分析方便，这里假设 $|h_1|$ 和 $|h_2|$ 为单位功率的独立瑞利随机变量，且两根天线为等功率分配，即 $p_i=P/2$（$i=1,2$）。根据式（4.118），可以得到接收信号的信噪比为

$$\gamma_i=\left(|h_1|^2+|h_2|^2\right)\frac{P}{2\sigma^2},i=1,2 \tag{4.123}$$

而当采用单根天线时，假设为第一根天线，其信噪比为

$$\gamma_{\mathrm{S}}=|h_1|^2\frac{P}{\sigma^2} \tag{4.124}$$

因此，Alamouti方案的阵列增益为

$$\mathrm{AG}=10\log_{10}\frac{E[\gamma_i]}{E[\gamma_{\mathrm{S}}]}=10\log_{10}\frac{P/\sigma^2}{P/\sigma^2}=0 \tag{4.125}$$

从式（4.125）可以看出，Alamouti编码没有阵列增益。

而当假设发送端发送的是BPSK信号，且接收端采用匹配滤波解调时，其误比特率可以写为

$$p_{\mathrm{e}}=Q\left(\sqrt{4\gamma_i}\right)=Q\left(\sqrt{x\frac{4P}{\sigma^2}}\right)\to\frac{1}{\sqrt{x\frac{8\pi P}{\sigma^2}}}\exp\left\{-x\frac{2P}{\sigma^2}\right\},\frac{P}{\sigma^2}\to+\infty \tag{4.126}$$

其中，$x=\left(|h_1|^2+|h_2|^2\right)/2$，根据式（4.4）可知其概率密度函数为$p(x)=x\mathrm{e}^{-x}$，经推导可得平均误比特率为

$$\bar{p}_{\mathrm{e}}=\int_0^{+\infty}p(x)Q\left(\sqrt{x\frac{4P}{\sigma^2}}\right)\mathrm{d}x\propto\left(\frac{\sigma^2}{P}\right)^2,\frac{P}{\sigma^2}\to+\infty \tag{4.127}$$

因此，Alamouti方案的分集增益为

$$D=\lim_{P/\sigma^2\to+\infty}\frac{10\log_{10}(1/\bar{p}_{\mathrm{e}})}{10\log_{10}\left(P/\sigma^2\right)}=\lim_{P/\sigma^2\to+\infty}\frac{10\log_{10}\left(P/\sigma^2\right)^2}{10\log_{10}\left(P/\sigma^2\right)}=2 \tag{4.128}$$

此外，Alamouti方案也可以扩展为多天线接收方案，每根天线的接收信号与式（4.118）类似，进而利用本章介绍的分集合并方式进行合并即可。可以证明，当接收天线数为n_{R}，且接收端采用最大比合并时，其分集增益变为$2n_{\mathrm{R}}$，阵列增益为n_{R}。

2. 闭环分集

与开环分集不同，闭环分集利用收发两端的信道信息来加权不同发射天线上的信号（权重为复数，包括幅度和相位），以提高接收的可靠性。在TDD系统中，发送端可以通过反向导频估计得到前向信道信息；在FDD系统中，接收端利用正向导频估计得到信道信息后，可以利用反馈链路反馈信道信息给发送端。在MISO系统中，假设从发送端的n_{T}根发射天线到单根接收天线的信道为$\boldsymbol{h}=\left[h_1,h_2,\cdots,h_{n_{\mathrm{T}}}\right]^{\mathrm{H}}$，同时假设发射天线的权重向量为$\boldsymbol{w}\in\boldsymbol{C}^{n_{\mathrm{T}}}$且$\|\boldsymbol{w}\|=1$，发送符号为单位功率的$x$，则接收信号可以表示为

$$y=\sqrt{P}\boldsymbol{h}^{\mathrm{H}}\boldsymbol{w}x+n \tag{4.129}$$

其中，n为均值0方差σ^2的加性高斯白噪声。其接收信噪比可以写为

$$\gamma(\boldsymbol{w})=\frac{P}{\sigma^2}\left\|\boldsymbol{h}^{\mathrm{H}}\boldsymbol{w}\right\|^2=\frac{P}{\sigma^2}\boldsymbol{w}^{\mathrm{H}}\boldsymbol{h}\boldsymbol{h}^{\mathrm{H}}\boldsymbol{w} \tag{4.130}$$

基于式（4.130），最优的闭环分集方案为$\boldsymbol{w}=\boldsymbol{h}/\|\boldsymbol{h}\|$，此时$\gamma(\boldsymbol{w})$有最大值，即

$$\gamma(\boldsymbol{w})=\frac{P}{\sigma^2}\|\boldsymbol{h}\|^2 \tag{4.131}$$

假设$|h_i|$（$i=1,2,\cdots,n_{\mathrm{T}}$）的功率为1，且是独立同分布的瑞利随机变量，根据阵列增益的定

义，很容易得到此时的阵列增益为 n_T，也可以得到其分集增益为 n_T。因此，发送端闭环分集既有分集增益，又有阵列增益；而开环分集仅有分集增益，无阵列增益，如Alamouti方案。然而，闭环分集需要获得信道信息，可能会增加系统复杂度。

4.5.4 预编码或波束赋形技术

预编码基础

1. 预编码的概念

与闭环分集类似，预编码或波束赋形的主要实现手段是利用信道信息，在发送端用预编码或波束对发送符号或天线的相位及功率进行预先调整，配合接收处理算法来抑制天线干扰与小区间干扰，提高系统性能。但与闭环分集不同的是，其发送信号可以是多流，即可以实现空间复用的效果。如图4.50所示，假设发送的调制符号为 $\boldsymbol{s}=[s_1,s_2,\cdots,s_K]^{\mathrm{T}}\in\boldsymbol{C}^K$，$E[\boldsymbol{ss}^{\mathrm{H}}]=\boldsymbol{I}_K$ 代表发送的每个符号平均功率为1，$\boldsymbol{C}$为某种调制符号的集合；不同符号的加权 $\boldsymbol{P}=\operatorname{diag}\left\{\sqrt{p_1},\sqrt{p_2},\cdots,\sqrt{p_K}\right\}$ 代表了不同符号的功率分配为 p_k（$k=1,2,\cdots,K$）；预编码矩阵为 $\boldsymbol{W}=[\boldsymbol{w}_1,\boldsymbol{w}_2,\cdots,\boldsymbol{w}_K]\in\boldsymbol{C}^{n_{\mathrm{T}}\times K}$，且 $\|\boldsymbol{w}_k\|=1$（$k=1,2,\cdots,K$）代表预编码矩阵每列功率归一化；收发两端的信道为 $\boldsymbol{H}=[h_{ij}]\in\boldsymbol{C}^{n_{\mathrm{R}}\times n_{\mathrm{T}}}$，则接收端的接收信号可以表示为

$$\boldsymbol{y}=\boldsymbol{HWPs}+\boldsymbol{n} \tag{4.132}$$

其中，$\boldsymbol{n}$ 为加性复高斯噪声且 $E[\boldsymbol{nn}^{\mathrm{H}}]=\sigma^2\boldsymbol{I}$。

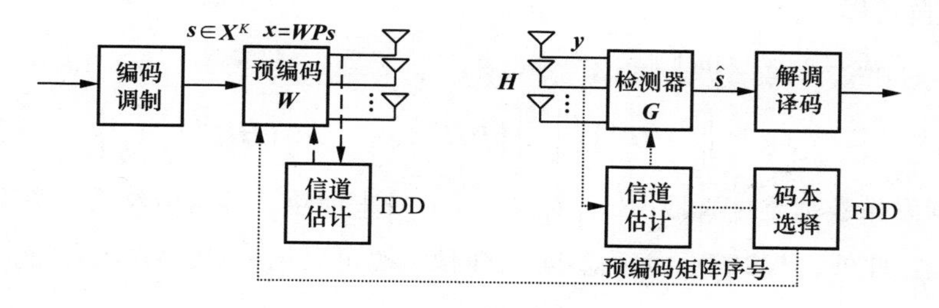

图 4.50 预编码示意图

若接收端可单独获得 $\boldsymbol{H}$、$\boldsymbol{W}$ 和 $\boldsymbol{P}$ 或直接获得 $\boldsymbol{HWP}$，则可以采用空间复用的各种方法进行检测和解调。实际应用中，一般通过在发送符号$\boldsymbol{s}$中插入导频来直接估计 $\boldsymbol{HWP}$，进而进行检测解调，在此不赘述。遗留的问题就是如何生成预编码矩阵 $\boldsymbol{W}$。

预编码可以是连续的，即根据实时信道信息 $\boldsymbol{H}$ 生成预编码矩阵 $\boldsymbol{W}$ 来使用，也可以是离散的，基于当前信道信息 $\boldsymbol{H}$ 在有限的预编码集合 $\Omega=\{\boldsymbol{W}_1,\boldsymbol{W}_2,\cdots,\boldsymbol{W}_M\}$ 中选择性能最优的一个使用。离散预编码可以降低预编码生成的复杂度和预编码索引的反馈开销，但性能也会有所下降。一般在TDD系统中，常采用连续预编码，发送端根据估计得到的信道信息直接生成预编码使用；在FDD系统中，由于在接收端进行信道估计，若将信道完全反馈给发送端或接收端生成连续预编码反馈给发送端，则会造成较大的反馈链路开销，因此常采用离散预编码，接收端只需反馈离散预编码的索引给发送端。接下来，分别介绍连续预编码和离散预编码的生成方法。

2. 连续预编码（非码本预编码）

连续预编码包括线性预编码和非线性预编码。线性预编码的生成准则有很多，根据不同的准则可以产生不同的预编码，此处仅介绍基于奇异值分解（SVD）、迫零（ZF）和匹配滤波（MF）

等的预编码方案。非线性预编码主要是基于“脏纸编码（Dirty Paper Coding，DPC）”思想的各种方案，如TH预编码（Tomlinson-Harashima Precoding）和向量预编码（Vector Precoding，VP）。尽管非线性预编码性能非常好，但其实现条件要求较高，且计算复杂度极高，因此实际上很少采用。下面介绍一些常用的SU-MIMO系统和MU-MIMO系统中的线性预编码。

（1）SU-MIMO系统中的线性预编码

① SVD预编码。

SVD预编码方法根据MIMO容量的推导公式而得。信道的SVD为 $\boldsymbol{H}=\boldsymbol{U\Sigma V}^{\mathrm{H}}$，且假定 $\boldsymbol{\Sigma}$ 的对角线元素满足 $\lambda_1 \geqslant \lambda_2 \geqslant \cdots \geqslant \lambda_r$。若发送端同时发送 $K \leqslant r$ 路调制符号，则选取 $\boldsymbol{V}$ 的前 $\boldsymbol{K}$ 列特征向量作为预编码矩阵，即

$$\boldsymbol{W}=\left[\boldsymbol{v}_1,\boldsymbol{v}_2,\cdots,\boldsymbol{v}_K\right] \tag{4.133}$$

此时接收端采用检测矩阵 $\boldsymbol{G}=\boldsymbol{U}^{\mathrm{H}}$ 即可完成最优线性检测，而发送端功率可以根据注水定理进一步优化。此方法中 $\boldsymbol{H}$ 为SU-MIMO中收发两端的信道，若想在MU-MIMO中使用SVD预编码则需要额外处理。

② ZF预编码。

接收端检测的几种线性算法一般都可以对称地在发送端实现，形成对应的预编码方法。现考虑全复用时的ZF准则，即 $\boldsymbol{H\tilde{W}s}=\boldsymbol{s}$，其中 $\tilde{\boldsymbol{W}} \in \boldsymbol{C}^{n_{\mathrm{T}}\times n_{\mathrm{T}}}$，则发送端全复用时ZF预编码矩阵可以写为

$$\tilde{\boldsymbol{W}}=\left(\boldsymbol{H}^{\mathrm{H}}\boldsymbol{H}\right)^{-1}\boldsymbol{H}^{\mathrm{H}}\boldsymbol{W}_{\mathrm{N}}=\boldsymbol{H}^{\mathrm{H}}\left(\boldsymbol{H}\boldsymbol{H}^{\mathrm{H}}\right)^{-1}\boldsymbol{W}_{\mathrm{N}} \tag{4.134}$$

其中，归一化矩阵可以写为

$$\begin{aligned}\boldsymbol{W}_{\mathrm{N}}&=\operatorname{diag}^{-1}\left\{\|\tilde{\boldsymbol{w}}_1\|,\|\tilde{\boldsymbol{w}}_2\|,\cdots,\|\tilde{\boldsymbol{w}}_K\|\right\}\\&=\operatorname{diag}^{-1/2}\left\{\left[\left(\boldsymbol{H}\boldsymbol{H}^{\mathrm{H}}\right)^{-1}\right]_{11},\left[\left(\boldsymbol{H}\boldsymbol{H}^{\mathrm{H}}\right)^{-1}\right]_{22},\cdots,\left[\left(\boldsymbol{H}\boldsymbol{H}^{\mathrm{H}}\right)^{-1}\right]_{KK}\right\}\end{aligned} \tag{4.135}$$

实际应用中根据发送数据维度选取 $\boldsymbol{W}=\left[\tilde{\boldsymbol{w}}_1,\tilde{\boldsymbol{w}}_2,\cdots,\tilde{\boldsymbol{w}}_K\right]$ 来使用，并可以结合功率分配算法进一步优化系统性能。此外，与SVD预编码不同，ZF预编码可以用于MU-MIMO，此时用户间没有干扰。

③ MF预编码。

当不考虑接收端各路信号间的干扰时，MF预编码是一种简单的方法，即

$$\tilde{\boldsymbol{W}}=\boldsymbol{H}^{\mathrm{H}}\boldsymbol{W}_{\mathrm{N}} \tag{4.136}$$

其中，归一化矩阵为

$$\boldsymbol{W}_{\mathrm{N}}=\operatorname{diag}^{-1/2}\left\{[\boldsymbol{H}\boldsymbol{H}^{\mathrm{H}}]_{11},[\boldsymbol{H}\boldsymbol{H}^{\mathrm{H}}]_{22},\cdots,[\boldsymbol{H}\boldsymbol{H}^{\mathrm{H}}]_{n_{\mathrm{R}}\times n_{\mathrm{R}}}\right\} \tag{4.137}$$

实际应用中根据发送数据维度选取，并可以结合功率分配算法进一步优化系统性能。

（2）MU-MIMO系统中的线性预编码

对于MU-MIMO系统，假设第 k 个用户对应的信道矩阵为 $\boldsymbol{H}_k$，则 K 个用户构成的联合信道矩阵可以表示为

$$\boldsymbol{H}=\left[\boldsymbol{H}_1^{\mathrm{H}},\boldsymbol{H}_2^{\mathrm{H}},\cdots,\boldsymbol{H}_K^{\mathrm{H}}\right]^{\mathrm{H}} \tag{4.138}$$

① ZF预编码。

发送端可以根据式（4.134），基于 K 个用户对应的完整信道矩阵 $\boldsymbol{H}$ 计算MU-MIMO对应的ZF

预编码矩阵。可以看出，在发送端获知K个用户对应的完整信道矩阵的情况下，也就是理想情况下，ZF预编码可以完全消除多用户之间的干扰。

② EZF预编码。

发送端还可以基于每个用户对应的信道矩阵的特征向量进行特征迫零（Eigen Zero Forcing，EZF）预编码。假设每个用户终端对应的传输流数为L_k，则总传输流数$L=\sum_{k=1}^{K}L_k$。第k个用户终端的信道矩阵为$\boldsymbol{H}_k=\boldsymbol{U}_k\boldsymbol{\Sigma}_k\boldsymbol{V}_k^{\mathrm{H}}$，其对应的最大$L_k$个特征值所对应的特征向量为$\bar{\boldsymbol{V}}_k=\boldsymbol{V}_k^{[1:L_k]}$，则EZF预编码矩阵可以表示为

$$\boldsymbol{W}=\boldsymbol{V}\left(\boldsymbol{V}^{\mathrm{H}}\boldsymbol{V}\right)^{-1} \tag{4.139}$$

其中，$\boldsymbol{V}=\left[\bar{\boldsymbol{V}}_1,\bar{\boldsymbol{V}}_2,\cdots,\bar{\boldsymbol{V}}_K\right]$且维度为$n_{\mathrm{T}}\times L$。

③ BD算法。

首先计算其他用户对用户k的干扰矩阵为$\bar{\boldsymbol{H}}_k=\left[\boldsymbol{H}_1,\boldsymbol{H}_2,\cdots,\boldsymbol{H}_{k-1},\boldsymbol{H}_{k+1},\cdots,\boldsymbol{H}_K\right]$，进而对$\bar{\boldsymbol{H}}_k$做SVD，可以得到$\bar{\boldsymbol{H}}_k=\bar{\boldsymbol{U}}\bar{\boldsymbol{\Sigma}}\left[\bar{\boldsymbol{V}}_k^1\bar{\boldsymbol{V}}_k^0\right]^{\mathrm{H}}$，获得对其他用户不造成干扰的空间$\bar{\boldsymbol{V}}_k^0$；然后对矩阵$\boldsymbol{H}_k\bar{\boldsymbol{V}}_k^0$做SVD获得非零值空间$\boldsymbol{V}_k^1$，此时将$\tilde{\boldsymbol{W}}_k=\bar{\boldsymbol{V}}_k^0\boldsymbol{V}_k^1$（或者取出特征值最大的所需流数）作为用户$k$的预编码矩阵，不会对其他用户造成干扰，且增益最大；最后将所有用户的预编码拼接以构造总预编码矩阵$\tilde{\boldsymbol{W}}=\left[\tilde{\boldsymbol{W}}_1,\tilde{\boldsymbol{W}}_2,\cdots,\tilde{\boldsymbol{W}}_K\right]$，并进行归一化处理即可得到归一化的多用户预编码矩阵。

3. 离散预编码（码本预编码）

在FDD系统中，离散预编码一般需要考虑码本设计和码本反馈两个方面。

（1）码本设计

离散预编码集合的设计方法对预编码性能有重要的影响，优化预编码集合的设计应当考虑天线阵列的形式以及信道条件等相关因素。在无记忆独立同分布的瑞利信道中，码本的设计可以描述为格拉斯曼子空间填充（Grassmannian Subspace Packing）问题，即在酉空间中寻找M个矩阵，使其中任意两个预编码矩阵所张成的子空间的最小距离最大化。按照这种原则设计的码本将均匀地分布在整个酉空间中。下面仅介绍一种基于DFT来构造码本矩阵的方法。例如，$M\times M$的码本矩阵可以写为

$$\left\{\boldsymbol{W}^g=\left[\mathrm{e}^{\mathrm{j}\frac{2\pi}{M}m\left(n+\frac{g}{G}\right)}\right]_{\substack{m=0,1,\cdots,M-1\\ n=0,1,\cdots,M-1}},g=0,1,\cdots,G-1;\boldsymbol{W}^G=\boldsymbol{I}_M\right\} \tag{4.140}$$

其中，$\boldsymbol{W}^G$为单位矩阵，而$\boldsymbol{W}^g$（$g=1,2,\cdots,G-1$）都是基于$\boldsymbol{W}^0$（$\boldsymbol{W}^0$为标准的DFT矩阵）移相构造的；由于$\boldsymbol{W}^0$是酉矩阵，因此每行中元素改变相同的相位不改变其性质。基于DFT所构造的预编码集合中，所有矩阵都是酉矩阵，每个酉矩阵的不同列或行满足正交性和功率归一性。

当g固定时，码本矩阵可以写为

$$\boldsymbol{W}=\begin{pmatrix} 1 & 1 & \cdots & 1 \\ \mathrm{e}^{-\mathrm{j}\pi\cos\theta_0} & \mathrm{e}^{-\mathrm{j}\pi\cos\theta_1} & \cdots & \mathrm{e}^{-\mathrm{j}\pi\cos\theta_{N-1}} \\ \mathrm{e}^{-\mathrm{j}\pi2\cos\theta_0} & \mathrm{e}^{-\mathrm{j}\pi2\cos\theta_1} & \cdots & \mathrm{e}^{-\mathrm{j}\pi2\cos\theta_{N-1}} \\ \vdots & \vdots & & \vdots \\ \mathrm{e}^{-\mathrm{j}\pi(N-1)\cos\theta_0} & \mathrm{e}^{-\mathrm{j}\pi(N-1)\cos\theta_1} & \cdots & \mathrm{e}^{-\mathrm{j}\pi(N-1)\cos\theta_{N-1}} \end{pmatrix} \tag{4.141}$$

其中，每个角度 θ_n（$n=0,1,\cdots,N-1$）的天线响应向量互相正交，码本向量可覆盖空间为0～π（余弦值为−1～1），角度分辨率（最小间隔）为arccos(2/*N*)，具体每个角度的余弦值为

$$[\cos\theta_0,\cos\theta_1,\cdots,\cos\theta_{N-1}]^{\mathrm{T}}=\left[0,\frac{2}{N},\cdots,\frac{N}{N},\frac{N+2}{N}-2,\cdots,\frac{2(N-1)}{N}-2\right]^{\mathrm{T}} \tag{4.142}$$

（2）码本反馈

如图4.51所示，在5G等移动通信系统中，一方面随着发射天线的增加，码本向量的维度逐渐变大，另一方面为用户分配的带宽较大，用户在利用多个子带进行信息传输时，不同子带的频域特性不同，其对应的最优码本也不同。因此，每个用户终端反馈码本矩阵 $\boldsymbol{W}$ 的开销逐渐增加。

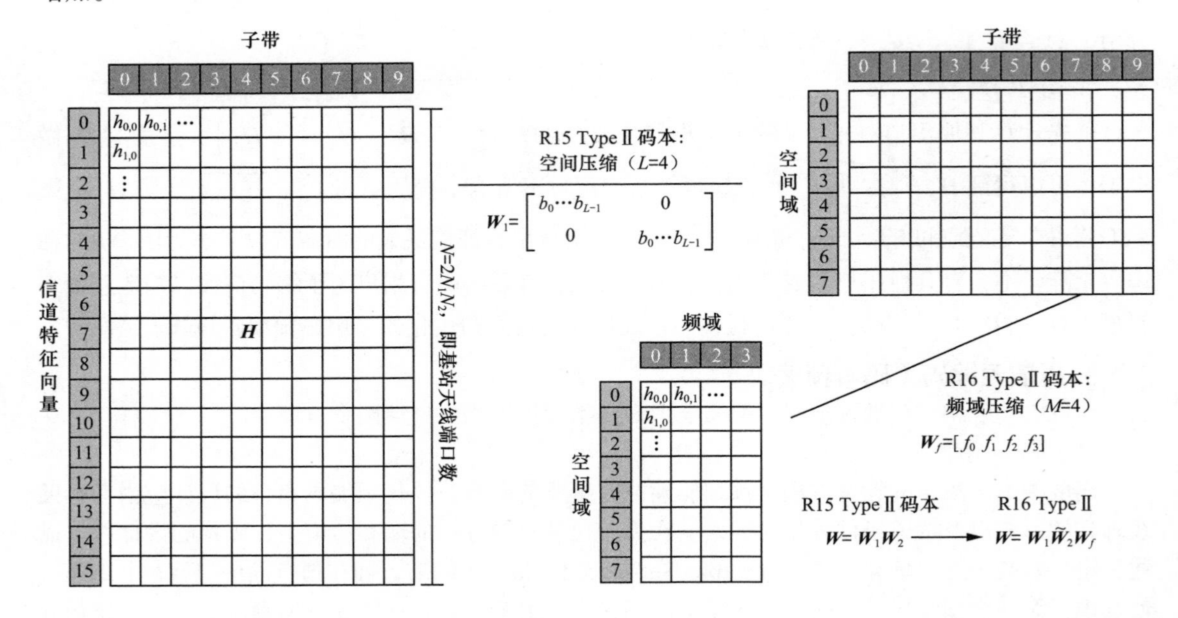

图 4.51　宽带多天线码本示意图

为了减少码本的反馈开销，如图4.52所示，可以利用波束域和时延域进行码本维度的压缩。

① 空域压缩

基于前面章节中的信道模型，如Saleh-Valenzuela模型，可知不同用户终端的信号传播空间特性不同，且多径可以认为是稀疏的。基于此，在波束域压缩的思路中，主要是利用DFT码本，首先将空域矩阵映射到角度域或波束域，进而可以选取有限个DFT波束 $\boldsymbol{W}_1$ 作为正交基，其线性组合为反馈的预编码矩阵 $\boldsymbol{W}=\boldsymbol{W}_1\boldsymbol{W}_2$，最后只需反馈正交基序号和组合系数 $\boldsymbol{W}_2$ 的量化比特，从而实现了压缩空域向量的反馈开销。

② 频域压缩

同样，根据前述无线电波传播特性可知，虽然多个子带频域上信道存在差异性，但其频域的差异性可以由稀疏多径的时延和幅度来表征，因此可以借助频域到时延域的IDFT矩阵来实现频域压缩。类似于空域压缩，用户终端能够将不同子带的波束域矩阵 $\boldsymbol{W}_2$ 表征为IDFT矩阵中少数几个基向量 $\boldsymbol{W}_f$ 的线性组合，从而只需反馈正交基序号和组合系数 $\tilde{\boldsymbol{W}}_2$ 的量化比特，最终实现了压缩频域向量的反馈开销。

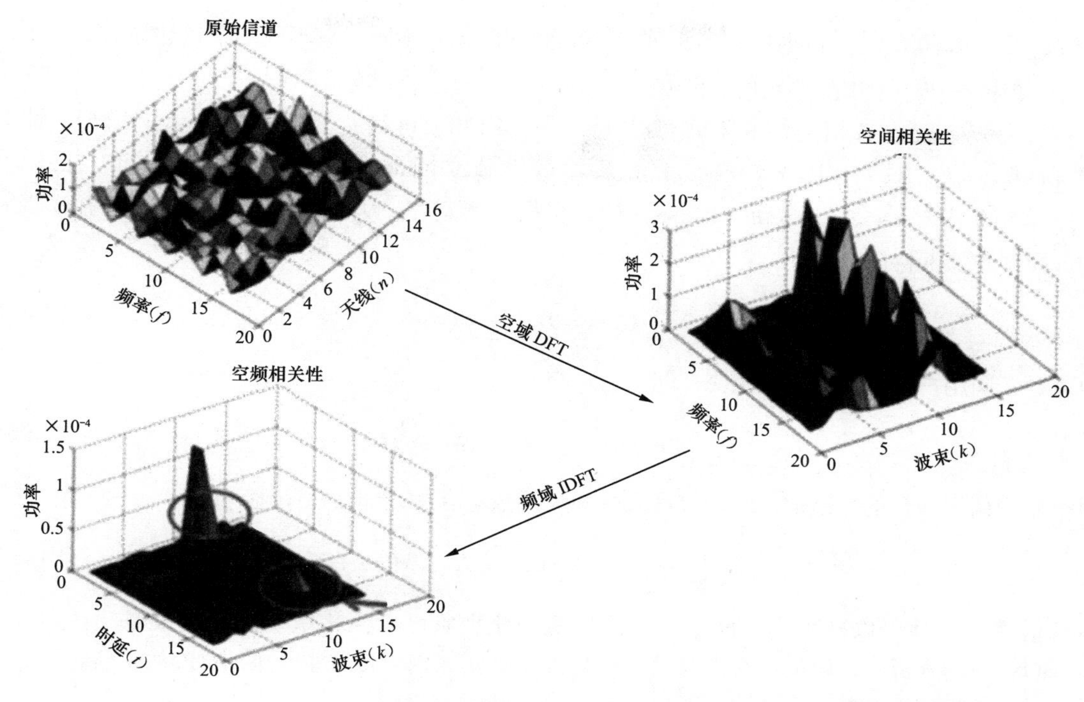

图 4.52 空频域码本到波束域和时延域码本的变换

4.5.5 进阶 MIMO 技术

通过前面对MIMO技术的介绍，可知MIMO技术可以用于获得阵列增益、分集增益或复用增益，以提高系统的频谱效率、可靠性或覆盖性能。为了进一步强化MIMO系统的各方面优点，大规模MIMO于2010年由贝尔实验室的马尔泽塔（T. L. Marzetta）提出，采用成百上千根天线同时服务几十个用户；2012年，3GPP标准在演进过程中，为了服务俯仰方向上的用户，进一步引进了三维MIMO（Three Dimensional MIMO，3D MIMO）或称全维度MIMO（Full Dimension MIMO，FD-MIMO）；5G高频段通信由于射频链路个数的限制，采用了模拟波束来实现毫米波波束赋形。

1. 大规模MIMO

如图4.53所示，大规模天线通信系统利用成百上千根天线同时同频服务几十个用户，即采用了大规模MIMO。系统的天线数与普通系统的天线数相比至少提升一个数量级，其能效、频谱效率、可靠性和安全性能也更高。

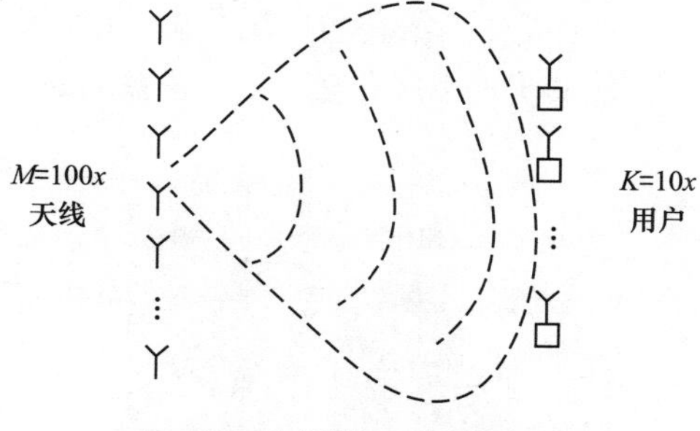

图 4.53 大规模 MIMO 示意图

考虑K个单天线用户终端同时同频给配置M根天线的基站发送信号，在假设没有视距路径时，基于相关阵的随机模型可以写为

$$\boldsymbol{G} = \boldsymbol{H}\boldsymbol{D}^{1/2} \tag{4.143}$$

其中，$\boldsymbol{D}=\text{diag}\{\beta_1,\beta_2,\cdots,\beta_K\}$是大尺度衰落矩阵且$\beta_k=\phi d_k^{-\alpha}\xi_k$，$\phi$是与天线增益和载波频率有关的常数，$d_k$是基站与第$k$个用户间的距离，$\xi_k$是阴影衰落变量且具有对数正态分布，即

$10\log_{10}\xi_k \sim N\left(0,\sigma_{\text{SF}}^2\right)$。根据快衰落矩阵$\boldsymbol{H}$中元素间的关系不同，有不同的信道建模方法。下面仅介绍理论分析中常用的瑞利信道模型。

当天线之间没有相关性和互耦效应时，式（4.138）可简化为独立瑞利信道模型。此时$\boldsymbol{H}=[\boldsymbol{h}_1,\boldsymbol{h}_2,\cdots,\boldsymbol{h}_K]$且$\boldsymbol{h}_k=[h_{k1},h_{k2},\cdots,h_{kM}]^{\text{T}}$，其元素为独立同分布的标准复高斯分布，也就是$h_{km}\sim \text{CN}\left(0,1\right)$（$k=1,2,\cdots,K;m=1,2,\cdots,M$）。根据大数定律，大规模天线通信系统的独立瑞利信道模型有如下特征：

$$\frac{1}{M}\boldsymbol{G}^{\text{H}}\boldsymbol{G}=\boldsymbol{D},M\to+\infty \tag{4.144}$$

也就是不同用户间的信道趋于正交，即信道正交性：

$$\frac{1}{M}\boldsymbol{h}_i^{\text{H}}\boldsymbol{h}_j\to 0\ (i\neq j),M\to+\infty \tag{4.145}$$

每个用户信道向量的二范数仅与大尺度衰落和天线数量有关，即信道硬化现象：

$$\frac{1}{M}\left\|\boldsymbol{g}_k\right\|^2\to\beta_k\ (k=1,2,\cdots,K),M\to+\infty \tag{4.146}$$

信道正交性可以减少用户间干扰，而信道硬化现象可以简化系统的调度策略。在大规模MIMO的理论分析中，信道正交性与信道硬化现象是其区别于传统小规模MIMO的主要特征，也是设计大规模MIMO相关算法的基础。

在多小区的大规模MIMO系统中，由于正交导频信号个数有限，需要在不同小区间进行复用，因此各个小区在信道估计时存在一定的偏差，这就是导频污染问题。导频污染被认为是大规模MIMO系统的主要性能限制因素。

2. 三维MIMO

如图4.54所示，从天线阵列的构造上来讲，大规模MIMO可以采用线阵、矩形阵、圆柱阵、球面阵和分布阵来实现，只要天线阵列的阵元个数足够多即可；一般只有面阵（如矩形阵）、圆柱阵和球面阵可以实现三维信号传播。而在大规模MIMO的实际使用中，为了节省天线阵列所占用的空间，常采用面阵来实现所谓的三维MIMO。三维MIMO可以同时在水平和垂直两个维度调整信号的传播路径；而在传统的MIMO技术中，信号传播路径仅能在水平维度进行调整。

如图4.55～图4.57所示，相对于传统MIMO技术，三维MIMO有更好的水平和垂直角度分辨率，能够实现小区分裂、楼宇覆盖和动态小区等。

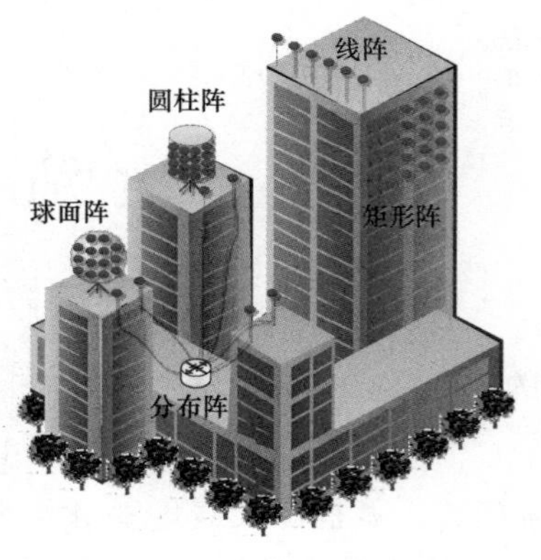

图4.54 天线阵列构造示意图

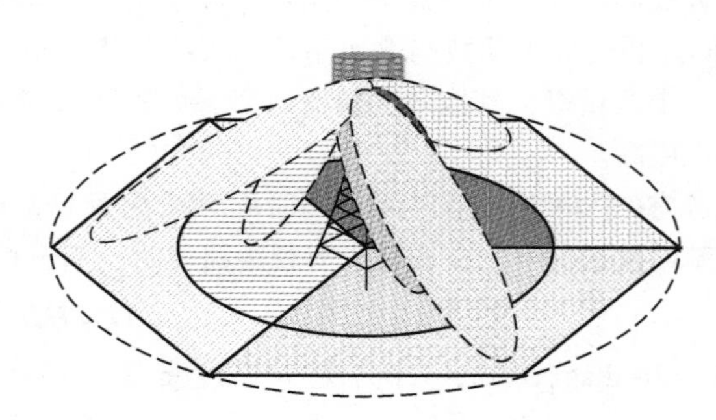

图4.55 小区分裂

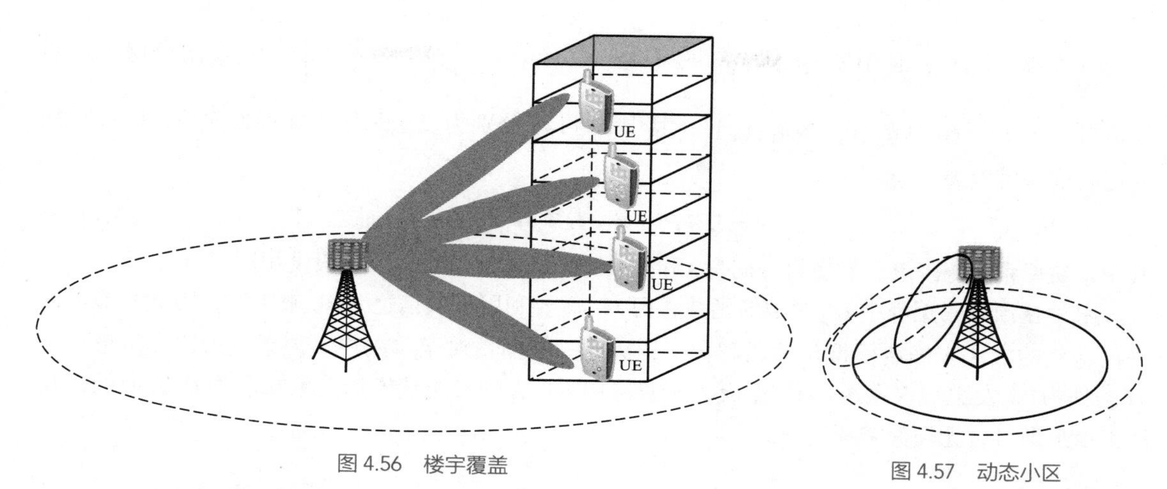

图 4.56 楼宇覆盖

图 4.57 动态小区

3. 毫米波波束赋形

在大规模MIMO系统中，当系统采用低频传输信号并保证天线间隔与波长成正比时，其天线阵列规模将随着天线的增加而增大，而毫米波段波长很短，可有效压缩天线阵列规模。根据香农公式，增加系统带宽可以提升系统的容量，毫米波由于频段较高，可以提供很大的带宽，因此备受关注；但高频信号传输将产生严重的信号衰落，有必要与高增益的MIMO技术结合来保证信号覆盖。因此，大规模MIMO与毫米波结合成为5G通信中的一项关键技术。

由于模拟波束赋形仅能够指向某一个方向，因此相对于基站来说，当用户方向较为分散时，难以实现MU-MIMO；但当用户方向较为集中时，就可以利用同一波束服务不同的用户。图4.58所示为数字模拟混合波束赋形（其他结构请读者自行查阅），分别为部分连接结构和全连接结构，如图4.58（b）所示，若每个射频链路与所有天线相连，则称之为全连接结构。混合波束赋形由数字预编码 $\boldsymbol{W}_{\mathrm{D}}$ 与模拟预编码 $\boldsymbol{W}_{\mathrm{A}}$ 共同组成，即 $\boldsymbol{W}=\boldsymbol{W}_{\mathrm{A}}\boldsymbol{W}_{\mathrm{D}}$。

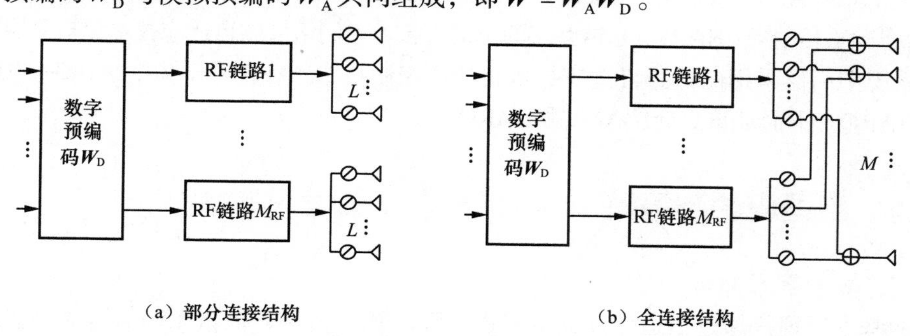

（a）部分连接结构　　（b）全连接结构

图 4.58 数字模拟混合波束赋形

假设部分连接结构中有 M_{RF} 条射频链路，每条射频链路连接一部分天线。为了讨论方便，假设每条射频链路连接L个天线，即 $M=LM_{\mathrm{RF}}$。由于模拟预编码仅能调整相位，因此可以写为

$$\boldsymbol{W}_{\mathrm{A}}=\begin{bmatrix}\boldsymbol{w}_1 & 0 & \cdots & 0\\ 0 & \boldsymbol{w}_2 & \cdots & 0\\ \vdots & \cdots & & 0\\ 0 & \cdots & 0 & \boldsymbol{w}_{M_{\mathrm{RF}}}\end{bmatrix},\boldsymbol{w}_m=\begin{bmatrix}\mathrm{e}^{-\mathrm{j}\alpha_1}\\ \mathrm{e}^{-\mathrm{j}\alpha_2}\\ \vdots\\ \mathrm{e}^{-\mathrm{j}\alpha_L}\end{bmatrix},\quad \alpha_l=\frac{2\pi\left[l+(m-1)L\right]d}{\lambda}\sin\theta \quad m=1,2,\cdots,M_{\mathrm{RF}};\ l=0,1,\cdots,L-1 \tag{4.147}$$

假设发送端采用的是线阵，则从发送端到多用户接收端的信道可以表示为 $\boldsymbol{H}=\left[\boldsymbol{h}_1(\theta_1),\right.$

$\boldsymbol{h}_2(\theta_2),\cdots,\boldsymbol{h}_K(\theta_K)\big]$，其中 $\boldsymbol{h}_k(\theta_k)=\left[1,\mathrm{e}^{-\mathrm{j}\frac{2\pi}{\lambda}d\sin\theta_k},\mathrm{e}^{-\mathrm{j}\frac{2\pi}{\lambda}2d\sin\theta_k},\cdots,\mathrm{e}^{-\mathrm{j}\frac{2\pi}{\lambda}(M-1)d\sin\theta_k}\right]^{\mathrm{T}}$；到单用户接收端的信道可以表示为 $\boldsymbol{H}=\left[\boldsymbol{h}_{\mathrm{R}}(\theta_{\mathrm{R}})\otimes\boldsymbol{h}_{\mathrm{T}}(\theta_{\mathrm{T}})\right]$，其中 θ_{T} 和 θ_{R} 分别为发送和接收阵列方向角，则接收端的接收信号可以表示为

$$\boldsymbol{y}=\boldsymbol{HWPs}+\boldsymbol{n}=\boldsymbol{HW}_{\mathrm{A}}\boldsymbol{W}_{\mathrm{D}}\boldsymbol{Ps}+\boldsymbol{n} \tag{4.148}$$

其中，功率系数矩阵 $\boldsymbol{P}$、发送符号向量 $\boldsymbol{s}$ 和接收噪声向量 $\boldsymbol{n}$ 与4.5.4节中假设相同。

由于在预编码矩阵中 $\boldsymbol{W}_{\mathrm{A}}$ 是 θ 的函数，而 $\boldsymbol{W}_{\mathrm{D}}$ 需要利用等效信道 $\boldsymbol{HW}_{\mathrm{A}}$ 来求解，因此一般可以采用迭代的方法来确定模拟预编码和数字预编码；然而，对于单用户多流系统来说，信道矩阵 $\boldsymbol{H}$ 的秩为1，发送端仅发送1个数据流，此时采用 $\theta=\theta_{\mathrm{T}}$ 的发送端模拟波束赋形和 θ_{R} 方向的接收波束赋形即可，无须数字预编码。

4.6 链路自适应技术

在移动通信系统中，传播环境和信道特性是非常复杂的。无线通信技术发展的早期，为了对抗信道的时变衰落特性，即保证在信道衰落最大时也能够正常进行通信，系统采用加大发射机功率、使用低阶调制和冗余较多的纠错编码策略。这些策略虽然能够保障在信道处于深衰落时通信正常进行，但不能使系统吞吐率达到最大。为了充分利用无线资源，提高通信效率，链路自适应技术受到越来越广泛的关注。

链路自适应技术能够根据信道情况的变化，自适应地调整发送信号的比特率、功率等，进而可以更充分地利用各种资源。自适应技术在物理层、链路层和网络层都适用。物理层的自适应技术包括自适应调制编码（Adaptive Modulation and Coding，AMC）、功率控制、速率控制、错误控制等。混合自动重传请求（HARQ）是链路层的自适应技术。网络层的自适应技术包括跨层协作等。

在3G系统中广泛采用的链路自适应技术是功率控制技术，在B3G、4G、5G系统中则主要采用AMC和HARQ。下面就重点介绍AMC和HARQ。

4.6.1 自适应调制编码

1. AMC技术基本原理

AMC的基本原理是通过信道估计获得信道的瞬时状态信息，根据无线信道变化选择合适的调制和编码方式，从而提高频带利用效率，达到尽量高的数据吞吐率。当用户处于有利的通信地点时（如靠近基站或存在视距路径），发送端可以采用高阶调制和高编码率的信道编码方式，如64QAM和3/4编码率，从而得到高峰值比特率；而当用户处于不利的通信地点时（如位于小区边缘或者信道深衰落），发送端则选取低阶调制方式和低编码率的信道编码方式，如QPSK和1/2编码率，来保证通信质量。

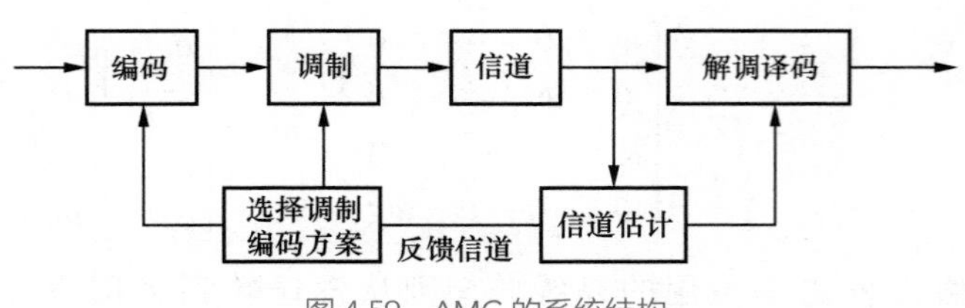

图 4.59 AMC 的系统结构

AMC的系统结构如图4.59所示。当发送的信息经过信道到达接收端

时，系统进行信道估计，根据信道估计的结果对接收信号进行解调和译码，同时把信道估计得到的信道状态信息（如重传次数、误帧率、信噪比等）通过反馈信道发送给发送端。发送端根据反馈信息对信道的质量进行判断，从而选择适当的发送参数来匹配信道。

2. AMC技术特点

AMC技术可以同时克服平均路径损耗、慢衰落和快衰落的影响。AMC技术具有以下特点。

（1）AMC技术随信道状态的变化而改变比特率，不能保证固定的比特率和时延，因此不适用于需要固定比特率和时延的电路交换业务。

（2）AMC技术可以在发射功率保持恒定的情况下使用，信道条件好的用户使用较高的比特率，信道条件差的用户使用较低的比特率，提高了系统平均吞吐率；而用功率控制技术来克服“远近效应”成为可选操作。

（3）AMC技术在发射功率恒定时，仅随快衰落变化改变调制编码方案，可以避免用快速功率控制技术时存在的“噪声提升”效应，克服了一个用户对其他用户的干扰问题，还可以降低网络中的干扰量，从而提高系统的吞吐率。

（4）AMC技术和数据包调度算法结合使用时，调度小区内当前载波干扰比最大的用户进行数据传输，从而利用了不同链路间快衰落的不相关性，可以降低用户在快衰落处于“波谷”时传输数据的概率，提升在快衰落的“波峰”传输数据的概率，这样系统不仅可以不受快衰落的影响，还可以得到一定的快衰落波峰增益。

3. AMC技术分类与实现

外环调整

根据反馈的信道状态信息不同，AMC技术可分为两大类。第一类以误帧率（亦可等效为数据帧的重传次数）为参考量，由于重传次数基本上能够充分反映误帧率的大小，这类方法不需要进行信道信噪比估计，而是统计每帧数据的重传次数来调整调制编码方案（Modulation and Coding Scheme，MCS），因此常被称为探索类（heuristic）AMC技术；第二类以信道信噪比估计值作为参考量，即接收端根据本帧数据信号幅值的变化以及历史数据的变化趋势估计出下一帧数据传输时的信道信噪比并反馈，信噪比高时多发送信息，信噪比低时少发送信息。第一类实现较为简单，但对信道的变化不能做出迅速的反应如外环调整的方法；第二类依赖于信道估计的准确性，可对信道信噪比的变化做出迅速反应，从而提高系统吞吐率。第二类AMC依据接收端的信道估计信息，灵活地调整发送的MCS，以实现吞吐率的优化，因此，为实现AMC，两类方案都必须保证从接收端到发送端的反馈信道，而第二类AMC还需尽量保证信道估计的精确度。实际系统中第二类AMC的应用更广泛，例如，LTE、IMT-2020等系统都主要采用基于信道信噪比估计的AMC，而4G与5G系统也仅以探索类AMC作为辅助。下面重点介绍第二类AMC。

第二类AMC得到估计的信噪比之后，根据设定的调制编码方案门限选择传输模式。门限值的确定可以采用固定门限算法。该算法将信道质量γ（信噪比）的变化范围划分成若干个区间，每个区间对应一种可用的调制编码方案。假定系统包含M种$\mathrm{MCS}_m, m \in \{1,2,\cdots,M\}$，$R_n = r_n \times \log_2 M_n$为$\mathrm{MCS}_n$对应的符号速率（每个调制符号能够承载的信息比特数），其中r_n为编码率，M_n为调制阶数。假设对应M种MCS_n的信噪比区间为$[\gamma_1,\gamma_2),[\gamma_2,\gamma_3),\cdots,[\gamma_M,\gamma_{M+1})$，其中$\gamma_{M+1}=+\infty$，当$\gamma$落在区间$m$（$[\gamma_m,\gamma_{m+1}), 1 \leqslant m \leqslant M$）时，就选择$\mathrm{MCS}_m$。显然各区间的切换门限$\{\gamma_1,\gamma_2,\cdots,\gamma_M\}$的优化选择对AMC系统非常重要。传统的门限选择准则有两种：吞吐率最大准则与保证误块率准则。

（1）吞吐率最大准则

吞吐率最大准则是以获得最大的吞吐率为目标，而不保证系统误块率（Block Error Rate，

BLER），即

$$\mathrm{MCS}(\gamma)=\operatorname{argmax}\left\{S_m(\gamma)=R_m\left[1-\mathrm{BLER}_m(\gamma)\right],m\in\{1,2,\cdots,M\}\right\} \tag{4.149}$$

其中 $\mathrm{BLER}_m(\gamma)$ 为 MCS_m 在信噪比为 γ 时对应的BLER。如图4.60所示，当给定信噪比 γ 时，可以计算出 M 种传输方式的吞吐率，分别记为 $\{S_1,S_2,\cdots,S_M\}$，当 S_m（$1\leqslant m\leqslant M$）最大时，就选择对应的传输方式 MCS_m 进行传输。根据 S_m（$1\leqslant m\leqslant M$）最大准则，就可以将信噪比区间划分为 $[\gamma_1,\gamma_2),[\gamma_2,\gamma_3),\cdots,[\gamma_M,\gamma_{M+1})$。

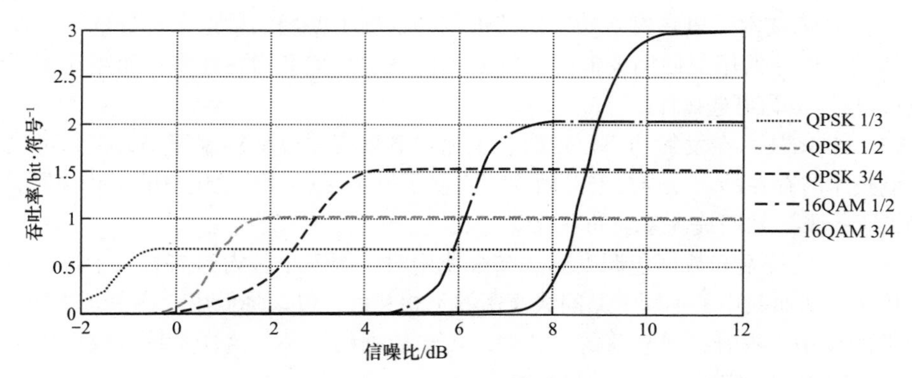

图 4.60　吞吐率最大准则示意图

（2）保证误块率准则

保证误块率准则在满足系统BLER要求（如0.1或0.01）的前提下，再以获得最大吞吐率为目标，即

$$\mathrm{MCS}(\gamma)=\operatorname{argmax}\left\{R_m\left[1-\mathrm{BLER}_m(\gamma)\right]\mid \mathrm{BLER}_m(\gamma)<x\%;m\in\{1,2,\cdots,M\}\right\} \tag{4.150}$$

其中，$\mathrm{BLER}_m(\gamma)$ 为 MCS_m 在信噪比为 γ 时对应的BLER。如图4.61所示，给定目标误块率 $\mathrm{BLER}_{\mathrm{target}}$，在AWGN信道下，需要确定MCS达到该误块率所需的最低信噪比，假设分别为 $\{\bar{\gamma}_1,\bar{\gamma}_2,\cdots,\bar{\gamma}_M\}$；进而结合吞吐率最大准则的区间 $[\gamma_1,\gamma_2),[\gamma_2,\gamma_3),\cdots,[\gamma_M,\gamma_{M+1})$，确定保证BLER时 MCS_m 对应的信噪比区间 $[\tilde{\gamma}_m,\tilde{\gamma}_{m+1})=[\max\{\gamma_m,\bar{\gamma}_m\},\max\{\gamma_{m+1},\bar{\gamma}_{m+1}\}),1\leqslant m\leqslant M$。

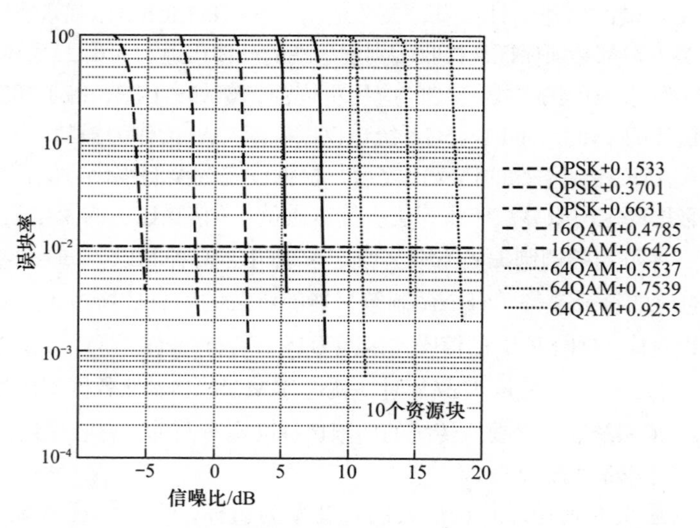

图 4.61　保证误码率准则的最低信噪比示意图

4. AMC技术关键问题

（1）信道预测的准确性

在第二类AMC中，信道预测过程中必然存在一定的误差，该误差值对系统平均吞吐率有较大的影响。

（2）反馈过程中的误差和时延

接收端将信道状态信息反馈给发送端时，在反馈过程中必然存在误差和时延，这些都是影响系统吞吐率的重要因素，在实际应用中必须加以考虑。

（3）MCS切换门限值的确定

MCS切换门限是AMC技术中的关键问题。切换门限值取得偏大，则系统不能充分利用频谱资源，系统吞吐率不能达到最大；切换门限值取得偏小，会导致误帧率过高，重传次数变大，系统吞吐率也不能达到最大。

4.6.2　混合自动重传

差错控制技术可实现高速数据传输下的低误码率，发送端根据反馈信道上的链路性能，自适应地发送相应的数据。差错控制技术一般分为三类：自动请求重传（ARQ）、前向纠错（Forward Error Correction，FEC）编码、混合自动重传（HARQ）。ARQ是在发送端发送检错码（如CRC码），在接收端根据译码结果是否出错通过反馈信道给发送端发送应答信号正确（ACK）或者错误（NACK）。发送端根据这个应答信号来决定是否重发数据帧，直到收到ACK或者发送次数超过预先设定的最大发送次数，再发下一个数据帧。FEC是发送端采用冗余较大的纠错码，接收端译码后能纠正一定程度上的误码。这种方式不需要反馈信道，直接根据编码的冗余就能纠正部分错误，也不需要发送端和接收端的配合处理，传输时延小、效率高，控制电路也比较简单。但纠错码比检错码的编码冗余度大、编码效率低、译码复杂度大，并且如果误码在纠错码的纠错能力以外就只能把错误的码组传给用户。HARQ是把前两种方式结合起来的一种差错控制技术，它能够结合两者优势，提高链路性能。

1. HARQ的系统结构

HARQ的系统结构如图4.62所示。HARQ的基本思想就是发送端发送具有纠错能力的码组，发送之后并不是马上删除，而是存放在缓存器中；接收端收到数据帧后通过纠错译码纠正一定程度的误码，然后判断信息是否出错，如果译码正确就通过反馈信道发送一个ACK，反之就发送一个NACK；发送端收到ACK时就发送下一个数据帧，并把缓存器里的数据帧删除收到NACK时就把缓存器里的数据帧重新发送一次，直到收到ACK或者发送次数超过预先设定的最大发送次数，再发送下一个数据帧。

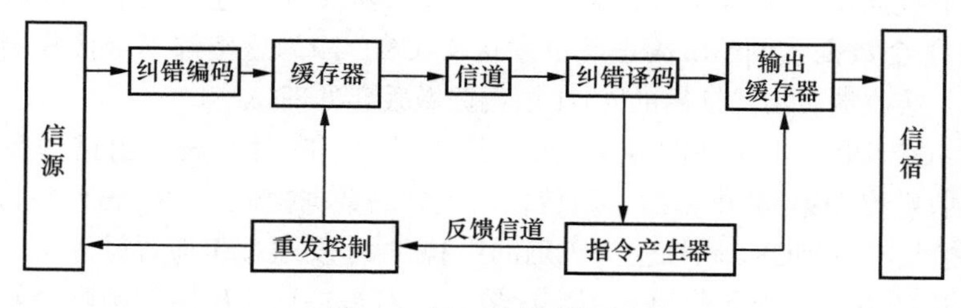

图 4.62　HARQ 的系统结构

HARQ的种类可以按照重传机制和重传数据帧的结构来划分，下面分别对其重传机制和重传数据帧的结构进行介绍。

2. HARQ的重传机制

（1）停止等待型

停止等待（Stop-And-Wait，SAW）方式是指发送端在发送一个数据帧后处于等待状态，直到收到ACK后发送下一个数据帧，或者收到NACK后发送上一帧数据。SAW重传机制如图4.63所示，其中“3'”和“3"”表示经过译码发现错误的数据帧。采用这种方式信道就会经常处于空闲状态，传输效率和信道利用率很低，不过实现简单。

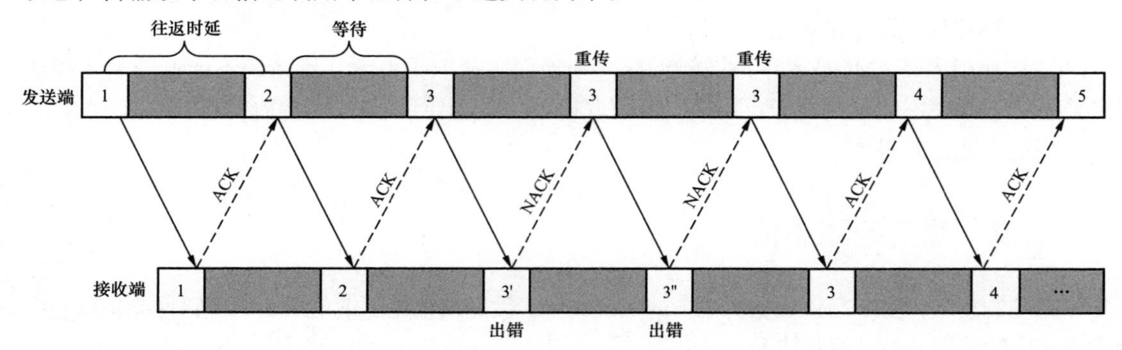

图4.63 SAW重传机制

在信道条件比较恶劣的时候采用SAW方式可能出现以下情况。

① 接收端无法判别是否收到数据帧，也就不会发送应答帧，发送端就会长时间处于等待状态。

② 接收端发送的应答帧丢失，发送端又会发送原来的数据帧，接收端就会收到同样的数据帧，这样就需要对数据帧进行编号来解决重复帧问题。

在实际应用中，为了提高SAW方式的效率，可以使用N个并行子信道重传。在某个子信道等待时，别的子信道可以传输数据，这样就可以减少简单的SAW方式在等待过程中造成的信道资源浪费。

（2）退回N步型

由于SAW方式中信道有大量的时间处于空闲状态，造成效率低下，因此退回N步（Go-Back-N，GBN）方式为克服这种缺点而采用了连续发送的方式，发送端的数据帧连续发送，接收端的应答帧也连续发送。假设在往返时延内可以传输N个数据帧，那么第i个数据帧的应答帧会在发送第$i+N$个数据帧之前到达。已发送的N个数据帧并不是立即被删除，而是存放在缓存器中，直到它的ACK应答帧到达或者超过最大重传次数。很明显收发两端需要的缓存器比SAW方式的大。若第i个数据帧的应答帧为ACK则继续发第$i+N$个数据帧，为NACK则退回N步发送第$i,i+1,i+2,\cdots,i+N-1$个数据帧。如果在第i个数据帧出错，那么接收端期望接收的数据就一直保持为第i个数据帧，直到收到正确的第i个数据帧或者超过最大重传次数，即使第$i+k$（$k=1,2,\cdots,N-1$）个数据帧的CRC码正确也发送NACK，因为这些都不是接收端所期望接收的数据。也就是说，接收端对出错帧后的$N-1$帧数据做丢弃处理。

假设$N=5$，GBN重传机制如图4.64所示。其中“3'”和“4'”表示出错的数据帧。首先对数据帧编号，接收端发现第3帧出错后，即使以后收到的数据帧通过CRC码校验为正确，也发送NACK应答帧；接收端收到CRC码校验为正确的第3帧时才发送ACK应答帧。由于发送端和接收端都采用连续发送的方式，因此信道利用率比较高，但是一旦有传错的帧则会导致退回N步重发，即使误帧后的$N-1$帧中有的帧CRC码校验正确，这必然会导致资源浪费，降低传输效率。回退步数N主要由收发双方的往返时间以及设备的处理时延决定，即从发送数据帧到收到该数据帧的应答帧之间的时间。

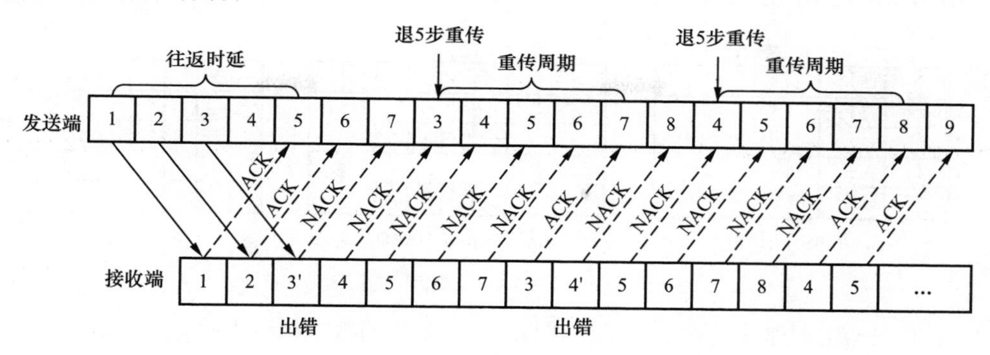

图 4.64 GBN 重传机制

（3）选择重传型

由以上的分析可知GBN方式虽然实现了连续发送、信道利用率较高，但是会造成很多不必要的浪费，特别是在N比较大的时候。如图4.65所示，选择重传（Selective Repeat，SR）方式对其做了改进，并不是重传N个数据帧，而是选择性地重传，仅重传出错的数据帧，这样就需要对数据帧进行正确的编号，以便在收发两端对成功接收或重传的数据帧进行排序。为了保证发生连续错误时缓存器不会溢出，SR方式要求缓存器的容量相当大，理论上应该趋于无穷。

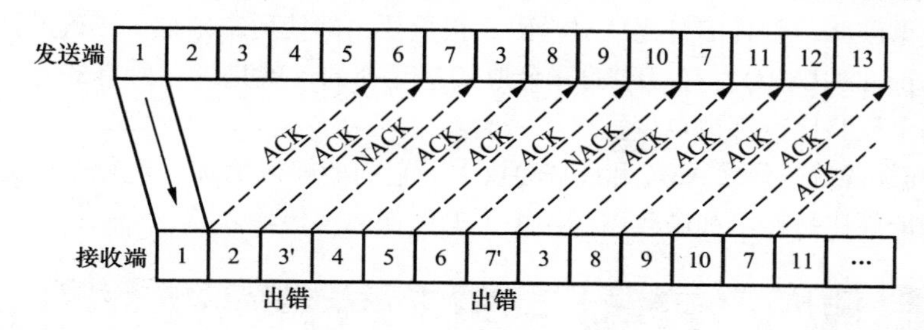

图 4.65 SR 重传机制

3. HARQ重传数据帧的结构

在发送端需要重传时，被传输的数据帧既可以是同样的数据帧，也可以是不同的数据帧。这是因为在编码时会出现信息比特和校验比特之分，而信息比特对于译码来说是最重要的。为了匹配某个确定的编码率，需要对校验比特打孔，就是说放弃传送某些校验比特。那么重传的数据帧与先前相同，就是说每次发送的是相同的信息比特和校验比特，而重传的数据帧与先前不同，就是说通过改变打孔的位置来重传了不同的校验比特。

（1）重传相同数据帧

Type-I HARQ就是采用这种方式。它是单纯地把ARQ和FEC相结合，在发送端发送纠错码，在接收端译码并纠正错误，如果错误在纠错码的纠错范围内并成功译码则发送一个ACK应答帧，反之则发送一个NACK应答帧。发送端在重传时仍然发送相同的数据帧，携带相同的冗余信息，如图4.66（a）所示。

（2）重传不同数据帧

Type-Ⅱ HARQ和Type-Ⅲ HARQ都属于这种方式。这时重传的数据帧又有全冗余和部分冗余之分。如图4.66（b）和图4.66（c）所示，冗余指的是编码带来的校验比特，那么全冗余就是重传的数据帧包含与先前位置不完全相同的校验比特，并且可以不再发送信息比特，而部分冗余是重传的数据帧既包括信息比特又包括与先前位置不完全相同的校验比特。

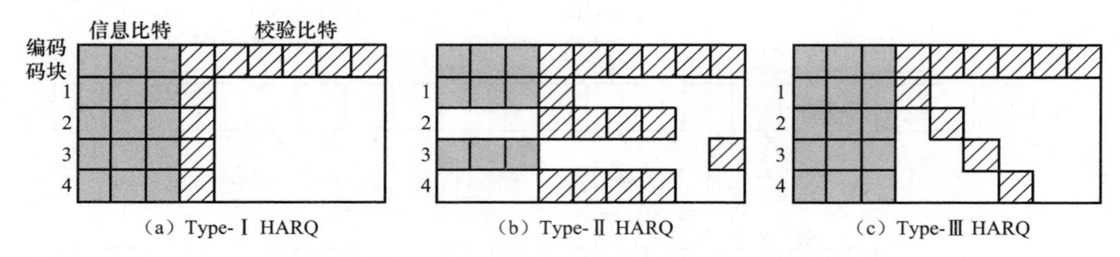

图4.66　三种HARQ重传数据帧结构

Type-Ⅱ HARQ属于全冗余方式的HARQ，由于重传的数据帧可以都是校验比特，因此它的数据帧是非自译码的。对于不能正确译码的数据帧，它并不是简单地做丢弃处理，而是将其保留下来，等到重传的数据帧到达时，再把它们合并译码，这样就可以很好地利用这些有效的信息。这种方式相当于获得了时间分集增益，可以提高接收数据的信噪比。冗余的形式因打孔方式的不同而不同，每次重传的都是一种形式的冗余版本，接收端先进行合并再译码。当然，收发两端都需要事先知道第几次重传时发送什么形式的冗余版本，并且每次传送的比特数是相同的。

Type-Ⅲ HARQ属于部分冗余的HARQ，就是说重发的数据帧既包含信息比特又包含校验比特，因而重传数据帧是自译码的。这种方式是考虑到如果传送过程中的噪声和干扰很大，第一次传送的数据被严重破坏，并且信息比特对译码又很重要，即使后来增加了正确的冗余信息还是不能正常译码。Type-Ⅲ HARQ所有版本的冗余形式是互补的，就是说在所有的冗余形式都发送完后，能够保证每个校验比特都被至少发送了一遍。

3G～5G系统都普遍采用了AMC和HARQ技术，它们能够以增加一定复杂度为代价极大地提高链路性能，保证高比特速率和高频谱利用率下的低误码率传输。

习题

4.1　接收分集技术的核心思想是什么？

4.2　什么是宏观分集和微观分集？在移动通信中常用的微观分集有哪些？分别进行举例。

4.3　分集中的合并方式有哪几种？哪一种可以获得最大的输出信噪比？为什么？

4.4　要求DPSK信号的误比特率为10^{-3}时，若采用M=2的选择合并，要求信号平均信噪比是多少dB？没有分集时又是多少？采用最大比合并时又如何？

4.5　假设发送端发送的MPSK基带信号为u且$|u|=1$，接收端收到M路独立的基带信号：

$$s_m=\sqrt{pr_m}\mathrm{e}^{\mathrm{j}\theta_m}u+n_m, m=1,2,\cdots,M$$

其中，p为发射功率；信号包络r_m服从瑞利分布$f_{r_m}(r)=2r\exp\{-r^2\}$，信道相位$\theta_m$服从$[0,2\pi]$的均匀分布，且相互独立；各路加性高斯白噪声$n_m$相互独立且方差为$\sigma_m^2$。假设接收端采用最大比合并后输出信号为$y=\sum_{m=1}^{M}\alpha_m s_m$且$p/\sigma_m^2=1$，则

（1）求信号包络r_m的平均功率；

（2）求第m路信号s_m的平均信噪比表达式$\bar{\xi}_m$；

（3）求信号y的平均信噪比表达式$\bar{\xi}$；

（4）求使得信号y的平均信噪比高于3dB的最少天线数。

4.6　信道均衡器的作用是什么？为什么支路数有限的线性横向均衡器不能完全消除符号间干扰？

4.7　线性均衡器与非线性均衡器相比主要缺点是什么？移动通信中一般在什么场景下使用它们中的哪一类？

4.8　试说明判决反馈均衡器的反馈滤波器是如何消除信号的拖尾干扰的？

4.9　推导在MMSE准则下OFDM系统的频域均衡方法。

4.10　假设用户终端发送独立等概的BPSK基带信号序列$\boldsymbol{a}=(-1,-1,a_0,a_1,\cdots,a_6=-1,a_7=-1)$，经过多径并叠加高斯白噪声后到达基站的接收信号为（i.i.d.表示独立同分布）

$$y_k=a_kh_0+a_{k-1}h_1+a_{k-2}h_2+n_k,[h_0,h_1,h_2]=[1-1,1],n_k\overset{\text{i.i.d.}}{\sim}N(0,\sigma^2)$$

（1）写出接收端接收序列的最大似然概率$p=(y_0\sim y_7\mid a_0\sim a_7)$表达式及发送信息$[a_0,a_1,\cdots,a_7]$的最小搜索路径准则表达式；

（2）画出ISI信道的二进制信号状态转移图；

（3）假设接收序列如下，利用网格图求最小搜索路径准则下的发送信息序列。

$$\{y_k,k=-2,\cdots,7\}=(0.2,-0.1,-1.2,+0.9,-1.1,-0.1,+2.8,-1.5,-0.7,1.3)$$

4.11　PN序列有哪些特征使得它具有类似噪声的性质？

4.12　计算序列的相关性。

（1）计算序列a=1110010的周期自相关特性并绘图（取10个符号长度）；

（2）计算序列b＝01101001和c=00110011的互相关系数，并计算其各自的周期自相关特性且绘图（取10个符号长度）；

（3）比较上述序列，哪一个最适合用作扩频码？

4.13　简要说明直接序列扩频和解扩的原理。

4.14　为什么扩频信号能够有效地抑制窄带干扰？

4.15　题4.15图（a）所示为m序列发生器，假设移位寄存器初始状态为$[S_1,S_2,S_3,S_4]=[1,1,1,1]$。

（1）写出一个周期长度的m序列，依次写出寄存器的所有状态。

（2）题图4.15图（b）所示为直接序列扩频，若用上述m序列对应波形对发送的窄带有用信号进行扩频，则

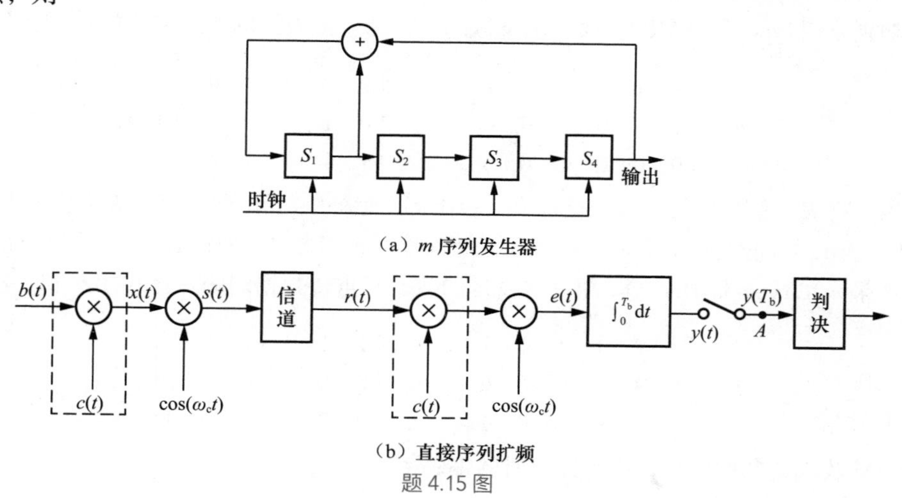

（a）m序列发生器

（b）直接序列扩频

题4.15图

① 仅考虑高斯白噪声信道，有虚框中操作和无虚框中操作（扩频与解扩）时的A点信噪比是否有变化？若有变化，提高了多少dB？

② 信道中叠加与有用信号中心频率相同的窄带干扰时，有虚框中操作和无虚框中操作（扩频与解扩）时的A点信干比是否有变化？若有变化，提高了多少dB？

4.16 MIMO和空时编码技术抗衰落的原理是什么？

4.17 假设发送端发送基带信号x_i且$E[|x_i|]=1$（$i=1,2$），通过2发2收的MIMO信道后，接收基带信号向量为

$$\begin{bmatrix} y_1 \\ y_2 \end{bmatrix} = \sqrt{\frac{1}{2}}\begin{bmatrix} 1 & 1 \\ 1 & -1 \end{bmatrix}\begin{bmatrix} 2 & 0 \\ 0 & 1 \end{bmatrix}\begin{bmatrix} 1 & 0 \\ 0 & 1 \end{bmatrix}\begin{bmatrix} \sqrt{p_1} & 0 \\ 0 & \sqrt{p_2} \end{bmatrix}\begin{bmatrix} x_1 \\ x_2 \end{bmatrix} + \begin{bmatrix} n_1 \\ n_2 \end{bmatrix}$$

其中$p = p_1 + p_2$为总发射功率，接收端噪声n_i（$i=1,2$）均值为0且方差为$\sigma^2 = BN_0$，而B为带宽，N_0为单边功率谱密度。

（1）当上式采用等功率分配时，求收发两端的信道容量C_1；

（2）当$p_1 = p$且$p_2 = 0$时，求收发两端的信道容量C_2；

（3）求当系统带宽B趋于无穷时，（1）和（2）两种情况中容量的极限。

4.18 现有采用QPSK调制STBC的2根发射天线的MIMO系统，要发送的信息符号是{2,1,3,0,2}，那么在每根天线上发送的符号是什么？

4.19 在$M\times 1$的MISO系统中，假设信道向量为$\boldsymbol{h}=[h_1,h_2,\cdots,h_M]$，$r_m=|h_m|$，$\theta_m=\angle h_m$，$h_m=r_m \mathrm{e}^{\mathrm{j}\theta_m}$相互独立且都服从均值为0、方差为$\sigma^2$的复高斯分布。发射机采用预编码$\boldsymbol{w}$发送信号$x$且功率$|x|^2=p$，则接收机的接收信号为

$$y = \boldsymbol{hw}x + n$$

其中，n是均值为0且方差为σ^2的AWGN。

（1）若$\boldsymbol{w}=\boldsymbol{h}^{\mathrm{H}}/\|\boldsymbol{h}\|$，求接收信号信噪比$\gamma_1$及平均信噪比$\bar{\gamma}_1$的表达式；

（2）若$\boldsymbol{w}=\left[\mathrm{e}^{-\mathrm{j}\theta_1},\mathrm{e}^{-\mathrm{j}\theta_2},\cdots,\mathrm{e}^{-\mathrm{j}\theta_M}\right]^{\mathrm{T}}/\sqrt{M}$，求接收信号信噪比$\gamma_2$及平均信噪比$\bar{\gamma}_2$的表达式；

（3）当天线数M无穷大时，$\bar{\gamma}_1$比$\bar{\gamma}_2$最多高多少dB？

4.20 现有采用LDPC码的HARQ系统，它有两组校验比特。

（1）如果采用Type-Ⅱ HARQ，第一次发送的数据和重传数据的删除格式如$\boldsymbol{p}_1$和$\boldsymbol{p}_2$所示。

$$\boldsymbol{p}_1 = \begin{bmatrix} 1 & 1 & 1 & 1 & 1 & 1 \\ 1 & 0 & 0 & 0 & 0 & 0 \\ 0 & 0 & 0 & 1 & 0 & 0 \end{bmatrix} \quad \boldsymbol{p}_2 = \begin{bmatrix} 0 & 0 & 0 & 0 & 0 & 0 \\ 0 & 1 & 0 & 1 & 0 & 1 \\ 1 & 1 & 1 & 0 & 1 & 1 \end{bmatrix}$$

矩阵中的第一行表示信息比特，后两行都是校验比特，矩阵中的元素是“1”表示这个比特需要发送，是“0”表示这个比特在打孔时被打掉了。请计算接收端合并这两帧数据后译码时的编码率。

（2）如果采用Type-Ⅲ HARQ，第一次发送的数据和重传数据的删除格式如$\boldsymbol{p}_3$和$\boldsymbol{p}_4$所示。

$$\boldsymbol{p}_3 = \begin{bmatrix} 1 & 1 & 1 & 1 & 1 & 1 \\ 0 & 1 & 0 & 0 & 0 & 0 \\ 0 & 0 & 0 & 0 & 0 & 1 \end{bmatrix} \quad \boldsymbol{p}_4 = \begin{bmatrix} 1 & 1 & 1 & 1 & 1 & 1 \\ 0 & 0 & 0 & 0 & 0 & 1 \\ 0 & 0 & 1 & 0 & 0 & 0 \end{bmatrix}$$

请计算接收端合并这两帧数据后译码时的编码率。

第5章

移动通信组网技术

本章重点介绍移动通信蜂窝式组网的原理和网络结构，内容主要包括频率复用和蜂窝小区、多址接入技术、切换与位置更新、无线资源管理、网络架构及网络安全等。

5.1 移动通信网概述

移动通信在追求最大容量的同时，还要追求最大覆盖，即无论用户移动到什么地方都应得到移动通信系统的覆盖。当前的移动通信系统还无法做到上述的最大覆盖，但系统应能够在其覆盖区域内提供良好的语音和数据通信服务，这就需要有一个通信网络支撑，该网络就是移动通信网。

一般而言，移动通信网由两部分组成：地面网络和空中网络。地面网络主要包括服务区内相互连接的各个基站组成的无线接入网（Radio Access Network，RAN）、核心网（Core Network，CN）与固定网络（如PSTN、ISDN、PDN等）；空中网络是移动通信网的主要部分，其蜂窝式组网理论如下。

（1）蜂窝式小区覆盖和小功率发射

蜂窝式组网放弃了点对点传输和广播覆盖模式，将一个移动通信服务区划分成许多以正六边形为基本几何图形的覆盖区域（称为蜂窝小区），用一个较低功率的发射机服务一个蜂窝小区内相当数量的用户。

（2）频率复用

由于传播损耗提供足够的隔离度，因此蜂窝系统的基站工作频率在相隔一定距离的基站可以重复使用，称为频率复用。例如，用户超过百万的大城市，若每个用户都有自己的频道频率，则需要极大的频谱资源，且在业务繁忙时还可能出现饱和现象。采用频率复用缓解了频谱资源紧缺的矛盾，增加了用户数目或系统容量。频率复用能够从有限的原始频率中产生几乎无限的可用频率，这是使系统容量趋于无限的好方法。频率复用所带来的问题是同频干扰，其影响与蜂窝间同频距离与小区半径的比值有关。

（3）多址接入

移动通信系统中以信道来区分通信对象，一个信道只容纳一个用户进行通信，这就是多址接入。在给定频谱资源下如何提高系统容量是蜂窝式移动通信系统的重要问题。采用何种多址接入方式直接影响系统的容量。

（4）多信道共用

由若干无线信道组成的移动通信系统为大量用户共同使用，并且能满足服务需求的信道利用技术，称为多信道共用技术。多信道共用技术利用信道占用的间断性，使许多用户能够任意地、合理地选择信道，以提高信道的使用效率。

（5）越区切换

不是所有呼叫都能在一个蜂窝小区内完成全部接续业务。为保证通话的连续性，当正在通话的移动台进入邻近小区时，移动通信系统必须具备业务信道自动切换到邻近小区基站的越区切换功能，即能够将业务切换到新的信道上，从而不中断通信过程。采用蜂窝式组网后，切换技术是一个重要问题，不同多址接入方式下的切换技术也有所不同。

（6）位置更新

位置更新是移动通信所特有的，移动用户要在移动网络中任意移动，网络需要在任何时刻都能联系到用户，以有效地管理移动用户。这种功能称为移动性管理功能。

5.2 频率复用和蜂窝小区

频率复用和蜂窝小区主要解决频谱资源有限的问题，并增加系统容量。频率复用和蜂窝小区的设计与移动网的区域覆盖和容量需求紧密相关。早期移动通信系统采用大区覆盖，但随着移动通信的发展其设计已远不能满足需求，因而以蜂窝小区和频率复用为代表的新型移动网络应运而生。它是解决频谱资源和系统容量有限问题的一个重大突破。

一般移动通信网的区域覆盖方式分为两类：小容量的大区制；大容量的小区制。大区制是指一个基站覆盖整个服务区。为了增大单基站的服务区域，天线架设要高，发射功率要大，但这只能保证移动台可以收到基站的信号。反过来，当移动台发射信号时，其受限的发射功率无法保障通信。为解决该问题，可以在服务区内设若干接收分集点与基站相连，利用接收分集来保证上行链路的通信质量，也可以在基站采用全向辐射天线和定向接收天线，从而改善上行链路的通信条件。大区制只适用于小容量的通信网，如用户数在1000以下的通信网。这种制式的控制方式简单，设备成本低，适用于中小城市、工矿区以及专业部门，是发展专用移动通信网可选用的制式。下面重点介绍大容量小区制中的频率复用技术。

1. 频率复用和覆盖

（1）带状服务覆盖区

如图5.1所示，带状服务覆盖区中有双频组频率配置和三频组频率配置。

f_1 f_2 f_1 f_2 f_1 f_2 f_1

f_1 f_2 f_3 f_1 f_2 f_3 f_1

图5.1　带状服务覆盖区

（2）面状服务覆盖区

图5.2中标有相同数字的蜂窝小区（以下简称小区）使用相同的信道组，N=4的示意图中画出了四个完整的含有小区1～小区4的区群，一般称为簇。在一个簇内，各小区要使用不同的频率，而在不同的簇间，编号相同的小区使用对应的相同频率。小区频率复用指明了在哪些小区使用相同的频率。另外，图5.2所示的六边形小区是概念上的，是每个基站的简化覆盖模型。用六边形做覆盖模型，可用最小的小区数覆盖整个地理区域；而且六边形最接近于全向天线的幅射模式和

自由空间的传播模式。无线移动通信系统广泛使用六边形研究系统覆盖和业务需求。当用六边形来模拟覆盖范围时，基站发射机可以安置在六边形的中心（中心激励小区）或3个相交的六边形的中心顶点上（顶点激励小区）。

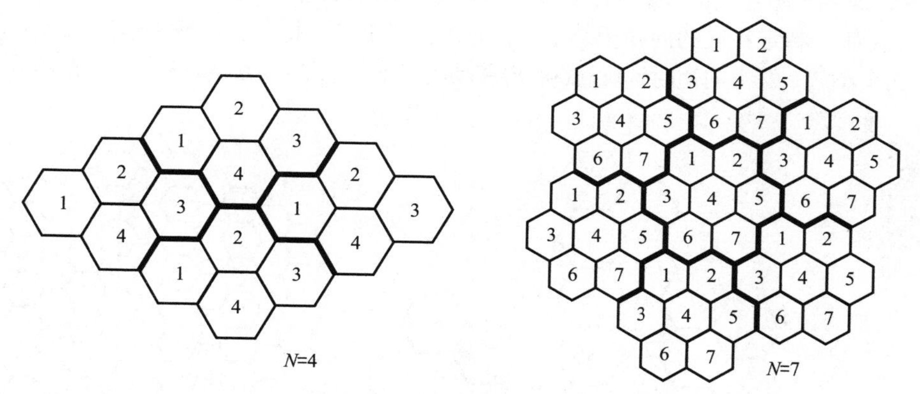

图 5.2 蜂窝系统的频率复用和面状服务覆盖区

实际上，由于无线系统覆盖区的地形地貌不同，无线传播环境不同，因此无线电波的慢衰落和快衰落不同。一个小区的实际无线覆盖区域是一个不规则的形状。

2. 频率复用因子与同频干扰

（1）频率复用因子

考虑一个共有S个可用双向信道的蜂窝系统，如果每个小区都分配K个信道（$K<S$），并且S个信道在N个小区中分为各不相同的、各自独立的信道组，而且每个信道组有相同的信道数目，那么可用无线信道的总数为

$$S = KN \tag{5.1}$$

共同使用全部可用频率的N个小区叫作一簇，称簇的大小N为频率复用因子，典型值为4、7或12。

如果簇在系统中复制了M次，则信道的总数C可以作为系统容量的一个度量值。

$$C = MKN = MS \tag{5.2}$$

如果N减小而小区的总数保持不变，则需要更多的簇来覆盖给定的范围。N值反映了移动台或基站在保持令人满意的通信质量的前提下可以承受的干扰。移动台或基站承受的干扰主要是频率复用所带来的同频干扰。考虑同频干扰，首先自然想到的是同频距离，因为电磁波的传播损耗是随着距离的增加而增大的，所以距离增加，干扰必然减少。

（2）同频距离

同频距离D是指相距最近的两个同频小区中心点的距离。如图5.3所示，过小区4中心点作两条与小区边界垂直的线段，其夹角为120°。此两条线段分别连接最近的两个同频小区中心点，其长度分别为I和J。于是同频距离为

$$D^2 = I^2 + J^2 - 2IJ\cos 120° = I^2 + IJ + J^2 \tag{5.3}$$

令 $I = 2iH$，$J = 2jH$，$H = \sqrt{3}R/2$ 为小区中心点到边的距离，其中 R 是小区半径。这样 $I = \sqrt{3}iR$，$J = \sqrt{3}jR$，代入式（5.3）得

$$D = \sqrt{3N}R \tag{5.4}$$

其中

$$N = i^2 + ij + j^2 \tag{5.5}$$

因此，频率复用因子N越大时，同频距离D也越大，但频率利用率降低了，因为它需要N个不同的频点组。反之，N小则D小，频率利用率高，但可能会造成较大的同频干扰。所以这是一对矛盾。

为了找到某一特定小区的同频相邻小区，必须按以下步骤操作：①朝六边形任何一条边的垂直方向移动i个小区；②方向逆时针旋转60°再移动j个小区。图5.4所示为i=3、j=2、N=19的情况。

小区簇个数取值

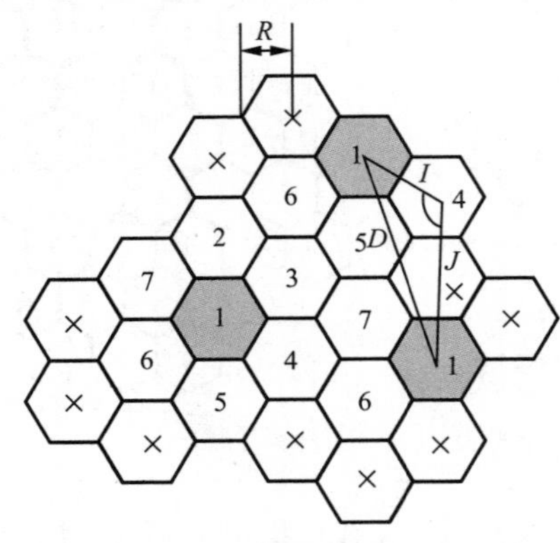

图 5.3 N=7 频率复用设计示例

图 5.4 在蜂窝小区中定位同频小区的方法

频率复用与同频干扰

（3）载波干扰比

假定小区的大小相同，移动台的接收功率门限按小区的大小调节。若设L为同频干扰小区数，则移动台的接收载波干扰比可表示为

$$\frac{C}{I} = \frac{C}{\sum_{l=1}^{L} I_l} \tag{5.6}$$

式（5.6）中，C为最小载波强度；I_l为第l个同频干扰小区所在基站引起的干扰功率。

移动无线信道的传播特性表明，小区中移动台接收的最小载波强度C与R^{-n}成正比。再设D_l是第l个干扰源与移动台间的距离，则移动台接收的来自第l个干扰小区的载波功率与D_l^{-n}成正比；n为衰落指数，一般可取4。如果每个基站的发射功率相等，整个覆盖区域内的路径衰落指数也相同，则移动台的载波干扰比（简称载干比）可近似表示为

$$\frac{C}{I} = \frac{R^{-n}}{\sum_{l=1}^{L} D_l^{-n}} \tag{5.7}$$

通常在被干扰小区的周围，干扰小区是多层，一般第一层起主要作用。因此，如图5.5所示，当采用全向天线时，L=6；而当采用定向天线时，显然理想情况下分成三扇区后，同频干扰小区数由原来的6减少为2，干扰减少了，容量自然就增加了。

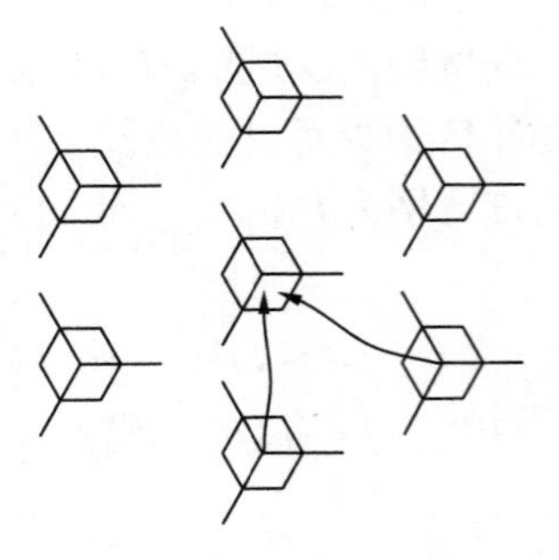

图 5.5 全向与定向天线下的干扰示意图

现仅考虑第一层干扰小区，且假定所有干扰基站与预设被干扰基站间的距离相等，即$D = D_l$，则载干比简化为

$$\frac{C}{I} = \frac{1}{L}\left(\frac{D}{R}\right)^n = \frac{1}{L}\left(\sqrt{3N}\right)^n \tag{5.8}$$

式（5.8）中，$D/R=\sqrt{3N}$ 称为同频复用比例，也称为同频干扰因子，一般用 Q 表示，即

$$Q=\frac{D}{R}=\sqrt{3N} \tag{5.9}$$

一般模拟移动系统要求 $C/I>18\text{dB}$，假设 n 取值为4，根据式（5.8）可得出，簇的大小 N 最小为6.49，故一般取最小值为7。在数字移动通信系统中，$C/I=7\sim10\text{dB}$，所以可以采用较小的 N 值。

例5.1 已知一个蜂窝系统的平均载干比要求为18dB，对于全向小区，试求出N。假设采用三扇区，则相对于全向小区干扰减少了，平均载干比提升了多少？如果平均载干比要求不变，仍然为18dB，则对于三扇区的情况，N为多少？（传播损耗倾斜率或称衰落指数n为4，仅考虑第一层干扰，且假设所有干扰基站与预设被干扰基站间的距离相等）。

解

① 全向小区簇，由于

$$\frac{S}{I}=\frac{1}{i_0}\left(\frac{D}{R}\right)^n=\frac{1}{6}\left(\sqrt{3N}\right)^4\geqslant 10^{18/10}\approx 63.4$$

则求出 $N=7$。

② 三扇区的情况下，同频干扰小区数由原来的6减少为2，则

$$\left(\frac{S}{I}\right)_2\Big/\left(\frac{S}{I}\right)_6=3$$

因此采用三扇区比全向小区平均载干比提升了 $10\log_{10}3\approx4.7713(\text{dB})$。

③ 三扇区的情况下，有

$$\frac{S}{I}=\frac{(D/R)^n}{i_0}=\frac{1}{2}\left(\sqrt{3N}\right)^4=10^{18/10}\approx 63.4$$

则 $N=\sqrt{63.4\times2}/3\approx3.75$，取 $N=4$。

---

3. 减少同频干扰的方法

如何减少或避免同频干扰，是移动通信研究的重要课题。一种方法是改进频率复用方案，另一种方法是采用小区间干扰协调。下面对有代表性的频率复用方案做简单介绍。

部分频率复用（Fractional Frequency Reuse，FFR）是在传统频率复用方案的基础上进行改进，将处于小区中心和小区边缘的用户区别对待。小区中心用户距离基站比较近，信道条件较好，且本身对其他小区的干扰不大，所以可以将其分配在频率复用因子为1的频率复用集上。而小区边缘的用户距离自身的服务基站较远，信道条件较差，且对其他小区处于相同频率的信号干扰较大，所以将其分配在频率复用因子为3的频率复用集上。

软频率复用（Soft Frequency Reuse，SFR）很好地继承了FFR方案的优点，同时依据发射功率门限采用动态频率复用因子。如图5.6所示，

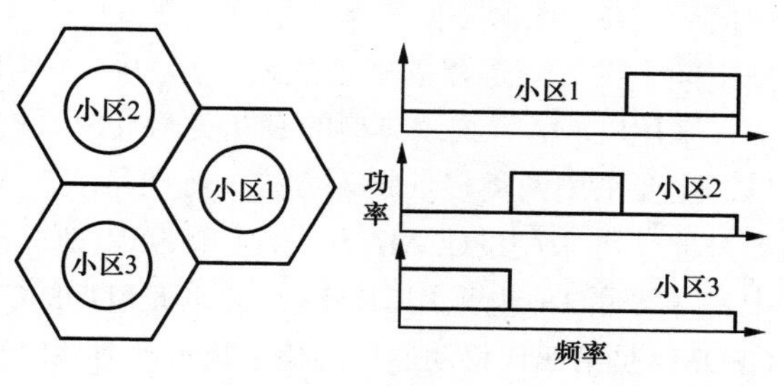

图 5.6　三小区时采用 SFR 方案的示意图

将每个小区的所有可用子载波分为两组，即主子载波组（在整个小区范围内使用，以较高功率发射）和辅子载波组（只能用于小区的中心区域，以较低功率发射）。这种子载波分配方式，可以使得相邻小区边缘用户使用相互正交的子载波，而使用相同子载波的用户距离足够远，从而有效减少或避免相邻小区边缘用户的同频干扰。该方法在LTE、WiMAX系统中得到了广泛应用。

小区、基站与频率复用的发展趋势

4. 频率复用的发展

4G中蜂窝式组网的频率复用因子已经变为1，不同小区间采用同频组网。而5G引入超密集网络（Ultra Dense Network，UDN），使小区网络覆盖进一步密集化。UDN旨在以更高的频谱效率，为用户提供全方位的立体覆盖和超高的用户体验速率，是5G及以后移动网络解决容量和覆盖不足问题的重要手段。

但是，如此高的小区密度也带来了诸多技术挑战。

- 小区相隔太近，基站间的同频干扰如何克服？
- 不同基站的信号强度可能差异不大，终端用户如何选择归属基站？
- 小区很小且形状不规则，如何进行切换等移动性管理？
- 多基站持续工作，巨大功耗如何解决？

多点协作传输（CoMP）

因此，有必要研究适应超密集移动通信系统的分布式连接方法。例如，利用多点协作传输（Coordinated Multiple Points Transmission/Reception，CoMP）为一个终端传输数据或利用“宏基站+微基站”和“微基站+微基站”部署模式来实现资源协调；通过引入人工智能解决端侧智能网络选择、网侧智能资源调度和端网协同智能切换等问题。

超密集组网技术可以和其他蜂窝式组网技术相结合形成异构网络，也可以和云化无线接入网（Cloud-Radio Access Network，C-RAN）、大规模MIMO、D2D等各种技术和谐共存。

5.3 多址接入技术

移动通信系统以信道来区分通信对象，一个信道只容纳一个用户进行通信，这就是多址接入。

传统的正交多址接入（Orthogonal Multiple Access，OMA）技术中，多个用户被分配时间、频率、码型等相互正交的无线资源。理想情况下，由于OMA中资源是正交分配的，多用户间不存在干扰，基本上使用单用户检测就能分离不同用户的信号。目前在移动通信中应用的正交多址接入方式有频分多址接入（FDMA）、时分多址接入（TDMA）、码分多址接入（CDMA）、正交频分多址接入（OFDMA）、空分多址接入（SDMA），以及它们的混合。

以传输信号的载波频率不同来区分信道建立多址接入，称为频分多址接入（FDMA）；以传输信号存在的时间不同来区分信道建立多址接入，称为时分多址接入（TDMA）；以传输信号的码型不同来区分信道建立多址接入，称为码分多址接入（CDMA）。第一代移动通信是模拟移动通信，采用FDMA方式，典型的有北美AMPS、欧洲和我国的TACS；第二代移动通信是数字移动通信，主要采用两类多址接入方式，一类是欧洲大多数国家采用的TDMA方式，如GSM体制，另一类是北美等采用的CDMA方式，如IS-95体制，我国两类方式都有；第三代移动通信中，5种体制中最主要的3种也采用CDMA，分别是FDD的CDMA2000、FDD的WCDMA、TDD的TD-SCDMA；OFDMA是第四代移动通信的核心技术，典型代表是LTE、WiMAX等移动通信体制；第五代移动通信也主要采用OFDMA方式。图5.7分别给出了N个信道的FDMA、TDMA和CDMA的示意图。

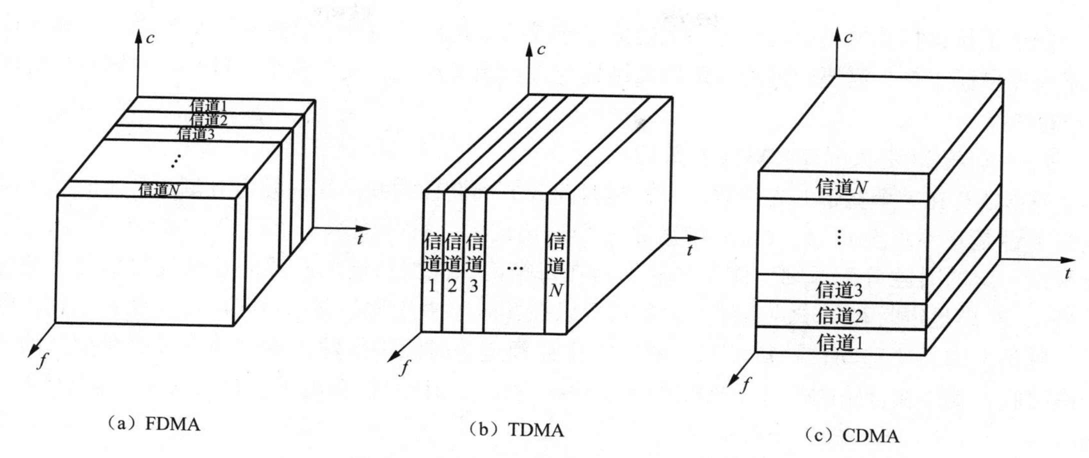

图 5.7　FDMA、TDMA 和 CDMA 的示意图

由于OMA方案中接入用户数与正交资源成正比，因此系统容量受限。而为满足5G海量连接、大容量、低时延等需求，人们迫切需要新的多址接入技术。不同用户采用重叠或部分重叠的空口资源进行通信，可以视为非正交多址接入（Non-Orthogonal Multiple Access，NOMA）。NOMA可以用相同的资源为更多的用户服务，从而能有效地提升系统容量与用户接入能力，已在5G上行接入中得到应用。

5.3.1　正交多址接入技术

1. 频分多址接入（FDMA）方式

FDD系统分配给用户一个信道，即一对频谱，一个频谱用作下行信道，即基站向移动台方向的信道，另一个则用作上行信道，即移动台向基站方向的信道。这种通信系统的基站必须同时发射和接收多个不同频率的信号，任意两个移动用户间进行通信都必须经过基站的中转，因而必须同时占用2个信道（两对频谱）以实现双工通信。

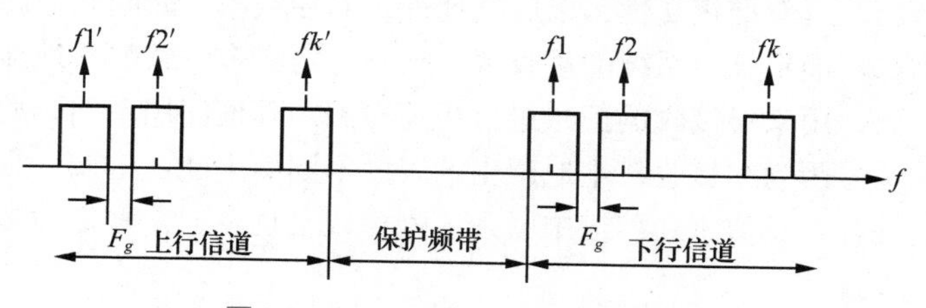

图 5.8　FDMA 系统的频谱分割示意图

FDMA系统的频谱分割示意图如图5.8所示。在频率轴上，下行信道占有较高的频带，上行信道占有较低的频带，中间为保护频带。在用户频道间，设有保护频隙F_g，以免系统的频率漂移造成频道间的重叠。下行信道与上行信道的频谱分割是实现FDD的前提，保护频隙（如25 kHz）是保证频道间不重叠的条件。

在FDMA系统中的主要干扰有互调干扰、邻道干扰和同频干扰。

互调干扰是指系统内非线性器件产生的各种组合频率成分落入本频道接收机通带内，造成对有用信号的干扰。当干扰的强度（功率）足够大时，互调干扰将对有用信号造成伤害。克服互调干扰的办法除减少产生互调干扰的条件，即尽可能提高系统的线性程度，减少发射机互调和接收机互调外，主要是选用无互调的频率集。

邻道干扰是指邻近频道信号中存在的寄生辐射落入本频道接收机频带内，造成对有用信号的干扰。邻道干扰功率足够大时，将对有用信号造成损害。克服邻道干扰的办法除严格规定收发机的技术指标，即规定发射机寄生辐射和接收机中频选择性外，主要是加大频道间的隔离度。

同频干扰是指相邻簇中同信道小区的信号造成的干扰。它与蜂窝结构和频率规划密切相关。为了减少同频干扰，需要合理地选定蜂窝结构与进行频率规划，表现为系统设计中对同频干扰因子Q的选择。

2. 时分多址接入（TDMA）方式

TDMA是在一个宽带的无线载波上，把时间分成周期性的帧，每一帧再分割成若干时隙（帧或时隙都是互不重叠的），每个时隙就是一个通信信道，被分配给一个用户。如图5.9所示，系统根据一定的时隙分配原则，使各个移动台在每帧内只能按指定的时隙向基站发射信号（突发信号），在满足定时和同步的条件下，基站可以在各时隙中接收各移动台的信号而互不干扰。同时，基站发向各个移动台的信号都按顺序安排在预定的时隙中传输，各移动台只要在指定的时隙内接收，就能在合路的信号（TDM信号）中把发给它的信号区分出来。TDMA帧结构如图5.10所示。

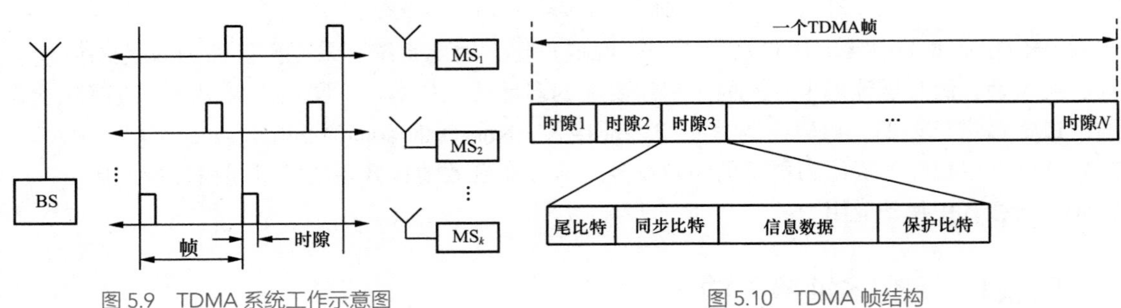

图5.9 TDMA系统工作示意图

图5.10 TDMA帧结构

3. 码分多址接入（CDMA）方式

如图5.11所示，CDMA系统为每个用户分配了各自特定的地址码，利用公共信道来传输信息。CDMA系统的地址码相互具有准正交性，以区别地址，而在频率、时间和空间上都可能重叠。系统的接收端必须有与之完全一致的本地地址码，用来对接收的信号进行相关检测。其他使用不同码型的信号因为和接收机本地产生的码型不同而不能被解调。它们的存在类似于在信道中引入了噪声或干扰，通常称之为多址干扰。

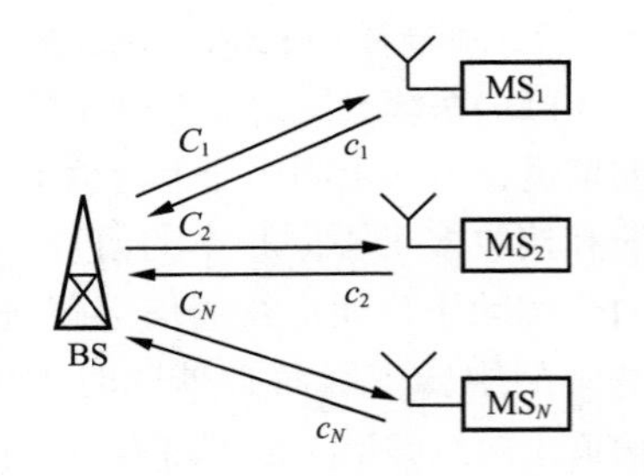

图5.11 CDMA系统工作示意图

CDMA系统存在两个重要问题。一是来自非同步CDMA网中不同用户的扩频序列不完全是正交的。这一点与FDMA和TDMA是不同的，FDMA和TDMA具有合理的保护频带或保护时间，接收信号近似保持正交性，而CDMA对这种正交性是不能保证的。这种扩频码间的非零互相关系数会引起各用户间的干扰，即多址干扰，在异步传输信道以及多径传播环境中多址干扰将更为严重。多用户检测技术可以利用用户间地址码的相关信息有效抑制多址干扰。二是远近效应。许多移动用户共享同一信道就会产生远近效应。由于移动用户所在的位置处于变化中，因此基站收到的各用户信号功率可能相差很大，即使各用户到基站距离相等，深衰落的存在也会使到达基站的信号各不相同，强信号对弱信号有着明显的抑制作用，会使弱信号的接收性能很差甚至无法通信，这种现象被称为远近效应。为了解决远近效应问题，大多数CDMA系统使用功率控制。蜂窝系统中由基站来提供功率控制，以保证在基站覆盖区内的每一个用户给基站提供相同功率的信号，这样就解决了一个邻近用户的信号过强而覆盖了远处用户信号的问题。基站的功率控制是通过快速采样每一个移动终端的无线信号强度指示（Radio Signal Strength Indication，RSSI）来实现的。尽管CDMA系统在每一个小区内使用功率控制，但小区外的移动终端还是会产生不在接收基站控制下的干扰。

4. 空分多址接入（SDMA）方式

SDMA方式就是通过空间的分割来区别不同的用户。在移动通信中，实现空间分割的基本技术是采用天线阵列，在不同用户方向上形成不同的波束。如图5.12所示，SDMA使用定向波束天线来服务不同的用户。在SDMA系统中，相同频率（TDMA或CDMA）或不同频率（FDMA）用来服务波束覆盖的不同区域，也就是说SDMA通常与其他多址方式，如FDMA、TDMA、CDMA和OFDMA等结合使用。扇形天线可被看作SDMA的一个基本方式。在极限情况下，天线阵列具有极窄的波束和无限快的跟踪速度，可以实现最佳的SDMA。将来移动通信系统有可能使用天线阵列迅速地引导能量沿用户方向发送，这种天线最适合于TDMA和CDMA。

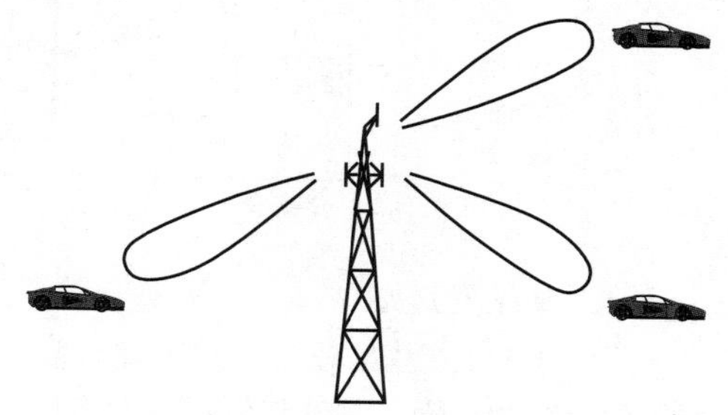
图5.12 SCDM系统工作示意图

在蜂窝系统中，由于一些原因，上行链路面临的困难较多。第一，基站完全控制下行链路上所有发射信号的功率，但由于每一用户和基站间无线传播路径不同，对每一用户的发射功率必须动态控制，以防止任何用户功率太高而影响其他用户。第二，发射受到用户电池能量的限制，因此也限制了上行链路上对功率的控制程度。如果为了从每个用户接收到更多能量，通过空间过滤用户信号的方法，即通过SDMA方式反向控制用户的空间辐射能量，那么每一用户的上行链路将得到改善，并且需要更小的功率。

用在基站的波束赋形技术可以解决上行链路的一些问题。不考虑无穷小波束宽度和无穷大快速搜索能力的限制，波束赋形提供了在本小区内不受其他用户干扰的唯一信道。在SDMA系统中的所有用户将能够用同一信道在同一时间双向通信，而且一个完善的波束赋形系统应能够为每一用户搜索其多个多径分量，并且以理想方式组合它们，来收集从每一用户发来的所有有效信号能量，有效克服多径干扰和同信道干扰。尽管上述理想情况是不可实现的，它需要无限多个阵元，但采用适当数目的阵元也可以获得较大的系统增益。

5.3.2 非正交多址接入技术

NOMA通过在相同的时间资源、频谱资源、码字资源上给不同用户分配非正交的波形来提高系统的频谱效率和用户的接入数量，结合先进的多用户检测技术，即在接收端对收到的多用户叠加信号进行连续干扰消除（Successive Interference Cancellation，SIC），即可以有效地实现译码，区分出不同的用户。与OMA相比，NOMA带来了系统的复杂性，但提高了系统容量。因此NOMA技术是5G以及未来通信系统的关键技术之一。

NOMA技术大致分为功率域NOMA技术、编码域NOMA技术和波形域NOMA技术等。

1. 功率域NOMA技术

功率域NOMA根据用户信道质量差异，给共享相同时间、频谱、空间资源的不同用户分配不同的功率，在接收端通过SIC将干扰信号删除，从而实现多址接入和系统容量的提升。功率域NOMA的收发端信号处理如图5.13所示。

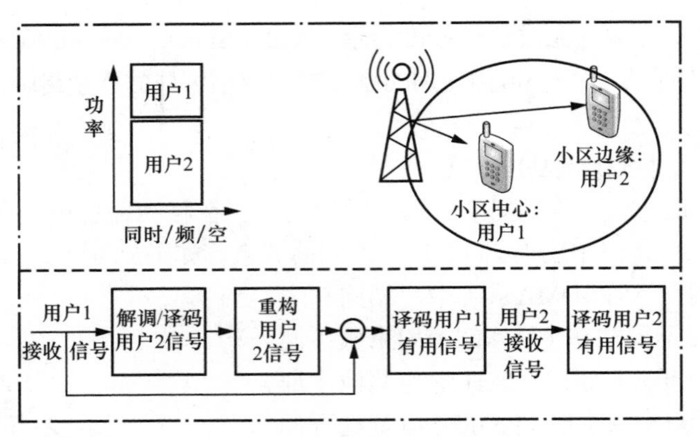

图 5.13　功率域 NOMA 信号处理

（1）基站发送端

假设用户1离基站较近，信噪比较高，被分配较低的功率；用户2离基站较远，信噪比较低，被分配较高的功率。基站将发送给两个用户的信号进行线性叠加，利用相同的物理资源发送出去。

SCMA

（2）用户1接收端

由于分给用户1的功率低于用户2，因此若想正确译码用户1的有用信号，需先解调/译码并重构用户2的信号，然后进行删除，进而在较好的信噪比条件下译码用户1的信号。

（3）用户2接收端

MUSA

虽然用户2接收信号中存在传输给用户1的信号干扰，但这部分干扰功率低于用户2的有用信号功率，不会对用户2带来明显的性能影响。因此，一般直接将用户1的干扰当作噪声处理，进行译码得到用户2的有用信号。

2. 编码域NOMA技术

PDMA

编码域NOMA技术的主要思想：设计合理的多用户码本，在发送端采用叠加编码方式发送信号；在接收端基于SIC算法或消息传递算法（Message Passing Algorithm，MPA）进行多用户检测。其基本原理是将用户信号的分割从一维幅度空间扩展到了多维的码本空间，从而扩展了信号的自由度，能够更好地提高系统的容量。主要的编码域NOMA技术包括低密度扩频码多址接入（Low-Density Spreading Code Division Multiple Access，LDS-CDMA）、稀疏编码多址接入（Sparse Code Multiple Access，SCMA）、多用户共享接入（Multi-User Shared Access，MUSA）和图样分割多址接入（Patten Division Multiple Access，PDMA）等。另外还有资源扩频多址接入（Resource Spread Multiple Access，RSMA）和交织图格多址接入（Interleave-Grid Multiple Access，IGMA）等。

3. 波形域NOMA技术

由于OFDM存在CP开销大、带外干扰大、峰均比大、同步复杂等局限性，因此将其用于5G系统时需要采用新的技术对其进行改善。而波形域NOMA技术主要是通过对OFDM多载波的调制波形和滤波方式进行优化设计来做到载波间的非正交，更好地抑制峰均比和抵抗带外泄漏。波形域NOMA的代表性技术包括广义多载波（Generalized Multi-Carrier，GMC）、滤波器组多载波（Filter Band Multi-Carrier，FBMC）、通用滤波多载波（Universal Filter Multi-Carrier，UFMC）和广义频分复用（Generalized Frequency Division Multiplexing，GFDM）等。

5.3.3 随机接入多址技术

前面讲述的多址接入技术主要应用在语音、视频这类需要连续发送信号的业务中，需要通过分配专用信道来得到良好的性能。但大多数分组数据业务中，分组数据随时间推移随机出现，显然给这些业务分配专用信道效率极低，因此可以采用随机接入策略将信道分配给需要传送数据的用户。

采用随机接入就会出现“碰撞”现象，即当多个用户都企图接入同一个信道时碰撞就会发生。解决办法是在接收端（即在基站）检测收到的数据，根据信号质量向用户发送ACK或NACK，用户则根据收到的ACK或NACK来决定其下一个分组的发送。该方式简单可行，但问题是需要使用全反馈，并且可能导致数据传输有较大的时延。为解决这个问题，可以采用的技术包括纯ALOHA、时隙ALOHA、载波监听多址接入（CSMA）和调度等。

在分组数据业务中，用户数据由N比特组成的数据分组构成，其中可能包括检错比特、纠错比特和控制比特。假设信道的比特率为Rbit/s，则一个分组的传输时间为$\tau = N/R$。当不同用户所发送的分组在时间上重叠时，就会发生所谓的“碰撞”，此时两个分组都可能在接收时出现错误，这种分组出错的概率称为分组错误率（Packet Error Rate，PER）。通常假设分组的产生符合泊松分布。单位时间内产生的分组数是λ，即λ是任意时间段$[0,t]$内的平均分组数除以t。由于假设分组的产生服从泊松分布，因此在$[0,t]$内到达的分组数$X(t)=k$（k为整数）的概率为

$$P\{X(t)=k\}=\frac{(\lambda t)^k}{k!}\mathrm{e}^{-\lambda t} \tag{5.10}$$

定义$L=\lambda\tau$为信道业务的负载，其中λ为泊松到达速率，τ为分组传输时间。$L>1$表明在给定时间内平均到达的分组数多于在同样时间内能够发出去的分组数，这样就会引起碰撞且可能导致传输出错，所以此时系统是不稳定的。如果出错时接收端可以通知发送端对错误的分组重传，则分组到达率λ以及相应的负载计算应该包括新到达的分组和需要重传的分组，这时的L称为总提交负载。

吞吐率常用于反映随机接入的性能。吞吐率T定义为在给定时间内平均成功发送的分组速率除以信道的分组速率R_ρ，也等于总提交负载乘以成功接收分组的概率。不难注意到成功接收分组的概率与所用随机接入协议以及信道特性有关，某些情况下即使不发生碰撞，信道特性也会使分组出错。因此系统要求$T\leqslant L$，即稳定系统要满足$T\leqslant L\leqslant 1$。还要注意的是，分组在时间上重叠不一定表示发生碰撞，比如短暂重叠，由于到达接收端的分组有不同的信道增益以及使用纠错编码技术等，因此此时的一个或多个分组在接收端有可能被正确接收，这种情况称为捕获效应。

1. 随机接入技术原理

随机接入技术包括纯ALOHA、时隙ALOHA、具有捕获效应的ALOHA（C-ALOHA）、选择拒绝ALOHA（SREJ-ALOHA）、载波监听多址接入（CSMA）、可控多址接入等。下面简要介绍其中部分技术的原理。

两种随机多址方式

（1）纯ALOHA

在纯ALOHA中，用户产生数据分组后立即发送。不考虑捕获效应，假设没有发生碰撞的分组一定能够被正确接收，且无碰撞的概率为P，则吞吐率为

$$T=LP=\lambda\tau P \tag{5.11}$$

假设一个用户在时间$[0,\tau]$内发送一个持续时间为τ的分组，当其他用户在$[-\tau,\tau]$内也发送一个持续时间为τ的分组时，就会发生碰撞。不发生碰撞的概率就是在$[-\tau,\tau]$内没有分组到达的概率，即式（5.10）中$t=2\tau$的概率：

$$P\left\{X(t)=0\right\}=\mathrm{e}^{-2\lambda\tau}=\mathrm{e}^{-2L} \tag{5.12}$$

相应的吞吐率为

$$T=L\mathrm{e}^{-2L} \tag{5.13}$$

（2）时隙ALOHA

时隙ALOHA把时间划分成持续时间为 τ 的时隙，用户准备发送的数据分组必须等到下一个时隙的起点才能开始发送，因此发送的数据分组不会发生局部重叠，而纯ALOHA允许用户在任意时刻发送分组，因此增大了发生局部重叠的概率。若一个分组在时间 $[0,\tau]$ 内发送，在这个时间段内没有其他分组发送，该分组就能够被正确接收，则无碰撞发生的概率为

$$P\left\{X(t)=0\right\}=\mathrm{e}^{-\lambda\tau}=\mathrm{e}^{-L} \tag{5.14}$$

注意到式（5.14）是将 $t=\tau$ 代入式（5.10）得到的，此时的吞吐率为

$$T=L\mathrm{e}^{-L} \tag{5.15}$$

可以看到，其吞吐率比纯ALOHA的吞吐率提高了。

（3）载波监听多址接入

CSMA是在ALOHA基础上减少碰撞的另一种方法，该技术需要用户在发送数据前监听信道，查看是否有其他用户在此信道上发送数据，如果有则暂不发送数据，推迟发送。采用CSMA协议需要用户能检测出其他用户是否正在发送数据，同时要求检测出载波所需要的时间和传输时延都很小，否则会影响效率。通常用户发现信道忙时，要等待一段随机时间再发送数据。这种随机退避避免了信道变为空闲后多个用户同时抢占信道的问题。由于无线信道的特性，用户有可能检测不到其他用户正在发送数据，这个问题被称作隐藏终端问题，解决方法是采用四方握手或发送忙音，这里不赘述。

（4）可控多址接入

可控多址接入（又称预约协议）利用短的预约分组为长数据报文分组在信道上预约一个时段，若预约成功，长数据报文分组就会在其预约的时段内传输，而不会出现碰撞。预约协议是可控多址接入方式中特有的，包括两层：第一层是针对预约分组的多址协议，第二层是针对数据报文的多址协议。可控访问多址包括预约ALOHA和自适应TDMA等。可控多址接入主要用于长短数据兼容场景，但最佳可控多址方案仍有待进一步研究。

2. 移动通信中的随机接入多址

根据业务触发方式不同，移动通信中的随机接入分为竞争接入和非竞争接入两种。

- 竞争接入：用户侧在接入开始前随机选取一个前导序列进行接入请求发送，隐含着接入冲突风险。
- 非竞争接入：由基站向用户分配专门的前导序列，用户根据基站的调度在指定的随机接入信道资源上采用专有导频码进行数据传输。

随着人们对接入等待时延、通信稳定性等提出更高的要求，随机接入技术也在不断演进。5G R14以前，随机接入普遍采用预调度的方法：基站周期性地给终端用户分配好相应的无线资源，终端用户在有数据要发送的时候直接在预先分配好的无线资源上发送，无须再向网络侧请求资源，所以减少了整个资源请求流程的时间。随后，5G标准提出了周期短至1ms的半静态调度，进一步降低时延。5G R16又提出免调度随机接入，其过程不需要烦琐的接入交互以及资源请求，从而降低了系统信令开销、终端功耗、控制面的时延，非常适合物联网和增强移动宽带的小包业务。6G将具有更高的复杂度和用户数量，基于免调度随机接入的新技术将为解决上述问题提供新的思路。

5.4 切换与位置更新

5.4.1 切换

1. 信道切换原理

（1）切换的概念与原理

当移动用户处于通话状态时，如果出现用户从一个小区移动到另一个小区情况，为了保证通话的连续性，系统要将对该用户终端的连接控制也从一个小区转移到另一个小区。这种将处于通话状态的用户转移到新的业务信道上（新的小区）的过程称为“切换”（Handover，HO）。因此，切换的目的是实现蜂窝式移动通信的“无缝隙”覆盖，即当移动台从一个小区进入另一个小区时，保证通信的业务连续性。切换的操作不仅包括识别新的小区，还包括分配给移动台在新小区的业务信道和控制信道。在一个小区内没有经过切换的通话时间，叫作驻留时间。某一特定用户的驻留时间受一系列参数的影响，包括传播、干扰、用户与基站间的距离，以及其他随时间而变的因素。

通常引起切换的原因有以下两种。

① 信号的强度或质量下降到由系统规定的一定参数以下，此时移动台被切换到信号强度较高的邻近小区。该切换一般由移动台发起。

② 某小区业务信道容量全被占用或几乎全被占用，这时移动台被切换到业务信道容量较空闲的邻近小区。该切换一般由上级实体发起。

切换必须顺利完成，并尽可能少出现，同时要使用户觉察不到。为满足这些要求，必须指定启动切换的最优信号强度。一旦将某个特定的信号强度指定为基站接收机可接受的语音质量最小可用信号（一般在−90dBm到−100dBm），那么比此信号强度稍微高一点的信号强度就可作为启动切换的门限。其差值表示为$\Delta=Pr_{切换}-Pr_{最小可用}$，其值不能太小也不能太大。如果Δ太小，就有可能会有不需要的切换来增加系统的负担；如果Δ太大，就有可能因信号太弱而“掉话”，而在此之前没有足够的时间来完成切换。

（2）接收信号强度检测

在决定切换前，要保证所检测信号强度下降不是瞬间的信道衰减导致的，而是由于移动台正在远离当前服务的基站。因此，基站在切换前需要先对信号监视一段时间。

在1G系统中，信号强度检测是由基站完成并由MSC来管理的；在TDMA的2G系统中，切换决定是由移动台辅助做出的，在移动台辅助切换（MAHO）中，每个移动台检测从周围基站收到的信号的强度，并将这些检测数据连续地发送给当前为它服务的基站。MAHO使得基站间的切换比1G系统快得多，因为切换检测是由每个移动台完成的，这样MSC就不再需要连续不断地检测信号强度。MAHO的切换频率在蜂窝环境中特别适用。

（3）切换请求的处理方法

不同系统用不同的策略和方法来处理切换请求。

① 处理切换请求的方式与处理初始呼叫一样。某些系统中，切换请求在新基站中失败的概率和来话阻塞的概率是一样的。然而，从用户的角度，正在进行的通话中断比偶尔新呼叫阻塞更令人不快。为提高服务质量，在分配语音信道时，人们已经有多种方法实现切换请求优先于初始呼叫请求。

② 信道监视方法是使切换具有优先权的一种方法，即保留小区中所有可用信道的一小部分，专门

为那些可能要切换到该小区的通话所发出的切换请求服务。监视信道在使用动态分配策略时能使频谱得到充分利用，因为动态分配策略可通过有效的、根据需求调整的分配方案使监视信道所占资源最少。

③ 对切换请求进行排队是减小由于缺少可用信道而强迫通话中断发生概率的另一种方法。由于收到的信号强度降到切换门限以下和因信号太弱而通话中断间的时间间隔是有限的，因此可以对切换请求进行排队。

2. 切换分类

根据切换发生时移动台与原基站以及目标基站间连接方式的不同，可以将切换分为硬切换与软切换两大类。

（1）硬切换

硬切换（Hard Handoff，HHO）是指在新通信链路建立前先中断旧的通信链路的切换方式，即先断后通。在整个切换过程中移动台只能使用一个无线信道。在从旧的服务链路过渡到新的服务链路时，硬切换存在通话中断，但是时间非常短，用户一般感觉不到。在这种切换过程中，可能发生原有的链路已经断开，但是新的链路没有成功建立的情况，这样移动台就会失去与网络的连接，即产生掉话。

使用不同频率的小区间只能采用硬切换，所以模拟系统和TDMA系统（如GSM系统）都采用硬切换。

硬切换的失败率较高，目标基站没有空闲的信道或切换信令的传输出现错误，都会导致切换失败。此外，当移动台处于两个小区的交界处，由于两个基站在该处的信号都较弱且会起伏变化，因此移动台容易在两个基站间反复要求切换，即出现“乒乓效应”，使系统控制的负载加重，并增加通信中断的可能性。根据以往对模拟系统、TDMA系统的测试统计，无线信道上90%的掉话是在切换过程中发生的。

（2）软切换

软切换（Soft Handoff，SHO）是指需要切换时，移动台先与目标基站建立通信链路，再切断与原基站间的通信链路的切换方式，即先通后断。

软切换只能在使用相同频率的小区间进行，因此模拟系统、TDMA系统不具有这种功能。它是3G系统所独有的切换方式。

传统蜂窝式移动通信网中的切换控制主要支持用户在网络内部移动时的会话移动性。而未来的泛在、异构网络环境中，除各个网络内部的切换控制以外，还应有跨越网络边界、跨运营商以及跨终端漫游时的切换控制。相应地，切换具有了一些新的特征，也出现了多种分类方法：根据涉及的网络范围，可以分为网内切换和网间切换；根据涉及的接入技术是否同类，可以分为水平切换（或称系统内切换）和垂直切换（或称系统间切换）；从性能角度，分为快速切换、平滑切换和无缝切换；根据切换前后所涉及的无线频率，分为同频切换和异频切换；根据切换的必要性，可分为强制切换和非强制切换；根据切换中是否允许用户控制，分为主动切换和被动切换。

5.4.2 位置更新

在移动通信系统中，用户可以在系统覆盖范围内任意移动。为了能把分组数据报文传送到随机移动的用户，就必须有一个高效的位置管理系统来跟踪用户的位置变化。位置管理包括两个任务：位置更新和寻呼。位置更新解决的问题是移动用户如何发现位置变化以及何时报告它的当前位置；寻呼解决的问题是如何有效地确定移动用户当前处于哪一个小区。下面主要介绍位置更新。

1. 位置更新原理

以5G系统为例，当用户设备（UE）处于连接态移动时会触发同一RAN节点下的小区切换或者跨RAN节点的小区切换，此时核心网能感知UE处于哪个RAN节点下，并且UE可以直接发送和接收分组数据报文。切换是一种特殊的位置更新过程，在前面已经介绍过了。这里介绍的是移动用户空闲态时所发生的位置变化引起的位置更新过程。具体而言，当UE处于空闲态移动时，由于UE和RAN节点无连接，核心网无法感知UE处于哪个RAN节点的覆盖范围，这就需要UE在检测到位置变化后主动发起位置更新流程。简单地说，通常UE处于开机空闲态时，它被锁定在所在小区的广播信道上，随时接收网络端发来的信息，信息中包含"位置信息"。当UE检测到原来存储在自身的位置信息与此时接收到的位置信息不一致时，就会启动位置更新流程。通过这样的位置更新流程，核心网就能感知UE处于哪个跟踪区列表（Tracking Area List，TA List）。发往UE的分组数据到达核心网后，核心网会向跟踪区列表内所有RAN节点发送寻呼消息，UE在某个RAN节点下收到寻呼消息后，会和RAN节点建立连接，恢复到连接态来接收分组数据报文。

位置更新

跟踪区

2. 位置更新举例

如图5.14所示，假设在UE进入空闲态前，核心网根据UE当前所在小区连接的RAN节点，分配跟踪区列表1（TA List 1）给UE，要注意的是此时TA List 1包含多个标识位置信息的跟踪区TA1、TA3等。在空闲态，UE会监听基站的广播消息，当UE监听到当前基站广播的跟踪区为TA3时，表明此时UE没有移动出位置区域，UE不做任何动作。然而，当UE监听到TA4时，由于TA4不属于TA List 1，因此UE知道自己的位置区域发生变化了，这时UE通过RAN节点向核心网发起注册更新，核心网根据注册更新时的RAN节点分配TA List 2给UE。如果此时互联网微信服务器发送一条微信给UE，这条微信报文的目的IP地址为核心网分配给UE的地址，根据IP地址路由机制，该报文会路由到核心网，由于此时UE处于空闲态，因此核心网会向TA List 2下所有基站（可能有多个）发送寻呼消息，UE收到某个基站的寻呼消息后，通过基站和核心网建立连接，接收该微信报文。完成微信交互后，UE重新进入空闲态。

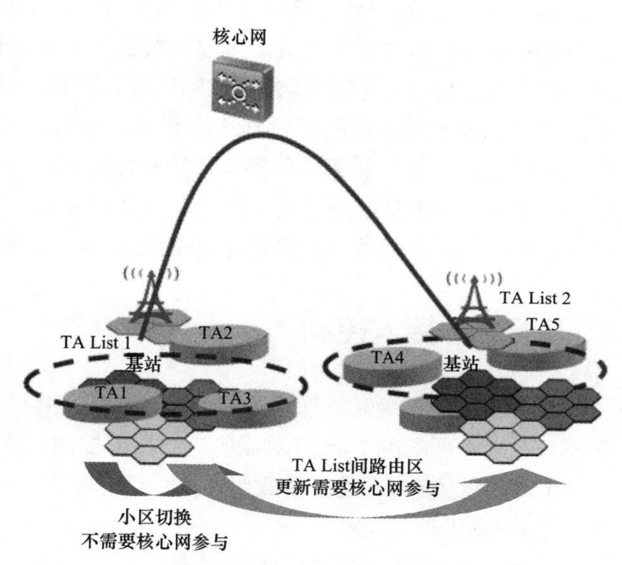

图 5.14 位置更新示意图

5.5 无线资源管理

5.5.1 无线资源管理概述

无线资源管理（Radio Resource Management，RRM）也称作无线资源控制（Radio Resource

Control，RRC）或无线资源分配（Radio Resource Allocation，RRA），它是指通过一定策略和手段进行管理、控制和调度，尽可能充分利用有限的无线网络中的各种资源，保障各类业务的服务质量（Quality of Service，QoS），确保达到规划的覆盖区域，尽可能地提高系统容量和资源利用率。这些资源包括频谱资源、时间资源、码字资源、空间资源、功率资源、地理资源、存储资源、计算资源。RRM以无线资源分配和调整为基础展开，包括控制业务连接的建立、维持和释放，管理涉及的相关资源等。RRM主要负责空中接口资源的利用，不同系统所采用的空中接口技术不同，因此所利用的资源种类也不完全相同。

RRM的目的：一方面是有效利用系统资源，扩大通信系统容量；另一方面是提高系统可靠性，保证通信QoS等。但可靠性和有效性本来就互为矛盾：要有高可靠性（时延、丢包率等满足业务要求），就很难保证传输的有效性（高比特率）；反之亦然。RRM的各种技术就是为了满足各种业务不同的QoS需求，最大程度地提高无线频谱利用率，实现可靠性和有效性的平衡。

一般RRM包括以下内容：接入控制（Admission Control）、信道分配（Channel Allocation）、负载控制（Load Control）、功率控制（Power Control）、切换控制（Handoff Control）、速率控制（Rate Control），以及分组调度（Packet Scheduling）等。

3G～5G移动通信系统除提供传统的语音、短消息和低速数据业务外，一个关键特性是能够支持宽带移动多媒体数据业务。多媒体数据业务可以分为不同的QoS等级，如果不对空中接口资源进行有效的RRM，多媒体数据业务所要达到的QoS就无法得到保证。如何保证足够的小区容量，同时满足不同业务的时延和速率要求，而且尽可能充分地结合和利用新的无线传输技术特性？这些都是在新的业务、传播环境下RRM技术需要考虑的问题。因此，移动RRM除了接入控制、信道分配、负载控制、功率控制、切换控制等，还应考虑分组业务的调度、自适应链路调度和速率控制等。由此可知，移动通信系统的RRM非常复杂，并面临诸多挑战。

5.5.2 接入控制

接入控制是无线资源管理的重要组成部分，其目的是维持网络的稳定性，保证已建立链路的QoS。当发生下面3种情况时就需要进行接入控制。

① UE初始接入，无线承载建立。

② UE发生越区切换。

③ 处于连接模式的UE需要增加业务。

接入控制通过建立一个无线承载来接受或拒绝一个呼叫请求，当无线承载建立或发生变化时接入控制模块就需要执行接入控制算法。接入控制模块位于无线网络控制器实体中，它利用接入控制算法，通过评估无线网络中建立某个承载会引起的负载增加来判断是否接入某个用户。接入控制对上下行链路同时进行负载增加评估，只有在上下行都允许接入的情况下才允许用户接入系统，否则该用户会因为给网络带来过量干扰而被阻塞。

接入控制与其他RRM功能的关系如图5.15所示。接入控制在RRM功能中占有非常重要的地位，它联系着其余的各个功能模块。当一个无线承载需要建立时，首先要通过负载控制模块查询当前链路的负载；在确定最佳接入时隙后，需要向动态信道分配模块申请所需资源，动态信道分配模块根据算法决定是否给用户分配资源；用户获得信道资源后，接入控制模块需要和功率控制模块通信，以确定初始发射功率；无线承载建立后，切换控制模块会更新切换集信息，这时接入控制模块在接入用户的过程中，会根据业务承载情况向切换控制模块发送切换请求。

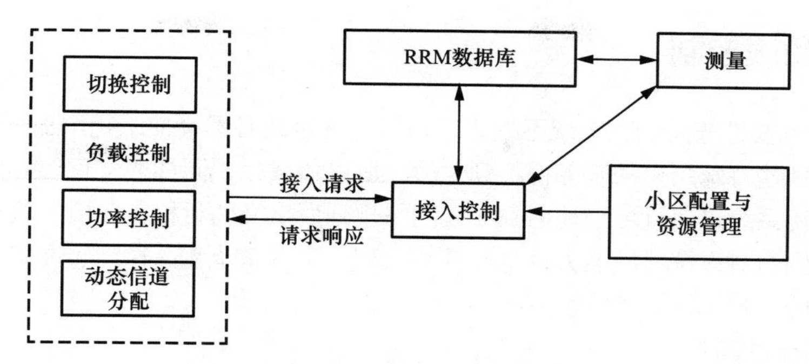

图 5.15　接入控制与其他 RRM 功能的关系

5.5.3　信道分配

对于移动通信系统来说，信道数量有限，是极为珍贵的资源。要提高系统的容量，就要对信道资源进行合理的分配，由此产生了信道分配技术。对于小区间频率复用因子$N>1$的情况，如何在确保业务QoS的前提下充分利用有限的信道资源，以提供尽可能多的用户接入，是动态信道分配技术要解决的问题。按照信道分割的不同方式，信道分配技术可分为固定信道分配（FCA）、动态信道分配（DCA）和混合信道分配（HCA）。

（1）固定信道分配

FCA是指根据预先估计的覆盖区域内的业务负载，将信道资源分给若干个小区，相同的信道集合在间隔一定距离的小区内可以再次得到利用。FCA的主要优点是实现简单，缺点是频带利用率低，不能很好地根据网络中负载的变化及时改变网络中的信道规划。在以语音业务为主的2G系统中，信道分配大多采用FCA。

（2）动态信道分配

为了克服FCA的缺点，人们提出了DCA技术。在DCA中，信道资源不固定属于某一个小区，所有信道被集中起来一起分配。DCA将根据小区的业务负载，候选信道的通信质量、使用率及信道的复用距离等诸多因素选择最佳信道，将其动态地分配给接入的业务。只要信道能提供足够的链路质量，任何小区都可以使用该信道进行业务传输。

DCA包括两个方面的内容：收集小区的干扰信息（即监测小区的无线环境），根据收集到的信息来分配资源。同时，为了减小用户的功率损耗及降低测量的复杂性，在DCA中必须减少不必要的下行链路监测。

DCA技术一般分为慢速动态信道分配（SDCA）和快速动态信道分配（FDCA）。SDCA将信道分配至小区，用于上下行业务比例不对称时调整各小区上下行时隙的比例。而FDCA将信道分至业务，为申请接入的用户分配满足要求的无线资源，并根据系统状态对已分配的资源进行调整。3G系统的无线网络控制器管理小区的可用资源，并将其动态分配给用户，具体的分配方式就取决于系统的负载、业务QoS要求等参数。4G系统还可以考虑小区间干扰协调后可用的资源块（Resource Block，RB）信息，并将信道分配与分组调度相结合。

DCA具有频带利用率高、无须信道预规划、可以自动适应网络中负载和干扰的变化等优点。其缺点在于，DCA算法相对于FCA来说较为复杂，系统开销也比较大。

（3）混合信道分配

HCA是固定信道分配和动态信道分配的结合，在HCA中全部信道被分为固定和动态两个集合。

5.5.4 负载控制

RRM的一个重要任务是确保系统不发生过载。系统过载必然会使干扰增加、QoS下降，系统的不稳定会使对某些特殊用户的服务得不到保障，所以负载控制同样非常重要。如果遇到过载，负载控制功能会使系统迅速且可控地回到无线网络规划所定义的目标负载值。负载控制就是通过一定的方法或准则，对系统承载能力进行监控和处理，确保系统在高性能、高容量的目标下能稳定、可靠地工作的一种无线资源管理方法。

1. 小区内负载控制

早期网络负载控制的一般流程如图5.16所示。负载控制的功能主要有以下3个。

（1）负载监测和评估：进行公共测量处理。

（2）拥塞处理：决定使用何种方式来处理当前的拥塞情况。当系统受到的干扰急剧增加导致系统过载时，负载控制的功能是较快地降低系统负载，使网络返回稳定的工作状态。

（3）负载调整：根据用户QoS要求调整用户所占用的资源。

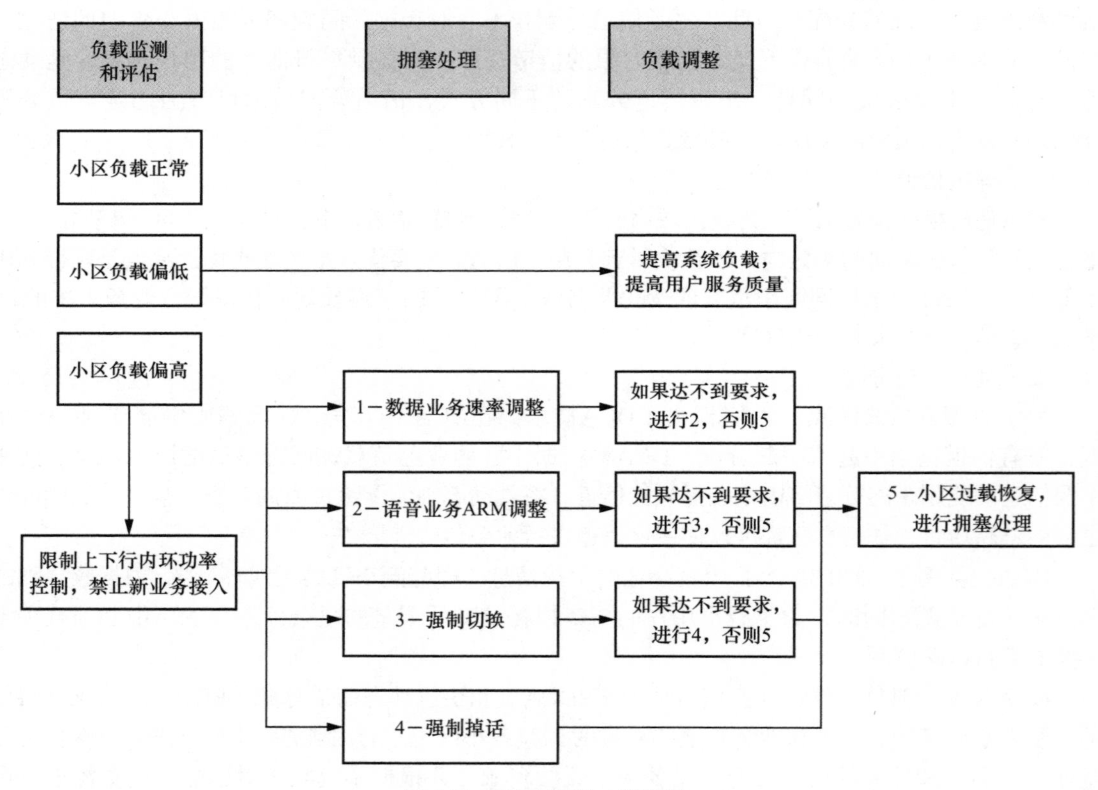

图 5.16 负载控制的一般流程

2. 小区间负载控制

目前小区间负载控制有很多解决方案，主要是对负载监测中大于设定阈值的小区触发负载转移，将过载小区中的业务转移到与之相邻的低载小区。由于这类传统负载均衡算法仅针对当前负载情况进行策略设计，并没有关注长期可持续的策略研究，因此人们后续提出了在网络侧考虑给定区域的负载均衡思路，执行多目标联合优化、负载均衡过程和切换参数优化联动等方案。例如，LTE系统的负载控制提供两种小区间的负载均衡机制。

（1）重复覆盖小区间的负载均衡：使用不同载波或者不同无线接入技术但是覆盖相同地理区域的重复覆盖小区可以由不同的eNB（4G LTE基站）进行管理，这种情况下小区间负载均衡需要eNB间进行负载信息的交互，以实时掌握每个小区的负载变化。

（2）相邻小区间的负载均衡：对使用相同载波或无线接入技术的相邻小区，由于UE的移动性，UE可以驻留在任意一个小区并切换到最优小区；然而，在有些情况下，如eNB资源缺乏时，网络可以强制用户切换到次优小区。这种相邻小区间的负载均衡也需要eNB间实时交互负载信息。

面对5G系统的不同应用场景，尤其在5G RAN（5G无线接入网）切片架构中，如何充分考虑不同切片的部署差异、优先级的区分、无线资源分配的动态性，以及用户通信服务体验等影响因素？这给负载均衡算法的研究带来了新的挑战。强化学习可以通过从环境反馈中学习来适应未知环境，这可以应用于负载均衡策略。未来，我们可能需要利用更多的人工智能技术来实现更好的负载均衡效果。

5.5.5 功率控制

功率控制的主要目的：一方面克服无线信道中的阴影衰落和多径传播、空间选择性衰落导致的慢平坦衰落；另一方面在保证用户QoS的前提下，尽可能降低基站或终端的发射功率。

1. 根据通信链路分类

从通信链路的角度来看，功率控制可分为下行功率控制和上行功率控制。

（1）上行功率控制

上行功率控制就是在上行链路进行的功率控制，用于调整移动台的发射功率，使信号到达基站接收机时，信号电平刚刚达到保证通信质量的最小信噪比门限，从而克服远近效应，降低干扰，保证系统容量。上行功率控制可以将移动台的发射功率调整至最合理的电平，从而延长电池的寿命。由用户具有的移动性，不同的移动台到基站的距离不同，会导致不同用户的路径损耗差别很大，甚至可能相差80 dB，而且不同用户的信号所经历的无线信道环境也有很大的不同，因此上行链路必须采用大动态范围的功率控制方法，快速补偿迅速变化的信道条件。

（2）下行功率控制

下行功率控制用来调整基站对每个移动台的发射功率，对信道衰落小和解调信噪比低的移动台分配较小的下行发射功率，而对那些衰落较大和解调信噪比高的移动台分配较大的下行发射功率，使信号到达移动台接收机时，信号电平刚刚达到保证通信质量的最小信噪比门限。下行功率控制可以降低基站的平均发射功率，减小相邻小区间的干扰。

下行链路所有信道同步发射信号，而且对于某个移动台来说，下行链路的所有信号所经历的无线环境是相同的。由于多径的影响，在下行链路解调中，干扰主要是相邻小区的干扰和多径引入的干扰。此外，移动台可以利用基站的导频信号进行相关解调。因此，下行链路的质量要远好于上行链路。与上行链路相比，下行链路对功率控制的要求相对较低。

2. 根据方法分类

从功率控制方法的角度来看，功率控制可分为开环功率控制和闭环功率控制。

（1）开环功率控制

开环功率控制是指移动台（或基站）根据收到的下行（或上行）链路信号功率大小来调整自己的发射功率。开环功率控制用于补偿信道中的平均路径损耗及慢衰落，所以它有一个很大的动态范围。

开环功率控制的前提条件是假设下行和上行链路的衰落情况是一致的。以上行链路为例，移动台接收并测量下行链路的信号强度，并估计下行链路的传播损耗，然后根据这种估计，调整其发射功率：接收信号较强时，表明信道环境较好，将减小发射功率；接收信号较弱时，表明信道环境较差，将增加发射功率。

上行开环功率控制是在移动台主动发起呼叫或响应基站的呼叫时开始工作的，先于上行闭环功率控制。它的目标是使所有移动台发出的信号到达基站时有相同的功率值。因为基站是一直在发射下行参考信号（或导频信号）的，且功率保持不变，所以如果移动台检测收到的基站的下行参考信号发现功率小，说明此时下行链路的衰落大，并可由此认为上行链路的衰落也大，因此移动台应该增大发射功率，以补偿所预测到的衰落。反之，认为信道环境较好，应该降低发射功率。

开环功率控制的优点是简单易行，不需要在基站和移动台间交互信息，可调范围大，控制速度快。开环功率控制对于降低慢衰落的影响是比较有效的。但是，在频分双工（FDD）系统中，下行和上行链路所占用的频段相差很大（如45MHz以上），远大于信号的相关带宽，因此下行和上行链路的快衰落是完全独立和不相关的，这样会导致在某些时刻出现较大误差。同时，这样也使得开环功率控制的精度受到影响，因此开环功率控制只能起到粗控的作用。慢衰落受信道不对称的影响相对小一些，因此开环功率控制仍在系统中被采用。由于无线信道具有快衰落特性，因此开环功率控制还需要更快速、更精确的校正（这由闭环功率控制来完成）。

（2）闭环功率控制

闭环功率控制建立在开环功率控制的基础上，对开环功率控制进行校正。

以上行链路为例，基站根据上行链路移动台的信号强弱，产生功率控制指令，并通过下行链路将其发送给移动台，然后移动台根据此命令，在开环功率控制所选择的发射功率的基础上，快速校正自己的发射功率。可以看出，在这个过程中，形成了控制环路，因此称之为闭环功率控制。闭环功率控制可以部分降低信道快衰落的影响。

闭环功率控制的主要优点是控制精度高，适用于通信过程中发射功率的精细调整；但是从功率控制指令的发出到执行，存在一定的时延，当时延上升时，功率控制的性能将严重下降。

需要注意的是，不同系统所用的功率控制方法略有不同。3G系统采用CDMA技术，为了精确、快速地抑制多用户干扰，克服远近效应，必须采用闭环功率控制；LTE系统采用SC-FDMA/OFDMA作为上下行多址接入方式，不同用户的传输资源相互正交，使得小区内部多用户干扰远小于CDMA系统，因此只需要对上行链路采用相对慢速的功率控制，用来补偿上行链路的路径损耗与减小小区间同频干扰，下行链路则不采用功率控制，而采用一种需细化到每个时隙的每个子信道上的功率分配机制。本书将在第6章介绍5G系统的功率控制方法。

5.5.6 分组调度

分组调度的目标是根据系统资源情况，在满足每个用户QoS要求的前提下，尽可能实现系统总吞吐率最大化。要达到这样的目标需要针对不同的系统和无线环境等来设计调度算法。

1. 业务分类

随着网络的演进，移动通信网支持的业务类型越来越多，也会有更多的QoS定义。以3G为例，按照QoS需求不同，3GPP规定了3G中四种主要业务：对话类业务（Conversational Service）、流类业务（Streaming Service）、交互类业务（Interactive Service）、背景类业务（Background Service）。这四类业务最大的区别在于对时延的敏感程度不同，依次降低。对话类业务和流类业务对时延的要求比较严格，被称为实时业务；而交互类业务和背景类业务作为非实时业务，对时延不敏感，但具有更低的误码率（Bit Error Rate，BER）要求。和实时业务相比，非实时业务有如下特点。

（1）突发性。非实时业务的比特率可以由零突变为每秒数千比特，反之亦然。而实时业务一旦开始传输，就会保持比特率直至业务结束，除非发生掉话，否则不会出现比特率突变的情况。

（2）对时延不敏感。非实时业务对时延的容忍度可以达到秒级甚至分钟级，而实时业务对时延十分敏感，容忍度基本在毫秒级。

（3）允许重传。与实时业务不同，非实时业务由于对时延不敏感，在数据包传输错误的时候，可以进行重传，从而在无线链路质量很差时仍然可以基本保证服务质量，但误帧率也会相应增加。

2. 分组调度的概念

根据不同业务的特点，非实时业务可以通过分组调度的方式来传输。分组调度是无线资源管理的重要组成部分。从协议来看，它位于L2层（即SDAP/PDCP/RLC/MAC层）和L3层（即RRC层）。分组调度的任务是根据系统资源和业务QoS要求，对数据业务实施高效、可靠的传输和调度控制。其主要功能如下。

（1）在非实时业务的用户间分配可用空中接口资源，确保用户申请业务的QoS要求，如传输时延、时延抖动、分组丢失率、系统吞吐率以及用户间公平性等。

（2）为每个用户的分组数据传输分配传输信道。

（3）监视分组分配以及网络负载，通过调节比特率来对网络负载进行匹配。

通常分组调度器位于RAN站点中，移动台或基站给调度器提供空中接口负载的测量值，如果负载超过目标门限值，调度器可通过减小分组用户的比特率来降低空中接口负载；如果负载低于目标门限值，可以增加比特率来更为有效地利用无线资源。由于分组调度器可以增加或减少网络负载，因此它又被认为是网络流量控制的一部分。

归纳起来，影响无线分组调度的主要因素有如下几个方面。

（1）无线链路易变性。无线网络和有线网络间的最大不同是传输链路的易变性。有线网络有高质量的传输介质，其分组传输具有极低的错误率。然而，无线链路却极易发生错误，并受干扰、衰落和阴影的影响，这使得无线链路的容量具有时变性。在发生严重的突发错误时，无线链路性能可能太差以致没有任何数据分组能够成功传输。

（2）公平性要求。无线网络的公平性比较复杂，例如，依据特定服务规则或独立于链路状态的公平性规则，一个数据分组被调度到无线链路上进行传输，而该链路在此时处于错误状态，分组如果被传输，将被损坏并浪费传输资源。在这种情况下，可以推迟该分组的传输，直到链路从错误状态恢复，受影响的业务流暂时丢失了其用于传输的带宽份额。为确保公平性，链路恢复后应对这个业务流的损失进行补偿。但是决定如何进行补偿并不是一个简单的工作。公平性的力度是另一个影响调度策略的因素，无线调度公平性的含义取决于服务类型、业务类型和信道特性等。

（3）QoS保证。宽带无线网络将对不同QoS需求的业务提供服务，因此必须支持QoS区分和QoS保证。为达到这个目标，应将相应QoS支持机制集成到调度算法中。无线调度的QoS支持由业务模型决定。对于差分业务类型，至少优先级调度服务应当在调度算法中得到实现。

（4）数据吞吐率和信道利用率。无线网络最珍贵的资源是带宽。高效的无线调度算法应使错误链路上的无效传输最小化，同时使有效服务传输和无线信道利用率最大化。

（5）功率限制和约束。蜂窝无线网络中调度算法一般在基站中执行，而基站的电力供给十分充足，因此计算分组服务顺序所需的电能不需要考虑。然而，移动台的电源是受限的。一个好的调度算法应使与调度相关的控制信令数目最少，这些信令可能包含移动台队列状态、分组到达时间和信道状态。

此外，调度算法也不应该太复杂，以便对具有严格定时要求的多媒体业务能够进行实时的调度。

3. 分组调度的算法

传统的分组调度算法如下。

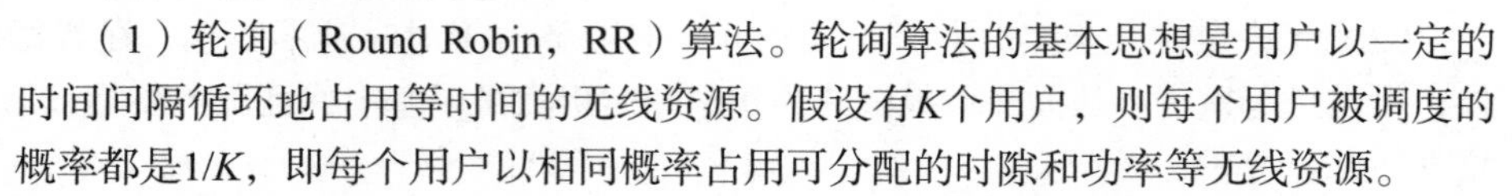

（1）轮询（Round Robin，RR）算法。轮询算法的基本思想是用户以一定的时间间隔循环地占用等时间的无线资源。假设有K个用户，则每个用户被调度的概率都是$1/K$，即每个用户以相同概率占用可分配的时隙和功率等无线资源。

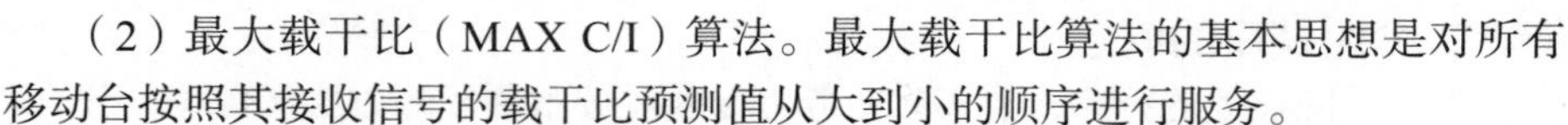

（2）最大载干比（MAX C/I）算法。最大载干比算法的基本思想是对所有移动台按照其接收信号的载干比预测值从大到小的顺序进行服务。

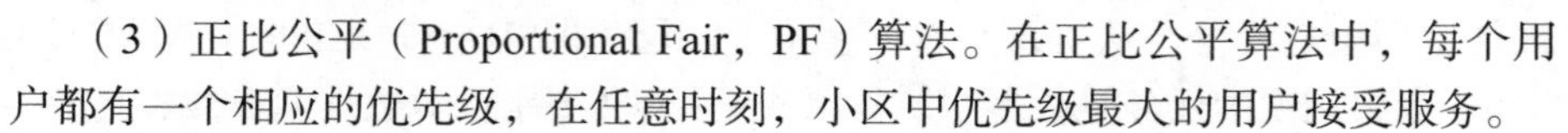

（3）正比公平（Proportional Fair，PF）算法。在正比公平算法中，每个用户都有一个相应的优先级，在任意时刻，小区中优先级最大的用户接受服务。

例5.2 假设在单小区、单载波TDMA系统中，系统带宽为B，小区内分布着K个用户。在时隙中，假设第k个用户的载干比为$\gamma_k(n)$，每个时隙的长度为τ，则当前时隙用户k的比特率可以写为$R_k(n)=B\tau\log_2\left[1+\gamma_k(n)\right]$。

在一种PF算法中，可以假设加权系数为$\alpha\in(0,1)$且ε为接近于0的正数，此时定义第k个用户过去的加权累计比特率为

$$q_k(n)=\alpha q_k(n-1)+(1-\alpha)R_k(n), q_k(0)=\varepsilon, n=1,2,\cdots$$

则在第n个时隙中，被调度的用户为

$$k=\underset{\{1,2,\cdots,K\}}{\operatorname{argmax}}\left\{\frac{R_k(n)}{q_k(n-1)}\right\}$$

这里是以当前时隙用户比特率与过去加权累计比特率的比值为用户的优先级进行调度的。

现有调度算法大多是正比公平、轮询和最大载干比等算法的改进版，如子载波分配算法、功率/速率自适应算法、比例公平业务特性算法、请求激活检测（Reqiured Activity Detection，RAD）算法及基于效应函数的调度（Utility Based Scheduling，UBS）算法等。

4. 分组调度器模型

以4G为例，分组调度器简化模型如图5.17所示。

（1）分组调度器处理过程

以下行为例，分组调度器的处理过程主要分为如下几个步骤。

① 每个UE根据接收的小区专用参考信号（Cell-specific Reference Signal，CRS）计算信道质量指示（Channel Quality Indicator，CQI）并上报给eNodeB（简称eNB）。

② eNB根据CQI信息、业务QoS需求及缓冲区状态等信息进行资源分配与调度。

③ 在AMC模块选择最好的调制编码方案（MCS）。

④ 在物理下行控制信道（Physical Downlink Control Channel，PDCCH）信道上，eNB向所有UE发送资源调度器所给出的信息，包括为每个UE分配的时频资源（RB数）及MCS。

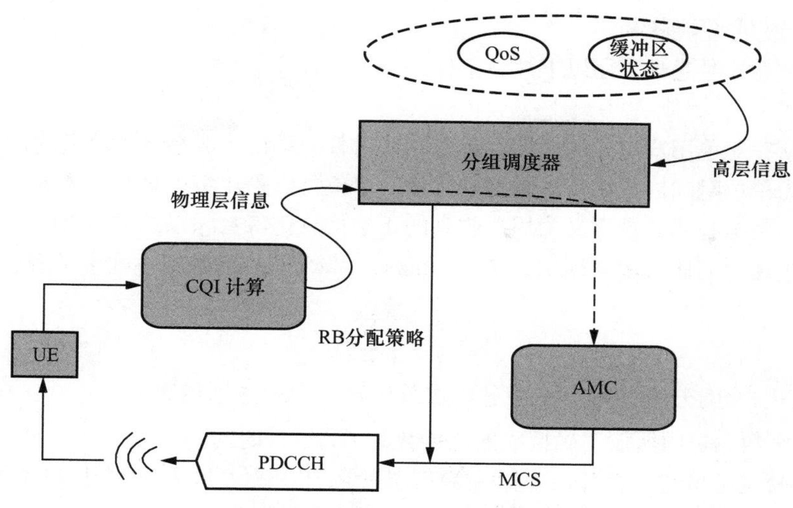

图 5.17　分组调度器简化模型

⑤ 每个UE根据接收到的信息，调整自己的接收方案，然后在物理下行共享信道（Physical Downlink Shared Channel，PDSCH）上接收数据。

需要注意的是，上述过程需要在一个传输时间间隔（Transmission Time Interval，TTI）内完成。TTI是4G系统中进行资源分配及传输的最小时间单位，1个TTI长度为1个物理层无线帧的子帧，为1ms。

在上述过程中调度决策是核心。然而，由于调度决策要考虑许多因素，而且要根据实际情况构造灵活的算法才能给出决策结果，因此在具体的协议规范中不会给出具体的调度算法，这也为广大的研究者提供了研究的空间。

（2）调度算法流程

通常的调度算法流程包括如下三个阶段：调度检查、时域分组调度和频域分组调度，这个流程也称为三步式分组调度结构，如图5.18所示。

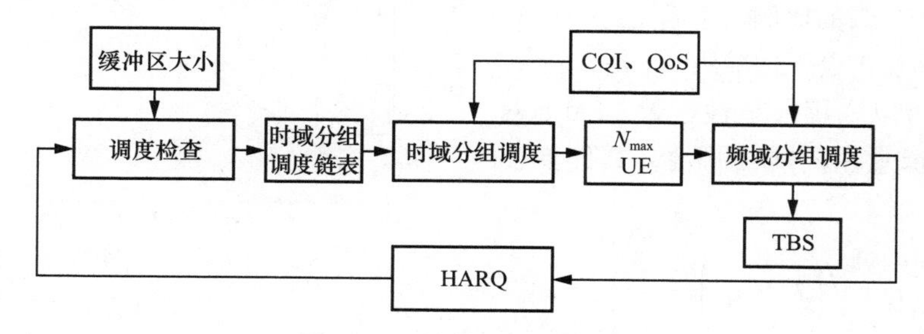

图 5.18　三步式分组调度结构

① 调度检查根据用于某个UE的HARQ实体是否有HARQ数据或空闲进程，以及缓冲区（RLC/PDCP层）是否有数据，确定可调度的UE，并将这些UE存入时域分组调度链表。

② 时域分组调度的主要目的是对时域分组调度链表中的用户按某种优先级顺序进行排序，选取高优先级的 N_{max} 个用户，如果可调度用户数目小于 N_{max}，则全部选取，并将这些UE存入频域分组调度链表。

③ 频域分组调度模块对频域分组调度链表中的UE进行频域分组调度与资源分配，确定各个UE使用的调制编码方案（MCS）、传输块（Transport Block，TB）的个数和每个传输块的数据大小（Transport Block Size，TBS）。

5. 分组调度的性能指标

在考虑调度算法时通常采用以下评估指标。

（1）吞吐率

吞吐率包括针对单用户定义的短期吞吐率和针对整个系统（或小区）定义的长期吞吐率，该参数可以理解为单位时间内成功传送数据的数量，单位可以是比特、字节或者分组。

一个用户的数据吞吐率被定义为用户收到的正确信息比特数除以总的仿真时间。单用户数据吞吐率可以用单用户的比特率来标识，单位为bit/s，第k个用户的数据吞吐率可表示为

$$R_k=\frac{1}{T}\sum_{j=1}^{N_{\text{PCall}}}\sum_{i=1}^{N_{\text{Pac}}}r_{k,i,j} \tag{5.16}$$

其中，N_{PCall}是用户k的分组数量，N_{Pac}是第j次分组呼叫中的数据包数量，$r_{k,i,j}$是用户k在第i次分组呼叫中的第j个数据包内所能正确接收的比特数，T为窗口时间。

一个小区的数据吞吐率一般用小区总的比特率来表示，也就是小区中所有单用户数据吞吐率之和，其单位为bit/(s · cell)。假设扇区中有K个用户，第k个用户的数据吞吐率为R_k，则小区的数据吞吐率为

$$R_{\text{sec}}=\sum_{k=1}^{K}R_k \tag{5.17}$$

（2）用户间公平性

用户CDF（累积分布函数）曲线主要反映了系统给各用户接入无线资源的机会，因此通常用所有用户数据吞吐率的CDF曲线与特定曲线的比较来做用户间公平性度量。调度算法公平性准则如图5.19所示，所有满足用户间公平性要求的调度算法，其CDF曲线一定在这三点连成的直线的右侧，这说明该调度算法没有因为要给拥有良好信道条件的用户提供高吞吐率而使小区边缘的用户处于不利地位，这一公平性准则限制了低吞吐率用户数的比例；不满足此条件的调度算法就是违反了公平性准则。

另外，也可以采用公平性指数（Fairness Index，FI）来衡量用户间公平性，其计算公式为

$$\text{FI}=\left(\sum_{k=1}^{K}r_k\right)^2\Bigg/\left(K\sum_{k=1}^{K}r_k^2\right) \tag{5.18}$$

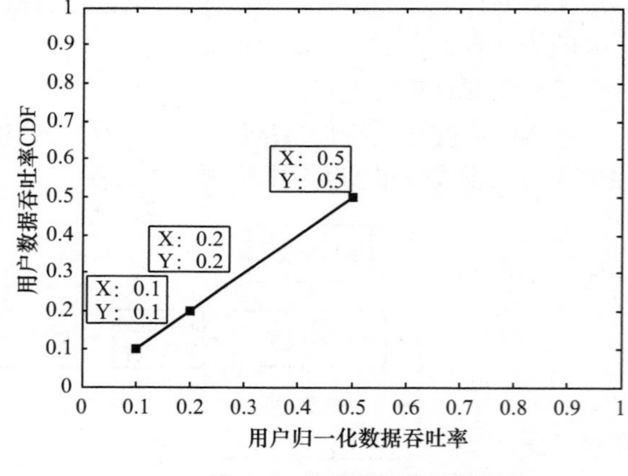

图 5.19 调度算法公平性准则

其中，r_k表示用户k所能正确接收的比特数，K为用户总数。当FI=1时，系统分配的资源满足每个用户的需求，系统公平性最好，FI越低，公平性越差，FI的取值范围为[0,1]。

还可以用小区边缘用户数据吞吐率来评价用户间公平性，尤其是对小区边缘用户的公平性。小区边缘用户数据吞吐率也称小区覆盖，是用户平均数据吞吐率CDF曲线中5%点所对应的吞吐率。

（3）峰值频谱效率

峰值频谱效率是指理论上用户在获得相应链路上资源时能够达到的最大归一化数据速率，它也是系统需求的一部分。通过它可以判断系统的需求能不能被满足。

（4）时延

时延是一个重要的QoS指标，尤其是对时延敏感的业务而言。

5.6 移动通信的网络架构

移动通信的网络架构演进主要有两大驱动力：业务需求和技术发展。

从业务需求的角度来看，早期移动网络仅需要支持语音和短信等基础功能（短信以其方便、快捷的优势，取代了已使用100多年的电报）；进入21世纪，3GPP提出了构建“移动宽带网络”、提供“移动互联网业务”的设想，经过3G网络的探索，4G网络基本实现了这一目标；目前，移动网络正在从满足“人的连接”的“移动互联网”向满足“人-物/物-物连接”的“移动物联网”发展，并向“超高网速”“超低时延”“超量连接”这三大业务场景演进。

从技术发展的角度来看，随着业务需求的变化，移动网络除了在空中网络部分使用的技术有了本质的变化，在地面电路部分（主要是核心网等）也与时俱进：从2G仅支持语音业务和低速数据的网络架构，演进到3G的全网IP化、控制和承载分离的架构，进而在4G网络实现了架构扁平化；面向未来的5G网络架构将向着网络功能解耦和服务化设计演进，从而真正支持万物互联。

移动通信的网络架构演进

1. 2G网络架构

早期2G网络仅支持电路域业务，因此借鉴了公共电话网络的架构和功能（如仍采用了电路交换技术），其网络架构有两个显著的特点。

（1）考虑到转为无线接入方式后，无线资源的分配、调度、质量控制比较复杂，所以无线资源管理（RRM）功能从交换机中分离出来，成为新网元：基站控制器（Base Station Controller，BSC）与基站收发信台（Base Transceiver Station，BTS）共同组成基站子系统（Base Station Subsystem，BSS）。

（2）交换机只保留连接管理（Connection Management，CM）功能，称为移动交换中心（Mobile Switching Center，MSC），为使用户在“移动”时也可以被呼叫到，需要掌握用户的大体位置，因此2G网络架构增加了一个新模块：漫游位置寄存器（Visitor Location Register，VLR）。

应用范围最广的2G移动网络是GSM网络，后来演进到通用分组无线业务（General Packet Radio Service，GPRS）。GPRS网络架构如图5.20所示，由UE、基站和核心网三部分组成。

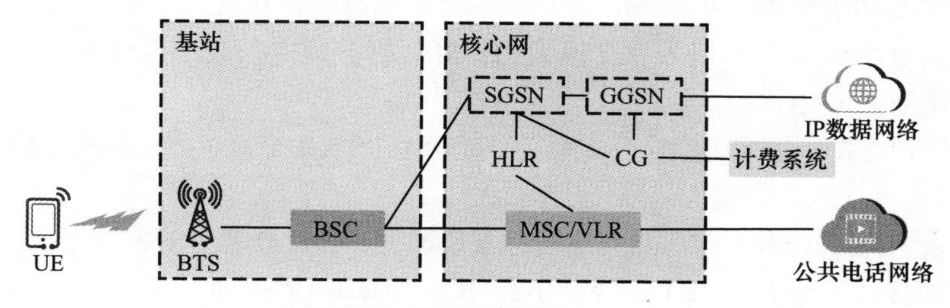

图 5.20　GPRS 网络架构

（1）用户设备（UE）。它的功能是负责无线信号的收发及处理。

（2）基站部分包括基站收发台（BTS）和基站控制器（BSC）。BTS通过空口接收UE发送的无线信号，然后将其传送给BSC，BSC负责无线资源的管理及配置（如功率控制、信道分配等），然后将信号传送至核心网部分。

（3）核心网部分由MSC、VLR、HLR、SGSN、GGSN等功能实体组成。

- 移动交换中心（MSC）负责处理用户电路域语音业务。
- 漫游位置寄存器（VLR）负责电路域移动性管理。

- 归属位置寄存器（Home Location Register，HLR）负责用户数据库管理。
- 服务型GPRS支持节点（Service GPRS Supported Node，SGSN）要对UE进行鉴权、分组移动性管理和路由选择，建立UE到GGSN的传输通道，接收基站子系统透明传来的数据，进行协议转换后经过IP骨干网传给GGSN（或反向进行），并进行计费和业务统计。
- 网关型GPRS支持节点（Gateway GPRS Supported Node，GGSN）是GPRS网络对外部数据网络的网关或路由器，它提供GPRS和外部分组数据网的互联。GGSN接收UE发送的数据，选择将其传输到相应的外部网络或接收外部网络的数据，根据其地址选择GPRS网内的传输通道，将其传输给相应的SGSN。此外，GGSN还有地址分配和计费等功能。

2. 3G网络架构

在网络架构上3G和2G网络是向下兼容的。3G网络架构如图5.21所示。

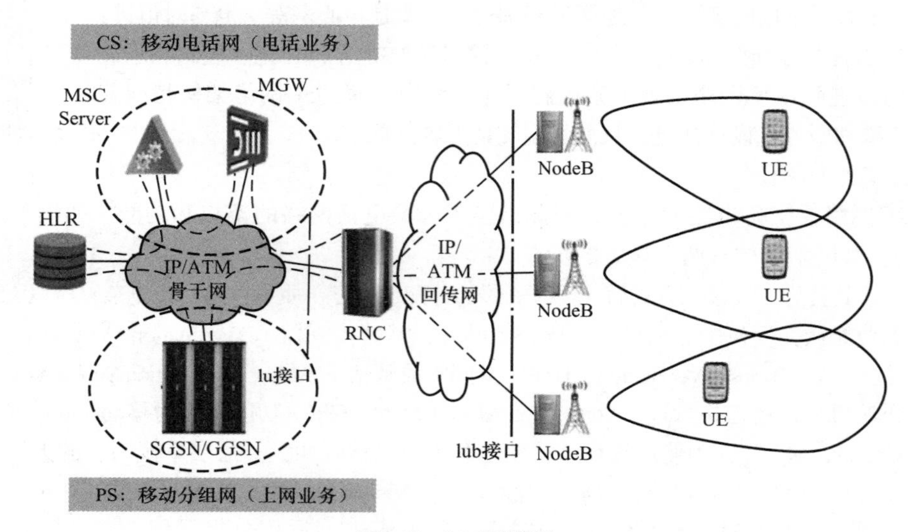

图 5.21　3G 网络架构

3G网络架构总体上继承了2G的网络架构，主要区别有以下几点。

（1）核心网电路域（CS）引入软交换架构：MSC拆分成专门处理信令的MSC Server和专门处理业务的媒体网关（MGW）。

（2）为更好地支持数据业务，全网采用分组交换（PS或IP交换）方式替代电路交换方式，即全网IP化。

（3）无线接入网（RAN）的功能实体名称有所改变：BSC改名为RNC（无线网络控制器），核心网与RNC间接口为Iu接口；BTS改名为NodeB，NodeB与RNC间接口为Iub接口。名称修改的原因是，3G网络以CDMA技术为基础，相较于2G网络，无线算法的复杂度要高很多，早期基站处理能力又受限于芯片处理能力，所以在系统设计时做了分工。基站（NodeB）只提供物理层处理功能和部分物理层算法（如快速功率控制），其他L2以上的功能，尤其是大部分的无线网络优化算法，都是由RNC完成的，所以RNC才会被称为“无线网络控制器”；相对而言，2G网络中BSC的主要工作就是把基站的信号汇聚起来送到核心网，所以叫“基站控制器”。

3. 4G网络架构

图5.22所示为4G网络的基本架构，包括演进的分组核心网（Evolved Packet Core，EPC）、无线接入网（RAN）和用户设备（UE）。

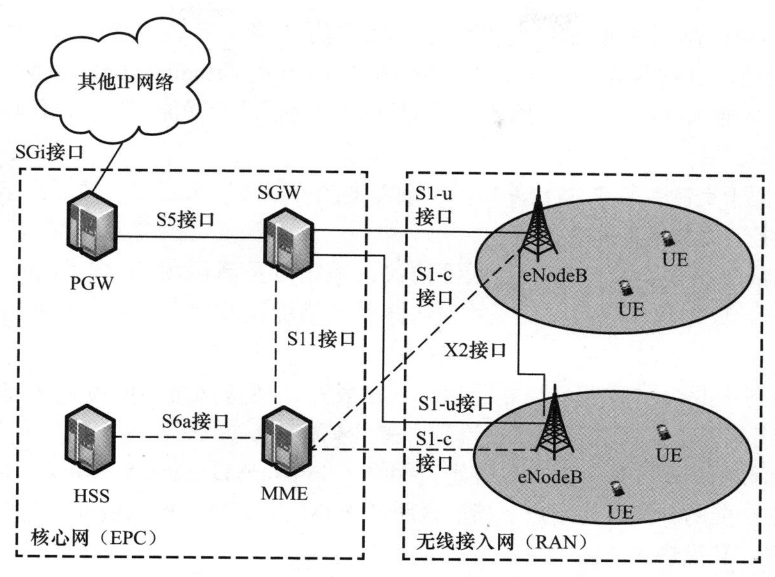

图 5.22　4G 网络架构

（1）RAN包括UE和eNodeB两类节点，主要负责网络中与无线相关的功能。eNodeB的主要功能包括：无线资源管理，即无线承载控制、无线接纳控制、连接和移动性管理；调度和发送控制信息；IP包头压缩和用户数据流加密等。

（2）EPC包括移动性管理实体（Mobility Management Entity，MME）、服务网关（Serving Gateway，SGW）、分组数据网关（Packet Data Network Gateway，PGW）和归属用户服务器（Home Subscriber Server，HSS）等。MME是EPC的控制面节点，负责针对用户终端的承载连接/释放、空闲到激活状态的转移，以及安全密钥的管理等。SGW是EPC连接LTE-RAN的用户平面的节点，它既是eNodeB间切换的本地锚点，也是3GPP网间切换的锚点，如GSM/GPRS和HSPA（高速分组接入）等的网间切换锚点，还是非3GPP接入锚点，如CDMA2000的接入锚点；它还具有分组路由和分组转发功能，可以作为移动接入网关，支持移动IP；另外，针对计费的信息收集和统计也是由SGW处理的。PGW是EPC与其他分组网（IMS、Internet）的网关节点，主要负责为UE分配IP地址、执行上/下行业务的计费以及网关和速率限制等。另外，EPC还包括其他类型的节点，如HSS节点等。

值得注意的是，4G网络架构与3G网络架构有明显的不同，其主要区别在于：4G网络对3G网络进行了优化，采用了扁平化网络架构。RAN不再包含BSC/RNC，只保留了eNodeB，从而简化了接入网的结构。核心网中取消了3G网络中SGSN与GGSN的等级结构，改为SGW和PGW，因此使网络架构有所简化。4G网络取消了核心网电路域（MSC Server和MGW），语音业务由IP（Internet Protocol，互联网协议）网络承载。之所以如此设计，主要基于以下理由。

- 如果网络架构层级太多，则很难满足LTE设计的时延要求（无线侧时延小于10ms）。
- VoIP技术已经很成熟，全网IP化成本最低。

总之，LTE网络在整体上比3G网络架构大大简化，从而降低了网络运营成本，提高了系统性能。

4. 5G网络架构

为了适配不同业务需求，5G网络架构在设计上需要更加灵活，容易扩展，因此，5G网络架构在设计之初借鉴了IT的云原生（Cloud Native）理念，进行了两个方面的变革。

（1）5G网络将控制面功能抽象成为多个独立的网络服务，希望以软件化、模块化、服务化的方式来构建网络；引入网络功能虚拟化（Network Function Virtualization，NFV）使网元功能与物理实体解耦；以通用硬件取代专用硬件，方便、快捷地把网元功能部署在网络中的任意位置。其优势如下。

- 模块化便于定制：每个5G软件功能由细粒度的“服务”来定义，便于网络按照业务场景以“服务”为粒度定制及编排。
- 轻量化易于扩展：接口基于互联网协议，采用可灵活调用的API（Application Program Interface，应用程序接口）交互。对内降低网络配置及信令开销，对外提供能力开放的统一接口。
- 独立化利于升级：服务可独立部署、灰度发布，使得网络功能可以快速升级引入新功能。服务可基于虚拟化平台快速部署和弹性扩容、缩容。

（2）控制面和用户面分离，引入软件定义网络（Software Defined Network，SDN）技术实现控制功能和转发功能的分离，使用户面功能摆脱“中心化”束缚，可以根据业务需求灵活部署在网络中多个位置。其优势如下。

- 用户面节点可以更接近RAN，减少应用时延。
- 控制面资源和用户面资源可以独立扩容、缩容。
- 控制面功能和用户面功能可以独立演进。

图5.23所示为5G网络的基本架构。在其采用的服务化网络架构中，控制面功能分解为多个独立的网络功能，如接入与移动性管理功能（Access and Mobility Management Function，AMF）、会话管理功能（Session Management Function，SMF）等，这些网络功能可以根据业务需求进行合并。用户面功能（User Plane Function，UPF）则代替了LTE网络中的SGW和PGW，其提供的用户面控制管理遵循与4G标准相似的控制面/用户面分离模型。5G网络用户面和控制面功能及接口将在后续章节具体介绍。

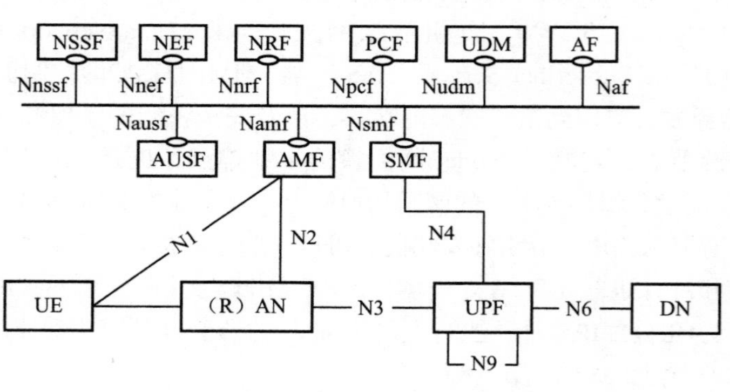

图 5.23 5G 网络的基本架构

在空中接口处，5G采用SDN技术，将基站的时域、频域、码域、空域和功率域等资源抽象成虚拟无线网络资源，进行虚拟无线网络资源切片管理，依据虚拟运营/业务/用户定制化需求，实现虚拟无线资源灵活分配与控制（隔离与共享）。

5.7 移动通信的网络安全

移动通信的网络安全随着网络和业务的演进逐渐成长。最初1G系统有美国的AMPS、英国TACS、日本NTT公司的TZ-801，以及DDI公司的JTACS等标准。此时除了设备商配置的设备序列号和运营商分配的身份号，移动通信缺乏有效的身份认证和通信保密机制，也易被窃听。

在2G的GSM系统中，针对通信安全性有了专门的设计，也增加了具有安全保护功能的用户身份模块（Subscriber Identity Module，SIM）智能卡来实现对用户身份信息及密钥的保护。此后每一代移动网络的安全机制都有所增强。从安全三要素机密性、完整性、可用性（Confidentiality、Integrity、Availability、CIA）等角度，2G～4G安全机制归纳如下。

鉴权基本原理

1. 接入认证

接入认证是对接入移动网络的用户的合法性进行鉴权。自然人在购买运营商的移动设备和服务时，就要与运营商签订合同，成为使用移动网络的合法或授权移动用户。当移动用户开机或位置更新时，网络要通过接入认证对移动用户进行鉴权，这个鉴权过程是由移动网络和移动用户间的信令交互完成的。授权用户通过接入认证后可以自由使用移动网络，而未通过接入认证的非授权用户就无法使用移动网络。

接入认证过程是基于共享密钥的认证机制AKA（Authentication and Key Agreement，鉴权和密钥协商），同时生成会话密钥，用户认证采用“挑战-应答”机制，通过网络与用户预先共享的密钥进行操作。

2. 机密性保护

机密性保护是对移动用户数据和信令的加密保护。机密性是指确保信息在存储、使用、传输过程中不会泄露给非授权用户或实体。实现机密性的手段是加密等安全控制手段。

加密基本原理

移动网络典型加密算法如下。

- A5系列算法，如A5/1、A5/2、A5/3算法密钥长度都是64bit，都已被破解不再安全。A5/4采用128bit密钥，是2G可使用的加密算法。
- KASUMI算法，密钥长度同2G的A5/4算法（128bit），3G将之命名为UEA1。
- SNOW 3G算法，由NESSIE（New European Schemes for Signatures, Integrity and Encryption，欧洲新型签名、完整性和加密方案）项目中选出的流密码算法改进而得，128bit密钥，3G将之命名为UEA2，4G将之命名为EEA1。
- 高级加密标准（Advanced Encryption Standard，AES）算法，128bit密钥，4G将之命名为EEA2。
- 中国的祖冲之算法（ZUC算法），128bit密钥，4G将之命名为EEA3。

3. 完整性保护

完整性是指确保信息在存储、使用、传输过程中不会被非授权用户篡改，同时防止授权用户对系统及信息进行不恰当的篡改，保持信息在内部、外部的表示一致。3G和4G主要对信令做完整性保护，2G因为主要是语音业务，所以无完整性保护。典型的完整性保护算法如下。

- KASUMI算法，3G将之命名为UIA1。
- SNOW 3G算法，128bit密钥，3G将之命名为UIA2，4G将之命名为EIA1。
- AES算法，128bit密钥，4G将之命名为EIA2。
- ZUC算法，128bit密钥，4G将之命名为EIA3。

4. 用户身份信息的隐私保护

用户身份信息的隐私保护从2G开始就有设计上的考虑。每一个SIM卡启用都会绑定全球唯一的国际移动用户标志（International Mobile Subscriber Identity，IMSI），该标志在核心网的HLR（VLR）也会保存。但也因为IMSI是识别用户身份的唯一信息，所以它在网络中传输时比较敏感，需要加以保护，防止泄露后被恶意定位或跟踪。因此，2G系统引入了临时身份移动用户标志（Temporary Mobile Subscriber Identity，TMSI）。在用户接入网络通过认证后，VLR会分配给用户一个TMSI，并在网络协议交互中尽量使用TMSI来代替IMSI，并且定期更新，从而实现用户身份的隐私保护功能。因为IMSI直接传输有隐私暴露风险，4G系统采用全球唯一临时标识符（Globally Unique Temporary Identity，GUTI）在无线通信中识别用户。UE连接期间会被网络分配GUTI，并定期更改。

表5.1将2G～4G的安全机制要点进行了对比。2G网络对空中接口的信令和数据进行了加密保护，并采用网络对用户的认证，但没有用户对网络的认证；而3G网络采用网络和用户的双向认证，3G空中接口不仅进行加密，而且增加了完整性保护，核心网也有了安全保护；4G网络不仅采用双向认证，而且使用独立的密钥保护接入层（Access Stratum，AS）和非接入层（Non-Access Stratum，NAS）的数据和信令，同时核心网也有网络域的安全保护。可以看出，4G的安全机制已较早期有了很大提升，用户和网络的认证、机密性、完整性及隐私保护等都有很成熟的机制，使用的密码算法和协议在理论和实践上都被证明是可靠、安全的。但随着5G网络的部署，移动通信支持更丰富的业务应用形态，5G网络还将面临新的技术挑战和安全威胁。因此，5G网络进一步增强了安全机制，如物联设备的安全防护、更开放和服务化架构的防护等，后续章节将详细介绍。

表 5.1 2G、3G、4G 安全机制要点对比

安全机制要点	2G	3G	4G
临时身份标志	TMSI	TMSI	GUTI
认证模式	网络对终端单向鉴权	网络和终端双向鉴权	网络和终端双向鉴权
密钥结构	加密密钥Kc	机密密钥CK完整性保护密钥IK	更精细的密钥层级
加密算法	A5/4（A5/1～A5/3不安全）	UEA1、UEA2	EEA1、EEA2、EEA3
加密内容	NAS信令、UP用户面	NAS信令、UP用户面	NAS信令、RRC信令、UP用户面
完整性算法	无	UIA1、UIA2	EIA1、EIA2、EIA3
完整性保护对象	无	NAS信令	NAS信令、RRC信令
加密/完整性执行主体	CS：BSC PS：SGSN	RNC	NAS：MME UP/RRC：eNodeB
SIM/USIM	SIM	USIM，兼容SIM	USIM，不兼容SIM

习题

5.1 说明大区制和小区制的概念，指出小区制的主要优点。

5.2 什么是同频干扰？是如何产生的？如何减少同频干扰？

5.3 试绘出小区簇的小区个数N=4时，三个小区簇彼此邻接的结构图形。假定小区的半径为r，邻接无线小区簇的同频小区中心点间距如何确定？

5.4 简述从2G到5G发展过程中，小区簇大小的发展及频率利用率的变化？

5.5 如题5.5图所示为同频复用小区示意图，某频分复用移动通信系统的覆盖小区编号为1～88，假设用户平均接收载干比要求为14dB，传播损耗衰落指数n=4，仅考虑第一层干扰，且假设所有干扰基站与预设被干扰用户间的距离近似相等。

（1）对于全向小区，试求出小区簇中小区个数N的最小值？

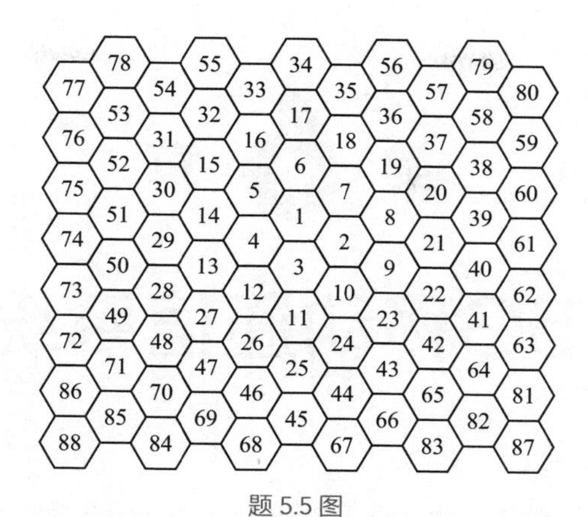

题5.5图

（2）以（1）中求出的N个全向小区为一簇进行同频复用，找出1号小区的第一圈同频干扰小区序号。

（3）若小区半径$R=1\text{km}$，求（1）中N下的同频复用距离D为多少？

（4）当小区簇中小区个数固定为（1）中的N时，假设采用三扇区，则相对于全向小区情况，平均载干比提升了多少dB？

5.6　阐述多址接入的基本概念，说明不同多址方式的差异性。

5.7　简述切换和位置更新的基本概念。

5.8　无线资源管理包括哪些内容？

5.9　简述移动通信中功率控制的分类及方法。

5.10　分组调度的基本算法有哪些？简述它们的基本原理及优缺点。

5.11　一般调度算法通常要考虑的评估基本指标有哪些？

5.12　已知某三个蜂窝小区的用户数据吞吐率的概率密度函数如下。

$$f_1(x)=\frac{\text{e}}{\text{e}-1}\exp(-x), x\in[0,1]\text{，}\ f_2(x)=1, x\in[0,1]\text{，}\ f_3(x)=2023x^{2022}, x\in[0,1]$$

（1）分别求出这三个系统的用户平均数据吞吐率；

（2）比较这三个系统吞吐率CDF为5%时，小区边缘用户的平均数据吞吐率好坏；

（3）尝试分析哪个系统的吞吐率及公平性更好。

5.13　说明移动通信网的基本结构。

5.14　简述移动通信的网络结构由2G到5G的变化及各代网络架构的特点。

5.15　简述移动通信网中接入认证、机密性保护、完整性保护和用户身份信息的隐私保护的含义及基本思想。

第6章 5G移动通信系统

本章介绍5G移动通信系统。首先概述5G移动通信系统架构，进而重点讲解5G空口物理层技术，然后论述5G的基本管理流程与通信流程，最后介绍5G安全机制。

6.1 5G移动通信系统架构

如图6.1所示，5G移动通信系统包括用户设备（UE）、下一代无线接入网（Next Generation-Radio Access Network，NG-RAN）和5G核心网（5G Core Network，5GC）三个部分。NG-RAN和5GC一起为UE提供移动通信网的通信和管理功能，并实现与数据网络的连接。UE与NG-RAN间的接口称为空中接口，简称空口（Uu接口），5G的空口技术包括新空口（NR）和演进的通用陆基无线接入（E-UTRA）；相应地，NG-RAN的节点包括5G NR基站（gNB）和增强型4G LTE基站（NG-eNB），其中gNB向UE提供NR空口，NG-eNB向UE提供E-UTRA空口。5GC包括多个功能实体，其中AMF、UPF和SMF与NG-RAN间通过NG接口连接。

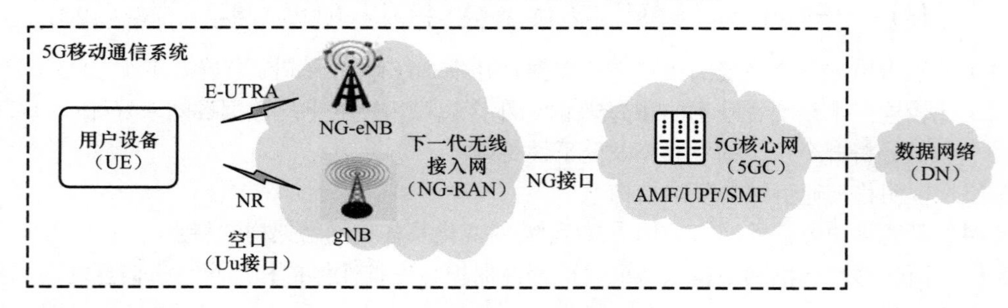

图6.1 5G移动通信系统架构

6.1.1 用户终端

如图6.2所示，UE包括两个部分：移动设备（Mobile Equipment，ME）和全球用户身份模块（Universal Subscriber Identity Module，

USIM）。ME由一个或多个终端功能模块（Terminal Equipments，TE）以及一个或多个移动功能模块（Mobile Termination，MT）组成，其中TE允许端到端高层应用，MT负责完成无线接收和发送、无线传输信道管理、移动性管理、语音编译码、用户数据的速率自适应，以及数据格式调整等相关功能，TE和MT间可以通过各种物理方式实现连接（如USB、高速同步串行接口等）。USIM是手机卡上用于接入移动网络获取服务的功能模块，存储的内容一般包括移动网络运营商识别用户的标识信息以及密钥信息。

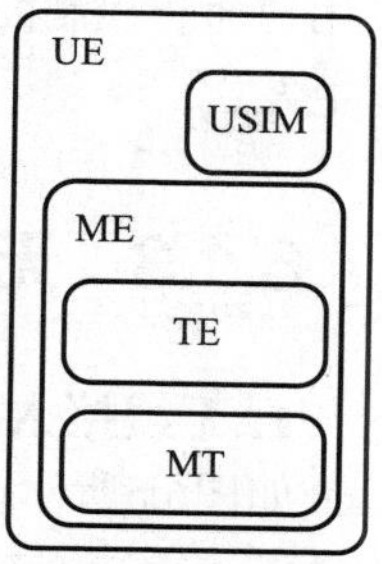

UE
USIM
ME
TE
MT

图 6.2　UE 结构示意图

6.1.2　空口协议栈

NR空口协议栈包括两个平面：用户面和控制面。其中用户面负责数据的传输，完成数据的头压缩、加密/解密、QoS保障等功能；控制面负责控制信令的传输，完成连接管理、UE资源配置、移动性管理和系统信息广播等功能。

1. 用户面协议栈

图6.3所示为用户面协议栈。用户面包括业务数据适配协议（Service Data Adaptation Protocol，SDAP）层、分组数据汇聚协议（Packet Data Convergence Protocol，PDCP）层、无线链路控制（Radio Link Control，RLC）层、媒体接入控制（Media Access Control，MAC）层和物理层（Physical Layer，PHY）。其中：① SDAP层负责将不同业务流映射到空口的不同无线承载上；② PDCP层负责数据包的头压缩/解压缩、排序、加密/解密、完整性保护/验证、数据包分流/复制等功能；③ RLC层负责PDCP层包的分割、自动重传请求（Automatic Repeat reQuest，ARQ）等功能，一个PDCP实体和一个或多个RLC实体构成一个无线承载；④ MAC层负责逻辑信道和传输信道的映射、不同逻辑信道的数据包的复用和解复用、调度信息上报、混合自动重传请求（HARQ）、优先级处理等。

2. 控制面协议栈

图6.4所示为控制面协议栈。控制面包括NAS（非接入层）、RRC（无线资源控制）层、PDCP层、RLC层、MAC层和PHY，其中：① NAS控制协议（网络侧终止于AMF）执行NAS的控制功能，如身份验证、移动性管理、安全控制和会话管理等；② RRC层（网络侧终止于gNB）执行接入层（AS）的无线控制功能；③ PDCP、RLC和MAC层（网络侧终止于gNB）执行控制面信令传输功能。

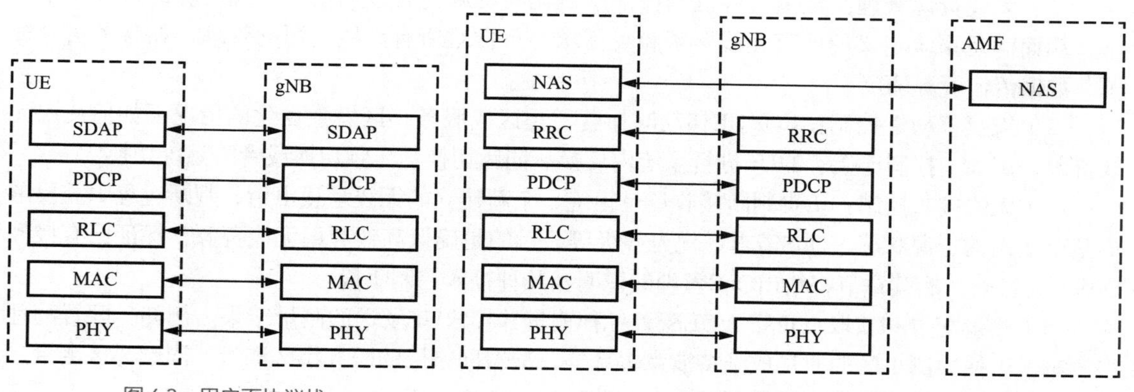

图 6.3　用户面协议栈

图 6.4　控制面协议栈

NAS消息需要封装成RRC消息，通过AS的控制面消息实现在AMF和UE之间的传递。PHY提供用户面和控制面信息的传输媒介，对上层信息进行编码调制、波束赋型等处理，然后在无线信道上发送。

6.1.3 无线接入网

1. 无线接入网的主要功能

如图6.5所示，NG-RAN和5GC有不同的功能，相关功能可以分为两类：控制面功能和用户面功能。用户面功能是指和数据传输相关的功能，控制面功能是指NG-RAN和5GC对用户进行管理和控制的功能。

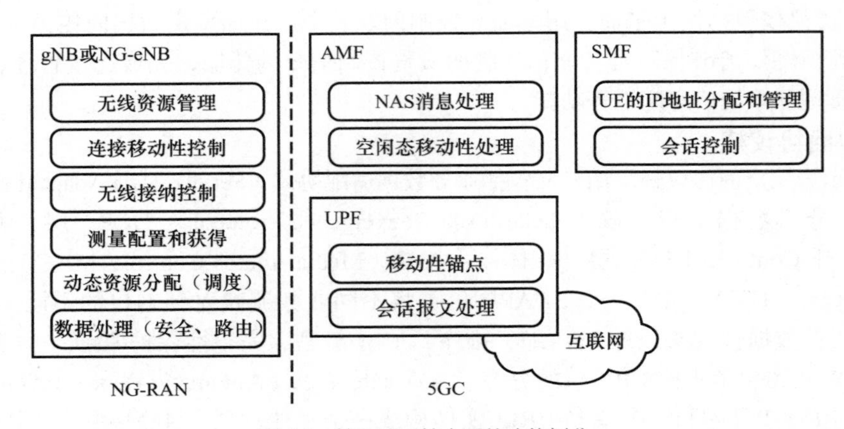

图6.5 接入网和核心网的功能划分

无线接入网为UE提供接入移动通信网的通信和管理功能。具体来说，无线接入网为UE提供网络连接以实现数据传输，并通过用户面协议保证数据传输的QoS和安全。为了保证数据传输的QoS，无线接入网引入了数据包头压缩、ARQ、HARQ、数据包分段/级联和数据包复制（Duplication）传输等功能。为了保证数据传输的安全，无线接入网引入了空口数据和消息的加解密以及完整性保护功能。同时，在管理功能方面，无线接入网辅助UE进行小区选择/重选，并与UE共同完成接入控制、无线连接建立、无线连接监测/恢复、UE连接状态管理、移动性管理，以及UE省电模式下的寻呼可达性管理等功能。具体功能总结如下。

（1）无线资源管理：提供一些机制保证空口无线资源的有效利用，实现最优的资源使用效率，从而满足系统定义的所有无线资源相关需求；负责对所有无线资源的管理，如参考信号资源、数据传输资源确定等。

（2）连接移动性控制：负责UE移动时在驻留小区或服务小区发生变化的情况下如何使用无线资源，例如，控制连接态的UE进行系统内切换、同频切换、异频切换或者跨系统切换。

（3）无线接入控制：负责判断接收还是拒绝一个新建立的无线承载申请，判断过程中需要考虑整个基站的资源状况、QoS需求、优先等级等，目的是确保高效利用无线资源，保证已有接入QoS不受影响。后续章节将给出QoS管理的说明及几种接入控制手段。

（4）测量配置和获取：负责为UE配置各种测量并接收UE发送的测量结果。例如，配置物理层测量，以便检测小区的质量或维持波束关系等；配置网络层的服务小区测量、同频邻区测量、异频测量或异系统测量等，以便基站快速判断目标，切换小区。

（5）动态资源分配：也可以称为调度，调度就是无线资源的分配方式，在什么时间、哪些子载波上，用什么样的天线传输方式，以多大功率、用什么样的调制解调方式为一些用户发送业务数据。调度需要考虑UE的业务需求，以及UE间的公平性。

（6）数据处理：数据处理包括对数据包的IP或以太网包头进行头压缩，进行加密和完整性保护，还包括为UE的数据传输到UPF提供路由等。

2. 两种组网架构

目前5G制定了两种组网架构：非独立（Non-Standalone，NSA）组网和独立（Standalone，SA）组网。典型的NSA组网架构及SA组网架构分别如图6.6和图6.7所示。

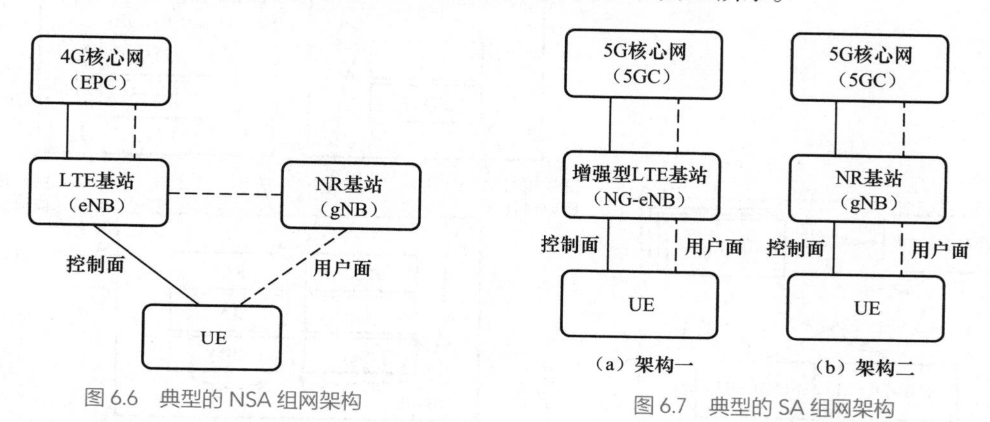

图6.6 典型的NSA组网架构

图6.7 典型的SA组网架构

（1）NSA组网：使用现有4G基础设施进行5G网络部署，即5G基站作为辅助基站，辅助4G基站进行数据传输，核心网统一使用4G核心网，即EPC。基于NSA组网架构的5G空口仅承载用户数据，其控制信令仍通过4G空口传输。

（2）SA组网：由5G独立组网，即新建5G网络，使用新的5G基站和5G核心网。SA组网的5G网络充分支持波束赋形、按需系统信息广播、5G切片和精细化QoS等5G特定功能。

3. 基站功能分割

NG-RAN的总体架构如图6.8所示。5G支持对gNB进行功能分割，由中心单元（Centralized Unit，CU）和分布式单元（Distributed Unit，DU）两部分共同组成gNB。从空口协议栈看，CU和DU的切分，是将RRC层、SDAP层及PDCP层部署在CU，其余的RLC层、MAC层及PHY部署在DU。CU和DU间通过F1接口连接。CU代表gNB通过NG接口和核心网连接、代表gNB通过Xn-C接口和其他gNB连接，还代表gNB通过X2接口和eNB连接，执行双连接操作。CU和DU的切分是为了实现灵活部署。控制面功能和对时延不敏感的用户面功能可以部署在距离用户更远的位置，以在更大的地理区域进行统一协调和数据汇集，而对时延敏感的用户面功能部署在距离用户更近的位置，以实现低时延传输，保障数据传输的QoS。CU可以进一步分离成中心单元控制面（CU Control Plane，CU-CP）和中心单元用户面（CU User Plane，CU-UP）。这样做是为了方便空口用户面锚点下沉，支持低时延业务或实现灵活的用户面数据传递。

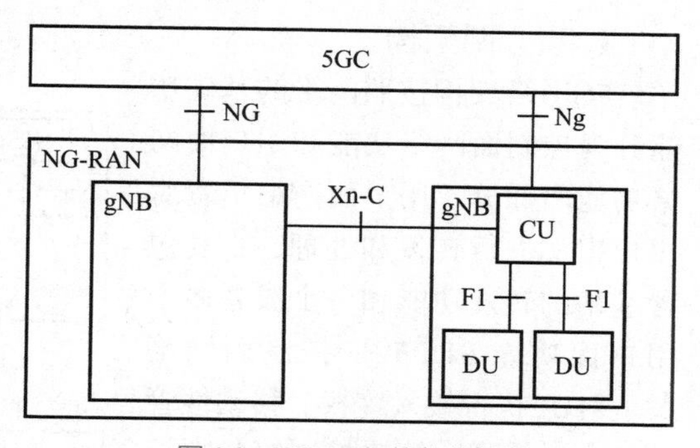

图6.8 NG-RAN的总体架构

NG-RAN内既可以有一体化的gNB，也可以有gNB-CU和gNB-DU两部分组成的gNB。一个gNB-DU只能连接一个gNB-CU，而一个gNB-CU可以连接多个gNB-DU。gNB-CU和它连接的gNB-DU在其他gNB和5GC看来就是一个gNB。gNB-DU、gNB-CU-CP和gNB-CU-UP的连接关系如图6.9所示。

图6.10所示为gNB有CU/DU切分和gNB-CU进一步有CP/UP分离情况下的空口协议栈分布。可见，RLC、MAC和PHY等协议层在gNB-DU中实现，而PDCP以上协议层在gNB-CU中实现。

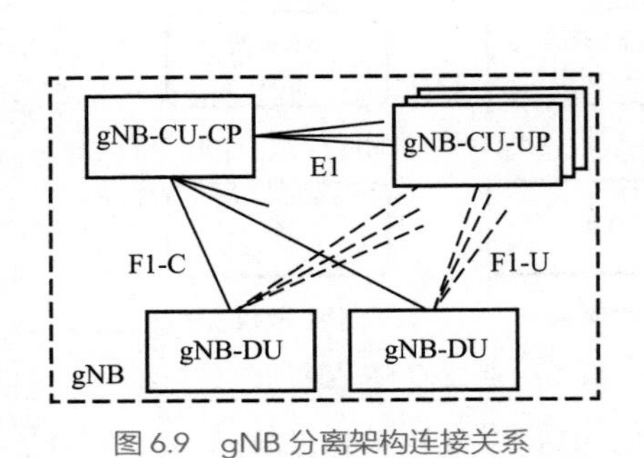

图 6.9 gNB 分离架构连接关系

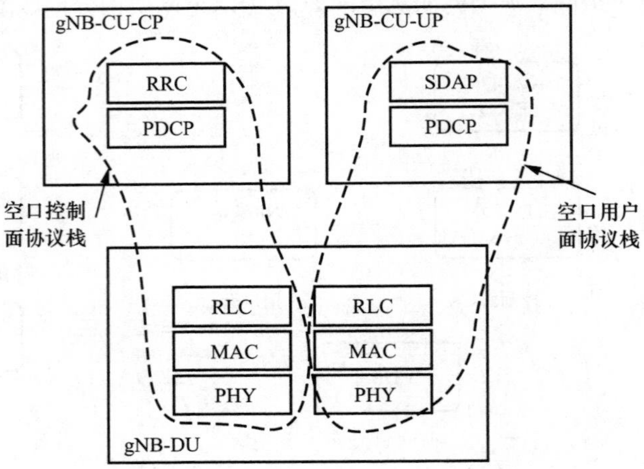

gNB-CU-CP
RRC
PDCP
gNB-CU-UP
SDAP
PDCP
空口控制面协议栈
空口用户面协议栈
RLC
MAC
PHY
RLC
MAC
PHY
gNB-DU

图 6.10 gNB 分离架构下的空口协议栈分布

在实际网络部署中，gNB-DU功能可能进一步切分，即将空口协议栈中部分物理层功能拉远，常见的是射频拉远。射频拉远将基带和中频保留在gNB-DU，而射频功能部署在远端射频头（Remote Radio Head，RRH）中。射频拉远可以进一步实现网络灵活部署，同时降低运营商的资产成本和运营成本，但部署前传光纤比较困难。

6.1.4 核心网

1. 核心网架构

5G网络架构按照网络的基础功能分为控制面网络功能和用户面网络功能两部分。用户面网络负责对用户报文进行转发和处理，主要包含基站的转发功能和一个或者多个用户面功能（UPF）。控制面网络负责对UE执行接入鉴权、移动性管理、会话管理、策略控制等各类控制。非漫游场景下以服务化形式表示的5G网络架构如图6.11所示。5G系统主要网元与功能如表6.1所示。

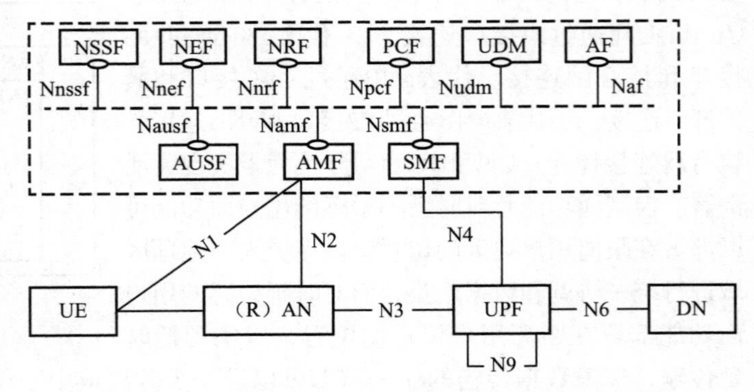

图 6.11 非漫游场景以服务化形式表示的 5G 网络架构

表6.1 5G系统主要网元与功能

网元	英文全称与中文含义	功能
AMF	Access and Mobility Management Function 接入与移动性管理功能	执行注册、连接、可达性、移动性管理
SMF	Session Management Function 会话管理功能	负责隧道维护、IP地址分配和管理、UP功能选择、策略实施和QoS中的控制、计费数据采集、漫游等
UPF	User Plane Function 用户面功能	分组路由转发、策略实施、流量报告、QoS处理
AUSF	Authentication Server Function 认证服务器功能	实现3GPP和非3GPP的接入认证
PCF	Policy Control Function 策略控制功能	统一的策略框架，提供控制面功能的策略规则，包括UE接入策略和QoS策略
UDM	Unified Data Management 统一数据管理	生成3GPP AKA鉴权凭据、管理服务终端的网络功能注册、处理用户标识、管理短消息等
NRF	Network Repository Function 网络存储功能	提供网络功能注册和发现，可以使网络功能相互发现并通过API接口进行通信
NSSF	Network Slice Selection Function 网络切片选择功能	根据UE的切片选择辅助信息、签约信息等确定UE允许接入的网络切片实例
NEF	Network Exposure Function 网络开放功能	对外提供各网络功能、转换内外部信息
AF	Application Function 应用功能	代表应用与5G网络其他控制网元进行交互，包括提供业务QoS策略需求、路由策略需求等

2. 核心网中的实体功能

（1）AMF的主要功能

① 非接入层（NAS）消息处理：包括NAS信令的生成、接收和处理，NAS信令的安全。

② 空闲态移动性处理：包括UE的移动性管理、可达性管理等，详见后续章节。

③ 其他AMF功能：用户接入认证、接入层（AS）安全控制、对网络切片的支持等。

（2）UPF的主要功能

① 移动性锚点：UE移动过程中，服务基站会进行切换，但UPF作为UE数据进出DN的锚点一般不会改变，除非触发特殊的信令流程。

② 会话报文处理：UE在建立会话后，UPF作为与DN互连的外部PDU（Protocol Data Unit，协议数据单元）会话点，负责数据包的路由和转发、下行数据包缓存和触发下行数据到达通知、用户面的QoS处理，包括包的过滤、门控和上下行速率的执行等。

（3）SMF的主要功能

① UE的IP地址分配和管理：为UE分配IP地址并进行管理。

② 会话控制：根据UE业务需求为UE建立相应的会话，并选择相应的UPF进行服务。

3. 核心网的特点

5G核心网对控制面的网络功能进行解耦，相同的功能以网元的形式呈现，各网元摒弃了传统的点对点的通信方式，采用了基于服务的接口（Service Based Interface，SBI）协议，其传输层统一采用了HTTP/2协议，应用层携带不同的服务消息，如图6.12所示。

应用到每个网络功能之上的接口为服务化接口，即图6.11中的Nxxx接口（例如，AMF提供服务化接口Namf，SMF提供服务化接口Nsmf等）。因为底层的传输方式相同，所有的服务化接口就可以在同一总线上进行传输（图6.11中虚线所示），这种通信方式可以理解为总线通信方式。所谓“总线”在实际部署中是一台或几台路由器。5G服务化架构中的控制面“总线”只进行基于IP的转发，而不会感知IP层之上的协议。

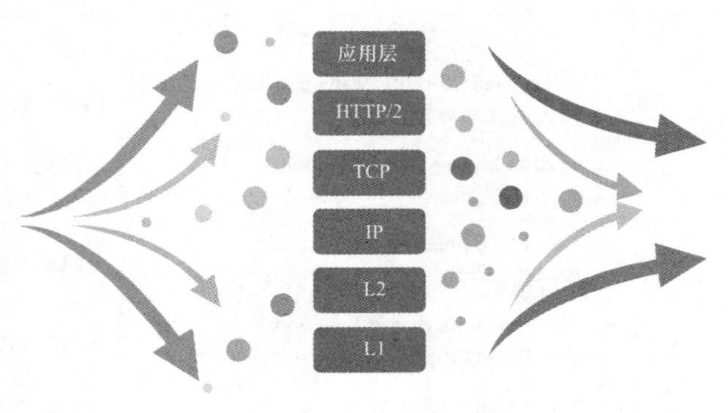

图 6.12　基于服务的接口协议

3GPP为了细化管理，每个网络功能在控制面上又可以提供不同的服务。通过串联不同的网络功能服务（Network Function Service，NFS），最终实现注册管理、可达性管理、会话管理、移动性管理等端到端的移动网络信令流程。每个网络功能都会有各自的NFS，以AMF为例，它包含4个NFS（通信服务、被叫服务、事件开放、位置服务），最终实现接入控制等功能。目前5G核心网有几十个NFS，将来可能会更多。为了解决多NFS维护的问题，3GPP定义了NRF来负责所有NFS的自动化管理，包括注册、发现、状态检测。网络功能上电后会主动向NRF上报自身的NFS的信息，并通过NRF来找到对应的对端NFS。

6.2 5G 新空口

本节主要对5G NR（新空口）协议栈中的物理层进行详细介绍。

6.2.1 空口关键物理特性

1. 带宽配置

NR在FR1（410MHz～7.125GHz）和FR2（24.25GHz～52.6GHz）频段上分别支持100MHz和400MHz带宽。UE支持的带宽越大，UE的处理能力越强，UE的比特率可能越高，设计成本也可能越高。在大带宽通信系统中，从前向兼容角度，考虑到UE的成本以及UE的业务量，UE支持的带宽可能小于系统带宽，例如，在5G系统中，系统带宽最大可能为100 MHz，UE的带宽可能为20 MHz、50 MHz或100 MHz等。

5G频谱部署策略

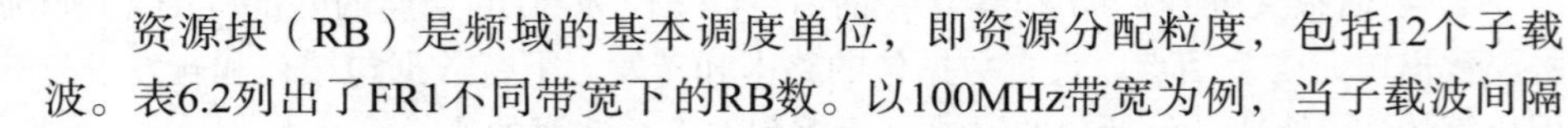

资源块（RB）是频域的基本调度单位，即资源分配粒度，包括12个子载波。表6.2列出了FR1不同带宽下的RB数。以100MHz带宽为例，当子载波间隔（SCS）为30kHz时，可用RB有273个，用于信号传输的带宽为273 × 12 × 30kHz = 98.28MHz，其频谱利用率大于98%。

表 6.2　FR1 不同带宽下的 RB 数

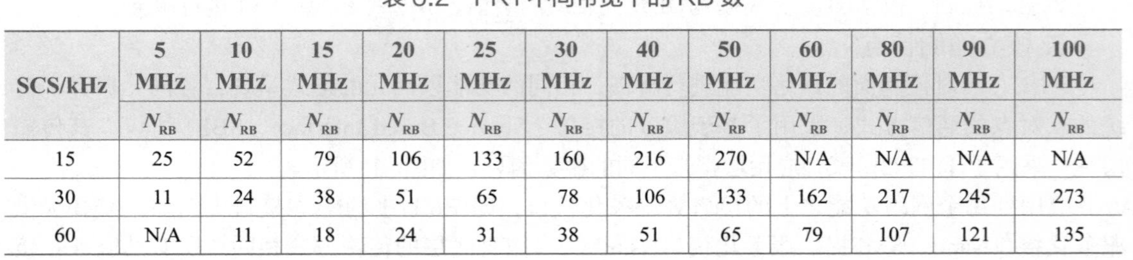

SCS/kHz	5 MHz	10 MHz	15 MHz	20 MHz	25 MHz	30 MHz	40 MHz	50 MHz	60 MHz	80 MHz	90 MHz	100 MHz
	N_{RB}	N_{RB}	N_{RB}	N_{RB}	N_{RB}	N_{RB}	N_{RB}	N_{RB}	N_{RB}	N_{RB}	N_{RB}	N_{RB}
15	25	52	79	106	133	160	216	270	N/A	N/A	N/A	N/A
30	11	24	38	51	65	78	106	133	162	217	245	273
60	N/A	11	18	24	31	38	51	65	79	107	121	135

表6.3列出了FR2不同带宽下的RB数。当UE支持的带宽小于系统带宽时，基站可以从系统频谱资源中为UE配置部分带宽（Bandwidth Part，BWP），即载波内的一段带宽用于UE和基站间通信，该BWP小于或等于UE支持的带宽。

表6.3 FR2不同带宽下的RB数

SCS/kHz	50 MHz	100 MHz	200 MHz	400 MHz
	N_{RB}	N_{RB}	N_{RB}	N_{RB}
60	66	132	264	N/A
120	32	66	132	264

2. 双工方式

当前系统中主要有两种频谱类型：成对频谱和非成对频谱。不同频谱类型需要不同的双工方式。

（1）频/时分双工

频分双工（FDD）和时分双工（TDD）是两种主要的双工方式，分别用于成对频谱和非成对频谱。FDD上下行分别在不同频段上传输信息，并且上下行能够同时发送和接收，而TDD在一个给定时间段（一个时间段可以为一个时隙、符号、子帧等）内只能进行上行或者下行传输。FDD在2G和3G系统中更为成熟，其频谱主要位于3GHz以下的低频范围内。因为频点较低，频谱资源非常有限，所以FDD频谱的带宽通常非常有限。TDD则不需要成对频谱，上下行可以在同一段频谱上进行时分传输，而当前频谱分配中，中高频频谱多为非成对频谱，且带宽更大，因此TDD在更高频率和大带宽应用中更为成功，用于支持更高速率的数据传输。

（2）灵活TDD

在TDD中，为了避免上下行间的干扰，不同小区间常使用相同的上下行配比，即在同一个时刻，全网基站都在发送或接收，不存在基站间的上下行干扰。固定配比的TDD虽然避免了基站间的上下行干扰，但不能灵活适配不同的上下行业务比例，会造成频谱效率低及业务时延加大。因此，NR中引入了灵活TDD双工方式，在TDD上下行固定配比的基础上，某个时隙可以灵活用于上行或下行传输，以灵活地适配不同的上下行业务比例。

（3）辅助上行与下行

除FDD和TDD外，NR还引入了辅助下行（Supplementary Downlink，SDL）和辅助上行（Supplementary Uplink，SUL）双工方式。SDL双工方式中，由于只有下行链路而不存在与之配对的上行链路，因此SDL的频谱只能通过载波聚合的方式与其他具有上下行链路的成对载波联合使用。而SUL只有上行链路，因此也只能与其他具有上下行链路的成对载波联合使用。

（4）全双工

以上各种双工方式中，上下行均使用了正交时频资源。同时同频全双工（FD）技术是更极致的频谱使用方式，上行和下行传输能够同时使用相同的频谱资源。结合先进的接收机技术、干扰测量技术、干扰抑制技术等，FD可大幅提升频谱效率，降低业务传输时延。

3. 多址方式

从不同用户使用资源的角度可以将多址方式分为正交多址和非正交多址。正交多址按照不同类型的资源，又可以划分为FDMA、CDMA、TDMA和SDMA等方式。NR中使用了上述各种正交多址接入方式。

NR采用基于OFDM的空口设计，能够将不同用户调度在不同的子载波上，分配不同的频谱资源，且实现简单，在系统中业务量不大时经常使用；但FDMA方式频谱效率较低，采用FDMA方式不足以支撑大量用户同时接入网络。不同的用户也可以被基站调度在不同时隙或OFDM符号上进行信号发送或接收，实现多用户间的TDMA。

在NR中，CDMA较常见的使用方式是不同用户导频码分多址复用，不同用户发送的导频信号为正交码字，在接收端具有较好的信道估计性能。另外，CDMA常应用于上行控制信道，不同用户的控制信息调制到不同的正交码字上，达到码分复用，以降低控制信道开销。正交CDMA还用于上行物理随机接入信道（Physical Random Access Channel，PRACH）的前导码序列，不同用户可以采用同一个序列的不同循环移位进行上行发送，请求上行同步和接入。

NR中大规模天线技术能将空间域划分成多个区域，处于不同区域的用户进行信号传输时，相互干扰相对较小，因此不同用户可以同时使用相同的时频码资源进行SDMA数据传输，从而提升系统吞吐率和能够支持的连接数。而降低用户间干扰很大程度上依赖于准确的信道状态信息（Channel State Information，CSI）的获取，因此在SDMA中如何获取基站和用户间的CSI是一个关键的问题。NR支持多种CSI获取方案，如基于码本的CSI获取方案、基于上行测量信号的CSI获取方案等。

6.2.2 空口基础参数

NR上下行传输中，设计者需要明确空口上可用于数据传输的资源，以及传输格式和参数。下面我们从空口基础参数出发介绍NR的空口资源。

1. 基础参数的含义

基础参数主要是指SCS，以及与之对应的符号长度T和CP长度等参数。CP有正常循环前缀（Normal CP，NCP）和扩展循环前缀（Extended CP，ECP）两种模式。

如图6.13所示，NR中物理层资源的最小粒度为资源单元（Resource Element，RE），表示时域上一个OFDM符号及频域上一个子载波。而RB是频域的基本调度单位，定义为一个OFDM符号中频域上12个连续SCS，编号从0到11。如图6.14所示，以15kHz的SCS为例，一个RB频域宽度为12×15kHz=180kHz，对应OFDM符号长度是1/15kHz≈66.7μs。

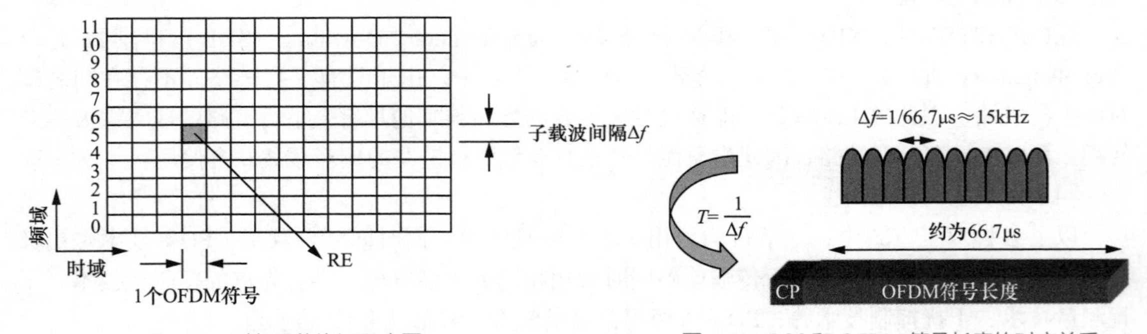

图 6.13 时频网络资源示意图

图 6.14 SCS 和 OFDM 符号长度的对应关系

如表6.4所示，NR支持多种参数（μ）的灵活配置。其中240kHz子载波间隔仅用于同步信号块（Synchronization Signal Block，SSB）传输；FR1频段中数据传输可使用的SCS为15kHz、30kHz和60kHz，而FR2频段（毫米波频段）中数据传输可使用的SCS为60kHz和120kHz。这是因为FR1为低频段，带宽较窄且覆盖范围广，因此需要更长的CP，而过大的SCS会造成OFDM符号较短，从而增加CP开销；另外，FR1频段中相位噪声影响较小，使用较小SCS不会受到相位噪声的影响，而FR2为高频段，相位噪声大且覆盖距离短，因此CP可以较短，使用相对大的SCS不会造成CP开销加大且能够降低相位噪声的影响。

表 6.4　NR 基础参数

μ	$\Delta f(=2^{\mu}\times 15)$/kHz	OFDM符号长度/μs	CP模式
0	15	约66.7	NCP
1	30	约33.3	NCP
2	60	约16.7	NCP、ECP
3	120	约8.33	NCP
4	240	约4.17	NCP
5	480	约2.08	NCP

2. 时域长度的定义

数字移动通信系统中需要定义对模拟信号采样的间隔，根据奈奎斯特采样定理，不同信号带宽所需要的采样间隔不同。4G空口采用15kHz的SCS，而5G NR有多种选择。4G空口定义的基本时间单位为 $T_S = 1/(\Delta f_{ref} \times N_{f,ref}) = 1/(15\times 10^3 \times 2048) = 32.552\text{ns}$，对应子载波间隔 $\Delta f_{ref} = 15\text{kHz}$ 且 $N_{f,ref} = 2048$。5G NR则定义了两个基本时间单位 T_S 和 T_C，其中 T_C 为5G NR中最小时间单位，其他任何时间长度都可以用 T_C 的整数倍表示：

5G时隙时长的计算

$$T_C = 1/(\Delta f_{max} \times N_f) = 1/(480\times 10^3 \times 4096) = 0.509\text{ns} \tag{6.1}$$

其中，最大SCS $\Delta f_{max} = 480\text{kHz}$ 且 $N_f = 4096$。

5G NR中OFDM符号添加CP后的总长度 $T^{\mu}_{symb,l}$ 包含有用符号个数 N^{μ}_{u} 和CP符号个数 $N^{\mu}_{CP,l}$。不同的SCS和CP类型，OFDM符号添加CP后的总长度为

$$T^{\mu}_{symb,l} = (N^{\mu}_{u} + N^{\mu}_{CP,l})T_C \tag{6.2}$$

$$N^{\mu}_{u} = 2048\kappa \times 2^{-\mu} \tag{6.3}$$

$$N^{\mu}_{CP,l} = \begin{cases} 512\kappa \times 2^{-\mu}, & \text{ECP} \\ 144\kappa \times 2^{-\mu} + 16\kappa, & \text{NCP}, l = 0\text{或}l = 7\times 2^{\mu} \\ 144\kappa \times 2^{-\mu}, & \text{NCP}, l \neq 0\text{且}l \neq 7\times 2^{\mu} \end{cases} \tag{6.4}$$

其中，l 是一个时隙内的符号索引，常数 $\kappa = T_S / T_C = 64$。

以15kHz的SCS为例，一个时隙包含14个OFDM符号，第1个符号和第7个符号的CP长度与其他符号的CP长度不同，这是由时隙格式和OFDM参数确定的。由式（6.2）～式（6.4）可计算出第1个符号和第7个符号的CP长度为 $160T_S$（$10240T_C$），其余符号的CP长度为 $144T_S$（$9216T_C$），有用符号长度为 $2048T_S$（$131072T_C$），对应表6.4和图6.14中的66.7μs，因此一个时隙共 $30720T_S = 1\text{ms}$。

3. CP设计的特点

CP设计的特点如下。

（1）NR通过CP设计减少ISI和ICI，并确保不同SCS间符号对齐；NR中SCS以15kHz的2的n次

方倍进行扩展，方便不同SCS的OFDM符号在时域上符号对齐，如图6.15所示。NR中符号对齐可以有更好的前向兼容，比如不同SCS可以进行符号级的时分复用。

（2）考虑不同覆盖和传播环境，定义NCP和ECP，其中ECP以更大的CP开销为代价获得更大的覆盖。

（3）考虑到ECP开销相对较大，与其带来的好处在大多数场景下不成正比，ECP目前仅支持60kHz SCS，而NCP支持所有SCS。

（4）对于NCP，每0.5ms内的首个符号的CP长度要长于其他符号，除了第一个符号的CP，其他符号的CP长度相等。对于ECP，每个符号的CP长度相同。

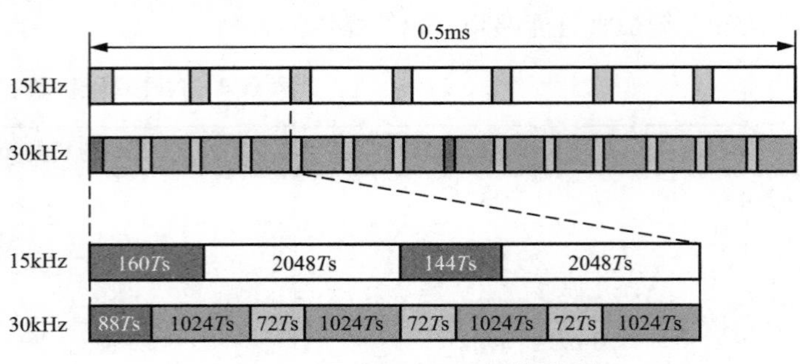

图6.15 不同NCP SCS之间符号对齐

4. 引入多种基础参数的主要原因

引入多种基础参数的主要原因如下。

（1）频段间载波带宽差异较大，单一基础参数无法满足不同频段的带宽大小。例如，6GHz以上频段最大支持400MHz载波带宽，使用小SCS会导致RB过多和FFT规模过大，增加UE实现的复杂度。

（2）NR多种业务对SCS大小需求不同。例如，使用大SCS（符号短）可满足uRLLC业务的短时延需求，使用小SCS（CP长）可满足eMTC业务的大覆盖需求，使用大SCS可满足超高速业务抗多普勒频移和抗相位噪声的需求。

6.2.3 空口无线帧结构

1. 帧结构的组成

NR采用10ms的帧结构长度，一个帧包含10个1ms的子帧。每个帧被分成两个大小相等的半帧，各由5个子帧组成：半帧0由子帧0～4组成，半帧1由子帧5～9组成。一个子帧包含符号个数$N_{\text{symb}}^{\text{subframe},\mu}=N_{\text{symb}}^{\text{slot}}\times N_{\text{slot}}^{\text{subframe},\mu}$，其中$N_{\text{symb}}^{\text{slot}}$为一个时隙包含的符号个数，$N_{\text{slot}}^{\text{subframe},\mu}$为一个子帧包含的时隙个数。NR帧结构以时隙为基本配置单元，$N_{\text{slot}}^{\text{frame},\mu}$为一个帧包含的时隙个数。表6.5列出了不同SCS参数（μ）和CP类型情况下，一个时隙包含的符号个数以及一个帧和子帧包含的时隙个数。

表6.5 时隙长度、帧和子帧包含的时隙个数

CP类型	μ	$N_{\text{symb}}^{\text{slot}}$	$N_{\text{slot}}^{\text{frame},\mu}$	$N_{\text{slot}}^{\text{subframe},\mu}$
NCP	0	14	10	1
	1	14	20	2
	2	14	40	4
	3	14	80	8
	4	14	160	16
ECP	2	12	40	4

如图6.16所示，NR中存在三种基本类型的时隙结构：仅下行（DL-only）时隙、仅上行

（UL-only）时隙、混合时隙。混合时隙又可以分为下行业务为主（DL-centric）的时隙和上行业务为主（UL-centric）的时隙。

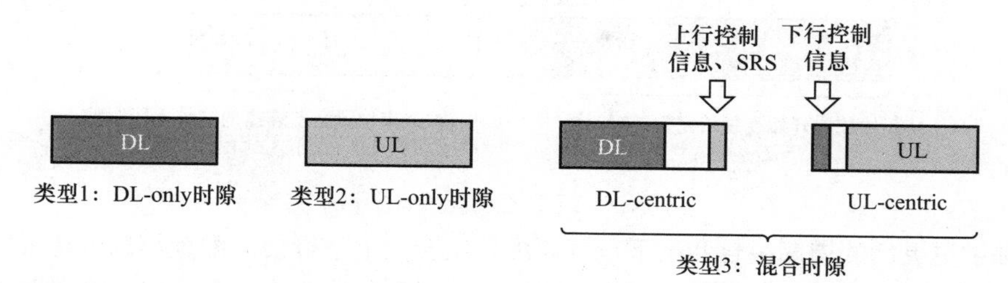

图 6.16 时隙类型

NR中每个时隙包含的符号分为三类：①下行符号（标记为D）；②上行符号（标记为U）；③灵活符号（标记为F）。UE在下行符号中接收下行数据，在上行符号中发送上行数据，在灵活符号中根据配置可以进行下行信号的接收或上行数据的发送。

2. 帧结构配置

NR帧结构配置采用半静态配置和动态配置相结合的方式，其中通过RRC信令进行的配置一般称为半静态配置；通过动态信令指示的配置称为动态指示、动态配置或动态调度。上下行帧结构使得NR可以适配不同时间、不同地域、不同特征的业务（如大速率的eMBB传输、低时延的uRLLC）的传输需求；还可以配置出与LTE相同的上下行帧结构，在NR与LTE同频或邻频共存时避免系统间的干扰。

（1）半静态配置

半静态配置包括两种RRC配置信令：小区公共的RRC配置信令，叫作上下行公共配置信息；UE专用的RRC配置信令，叫作上下行专用配置信息。

参考SCS说明

① 上下行公共配置信息。

上下行公共配置信息对小区中所有UE都生效，其指示的传输方向具有最高优先级。任何被上下行公共配置信息指示为上行或下行的符号不能被其他信令改写成灵活符号或其他方向符号。上下行公共配置信息包含一个参考子载波间隔参数（μ_{ref}）和一套时隙格式参数。这套时隙参数由5个参数组成：上下行传输周期（P，单位ms）、下行时隙数（d_{slots}）、下行符号数（d_{sym}）、上行时隙数（u_{slots}）、上行符号数（u_{sym}）。这些参数共同定义一个周期的帧结构配置。

- 由 μ_{ref} 和 P 可计算出该上下行传输周期中的时隙个数。一个上下行传输周期包含 $S = P\times 2^{\mu_{\text{ref}}}$ 个时隙，P 可在 $\{0.5, 0.625, 1, 1.25, 2, 2.5, 5, 10\}$ 中取值。由于 P 必须包含整数个参考时隙，因此每个 P 会对应一个有效的参考SCS集合，例如，周期0.625ms仅适用于 $\mu_{\text{ref}}=3$，周期1.25适用于 $\mu_{\text{ref}}=2$ 或 $\mu_{\text{ref}}=3$，周期2.5适用于 $\mu_{\text{ref}}=1$ 或 $\mu_{\text{ref}}=2$ 或 $\mu_{\text{ref}}=3$。
- 在这 S 个时隙中，从起始位置开始连续 d_{slots} 个时隙中的符号全部都是下行符号，之后 d_{sym} 个符号也都是下行符号。
- 在这 S 个时隙中，在结束位置之前连续 u_{slots} 个时隙中的符号全部都是上行符号，之前 u_{sym} 个符号也都是上行符号。
- 除上述已经明确的上下行符号外，这个上下行传输周期中其他符号都是灵活符号。

由上述时隙参数定义一个周期的帧结构配置，对应第一套时隙格式参数，称为图样1。例如，当 $P = 2.5$ms 且 $\mu_{\text{ref}} = 1$ 时，一个上下行传输周期包含了 $S = 5$ 个时隙，图6.17给出了这5个时隙的上下行公共配置信息示例。

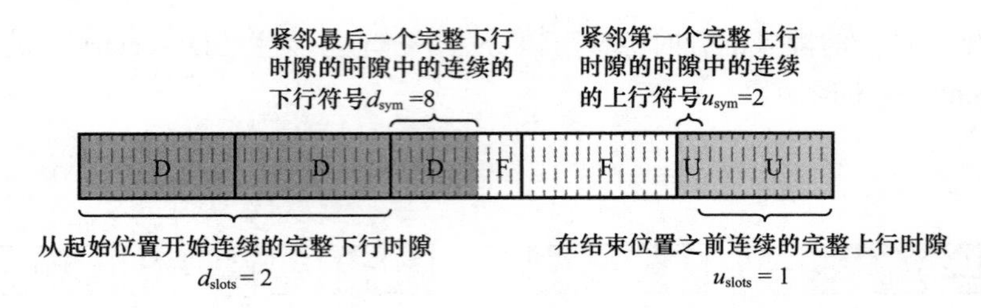

图 6.17 上下行公共配置信息示例

为了提供更灵活的周期组合和上下行资源配置组合，上下行公共配置信息中还可以有第二套时隙格式参数，称为图样2。与图样1类似，图样2也由5个参数组成：上下行传输周期（P_2，单位ms）、下行时隙数（$d_{slots,2}$）、下行符号数（$d_{sym,2}$）、上行时隙数（$u_{slots,2}$）、上行符号数（$u_{sym,2}$）。这些参数的定义与图样1中相应参数的定义相同。

上述两套时隙格式参数图样1和图样2定义了两个上下行传输周期，即P和P_2。当上下行公共配置信息只包含图样1时，帧结构配置按照图样1周期性进行。当上下行公共配置信息同时包含图样1和图样2时，帧结构配置按照双周期进行，这两种上下行配比的传输周期串联在一起，组成一个大的时隙配置周期，该时隙配置周期长度是$P+P_2$，包含前半段$S=P\times 2^{\mu_{ref}}$个时隙和后半段$S_2=P_2\times 2^{\mu_{ref}}$个时隙。例如，当$\mu_{ref}=1$，$P=1\text{ms}$，$P_2=2.5\text{ms}$时，双周期上下行公共配置信息示例如图6.18所示。

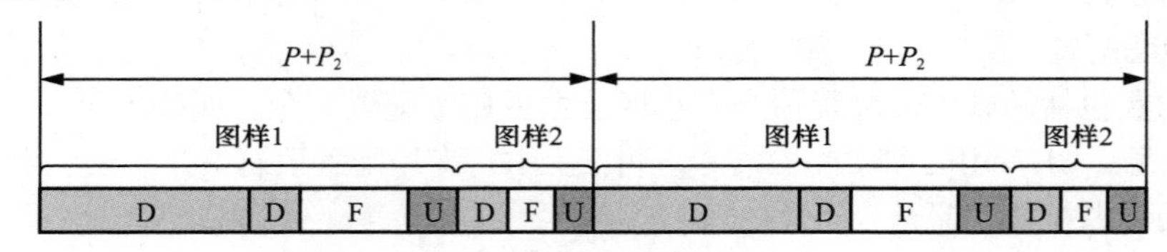

图 6.18 双周期上下行公共配置信息示例

② 上下行专用配置信息。

上下行专用配置信息包含一组时隙配置信息，这组时隙配置信息包含一个时隙号和一组符号配置信息，分别记为slotIndex和symbols。一个时隙号表示上下行公共配置信息中一个周期内的时隙位置，取值为$\{0,1,\cdots,S-1\}$，S为上下行传输周期。对于时隙号指示的一个时隙，UE采用一组符号配置信息定义时隙格式，一个时隙内的时隙格式配置包括以下三种情况。

- 当symbols = allDownlink时，这个时隙中所有符号都是下行符号。
- 当symbols = allUplink时，这个时隙中所有符号都是上行符号。
- 当symbols = explicit时，这个时隙中前nrofDownlinkSymbols个符号是下行符号，最后nrofUplinkSymbols个符号是上行符号，其余符号是灵活符号。当nrofDownlinkSymbols或nrofUplinkSymbols取默认值时，相应符号数为0。

（2）动态配置

高层信令配置的信息

动态配置是通过下行控制信息（Downlink Control Information，DCI）来实现的，包括两种方式：第一种是通过DCI格式2_0中的时隙格式指示（Slot Format Indication，SFI）直接指示，第二种是通过DCI格式0_0/0_1/1_0/1_1等上下行调度直接实现。

① SFI直接指示。

UE需要周期性地检测包含SFI信息的DCI格式2_0，并根据SFI信息和基站通过高层信令配置的信息确定在一个上下行周期内各时隙和符号的传输方向。

DCI格式2_0中的SFI-index字段指示了一个时隙格式组合序号，对应高层信令配置信息中时隙格式组合（slotFormatCombination）的索引，从而使UE确定从检测到DCI格式2_0的时隙开始，以时隙格式组合中指示的时隙个数为周期进行帧结构配置。

② DCI调度。

通过DCI进行动态调度并不是去改变帧结构，而是通过DCI调度的上行传输或下行传输隐式地给出被调度符号的方向。

3. 帧结构确定过程

（1）多级指示

NR中帧结构既可以由RRC信令进行半静态配置，也可以由DCI进行动态配置，即NR中的帧结构可能被多种配置信息修改。如图6.19所示，由上下行公共配置信息确定的灵活时隙和符号可由上下行专用配置信息进一步指示修改。如图6.20所示，半静态配置的灵活时隙和符号可通过动态配置中的SFI和DCI调度信令进一步指示修改。

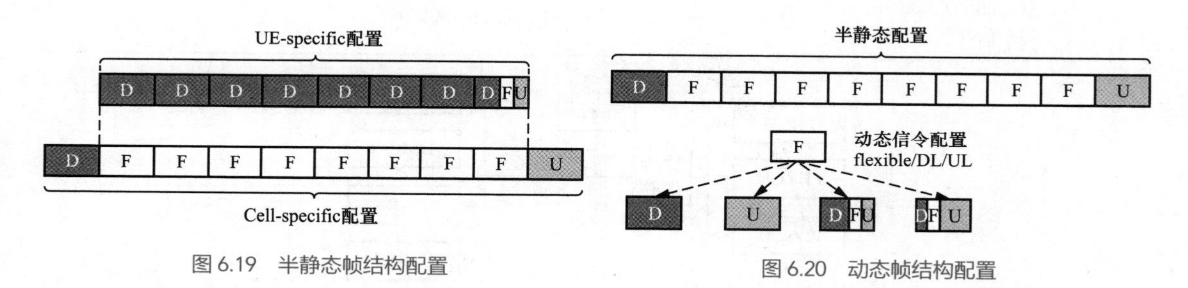

图6.19 半静态帧结构配置

图6.20 动态帧结构配置

多级指示过程可总结如下：首先通过Cell-specific RRC信令进行半静态配置；其次，可以通过UE-specific RRC信令指示剩余灵活时隙和符号；接着，可以通过SFI直接指示剩余的灵活时隙和符号；最后，可以通过DCI调度指示仍剩余的灵活时隙和符号。

（2）冲突解决

当多种帧结构配置信息同时存在时，需要定义各种配置信息的优先级，使得只有优先级最高的配置信息能够生效。配置层优先级如表6.6所示。

表6.6 配置层优先级

配置方案	配置优先级	说明
第一层：Cell-specific配置	1	下层配置仅可以对上层配置中确定为F的部分进行配置，上层配置中确定为D或U的部分不能修改
第二层：UE-specific配置	2	
第三层：SFI直接指示配置	3	
第四层：DCI调度配置	4	

6.2.4 下行链路

NR中UE使用下行链路接收下行信号，NR下行物理信道与下行参考信号功能如表6.7所示，图6.21所示为NR下行物理信道和下行参考信号分类。

表6.7 NR下行物理信道与下行参考信号功能

下行物理信道与下行参考信号名称		功能
PDSCH	Physical Downlink Shared Channel 物理下行共享信道	用于承载下行用户数据
PDCCH	Physical Downlink Control Channel 物理下行控制信道	用于上下行调度、功控等控制信令的传输
PBCH	Physical Broadcast Channel 物理广播信道	用于承载系统广播消息
DM-RS	Demodulation Reference Signal 解调参考信号	用于下行数据解调、时频同步等
PT-RS	Phase Tracking Reference Signal 相噪跟踪参考信号	用于下行相位噪声跟踪和补偿
CSI-RS	Channel State Information Reference Signal 信道状态信息参考信号	用于下行信道测量、波束管理、SSB/RLM测量、精细化时频跟踪等
SS	Synchronization Signal 同步信号	用于时频同步和小区搜索

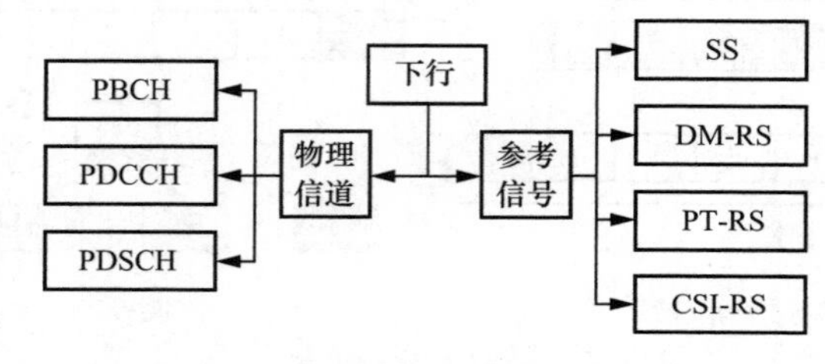

图6.21 NR下行物理信道和下行参考信号分类

1. 下行物理信道和下行参考信号

（1）PDSCH

PDSCH是用于下行数据传输的物理信道，负责将从MAC层接收的传输块通过一系列处理，转换为天线端口发射的无线信号。PDSCH对接收的MAC层信息的处理流程如图6.22所示。

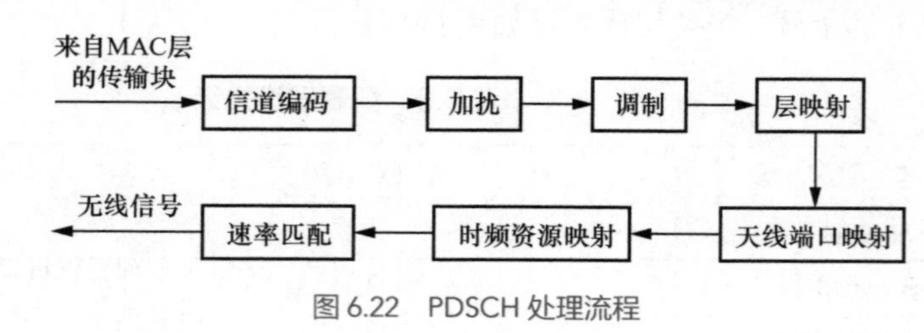

图6.22 PDSCH处理流程

具体说明如下。

① 信道编码：对承载的原始比特信息进行CRC码添加和LDPC信道编码。

② 加扰：编码后的比特流在比特域上进行加扰，扰码序列由RNTI（无线网络临时标识）和小区ID（小区身份标识）决定，会变为随机化加扰序列。

③ 调制：加扰后的比特序列调制为符号，采用QPSK、16QAM、64QAM和256QAM。

④ 层映射：通过层映射，调制符号按顺序依次被循环地置于各层上。NR中支持最多8层同时传输。

⑤ 天线端口映射：通过预编码矩阵将各层符号映射至一组天线端口。对于PDSCH传输，由

于DM-RS和PDSCH采用相同的预编码，因此预编码过程对于UE是透明的。

⑥ 时频资源映射：发往各天线端口的调制符号被映射到不同时频资源块上。在被调度的时频资源块上，依照先频后时的顺序将调制符号映射到时频资源上。

⑦ 速率匹配：通过速率匹配将一定数量的待传调制符号匹配到被调度的传输资源上。速率匹配不仅与被分配的时频资源有关，还受到参考信号、控制信道等占用资源数量的影响，一般在信道编码时就已经计算好输出的用于调制的比特数。从前向兼容角度，NR还引入了基于资源块的OFDM符号级别的速率匹配图样，同时支持基于LTE CRS的速率匹配图样。

（2）PDCCH

PDCCH是用于承载DCI的物理信道，根据被携带DCI的功能不同，可划分为几种格式：上行调度授权、下行调度分配、用户属性参数指示等。PDCCH功能与格式如表6.8所示。

表6.8 PDCCH功能与格式

格式	功能	说明
上行调度授权	调度用户的PUSCH，包括PUSCH的资源分配、MCS和多天线等信息	回退DCI格式（格式0_0）：基于单流调度和紧凑资源分配，因此信令开销小于格式0_1，一般用于RRC连接前的PUSCH调度
		非回退DCI格式（格式0_1）：支持多流传输和非连续灵活资源分配，一般用于RRC连接态下的PUSCH调度
下行调度分配	调度用户的PDSCH	回退DCI格式（格式1_0）：同上行调度授权的描述
		非回退DCI格式（格式1_1）：同上行调度授权的描述
用户属性参数指示	资源与功控指示	时隙指示格式（格式2_0）：指示一组UE上下行时隙格式
		下行打孔指示（格式2_1）：向一组UE指示不被用于向其传输信息的物理资源块和OFDM符号
		上行功率控制命令（格式2_2）：发送PUCCH和PUSCH的传输功率控制指示
		信道侦听参考信号（SRS）控制命令（格式2_3）：对一个或多个UE发送SRS的传输功率控制指示

PDCCH承载的调度信息称为净荷，经过编码、加扰、调制后，需要映射到控制资源集合（Control Resource Set，CORESET）中，一个CORESET占用连续的时频资源集合，具体包括一定数量的RB和1～3个OFDM符号长度。CORESET分为初始BWP内的CORESET（称为CORESET#0）和连接态BWP内的CORESET，前者由初始接入过程中的PBCH通知，后者由RRC专用信令通知。CORESET中有多个控制信道单元（Control Channel Element，CCE），CCE为承载PDCCH的基本资源单位。PDCCH使用QPSK调制，具体支持1、2、4、8和16个CCE，用于PDCCH的链路自适应。一个CCE由多个资源单元组（Resource Element Group，REG）组成，一个REG包括一个OFDM符号上的一个RB。上述PDCCH、CORESET、CCE、REG、RB的关系如图6.23所示。PDCCH最终以REG束的形式在CORESET内以先时后频的方式映射到时频资源上，具体包括非交织映射和交织映射：前者采用REG束的大小为6，顺序映射；后者REG束大小可以为2、3或6，采用交织打散的方式映射以获得频率分集增益。REG束表示时域或频域的连续多个REG。

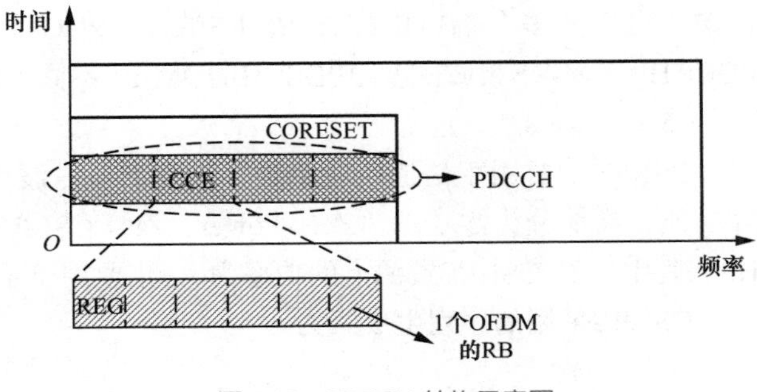

图6.23 PDCCH结构示意图

CORESET所在的时域的配置由搜索空间定义，搜索空间包括监测PDCCH的时隙周期、时隙偏移以及时隙内的符号位置。因此，UE是在搜索空间规定的时域位置上的CORESET内进行PDCCH监测的。搜索空间也分为初始BWP内的搜索空间（称为搜索空间#0）和连接态BWP内的搜索空间。前者由初始接入过程中的PBCH通知，后者由RRC专用信令通知。多个搜索空间配置可以关联相同的CORESET配置。

此外，搜索空间还规定了在CORESET内监测PDCCH的CCE位置，避免UE盲检测所有CCE造成功耗浪费。搜索空间规定的CCE位置对于不同CCE聚合等级的PDCCH是独立的。从CCE的角度，搜索空间还分为公共搜索空间和UE特定搜索空间，前者跟UE ID无关，后者跟UE ID即小区无线网络临时标识（Cell-RNTI、C-RNTI）相关，以便错开不同UE的CCE位置，提升调度灵活性。

（3）PBCH

PBCH用于承载广播信息，固定占用载波信道中间的20个RB。

UE通过检测PBCH可以得到：①小区下行系统带宽、链路层控制信道配置、系统帧号；②小区特定的天线端口数目；③用于物理层及链路层控制信号的分集传输模式。

（4）DM-RS

参考信号具有同步、频偏估计和信道估计等多种功能。其中，CSI-RS可以在时频域内低密度传输，适合于周期性传输。DM-RS在端口分配方面非常灵活和可扩展。

① PDSCH DM-RS。

DM-RS用于PDSCH解调时的信道估计。DM-RS序列生成式为

$$r(n)=\frac{1}{\sqrt{2}}\left[1-2c(2n)\right]+\mathrm{j}\frac{1}{\sqrt{2}}\left[1-2c(2n+1)\right] \tag{6.5}$$

其中，$c(2n)$等为Gold伪随机序列，生成多项式及产生器初始化参数见具体协议。

从频域来看，DM-RS有两种类型：Type 1和Type 2。不同类型支持的最大端口数不同。其中Type 1单符号最大支持4端口，双符号支持8端口；Type 2单符号最大支持6端口，双符号支持12端口。各端口可以通过频分或码分来复用。具体采用哪种类型可以由网络设备指示。

从时域映射位置来看，DM-RS分为Type A和Type B。Type A的DM-RS从一个时隙的第3个或第4个符号开始映射；Type B的DM-RS位于PDSCH的第1个符号，可以根据PDSCH所在位置调整。

此外，DM-RS还包括前置DM-RS和额外DM-RS。在高速场景中，移动速度导致信道变化较快，需要在时域上添加额外的DM-RS来提升信道估计的准确性。

② PDCCH DM-RS。

针对PDCCH，有专门用于解调时信道估计的DM-RS。其基本特征和PDSCH的DM-RS类似。不同之处：PDCCH的DM-RS只支持单端口发射，而PDSCH的DM-RS为了支持多用户MIMO传输，可以从多个端口中配置DM-RS端口；PDCCH仅支持非正交DM-RS的多用户MIMO传输；PDCCH的DM-RS频域密度跟PDSCH的DM-RS不同，PDCCH的DM-RS在一个RB中占用3个RE。

（5）CSI-RS

CSI-RS主要用于信道质量测量、干扰测量、波束测量、无线资源管理测量和时频高精同步等功能，具体分为零功率（Zero-Power，ZP）CSI-RS和非零功率（Non-Zero-Power，NZP）CSI-RS。其中，ZP CSI-RS资源上的功率为0，主要用于干扰测量。

CSI-RS采用的序列生成式为

$$r(m)=\frac{1}{\sqrt{2}}\left[1-2c(2m)\right]+\mathrm{j}\frac{1}{\sqrt{2}}\left[1-2c(2m+1)\right] \tag{6.6}$$

其中，$c(2m)$ 等为Gold伪随机序列，生成多项式与PDSCH的DM-RS相同，但产生器初始化参数不同。

CSI-RS是根据UE特性来配置的。多个端口对应的CSI-RS通过码分、频分和时分来复用。图6.24所示为16端口的CSI-RS，其中横轴表示OFDM符号，纵轴为子载波；16端口的CSI-RS采用时分、频分和码分来复用，不同图案表示不同的码分组，每个码分组中有4个端口。

（6）PT-RS

PT-RS用于跟踪高频段相位噪声的变化，进而接收端可以进行相位补偿算法设计。PT-RS的序列生成式和DM-RS一致。PT-RS的时域密度可以为{1,2,4}个符号，频域密度可以为{2,4}个RB，具体由网络设备指示。在进行资源映射时，从调度PDSCH的第一个符号开始映射，需要避开DM-RS的位置，如图6.25所示。

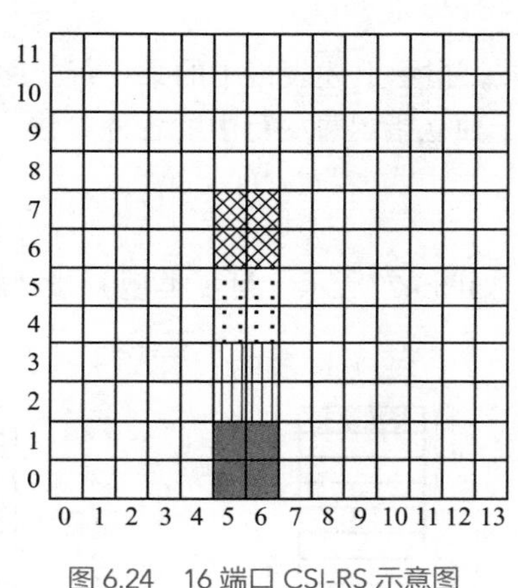

图 6.24　16 端口 CSI-RS 示意图

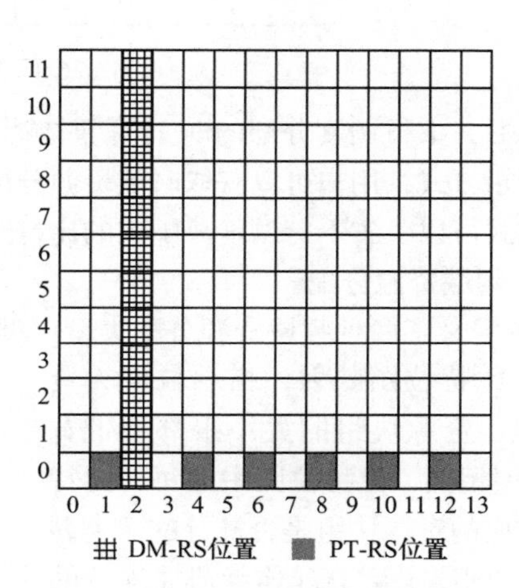

图 6.25　PT-RS 映射示意图

（7）SS

SS用于时频同步和小区搜索。其中主同步信号（Primary SS，PSS）用于符号时间对准、频率同步及部分小区的ID侦测；从同步信号（Secondary SS，SSS）用于帧时间对准、CP长度侦测及小区组ID侦测。SS的传输流程见后续章节。

2. 下行链路自适应

下行调度中包括PDSCH的链路自适应调度信息，如时频资源分配、MCS等。

（1）下行资源分配

时频资源分配包括时域资源分配和频域资源分配，前者是分配OFDM符号用于PDSCH传输，后者是分配虚拟资源块（VRB）用于PDSCH传输。

① 时域资源分配。

首先，网络可以预先通过RRC信令配置时域资源分配表格，表格中的每一行包括时隙偏移量、起始OFDM符号以及数据占据的OFDM符号数量、时域资源分配类型。其中，时隙偏移量指示下行调度分配的PDCCH到PDSCH的时隙数量，起始OFDM符号和OFDM符号数量用于指示具体时隙中的符号位置。时域资源分配类型包括类型A和类型B：前者对应的起始OFDM符号只能位于时隙中前4个符号，符号数支持3～14；后者对应的起始OFDM符号可以位于时隙中的前12个符号，符号数只支持2、4和7。此外，未配置上述RRC信令时，NR也会定义几种默认的时域资源分配表格，如图6.26所示。

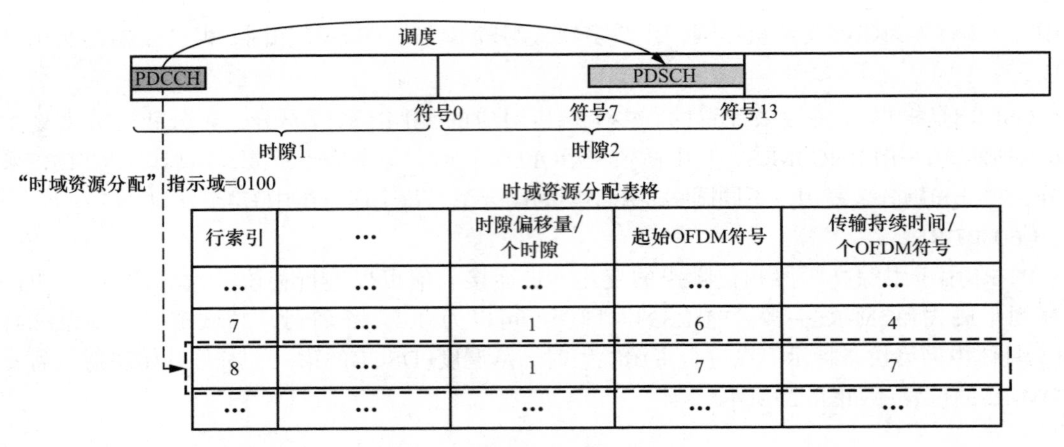

行索引	…	时隙偏移量/个时隙	起始OFDM符号	传输持续时间/个OFDM符号
…	…	…	…	…
7	…	1	6	4
8	…	1	7	7
…	…	…	…	…

图 6.26　下行数据的时域资源分配表格

然后，下行调度分配的DCI包括时域资源分配指示域，指示上述表格中的某一行。通过这种联合指示方式，用户可以获取时域资源分配信息。相较于独立指示每一行中的各种参数，该联合指示方式可以节省下行调度分配中的比特开销。

② 频域资源分配。

NR定义了两种频域资源分配类型：类型0和类型1，如图6.27所示。对于类型0，频域资源分配基于比特位图映射，指示粒度为资源块组，资源块组的大小跟部分带宽（BWP）相关，比特位图中的每一比特代表对应的资源块组是否被分配。类型0可以使网络灵活分配连续或非连续的资源块组，但开销比类型1大。对于类型1，频域资源分配直接指示起始资源块和连续的所占资源块数量。类型1由于只能分配连续的一段资源块，因此灵活性不如类型0，但可以降低比特开销。

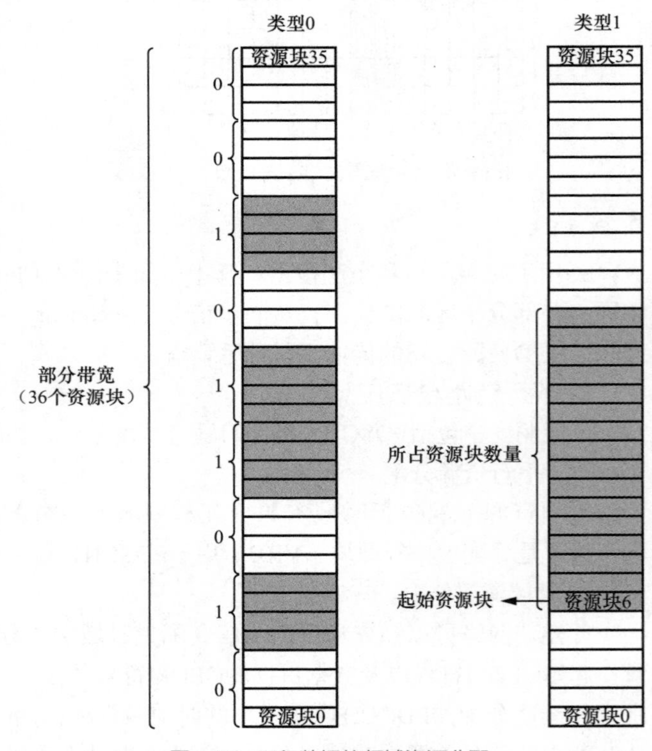

图 6.27　下行数据的频域资源分配

上述频域资源分配的RB均为VRB，而实际上下行数据的传输由物理资源块（PRB）上承载，因此从资源分配阶段到真实的数据传输阶段存在VRB到PRB的映射。频域资源分配类型为类型0，只支持VRB到PRB的直接映射；频域资源分配类型为类型1，DCI可以指示直接映射，还可以指示交织映射，具体映射方式由DCI的“VRB到PRB的映射”指示域确定。DCI中还有“BWP指示符”，可以从多个BWP中指示一个激活BWP，即网络可以指示UE在多个BWP间动态切换。相应地，上述类型0和类型1的频域资源分配只会在激活BWP内进行。

（2）调制编码方案

下行调度分配的DCI中还有PDSCH的MCS指示信息I_MCS，即MCS是通过DCI中字段I_MCS来查表指示的。

NR中定义了三张MCS表格，分别对应正常码率、高码率和低码率。I_MCS在DCI中用5bit字段，对应每个表格最大为32行，其中一些行中规定了调制阶数、编码率和频谱效率，还有一些行是预留的，只包括调制阶数，主要用于重传调度。I_MCS会指示MCS表格中某一行，用户根据指示确定PDSCH所采用的MCS。

表6.9所示为NR中第一张MCS表格的一部分。Q_m表示调制阶数（每符号承载的比特数），调制阶数2、4、6、8分别对应QPSK、16QAM、64QAM、256QAM。第一张MCS表格对应的频谱效率范围为0.2344～5.5547 bit/RE，最高调制阶数为6，对应64QAM。第二张MCS表格对应的频谱效率范围为0.2344～7.4063 bit/RE，最高调制阶数为8，对应256QAM。第三张MCS表格对应的频谱效率范围为0.0586～4.5234 bit/RE，最高调制阶数为6，对应64QAM，相对于第一张MCS表格降低了频谱效率，主要用于uRLLC业务。同一种调制方式对应不同的打孔方式，对应不同的编码率。编码率R为编码前比特数与编码后比特数的比值。频谱效率为每资源单位上承载的原始比特数，具体值为$R \times Q_m$。

表6.9 NR中第一张MCS表格的一部分

索引I_{MCS}	调制阶数 Q_m	编码率 $R \times [1024]$	频谱效率/bit · RE^{-1}
0	2	120	0.2344
1	2	157	0.3066
9	2	679	1.3262
10	4	340	1.3281
16	4	658	2.5703
17	6	438	2.5664
18	6	466	2.7305
28	6	948	5.5547
29	2	保留	
30	4	保留	
31	6	保留	

（3）传输块指示

UE确定了PDSCH的时频资源分配信息和MCS后，可以进一步确定PDSCH中传输的传输块（TB）大小，如图6.28所示。

步骤1：确定PDSCH占用RE的总数N_{RE}。

步骤1-1：确定一个资源块上可以传输数据的RE数N'_{RE}。

$$N'_{RE} = N_{SC}^{RB} N_{symb}^{SC} - N_{DMRS}^{PRB} - N_{oh}^{PRB} \tag{6.7}$$

其中，N_{SC}^{RB}为一个RB包括的SCS数，N_{symb}^{SC}为PDSCH在时域上占用的OFDM符号数，N_{DMRS}^{PRB}为一个RB上DM-RS所占用的RE数，N_{oh}^{PRB}为其他一些RE开销，包括资源块中的CSI-RS、CORESET等所占用的RE数。

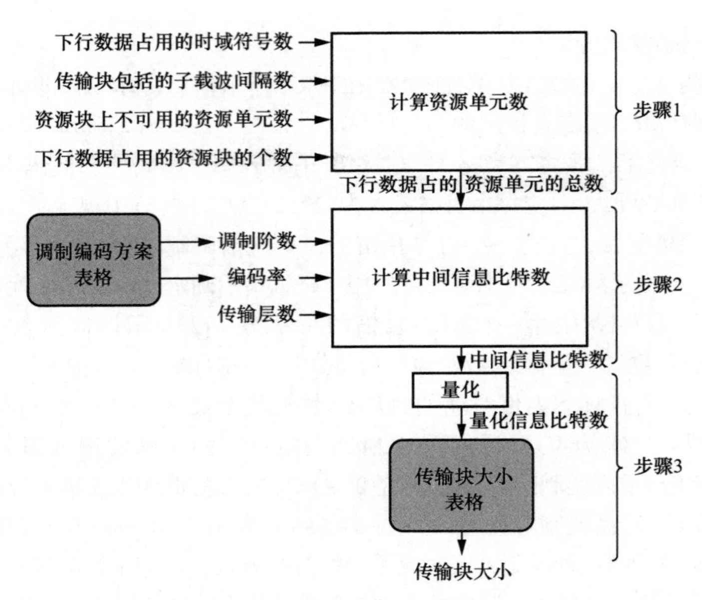

图 6.28　传输块大小的确定

步骤1-2：根据PDSCH所占用RB数及每个RB上可用RE数 N'_{RE}，得到PDSCH占用资源单元的总数 N_{RE}。

步骤2：计算中间信息比特数 N_{info}。

$$N_{\text{info}} = N_{\text{RE}} R Q_m v \tag{6.8}$$

其中，v 为传输的层数。

步骤3：量化、查表得到TB大小。对中间信息比特数进行量化，得到量化后的信息比特数，在网络有关TB大小的配置表格中查找，得到最接近但不小于量化后的信息比特数的TB大小 N'_{info}。

$$N'_{\text{info}} = \begin{cases} \max\left\{24\,,\ 2^n\left\lfloor\dfrac{N_{\text{info}}}{2^n}\right\rfloor\right\},\ n=\max\left\{3,\ \left\lfloor\log_2(N_{\text{info}})\right\rfloor-6\right\},\ N_{\text{info}}\leqslant 3824 \\ \max\left\{3840\,,\ 2^n\text{round}\left(\dfrac{N_{\text{info}}-24}{2^n}\right)\right\},\ n=\left\lfloor\log_2(N_{\text{info}}-24)\right\rfloor-5,\ N_{\text{info}}>3824 \end{cases} \tag{6.9}$$

3. 下行调度

（1）动态调度

动态调度是指网络通过DCI通知UE如何进行PDSCH接收。下行调度分配的DCI格式1_0和格式1_1的字段描述如表6.10所示。

表 6.10　DCI 格式 1_0 和格式 1_1 字段描述

字段	DCI格式1_0	DCI格式1_1
DCI格式识别	1 bit	1 bit
载波指示		0/3 bit
BWP指示		0～2 bit
频域资源分配指示	带宽相关	带宽相关
时域资源分配指示	4 bit	0～4 bit

续表

字段	DCI格式1_0	DCI格式1_1
VRB到PRB映射	1 bit	0/1 bit
PRB捆绑大小指示		0/1 bit
速率匹配指示		0～2 bit
零功率CSI-RS触发		0～2 bit
MCS、TB1	5 bit	5 bit
NDI、TB1	1 bit	1 bit
RV、TB1	2 bit	2 bit
MCS、TB2		5 bit
NDI、TB2		1 bit
RV、TB2		2 bit
HARQ进程号	4 bit	4 bit
下行分配指示	2 bit	0/2/4/6 bit
PUCCH功控参数	2 bit	2 bit
PUCCH资源指示	3 bit	3 bit
PDSCH到HARQ反馈定时	3 bit	0 ～ 3 bit
天线端口		4 ～ 6 bit
传输配置指示		0/3 bit
SRS请求		2/3 bit
CBG传输信息		0/2/4/6/8 bit
CBG清空消息		0/1 bit
DM-RS序列初始化		1 bit

（2）半持续调度

与使用DCI进行动态调度和资源分配不同，半持续调度（Semi-Persistent Scheduling，SPS）传输由高层RRC信令配置，提前预留和分配周期性的时频资源，经常用于语音等固定周期、固定业务量的典型业务。虽然这种调度方式不灵活，但好处在于节省DCI开销，不需要每次都发送动态信令。SPS配置主要通过RRC信令配置PDSCH的周期、HARQ进程数等信息，然后用DCI进行激活和释放。

（3）下行编码块组传输

NR可以支持非常大的TB，因此TB会分成非常多的编码块（Code Block，CB），每个码块会进行独立的信道编码和CRC校验。但HARQ反馈是基于TB的，一旦少量CB译码错误，UE就会针对该TB反馈NACK，进而网络对整个TB进行重传，造成重传效率降低。因此，NR引入基于编码块组（Code Block Group，CBG）的HARQ反馈机制，即将TB包括的多个CB分组，HARQ反馈基于每个CBG。此时，某个CBG译码错误，网络只重传该错误CBG，从而可提高重传效率。如图6.29所示，一个TB分为4个CBG传输，如果UE只正确接收CBG2和CBG3，那么基站只需要重

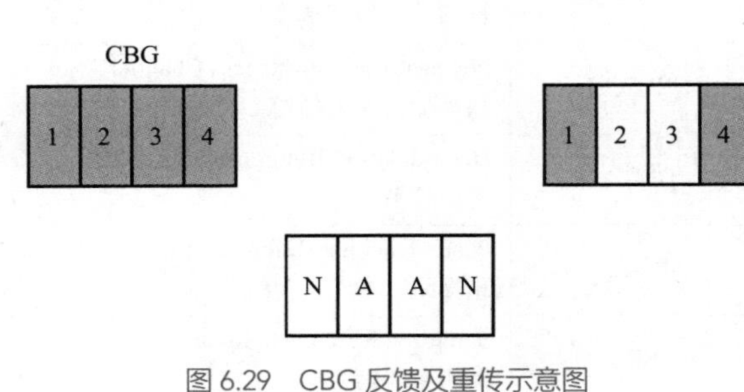

图 6.29　CBG 反馈及重传示意图

传CBG1和CBG4，不需要重传CBG2和CBG3。

（4）下行打孔指示

打孔指示也称作抢占指示。uRLLC业务和eMBB业务共存时，为优先处理突发uRLLC业务以保证其时延满足要求，uRLLC业务到来时会对已经分配给eMBB的资源打孔。uRLLC PDSCH对eMBB PDSCH已分配的资源打孔，会导致eMBB PDSCH的译码性能受损，因此，在eMBB PDSCH传输后，网络会发送该打孔指示，指示eMBB UE先前的eMBB PDSCH中哪些时频资源被打孔了。这样UE译码该eMBB PDSCH时就可以将相应位置的软信息置零，或者在HARQ重传合并时对有打孔指示的资源位置信息不做软合并。如图6.30所示，该打孔指示以OFDM符号为粒度由DCI格式2_1完成。

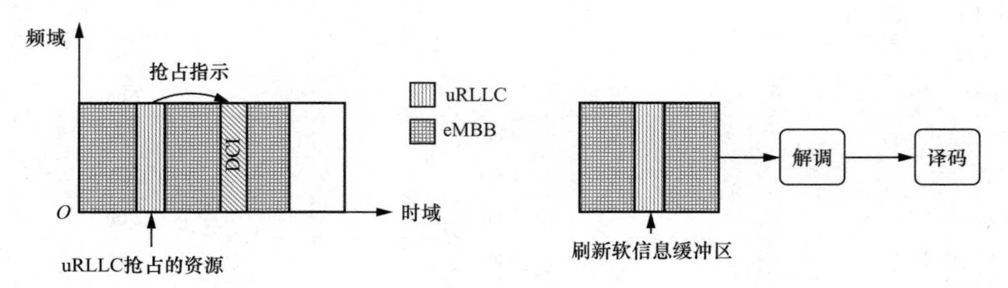

图 6.30 打孔指示

6.2.5 上行链路

如图6.31所示，UE使用上行链路向gNB发送上行信号，其功能如表6.11所示。

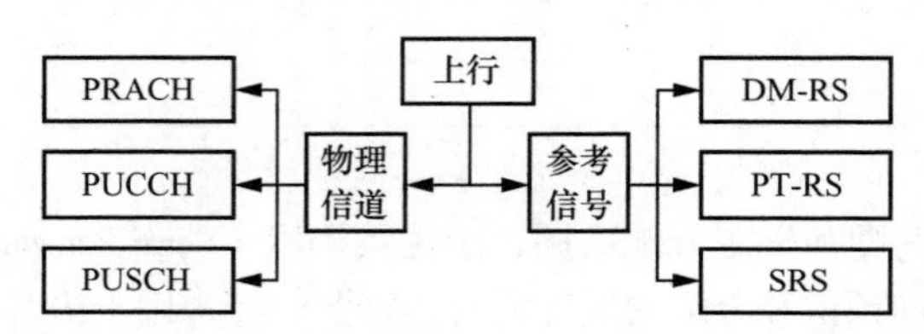

图 6.31 NR 上行物理信道和上行参考信号分类

表 6.11 NR 上行物理信道与上行参考信号功能

上行物理信道与上行参考信号名称		功能
PUSCH	Physical Uplink Shared Channel 物理上行共享信道	用于承载上行用户数据
PUCCH	Physical Uplink Control Channel 物理上行控制信道	用于HARQ反馈、CQI反馈、调度请求指示等L1/L2控制信令
PRACH	Physical Random Access Channel 物理随机接入信道	用于用户随机接入请求信息
DM-RS	Demodulation Reference Signal 解调参考信号	用于上行数据解调、时频同步等
PT-RS	Phase Tracking Reference Signal 相噪跟踪参考信号	用于上行相位噪声跟踪和补偿
SRS	Sounding Reference Signal 探测参考信号	用于上行信道测量、时频同步、波束管理等

1. PUSCH

PUSCH主要用于承载由MAC层产生的公共控制信道（Common Control Channel，CCCH）、专用控制信道（Dedicated Control Channel，DCCH）和专用业务信道（Dedicated Traffic Channel，DTCH）。UE在无RRC连接时使用公共控制信道向gNB传输控制信息，而在有RRC连接时使用专用控制信道点对点地向gNB传输控制信息。UE通过专用业务信道向gNB点对点地传输用户业务数据。

针对没有严格时延要求的eMBB业务，gNB可以使用DCI动态调度UE进行PUSCH传输。在NR R15中，为满足uRLLC低时延需求，同时降低NR语音（Voice over NR，VoNR）等的周期性小包业务的调度信令开销，UE还可以在gNB半静态配置或者半持续调度的上行时频资源上自主进行PUSCH发送，分别被称为第一类配置授权PUSCH传输和第二类配置授权PUSCH传输。

PUSCH的处理流程如图6.32所示。

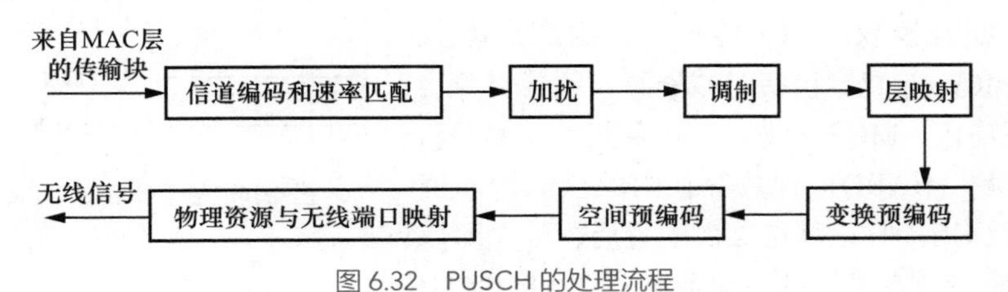

图 6.32　PUSCH 的处理流程

（1）上行资源分配

NR上行资源分配包括时域资源分配和频域资源分配。

① 时域资源分配。

上行时域资源分配包括配置PUSCH所在的时隙、时域长度，以及在时隙中的起始OFDM符号索引。UE根据PDCCH DCI中时域资源配置信息域的索引值m，从标准定义的默认时域资源分配表格或高层信令中一个分配表格索引号为m+1的行内获取PUSCH的时域位置信息。分配表格中的时域位置信息如下。

- 时隙偏移值K_2。如果UE在时隙n收到调度DCI，那么该DCI所调度的PUSCH在时隙$n\left\lfloor 2^{\mu_{\text{PUSCH}}}/2^{\mu_{\text{PDCCH}}} \right\rfloor + K_2$中传输，其中$\mu_{\text{PUSCH}}$和$\mu_{\text{PDCCH}}$分别为PUSCH和PDCCH的子载波间隔配置信息。
- 起始和长度指示值（Start and Length Indicator Value，SLIV）。UE可以根据SLIV得到PUSCH在时隙中起始OFDM符号的索引值S及时域长度L。

图6.33所示为使用相同子载波间隔时，DCI调度PUSCH的时序关系。

② 频域资源分配。

NR中PUSCH支持两种类型的频域资源分配：类型0（Type 0）和类型1（Type 1）。通常gNB会通过高层信令半静态地指示UE使用的频域资源分配类型。类型0支持非连续频域资源分配，因此需要更多的信令开销和更大的调度颗粒度。在类型0的上行资源分配中，gNB通过资源块组（Resource Block Group，RBG）的比特位图来指示调度给UE的频域资源。RBG由连续VRB的集合组成，每个RBG由若干个RB组成，其大小根据BWP的大小和高层信令配置得到。每个RBG对应比特位图中的一个比特。类型1仅用于连续频域

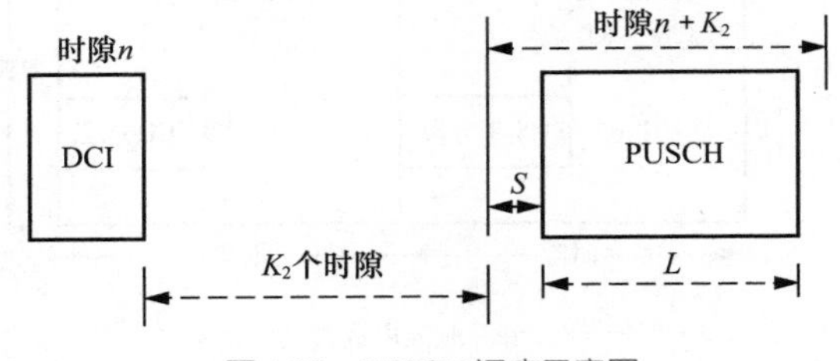

图 6.33　PUSCH 调度示意图

资源分配，因此指示信令开销更小。在类型1的上行资源分配中，频域资源块分配信息由资源指示值（RIV）携带。RIV由分配给PUSCH的起始虚拟资源块数（RB_{start}）和连续分配的资源块个数（L_{RB}）组成。当采用DFT-S-OFDM作为上行波形时，只能采取类型1以保证发送波形具有低PAPR特征。

（2）免调度传输和重复传输

如图6.34所示，通常为完成基于动态调度的PUSCH传输，gNB和UE间需要完成5步握手。由于在PUSCH传输前需要交互多次信令，因此会有较长的时延。

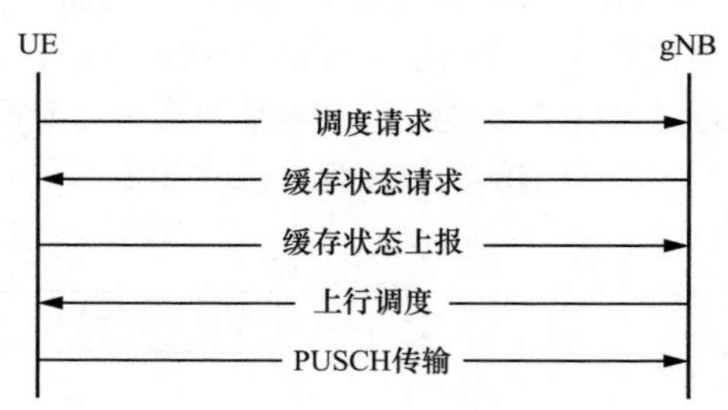

图6.34 基于调度的PUSCH传输过程

NR支持两类上行免调度传输：第一类配置授权PUSCH传输和第二类配置授权PUSCH传输。

在第一类配置授权PUSCH传输中，由高层参数ConfiguredGrantConfig配置包括时域资源、频域资源、DM-RS、开环功控、MCS、波形、冗余版本（RV）、重复次数、跳频、HARQ进程数等在内的全部传输资源和传输参数。UE接收该高层参数配置后，可立即使用所配置的传输参数在配置的时频资源上进行PUSCH传输。

第二类配置授权PUSCH传输采用两步资源配置方式。首先，由高层参数ConfiguredGrantConfig配置包括时域资源的周期、开环功控、波形、冗余版本、重复次数、跳频、HARQ进程数等在内的传输资源和传输参数。然后，UE不能立即使用该高层参数配置的资源和参数进行PUSCH传输，而必须检测由CS-RNTI加扰的DCI来激活第二类配置授权PUSCH传输，以进一步获得时域资源、频域资源、DM-RS、MCS等其他传输资源和传输参数，才能进行PUSCH传输。

为提高传输可靠性，上行免调度PUSCH支持重复传输，重复传输的次数K={1,2,4,8}由高层参数repK配置。当$K>1$时，UE在K个传输机会中重复发送K次，其中K个传输机会位于一个免调度配置周期内连续的K个时隙。每个时隙上只有一个传输机会，不同传输机会在时隙中使用符号的位置和数量相同。UE进行K次重复发送所使用的RV序列由高层参数repK-RV配置。UE在第n个传输机会中所使用的RV由所配置RV序列中第$\bmod(n-1,4)+1$个值确定。

（3）跳频

为便于UE在占用RB数较小的PUSCH时也能获得频率分集增益，gNB可以通过高层信令配置UE采用跳频模式。跳频模式只会在采用第一类配置授权（连续RB分配）时使用。NR中支持两种跳频模式，如图6.35所示。

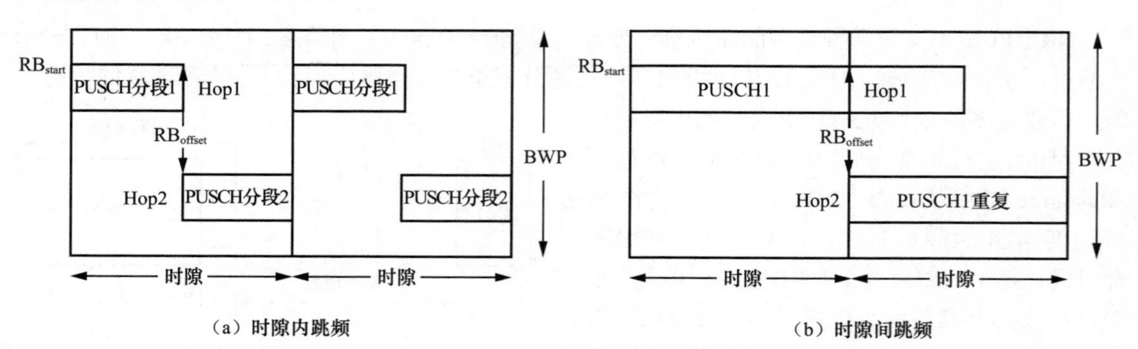

图6.35 PUSCH时隙内跳频和时隙间跳频

① 时隙内跳频：在一个时隙中的PUSCH分成前后两段，每一段PUSCH可以使用BWP中预先定义的不同RB资源进行传输。时隙内跳频可以应用于单PUSCH传输，也可以应用于多PUSCH传输。

② 时隙间跳频：在免调度PUSCH传输时配置大于1的重复次数或UE被配置了PUSCH聚合因子时，UE会在多个时隙内重复传输PUSCH。此时在不同时隙内重复的PUSCH可以按照预先定义的规则采用不同的连续RB进行传输。

通常UE会被配置多个跳频偏移值（RB_{offset}）。对于使用动态调度或第二类配置授权PUSCH传输的UE，gNB会通过调度或激活DCI的频域资源分配域中最高的一两个比特指示跳频偏移值。对于采用第一类配置授权PUSCH传输的UE，跳频偏移值会通过RRC配置下发。

（4）功率控制

gNB可以通过控制UE上行发射功率来提高信道容量、缓解小区内不同UE的远近效应，同时降低小区间干扰。NR中PUSCH上行功率控制主要包括开环功率控制、闭环功率控制及其他一些调整量，即

$$P_{\mathrm{PUSCH},b,f,c}(i,j,q_d,l)=\min\begin{Bmatrix}P_{\mathrm{CMAX},f,c}(i),\\ P_{\mathrm{O\_PUSCH},b,f,c}(j)+10\log_{10}\left(2^{\mu}M_{\mathrm{RB},b,f,c}^{\mathrm{PUSCH}}(i)\right)\\ +\alpha_{b,f,c}(j)PL_{b,f,c}(q_d)+\Delta_{\mathrm{TF},b,f,c}(i)+f_{b,f,c}(i,l)\end{Bmatrix}[\mathrm{dBm}] \tag{6.10}$$

其中，下标b、f、c分别代表PUSCH所在的BWP、载波、小区的序号，i表示PUSCH传输机会的序号，q_d代表估计路径损耗使用的参考信号为SSB或者CSI-RS，j、l表示不同参数配置集合以及功率调整状态的序号。

$P_{\mathrm{CMAX},f,c}(i)$表示UE标准配置的最大输出功率，以确保计算的发射功率在自身发射功率范围内。

$P_{\mathrm{O_PUSCH},b,f,c}(j)+\alpha_{b,f,c}(j)PL_{b,f,c}(q_d)$为开环功率控制部分，主要用于补偿路径损耗等大尺度衰落造成的传播损耗。其中$P_{\mathrm{O_PUSCH},b,f,c}(j)$是由gNB通过高层信令配置的开环目标接收功率；$PL_{b,f,c}(q_d)$为UE根据测量SSB或CSI-RS估计得到的路径损耗；$\alpha_{b,f,c}(j)$为部分路径损耗补偿因子，gNB可以通过配置该参数来兼顾小区间干扰和小区内的频谱效率。

$f_{b,f,c}(i,l)$表示闭环功率控制。gNB可以通过DCI动态对UE发送PUSCH的功率进行微调，以应对信道的小尺度变化和干扰环境。闭环功率控制命令可以通过调度PUSCH的DCI携带，也可以通过由TPC-PUSCH-RNTI加扰CRC的DCI格式2_2携带。

$M_{\mathrm{RB},b,f,c}^{\mathrm{PUSCH}}(i)$表示传输PUSCH所使用的RB数。$\Delta_{\mathrm{TF},b,f,c}(i)$是与PUSCH传输所使用MCS相关的调整量。

（5）MIMO传输模式

PUSCH的MIMO传输模式分为两种：基于码本的传输和非码本的传输。

基于码本的传输常用在信道不具有互异性的FDD系统中。gNB会测量UE发送的上行参考信号，以获得上行信道信息并对其进行量化，随后通过调度PUSCH的DCI中的预编码指示和层数域来通知UE。在NR中，该量化的信道信息被表示为传输预编码矩阵序号（Transmitted Precoding Matrix Indicator，TPMI）。UE会根据gNB指示，从预定义的码本中选取和发送预编码矩阵。

非码本的传输常用于具有上下行信道互异性的TDD系统；UE可以通过测量下行CSI-RS估计

上行信道，并据此为上行SRS传输计算预编码矩阵，从而不需要额外的下行控制开销。而基于码本的传输需要gNB根据UE发送的上行SRS信道估计确定优选预编码矩阵，通过上行调度DCI中携带的SRS资源指示（SRS Resource Indication，SRI）通知UE PUSCH发送使用的预编码矩阵。当UE采用CP-OFDM波形进行上行PUSCH发送时，UE可将一个码字最多映射到4个空间层，采用闭环空分复用的方式进行同时发送，从而充分利用多天线来提高频谱效率。为了增大UE上行覆盖，UE采用DFT-S-OFDM波形来进行PUSCH发送时只支持1个空间层。

2. PUCCH

PUCCH用于UE向基站发送上行控制信息（Uplink Control Information，UCI）。PUCCH承载的UCI包括以下信息。

① ACK/NACK反馈：用于下行数据信道接收的HARQ-ACK信息。

② 调度请求（Scheduling Request，SR）：用于上行数据信道调度的资源请求。

PUCCH的五种格式

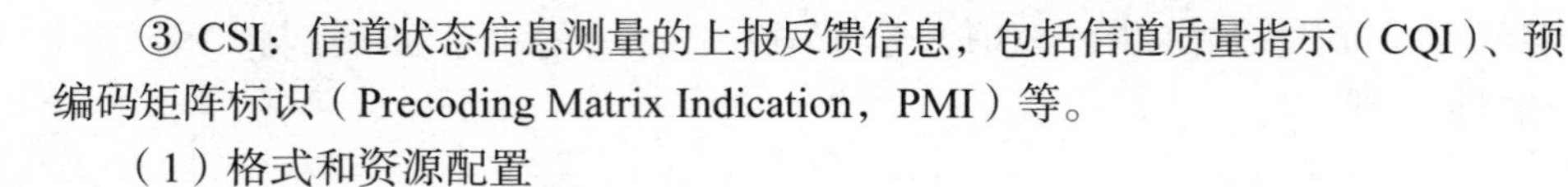

③ CSI：信道状态信息测量的上报反馈信息，包括信道质量指示（CQI）、预编码矩阵标识（Precoding Matrix Indication，PMI）等。

（1）格式和资源配置

如表6.12所示，NR支持五种格式的PUCCH。占用符号数大于2的长格式PUCCH（格式1/3/4）和不超过2符号的短格式PUCCH（格式0/2）均支持时隙内跳频。PUCCH格式3/4需要应用变换预编码操作。UCI的信道编码如表6.13所示。

表6.12　不同PUCCH格式基本信息

PUCCH格式	占用符号数	比特数
0	1～2	≤2
1	4～14	≤2
2	1～2	>2
3	4～14	>2
4	4～14	>2

表6.13　UCI的信道编码

UCI比特数（包括CRC）	信道编码
1	Repetition码
2	Simplex码
3～11	Reed Muller码
>11	Polar码

（2）HARQ_ACK/SR/CSI

PUCCH承载的UCI可以包括HARQ_ACK反馈、SR、CSI。通常一个单独的UCI并不一定包含所有三类信息。一些情况下，UE只通过PUCCH进行HARQ-ACK信息上报，或SR上报，或CSI上报；另外一些情况下，多种类型的UCI可以组合上报，如同时进行CSI和HARQ-ACK上报等。值得注意的是，SR只能通过PUCCH上报。

UE通常需要对动态调度和SPS PDSCH数据传输进行HARQ-ACK反馈，以便gNB确定是否需要对PDSCH进行重传。UE也会对用于释放SPS PDSCH的PDCCH传输进行HARQ-ACK反馈，以完成去激活流程。

（3）上行控制信息复用PUSCH

当UE发送PUCCH的资源和发送PUSCH的资源在时域上有重合时，为了避免同时传输PUCCH和PUSCH导致PAPR升高，NR支持将UCI和PUSCH承载的TB复用到一起，共同使用PUSCH的时频资源传输。可以与PUSCH复用的UCI包括ACK/NACK和CSI。UE根据定义的偏移值确定在原本的PUSCH传输资源中用于承载HARQ-ACK信息的资源和用于承载CSI报告的资源。偏移值可以通过DCI或高层信令发给UE。偏移值体现了复用的UCI占用PUSCH资源的比例，用于UCI的速率匹配处理过程。UCI只在不传输DM-RS的OFDM符号上传输。复用操作与HARQ-ACK比特数有关，当HARQ-ACK比特数不超过2时，可通过打孔方式实现复用，其他情况通过速率匹配实现复用。

（4）跳频和重复传输

① 时隙内分段跳频。

PUCCH通常在频谱上占用的带宽有限。为克服无线信道的频率选择性衰落，UE可以采用时隙内跳频，将在一个时隙内发送的PUCCH在时域上近似等分成两段，分别映射到不同RB上，提高PUCCH传输的稳健性。如图6.36所示，为保证初始接入时传输的可靠性，UE在发送PUCCH时需要采用时隙内跳频，把PUCCH的两个分段分别映射到初始BWP两端。在RRC连接建立后，gNB可以通过PUCCH-ResourceSet来配置UE是否使用时隙内跳频及跳频时PUCCH分段所在频域位置。所有PUCCH格式都可以使用时隙内跳频。

② 时隙间重复/跳频。

为提升PUCCH传输稳健性，对长格式PUCCH（PUCCH格式1/3/4）可以配置时隙间重复传输。在重复发送PUCCH的每个时隙中，传输起始符号和持续符号数都相同。如果UE确定某个时隙中没有足够的PUCCH传输资源，则将在下一个满足条件的时隙中重复传输。PUCCH被配置重复后，可以进一步通过时隙间跳频传输获得频率分集增益。UE一旦配置了时隙间跳频，就不会再配置时隙内跳频。标准中规定了时隙间跳频的图案。如图6.37所示，从PUCCH重复传输的第一个时隙开始到最后一个时隙结束，偶数时隙PUCCH传输的频域位置由起始RB索引（startingPRB）确定，奇数时隙由第二跳起始RB索引（secondHopPRB）确定。

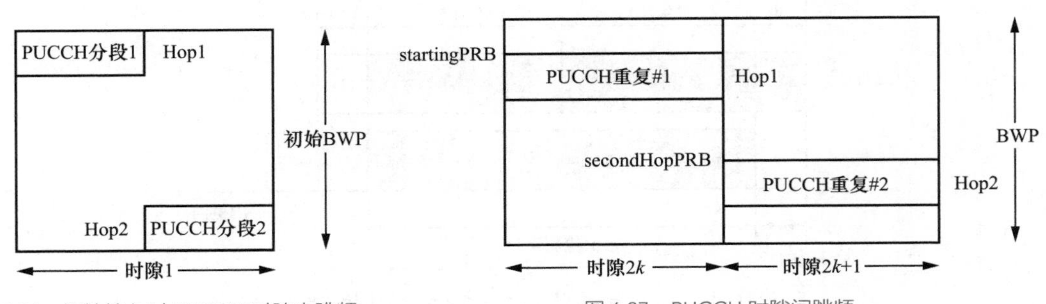

图6.36 初始接入时PUCCH时隙内跳频　　图6.37 PUCCH时隙间跳频

（5）功率控制

PUCCH功控是基站调整UE在PUCCH上的发射功率的过程，主要用于保证PUCCH传输性能及减少邻区干扰。PUCCH功控与PUSCH功控的一个区别在于PUCCH功控要补偿完整的路径损耗，而PUSCH功控中存在路径补偿分数因子；另一个区别在于PUCCH闭环功控指示承载在PDCCH的DCI格式1_0和DCI格式1_1中，因为PUCCH反馈的HARQ-ACK信息是针对下行PDSCH传输的，而下行传输通常可关联到用于下行调度的PDCCH，这样在其中包含功控信息就可以用于在发送HARQ-ACK前调整PUCCH发射功率。

3. PRACH

在随机接入过程中，会使用PRACH来传输前导码（Preamble）。gNB通过接收的PRACH来区分不同用户发送的前导码，并估计gNB和UE间往返时延（RTT）。

在初始接入时，UE会从可用集合中随机选择一个前导码发送。为避免不同UE选择相同前导码发生冲突，前导码序列设计应能够提供足够多具有良好互相关特性的序列。前导码序列的长度决定了在一个物理层随机接入机会（PRACH Occasion，RO）中可用的序列数目。NR R15支持两种长度的前导码序列：对于1.25kHz和5kHz的SCS，前导码采用长度为L_{RA}=839的Zadoff-Chu（ZC）序列；对于15kHz、30kHz、60kHz和120kHz的SCS，前导码采用L_{RA}=139的ZC序列。前导码生成方法为

$$x_{u,v}(n)=x_u[(n+C_v)\bmod L_{RA}] \tag{6.11}$$

$$x_u(i)=\mathrm{e}^{-\frac{1}{L_{RA}}\pi ui(i+1)}, i=0,1,\cdots,L_{RA}-1 \tag{6.12}$$

gNB通过检测不同根序号u和循环移位C_v来区分不同前导码序列。通常对于低速移动场景，循环移位C_v的使用没有限制；但对于高速公路和高速铁路等具有高多普勒频移的场景，部分C_v的使用会造成检测性能下降，因此对C_v的使用进行了限制。

由于UE在发送前导码时尚未完成上行同步，传播时延使不同用户发送的前导码到达gNB的时刻有先有后，因此，为克服小区内远近用户RTT的差异，前导码序列前要加上CP，前导码序列后要预留保护时间（Guard Time，GT）。PRACH格式中CP/GT的持续时间通常需要大于小区覆盖范围内所有用户间的RTT差异，从而决定了小区覆盖。gNB通常只能使用非相关检测来进行PRACH接收。为满足小区覆盖需求，gNB定义了具有前导码序列重复的PRACH格式，通过足够的时域能量累积来减少虚警和误检。图6.38所示为SCS为15kHz时PRACH格式B1的时序。

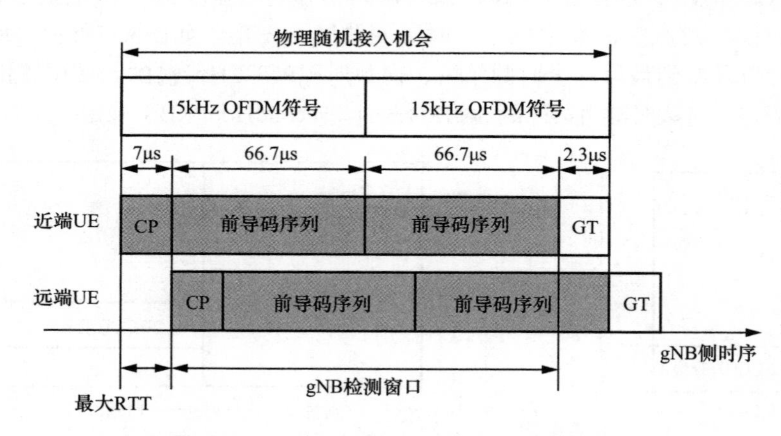

图6.38 SCS为15kHz时PRACH格式B1的时序

gNB会通过高层信令RACH-ConfigGeneric配置UE PRACH发送机会的传输参数，主要包括时域资源指示、频域资源指示、功率控制等。

当gNB发送多个SSB进行波束扫描时，UE可以根据SSB和PRACH发送机会间的对应关系，通过在与所选SSB索引对应的PRACH发送机会上发送PRACH的方式，告知gNB自己期望的SSB波束方向。gNB可以通过ssb-perRACH-OccasionAndCB-PreamblesPerSSB配置SSB索引和时域PRACH发送机会的对应关系。

4. SRS

为进行上行信道探测，基站可以给UE配置SRS。SRS主要有两方面用途：第一，用于上行信道质量估计，从而进行上行调度、波束管理等；第二，在TDD系统上下行信道互易的情况下，可以估计下行信道质量，如用于下行SU/MU MIMO中的预编码计算等。

为提高终端功率放大器效率，NR为SRS设计了具有低立方度量（Cubic Metric）或低PAPR特征的序列。具体而言，当SRS序列长度小于36时，SRS序列是通过计算搜索得到的有良好时域包络性质的平坦谱序列；当SRS序列长度大于或等于36时，SRS序列是扩展ZC序列。SRS最多支持4个天线端口。当一个SRS支持大于1个天线端口时，不同天线端口共享相同的资源集合和相同SRS序列；不同的相位旋转用于区分不同的天线端口。SRS在时域一般位于一个时隙的最后6个符号中，且占用1/2/4个连续的OFDM符号。在频域，SRS具有梳状结构，每2/4个SCS上有一个频域资源，分别称为comb-2和comb-4结构。SRS传输支持不同UE的频域复用。对于comb-2结构，频域最多可以复用2个SRS；对于comb-4结构，频域最多可以复用4个SRS。

SRS可以被配置为周期性传输、半静态传输、非周期性传输。对于周期性SRS传输，基站需要配置一个周期和一个周期内的时隙偏移值。对于半静态SRS传输，基站同样需要配置一个周期和一个周期内的时隙偏移值，但实际的SRS传输需要根据MAC层信令激活或者去激活。非周期性SRS传输只发生在下行控制信息触发的情况下。

5. DM-RS

（1）PUSCH DM-RS

gNB可以根据测量DM-RS来获得上行信道信息，用于对PUSCH进行相关接收解调，以提高数据解调性能。对于采用CP-OFDM波形的PUSCH，为便于在网络中灵活配置上下行，NR采用上下行对称设计，此时上行的DM-RS图样、序列和时频复用方式和下行PDSCH DM-RS一致。

DFT-S-OFDM波形通常只在覆盖受限的场景下应用，此时PUSCH只支持单流传输。为降低发送信号的PAPR，以提高功放的效率，采用DFT-S-OFDM波形时的DM-RS设计也不同于CP-OFDM波形。为保证PUSCH的单载波特性，在时域上PUSCH DM-RS符号和数据符号仅采用时分复用方式；在频域上因为只需要支持单流传输，所以每隔一个子载波映射一个DM-RS子载波（DM-RS Configuration Type 1）。为了保持PUSCH频域均衡的性能，同时降低时域DM-RS符号的PAPR，协议中定义了一类低PAPR的序列$r_{u,v}^{(\alpha,\delta)}(n)$。对于序列长度不小于36的序列采用ZC序列：

$$x_q(m)=\mathrm{e}^{-\mathrm{j}\frac{\pi q m(m+1)}{N_{ZC}}} \tag{6.13}$$

式（6.13）中，N_{ZC}表示序列长度，q表示ZC序列的根序号。该序列在时域和频域都具有恒模特性。ZC序列除了可以配置不同的根序号，还可以通过对频域信号进行不同的线性相位旋转来产生额外序列，这使gNB可以同时提供足够多的DM-RS序列，以避免不同小区中用户DM-RS的相互干扰。图6.39所示为DFT-S-OFDM波形下单符号前置DM-RS图样。

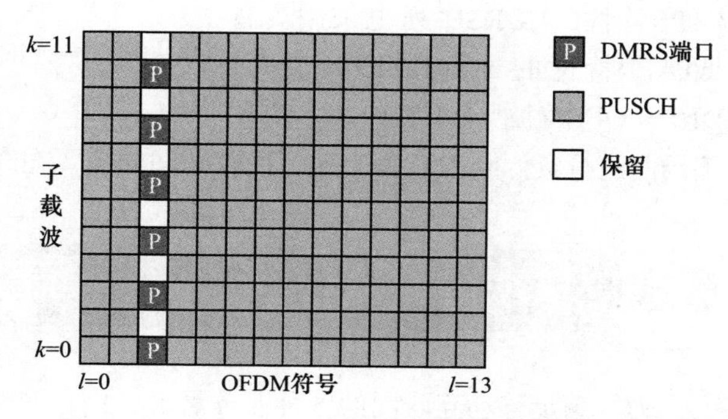

图6.39 DFT-S-OFDM波形下单符号前置DM-RS图样

当PUSCH采用时隙内跳频时，需要保证一个PUSCH在时隙内的两个跳频分段中都包含DM-RS，以便UE针对不同的跳频分段进行信道估计。如图6.40所示，当采用A类PUSCH映射时，PUSCH的跳频分段1中前置DM-RS位于时隙中第3个或第4个符号，跳频分段2中前置DM-RS位于跳频分段的第1个符号。对于B类PUSCH映射，前置DM-RS分别位于时隙内PUSCH分段中的第1个符号。高移动性场景为了跟踪信道的时域变化而配置了附加DM-RS，在每个跳频分段中附加DM-RS和前置DM-RS间隔3个符号。

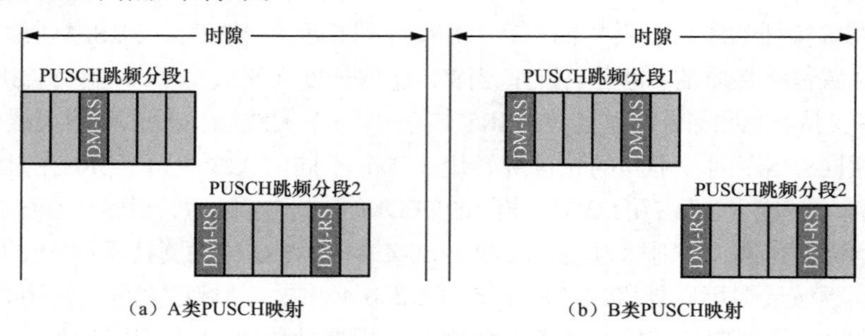

图 6.40 PUSCH 时隙内跳频 DM-RS 符号时域图样

（2）PUCCH DM-RS

PUCCH的
DM-RS设计

PUCCH格式0是短格式PUCCH，通过序列构造，无DM-RS。PUCCH格式2也是短格式PUCCH，但它的UCI与DM-RS通过频分复用。对于长格式，PUCCH格式1/3/4的UCI和DM-RS通过时分复用。

6. PT-RS

相位噪声是射频器件在各种噪声（随机性白噪声、闪烁噪声）作用下的信号相位随机变化。相位噪声会影响接收端解调性能，限制高阶调制的使用，影响系统容量。为方便gNB对PUSCH的检测，引入PT-RS用于跟踪相位噪声变化，进行相位噪声估计和补偿，提升系统性能。

PT-RS资源分配是频域稀疏、时间密集的。针对CP-OFDM和DFT-S-OFDM两种波形有不同的配置。对于CP-OFDM波形，PT-RS和下行设计完全一致。如图6.41所示，对于DFT-S-OFDM波形，相位噪声对时域信号的影响是使时域星座图乘上 $e^{j\varphi}$，从而让星座点发生旋转。为保证DFT-S-OFDM波形的低PAPR特性，PT-RS序列也采用具备低PAPR特性的π/2-BPSK序列，且DFT-S-OFDM波形的PT-RS在DFT预编码前进行资源映射。相应地，接收端同样需要在时域（IDFT后）进行相位噪声估计和处理。

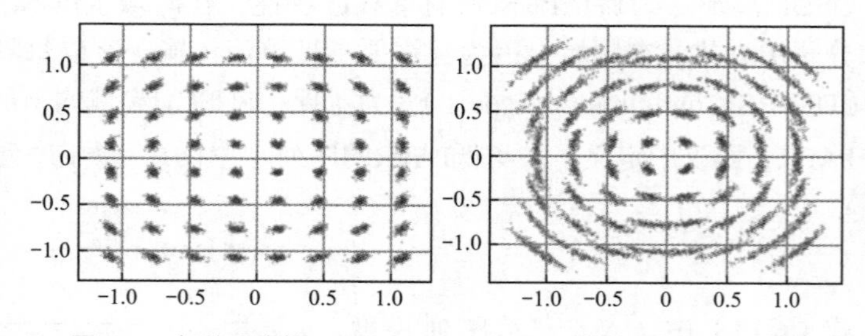

图 6.41 相位噪声使 DFT-S-OFDM 64QAM 高阶星座点发生旋转

6.3 基本管理流程

为了满足移动互联网的各种业务需求，核心网定义了很多信令流程，有些流程是与具体业务相关的，如定位流程、短消息流程，而有些流程是通用的，和具体业务无关。本节仅介绍一些通用的基本管理流程，这些流程是大多数终端都会用到的。

6.3.1 注册与移动性管理

移动通信系统中，UE常处于移动状态。移动性管理是5GC根据UE业务的进行情况转换UE的状态，保证UE在移动过程中数据传输的连续性。在5GC中，主要由AMF负责UE的注册与移动性管理，包括UE注册和去注册、移动性限制和移动性模式管理等。UE注册到5GC网络目的在于使网络能够认证用户并对用户数据业务进行授权，UE注册到网络后，网络可以跟踪UE的位置并保障UE的可达性。

如图6.42所示，5G网络定义了UE的两种注册状态，分别是已注册状态和去注册状态。UE在尚未注册到网络时，处于去注册状态，此时UE无法在网络中传输业务数据。UE在准备发送或接收业务数据前，需要先完成网络注册，完成后UE变为已注册状态。而UE因为手机关机等从网络中注销时，会变成去注册状态。UE的注册状态保存在UE本地和AMF处。

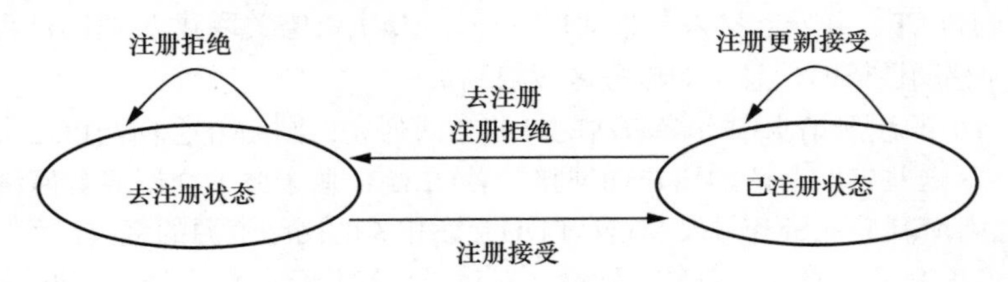

图6.42 注册管理模型

图6.43所示为初始注册流程，即UE开机后发生的第一个和核心网交互的流程。

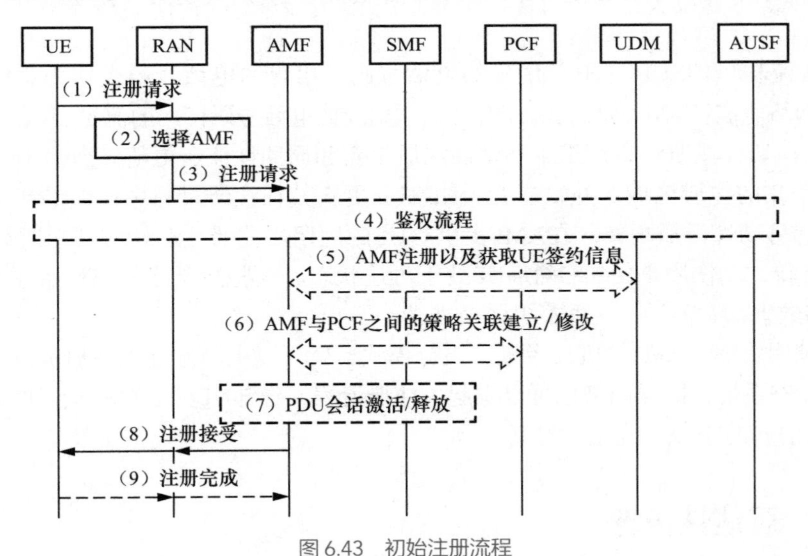

图6.43 初始注册流程

具体流程如下。

（1）UE向RAN发送接入网（Access Network，AN）消息，包含AN参数和注册请求参数。AN参数包括公共陆地移动网（Public Land Mobile Network，PLMN）标识、切片信息等，注册请求参数包括注册类型、UE标识、UE请求接入的网络切片以及安全参数等。

（2）RAN根据AN参数选择AMF，即RAN根据AN参数中的PLMN标识以及切片信息，选择该PLMN内支持该切片信息的AMF。如果RAN无法选择合适的AMF，则将注册请求转发给RAN中已配置的AMF。

（3）RAN向AMF发送N2接口消息，消息包含N2参数、注册请求参数。其中，N2参数包括PLMN标识、UE驻留位置（如Cell ID）等。

（4）AMF解析注册请求参数，其中：注册类型为初始注册；UE标识包括用户永久标识（Subscription Permanent Identifier，SUPI），即用户从运营商处购买的USIM卡标识符，或者用户隐藏标识（Subscription Concealed Identifier，SUCI），可以理解为加密的SUPI；AMF可以通过调用AUSF发起针对SUPI或者SUCI的鉴权流程，目的是完成UE和网络间的双向鉴权认证，检查彼此是否安全合法。鉴权成功后，AUSF会向AMF发送UE的安全相关信息，如果是针对SUCI的鉴权，则AUSF会向AMF返回SUPI。

（5）AMF选择UDM，并根据需要完成到UDM的注册。在此过程中，UDM需要存储服务于该UE的AMF信息。如果AMF没有UE的签约信息，则会通过SUPI向UDM获取，签约信息包括接入与移动性签约数据、SMF选择签约数据等。

（6）AMF选择PCF，并发起接入与移动性管理（AM）策略关联建立/修改流程，用于获取与UE相关的接入和移动性策略信息（如服务区域限制）。

（7）如果（1）的注册请求中有待激活的PDU会话列表，则AMF会向与PDU会话关联的SMF发送请求，以激活这些PDU会话的用户面连接。若UE侧释放了PDU会话或者网络侧不再支持相应的PDU会话，则AMF会向SMF触发与这些PDU会话相关的网络资源的释放流程。

（8）AMF向UE发送注册接受消息，指示注册请求已被接受，消息携带了网络侧为UE分配的相关参数（包括注册区域、移动性限制、PDU会话状态以及允许接入的网络切片等）。

（9）如果UE在（8）中收到了特定的配置指示，则UE更新成功后，会向AMF发送注册完成消息。

初始注册流程里的SUPI并不是用户的电话号码，用户的电话号码仅作为签约数据存储于UDM，用于网络生成针对电话号码的计费信息，如统计电话号码使用的流量。

除了初始注册，注册流程还用于移动性注册更新和周期性注册更新。当UE处于连接态或空闲态并移动到UE的注册区域之外，或者当UE需要更新其在注册过程中协商的能力或协议参数时，UE会发起移动性注册更新。在AMF提供给UE的周期性注册更新计时器超时后，UE会发起周期性注册更新，其作用是使5GC确定UE处于可达状态。这些注册流程和初始注册流程在执行步骤和具体参数上都有差异，这里不再详细描述。

UE注册到网络后，如果关机或者进入飞行模式，就可以主动发起去注册流程，告知网络其不再需要接入5G系统，同样网络也可以发起去注册流程，告知UE无法再次接入网络，具体的原因包括因欠费引起的UE签约信息改变等。

6.3.2 可达性管理

可达性管理主要是通过寻呼UE和跟踪UE的位置来检测UE是否可达（即网络能够找到用户并可以建立连接）。核心网负责对空闲态（也称CM-IDLE态，即UE未与核心网CN/AMF间建立信令连接的状态）UE的可达性管理，NG-RAN负责对连接态（也称CM-CONNECTED态，即UE与核心网AMF间建立了信令连接的状态）UE的可达性管理。

当UE处于空闲态时，核心网对UE位置的感知范围为跟踪区列表（Tracking Area List，

TAL），核心网收到下行数据或者信令时，通过寻呼UE进入连接态。当UE处于连接态时，核心网对UE位置的感知范围为RAN节点的覆盖范围，网络收到下行数据或者信令后，可以直接通过该小区对应的RAN节点向UE发送。3GPP标准定义了注册区（Registration Area，RA）来管理在网络中注册的UE区域。跟踪区（Tracking Area，TA）是核心网管理的最小位置区域，网络为每个UE配置的注册区域为一个或者多个跟踪区，称为跟踪区列表（TAL）。

UE的可达性管理包括时间和空间两个维度。

从时间维度来看，对于空闲态UE，AMF会为其配置周期性注册定时器。在周期性注册定时器超时后，UE进行周期性注册，以向AMF表明其可达。在AMF侧，即网络侧，当处于注册状态的UE变为空闲态时，AMF为UE运行一个移动可达定时器，其时长略大于分配给UE的周期性注册定时器。当移动可达定时器到期时，因为不知道UE是不是由于移动到了信号覆盖不好的地方而短暂不可达，所以AMF不会立即去注册UE，而是启动隐式去注册定时器，在隐式去注册定时器启动后，网络不会再寻呼用户。若UE在隐式去注册定时器超时后仍未连接网络进入连接态，AMF就会发起对UE的隐式去注册，UE此时处于去注册状态。

从空间维度来看，如果空闲态UE在网络配置的区域范围内，那么UE可以自由移动，而不需要与网络进行信息交互。UE一旦移出网络配置的区域范围，就需要向网络再次发起注册请求（移动性注册更新）。UE在注册过程中，会得到来自AMF的注册区域信息，从而当UE由连接态变为空闲态时，AMF仍可以通过注册区域的维度来获知UE的位置。如果UE移出了注册区域的范围，UE就会再次发起移动性注册的流程。由于UE已不在原来的注册区域，因此AMF会基于UE更新后的位置信息来分配新的注册区域。

在UE处于空闲态时，如果网络有需要发送的数据或者信令，AMF则会在注册区域内对UE进行寻呼，寻呼流程如图6.44所示。

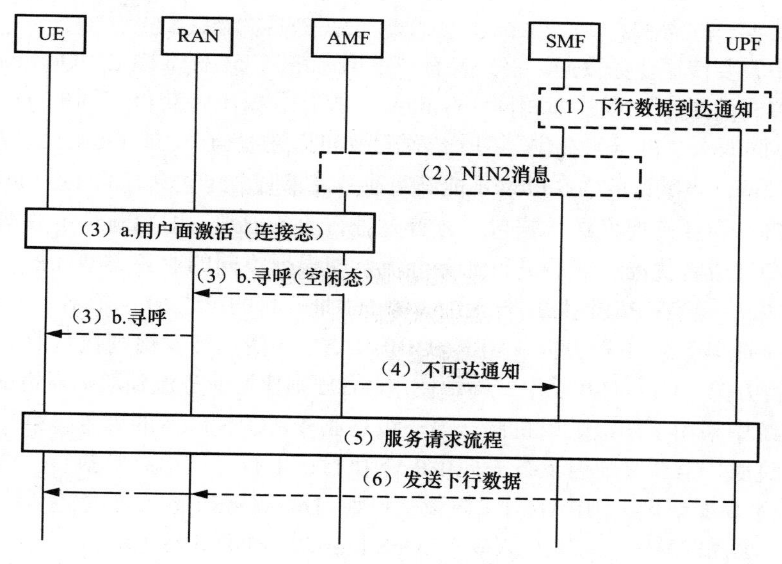

图6.44 寻呼流程

具体流程如下。

（1）UPF收到来自PDU会话的下行数据包，UPF缓存下行数据并向SMF发送数据到达通知消息。

（2）SMF收到UPF发送的数据到达通知消息后，SMF调用AMF提供的N1/N2接口消息传输请求服务，传输请求包含会话信息、QoS信息以及UPF侧的用户面GPRS隧道协议（General Packet

Radio Service Tunneling Protocol for the User Plane，GTPU）隧道信息。

（3）AMF收到来自SMF的传输请求后，会先行判断UE的状态：如果UE是连接态，则直接向RAN节点发送会话和QoS信息，用于建立无线承载（参考QoS管理）；如果UE是空闲态，则向UE注册区域内的所有RAN节点发送寻呼消息，然后RAN节点开始寻呼UE。

（4）AMF如果启动了寻呼，会设置一个定时器，如果在设置的期限里没有收到UE的回应，AMF会通知SMF UE不可达。

（5）空闲态的UE收到寻呼请求后，会发起服务请求流程。AMF从注册区域内的某个RAN节点收到UE发起的服务请求，确定该UE处于连接态，则向RAN节点发送会话和QoS信息，用于建立无线承载。

（6）RAN节点建立无线承载后，向AMF返回RAN侧的GTPU隧道信息。AMF收到信息后转发给SMF，SMF指示UPF将先前缓存的数据通过GTPU隧道发送给RAN节点并由RAN节点通过无线承载发送给UE。

6.3.3 QoS管理

QoS管理的目的是在有限资源下，以“按需定制”的方式为业务提供具有差异化服务质量的网络服务。在这里QoS通常有两种含义：一是表征QoS的具体指标（参数）；二是实现QoS的机制。

如果把5G数据通信看作交通运输，那么用户面就是道路，业务数据就是道路上被运输的乘客或物资。不同的运输需求可以使用不同的道路来满足，例如，一般车辆运输使用普通公路，公交车可以使用公交车专用车道。根据运输业务的需求铺设、分配道路的过程就是数据通信中的信令过程。相应地，QoS就是运输得怎么样，能不能把必要的物资在必要的时间内运送到目的地，也就是满不满足客户的需求。

移动网络中，要传输业务数据，首先要有“数据通路”，5G标准称之为QoS Flow。QoS Flow是端到端QoS控制的最小粒度，即相同QoS Flow上所有数据流将获得相同的QoS保障，不同的QoS保障需要不同的QoS Flow来提供。一个终端最多可以建立64个QoS Flow。终端建立会话时会有默认的QoS Flow，当默认的QoS Flow不能满足业务需求时会建立专有的QoS Flow。

有了QoS Flow，还需要发送数据包一方首先进行业务识别，即判断给定数据包来自哪种业务，如微信、淘宝或者优酷；然后进行业务分流，即根据不同的业务类型，把数据包放到不同的QoS Flow上去。一般TCP/IP网络用五元组（源IP地址、目的IP地址、源端口、目的端口、协议号）来识别一个业务。5G下行方向（UPF->UE）中，UPF使用转发规则执行业务流到数据通道的绑定，在上行方向（UE->UPF）中，终端使用QoS规则执行业务流到数据通道的绑定。需要注意的是，5G系统中采用了两级映射机制，第一级是业务到QoS Flow的绑定，第二级是QoS Flow到无线承载的映射。第二级映射下行方向由RAN执行，上行方向由终端执行。两级映射机制使CN和RAN实现了功能解耦，由RAN自主决策空口如何承载QoS Flow，这就使得5G CN可以适配各种接入技术（如固网接入、WiFi接入等）。QoS Flow模型如图6.45所示。

5G QoS参数可以从ARP、5QI、xBR三个维度评价，具体如下。

（1）ARP

5G使用分配保留优先级（Allocation and Retention Priority，ARP）来标识业务获取通路（主要是空口）的能力，也就是用ARP来控制QoS Flow建立、修改的优先级。在资源不足时，高优先级的业务会抢占低优先级业务的数据通路。

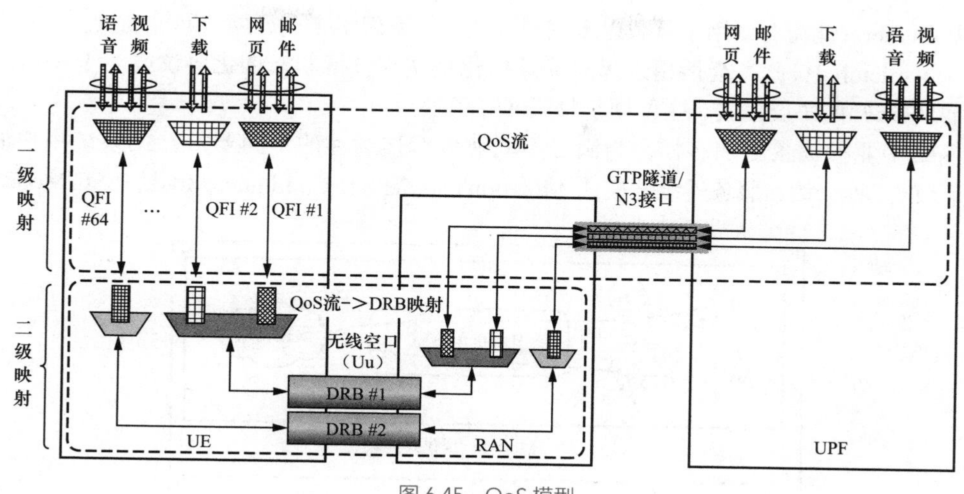

图6.45　QoS模型

（2）5QI

5G的QoS等级标识（5G QoS Identifier，5QI）是业务质量的索引，代表了资源类型、优先级、错包率、时延预算等一组参数的取值集合。其中资源类型表示该数据通路是否是保障带宽的，时延预算表示该数据通路允许的最大时延，优先级表示当出现拥塞时优先调度哪个通路。每个5QI一般对应一组典型业务QoS需求，例如，5QI=1对应交互类语音，其时延预算为100ms，错包率为1%，资源类型为保障带宽，优先级为20（较高）。定义索引之后，核心网不需要传递全部参数，只传递索引值就可以将一组QoS信息通知无线侧，减少了网元间的参数传递。

（3）xBR

5G的通路都可以分为三种资源类型，保证比特率（Guaranteed Bit Rate，GBR）通路、非保证比特率（Non-Guaranteed Bit Rate，Non-GBR）通路和时延敏感GBR通路。三种通路的带宽保障不同。对GBR通路，每条通路都有自己的带宽参数，定义该通路“保证的带宽”和“可能的最大带宽”。对Non-GBR通路，每条通路没有自己的带宽参数，而是一组Non-GBR通路共用一个最大带宽，称为聚合最大比特率（Aggregate Maximum Bit Rate，AMBR）。时延敏感GBR是为适应5G物联网的低时延场景而定义的，对物联网低时延场景的最大数据突发的字节数即默认最大数据突发量进行了规定。

6.3.4　会话管理

为了与数据网络进行通信，UE首先需要建立一个或多个PDU会话。在这个过程中，5G网络为该PDU会话分配用户面传输资源以建立数据通道，传递数据包并保证业务端到端的传输质量。终端可以连接不同类型的数据网络，如Internet、企业专网、运营商自建的IP多媒体子系统（IP Multimedia Subsystem，IMS）网络等。为了满足包括垂直行业在内的更多场景的会话管理（Session Management，SM）需求，5G网络支持以下多种PDU会话类型。

PDU会话报文传输的用户面协议栈

- IPv4：此类会话用于承载IPv4协议报文。
- IPv6：此类会话用于承载IPv6协议报文。
- IPv4v6：此类会话用于承载IPv4或IPv6协议报文。

- Ethernet：此类会话用于承载以太网帧报文，主要用于工业、局域网等场景。
- Unstructured：此类会话用于承载非结构化报文，包括非标准化协议或对于5G网络来说协议未知的协议报文，主要用于物联网等场景。

5G网络中业务场景更加多样，为满足不同业务对连续性的不同要求，5G系统用户面支持图6.46所示的三种会话和服务连续性模式（Session and Service Continuity Mode，SSC Mode）。

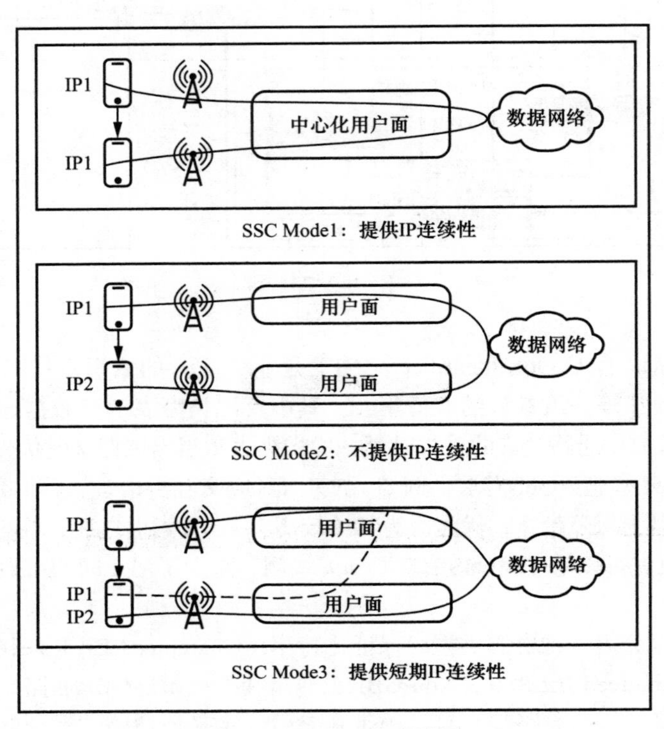

图 6.46 SSC Mode 示意图

SSC Mode1：提供IP连续性。对于SSC Mode1的PDU会话，网络提供给终端的IP地址与为UE选择的锚点UPF保持不变，如果UE移动范围很大，当前接入的AN无法直接连接锚点UPF，则会在路径上插入中间UPF。该模式适用于IMS语音等对IP连续性有高要求的应用。

SSC Mode2：不提供IP连续性。当SMF确定提供服务的UPF需要改变时（如当前用户面路径不是最优路径时），SMF会请求终端释放原PDU会话，重新建立一个到相同数据网络的PDU会话，SMF为重新建立的PDU会话选择新的UPF（先断后连），SMF可以根据用户、网络以及应用的实时情况动态地选择最优的数据路径，提高网络效率。该模式适用于缓存类视频业务等对业务连续性要求不高、允许业务出现短暂中断的应用。

SSC Mode3：提供短期IP连续性。当SMF决定切换会话路径时（如UE移动导致原会话的用户面路径不是最优路径时），SMF会请求UE重新建立一个到相同数据网络的PDU会话，SMF为重新建立的PDU会话选择新的UPF，并在定时器超时或与该数据网络相关的业务流转移到新会话上后，请求UE释放原PDU会话（先连后断）。该模式适用于支持多径TCP（MPTCP）的终端，这些终端可以在两个PDU会话间切换多径子流来维持业务的连续性。

一个PDU会话的SSC Mode在该会话的生命周期里保持不变。当已有PDU会话的SSC Mode不满足应用要求时，终端需要为应用建立新的PDU会话。

PDU会话建立流程用于为UE创建一个新的PDU会话，并分配UE与锚点UPF间端到端的用户面连接资源。会话建立流程如图6.47所示。

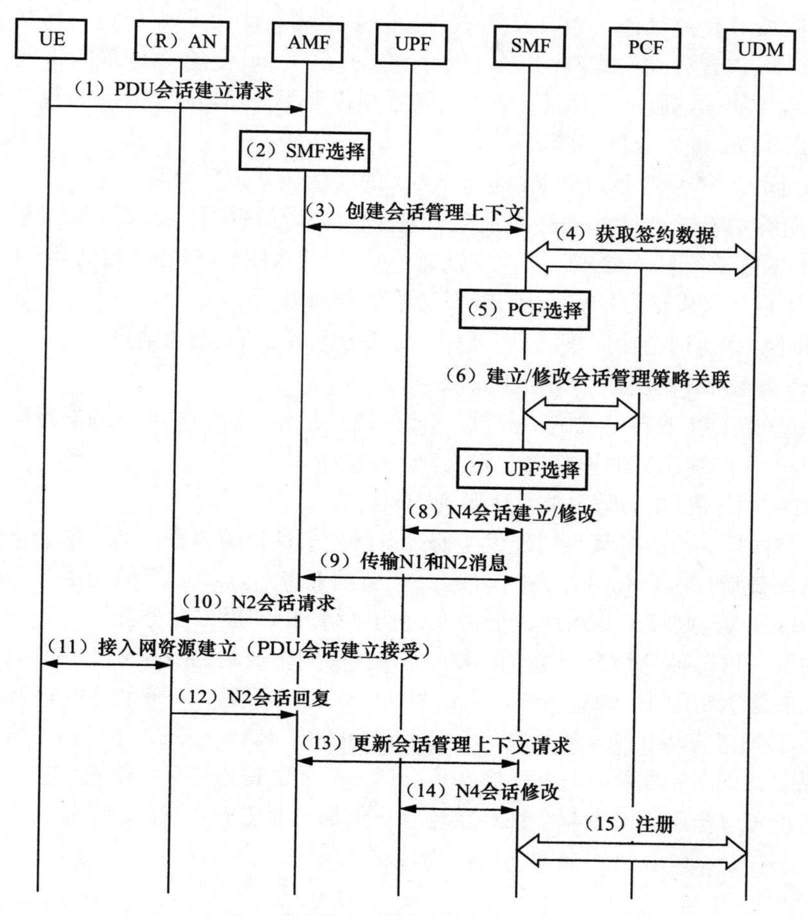

图6.47 会话建立流程

具体流程如下。

（1）UE向AMF发送会话建立请求消息。会话建立请求消息包含会话标识、会话类型、数据网络名称（Data Network Name，DNN）、SSC Mode、单一网络切片辅助选择信息（Single Network Slice Selection Assistance Information，S-NSSAI）等会话建立所需参数。其中会话类型表示该会话使用的PDU层协议，DNN表示该会话请求连接的外部网络。

（2）AMF根据DNN、S-NSSAI、签约数据等为会话选择合适的SMF。如果终端针对同一个切片和数据网络建立了多个会话，AMF会优先选择同一个SMF来服务该终端的多个会话。

（3）AMF调用选择的SMF的会话创建服务以触发会话建立。

（4）SMF从UDM中获取会话管理签约数据，包括用户允许的会话类型、SSC Mode等。

（5）SMF为该会话选择PCF。

（6）SMF与PCF间建立会话管理策略关联，并获取会话策略规则。会话策略包括授权会话的最大带宽以及默认QoS Flow对应的5QI和ARP。

（7）SMF根据SSC Mode以及是否部署了移动边缘计算等因素选择UPF。

（8）SMF通过N4会话配置UPF的转发规则，分配GTPU隧道信息（UPF侧），包括IP地址和隧道端点标识。由于此时UPF还没有获取AN侧的隧道信息，因此收到针对终端的下行报文后需要缓存到本地。

（9）SMF向AMF传递消息，包含发送给终端的会话建立接受消息（N1）和发送给基站的会话信息（N2）。N1包含分配给终端的IP地址、允许的SSC Mode、会话的最大带宽、网络提供给终端的其他参数（如DNS服务器地址、IMS网络呼叫代理服务器地址等），N2包含发送给基站的UPF侧隧道信息、QoS配置文件等参数。

（10）AMF向AN发送N2会话请求，包含（9）的会话建立接受消息。

（11）AN向终端发送会话建立接受消息，基于N2会话信息里的QoS模板等参数建立无线资源，并分配GTPU隧道信息（AN侧）。由于此时AN已经获取UPF侧隧道信息，因此在收到终端的上行报文后，可以直接发送给UPF，由UPF发送给数据网络。

（12）AN向AMF返回会话应答消息，包含AN侧分配的GTPU隧道信息。

（13）AMF调用SMF的更新会话上下文服务。

（14）AMF更新UPF的转发规则，提供AN侧的隧道信息，此后UPF收到下行报文后，发送给对应的AN节点，端到端用户面连接建立完成。

（15）SMF把自己和UE的绑定关系注册到UDM。

会话建立完成后，会话的属性可能发生修改，触发会话修改流程。典型的会话修改流程包括增加、修改或者删除QoS Flow等。在UE发起一个新的业务后，如果当前会话的QoS Flow不能满足该业务的QoS需求，则该业务对应的服务器会向网络的PCF提出业务需求，如所需的带宽等。PCF根据UE的签约信息确定是否接受该需求，如果接受则生成新的QoS规则，PCF下发QoS规则给SMF。SMF将根据QoS规则，确定QoS Flow信息（QoS Flow标识、业务和QoS Flow的映射关系、QoS参数等），并通过将QoS Flow的相关信息分别知会UPF、RAN、UE，指示其如何处理数据包。

一般情况下，终端完成业务后并不会释放会话，关闭数据连接后，终端才会主动发起会话释放流程。网络也可以指示终端发起会话释放流程，例如，对于SSC Mode2会话，当会话的用户面路径不是最优路径时，SMF可以触发会话释放。

6.4 基本通信流程

6.4.1 信令流程概述

信令流程是用户与网络间为完成特定目的而进行的控制信息传输。在5G空口控制面协议栈中，RRC层及以下的协议层称为AS层，RRC层以上的协议层称为NAS；相应地，5G信令包括AS信令和NAS信令。如图6.48所示，AS信令是UE与gNB间的信令，包括RRC层信令、MAC层信令、PHY层信令，主要传输用户与接入网设备（基站）间的信息。NAS信令是UE和核心网设备间的信令，传输用户与核心网设备间的信息，gNB只转发不做处理。用户与网络间连接的建立、维

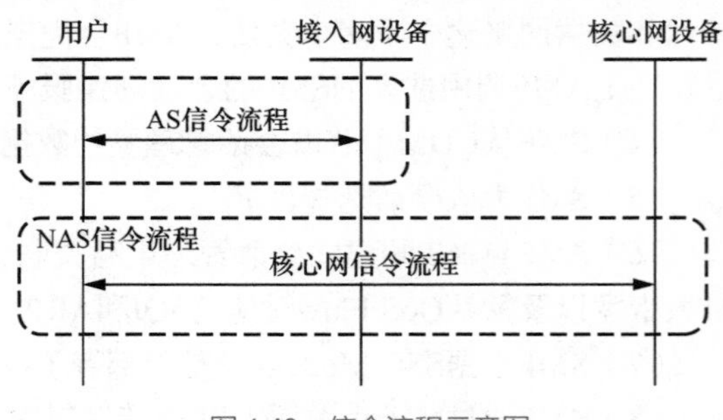

图6.48 信令流程示意图

持、拆除都是通过相应的信令流程完成的。AS层的连接建立后，UE和核心网设备间才能传输信令。

图6.49所示为终端从开机注册到接打电话或者上网观看视频，然后移动到另外一个小区，最后关机的过程。

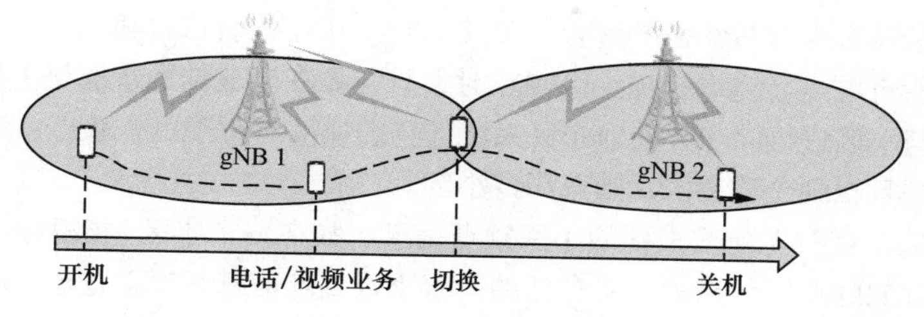

图 6.49　UE 业务示意图

UE在开机后一般流程如图6.50所示。在完成注册后，核心网就可以对UE进行移动性管理。一旦有业务到达，核心网就可以通过可达性管理来寻呼UE，而UE接收寻呼后，就可以接入网络进行相关服务，涉及的流程如图6.51所示。

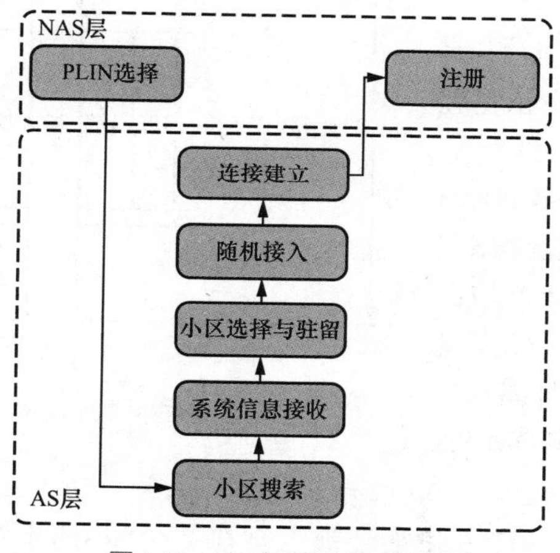

图 6.50　UE 在开机后一般流程

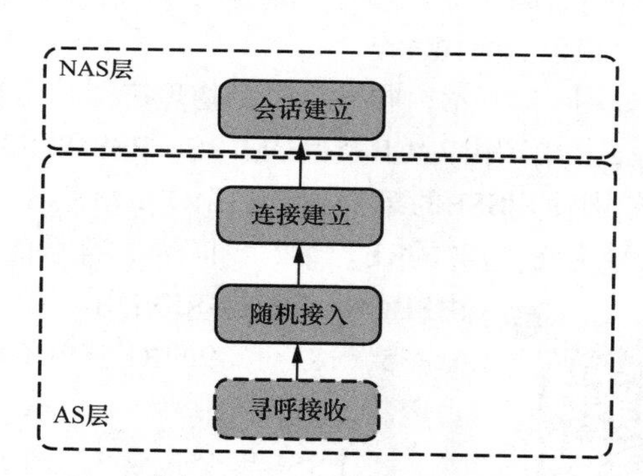

图 6.51　UE 接收寻呼后流程

6.4.2　PLMN 选择

PLMN选择是指UE选择一个为其提供服务的运营商（如中国移动、中国联通、中国电信等），包括两种模式：自动选网模式和手动选网模式。

（1）自动选网模式

自动选网模式的一个基本原则是按照优先级排序，优先选择高优先级的网络注册。归属公共陆地移动网或等效归属公共陆地移动网的网络优先级最高。

（2）手动选网模式

手动选网模式依靠用户手动选择，对于用户选择的PLMN，可以工作则工作在上面，不可以工作则提示用户。

6.4.3　小区搜索

NAS在完成PLMN选择后，一般会将选择的PLMN及对应的制式（2G/3G/4G/5G）告诉UE的

AS层，AS层即可在对应频点上搜索小区。小区搜索是终端与小区的时间和频率取得同步，并检测物理小区标识的过程。终端通过接收PSS和SSS来进行小区搜索。

终端在进行小区搜索时需要扫描频点，根据场景不同有如下差异。

（1）如果终端没有保存过小区的频点信息（如在一个小区首次开机场景），终端根据其支持的频段能力扫描所有频点。终端扫描小区频点时，只需要在稀疏的同步栅格上搜索SSB，这可以加快终端开机后与小区进行同步并获取小区系统信息的速度。对于每个频点，终端只需要搜索信号最强的小区，一旦找到合适小区，则选择该小区。

（2）如果终端保存有先前搜索到的小区频点信息（如在一个小区关机后再次开机场景），终端会先搜索先前存储的小区频点；如果存储的所有小区频点信息都搜索完也没有找到合适小区，终端再根据其支持的频段能力扫描所有频点。

终端在全球同步信道上先搜索小区的PSS，获得小区标识2，即 $N_{\mathrm{ID}}^{(2)}$，然后进一步检测SSS，获得小区标识1，即 $N_{\mathrm{ID}}^{(1)}$，然后就可以计算出物理小区标识：

$$N_{\mathrm{ID}}^{\mathrm{cell}}=3N_{\mathrm{ID}}^{(1)}+N_{\mathrm{ID}}^{(2)} \quad (6.14)$$

其中，$N_{\mathrm{ID}}^{(1)}\in\{0,1,\cdots,335\}$ 且 $N_{\mathrm{ID}}^{(2)}\in\{0,1,2\}$。NR设计了3个主同步序列，每个主同步序列对应336个辅同步序列。NR物理小区标识数量为1008个。

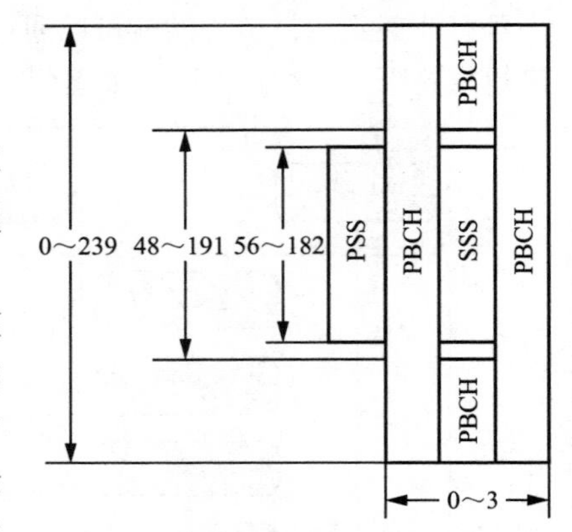

图 6.52　SSB 的基本结构

如图6.52所示，同步信号和物理广播信道块（SS/PBCH Block，SSB）由PBCH及其DM-RS、PSS和SSS组成。PSS和SSS分别使用SSB的第1个和第3个OFDM符号。频域上均占用编号为56～182的RE。第2个和第4个符号的240个RE完全由PBCH及其DM-RS占用。第3个符号编号为0～55，183～239的RE被PBCH及其DM-RS占用。

SSB时域图样

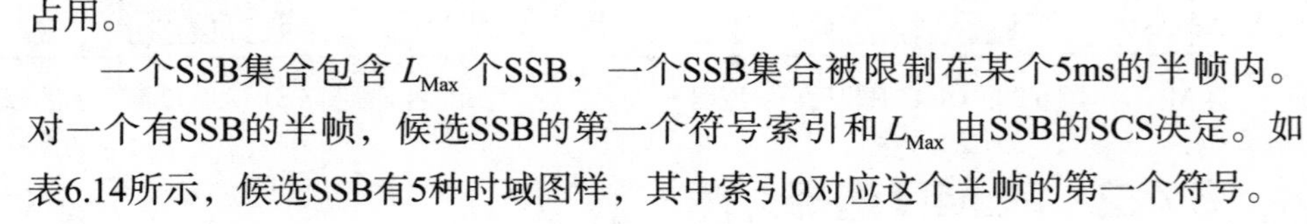

一个SSB集合包含 L_{Max} 个SSB，一个SSB集合被限制在某个5ms的半帧内。对一个有SSB的半帧，候选SSB的第一个符号索引和 L_{Max} 由SSB的SCS决定。如表6.14所示，候选SSB有5种时域图样，其中索引0对应这个半帧的第一个符号。

表 6.14　候选 SSB 有 5 种时域图样

时域图样	SCS/kHz	频率范围/GHz	L_{Max}	SSB第1个符号索引
A	15	$F\leqslant 3$	4	$\{2,8\}+14n, n=0,1$
		$3<f\leqslant 6$	8	$\{2,8\}+14n, n=0,1,2,3$
B	30	$f\leqslant 3$	4	$\{4,8,16,20\}+28n, n=0$
		$3<f\leqslant 6$	8	$\{4,8,16,20\}+28n, n=0,1$
C	30	$f\leqslant 3$	4	$\{2,8\}+14n, n=0,1$
		$3<f\leqslant 6$	8	$\{2,8\}+14n, n=0,1,2,3$
D	120	FR2	64	$\{4,8,16,20\}+28n\ n=0,1,2,3,5,6,7,8,10,11,12,13,15,16,17,18$
E	240	FR2	64	$\{8,12,16,20,32,36,40,44\}+56n\ n=0,1,2,3,5,6,7,8$

在一个SSB集合中，候选SSB索引是从0到 $L_{\mathrm{Max}}-1$ 逐渐递增的。SSB索引的低2位（若

$L_{Max}=4$）或低3位（若$L_{Max}>4$）与PBCH中传输的DM-RS索引是一一对应的。对于初始小区选择，终端假定SSB的周期是20ms。

在检测到PSS与SSS后，终端还需要获取主系统消息，主系统消息承载在PBCH上。主系统消息包含的信元如表6.15所示。

表6.15　主系统消息包含的信元

信元	含义
systemFrameNumber	10比特系统帧号的高6位
subCarrierSpacingCommon	系统信息块1，用于初始接入的消息2和消息4，寻呼和广播系统消息的子载波间隔
ssb-SubcarrierOffset	SSB到整个资源块子载波的间隔
DM-RS-TypeA-Position	上行链路和下行链路（第一个）DM-RS位置
pdcch-ConfigSIB1	公共CORESET、公共搜索空间和必需的PDCCH参数
cellBarred	小区是否禁止接入标识
intraFreqReselection	用于指示对于cellBarred是否允许UE重选到同频邻区
Spare	预留

另外，PBCH的负载（$\bar{a}_{\bar{A}},\bar{a}_{\bar{A}+1},\bar{a}_{\bar{A}+2},\bar{a}_{\bar{A}+3},\cdots,\bar{a}_{\bar{A}+7}$）也包含了时频同步所需要的信息，其中，$\bar{a}_{\bar{A}},\bar{a}_{\bar{A}+1},\bar{a}_{\bar{A}+2},\bar{a}_{\bar{A}+3}$表示系统帧号的低4位；$\bar{a}_{\bar{A}+4}$是半帧指示，表示系统信息块是前半帧还是后半帧发送；载波大于6GHz时，$\bar{a}_{\bar{A}+5},\bar{a}_{\bar{A}+6},\bar{a}_{\bar{A}+7}$表示SSB索引的高3位，载波小于6GHz时，$\bar{a}_{\bar{A}+5}$表示SSB子载波偏移的最高位，$\bar{a}_{\bar{A}+6},\bar{a}_{\bar{A}+7}$为保留位。

5G同步及系统信息接收

通过成功接收PSS，终端完成OFDM符号边界同步、粗频率同步。再接收SSS，结合PSS获得物理小区标识；接收主系统消息后，获得系统帧号和半帧指示，完成帧定时和半帧定时；然后依据SSB的索引和当前SSB集合的图样确定SSB所在的时隙和符号，以完成时隙定时。这样终端就完成了小区搜索和下行同步。

6.4.4　系统信息接收

系统信息向UE提供小区基本信息和配置信息，为发起业务做好准备。系统信息通常主要包括以下内容：①小区标识，运营商信息；②小区的上下行配置（包括随机接入配置）；③小区的寻呼参数配置；④小区的接入控制参数；⑤小区选择/小区重选的相关参数。

系统信息可以分为主信息块（Master Information Block，MIB）和一系列系统信息块（System Information Block，SIB），也可以分为最小系统信息（包括MIB和SIB1）和其他系统信息（包括其他SI）。MIB和SIB1以广播的方式周期性发送；其他系统信息的内容很多，对有些UE不是必需的。为了节省信令开销和基站节能，其他SI可以基于UE请求发送，因此其他系统信息又称为按需系统信息，即on-demand SI。

MIB包含系统帧号、子载波间隔、接收SIB1的PDCCH配置信息、小区是否被禁止接入的标记等信息。SIB1包含小区选择信息、小区接入相关信息、其他SI的调度信息、小区配置信息和接入控制信息等。其中，小区接入相关信息指明该小区支持哪些PLMN，即网络运营商，以及在各个PLMN下的跟踪区码（TA Code，TAC）、无线接入网区码（RAN Area Code，RANAC）和小区标识等。

6.4.5 小区选择与驻留

小区选择的目的是让UE选择一个合适的小区驻留，所选择小区的质量要遵守一定的准则。小区质量为对SSB信号的测量结果，具体准则为Srxlev＞0且Squal＞0。其中，Srxlev表示小区SSB参考信号的接收功率（Reference Signal Received Power，RSRP），RSRP是SSB信号接收功率的线性功率值，代表了SSB信号的强度，反映了当前信道路径损耗大小。Squal表示小区SSB参考信号的接收质量（Reference Signal Received Quality，RSRQ），RSRQ是RSRP与接收信号强度指示（Received Signal Strength Indicator，RSSI）的比值，其中RSSI表示在测量带宽时用于测量RSSI的OFDM符号上的所有信号总功率，包括服务小区信号、邻区信号、相邻信道干扰和环境噪声等所有的接收功率，反映当前信道的接收信号强度和干扰水平。RSRQ反映当前信道质量的信噪比和干扰水平。

在判断某个小区是否满足驻留条件时，需要使用系统信息的SIB1中相关参数，如果小区满足驻留条件，UE就会选择驻留在该小区，并对该小区的控制信道进行检测。驻留之后小区选择流程随即结束。

当UE驻留在一个小区时，随着移动，UE可能需要更换到另一个优先级更高或信号质量更好的小区驻留，这就是小区重选过程。小区选择是尽快找到一个合适小区的过程，小区重选是选择更适合小区的过程。网络可以通过将频点设置为不同的优先级，控制每个频点上接入的用户数，达到小区间负载均衡的效果。UE通过判断邻区和本区的优先级以及本区的信号质量，启动邻区测量，以便驻留在优先级更高或者信号质量更好的小区。小区重选可以分为同频小区重选和异频小区重选。同频小区重选是指在同样的频率上进行的小区重选，不涉及频点的优先级处理。异频小区重选还包含异系统小区重选，需要结合频点的优先级信息来进行最优小区判断。参与重选的小区可以来自SIB3/4/5消息携带的邻小区列表，也可以是在重选过程中检测到的小区。参与重选的小区都需要经过R（Reselection，重选）准则排序，如果最高优先级上有多个小区是合适的小区，那么选择信号质量最好的小区驻留，否则选择达到质量标准的最高优先级小区进行驻留。

6.4.6 随机接入

小区搜索过程中，UE已经与小区取得了下行同步，能够接收下行数据，但还没有取得上行同步。UE通过随机接入过程与小区建立连接并取得上行同步，同时UE可以获得基站分配的唯一标识C-RNTI，并且可以获得上行资源，用于传输信令或数据。

随机接入的类型包括竞争的随机接入和非竞争的随机接入，两者的流程分别如图6.53和图6.54所示。

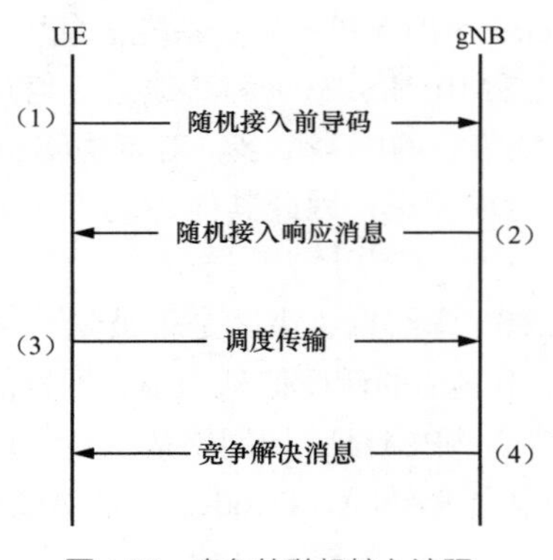

图6.53 竞争的随机接入流程

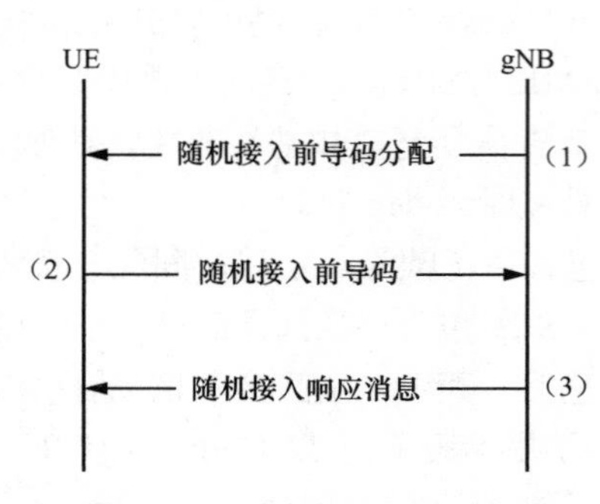

图6.54 非竞争的随机接入流程

1. 竞争的随机接入流程

（1）UE根据系统信息中的随机接入资源配置，随机选择一个RACH前导码进行发送，即通常所说的Msg1。

（2）基站收到前导码后，确定上行时间提前量，并将该时间提前量、给UE分配的临时C-RNTI和上行授权资源（UL Grant）通过随机接入响应（Random Access Response，RAR）消息发送给UE，即通常所说的Msg2。

（3）UE收到RAR后，利用其中的时间提前量进行上行发送时间的调整，并使用C-RNTI在对应的上行授权资源上发送信令（如RRC连接建立配置信息）或数据，即通常所说的Msg3。

（4）基站在收到UE发送的信令（如RRC连接建立配置信息）或数据后，对其进行截断，形成竞争解决消息发送给UE，即通常所说的Msg4。UE通过比对Msg4和自己发送的Msg3是否一致，确定此次接入是否成功。如果成功，就以Msg2中的临时C-RNTI作为正式的C-RNTI与网络通信。

在竞争的随机接入中，因为前导码是UE随机选的，所以可能有不同的用户选择相同的前导码，导致收到相同的Msg2中的内容；通常不同用户的Msg3携带的内容不同，因此通过Msg4中的竞争解决消息，可以使选择相同前导码的UE中的一个成功接入。

2. 非竞争的随机接入流程

（1）基站为UE指示专用的前导码资源。

（2）UE向基站发送该专用前导码。

（3）基站收到前导码后，确定上行时间提前量，并将该时间提前量、给UE分配的临时C-RNTI和上行资源授权通过RAR发送给UE。UE收到RAR后，就可以按照时间提前量调整上行定时，并使用C-RNTI在上行授权资源上发送数据或信令。

在非竞争的随机接入中，由于前导码资源是基站给UE分配的专用资源，不会存在冲突的情况，因此不需要冲突解决步骤。

NR为加快随机接入过程，引入了2-step（两步）的随机接入机制，同样分为竞争的2-step随机接入和非竞争的2-step随机接入，此处不再赘述。

6.4.7 RRC 连接管理

RRC连接管理流程用于管理UE和接入网设备间的连接。因为空口资源有限，接入网设备不能为每个UE随时保持一个连接，所以必须根据UE的需求对连接进行管理，如建立、重建、释放等。为方便介绍RRC连接管理流程，先要介绍空口的几种RRC状态。

1. UE的RRC状态

UE的RRC状态是基于UE的RRC连接（或称为AS连接）状态确定的，包括空闲态（RRC_IDLE态）、去活动态（RRC_INACTIVE态）和连接态（RRC_CONNECTED态）三种。RRC连接是指UE与gNB间的信令连接，不仅用于传输UE和gNB间的信令，还用于传输UE和核心网间的NAS信令。

（1）RRC_IDLE

UE处于RRC_IDLE态时，UE和gNB间的RRC连接是断开的，gNB和核心网间关于UE的连接也是断开的。如果处于RRC_IDLE态的UE有数据或信令需要发送，UE就需要建立和gNB间的RRC连接，并通过gNB和AMF间的连接建立UE和AMF间的连接，进入RRC_CONNECTED态。

如果此时有人向处于RRC_IDLE态的UE发送信令或数据，则核心网要向UE的跟踪区列表内的基站发送寻呼消息，使这些基站在空口发送该寻呼消息，以找到处于RRC_IDLE态的UE。

（2）RRC_INACTIVE

UE处于RRC_INACTIVE态时，UE和gNB间的RRC连接是断开的，但是最后给UE提供服务的gNB上存储了UE的上下文信息。此外，该gNB和核心网间用于传输UE的信令和业务的连接依然保持。简单来说，处于RRC_INACTIVE态的UE空口状态与处于RRC_IDLE态时类似，但从核心网侧看处于RRC_INACTIVE态的UE仍然处于连接管理（CM）连接态。由于gNB保持了UE的上下文信息，因此相较于RRC_IDLE态，处于RRC_INACTIVE态的UE可以更快恢复UE和gNB的连接，进入RRC_CONNECTED态。RRC_INACTIVE态的UE既能够保持与RRC_IDLE态的UE相近的功耗水平，又能够更快速地接入网络，恢复数据传输。

（3）RRC_CONNECTED

UE处于RRC_CONNECTED态时，UE和gNB间的RRC连接保持，gNB和核心网间用于传输UE信令和业务的连接也保持。基站可以向处于RRC_CONNECTED态的UE发送RRC释放消息，配置UE进入RRC_IDLE态或配置UE进入RRC_INACTIVE态。

三种RRC状态可以相互转换，它们间的转换关系和主要触发条件如图6.55所示。

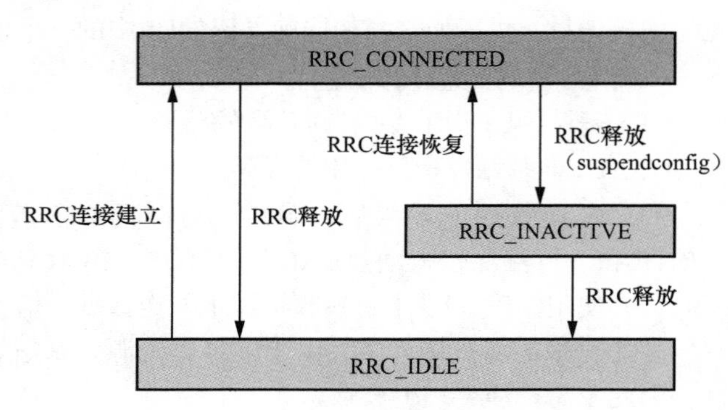

图 6.55 RRC 状态转换

2. RRC连接建立

如图6.56所示，处于RRC_IDLE态和RRC_INACTIVE态的UE，如果要和网络建立连接，就需要发起连接建立或连接恢复流程。连接建立请求和连接恢复请求消息携带UE的标识，以及建立或恢复连接的原因值。一般情况下，连接建立请求或连接恢复请求消息会通过随机接入过程中的Msg3进行发送。基站在接收UE的连接建立请求或连接恢复请求后，会回复连接建立或连接恢复消息给UE，包括UE在基站下工作的参数配置，如PHY层的上下行信道参数、MAC的非连续接收（Discontinuous Reception，DRX）配置等。当然，基站可以在一些情况下拒绝UE的连接建立请求或连接恢复请求。UE在收到连接建立或连接恢复消息后，向基站回复连接建立完成或连接恢复完成消息，该消息可以携带NAS信令，如注册请求信令。

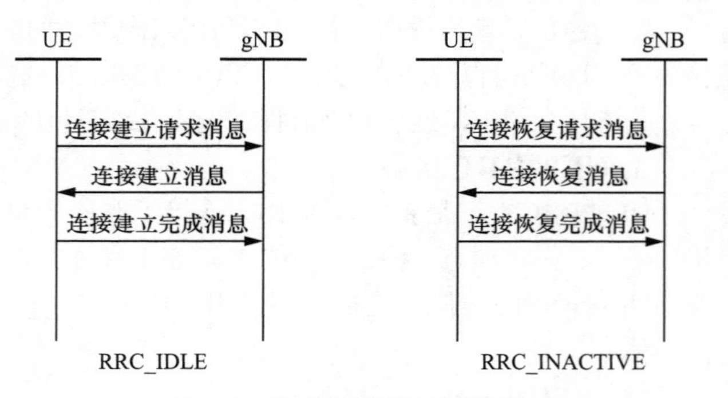

图 6.56 连接建立和连接恢复流程

通过RRC连接建立或连接恢复流程，网络会给UE分配C-RNTI，以作为UE在本小区的唯一标识，用于后续的数据和信令传输。

3. 安全激活

在完成连接建立后，需要进行AS安全激活流程，才能进行安全的数据传输。初始AS安全激活流程如图6.57所示。在RRC_CONNECTED态时，网络向UE发送安全模式命令（Security Mode Command，SMC）消息，发起AS安全激活流程。UE接收SMC消息后，根据SMC消息携带的信息分别衍生数据传输和信令传输的密钥，然后发送安全模式完成消息给网络，流程结束。其中SMC消息是经过完整性保护的，而安全模式完成消息是同时经过加密和完整性保护的。该流程完成后，UE和基站间的后续空口通信会受到加密和完整性保护。

4. 切换

移动通信中，无线通信网络一般包括多个基站，每个基站一般由多个小区构成，每个小区信号的覆盖范围是有限的。由于UE的移动性，UE与基站间的信号质量是变化的。为了保证通信质量，RRC_CONNECTED态的UE和基站需要维护该UE的RRC连接。RRC连接维护主要包括切换和RRC连接重建。

切换是指UE从一个小区（称为源小区）切换到另外一个小区（称为目标小区）。切换是UE在移动过程中保证业务通信质量及业务连续性的重要手段，一般由网络侧通知UE进行切换。网络侧一般根据UE在服务小区的信号质量及邻区的信号质量来决定是否切换，因此基站需要请求UE进行测量并把测量结果发送给基站。如图6.58所示，随着UE的移动，源小区信号逐渐变差，邻区的信号逐渐加强。为了不让业务中断，基站会将UE从信号逐渐变弱的源小区切换到信号逐渐变强的目标小区。

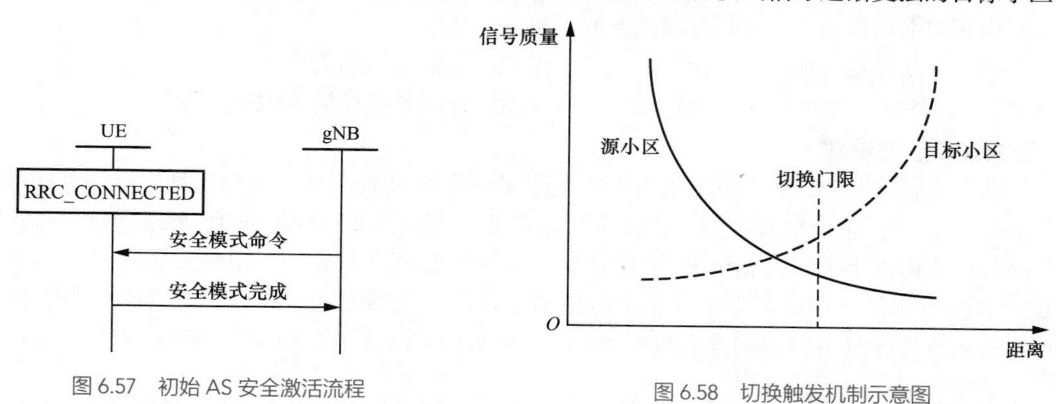

图 6.57　初始 AS 安全激活流程

图 6.58　切换触发机制示意图

基站也可以根据服务小区负载及邻区的负载来决定是否切换。根据源小区和目标小区的频点来区分，切换可分为同频小区切换和异频小区切换；根据源小区和目标小区的通信制式来区分，切换可分为系统内小区切换和异系统小区切换；根据源小区和目标小区所属的基站来区分，切换分为基站内切换和基站间切换。

基站间切换流程如图6.59所示。

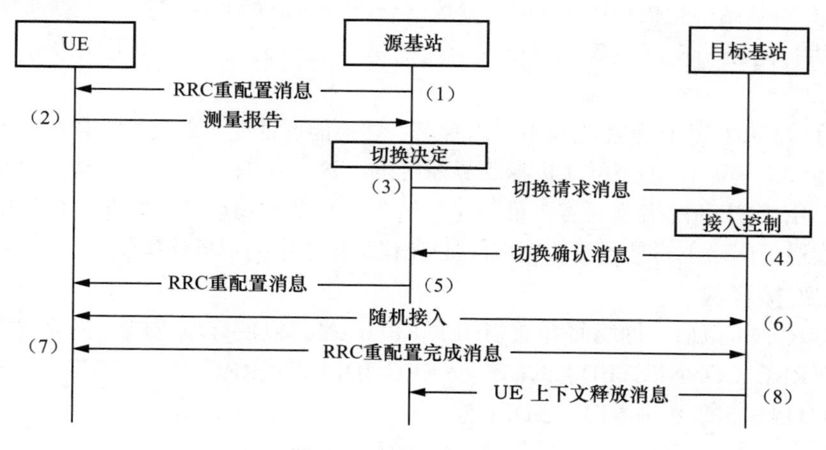

图 6.59　基站间切换流程

具体流程如下。

（1）源基站发送RRC重配置消息给连接态的UE，包含测量对象、报告配置、测量标识等参数。

（2）UE根据RRC重配置消息对一系列小区进行测量后形成报告，上报各类事件给当前连接的源基站，例如，当前服务小区的信号强度低于门限且目标小区信号强度高于门限。

（3）源基站接到UE上报的报告后将决定UE要不要切换，如要切换，源基站将发切换请求消息给目标基站。

（4）目标基站根据自身连接数等情况决定是否允许UE接入，如果允许就发切换确认消息给源基站，包含新的C-RNTI、目标基站安全相关算法等参数。

（5）源基站在收到目标基站发来的切换确认消息后，发送RRC重配置消息（切换命令）给UE，内容来自（4）的切换确认消息。具体而言，切换命令包含目标小区的相关信息及UE接入该目标小区所需的相关配置参数，如目标小区的物理小区标识、中心频率、为UE分配的C-RNTI、接入所需的随机接入信道（Random Access Channel，RACH）资源配置等。

（6）UE根据切换命令向对目标基站发起随机接入流程。

（7）UE在随机接入成功后，向目标基站发送RRC重配置完成消息。

（8）目标基站发送UE上下文释放消息给源基站，让源基站释放该UE的上下文。

5. RRC连接重建

在移动通信系统中，UE与网络建立RRC连接进入RRC连接态后，如果出现无线链路中断、切换中断、完整性保护检查失败、RRC重配置失败等情况，将会触发RRC连接重建流程。该流程旨在重建RRC连接，包括SRB1操作恢复，以及安全地重新激活，以恢复业务的连续性。UE首先会执行小区选择流程来选择一个合适的小区并发起RRC重建流程。如果目标基站有UE的上下文（即目标基站是提前准备好的基站），那么RRC连接重建成功，否则RRC连接重建将失败。

在RRC连接重建流程中，UE首先执行小区选择。如果UE选择到一个合适的同制式小区（即同系统的小区），则UE向该小区发送RRC重建请求消息。如果UE选择到一个异制式小区（即异系统的小区）或UE在一段时间内没有选择到合适的小区，则UE进入RRC_IDLE态。

为避免数据包丢失，新小区对应的基站会向上次为该UE提供服务的基站发送数据转移地址，便于上次为该UE提供服务的基站把缓冲的数据包发送给新小区对应的基站，并且上次为该UE提供服务的基站会把PDCP序号状态发送给新小区对应的基站。然后，新小区对应的基站和核心网间执行路径切换。最后，新小区对应的基站通知上次为该UE提供服务的基站释放该UE的资源。

从切换流程和RRC连接重建流程中可以看出：切换能保证业务的连续性，减小业务的中断时延；而RRC连接重建流程中UE可能选择到异系统的小区，从而导致业务中断，即使选择到了同系统的小区，由于UE和网络侧间需要重新建立信令和数据无线承载，因此业务的中断时延比较大。所以无线通信网络主要是通过切换来保证UE移动过程中的业务连续性。

6. RRC连接释放

业务数据传输结束后，网络将释放与UE的RRC连接，以便终端省电和释放网络资源。网络可以配置处于RRC_CONNECTED态的UE进入RRC_IDLE态或RRC_INACTIVE态，也可以配置处于RRC_INACTIVE态的UE进入RRC_IDLE态。

6.4.8　寻呼接收

当没有数据传输时，为了省电，UE进入RRC_IDLE态或RRC_INACTIVE态。在该状态下，UE需要以一定周期在一定的时间“醒来”，以监听网络可能对自己的寻呼。在其他时间里，UE进行睡眠以省电。

TA是LTE/NR系统为UE的位置管理设立的概念。UE通过TA注册告知核心网自己所在的TA。当UE处于RRC_IDLE态时，核心网能够知道UE所在的TA。当处于RRC_IDLE态的UE需要被寻呼时，寻呼必须在UE所注册TA的所有小区进行。与TA类似，系统针对RRC_INACTIVE态的UE引入了无线接入网通知区（RAN Notification Area，RNA）的概念。UE在RNA范围内移动时，不需要做无线接入网通知区更新（RNA Update，RNAU）。如果UE移出了当前RNA，就会发起RNAU。一个RNA由多个小区组成，每个RNA由一个RNA ID标识。如图6.60所示，一个TA由多个RNA组成，每个TA由跟踪区标识符（Tracking Area Identity，TAI）标识。

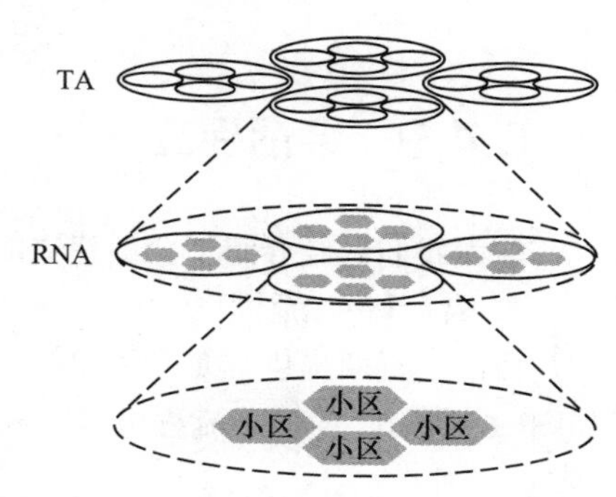

图 6.60　TA、RNA 和小区间的关系

当UE处于RRC_IDLE态或RRC_INACTIVE态时，UE与基站间的连接断开。此时，网络侧如果有数据或语音要发送给UE，则通过寻呼消息携带UE的S-TMSI来找到UE。UE收到寻呼消息后，与基站建立连接，进行数据或语音传输。按照源头，寻呼可以分为以下两类。

（1）核心网发起的寻呼，称为CN Paging。CN Paging针对RRC_IDLE态的UE，gNB通过TA寻找UE。当UE注册入网时，核心网会为每个UE指派一个UE注册区，它包含一个TAI列表。当UE移入一个不属于该TAI列表的小区时，它就会主动接入网络（包括核心网），执行NAS注册更新，核心网登记UE的位置并更新UE的注册区，即重新指派包含UE当前所在小区所属TA的TAI列表给UE。核心网想要寻呼处于RRC_IDLE态的UE时（如该UE下行数据到达UPF），会在UE所在TAI列表的所有小区中下发包含该UE的IMSI或S-TMSI寻呼消息，该UE收到此寻呼消息后如果发现IMSI或S-TMSI匹配，则发起随机接入以迁移至RRC连接态。

（2）NG-RAN发起的寻呼，称为RAN Paging。RAN Paging针对RRC_INACTIVE态的UE，gNB通过RNA寻找UE。为进一步节省寻呼消息的传输开销，RAN Paging引入了比TA范围更小的RNA，RNA由gNB管理，gNB可以基于RNA对UE进行寻呼（RAN Paging）来找到UE。RAN侧想要寻呼某个UE时（如该UE下行数据到达gNB），会在UE所在RNA的所有小区中下发包含该UE的I-RNTI的寻呼消息，该UE收到此寻呼消息后如果发现I-RNTI匹配，则发起RRC连接恢复流程以迁移至RRC连接态，gNB收到UE发送的Resume Cause（恢复原因）为“RNA Update”的RRC连接恢复请求消息时会启动RNA更新。

UE可在RRC_IDLE态或RRC_INACTIVE态使用DRX方式来降低功耗。在RRC_IDLE态，UE监控寻呼控制信道（Paging Control Channel，PCCH）中CN发起的寻呼消息；而在RRC_INACTIVE态，UE监控PCCH中RAN发起的和CN发起的寻呼消息。NG-RAN和5GC寻呼时机重叠，且使用相同的寻呼接收机制。如图6.61所示（其中PF为寻呼帧），UE在每个DRX周期监控一个寻呼时机（PO），仅在属于它的固定时域位置监听寻呼消息；UE根据自己的S-TMSI，按照协议约定的公式计算所述“固定时域位置”。

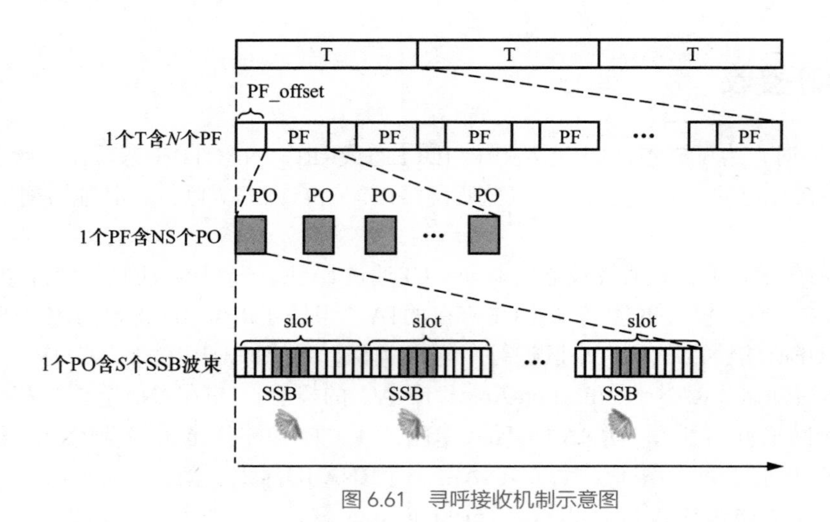

图 6.61 寻呼接收机制示意图

6.4.9 会话建立

前面我们已经介绍了会话建立的基本流程，本节介绍端到端的业务流程。

1. 语音呼叫流程

目前运营商提供的是基于IP的语音传输（Voice over Internet Protocol，VoIP），语音呼叫流程如图6.62所示。通过该流程可以完成两个移动手机间的语音通信。

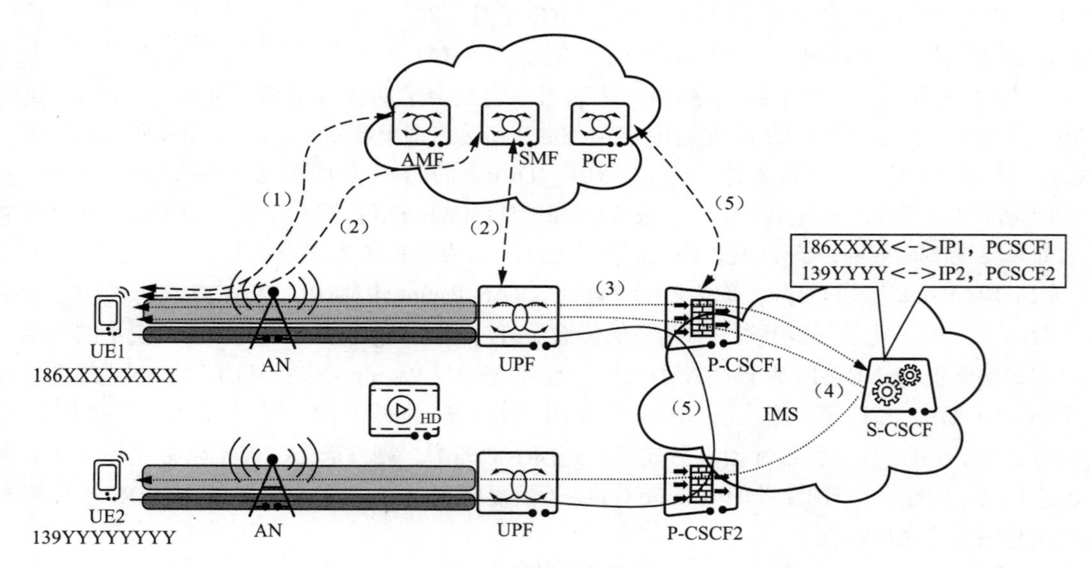

图 6.62 语音呼叫流程

具体流程如下。

（1）终端开机接入移动网络，完成用户认证和业务授权，细节参考移动性管理。

（2）终端建立会话，分配IP地址，建立默认QoS Flow，细节参考会话管理。需要注意的是，终端建立会话连接的数据网络名称是IMS网络。

（3）终端通过（2）获取的IP地址（图6.62中的IP1）在默认QoS Flow向IMS系统的代理-呼叫会话控制功能（Proxy-Call Session Control Function，P-CSCF）1发起注册，包含电话号码。P-CSCF的IP地址可以预配置在终端上或在（2）里SMF通过会话建立完成消息返回给终端。P-CSCF1收到注册消息后转发给服务-业务呼叫会话控制功能（Serving-Call Session Control Function，S-CSCF）并记录终端IP地址和用户标识（电话号码）间的映射关系，如表6.16所示。S-CSCF收到注册消息后生成用户标识和P-CSCF1的IP地址映射关系，如表6.17所示。

表6.16 IP地址和电话号码映射关系

IP地址（UE）	电话号码
a1.b1.c1.d1	186XXXXXXXX
a2.b2.c2.d2	139YYYYYYYY

表6.17 电话号码和IP地址映射关系

电话号码	IP地址（P-CSCF1）
186XXXXXXXX	e1.f1.g1.h1
139YYYYYYYY	e2.f2.g2.h2

（4）终端在默认QoS Flow发起呼叫信令，包含另一用户的用户标识，其目的地址为P-CSCF1，P-CSCF1转发呼叫信令到S-CSCF，S-CSCF根据保存的被叫用户标识和P-CSCF的映射关系，向被叫用户注册的P-CSCF2转发呼叫信令，被叫用户注册的P-CSCF2根据记录的用户和IP地址映射关系，将呼叫信令的目的地址改为被叫用户IP地址（图6.62中的IP2），经UPF发送给被叫用户，如果此时被叫用户处于空闲状态，则会触发网络寻呼过程，细节参考可达性管理。

（5）被叫用户应答，主/被叫用户的P-CSCF在收到应答消息后，会根据主/被叫用户协商的语音媒体信息，作为AF向PCF提供业务流的QoS需求，PCF收到后生成QoS规则并触发网络建立专有QoS Flow，用于传输语音媒体流，保障语音通信的质量，细节参考QoS管理和会话管理。

在终端通话完成后，RAN检测到一段时间内没有数据报文传送，则会释放RRC连接。释放RRC连接后，核心网仍维护终端的注册状态和会话状态，下次终端再次发起语音呼叫，可以跳过注册和会话建立流程。

需要说明的是，具体流程（3）到（5）涉及的VoIP注册信令、呼叫信令、语音媒体流都是承载在IP之上的（作为IP报文的负荷），基站和UPF不需要解析其内容，只需要根据IP报文头进行处理。

例如，北京用户移动到上海后，其手机可能连接到上海的UPF并被分配IP地址（上海地址段），北京电话号码和上海IP地址的对应关系被注册到北京的P-CSCF。后续当有人呼叫该北京电话号码时，其呼叫信令会根据电话号码（北京号段）被转发到北京的P-CSCF，北京的P-CSCF根据记录的映射关系，将呼叫信令的目的IP地址改为上海地址。基于IP路由机制，该呼叫信令最终会到达上海的UPF并转发到北京用户的手机。

2. 接入移动互联网的流程

接入移动互联网的流程如图6.63所示。通过该流程手机可以实现网页浏览、音视频点播、文件下载、社交媒体内容发布等业务。

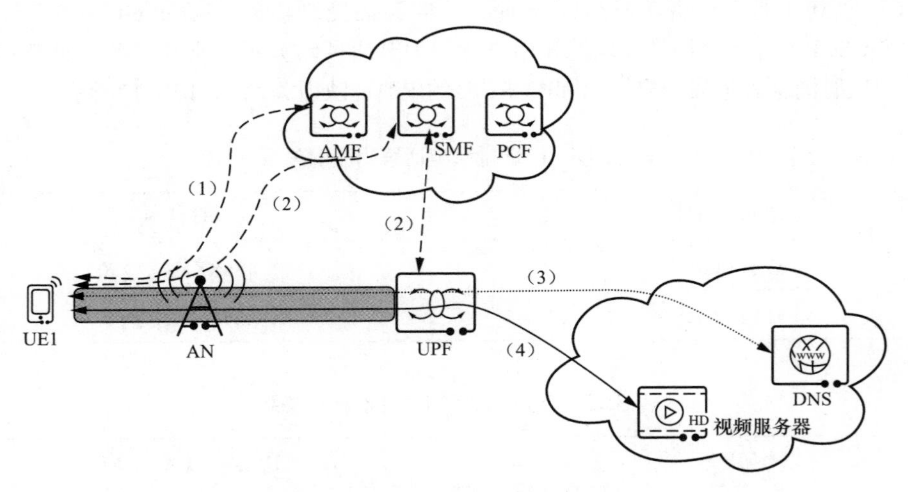

图6.63 接入移动互联网的流程

具体流程如下。

（1）终端开机接入移动网络，完成用户认证和业务授权，细节参考移动性管理。

（2）终端建立会话，分配IP地址，建立默认QoS Flow，细节参考会话管理。需要注意的是，终端建立会话连接的数据网络名称是Internet。

（3）终端访问某视频网站，在默认QoS Flow向DNS服务器查询，请求视频网站的IP地址。DNS服务器的地址可以在SMF通过会话建立完成消息返回给终端。DNS是一个分布式数据库，用于存储域名和IP地址间的映射关系。

（4）取视频网站IP地址后，终端在默认QoS Flow通过HTTP/TCP/IP访问视频网站。大部分互联网业务用默认QoS Flow即可满足需求。

与语音呼叫类似，在完成互联网业务后，RAN检测到一段时间内没有数据报文传送，则会释放RRC连接，核心网负责维护终端的注册和会话状态。

6.4.10 接入控制流程

接入控制的目的是使网络可以根据网络侧负载情况控制接入网络的用户数量，从而保证网络为接入用户提供满足QoS需求的服务。NR接入控制分为多个层级，不同层级可以控制不同范围的用户接入，按照流程不同可以分为小区禁止、接入禁止检查、随机回退、拒绝连接请求。

1. 小区禁止

在小区系统信息中，网络可以指示一个小区是否处于小区禁止状态，如果指示小区处于小区禁止状态，所有没有建立连接的用户将不能继续驻留在该小区，需要重新选择一个小区驻留。通过这种机制，网络在负载较重或其他一些情况下，可以迅速将所有没有建立连接的用户“驱赶”到其他小区。

2. 接入禁止检查

每次用户申请建立连接前，NAS均会指示接入层当前连接请求的接入标识（Access Identity）和接入类别（Access Category），其中Access Identity表示用户的身份类型，Access Category表示触发此次连接建立的业务类型，如表6.18与表6.19所示。

表 6.18　接入标识

接入标识编号	UE配置	接入标识编号	UE配置
0	没有相关配置	11	用户被配置为Access Class 11
1	用户被配置用于多媒体优先级服务	12	用户被配置为Access Class 12
2	用户被配置用于关键服务	13	用户被配置为Access Class 13
3	用户为灾难漫游用户	14	用户被配置为Access Class 14
4～10	预留	15	用户被配置为Access Class 15

表 6.19　接入类别

接入类别编号	和UE相关的判断条件	业务类型
0	所有UE	响应寻呼
1	用户被配置用于时延不敏感业务	除紧急呼叫和异常数据上报外的业务，如传感器发现火警
2	所有UE	紧急呼叫
3	除Access Category 1对应条件外，其他所有UE	NAS信令传输
4	除Access Category 1对应条件外，其他所有UE	多媒体电话服务
5	除Access Category 1对应条件外，其他所有UE	多媒体视频服务
6	除Access Category 1对应条件外，其他所有UE	短信业务
7	除Access Category 1对应条件外，其他所有UE	数据业务
8	除Access Category 1对应条件外，其他所有UE	RRC层信令传输
9	除Access Category 1对应条件外，其他所有UE	IP多媒体子系统注册相关信令
10	所有UE	MO异常数据
11～31		预留
32～63	所有UE	运营商划分的类别

在小区系统信息中，网络针对每种Access Identity和Access Category的组合，指示一组接入禁止参数。用户在触发连接建立前，需要检查对应Access Identity和Access Category的接入禁止参数，然后确定是否可以建立连接。

通过接入禁止机制，网络可以动态地调整Access Identity和Access Category对应的接入禁止参数，从而实现对不同类型用户和不同业务用户进行不同比例的接入控制。

3. 随机回退

在连接建立被允许后，UE的MAC层将触发随机接入流程，在某一段时间如果有大量的UE发起随机接入，基站可能没有能力处理，此时基站可以指示一个回退因子给用户，用户存储该回退因子，下次触发随机接入时，网络在0到回退因子指示的避让时间内随机取一个时间值，并在等待该时长后再发送随机接入前导码。通过随机回退机制，当一段时间内有大量用户需要随机接入时，网络可以将部分随机接入在时间上均匀化，从而避免基站瞬时负载过高。

4. 拒绝连接请求

用户发送的连接建立请求、连接恢复请求、连接重建请求中，均有一个原因值，代表语音通话、信令传输、数据传输、紧急呼叫等，网络侧可以根据当前负载以及原因是否紧急来决定是否同意相关请求，如果负载较高，可以拒绝某些用户的连接建立请求。

6.5 5G安全机制

6.5.1 5G网络安全域

5G安全架构如图6.64所示，核心网负责用户身份认证，保护用户签约信息。5G安全域与4G安全域基本一致，因为5G采用了服务化架构（Service-Based Architecture，SBA），所以有一个新的安全域：SBA安全。同时5G还增强了UE归属域环境（Home Environment，HE）和服务域网络（Serving Network，SN）间的漫游安全。HE是包含用户配置文件、标识符和订阅信息的数据库，SN是UE可以接入的通信网络（如基站的无线网络），可以是归属地网络，也可以是访问地网络。

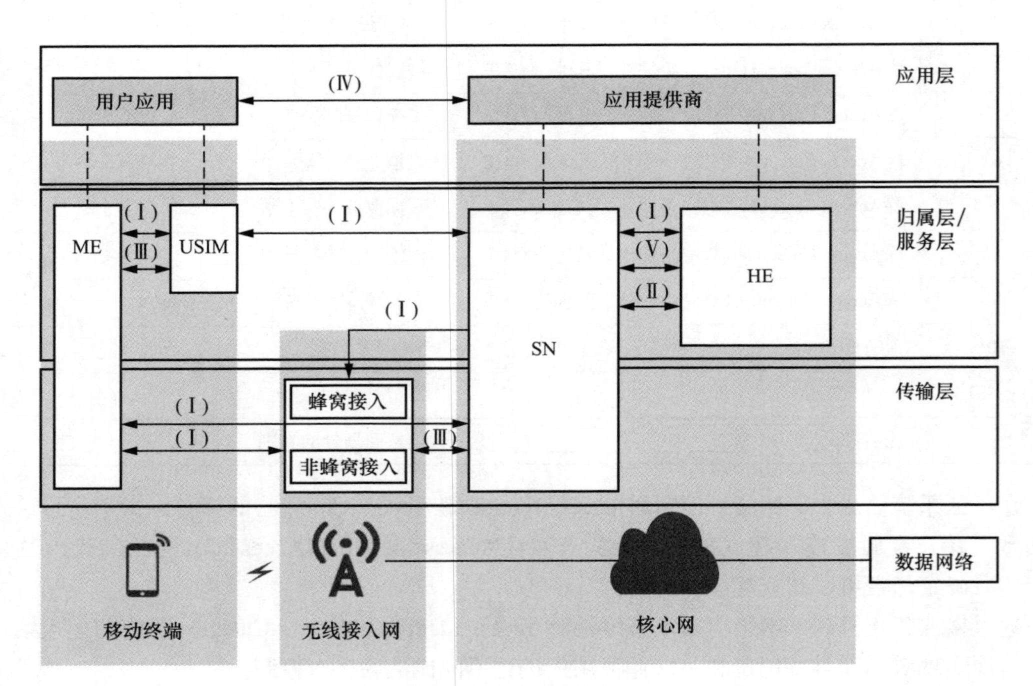

图6.64　5G安全架构

移动网络按照分层、分域的原则来设计网络的安全架构，5G安全架构主要分成如下几个安全域。

（1）网络接入安全（Ⅰ）：一组安全特性，用于使UE安全地通过网络进行认证和业务接入，包括3GPP接入和非3GPP接入，特别是防御对（空中）接口的攻击。它包括从服务网络到接入网络的安全上下文的传递，以实现接入安全性。具体的安全机制包括双向接入认证、传输加密和完整性保护等。

（2）网络域安全（Ⅱ）：一组安全特性，用于使网络节点能够安全地交换信令数据、用户面数据。网络域安全定义了接入网和核心网间接口的安全特性，以及服务网络和归属网络间接口的安全特性。5G接入网和核心网分离，边界清晰，接入网和核心网间的接口可采用安全机制如IPSec等，实现安全分离和安全防护。

（3）用户域安全（Ⅲ）：一组安全特性，用于让用户安全地访问移动设备。终端内部通过PIN码等安全机制来保护终端和USIM卡间的安全。

（4）应用域安全（Ⅳ）：一组安全特性，用于使用户域（终端）的应用和提供者域（应用服务器）的应用能够安全地交换消息。本安全域的安全机制对整个移动网络是透明的，需应用提供商进行保障。

（5）SBA安全（Ⅴ）：一组安全特性，用于使SBA架构的网络功能能够在服务网络域内以及服务网络域和其他网络域间安全地通信。这些特性包括网络功能注册、发现、授权安全等方面，以及保护服务化的接口。这是5G新增的安全域。5G 核心网使用SBA架构，需要相应的安全机制来保证5G核心网与SBA网络功能之间的安全通信。该安全域的主要安全机制包括传输层安全性协议（TLS）、开放式授权（OAUTH）等。

（6）安全可视化和可配置（Ⅵ）：一组安全特性，用于使用户获知网络的安全状态，在图6.64中不可见。

5G安全架构又可分为应用层（Application Stratum）、归属层（Home Stratum）、服务层（Serving Stratum）与传输层（Transport Stratum），这四层间是安全隔离的。

（1）传输层：底层的传输层安全敏感度较低，包含终端部分功能、全部基站功能和部分核心网功能（如UPF）。基站和这部分的核心网功能不接触用户敏感数据，如用户永久标识、用户的根密钥等，仅仅管理密钥架构中的低层密钥，如用户接入密钥。低层密钥可以根据归属层与服务层的高层密钥进行推导、替换和更新，而低层密钥不能推导出高层密钥。

（2）服务层：服务层安全敏感度略高，包括运营商的服务网络的部分核心网功能，如AMF（接入与移动性管理功能）、NRF（网络存储功能）、SEPP（安全保护代理）、NEF（网络开放功能）等。这部分的核心网功能不接触用户的根密钥，仅管理密钥架构中的中层衍生密钥，如AMF密钥。中层衍生密钥可以根据归属层的高层密钥进行推导、替换和更新，而中层密钥不能推导出高层密钥。这一层的安全架构不涉及基站。

（3）归属层：归属层安全敏感度较高，包含终端的USIM卡和运营商的归属网络的核心网AUSF、UDM功能，因此包含的数据有用户敏感数据，如用户永久标识、用户的根密钥和高层密钥等。这一层的安全架构不涉及基站和核心网的其他部分功能。

（4）应用层：应用层与业务提供者强相关，与运营商网络弱相关。对安全性要求较高的业务，除传输安全保障之外，应用层也要做端到端的安全保护。

5G系统引入了新的安全功能逻辑网元。

（1）认证服务器功能（Authentication Server Function，AUSF）：统一处理所有3GPP接入和非3GPP接入的认证请求，仅在认证成功后将SUPI提供给服务网络，将认证结果通知UDM。

（2）认证凭证存储和处理功能（Authentication credential Repository and Processing Function，ARPF）：存储所有UE的身份信息和认证凭证，并基于UE的身份和凭证生成相应的认证向量。

（3）用户标识去隐藏功能（Subscription Identifier De-concealing Function，SIDF）：根据SUCI中的加密信息，解密出SUPI明文信息；存储与SUCI解密相关的私钥等参数。

（4）安全锚点功能（Security Anchor Function，SEAF）：通过服务网络中的AMF提供认证功能，支持使用SUCI的主认证。

（5）安全保护代理（Security Protection Proxy，SEPP）：在漫游体系结构中，保护属地和拜访网络间的控制面通信。

6.5.2 5G网络认证机制

UE接入网络获取服务时，网络需要对UE进行认证。UE对接入的网络也需要执行认证，保证接入的网络是合法的。为了支持UE与网络的双向认证，5G为3GPP接入和非3GPP接入的认证方法提供了统一的认证架构，以适应不同UE类型和不同网络接入类型。如表6.20所示，5G必须支持5G AKA和EAP-AKA'的认证方法。实际应用中，运营商可以根据自己的策略选择所需的认证方法。

表6.20 5G网络认证机制

认证方法	简介	适用接入类型	认证网元	认证向量
5G AKA	EPS AKA的增强版，增加了归属网络认证确认流程	3GPP	AMF和AUSF	四元组，包含RAND、AUTN、XRES*、K_{AUSF}
EAP-AKA'	基于USIM的EAP认证方式	3GPP和非3GPP	AUSF	五元组，包含RAND、AUTN、XRES、CK'、IK'

对表6.20中的认证向量说明如下。

① 随机数（Random Challenge，RAND）：网络提供给UE的不可预知的随机数。

② 鉴权令牌（Authentication Token，AUTN）：作用是提供信息给UE，使UE可以用它来对网络进行鉴权。

③ 预期响应（Expected Response，XRES）：期望的UE鉴权响应参数。用于和UE产生的RES（或RES+RES_EXT）进行比较，以决定鉴权是否成功。

④ K_{AUSF}：用于AUSF认证过程的密钥，通过ME和ARPF内的CK和IK推导而来。K_{AUSF}作为来自ARPF的5G HE AV的一部分由AUSF接收。

⑤ CK'、IK'：EAP-AKA'鉴权流程中推演出来的密钥。

根据5G切换认证标准中的定义，5G网络认证向量的生成过程如下：首先产生序列号SQN和随机值RAND，之后利用加解密函数f_1～f_5计算消息鉴别码（Message Authentication Code，MAC）及密钥，包括CK、IK、认证散列值（XRES）等，随后利用相关定义式计算出AUTN、K_{AUSF}以及CK'、IK'，最终得到一个认证四元组向量（RAND、AUTN、XRES*、K_{AUSF}）或五元组向量（RAND、AUTN、XRES、CK'、IK'）。

1. 5G AKA

5G AKA用于3GPP接入的认证，在4G的EPS AKA基础上增加了归属网络认证确认流程，以防欺诈攻击。相较于4G EPS AKA由MME完成认证功能，5G AKA由AMF和AUSF共同完成认证功能，AMF负责服务网络认证，AUSF负责归属网络认证。

5G AKA认证流程如图6.65所示。

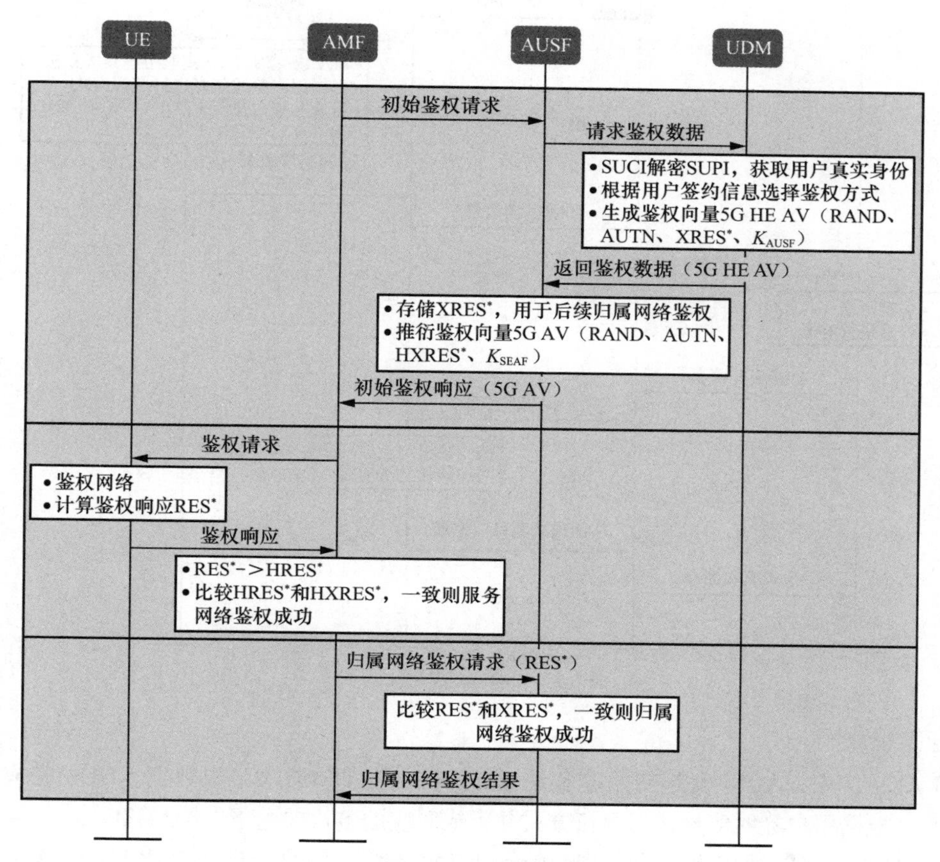

图 6.65　5G AKA 认证流程

认证流程可分为获取认证数据、UE和服务网络双向认证、归属网络认证确认三个子流程来看。

（1）获取认证数据：5G中，AMF首先向AUSF发起初始认证请求，AUSF向UDM请求认证数据；UDM完成SUCI→SUPI解密，根据用户签约信息选择认证方式并生成对应的认证向量。5G AKA认证中一次只能获取一个认证向量，且AUSF会做一次推衍转换。

（2）UE和服务网络双向认证：UE根据AUTN认证网络，验证通过后计算认证响应发送给核心网；服务网络认证UE，AMF验证UE返回的认证响应，判断服务网络认证是否通过。

（3）归属网络认证确认：5G新增流程，AMF将UE的认证响应发给AUSF，AUSF验证UE的认证响应，给出归属网络认证确认结果。

2. EAP-AKA'

EAP-AKA'是一种基于USIM的扩展认证协议（Extensible Authentication Protocol，EAP）方式，用于3GPP和非3GPP接入的认证。相较于5G认证与密钥协商（AKA）方式，EAP-AKA'认证流程中，AUSF承担鉴权职责，AMF只负责推衍密钥和透明传输（简称透传）EAP消息。

EAP-AKA'认证流程如图6.66所示。

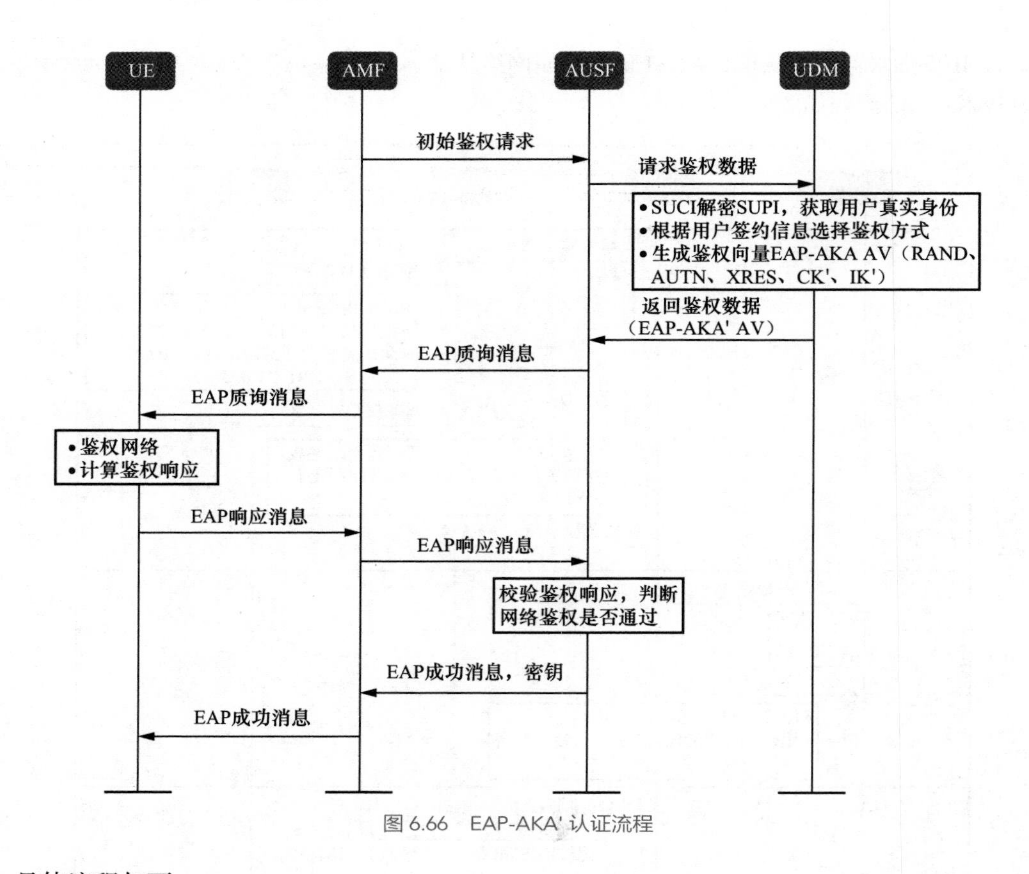

图 6.66 EAP-AKA' 认证流程

具体流程如下。

（1）AMF首先向AUSF发起初始鉴权请求，AUSF向UDM请求鉴权数据。UDM完成SUCI→SUPI解密，根据用户签约信息选择鉴权方式并生成对应的鉴权向量下发给AUSF。

（2）AUSF内部处理后下发EAP-Challenge（EAP质询）消息，携带AT-RAND、AT-AUTN、AT-MAC（保护EAP消息完整性）。

（3）AMF透传EAP消息给UE。

（4）UE根据AT-MAC验证消息完整性，根据AT-AUTN验证网络。验证通过后，计算鉴权响应RES和AT-MAC（保护响应消息）。

（5）AMF透传EAP响应消息给AUSF。

（6）AUSF根据AT-MAC验证消息完整性，比较RES和XRES验证UE的合法性，如果验证通过，则鉴权通过。AUSF下发EAP-Success（EAP成功）消息，消息包含根密钥。

（7）AMF使用根密钥推导后续NAS和空口密钥，以及非3GPP接入使用的密钥。

6.5.3 5G 网络密钥架构和推衍机制

当加密和完整性保护密钥更新频率较高时，如果直接使用根密钥作为加密和完整性保护的密钥，则用根密钥加密的密文会频繁地出现在不安全的环境中，攻击者可以通过分析大量密文破解出根密钥。为减小根密钥泄露风险，需进行密钥分层派生。加密和完整性保护使用不同密钥，信令面和用户面也使用不同密钥，密钥分层派生，提高密钥管理的安全性。

1. 密钥分层派生架构

密钥分层派生架构如图6.67所示，左侧为网络侧，由归属公共陆地移动通信网（Home Public Land Mobile Network，HPLMN）和服务网络（Serving Network）组成；右侧为UE侧，由USIM和ME组成，USIM提供用户身份识别，ME提供应用和服务。4个密钥（K_{RRCint}、K_{RRCenc}、K_{UPint}、K_{UPenc}）为空口加密和完整性保护的密钥，由根密钥K分层派生而来，其分类说明如表6.21所示。

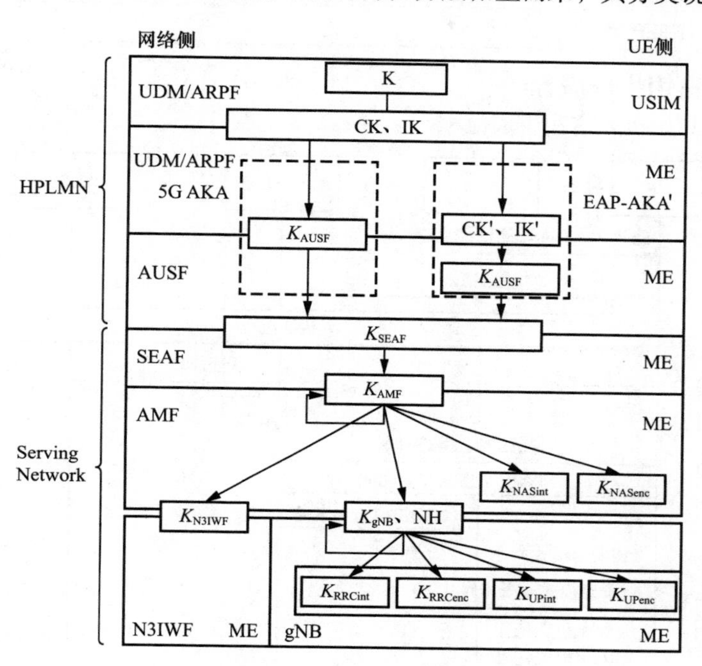

图 6.67　密钥分层派生架构

表 6.21　密钥分类说明

密钥	说明
K	根密钥。保存在UE的USIM和运营商的UDM中。这个密钥不会在网络中或者UE内部传输，每个用户唯一，通过国际移动用户标志（IMSI）或移动设备标识符（Mobile Equipment Identifier，MEID）计算得到
CK、IK	鉴权流程中产生的中间密钥。CK即Cipher Key（密钥），IK即Integrity Key（完整性保护密钥）。通过USIM和UDM，在一次认证过程中，由鉴权随机数和K通过一定算法运算产生，因此会随时更新
CK'、IK'	EAP-AKA' 鉴权流程中推演出来的中间密钥
K_{AUSF}	• 在EAP-AKA '的情况下，由ME和AUSF从CK '、IK '派生 • 在5G AKA的情况下，由ME和ARPF从CK、IK派生
K_{SEAF}	SEAF为安全锚点功能，K_{SEAF}为锚点密钥，由ME和AUSF从K_{AUSF}派生，由AUSF提供给服务网络中的SEAF
K_{AMF}	由ME和SEAF从K_{SEAF}派生出来的密钥
K_{NASint}、K_{NASenc}	NAS的完整性保护密钥和加密密钥。 • K_{NASint}：由ME和AMF从K_{AMF}派生，用于对NAS信令进行完整性保护 • K_{NASenc}：由ME和AMF从K_{AMF}派生，用于对NAS信令进行加密
K_{gNB}	接入层密钥，由ME和AMF从K_{AMF}派生
NH	NH即Next Hop（下一跳），由UE和AFM从K_{AMF}和上次使用的NH派生出来，用于移动切换时的垂直密钥派生

续表

密钥	说明
K_{RRCint}	RRC信令完整性保护密钥
K_{RRCenc}	RRC信令加密密钥
K_{UPint}	用户面完整性保护密钥
K_{UPenc}	用户面加密密钥

2. 初始接入密钥生成流程

图6.68所示为初始接入密钥生成流程。

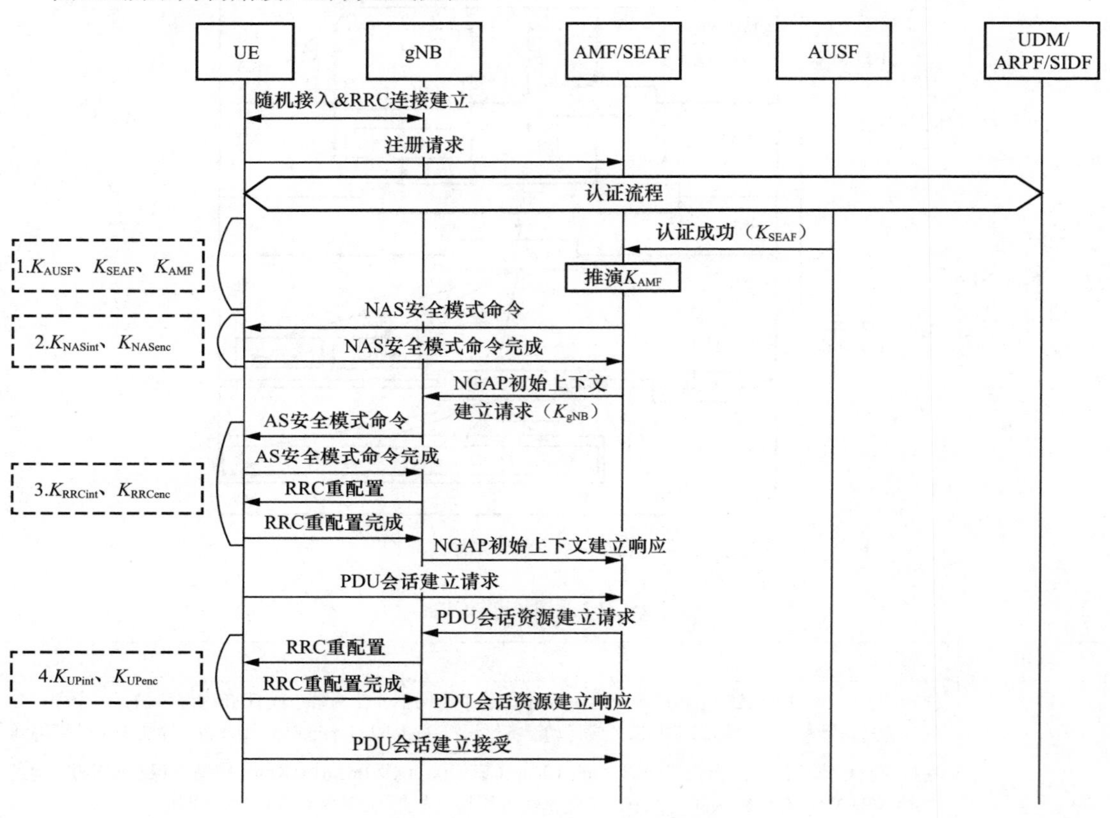

图 6.68　初始接入密钥生成流程

具体说明如下。

（1）UE初始接入并在注册请求中通过5G AKA认证后，UE和UDM根据鉴权向量CK、IK生成K_{AUSF}，UE和AUSF根据K_{AUSF}派生出锚点密钥K_{SEAF}，UE和SEAF根据K_{SEAF}派生出K_{AMF}。

（2）采用EAP-AKA'认证方式时，AUSF从ARPF接收鉴权向量CK'和IK'，UE和AUSF根据CK'和IK'生成K_{AUSF}。

（3）在NAS安全模式命令阶段，UE和AMF根据K_{AMF}派生出NAS的完整性保护密钥K_{NASint}和加密密钥K_{NASenc}；UE和AMF根据K_{AMF}派生出K_{gNB}，并发送给gNB。

（4）AMF在初始连接建立时不向gNB发送NH值，gNB收到AMF下发的NGAP（下一代应用层协议）初始上下文请求消息后，将NH链路计数器（Next Hop Chaining Counter，NCC）初始化为0。

（5）在AS安全模式命令阶段，gNB派生出信令面加密密钥K_{RRCenc}和完整性保护密钥K_{RRCint}。

UE收到安全模式命令消息，确定加密和完整性保护算法，并派生出K_{RRCint}、K_{RRCenc}。

（6）gNB通过AS安全模式命令消息向UE发送安全算法选择结果。AS安全模式命令和AS安全模式命令完成消息通过SRB1发送，分别由gNB和UE进行完整性保护，没有加密保护。

（7）AMF通过PDU会话资源建立请求消息向gNB发送安全策略结果，安全策略包含加密和完整性保护的生效指示。PDU会话建立完成后，用户面安全策略激活，gNB和UE根据K_{gNB}派生用户面加密密钥K_{UPint}和完整性保护密钥K_{UPenc}。

3. 加密和完整性保护算法

如表6.22所示，5G空口加密和完整性保护算法有SNOW 3G算法、AES算法、祖冲之算法（ZUC算法）。

表6.22　5G空口加密和完整性保护算法

算法名称	加密算法编号	完整性保护算法编号
NULL	NEA0	NIA0
SNOW 3G	NEA1	NIA1
AES	NEA2	NIA2
ZUC	NEA3	NIA3

注：NULL表示不进行加密、不进行完整性保护。

SNOW 3G、AES、ZUC均为对称加密算法，即加密和解密使用相同的密钥，但它们又有所不同。

（1）AES属于分组加密算法，按字节块进行分组运算，运算速度慢，相同明文产生相同密文，可被密文分析，但易实现、易移植、扩展性好。

（2）SNOW 3G和ZUC属于流加密算法，按字节流与密钥流进行位运算，运算速度更快，相同明文产生的密文不同，因此密文分析更困难。

6.5.4　5G网络用户隐私保护机制

传统4G网络中，UE接入运营商网络时，UE永久身份标识IMSI采用明文传输，只有入网认证通过并建立空口安全上下文之后，IMSI才被加密传输。攻击者可利用无线设备（如IMSI Catcher）在空口窃听UE的IMSI信息，造成用户隐私信息泄露。5G网络针对该安全问题进行了改进，增加了用户永久标识（SUPI）加密传输保护机制，如图6.69所示。

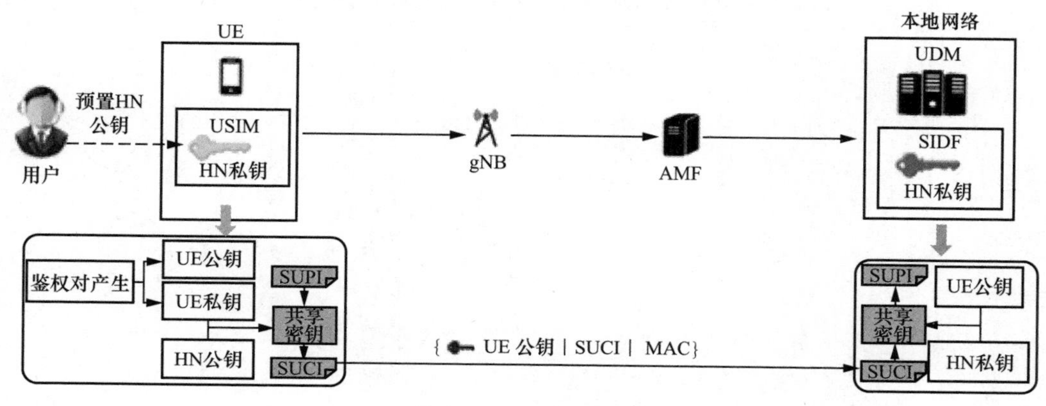

图6.69　SUPI保护机制

（1）本地网络HN公钥被预置到终端的USIM中。UE在每次需要传输SUPI时，先根据HN公钥和新派生的UE公私钥对计算出共享密钥，然后利用共享密钥对SUPI进行加密形成用户隐藏标识（SUCI）。

（2）本地网络收到UE发送的消息，读取UE的公钥，并结合本地存储的HN私钥计算出相同的共享密钥，然后用该共享密钥解密SUCI，得到明文SUPI。

习题

6.1 简述5G移动通信系统架构包括哪些部分，分别有哪些作用。

6.2 简述NR空口协议栈架构，以及用户面和控制面的区别。

6.3 简述NR帧结构有哪些配置方法。

6.4 简述上下行调度方式的相同点和不同点。

6.5 简述5G中传输块大小的计算方法。

6.6 PDCCH和PUCCH完成的功能有哪些？

6.7 简述5G系统中下行SSB与上行PRACH完成的功能。

6.8 简述各代移动通信系统中接入网的发展变化。

6.9 简述5G安全机制包括哪几个方面。

6.10 简述AS信令和NAS信令的区别和关系。

6.11 简述TA、RNA、小区、基站间的区别与联系，并说明不同RRC连接态下的寻呼接收机制。

6.12 从手机开机到能够进行上下行业务传输，需要的步骤有哪些？

第7章 5G关键技术

本章主要介绍5G无线接入技术与5G网络技术。

7.1 5G无线接入技术

7.1.1 大规模MIMO技术

在从4G到5G的演进过程中，16、32、64及128天线的大规模MIMO已经得到广泛应用，可支持的传输数据流数及参考信号端口数不断增加。如图7.1所示，通过进一步扩展垂直维度的数字端口，大规模MIMO可以具有水平和垂直方向上的自由度，称为3D MIMO或FD-MIMO。3D MIMO波束能够在水平和垂直方向上扫描，具备更好的覆盖性能和灵活性。

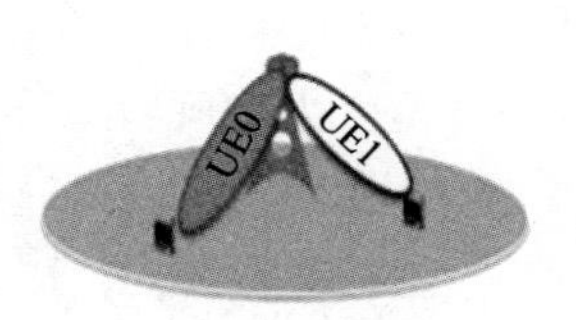

（a）传统 MIMO

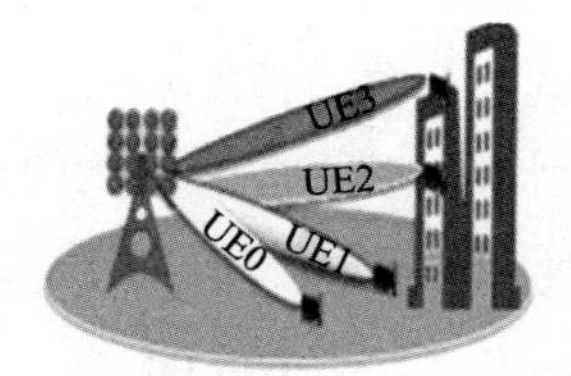

（b）大规模MIMO（3D MIMO）

图7.1 传统MIMO与大规模MIMO

大规模MIMO的主要优势包括：可以提供更灵活的自由度，空间复用能力显著提升；天线数目更多，可形成高增益的更窄波束，提升比特率或覆盖性能，且可以有效减少小区间干扰；可以配合高频段满足5G传输对比特率或覆盖性能的需求。然而，大规模MIMO天线端口更多，导致测量参考信号资源开销和CSI反馈开销显著提升。

1. 传统CSI反馈

在大规模MIMO系统中，基站需要获得较为精确的CSI，才能通过下行预编码提升传输性能。为方便反馈，系统会预先定义可选的量化预编码矩阵，其集合称为预编码码本；通过下行参考信号，UE进行下行信道估计，进而将选取的预编码矩阵标识（PMI）反馈给网络设备。由于预编码矩阵维度与发射天线数有关，随发射天线数目提升，预编码反馈开销也成倍提升，因此，大规模MIMO的码本设计需要考虑预编码矩阵量化精度和反馈开销的最佳折中。

在5G NR的PMI设计中，将天线端口分布、选择的基向量数目作为码本参数，可以根据不同的天线结构和应用场景进行灵活配置，同时能灵活地控制反馈开销，从而使码本具有良好的可扩展性。

5G NR支持三类码本：Type Ⅰ码本、Type Ⅱ码本和eType Ⅱ码本。码本设计与支持传输层数（rank）相关。Type Ⅰ码本用于常规精度的CSI反馈，其PMI反馈开销较小，最大可以支持8层的PMI反馈；Type Ⅱ码本对应高精度PMI反馈，反馈开销大，主要针对MU-MIMO传输场景，最大支持2层的PMI反馈；为进一步降低反馈开销，5G R16设计了eType Ⅱ码本，最大支持4层的PMI反馈。

为降低反馈开销，Type Ⅰ和Type Ⅱ码本充分利用空域相关性，通过一个或多个正交的空域基向量将预编码矩阵投影到波束域进行表征。假设天线阵列均匀分布，那么空域基向量可以采用二维的旋转DFT基向量。二维的旋转DFT基向量为二维过采样DFT矩阵 $\boldsymbol{B}_{N_1,N_2}(q_1,q_2)$ 中的向量，$\boldsymbol{B}_{N_1,N_2}(q_1,q_2)$ 可以表示为

$$\boldsymbol{B}_{N_1,N_2}(q_1,q_2)=\left(\boldsymbol{R}_{N_1}(q_1)\boldsymbol{D}_{N_1}\right)\otimes\left(\boldsymbol{R}_{N_2}(q_2)\boldsymbol{D}_{N_2}\right)=\left[b_0,b_1,\cdots,b_{N_1N_2-1}\right] \quad (7.1)$$

其中，N_1 和 N_2 分别为水平维度和垂直维度的天线端口数，$\boldsymbol{D}_N$ 为 $N\times N$ 的正交DFT矩阵，第m行第n列元素为

$$\left[\boldsymbol{D}_N\right]_{m,n}=\frac{1}{\sqrt{N}}\exp\left(\frac{\mathrm{j}2\pi mn}{N}\right) \quad (7.2)$$

而 $N\times N$ 的旋转矩阵可表示为

$$\boldsymbol{R}_N(q)=\mathrm{diag}\left\{\left[\mathrm{e}^{\mathrm{j}2\pi\times 0\times q/N},\mathrm{e}^{\mathrm{j}2\pi\times 1\times q/N},\cdots,\mathrm{e}^{\mathrm{j}2\pi\times(N-1)\times q/N}\right]\right\} \quad (7.3)$$

假设旋转因子 q_1 和 q_2 均匀分布，那么 $q_1=i/o_1$（$i=0,1,\cdots,o_1-1$），$q_2=i/o_2$（$i=0,1,\cdots,o_2-1$），其中 o_1 和 o_2 分别表示水平维度和垂直维度的空域过采样值。因此旋转矩阵与正交DFT矩阵的乘积构成的矩阵满足

$$\left[\boldsymbol{R}_N(q)\boldsymbol{D}_N\right]_{mn}=\frac{1}{\sqrt{N}}\exp\left[\frac{\mathrm{j}2\pi m(n+q)}{N}\right] \quad (7.4)$$

图7.2所示为 $N_1=4$、$N_2=2$、$o_1=o_2=4$ 的空域基向量集合。

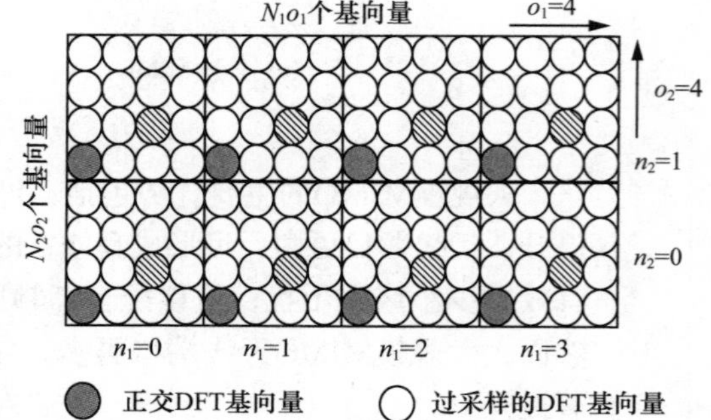

图7.2　空域基向量集合

基于以上空域基向量集合，Type Ⅰ和Type Ⅱ码本可以采用一个或多个空域基向量来表征，形成两级码本结构：

$$\boldsymbol{W}=\boldsymbol{W}_1\boldsymbol{W}_2 \quad (7.5)$$

其中，$\boldsymbol{W}_1$ 为空域基向量矩阵，是携带宽带信息的一级码本，$\boldsymbol{W}_2$ 是系数矩阵。

假设极化方向数为2，两个极化方向采用相同的 L 个空域基向量，维度为 $2N_1N_2\times 2L$，可以表示为

$$\boldsymbol{W}_1=\begin{bmatrix}\boldsymbol{B} & \boldsymbol{0}\\ \boldsymbol{0} & \boldsymbol{B}\end{bmatrix}=\begin{bmatrix}\boldsymbol{b}_{I_S(0)} & \boldsymbol{b}_{I_S(1)} & \cdots & \boldsymbol{b}_{I_S(L-1)} & \boldsymbol{0} & \boldsymbol{0} & \cdots & \boldsymbol{0}\\ \boldsymbol{0} & \boldsymbol{0} & \cdots & \boldsymbol{0} & \boldsymbol{b}_{I_S(0)} & \boldsymbol{b}_{I_S(1)} & \cdots & \boldsymbol{b}_{I_S(L-1)}\end{bmatrix} \tag{7.6}$$

其中，$\boldsymbol{b}_{I_S(l)}$（$l=0,1,\cdots,l-1$）表示$\boldsymbol{B}$中第l个向量，对应空域基向量集合中的第$I_S(l)$个空域基向量。

（1）Type Ⅰ码本

Type Ⅰ码本中不同层对应不同的设计准则。对于rank=1和rank=2的Type Ⅰ码本，L可以配置为1或4；对于rank＞2的Type Ⅰ码本，L=1。第二级矩阵$\boldsymbol{W}_2$用于波束选择和相位调整。对于不同的空间层数，$\boldsymbol{W}_2$对应不同的设计。

对于rank=1的Type Ⅰ码本，其PMI可表示为

$$\boldsymbol{W}_{l,m,n}^{(1)}=\frac{1}{\sqrt{P_{\text{CSI-RS}}}}\begin{bmatrix}\boldsymbol{v}_{l,m}\\ \varphi_n\boldsymbol{v}_{l,m}\end{bmatrix} \tag{7.7}$$

其中，$\varphi_n=\mathrm{e}^{\mathrm{j}\pi n/2}$，$\boldsymbol{v}_{l,m}=\left[\boldsymbol{u}_m,\mathrm{e}^{\mathrm{j}\frac{2\pi l}{N_1o_1}}\boldsymbol{u}_m,\cdots,\mathrm{e}^{\mathrm{j}\frac{2\pi l(N_1-1)}{N_1o_1}}\boldsymbol{u}_m\right]$，$\boldsymbol{u}_m=\left[1,\mathrm{e}^{\mathrm{j}\frac{2\pi m}{N_2o_2}},\cdots,\mathrm{e}^{\mathrm{j}\frac{2\pi m(N_2-1)}{N_2o_2}}\right]$。

基于反馈开销的不同，Type Ⅰ（rank=1）码本分为两种模式：模式1和模式2。模式1对应L=1，模式2对应L=4。

rank=2的Type Ⅰ码本采用正交波束的方式实现空间层间正交。对于空间层1和空间层2，选择在不同波束组的2个正交波束，其PMI可表示为

$$\boldsymbol{W}_{l,l',m,m',n}^{(2)}=\frac{1}{\sqrt{2P_{\text{CSI-RS}}}}\begin{bmatrix}\boldsymbol{v}_{l,m} & \boldsymbol{v}_{l',m'}\\ \varphi_n\boldsymbol{v}_{l,m} & -\varphi_n\boldsymbol{v}_{l',m'}\end{bmatrix} \tag{7.8}$$

其中，φ_n和$\boldsymbol{v}_{l,m}$与式（7.7）相同。

对于rank=3或rank=4的Type Ⅰ码本，根据端口数目有2类设计方法。16端口以下的rank=3或rank=4 Type Ⅰ码本通过正交波束选择来实现空间层间正交。以16端口以下的Type Ⅰ（rank=4）码本为例，可表示为

$$\boldsymbol{W}_{l,l',m,m',n}^{(4)}=\frac{1}{\sqrt{4P_{\text{CSI-RS}}}}\begin{bmatrix}\boldsymbol{v}_{l,m} & \boldsymbol{v}_{l',m'} & \boldsymbol{v}_{l,m} & \boldsymbol{v}_{l',m'}\\ \varphi_n\boldsymbol{v}_{l,m} & \varphi_n\boldsymbol{v}_{l',m'} & -\varphi_n\boldsymbol{v}_{l,m} & -\varphi_n\boldsymbol{v}_{l',m'}\end{bmatrix} \tag{7.9}$$

大于16端口的rank 3或rank=4 Type Ⅰ码本通过分组间相位调整和极化间相位调整来实现空间层间正交。以Type Ⅰ（rank=4）码本为例，可表示为

$$\boldsymbol{W}_{l,m,p,n}^{(4)}=\frac{1}{\sqrt{4P_{\text{CSI-RS}}}}\begin{bmatrix}\tilde{\boldsymbol{v}}_{l,m} & \tilde{\boldsymbol{v}}_{l,m} & \tilde{\boldsymbol{v}}_{l,m} & \tilde{\boldsymbol{v}}_{l,m}\\ \theta_p\tilde{\boldsymbol{v}}_{l,m} & -\theta_p\tilde{\boldsymbol{v}}_{l,m} & \theta_p\tilde{\boldsymbol{v}}_{l,m} & -\theta_p\tilde{\boldsymbol{v}}_{l,m}\\ \varphi_n\tilde{\boldsymbol{v}}_{l,m} & \varphi_n\tilde{\boldsymbol{v}}_{l,m} & -\varphi_n\tilde{\boldsymbol{v}}_{l,m} & -\varphi_n\tilde{\boldsymbol{v}}_{l,m}\\ \varphi_n\theta_p\tilde{\boldsymbol{v}}_{l,m} & -\varphi_n\theta_p\tilde{\boldsymbol{v}}_{l,m} & -\varphi_n\theta_p\tilde{\boldsymbol{v}}_{l,m} & \varphi_n\theta_p\tilde{\boldsymbol{v}}_{l,m}\end{bmatrix} \tag{7.10}$$

其中，$\theta_p=\mathrm{e}^{\mathrm{j}\pi p/4}$，$\tilde{\boldsymbol{v}}_{l,m}=\left[\boldsymbol{u}_m,\mathrm{e}^{\mathrm{j}\frac{4\pi l}{N_1o_1}}\boldsymbol{u}_m,\cdots,\mathrm{e}^{\mathrm{j}\frac{4\pi l(N_1/2-1)}{N_1o_1}}\boldsymbol{u}_m\right]$。

rank=5或rank=6的Type Ⅰ码本由3个正交波束保证空间层间的正交性。rank=7或rank=8的Type Ⅰ码本由4个正交波束保证空间层间的正交性。以Type Ⅰ（rank=8）码本为例，可表示为

$$\boldsymbol{W}_{l,l',l'',l''',m,m',m'',m''',n}^{(8)} = \frac{1}{\sqrt{8P_{\text{CSI-RS}}}}\begin{bmatrix} \boldsymbol{v}_{l,m} & \boldsymbol{v}_{l,m} & \boldsymbol{v}_{l',m'} & \boldsymbol{v}_{l',m'} & \boldsymbol{v}_{l'',m''} & \boldsymbol{v}_{l'',m''} & \boldsymbol{v}_{l''',m'''} & \boldsymbol{v}_{l''',m'''} \\ \varphi_n\boldsymbol{v}_{l,m} & -\varphi_n\boldsymbol{v}_{l,m} & \varphi_n\boldsymbol{v}_{l',m'} & -\varphi_n\boldsymbol{v}_{l',m'} & \boldsymbol{v}_{l'',m''} & -\boldsymbol{v}_{l'',m''} & \boldsymbol{v}_{l''',m'''} & -\boldsymbol{v}_{l''',m'''} \end{bmatrix} \quad (7.11)$$

（2）Type Ⅱ码本

相较于Type Ⅰ码本，Type Ⅱ码本通过对多个波束进行线性组合来大幅提升反馈精度。Type Ⅱ码本的预编码矩阵可表示为$\boldsymbol{W}=\boldsymbol{W}_1\boldsymbol{W}_2$。$\boldsymbol{W}_1$为选择的空域基向量构成的矩阵（见前文），$L$为选择空域基向量的数目，根据不同场景和需求$L$可以配置为2、3或4；$\boldsymbol{W}_2$维度是$2L\times N_L$，为$\boldsymbol{W}_1$中$2L$个空域基向量的合并系数矩阵。

当空间层数$N_L=1$（rank=1）时，$\boldsymbol{W}_2$可以表示为

$$\boldsymbol{W}_2=\left[p_{0,0}^{(1)}p_{0,0}^{(2)}\varphi_{0,0}\ \ p_{0,1}^{(1)}p_{0,1}^{(2)}\varphi_{0,1}\ \cdots\ p_{0,L}^{(1)}p_{0,L}^{(2)}\varphi_{0,L}\ \cdots\ p_{0,2L-1}^{(1)}p_{0,2L-1}^{(2)}\varphi_{0,2L-1}\right]^{\mathrm{T}} \quad (7.12)$$

当空间层数$N_L=2$（rank=2）时，$\boldsymbol{W}_2$可以表示为

$$\boldsymbol{W}_2=\begin{bmatrix} p_{0,0}^{(1)}p_{0,0}^{(2)}\varphi_{0,0} & p_{1,0}^{(1)}p_{1,0}^{(2)}\varphi_{1,0} \\ p_{0,1}^{(1)}p_{0,1}^{(2)}\varphi_{0,1} & p_{1,1}^{(1)}p_{1,1}^{(2)}\varphi_{1,1} \\ \vdots & \vdots \\ p_{0,L}^{(1)}p_{0,L}^{(2)}\varphi_{0,L} & p_{1,L}^{(1)}p_{1,L}^{(2)}\varphi_{1,L} \\ \vdots & \vdots \\ p_{0,2L-1}^{(1)}p_{0,2L-1}^{(2)}\varphi_{0,2L-1} & p_{1,2L-1}^{(1)}p_{1,2L-1}^{(2)}\varphi_{1,2L-1} \end{bmatrix} \quad (7.13)$$

其中，$p_{j,k}^{(1)}$和$p_{j,k}^{(2)}$分别表示第j层第k个波束对应的合并系数的宽带幅度值和子带差分幅度值。所谓差分幅度值，是以宽带幅度值为参照的幅度差值。$p_{j,k}^{(1)}$用3比特量化，其可选量化值为$p_{j,k}^{(1)}\in\left\{0,\sqrt{1/64},\sqrt{1/32},\sqrt{1/16},\sqrt{1/8},\sqrt{1/4},\sqrt{1/2},1\right\}$；$p_{j,k}^{(2)}$采用1比特量化，其可选量化值为$p_{j,k}^{(2)}\in\left\{\sqrt{1/2},1\right\}$。$\varphi_{j,k}=\exp\left(j2\pi c_{j,k}/N_{\text{PSK}}\right)$表示第$j$层第$k$个波束对应的合并系数的相位，$\varphi_{j,k}$可以采用2比特量化（$N_{\text{PSK}}=4$）或3比特量化（$N_{\text{PSK}}=8$）。

（3）eType Ⅱ码本

Type Ⅱ码本具有高精度特性，但同时提升了反馈开销。特别是对于大带宽的OFDM系统，为了更好地适配信道的频率选择性，需要反馈子带（多个RB称为1个子带，如4RB）级的PMI。随着子带数增大，Type Ⅱ码本反馈开销显著提升，这使得Type Ⅱ码本在很多场景下受限。为进一步降低子带PMI反馈开销或在同等开销下提升子带PMI的反馈精度，5G R16设计了eType Ⅱ码本。eType Ⅱ码本在Type Ⅱ码本的基础上利用频域相关性，通过IDFT将频域系数转换到时延域。由于时延域的稀疏特征，系统仅需要反馈少量的时延域系数，从而显著降低了子带PMI的反馈开销。

eType Ⅱ码本可以表示为三级码本结构：

$$\boldsymbol{W}=\boldsymbol{W}_1\tilde{\boldsymbol{W}}\boldsymbol{W}_f^{\mathrm{H}} \quad (7.14)$$

其中，$\boldsymbol{W}$为N_3个频域子带对应的预编码矩阵构成的联合矩阵，维度为$2N_1N_2\times N_3$；$\boldsymbol{W}_1$为选择的空域基向量构成的矩阵（与Type Ⅱ码本相同）；$\boldsymbol{W}_f$为维度为$M\times N_3$的频域基向量矩阵，其中M个频域基向量是从$N_3\times N_3$的正交DFT基向量矩阵中选择的；$\tilde{\boldsymbol{W}}$表示空频合并系数矩阵，其维度

为 $2L \times M$。一个空频合并系数矩阵与一个空域基向量和一个频域基向量对应。通过$2L$个空域基向量和M个频域基向量，eType Ⅱ码本在空域和频域上大大压缩了预编码矩阵需要量化表征的元素数目，至多仅需要反馈 $2LM$个空频合并系数的量化结果。为进一步降低开销，NR进一步定义了空频合并系数的量化规则，在 $2LM$个空频合并系数中进一步筛选了部分合并系数进行反馈。

2. 智能CSI反馈

一方面为了以较低开销完成更加精准的CSI反馈，另一方面考虑到未来6G的码本反馈开销将进一步增加，因此引入了AI技术，以完成高效的CSI反馈。

图7.3所示为基于深度学习中的自编码器结构的CSI反馈框架，其中反馈的是单层预编码向量，且采用均匀量化，也可以更改为向量量化。具体终端压缩与基站解压缩过程如下。

① 终端将估计得到的CSI特征向量$\boldsymbol{w}$经过编码器进行数据压缩，得到码字向量$\boldsymbol{c}$，可表示为

$$\boldsymbol{c} = f_{\theta_{\mathrm{E}}}(\boldsymbol{w}) \tag{7.15}$$

其中，$f_{\theta_{\mathrm{E}}}(\cdot)$是参数集合为$\theta_{\mathrm{E}}$的编码器函数。进而$\boldsymbol{c}$通过量化模块$f_{\mathrm{quan}}(\cdot)$后得到比特流$\boldsymbol{s} = f_{\mathrm{quan}}(\cdot)$，$\boldsymbol{s}$通过反馈链路传输到基站。

② 基站通过解量化模块$f_{\mathrm{dequan}}(\cdot)$恢复压缩码字向量$\hat{\boldsymbol{c}} = f_{\mathrm{dequan}}(\boldsymbol{s})$，进而将其通过译码器进行数据重构，最终得到恢复的特征向量为

$$\hat{\boldsymbol{w}} = f_{\theta_{\mathrm{D}}}(\hat{\boldsymbol{c}}) \tag{7.16}$$

其中，$f_{\theta_{\mathrm{D}}}(\cdot)$是参数集合为$\theta_{\mathrm{D}}$的译码器函数。

基于此，通过设计编译码器网络结构及优化参数集合$\{\theta_{\mathrm{E}},\theta_{\mathrm{D}}\}$，就可以使CSI反馈模型的性能达到最优，即

$$\{\theta_{\mathrm{E}},\theta_{\mathrm{D}}\} = \underset{\theta_{\mathrm{E}},\theta_{\mathrm{D}}}{\operatorname{argmax}}\, \rho^2\left(\theta_{\mathrm{E}},\theta_{\mathrm{D}}\right) \tag{7.17}$$

其中，CSI反馈性能评估指标常采用余弦相似度，即

$$\rho^2 = \frac{1}{N}\sum_{n=1}^{N}\left(\frac{\left\|\boldsymbol{w}_n^{\mathrm{H}}\hat{\boldsymbol{w}}_n\right\|}{\left\|\boldsymbol{w}_n\right\|\left\|\hat{\boldsymbol{w}}_n\right\|}\right)^2 \tag{7.18}$$

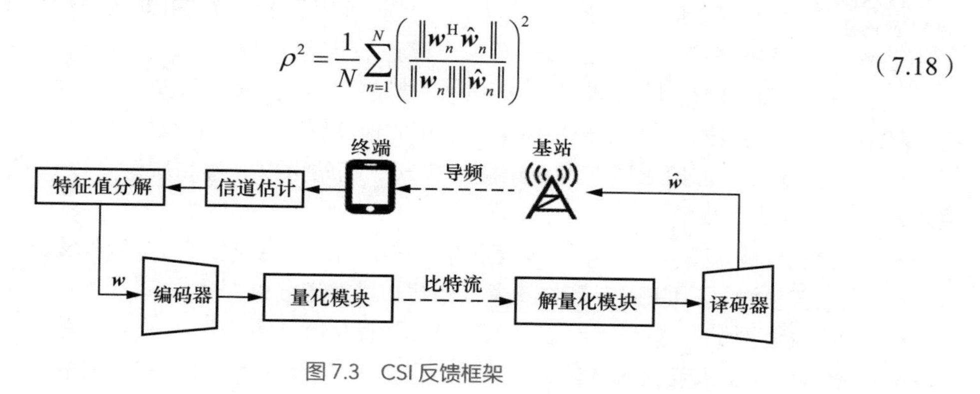

图7.3 CSI反馈框架

7.1.2 毫米波波束赋形技术

毫米波可以提供较大的带宽，但由于波长短，也具有高传播损耗、绕射能力较差等劣势，常需要采用更大规模的MIMO系统，以获得更大的波束赋形增益，确保覆盖。为降低大规模天线阵列成本，毫米波天线阵列常采用模拟波束和数字波束相结合的混合波束赋形方式。因此，本节主要介绍面向毫米波频段的波束赋形架构和波束训练原理。

1. 毫米波波束赋形架构

如图7.4所示，毫米波波束赋形可以由数字波束赋形$\boldsymbol{F}_{BB}$和模拟波束赋形共同组成。数字波束赋形是指在基带控制多根天线发送信号的幅度和相位，而模拟波束赋形是指多根天线具备独立的射频链路通道，但共享同一个数字链路通道，每条射频链路允许对传输信号进行独立的相位调整，所形成的波束方向主要由射频链路的相位调整来实现。同理，接收端也由模拟波束赋形和数字波束赋形$\boldsymbol{W}_{BB}$共同组成。

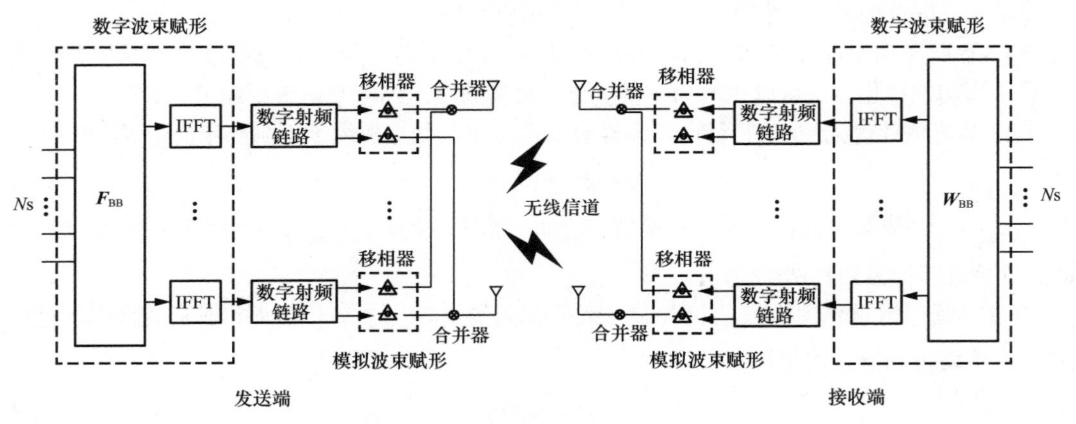

图 7.4 混合波束赋形架构

模拟波束赋形的主要特点：每根天线发送的信号通过移相器改变相位；受限于器件能力，模拟波束赋形作用于整个带宽，无法进行子带波束赋形，所以通常采用TDM的方式实现多波束的传输复用。

5G波束赋形原理

2. 波束测量

为获得最佳传输性能，常需要采用收发波束扫描的测量方式来发现最优收发波束对，再进行数据传输。在下行波束测量中，假设基站可支持M个模拟波束用于信号发送，可以为每个模拟波束配置一个CSI-RS资源用于波束测量，每个CSI-RS资源上加载了一个模拟波束。同时，UE可以通过N个接收波束分别对这M个模拟波束进行测量，并基于接收信号质量确定最优的收发波束对。因此，基站与UE间共需测量MN个模拟波束对，相应地需要MN个CSI-RS资源。

针对上述场景，5G给出了三种波束测量方式，基站可以通过高层信令控制采用以下哪种波束测量方式进行波束测量。

- 联合收发波束测量：每个发送波束都发送N次，用于UE扫描N个接收波束。
- 发送波束测量：UE固定接收波束，基站扫描发送波束。
- 接收波束测量：基站固定发送波束，UE扫描接收波束。

由于基站侧具备大规模天线阵列，因此发送波束数量较多。UE侧也可以具备多天线阵列能力，从而具有一定数量的接收波束。占用MN个CSI-RS资源并不是高效的波束训练方式。一方面5G给出了一种高效的波束训练方式Z，另一方面也可以引入AI来降低波束的测量开销。

（1）5G支持的高效波束训练方式

① 收发波束对粗对齐：如图7.5所示，基站在不同SSB资源上扫描发送宽波束，UE同时扫描接收宽波束，确定最优的宽波束对，并上报基站。

② 基站发送波束精调：如图7.6所示，基站根据①中确定的最优SSB资源，在CSI-RS上扫描窄波束，UE采用相应的最优接收宽波束接收，确定最优基站发送窄波束并上报基站。

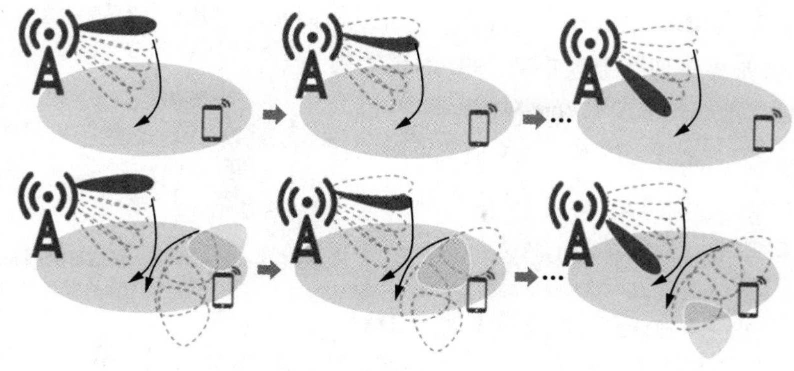

图 7.5 收发波束对粗对齐

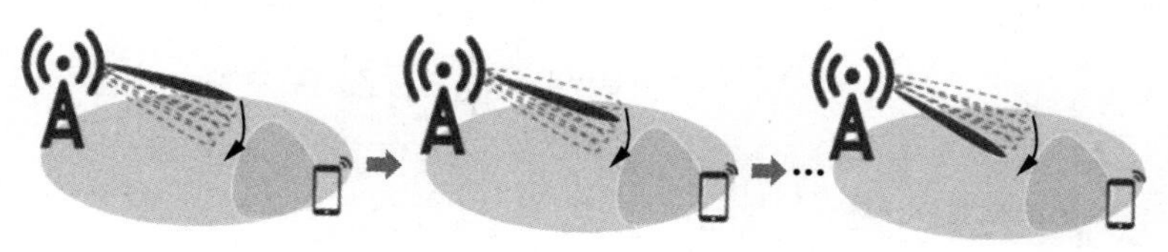

图 7.6 基站发送波束精调

③ UE接收波束精调：如图7.7所示，基站根据②中确定的最优CSI-RS资源，多次重复采用该窄波束发射信号，UE扫描接收窄波束，确定最优的接收窄波束。该过程仅用于调整UE侧最优波束对中的接收波束，UE自行存储相应信息，无须上报基站。

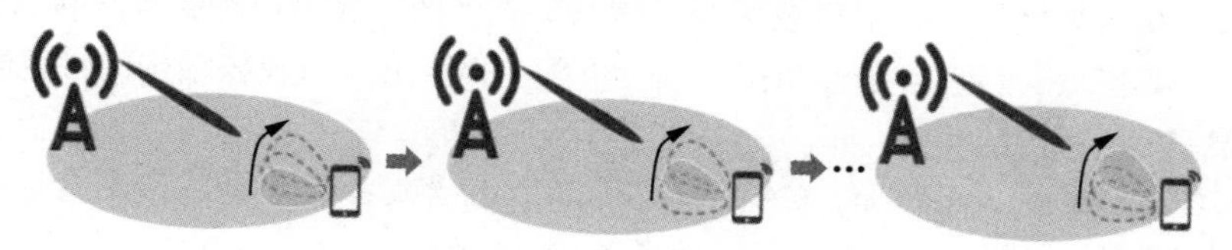

图 7.7 UE 接收波束精调

上述过程中，UE仅需选取接收性能最优的波束对进行上报。最优波束对对应的接收波束由UE存储记录，UE仅需要上报最优波束对的索引值和相应RSRP测量结果。在完成波束训练后，基站在调度数据传输/参考信号传输时需要进行波束指示。采用动态的波束指示可使数据传输采用高精度波束赋形以适应实时的信道条件。

（2）基于AI的波束选择方法

假设将收发端组成的 MN 个波束对码本表示为

$$Q = \{(\boldsymbol{f}_1, \boldsymbol{w}_1), (\boldsymbol{f}_1, \boldsymbol{w}_2), \cdots, (\boldsymbol{f}_M, \boldsymbol{w}_N)\} \tag{7.19}$$

如图7.8所示，在基站端选择 M_{M} 个波束，索引集合为 $\{T(1), T(2), \cdots, T(M_{\mathrm{M}})\}$，在用户端选择 N_{M} 个波束，索引集合为 $\{R(1), R(2), \cdots, R(N_{\mathrm{M}})\}$，组成维度为 $(M_{\mathrm{M}}, N_{\mathrm{M}})$ 的测量波束对，测量波束对在接收端测量得到的RSRP矩阵可以表示为

$$\boldsymbol{R}_{\mathrm{M}} = \begin{bmatrix} r_{T(1)R(1)} & r_{T(1)R(2)} & \cdots & r_{T(1)R(N_{\mathrm{M}})} \\ r_{T(2)R(1)} & r_{T(2)R(2)} & \cdots & r_{T(2)R(N_{\mathrm{M}})} \\ \vdots & \vdots & & \vdots \\ r_{T(M_{\mathrm{M}})R(1)} & r_{T(M_{\mathrm{M}})R(2)} & \cdots & r_{T(M_{\mathrm{M}})R(N_{\mathrm{M}})} \end{bmatrix} \tag{7.20}$$

将选择的测量波束对的RSRP作为AI网络（记为$F_{\boldsymbol{W}}\left(\boldsymbol{R}_{\mathrm{M}}\right)$，其中$\boldsymbol{W}$为模型的权重矩阵）的输入数据，可以训练得到全部波束对RSRP的预测模型。通过预测模型能够预测所有波束对的RSRP矩阵为$\hat{\boldsymbol{R}}=\left[\hat{r}_{T(m)R(n)}\right]_{MN}=F_{\boldsymbol{W}}\left(\boldsymbol{R}_{\mathrm{M}}\right)$，进而将$MN$个波束对的标号按照输出的RSRP大小排序，将最大的一个或者几个波束对信息上报基站。若选择多个较大的波束对上报基站，基站可以测量这几个波束对，进一步确认最优波束对来进行通信。

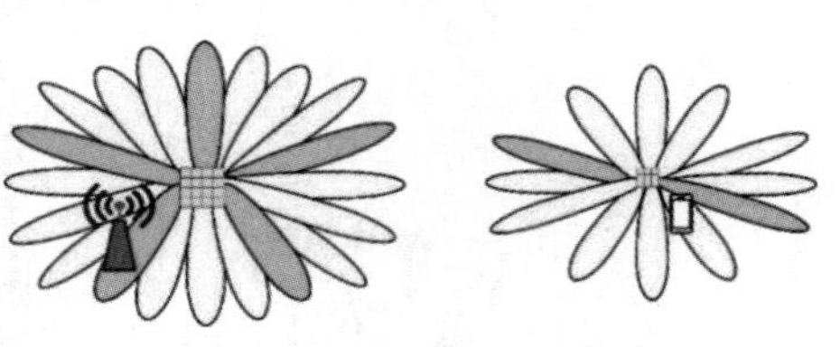

图 7.8 基站端测量波束选择（后续仿真的默认传输模式）

波束失败恢复

模型在训练过程中，可以使得波束对RSRP的估计值与真值间的误差尽量小，即模型权重可以满足：

$$\boldsymbol{W}=\underset{\boldsymbol{W}}{\operatorname{argmin}}\left\{\frac{1}{MN}\sum_{m=1}^{M}\sum_{n=0}^{N}\left(r_{mn}-\hat{r}_{mn}\right)^{2}\right\}$$

7.1.3 灵活空口技术

5G灵活双工技术

1. 空口配置

灵活空口技术支持可编程的软空口、上下行空口解耦、高低频统一空口、独立组网及非独立组网统一空口、授权频谱及非授权频谱统一空口。其关键技术包括可扩展及混合空口波形参量体系基础参数、完全可配置帧结构、子带宽部件及其扩展、自包含子帧结构、基于可配空口波形参量及帧结构的带宽配置等。

2. 载波聚合

载波聚合（Carrier Aggregation，CA）通过将多个连续或者非连续载波聚合成更大的带宽来满足数据传输的要求。如图7.9所示，CA包括场景1～场景4。

（1）场景1：F1和F2小区的位置相同、相互重叠，且覆盖范围基本相同。二者都提供足够的覆盖且都支持移动性。可能的应用场景是F1和F2载波为同一频带内的载波，如2 GHz、800 MHz等。

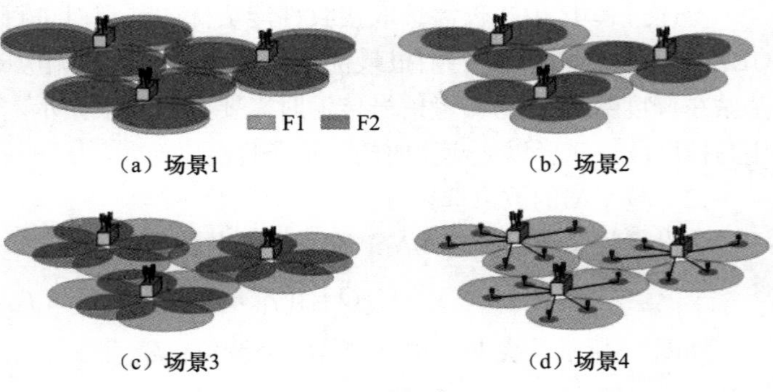

图 7.9 CA 的四种场景

（2）场景2：F1和F2小区的位置相同、相互重叠，但由于F2的路径损耗比F1大，因此其覆盖范围比F1小，只有F1提供足够的覆盖，而F2被用于进一步提高吞吐率。此时移动性基于F1的覆盖。可能的应用场景是F1和F2载波为不同频带上的载波，例如，F1 = {800 MHz,2 GHz}，F2 = {3.5 GHz}。

（3）场景3：F1和F2小区的位置相同，但F2的天线指向F1的小区边界（即二者的天线方向不同），以此提升小区边界的吞吐率。F1提供了足够的覆盖，但F2可能有更大的路径损耗，导致可能存在覆盖空洞。此时移动性基于F1的覆盖。可能的应用场景是F1和F2载波为不同频带上的载波，例如，F1 = {800 MHz,2 GHz}，F2 = {3.5 GHz}。那些处于F1和F2的重叠覆盖区域的UE，可以聚合来自相同eNB的F1和F2载波，以提高吞吐率。

（4）场景4：F1提供广域的覆盖，而F2通过远端射频头（RRH）被用于某些用户密集的热点区域，以提升该区域的吞吐率。F1提供足够的覆盖，此时移动性基于F1的覆盖。可能的应用场景是F1和F2载波为不同频带上的载波，例如，F1 = {800 MHz,2 GHz}且F2 = {3.5 GHz}。

7.1.4 大带宽技术

5G BWP
技术

在4G系统中，UE侧传输带宽和基站侧配置的传输带宽必须一致。而在5G NR中，系统可以支持较大的传输带宽。但由于5G业务具有多样性，某些业务并不需要较大的传输带宽，并且支持较大的传输带宽意味着较高的终端成本，因此人们提出了载波BWP的概念。BWP是指网络侧配置给UE的一段连续频谱资源，基站和UE在BWP上进行数据传输。BWP可以小于网络侧的最大传输带宽，因此实现了网络侧和UE侧的灵活传输带宽配置。BWP是一个UE级的概念，即不同的UE可以配置不同的BWP。

1. BWP应用场景

基于BWP，基站和UE间的数据传输资源通过两步进行分配：基站首先从系统频谱资源中为UE分配并指示一个BWP，然后在该BWP中为UE分配资源并传输数据。基站为UE分配BWP包括如下三个场景。

（1）大带宽场景

随着UE业务量和数量增加，系统业务量显著提高。如图7.10所示，在大带宽场景中，考虑到UE成本及UE业务量，UE支持的带宽可以小于系统带宽。UE支持的带宽越大，处理能力越强，其比特率越高，设计成本也越高。例如，系统带宽最大为100 MHz时，UE带宽支持能力可能为20 MHz、50 MHz或100 MHz等。

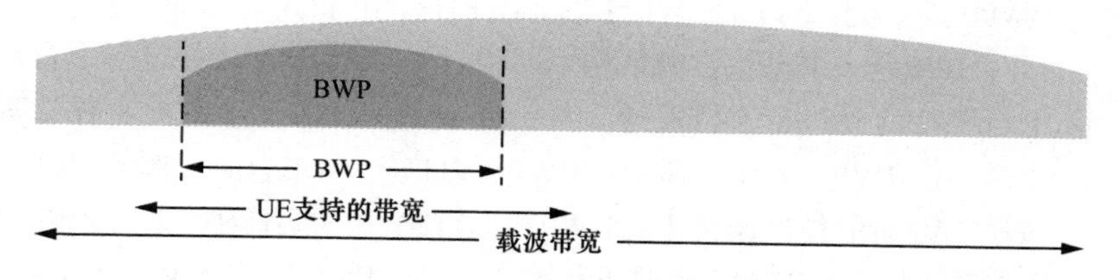

图7.10 大带宽场景BWP

在大带宽通信系统中，由于UE支持的带宽小于系统带宽，基站可以从系统频谱资源中为UE配置BWP，该BWP小于或等于UE支持的带宽。当UE和基站进行通信时，基站可以将为UE配置的BWP中部分或全部资源分配给UE，用于基站和UE间的通信。

（2）多参数场景

如图7.11所示，5G为支持更丰富的业务类型和通信场景，支持多种参数的设计，对于不同的业务类型和通信场景，可以独立设置参数。从基站角度看，可以在系统频谱资源中配置多个BWP，为每个BWP独立配置参数，用于在系统频谱资源中支持多种业务类型和通信场景。

当UE和基站进行通信时，基站可以基于该通信对应的业务类型和通信场景确定用于进行通信的基础参数，从而可以基于基础参数为UE配置相应的BWP。基站可以将为UE配置的BWP中的部分或全部资源分配给UE，用于基站和UE间的通信。

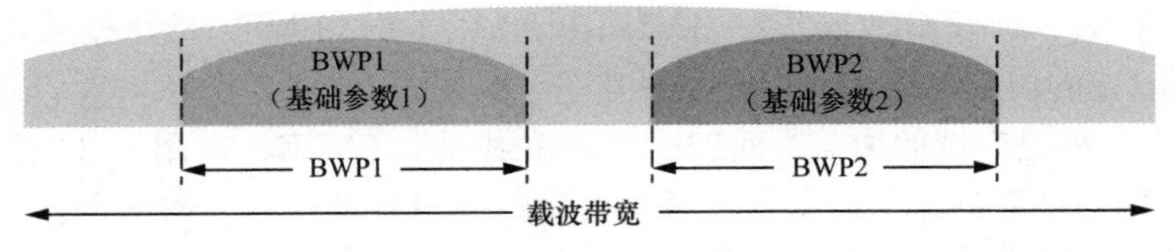

图7.11 多参数场景BWP

（3）带宽回退

当UE和基站进行通信时，基站可以基于UE的业务量为UE配置BWP，用于节省UE的功耗。如图7.12所示，当UE业务量较小或没有业务时，UE可以只在较小的BWP中接收控制信息，从而降低UE射频和基带处理的任务量，降低UE的功耗。如果UE业务量较大，基站可以为UE配置较大的BWP，从而提供更高的比特率。

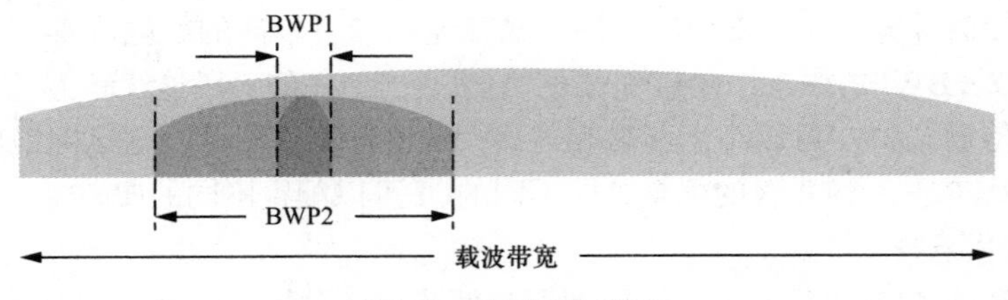

图7.12 带宽回退BWP

2. BWP的使用

在5G NR中，基站配置给UE的BWP包括下行BWP和上行BWP。除初始接入上行BWP和下行BWP以外，对于一个下行载波，基站可以给一个UE配置至多4个下行BWP；对于一个上行载波，基站可以给一个UE配置至多4个上行BWP。如果一个UE被配置了辅助上行（Supplementary Uplink，SUL）载波，则在该SUL上该UE还可以被配置至多4个上行BWP。

BWP切换

对于非成对频谱（即TDD频谱），应将具有相同BWP索引的下行BWP与上行BWP配对。配对的下行BWP与上行BWP具有相同的中心频率，并构成一个BWP对。

BWP是一个自包含的结构，即UE不在下行BWP之外进行下行接收，也不在上行BWP之外进行上行发送。对于一个UE来说，一个载波上任意时刻只能有一个激活的BWP。其中，激活的BWP可以理解为UE当前工作的BWP。非成对频谱按照BWP对的粒度激活下行BWP和上行BWP，即配对的下行BWP和上行BWP是同时激活的。UE只在激活的下行BWP上接收下行参考信号，包括下行DMRS、CSI-RS、PDCCH和PDSCH，只在激活的上行BWP上发送上行参考信号，包括上行DMRS、PUCCH和PUSCH。

7.1.5 辅助上行技术

1. 辅助上行技术的概念

传统通信系统中，同一频段中上行载波和下行载波需要绑定和配对使用，一个上行载波对应一个下行载波。而5G NR引入了辅助上行（SUL）技术，打破了传统通信系统中上行频谱和下行频谱耦合的设计。SUL技术支持在一个小区中配置多个上行载波（也被称为增补上行载波）。SUL载波可以使用与4G FDD中UL载波相同的频段，其带宽不必与5G NR在Sub 6GHz常规部署的C-band中的NR载波（可认为是TDD载波，上行和下行属于同一频率）带宽相同，并且NR载波与SUL载波的频率间隔不

是固定的，而是可以灵活配置的。图7.13所示为NR上下行解耦示意图。

2. 辅助上行技术的优点

5G NR的商用频段主要是C频段（即3.4 GHz~3.6 GHz），与4G FDD频段（如1.8 GHz）相比，其工作频率更高，因此路径损耗和穿透损耗也更大；3.5 GHz频段和1.8 GHz频段相比，PDCCH和PUSCH有明显的覆盖性能差距，覆盖也成为5G亟待解决的难题。SUL技术通过在低频SUL上进行PUSCH发送，使UE上行传输不再受大路径损耗和穿透损耗的影响。

LTE FDD band
（1.8GHz）
NR C-band
（3.5GHz）
SUL
NR
（TDD）
f
NR小区

图7.13　NR上下行解耦示意图

3. 辅助上行技术与载波聚合的区别

SUL技术与4G的载波聚合有本质的区别。SUL中NR TDD载波与SUL载波属于同一个小区，即两个上行载波对应同一个下行载波，对应相同的系统广播信息，而传统载波聚合中的两个载波属于两个不同的小区，每个上行载波对应不同的下行载波，对应不同的系统广播信息。因此，5G NR上下行解耦在随机接入、资源调度、功率控制等方面与载波聚合是不同的。5G NR引入SUL的主要目的是提升小区的上行覆盖性能。

4. 辅助上行技术的使用方式

5G NR协议规定每个用户以TDM方式在NR UL上和NR SUL上进行上行传输。从网络设备角度来看，虽然单个用户在NR UL和NR SUL载波上切换发送，但当某个用户在一个上行载波上进行发送时，另一个载波上可以调度发送其他用户的上行数据。这种在两个上行载波上的切换发送也为实现低复杂度终端支持多载波发送提供了一种有效的机制。

在SUL技术中，低频的上行载波可以通过与4G系统共享获得。例如，当4G系统部署在1.8GHz频段上时，其上行载波同时用于传输NR SUL的上行信号，实现了4G和5G NR在上行频谱上的共享。4G的上行载波中并没有复杂固定的上行信号发送，因此通过上行动态调度很容易预留出用于5G NR上行发送的时频资源，如图7.14所示。

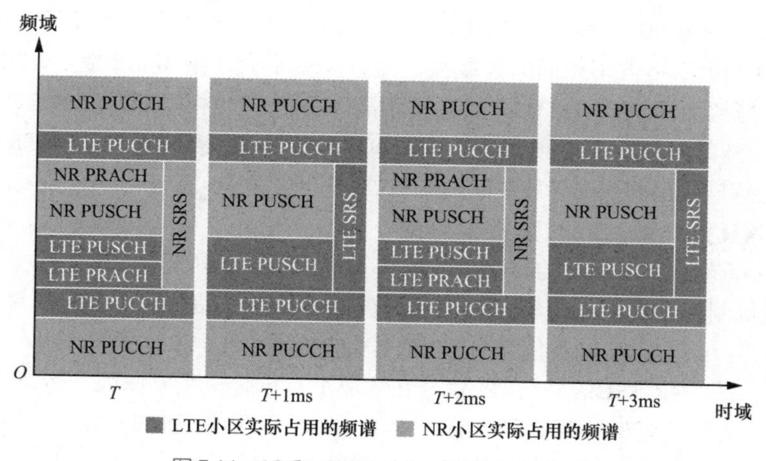

图7.14　4G和5G NR上行共享频率分配示例

7.1.6　频谱共享技术

5G频谱共享技术

LTE/NR共享频谱的概念是LTE载波和NR载波在同一个频段上具有完全或部

分频域资源重叠。LTE/NR共享频谱分配方式如图7.15所示。

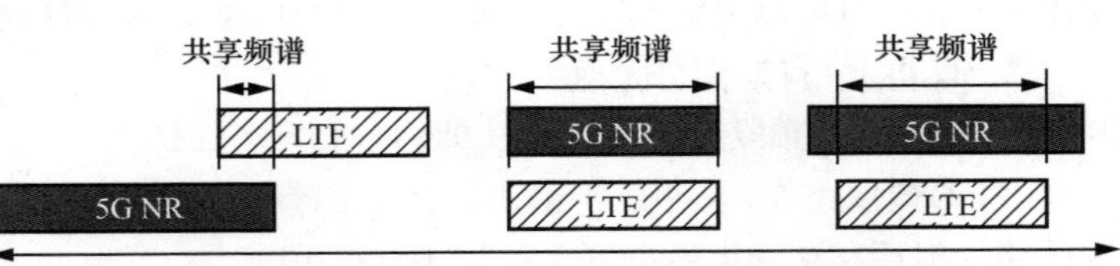

图7.15　LTE/NR共享频谱分配方式

1. 共存模式

（1）共存模式1：LTE/NR的同频共存，包括LTE和NR的邻频共存和两者在共享频谱上的频域资源有重叠。在某一区域，当NR与LTE同频共存时，主要是在已部署了LTE网络的频段上追加部署NR网络；或在同一个频段上将部分LTE的网络关闭并替换为NR网络，同时保留部分LTE网络用于服务LTE的存量终端，或与新部署的NR网络组成频带内非独立组网模式的网络（Intra-band EN-DC），在提供NR业务的同时，使用LTE网络提供核心网接入。首先，NR与LTE共存要避免LTE和NR的系统间干扰，因此NR系统设计充分考虑了这种需求。其次，LTE和NR的某些配置都基于相同的OFDM波形和参数设计，因此具有高效共存的基础。NR在标准化过程中也对LTE/NR在同一个频段上的高效共存进行了优化设计。

（2）共存模式2：LTE NB-IoT与NR的共存，原则上也是LTE与NR的共存，尤其是保证LTE NB-IoT能够在NR的载波内部署，这对于未来的物联网业务非常重要。因为LTE NB-IoT的网络生命周期可能比提供MBB业务的LTE网络生命周期要长得多，在将来的某个时间点，提供MBB业务的LTE网络将被替换为NR系统，而LTE NB-IoT业务还将继续服务存量的LTE物联网终端，所以就存在着LTE NB-IoT网络与NR网络并存的部署状态，而且LTE NB-IoT也很可能部署在一个NR的带宽之内，因此NR与LTE NB-IoT的带内共存将显得尤其重要。

2. 相同OFDM参数的LTE/NR频谱共享

NR在设计中充分考虑了系统的灵活性，标准化了多种OFDM参数，包括与LTE相同的OFDM参数配置。因此在同一段频谱上的LTE/NR频谱共享也会涉及不同配置的NR与LTE间的共享。

在LTE/NR OFDM参数相同的情况下，当LTE和NR的OFDM符号边界对齐时，LTE和NR的子载波正交，能够有效避免LTE和NR间的ICI。在LTE和NR子载波正交的设计下，在同一个OFDM符号中，只要LTE和NR不占用相同的子载波，两者间就不会产生相互干扰，LTE和NR信号在一个OFDM符号中能够无干扰地以FDM方式共享频谱。另外，NR根据LTE CRS子载波位置对NR的PDSCH进行了特殊的频域资源映射设计，使得PDSCH的数据能够绕过LTE的CRS在时频资源进行映射，从而能够利用LTE CRS子载波间的子载波。

3. LTE与NR共享频谱的时频资源分配

LTE与NR共享频谱，最重要的是两个系统中一些固定发送信号的相互避让。NR引入了避让LTE信号的有效机制，在设计SSB信号时确定了比较灵活的SSB信号时频资源配置。

（1）NR同步信号与LTE信号带宽有重叠

NR系统与LTE中CRS共存

NR SSB信号与LTE信号在频域上有重叠，主要原因是运营商用于NR和LTE共享的频谱资源有限，LTE和NR系统在一段有限的带宽内进行频谱共享，因此NR不得不放置在LTE的CRS码间的OFDM符号上，此种情况与前述LTE与NR采用不同子载波间隔时共存的情况相同。

另一种避免相互干扰的方式是通过配置LTE的多播/广播单频网（Multicast Broadcast Single Frequency Network，MBSFN）子帧来工作，NR将SSB信号配置在LTE的MBSFN子帧中，因为LTE的MBSFN子帧除前两个符号承载了LTE的CRS和控制信道外，其余时频资源如果没有多播/广播业务可以没有固定信号的发送，所以避免了NR和LTE间的干扰。

（2）NR其他信号避让LTE信号

除了SSB信号需要避让LTE CRS信号，NR的控制信道和数据信道也需要避让LTE信号。LTE中存在PSS、SSS和PBCH，无论系统带宽是1.4 MHz、3 MHz、5 MHz、10 MHz、15 MHz，还是20 MHz，它们都在系统带宽的中心1.08 MHz上进行传输（即系统带宽中心的72个子载波），并总是按照5 ms的周期发送。针对LTE这种固定发送信号的特点，NR确定了在时频域上采取预留资源的方法对上述LTE固定信号进行速率匹配，即NR的下行数据信道可以不映射在上述LTE固定信号所占用的子载波上。

（3）NR控制信道资源配置避让LTE信号

NR控制信道主要分为非连接态UE检测的控制信道和连接态UE检测的控制信道。非连接态UE检测的控制信道主要用于随机接入的调度接收和发送，以及系统广播消息和寻呼消息的接收。终端在非连接态，尤其是在接收系统广播消息SIB1信号的时候，NR并没有获得有关预留资源的配置信息，另外NR也没有在SIB中广播有关预留资源的信息，因此在NR用户获得LTE信号的绕开信息前，其数据信道能够通过设计绕开LTE信号。

终端在非连接态时，NR下行控制信道的配置考虑了对LTE的PDCCH的绕过。通过设计非连接态中下行PDCCH的时频资源，NR的PDCCH与LTE的PDCCH在时域上没有重叠，在终端进入连接态后，通过专用的高层信令为终端配置控制信道资源时，网络也可以使控制信道的资源避开LTE的信号。

（4）NR下行共享信道避让LTE信号

对于NR下行共享信道，5G NR也定义了灵活的调度机制。在终端处于连接态时，网络通过配置LTE CRS的位置信息给终端，来避免与CRS的冲突，还可以配置预留资源信息避让LTE的其他信号，如图7.16所示。

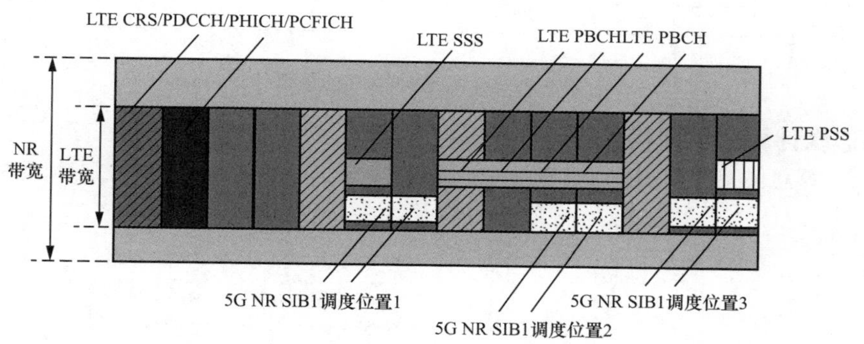

图7.16 LTE NR下行频谱共享中NR下行共享信道的调度

上面介绍了NR与LTE在下行共享频谱情况下的信号配置关系，用以避免两种制式系统间信号的重叠。在上行传输中也能够进行相应的频谱共享，如7.1.5节所述。

7.2 5G网络技术

7.2.1 边缘计算技术

1. 边缘计算的驱动力

随着物联网、大数据、云计算、人工智能、移动互联网等产业技术的蓬勃发展，新型业务对网络也提出了更多需求，主要体现在更高的带宽和更低的时延，而这些需求在4G网络中越来越难以得到满足。一方面，当前互联网主流内容分发网络节点（用于缓存视频和网页等）的部署位置已经下移到地市级，比分组数据网关的部署位置更低，导致从接入网到分组数据网关，再到内容分发网络节点出现路由迂回。长距离的回程网络和复杂的传输环境，使得用户报文时延和抖动过大，影响用户体验。另一方面，在产业园区、工厂、港口、场馆以及工业互联网等场景中，本地通常都部署了业务服务器，业务的提供方和消费方在一个区域范围内，相关业务流包含工业生产、企业运营等敏感数据，用户希望能够就近本地访问。而分组数据网关部署在运营商机房中，无法满足这些业务对数据安全可信的严格要求。

基于此，出现了移动边缘计算（Mobile Edge Computing，MEC）技术。MEC通过将用户面网元下移到网络边缘就近接入本地业务，降低了端到端时延，同时可以满足数据安全可信的需求。MEC的部署位置可以根据应用的需求确定，例如，针对VR/XR/高清视频等业务，可以把MEC部署到地级市；针对园区类业务，可以把MEC部署到园区自身的IT机房。需要注意的是，随着用户面网元部署的位置降低，部署条件、机房环境和资源利用效率都会变差。因此，边缘计算用户面网元并非越低越好，需要在用户体验与部署成本间取得一定的平衡。5G边缘计算部署示意图如图7.17所示。

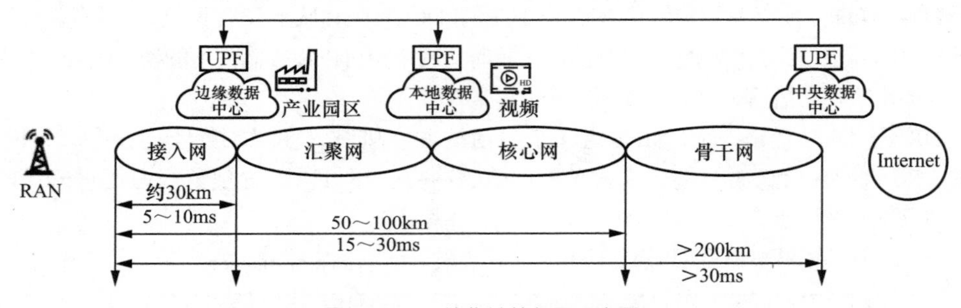

图 7.17　5G 边缘计算部署示意图

2. 5G边缘计算总体架构

5G边缘计算总体架构如图7.18所示。

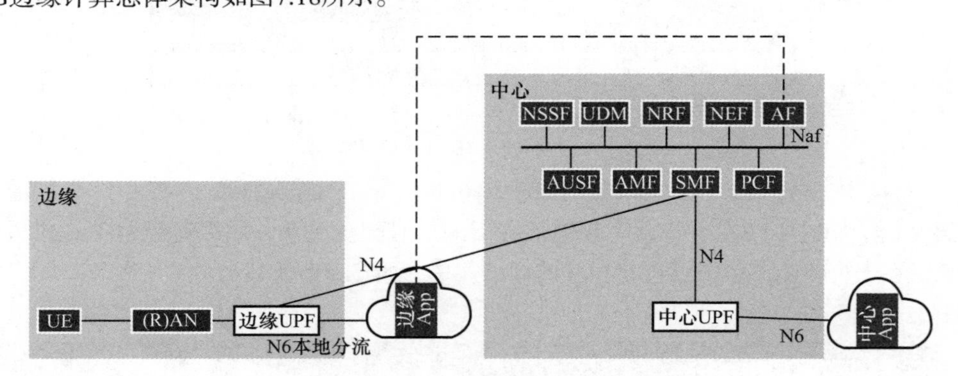

图 7.18　5G 边缘计算总体架构

5G系统中控制面与用户面分离（CU分离），用户面功能由UPF独立担当，其转发和QoS策略由SMF统一下发，降低了UFP的复杂性，也降低了UPF的成本，使用户面功能摆脱了“中心化”束缚，既可以灵活部署于核心网，也可以部署于更靠近用户的无线接入网。对不同的业务，5G系统需要根据业务的需求选择不同的UPF以连接边缘计算系统，这样就要求边缘计算系统与5G网络进行协同。在现有协议中，边缘计算系统与5G网络间的交互是通过AF实现的，

AF、NEF或PCF给5G网络提供与业务流本地路由相关的策略，这些策略包括应用业务流的标识信息，如业务的IP五元组、业务的部署位置信息、该业务对应的用户或用户组信息。SMF根据这些信息可以针对具体用户选择合适的UPF连接边缘计算系统上的边缘业务。

3. 5G边缘计算分流技术

5G终端，特别是智能终端访问同一数据网络中的多种业务时，这些业务可能部署在网络中不同位置，例如，时延敏感的VR/XR等业务部署在边缘计算系统，而网页浏览、文件下载类业务仍部署在中心云。这样就需要5G网络提供分流技术，采用不同路径连接不同的业务。5G网络提供三种连接模型以实现边缘业务本地分流。

（1）分布式锚点模型

如图7.19所示，SMF基于UE位置选择一个网络拓扑最优的边缘UPF，为终端建立单一会话并分配地址，终端通过该边缘UPF访问边缘业务和互联网业务。在分布式锚点模型中，UPF需要同时处理边缘业务和互联网业务，对UPF性能要求较高，该模型适合边缘计算系统部署在网络中较高位置的情况，如地级市。需要说明的是，该模型也适合终端只有访问边缘业务的需求（如园区中的本地业务）的情况，此时边缘UPF可以轻量化直接部署到更低的位置（如园区）。

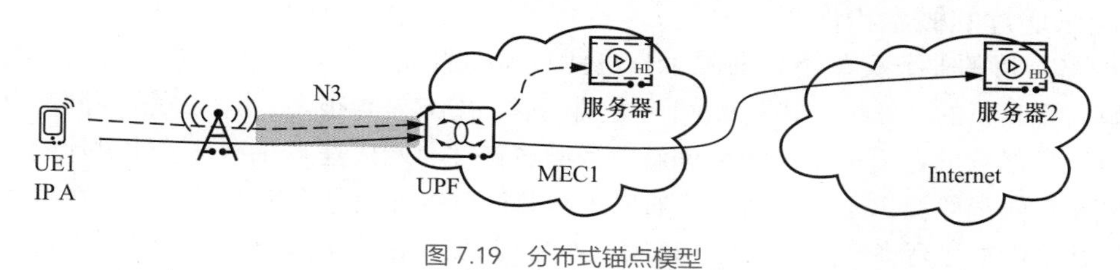

图7.19　分布式锚点模型

（2）会话旁路模型

如图7.20所示，SMF为终端建立单一会话并分配IP地址，同时选择中心UPF和边缘UPF连接互联网和边缘计算系统，中心UPF和边缘UPF通过N9隧道连接，边缘UPF对边缘业务直接本地分流，而互联网业务通过N9隧道被发送给中心UPF进行处理。由于边缘UPF对互联网流量只做转发，简化了UPF的实现，因此可以部署在较低的位置（如区县或者产业园区）。

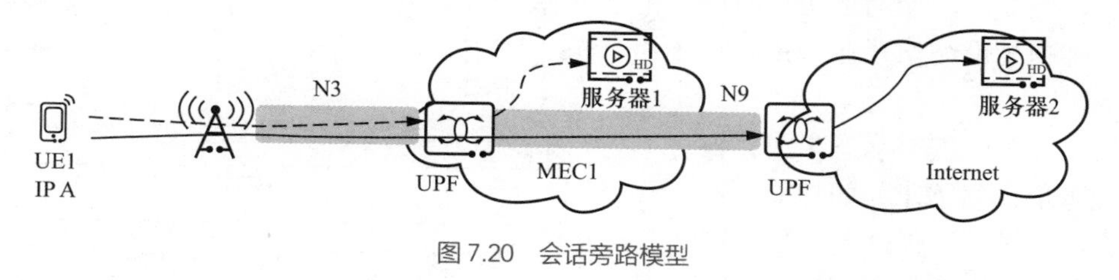

图7.20　会话旁路模型

与分布式锚点模型相比，SMF除了根据UE当前位置选择拓扑最优的UPF（静态本地分流），还可以在检测到UE进行边缘业务时再选择UPF并建立N9隧道（动态本地分流）。动态本地分流避免了静态本地分流在没有边缘业务时网络节点过多、数据转发成本高的问题。需要注意的是，由于UE只有单一IP地址且锚定在中心UPF（即目的地址为UE IP地址的报文会路由到中心UPF），边缘UPF和边缘业务间需要实现策略信息路由（比如在边缘业务和边缘UPF间建立转发隧道），否则边缘业务发送给终端的报文可能会根据目的地址路由到中心UPF，无法实现下行方向的本地分流。

（3）多会话模型

如图7.21所示，SMF为终端建立多个会话，每个会话分配一个IP地址，每个IP地址锚定在一个UPF，不同UPF分别连接边缘计算系统和互联网，终端根据业务选择不同的会话（IP地址）连接边缘业务和互联网业务。这种模型对终端的要求较高，需要终端支持会话连续性。终端根据网络下发的策略信息触发建立不同的会话并携带辅助信息（如会话连续性模式），网络根据辅助信息确定该会话是否用于边缘业务，如用于边缘业务，则根据UE当前位置选择拓扑最优的UPF连接边缘计算系统。

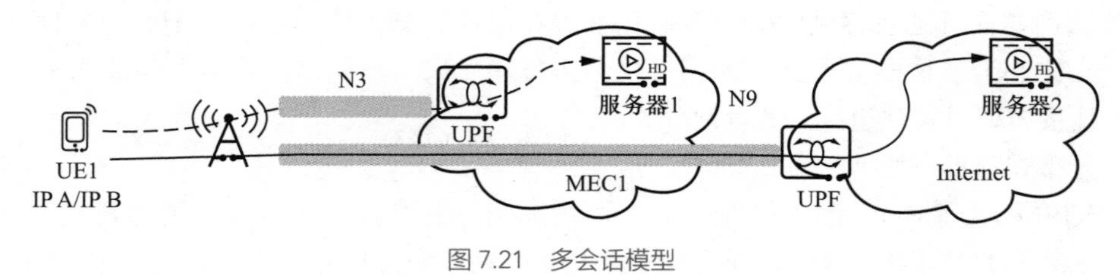

图7.21 多会话模型

7.2.2 网络切片技术

1. 网络切片的概念和作用

5G网络支持的业务类型不再局限于打电话、上网服务，而是扩展到了范围广泛的行业应用，能够实现真正的"万物互联"。由于不同业务间的QoS差异很大，因此无法在同一个网络中满足所有业务场景的通信指标，并且5G新业务的多样性、连接差异性及灵活性对计费、移动性管理、安全、隔离等提出了特殊需求。如果运营商针对每种业务都单独建立一种网络去满足业务需求，网络成本之高将严重制约业务拓展。如图7.22所示，正是由于5G差异化的业务场景对带宽、时延、移动性要求迥异，因此为了满足行业应用，人们提出了网络切片的概念。此外，云计算、虚拟化、软件化技术的蓬勃发展为网络切片模块化、组件编排及管理提供了强大的技术保障，进一步驱动网络切片的快速发展，加速了网络切片在运营商网络的落地速度。

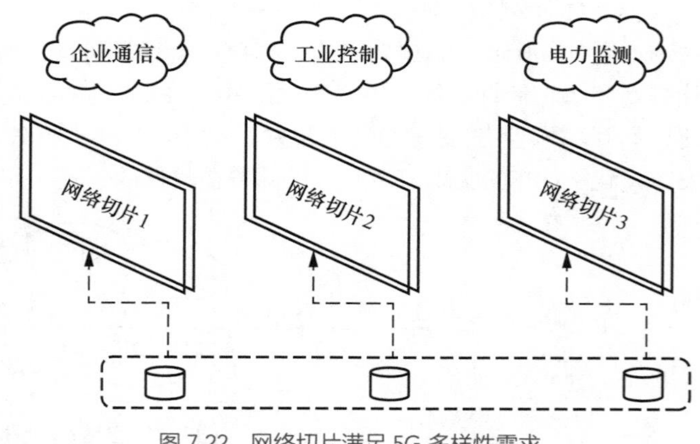

图7.22 网络切片满足5G多样性需求

网络切片可以按需动态生成，根据特定业务的网络需求，如功能、性能、安全、运维等，提供差异化的网络特征和实时的动态扩缩容能力，降低网络的复杂性和部署及运维的成本，提升网络运行的性能及用户的业务体验。

2. 网络切片和架构映射

网络切片是一组网络功能、运行这些网络功能的资源，以及这些网络功能特定的配置所组成的集合。一个网络切片是由S-NSSAI来标识的。多个网络切片是一组S-NSSAI的集合，由NSSAI来标识。S-NSSAI包括切片/业务类型（Slice/Service Type，SST）和切片差异化标识（Slice Differentiator，SD）两部分。

（1）SST：用于描述网络切片在特性和业务方面的特征，如eMBB类型、uRLLC类型等。

（2）SD：用于区分具有相同SST特征的不同网络切片。通常，SD可以用于标识该切片所属的租户。

如表7.1所示，典型的网络切片类型包括eMBB切片、uRLLC切片和mMTC切片。

表 7.1　3GPP 标准化的典型切片类型

切片/业务类型	标准SST值	特性
eMBB	1	支持传统的移动宽带业务及其增强业务。 场景：4K高清视频、AR/VR等
uRLLC	2	支持超低时延、高可靠业务。 场景：自动驾驶/辅助驾驶、远程控制等
mMTC	3	支持海量物联网终端业务。 场景：工业物联网、自动抄表业务等

由于5G业务场景呈现多样化，且考虑到某些终端复杂的业务需求，一个UE可以同时接入一个或多个网络切片（3GPP协议规定一个UE最多可以同时接入8个网络切片）。如图7.23所示，简单终端如物联网传感器通过mMTC切片向网络上报检测数据；智能终端在接入支持云游戏类的eMBB切片1享受沉浸式娱乐的同时，还可以接入支持Internet类的eMBB切片2浏览网页和查阅个人邮件。

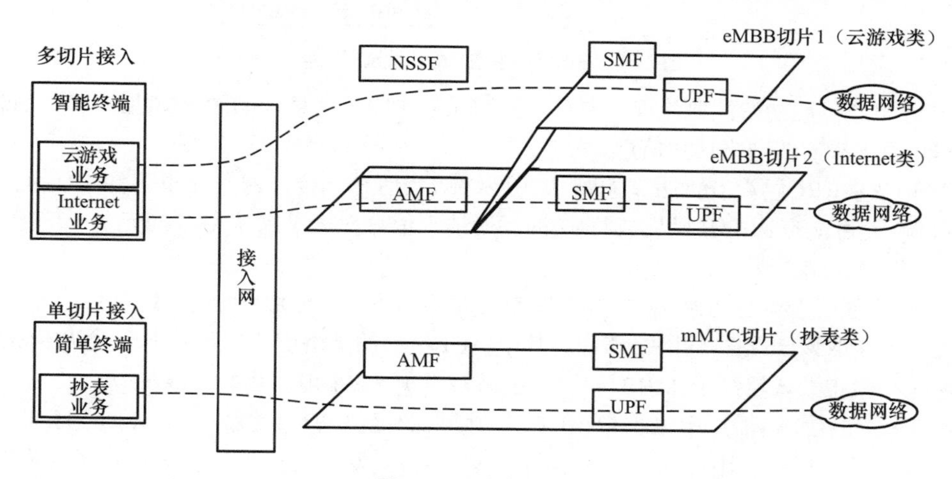

图 7.23　网络切片架构

此外，为实现单UE接入多网络切片，考虑到UE移动性引入的各种流程，如UE位置信息管理、寻呼等，多个网络切片需要共享UE的移动性管理信息，因此无法按照网络切片的粒度来设计AMF网元。UE粒度的信令必须由共享控制面功能处理，需要在多个网络切片间共享AMF网元。因此，在网络切片部署场景下，5G网元功能设计存在差异性，按照是否在不同网络切片间共享可以分为网络切片专有功能网元和网络切片共享功能网元。

3. 网络切片选择流程

网络切片是一个包括接入网、传输网、核心网等功能的完整逻辑网络。为了支持端到端网络切片的实现，接入网侧感知切片类型，不仅可以实现终端入网过程中的AMF选择，还可以实现对切片资源的差异化调度和管理。此外，终端侧支持网络切片的配置信息，感知应用跟网络切片的关联关系，从而辅助UE入网和在会话建立时确定发送哪个网络切片的标识给网络侧，实现端到端的网络切片选择。

（1）UE注册流程中的网络切片选择

UE注册流程中的网络切片选择过程取决于终端的签约数据、本地配置信息、漫游协议和运营商的策略。综合考虑这些参数，才能为终端选择最佳的网络切片。其中，UE可以根据配置信息确定请求接入的网络切片（Requested NSSAI），UE将Requested NSSAI发送至网络，网络根据Requested NSSAI获知UE请求接入的网络切片，并确定是否允许UE接入该网络切片。另外，如果UE中没有提前存储配置信息，UE在注册流程中可以不携带Requested NSSAI，此时网络侧需要根据签约数据判断允许UE接入的网络切片。终端开机后，注册流程中的网络切片选择流程如图7.24所示。

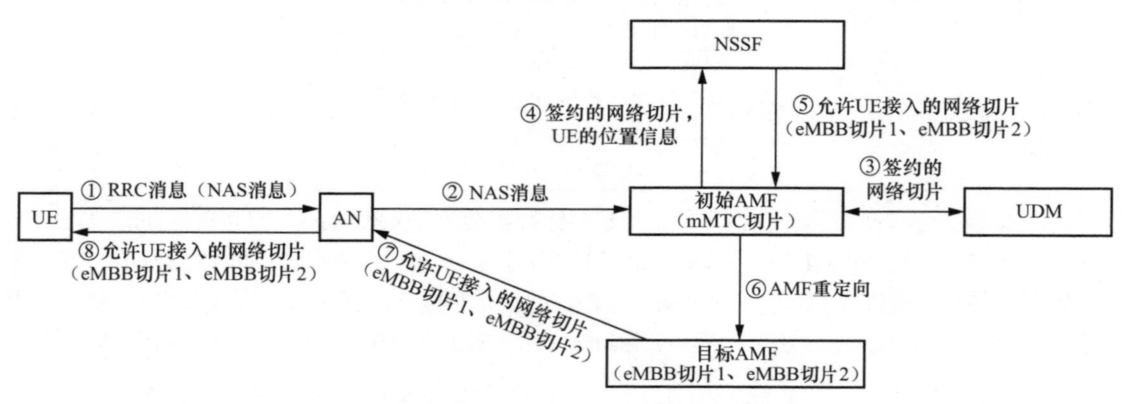

图7.24　注册流程中的网络切片选择流程

① UE开机，发起初始注册流程，向接入网网元发送RRC消息，UE在RRC层和NAS消息中均未携带该UE请求接入的网络切片信息。

② 由于UE在RRC层没有携带请求接入的网络切片信息，接入网网元也不知道UE的签约信息，接入网网元可能盲选AMF网元或将UE的注册请求消息发送至默认AMF网元上。例如，接入网网元选择的AMF网元支持mMTC切片。

③ 接入网网元选择的初始AMF网元收到UE的NAS消息（注册请求消息）后，AMF网元从UDM网元请求获取该UE签约的网络切片。其中，UE签约的网络切片包含若干个默认签约的网络切片，例如，该UE默认签约了eMBB切片1（云游戏类）和eMBB切片2（Internet类）。

④ 由于该UE在NAS消息中未携带该UE请求接入的网络切片信息，初始AMF网元也不支持UE默认签约的网络切片，因此初始AMF网元向NSSF网元发送网络切片选择请求（携带UE的位置信息和UE签约的网络切片信息）。

⑤ NSSF网元根据终端签约的网络切片信息、UE的位置等参数为UE选择合适的网络切片。在图7.24中，由于该UE默认签约了eMBB切片1和eMBB切片2，因此NSSF网元决定将eMBB切片1和eMBB切片2作为允许UE接入的网络切片。NSSF网元向初始AMF发送允许UE接入的网络切片以及目标AMF网元的信息，如目标AMF网元的地址。其中，目标AMF网元支持eMBB切片1和eMBB切片2。

⑥ 初始AMF网元根据目标AMF网元的信息触发AMF重定向流程。例如，如果初始AMF网元可以直接跟目标AMF网元交互（如二者无隔离性要求），那么初始AMF网元可以直接将UE的NAS消息转发至目标AMF；如果初始AMF网元无法直接跟目标AMF网元交互（如二者存在隔离性要求），那么初始AMF网元可以将UE的NAS消息通过接入网网元发送至目标AMF网元。

⑦ 目标AMF网元处理UE的注册请求消息，并获取与该UE网络切片相关的配置信息，目标AMF网元向接入网网元发送注册接受消息，注册接受消息携带了允许UE接入的网络切片（包括eMBB切片1和eMBB切片2）以及网络切片的相关配置信息。

⑧ 接入网网元将注册接受消息发送至UE。UE可以根据业务需要和网络侧下发的配置信息来判断后续向网络侧请求接入的网络切片，例如，UE完成本次初始注册流程之后，如果网络侧发送的允许UE接入的网络切片无法满足UE的业务需求，那么UE可以根据配置信息向网络侧继续请求其他类型的网络切片。在这个过程中，网络切片的相关配置信息可以辅助UE进行网络切片的选择，更加高效地协助UE接入请求的网络切片。

（2）UE会话建立流程中的网络切片选择

在UE成功注册到网络且获知允许接入的网络切片后，UE可以通过PDU会话建立流程建立与某个网络切片关联的PDU会话，例如，图7.25中的UE从网络侧获知允许接入的网络切片包括eMBB切片1和eMBB切片2，当该UE访问某个云游戏类的应用时，UE根据配置信息确定该应用关联的是eMBB切片1，则该UE会发起建立与eMBB切片1关联的会话。

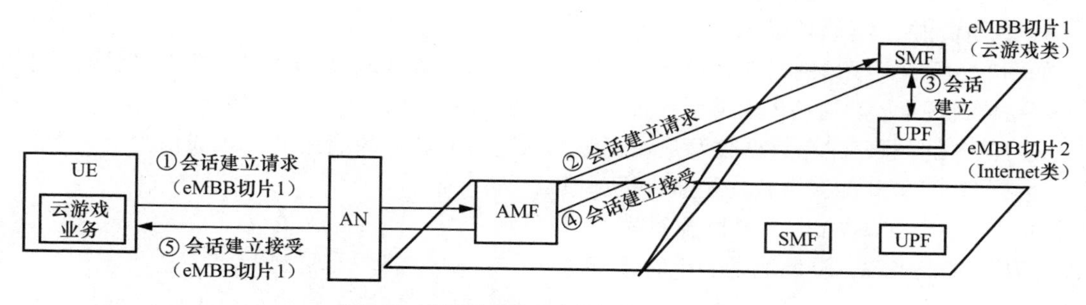

图7.25 会话建立流程中的网络切片选择流程

具体步骤如下。

① UE发起会话建立流程，发送NAS消息，NAS消息携带eMBB切片1的标识和会话建立请求消息。

② AMF获知UE请求建立与eMBB切片1关联的会话，根据eMBB切片1的标识发现SMF网元，并将会话建立请求消息发送至SMF网元。

③ SMF网元根据eMBB切片1选择合适的UPF功能，并和UPF建立连接，配置UPF如何转发用户面报文。

④ SMF网元向AMF发送会话建立接受消息，会话建立接受消息携带与该会话关联的切片标识，即eMBB切片的标识1。

⑤ AMF网元向UE发送会话建立接受消息，UE获知该会话建立成功，并进行业务报文的传输。网络侧通过eMBB切片1的资源保证该UE的业务体验。UE后续可以根据自身业务需要，再次发起与其他网络切片的会话建立请求，例如，UE通过建立与eMBB切片2的会话来访问Internet业务。

网络切片场景中专有和共享功能网元

7.2.3 D2D通信技术

为将5G通信扩展到更多行业，如车联网（Vehicle to Everything，V2X），支持设备到设备（Device to Device，D2D）短距通信的初始标准于2016年9月被发布。在NR系统中，D2D通信称为侧行链路（Sidelink，SL）通信。在V2X中，NR系统具有更高的容量和更好的覆盖性能。NR侧行链路框架的灵活性使得NR系统具有灵活的可扩展性，以支持未来更高级的V2X服务和其他服务。3GPP TS 22.186规定的V2X用例需求和指标如表7.2所示。

表 7.2　V2X 用例需求和指标

场景	端到端时延/ms	可靠性/%	速率/Mbit · s^{-1}
车辆编队：车辆以组队的形式共同行进	10	99.99	1
扩展传感器：车辆交换原始或处理过的传感器数据或视频	3	99.999	50（压缩数据） 1000（原始数据）
高级驾驶：车辆共享数据，实现半自动/全自动驾驶	3	99.999	30
远程驾驶：车辆由远程驾驶员或V2X应用程序控制	5	99.999	UL：25 DL：1

除车联网通信外，5G D2D短距通信可应用于公共安全、手机和头戴设备的直连等各种场景。下面就对5G D2D短距通信技术即5G NR SL技术进行介绍。

1. 物理资源、信道和信号

如图7.26所示，根据网络覆盖情况，5G NR SL支持完全网络覆盖场景、非网络覆盖场景和部分网络覆盖场景。在通信传输类型方面，5G NR SL支持单播、组播和广播传输。

5G NR SL资源分配和数据收发是在资源池内完成的。资源池在整个SL通信中至关重要，因为很多传输参数和配置参数均是通过资源池配置的。在一个SL-BWP内，可以配置多个资源池。从定义上来说，资源池是一组时频资源的集合。

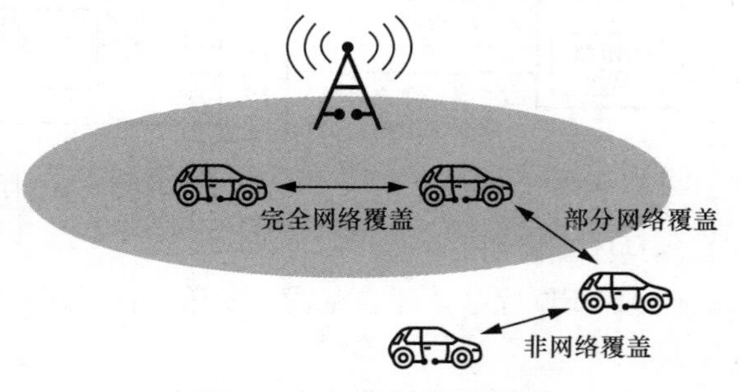

图 7.26　5G NR SL 部署场景

（1）频域资源：一个或多个在频域上连续的子信道，其中一个子信道包括至少10个PRB。

（2）时域资源：以时隙为单位，可以是连续的或非连续的时隙。

5G NR SL定义了如下物理信道和信号。

（1）PSCCH：物理侧行链路控制信道，承载第一级侧行链路控制信息（SL Control Information，SCI），用于调度和译码PSSCH的相关控制信息。

（2）PSSCH：物理侧行链路共享信道，承载第二级SCI和数据；第二级SCI进一步承载了除第一级SCI外译码PSSCH的控制信息。第一级SCI可以灵活指示第二级SCI的格式和占用资源大小（调整第二级SCI的编码率）。两级SCI设计可使未来的5G NR SL满足后向兼容需求，即后续的增强功能可以通过新的第二级SCI来指示，而使用第一级SCI和传统版本的用户也可实现资源感知。

（3）PSFCH：物理侧行链路反馈信道，承载HARQ反馈信息。

（4）PSBCH：物理侧行链路广播信道，承载SL-MIB信息，与SL的PSS和SL的SSS共同组成S-SSB用于UE间的SL同步。

（5）DM-RS：解调参考信号，用于PSCCH/PSSCH/PSBCH信道估计和译码。SL支持资源池配置的灵活PSSCH DM-RS图样（支持一个时隙内2～4个符号的DM-RS图样）。

（6）S-CSI-RS：SL信道状态信息参考信号，用于获取信道状态信息。

（7）S-PT-RS：SL相噪跟踪参考信号，仅用于在FR2工作时的相位噪声跟踪。

2. SL-HARQ

为提升传输可靠性，移动通信引入了HARQ机制。5G NR SL针对单播传输和组播传输设计了HARQ模式。SL单播传输是一个发送端UE给一个接收端UE传输数据，接收端UE通过SL反馈信道直接向发送端UE反馈ACK/NACK。SL组播传输是一个发送端UE在相同时频资源上给多个接收端UE传输相同数据，这些接收端被称为一个用户组。5G NR SL又分别设计了组播反馈方式一和组播反馈方式二。

（1）组播反馈方式一：针对没有用户组连接及用户组管理的组播传输。如图7.27所示，对于该组播反馈方式，接收端UE仅需要在数据包接收错误且与发送端UE距离小于阈值时向发送端UE反馈NACK，因此该反馈方式又称为NACK-only反馈方式。

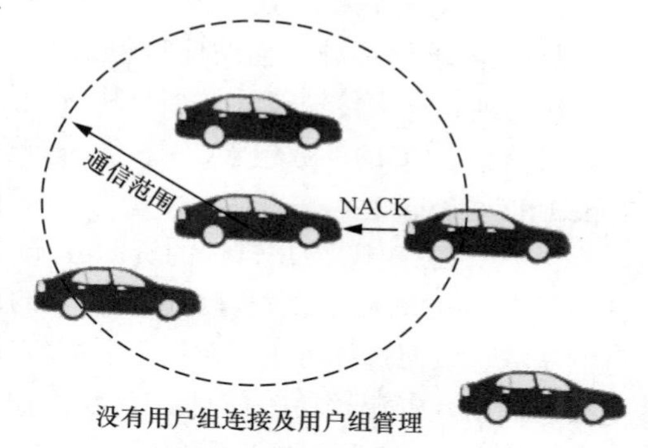

图 7.27 组播反馈方式一

（2）组播反馈方式二：针对有用户组连接及用户组管理的组播传输。在该传输模式中，通信协议栈的高层会为用户组中的每个用户分配成员ID。接收端UE需要在数据包接收正确/错误时向发送端UE反馈ACK/NACK，并且每个UE各自在独立的时频资源上传输ACK/NACK。

3. SL-CSI

发送端基于通信链路的CSI可以对传输参数进行优化，从而提升无线传输的效率。5G NR SL为了提升SL单播的传输效率，引入了SL的CSI测量及反馈。

对于SL通信，发送端UE会发送S-CSI-RS给接收端UE，同时触发接收端UE进行CSI反馈。S-CSI-RS通常和SL数据一起发送。接收端UE基于收到的S-CSI-RS进行信道测量，并将测量所得的CSI通过媒体接入控制层控制单元（MAC CE）的形式反馈给发送端UE。图7.28所示为SL-CSI测量及反馈。从图7.28中可以看出，为了使接收端更有效地进行CSI测量及反馈，发送端UE会将与CSI反馈相关的配置信息通过SL无线资源控制信令（PC5-RRC）发送给接收端UE。

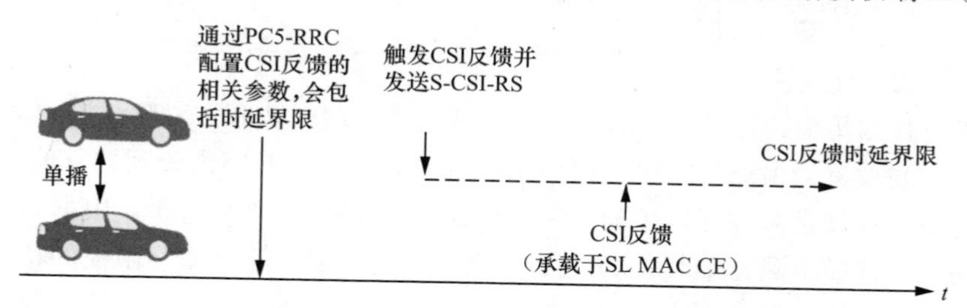

图 7.28 SL-CSI 测量及反馈

4. 资源分配模式

3GPP协议中定义了两种资源分配模式（模式1和模式2），用于SL通信中的资源分配。

（1）模式1：基于网络调度的资源分配。模式1由基站分配和管理资源，用于SL通信，因此在此模式下，UE必须位于网络覆盖范围内。模式1支持动态调度（Dynamic Grant，DG）、配置调度类型1（Configured Grant Type 1，CG Type 1）和配置调度类型2（CG Type 2）三种资源获取方式。

动态调度方式下，UE每次传输前都需要向基站请求传输资源。因此，UE每次通过PUCCH向基站发送调度请求（Scheduling Request，SR），基站收到UE发送的SR后，通过发送承载在PDCCH上的DCI响应UE。

动态调度过程如图7.29所示，UE每次都需要请求资源，增大了传输时延。

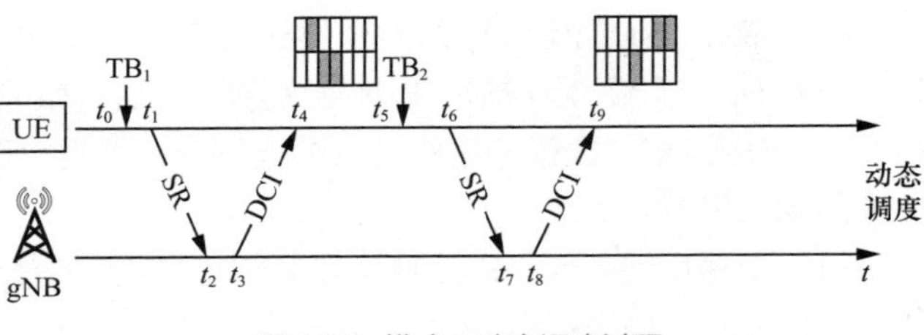

图7.29 模式1动态调度过程

模式1引入了配置调度方式来减小每次请求资源带来的时延。配置调度方式下，UE需要首先给基站发送辅助信息，用于基站后续创建、配置和分配满足UE需求的资源。辅助信息包括传输包周期、最大传输包的大小及其QoS信息，其中QoS信息包括传输包允许的时延、可靠性及优先级信息。CG的参数包含CG序号、分配的时频资源及CG的周期。配置调度方式有两种：CG Type 1和CG Type2。

（2）模式2：基于UE自选的资源分配。UE在资源池内自主选择传输资源，主要原则是降低各UE在同一时间使用相同资源进行传输的概率。为此，系统引入了检测机制实现对资源占用信息的获取，以便选择可用资源用于后续传输。侧行链路的第一级SCI包含资源占用信息，包括优先级、周期、资源预留等信息。UE在传输数据时，会同时传输第一级SCI，其他UE在检测到资源占用信息后，会尽可能地避免资源冲突。

模式2的资源选择过程如图7.30所示。对于UE来说，传输业务随时可能到达，为了满足业务的时延要求，UE在除自身传输时刻之外的其他时刻都会接收其他UE的第一级SCI用于检测资源占用情况；UE会保存一定长度的资源占用信息，用于后续的资源选择。如图7.30中所示，假设n为业务到达时刻，UE需要根据业务时延要求，将n时刻后的某一段时间定为选择窗，UE会在选择窗内的某一时刻进行数据传输，选择窗为时频窗口，即包含一段时隙和一段频域资源的窗口；将n时刻前的某一段时间设置为检测窗，检测窗中保存着过去某一段时间内收到的其他UE的资源占用信息。资源选择过程就是对检测窗中的每一个UE资源占用情况进行分析，根据周期、资源预留信息及接收功率，判断检测窗中其他UE是否会在选择窗中以大于功率门限值的功率进行传输。在选择窗中判断资源是否冲突时引入接收功率和功率门限值，是为了在选择窗中排除完冲突资源后，UE在自身可用资源不够的情况下能通过增大功率门限值获得足够的可用资源。一般来说，功率门限值通过每次增加3dB的方式进行提升。

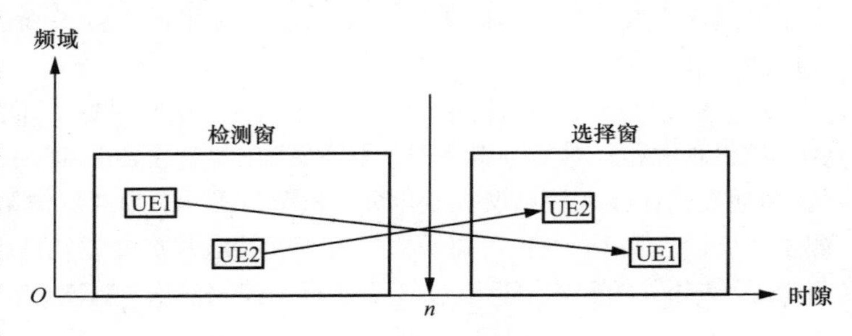

图7.30 模式2资源选择过程

为进一步减少资源冲突，系统还引入了重新评估机制和抢占机制来进一步优化资源分配方案。重新评估机制是在UE使用预留资源进行传输前，重新进行资源选择来检测预留资源是否已经被占用，若占用则需要重新进行资源选择。抢占机制即高优先级的UE可以抢占低优先级UE已经预约的资源，而低优先级的UE在发现自己的资源被高优先级的UE抢占后，需要重新进行资源选择。

5. QoS

（1）QoS管理

QoS管理是网络满足业务质量要求的控制机制，是一个端到端的过程，需要业务的发起者和响应者间的所有网络节点共同协作。QoS管理通过将各种业务数据建立在合适的数据无线承载

（Data Radio Bearer，DRB）上，允许不同用户和不同业务不平等地竞争有限的网络资源，保障用户的业务体验。QoS管理的策略包括以下两方面内容。

① 保障单个用户的服务质量：对于小区里的单个用户，将用户数据建立在合适的DRB上，并配置相应的参数，以保障对该用户的服务质量。

② 提供多个用户间的差异化服务：对于小区里的所有用户，在不同用户不同业务间进行资源协调，实现差异化服务，即用有限的系统资源满足更多用户的需求，并提供与用户要求相匹配的服务，以使系统容量最大化。

QoS管理在资源分配、拥塞控制、链路共存、功率控制和SL RB配置等方面与SL有关，与QoS管理相关的物理层参数包括优先级、时延、可靠性和最低要求的覆盖范围。至少在资源分配模式2中需要拥塞控制，倾向于UE向基站上报拥塞情况。对于SL单播、组播和广播，SL报文的QoS参数由上层提供给AS。

D2D中用户节能

D2D中用户间协作

（2）拥塞控制

拥塞控制是基于UE对信道繁忙比例（Channel Busy Ratio，CBR）和信道占用率（Channel occupancy Ratio，CR）的测量结果来反映当前资源池的使用情况和UE占用资源的情况，进而对SL传输进行调整。其中CBR反映资源池中一段时间内（CBR测量窗口）具有高接收信号能量（S-RSSI）的时频资源占比，是对资源池最近发生的拥塞的测量；CR反映UE在资源池中一段时间内（CR测量窗口）传输或即将传输的子信道总数的占比，是UE最近拥有和即将拥有的资源统计。

在模式2传输中，UE通过（预）配置获得一组CBR范围，其中每个CBR范围与CR-limit对应。通过模式2选择资源时，UE如果发现自己的CR超出了当前测量的CBR范围的CR-limit，则必须降低CR，使其不超出范围。UE降低CR有不同实现方式，可以通过提升编码率减少一次传输所占用的子信道资源，也可以减少重传次数。

7.2.4 非公共网络技术

为支持5G系统面向垂直行业部署，为垂直行业终端提供无线接入和通信服务，5G R16标准中定义了非公共网络（Non-Public Network，NPN）。NPN有两种部署模式：独立非公共网络（Standalone NPN，SNPN）和公共网络集成非公共网络（Public Network Integrated NPN，PNI-NPN）。

SNPN不依赖PLMN提供网络功能，而由NPN运营商进行运营（NPN运营商可以是PLMN运营商，但部署的SNPN和PLMN间不具备连通性）。图7.31所示为SNPN部署模式，其中SNPN的用户面功能和控制面功能均由该SNPN独立使用，不会用于传输PLMN业务。因此，接入SNPN的终端无须持有PLMN的签约数据，只需持有SNPN的签约数据。

PNI-NPN则需依赖PLMN进行部署，由PLMN运营商进行运营。图7.32所示为PNI-NPN部署模式。PNI-NPN的大部分网络功能并非为PNI-NPN专用，PLMN运营商可以将部分网络功能部署在产业园区内供企业使用，例如，将用户面功能部署于产业园区，而控制面功能仍部署在公网中，从而满足企业数据不出园区的需求。与SNPN部署模式相比，可以将PNI-NPN部署模式理解为PLMN通过提供特定的数据网络名称（DNN）或网络切片实例来实现NPN业务传输。为了实现更小粒度的接入控制，以使特定的终端在允许获取PNI-NPN业务的区域内接入PNI-NPN，3GPP标准在PNI-NPN中引入了封闭接入组（Closed Access Group，CAG）的概念。对于PNI-NPN部署模式而言，终端需要持有PLMN的签约数据。

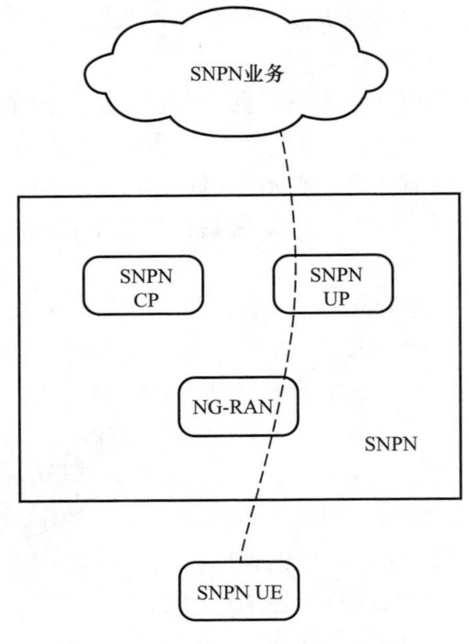

图7.31 SNPN部署模式

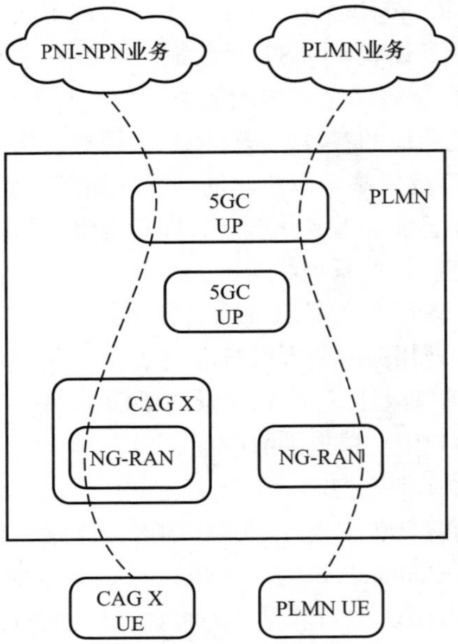

图7.32 PNI-NPN部署模式

总体而言，SNPN部署模式下，终端和NPN业务传输不受PLMN运营商管控，可满足企业数据不出园区的需求，具有独立性、隐私性和高度管控性，但是部署成本高。而PNI-NPN部署模式下，终端受PLMN运营商管控，NPN业务通过特定DNN或切片进行传输，某种程度上能与PLMN业务进行资源隔离，部署成本低。因此，上述两种部署模式各有优势，垂直行业用户可以根据企业需求，选择合适的部署模式进行网络部署。

1. SNPN注册

SNPN由一个PLMN ID和一个NID（Network Identifier，网络标识）的组合来标识。其中PLMN ID由移动国家码（Mobile Country Code，MCC）和移动网络码（Mobile Network Code，MNC）构成。例如，中国的MCC是460，中国移动的MNC有00、02、07。因此，中国移动的PLMN ID有46000、46002、46007。若SNPN是由PLMN运营商部署的，其PLMN ID可以是该运营商的PLMN ID。其PLMN ID也可以不像公共网络的PLMN ID一样具有唯一性，例如，它也可以基于ITU分配的值为999的MCC。

NID的格式示意图如图7.33所示，由分配模式（Assignment Mode）和NID值（NID Value）组成。NID的分配模式有三种，可以归为两大类，分别是自主分配模式（Self-Assignment）和协调分配模式（Coordinated-Assignment）。自主分配模式下，NID无须具备唯一性（主要适用于SNPN所在区域具有相对独立性和隔离度，附近无其他SNPN覆盖的情况），其对应的分配模式值为1。而协调分配模式还细分为两种：一种是NID需具备唯一性，其对应的分配模式值为0；另一种是PLMN和NID的组合需具备唯一性，其对应的分配模式值为2。

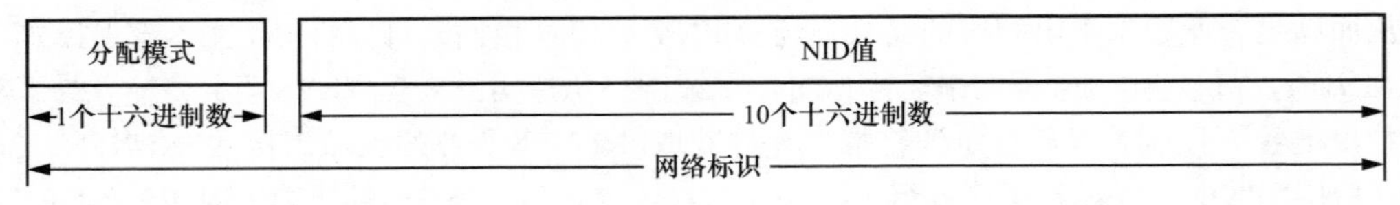

图7.33 NID格式示意图

具有SNPN能力的终端支持SNPN接入模式（SNPN Access Mode）。终端在接入（或称为注册）SNPN前，需要将接入模式设置为SNPN接入模式，从而监听SNPN小区发送的广播消息，以进行网络选择并发起注册流程，否则它会执行PLMN选择流程并注册到PLMN。

图7.34所示为运行SNPN接入模式的终端进行SNPN网络选择的过程。欲注册于SNPN的终端需持有该SNPN的签约数据，因此终端首先需要被配置SNPN的用户永久标识（SUPI）和凭证。由于同一个小区可以被多个PLMN或SNPN共享（图7.34中的小区由两个PLMN和两个SNPN共享），因此小区发送的广播消息包含它所支持的所有PLMN和SNPN的标识。具体而言，小区发送的广播消息会包含一个或多个PLMN ID、一个或多个SNPN标识（即一个或多个PLMN ID和NID的组合），还可以包含每个SNPN对应的用户可读网络名称。其中，用户可读网络名称用于帮助用户在手动网络选择过程中识别SNPN。在用户自动网络选择过程中，终端会根据配置信息以及小区发送的广播消息选择合适的SNPN进行注册。在注册流程中，终端会向基站指示其选择的PLMN ID和NID，由基站向AMF通知终端所选择的PLMN ID和NID。SNPN根据终端的签约数据对终端执行鉴权流程，通过鉴权认证的终端可以成功注册于SNPN。若SNPN没有终端的签约数据，则AMF会拒绝该终端的注册，从而避免终端持续自动地选择和注册相同的SNPN。通过上述配置和流程，SNPN可以向特定终端（通过SNPN鉴权认证的终端）提供无线接入和通信服务。

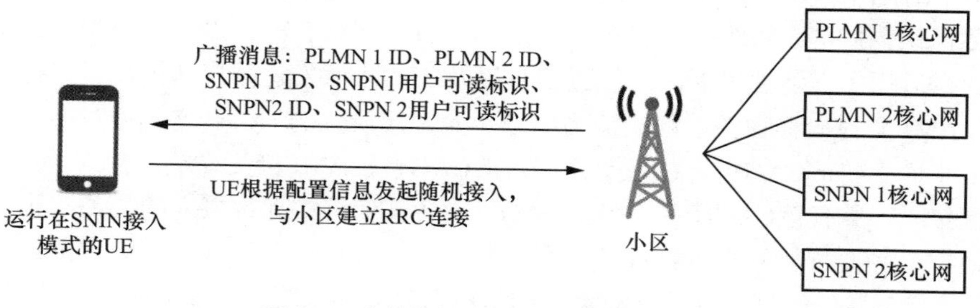

图 7.34　终端进行 SNPN 网络选择的过程

2. PNI-NPN注册

PNI-NPN的网络标识为部署该PNI-NPN的PLMN的标识，即PLMN ID，终端采用PLMN的签约数据来接入PNI-NPN。如前所述，PNI-NPN可以通过PLMN的特定DNN或特定网络切片实现部署。由于网络切片是以跟踪区（TA）为粒度进行配置的，即在整个TA内，各个小区的网络切片配置均相同，因此，通过配置特定网络切片来控制特定用户接入PNI-NPN，相当于允许接入PNI-NPN的区域是以TA为粒度进行定义的，不够精细。例如，当TA内存在禁止接入PNI-NPN的区域时，通过配置特定网络切片是无法阻止UE在禁止接入PNI-NPN的区域接入PNI-NPN的。为解决此问题，3GPP标准提出了CAG的概念。CAG由PLMN内唯一的CAG标识（CAG Identifier）来表示，它可以用于表征一组允许接入一个或多个CAG小区的用户。终端会选择允许接入的CAG所关联的CAG小区接入。如图7.35所示，允许接入CAG *X*的UE 1或UE 2可以通过CAG *X*所关联的CAG小区1接入，UE 3不允许接入CAG小区，因此UE 3只能通过非CAG小区2接入。引入CAG可以防止不被允许接入PNI-NPN的终端自动地选择和接入与CAG相关联的CAG小区，从而实现更小粒度的接入控制。

支持CAG功能的终端可以配置CAG信息，该CAG信息包含终端允许接入的CAG标识列表，还可以包含一个“仅CAG”的指示信息，该指示信息用于指示终端是否仅允许通过CAG小区接入5G网络。CAG信息可以预配置在终端上，也可以由PLMN通过终端配置更新流程配置或重配置在终端上。

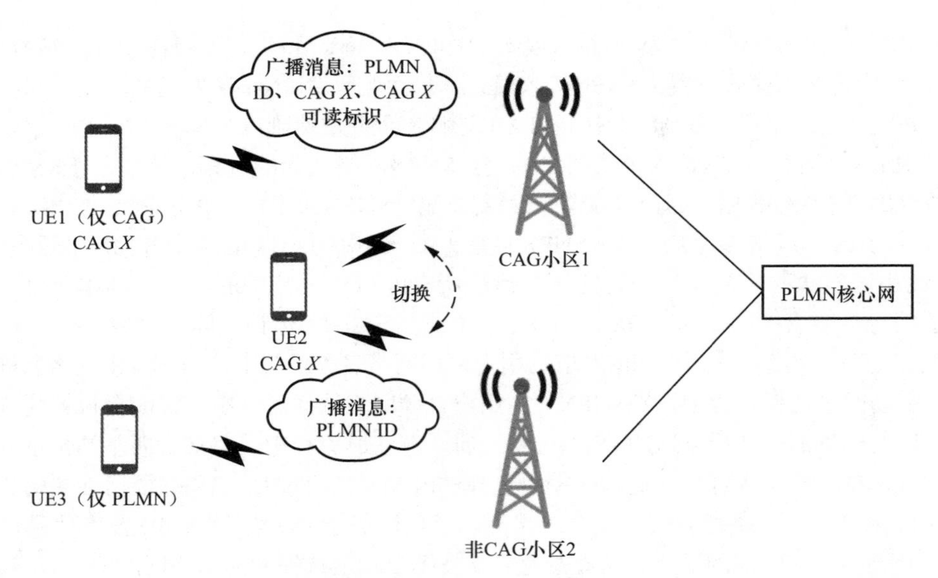

图7.35 终端接入PNI-NPN示意图

由于一个CAG小区可以支持一个或多个CAG，因此CAG小区发送的广播消息可以包含一个或多个CAG标识，还可以包含CAG标识对应的用户可读网络名称，以供用户手动选择CAG。在自动网络选择过程中，终端根据CAG配置信息以及CAG小区发送的广播消息，选择合适的CAG小区接入。AMF会根据移动性限制验证终端是否允许接入。例如，若终端通过CAG小区接入，并且该CAG小区支持的CAG包含终端允许接入的CAG，则AMF接受终端的接入请求；若终端通过CAG小区接入，并且该CAG小区支持的CAG不包含任何终端允许接入的CAG，则AMF拒绝终端的接入请求，并通过触发接入网释放流程以释放与终端的NAS连接；若终端通过非CAG小区接入，并且终端的签约数据包含“仅CAG”的指示信息（即该终端仅能通过CAG小区接入），则AMF拒绝终端的接入请求，并通过触发接入网释放流程以释放与终端的NAS连接。

此外，在终端切换流程中，小区还应根据移动性限制，执行相应的接入控制。例如，当目标小区不支持终端允许接入的CAG时，源小区不能将终端切换至该目标小区；当终端仅允许接入CAG小区时，源小区不能将终端切换至非CAG小区；当目标小区为CAG小区且不支持终端允许接入的CAG时，目标小区应拒绝切换流程；当目标小区为非CAG小区且终端仅允许接入CAG小区时，目标小区应拒绝切换流程。以图7.35为例，UE 1无法从CAG小区1切换至非CAG小区2，UE 3无法从非CAG小区2切换至CAG小区1，UE 2可以在CAG小区1与非CAG小区2间执行切换流程。

7.2.5 时延确定性网络

1. 时延确定性网络概述

时延确定性网络在一个网络域内给所承载的业务提供确定性业务保证能力，保证时延、时延抖动、丢包率等的确定性。为了解决以太网传输中的时延、时延抖动与丢包率的不确定性，IEEE在2012年成立了时延敏感网络（Time Sensitive Networking，TSN）任务组，开发了一套协议标准，以在以太网传输中支持确定性时延。该标准定义了以太网数据传输的时间敏感机制，为标准以太网增加了确定性和可靠性，以确保以太网能够为关键数据的传输提供稳定一致的服务级别，从而应用到工业、汽车和移动通信等领域。TSN由一系列协议标准构成，主要包括时间同步、流量调度、网络配置管理等。

（1）时间同步

TSN由IEEE 802.1AS提供全网精准时间同步，它定义了广义精确时间协议（Generalized Precision Time Protocol，gPTP），利用最佳主时钟选择算法或网络配置的方式确定网络中的主时钟，并建立主时钟向各个从节点的时钟同步路径，再利用路径时延测量机制计算主从时钟端口间的时间误差，来进行同步。

（2）流量调度

IEEE 802.1Q定义了几种流量调度机制，包括基于门控的排队转发机制（IEEE 802.1Qbv）和循环排队机制（IEEE 802.1Qch）。

TSN实现时间敏感业务的确定性传输的主要思想：先将网络中的业务按照不同的优先级分配到不同的传输队列，然后利用时分复用，通过不同的流量整形机制为高优先级的业务流所在的传输队列提供确定的传输时隙，以保证时间敏感业务的传输路径和传输时延都是确定的。如图7.36所示，以IEEE 802.1Qbv为例，进入TSN交换节点的数据流被传输到指定的输出端口队列中，每个队列都关联一个用于控制数据流传输的门。门的状态决定是否可以选择队列中的以太帧进行传输。当门的状态为“打开”时，队列中排队的数据帧被选择在输出端口发送；当门的状态为“关闭”时，队列中的数据帧不能被传输。每个门的状态值都有对应的时间窗口长度，用来指示门状态的持续时长。通过配置TSN终端以及TSN网桥节点的每个端口的门状态，可以为数据流从发送端到接收端配置一条传输路径，保证数据帧到达每个节点的时间能与门开启的时间相匹配，从而实现确定性的传输时延。

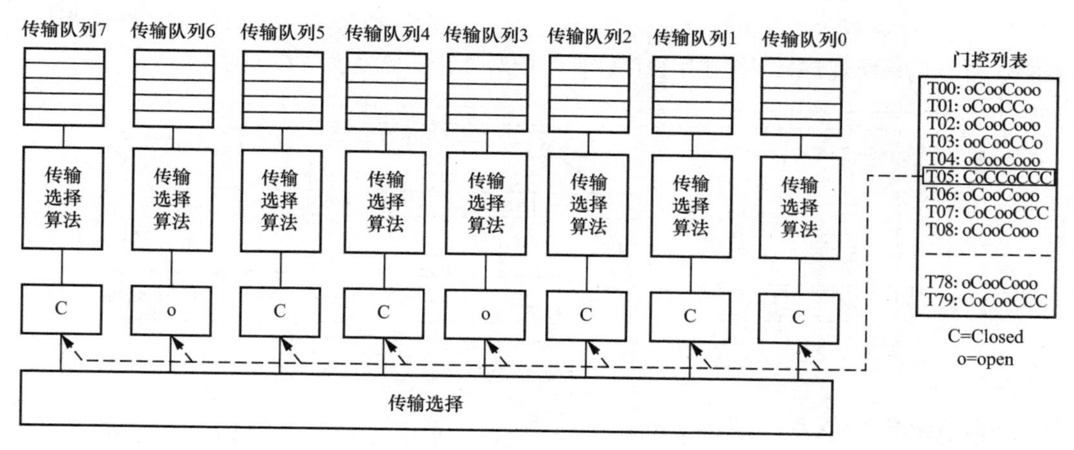

图 7.36　基于门控的传输选择控制

（3）网络配置管理

IEEE 802.1Qcc中为TSN定义了三种配置模型：全分布式配置模型、集中式/分布式配置模型和全集中式配置模型。图7.37所示为TSN全集中式配置模型，包含集中用户配置器（CUC）和集中网络配置器（CNC）两个网元。其中CUC网元用于管理TSN终端（Talker和Listener）和业务，负责发现TSN终端，获取TSN终端的能力以及用户需求，向CNC发送TSN数据流的需求，并根据CNC的指示配置TSN终端；CNC网元负责管理TSN用户面的拓扑（包括TSN终端和各个网桥）以及各个网桥的能力信息，根据TSN数据流的需求计算、生成TSN数据流的端到端转发路径，并下发调度参数到各个网桥节点上。各TSN网桥节点向CNC上报节点能力信息和拓扑信息，基于CNC

下发的规则调度和转发数据流。

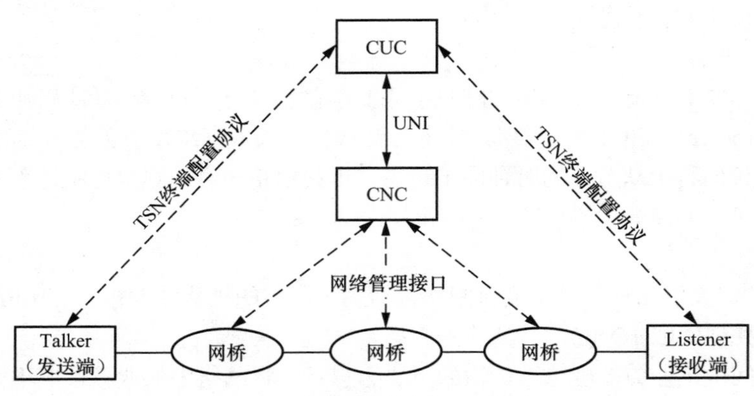

图 7.37 TSN 全集中式配置模型

2. 5G系统和TSN互通架构

相比4G系统，5G系统能提供更低的时延和更高的可靠性，支持更灵活的部署，同时5G系统还支持精确的时间同步，因此5G系统与TSN共存能很好地满足工业通信的低时延和高可靠等需求，提高工业设备和网络部署的灵活性。

图7.38所示为5G系统和TSN互通架构。其中整个5G系统作为一个整体，模拟为TSN网络中的一个网桥节点（5GS Bridge），TSN AF作为CNC和5G系统的信息转换网元。TSN AF适配网桥节点和CNC间的接口，收集5G系统的信息并通过TSN定义的网络管理接口发送到CNC，以及接收来自CNC的调度转发策略。为最大限度地减少对现有5G系统中网元的影响，5G系统在UE侧和UPF侧分别支持TSN转换器（TSN Translator）功能，即终端侧TSN转换器DS-TT和网络侧TSN转换器NW-TT，用来实现TSN网桥在用户面转发时的对外特征，提供与TSN的连接。

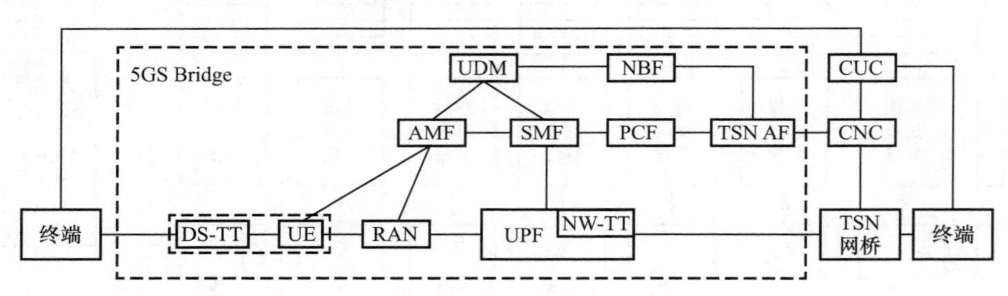

图 7.38 5G 系统和 TSN 互通架构

3. 5G系统和TSN互通架构下的关键技术

（1）时间同步

为支持TSN业务，实现确定性传输，5G系统需要支持基于IEEE 802.1AS的时钟同步。如图7.39所示，整个5G系统被视为一个时间感知系统，5G系统的TSN转换器（DS-TT和NW-TT）需要支持IEEE 802.1AS协议，同步到TSN时钟；而UE、gNB、UPF、DS-TT和NW-TT都要同步到5G系统的内部时钟（5G Grand Master，5G GM），并且同步精度要满足TSN端到端的时钟同步精度需求。

5G系统内精准同步主要是基站通过RRC专用信令或SIB9下发5G高精同步的参考时间以及参考时间对应的帧边界。

① 对于RRC专用信令的方式，UE首先通过下行同步获取帧同步，然后根据参考时间对应的帧边界信息进行时间同步，例如，系统帧号SFN=100，参考时间为10点整，则在SFN=100的边界

同步UE时钟至10点整。

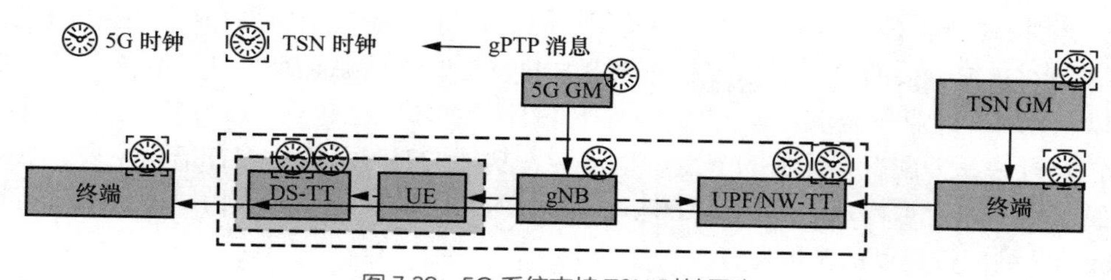

图 7.39 5G 系统支持 TSN 时钟同步

② 对于SIB9下发的方式，参考时间的帧边界默认为该SIB9所在的系统信息（SI）窗口的边界SFN，不需要显式信令指示。

DS-TT从UE获取5G时钟，同步到5G GM，而NW-TT可以通过底层精准时间协议（Precision Time Protocol，PTP）传输网络同步到5G GM。

5G系统作为TSN系统的一个网元，接收TSN时钟发送的同步消息（Sync消息），并根据携带Sync消息的数据包在5G系统中处理和传输所消耗的时长来更新时间信息。这些处理和更新都是由NW-TT和DS-TT来完成的。

① NW-TT收到下行gPTP同步消息，记录输入端口接收该消息的时间TSi，TSi是基于5G GM的时间记录的；NW-TT根据接收的gPTP同步消息中的cumulative rateRatio参数计算和上一跳TSN节点间的链路时延；NW-TT修改gPTP同步消息的有效载荷：将计算出的和上一跳TSN节点间的链路时延累加到gPTP消息的校正域（Correction Filed）中，将TSi携带在gPTP报文的扩展头后缀域（Suffix Field）中。

② DS-TT收到UE转发的gPTP同步消息后，记录在输出端口发送消息的时间TSe（基于5G GM的时间），将时长TSe-TSi作为该Sync消息在5G系统内的驻留时间，DS-TT使用gPTP同步消息中的cumulative rateRatio参数将该基于5G GM的驻留时间转变为基于TSN GM的驻留时间，并累加到该消息有效载荷的校正域中，同时DS-TT将TSi从后缀域参数中移除。

（2）确定性传输

5GS Bridge的粒度是单个UPF，对于给定UPF，每个DS-TT端口只有一个PDU会话。所有通过特定UPF连接到同一个TSN的PDU会话被分组到一个5GS Bridge中，如图7.40所示。

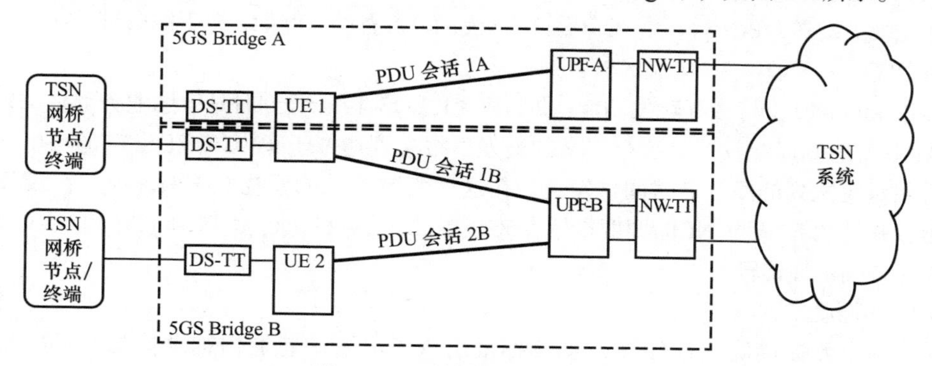

图 7.40 UPF 粒度的 5GS Bridge

使能5GS Bridge的确定性传输包括以下两个阶段。

① 5GS Bridge的信息上报过程。为支持IEEE 802.1Q中的TSN流调度方式（即IEEE 802.1Qbv），5G系统需要在PDU会话建立后，向TSN上报5GS Bridge的网桥信息，以便CNC通过TSN AF配置

5GS Bridge。5G系统上报的网桥信息主要包括5G系统的网桥标识、5GS Bridge的每个端口对间每个业务流类别（Traffic Class）关联的5G系统网桥时延，每个端口的传播时延和VLAN配置信息。

② 配置5GS Bridge的过程。CNC根据5GS Bridge上报的信息、TSN中其他各个节点的能力信息，以及TSN流的业务需求，确定TSN流的传输路径和路径上包括5GS Bridge在内的每个TSN节点的转发行为，并配置每个TSN节点。执行转发功能的TSN网桥的配置信息主要包含端口的业务转发规则（如针对特定的目的MAC地址和VLAN ID的端口转发规则）、输出端口执行IEEE 802.1Qbv的队列门控调度的参数配置。

TSN AF在上述阶段中起着重要的作用，除了透明转发各端口的能力信息和配置信息，TSN AF还要和PCF一起执行5G系统和TSN间的QoS映射过程，以便5G系统能够支持时延敏感业务的确定性传输。如图7.41所示，来自TSN的TSN流在5G系统中被映射到不同的QoS流进行传输。TSN AF上预配置一个QoS映射表，包含TSN业务流类别、UE和UPF间的时延，以及优先级间的映射关系。PCF上预配置TSN系统QoS信息和5G系统QoS信息间的映射表，用于将TSN AF提供的业务QoS需求映射成5G系统的5QI、PDB（包时延预算）等QoS参数。

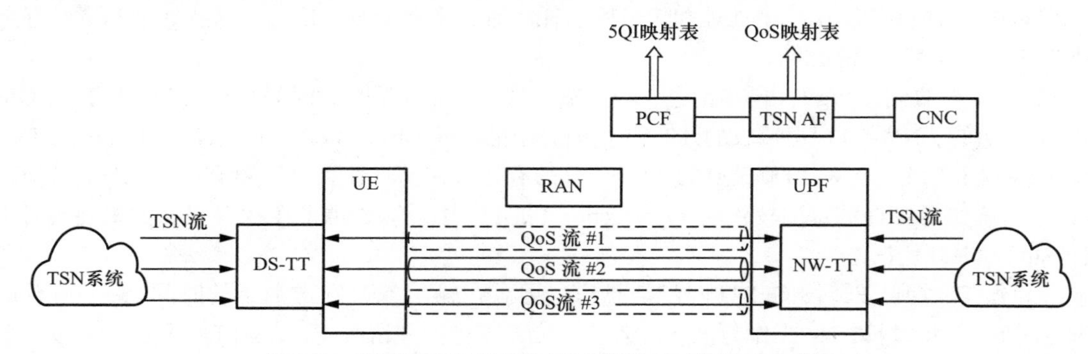

图 7.41　PCF 和 TSN AF 支持 5G 系统和 TSN 间的 QoS 映射

PDU会话建立后，TSN AF获取DS-TT和UE间的驻留时间，结合预配置的映射表确定每个端口对间每个业务类型的网桥时延，并上报CNC。

TSN AF收到CNC为5G系统配置的调度参数后，映射生成TSN流的QoS需求，例如，根据每个业务类型和预配置的QoS映射表确定TSN流的时延需求和优先级。TSN AF将这些需求（时延需求和优先级）发送给PCF后，由PCF确定TSN流的QoS需求，例如，PCF根据时延需求映射生成PDB并确定5QI。

NW-TT和DS-TT支持缓存转发功能，即NW-TT或DS-TT在收到时延敏感业务的报文以后，根据TSN AF下发的端口配置信息执行报文的转发。报文到达位于NW-TT或DS-TT的输出端口后先缓存，等到对应队列的门开启时间再发送。在这种架构下，5G系统能够保证报文在5G系统内的处理时延，并且能够按照CNC的调度指示在5GS Bridge的端口执行基于时间的门控调度，因此可以很好地支持确定性传输。

（3）RAN调度增强

为给TSN业务提供确定性传输，3GPP标准引入了时延敏感通信辅助信息（TSC Assistance Information，TSCAI），使得基站可以从核心网获取业务周期、数据大小等信息。基于这些业务模型信息，基站可以为TSN业务提供与其更加匹配的通信资源，如配置下行半静态调度。当TSN数据包到达时，系统不需要通过调度请求从网络侧获取资源，从而节省了网络资源，缩短了业务等待调度的时间。

7.2.6 高精度定位

5G面向行业（To Business，ToB）的业务催生了面向5G的室外定位需求。同时5G空口具有比4G更大的带宽，FR1单载波最大带宽100MHz，带内连续频谱聚合最大400MHz，FR2单载波最大带宽400MHz，带内连续频谱聚合最大1600MHz，更大的带宽可以提供更准确的到达时间（TOA）测量能力，以及对多径衰落的抑制。结合超分辨率算法，5G可以达到纳秒级、亚纳秒级的TOA测量准确度，从而支持米级、亚米级，甚至厘米级的定位精度。5G定位技术还在持续演进，未来可能实现厘米级、毫米级的定位，支持各种特殊场景的应用，如NLoS等，同时也对网络和终端实现提出了更高的要求。

1. 5G定位系统架构

5G定位系统架构如图7.42所示。

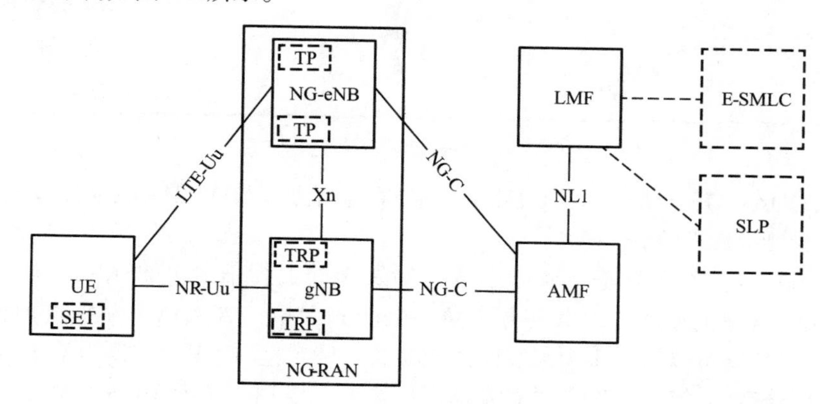

图7.42 5G定位系统架构

5G定位系统架构包括如下网元。

（1）UE：支持5G定位的终端，3GPP只定义基于控制面（CP）的定位。在支持安全用户面定位（SUPL）的终端上还可以集成SUPL使能客户端（SET）。

（2）NG-RAN：接入5GC的接入网，包括NG-eNB和gNB。

（3）AMF：5GC移动性关联功能，UE和NG-RAN与5GC定位管理功能（LMF）的信令经由AMF转发，同时AMF也接收对终端的定位请求，属于控制面网元。

（4）LMF：5GC的定位管理功能，即5G核心网的定位服务器，属于控制面网元。

（5）E-SMLC：4G核心网EPC的定位管理网元。

（6）SLP：SULP定位平台，为用户面的定位管理网元。

2. 5G NR定位技术

5G NR采用的6种定位技术如图7.43所示。

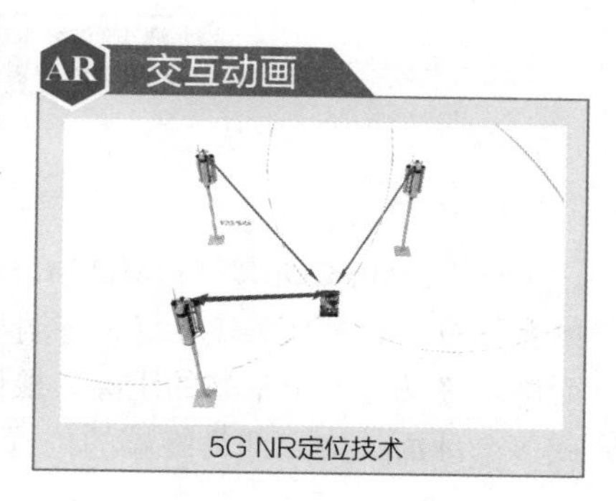

（1）NR E-CID：NR E-CID为LTE E-CID在NR的演进，以终端RRM测量到的小区质量RSRP/RSRQ作为指纹信息确定终端位置，此外还引入小区ID和AoA（到达角度）信息。

（2）DL-TDOA：DL-TDOA为LTE OTDOA在NR的演进，基于终端对多站的定位参考信号（PRS）测量到达时间差（RSTD），根据一对基站的到达时间差可以绘制一条双曲线（一个双曲面），多个双曲线（双曲面）的交点即为终端的位置。TDOA技术依赖于站间精准同步，到达时间差能够对应传播距离差。

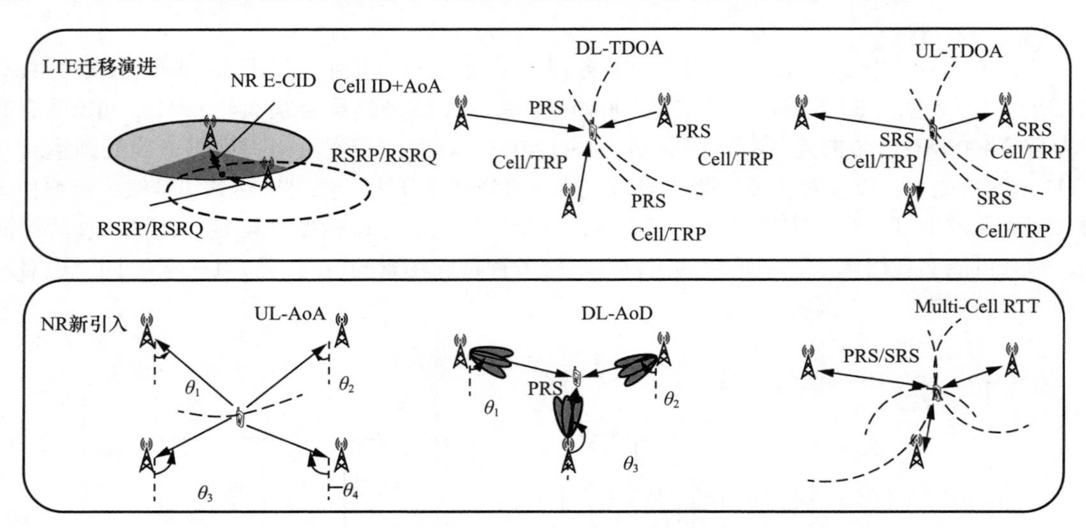

图7.43　5G NR采用的6种定位技术

（3）UL-TDOA：UL-TDOA为LTE UTDOA在NR的演进，与DL-TDOA定义方法类似，但是TOA由网络测量终端发送的SRS获取。

（4）UL-AoA：UL-AoA为基站通过测量终端发送的上行信号（如SRS）估计终端所在方向的定位方法，这里的AoA包括水平方位角（Azimuth AoA，A-AoA）和垂直俯仰角（Zenith AoA，Z-AoA）。角度可以通过多个天线间的相位关系确定；对于FR2的模拟波束，可以采用接收波束扫描拟合确定。根据一个基站的AoA可以绘制一条射线（A-AoA+Z-AoA）或一个锥面（Z-AoA），多条射线或多个锥面的交点即为终端的位置。

（5）DL-AoD：DL-AoD为终端对多站的PRS进行测量，估计终端所在方向的定位方法。DL-AoD主要通过终端对基站的多个不同波束进行接收功率测量，通过不同波束接收功率间的关系与每个角度上不同波束的固有辐射功率差异计算终端所在方向，如图7.44所示。根据一个基站的AoD（离开角度）可以绘制一条射线或一个锥面，多条射线或者多个锥面的交点即为终端的位置。

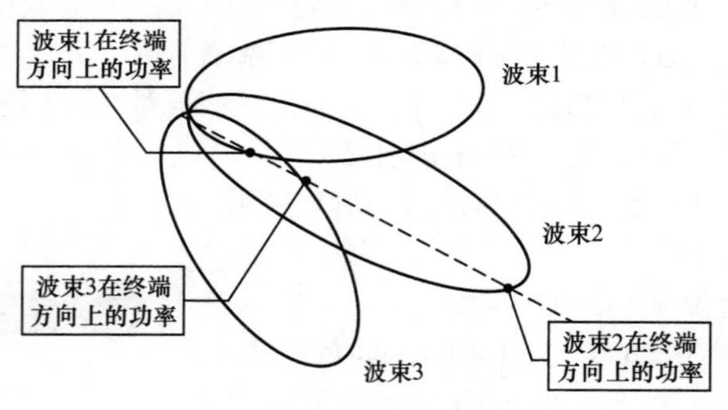

图7.44　DL-AoD定位测角方法

（6）Multi-Cell RTT：Multi-Cell RTT为LTE E-CID终端单站往返时延（RTT）定位测距方法的多站推广，如图7.45所示。终端与多个基站互相收发PRS和SRS，测量彼此的收发时间差，从而确定终端与多个基站的距离。根据一个基站的RTT可以绘制一个圆周或者一个球面，多个圆周或多个球面的交点即为终端的位置。由于终端与任意基站间可以独立完成RTT测量，因此Multi-

Cell RTT定位技术与TDOA定位技术不同，不依赖于站间精准同步。

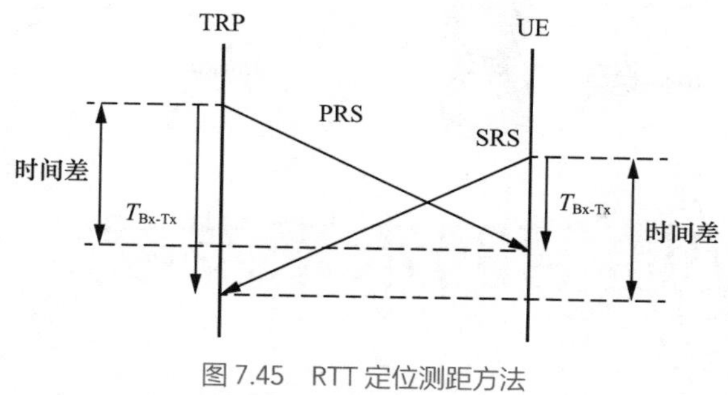

图 7.45　RTT 定位测距方法

一般来说，DL-TDOA、UL-TDOA定位至少需要三个基站，UL-AoA、DL-AoD和Multi-Cell RTT定位至少需要两个基站。实际应用中，采用混合定位方法可以降低定位基站个数至单站。3GPP的定位技术（除了E-CID）一般都需要LoS，这样基于参考信号测到的时延和角度就可以对应电磁波直线传播的时延和角度。

习题

7.1　简述5G中Type Ⅰ和Type Ⅱ码本采用了什么结构，空域基向量矩阵采用了什么设计。

7.2　简述模拟波束赋形的特点及5G协议支持的高效波束训练方式。

7.3　说明SUL技术与载波聚合技术的区别。

7.4　简述5G中BWP机制的应用场景。

7.5　简述5G频谱共享技术的实现手段。

7.6　尝试画出边缘计算的网络架构。

7.7　简述公共网络的分类。

7.8　简述5G中V2X物理信道和信号及资源池的时频资源。

7.9　简述V2X通信中两种资源分配模式（模式1和模式2）的主要流程。

7.10　简述5G中几种定位技术及其基本原理。

第 8 章

移动通信的未来发展

本章先介绍移动通信的发展愿景，包括业务需求和能力需求两个方面；然后介绍技术展望，包括极致MIMO、灵活频谱、空口感知、内生智能和空天地海一体化网络等。

8.1 发展愿景

8.1.1 移动通信的演进

1. 移动通信的发展趋势

未来移动通信从通信速率来说，其量级将从Gbit/s提高到Tbit/s；从信息广度来说，将从陆地移动通信扩展到空天地海全方位通信；从网络服务来说，将完善通信智慧，实现从人-机-物间通信到人-机-物和人工智能融为一体的智慧体。在未来的移动通信系统（5G-Advanced及6G，统称为B5G）中，网络与终端将被看作一个统一的整体。终端的智能需求将被进一步挖掘和实现，并以此为基准进行物理层、网络层、服务层技术规划与演进布局。

5G的目标是满足大连接、大带宽和低时延场景下的通信需求。在5G演进后期，陆地、海洋和天空中将存在数量巨大的互联自动化设备，数以亿计的传感器将遍布自然环境和生物体内，基于AI的各类系统部署于云计算平台、雾计算平台中，并将创造数量庞大的新应用。B5G在早期将是对5G的扩展和深入，以AI、边缘计算和物联网为基础，实现智能应用与网络的深度融合，实现虚拟现实、全息应用、智能网络等功能。未来B5G承载的业务将进一步演化为真实世界和虚拟世界两个体系：真实世界体系后向兼容5G中的eMBB、mMTC、uRLLC等典型场景，实现真实世界万物物联的基本需求；虚拟世界体系的业务是真实世界业务的延伸，与真实世界的各种需求相对应，实现真实世界在虚拟世界的映射。

2. 全球6G的六大场景

面向2030年及未来，国际电信联盟无线电通信组（ITU-R）将着力于发展IMT-2030（6G）。ITU-R最终商定的6G的总体时间表分为三个阶段：2023年6月，在世界无线电通信大会（WRC-23）召开之前，完成愿景定义；2026年确定需求和评估方法；2030年输出规范。

2023年6月，在瑞士日内瓦举行的会议上，与会者一致通过IMT-2030（6G）建议书草案。IMT-2030（6G）定义了六大场景，如图8.1所示，在IMT-2020（5G）“铁三角”的基础上，IMT-2030（6G）往外延伸，拓展出了一个六边形，六边形最外围的圆圈上列出了适用于所有场景的四大设计原则，即可持续性、泛在智能、安全/隐私/弹性、连接未连接的用户。

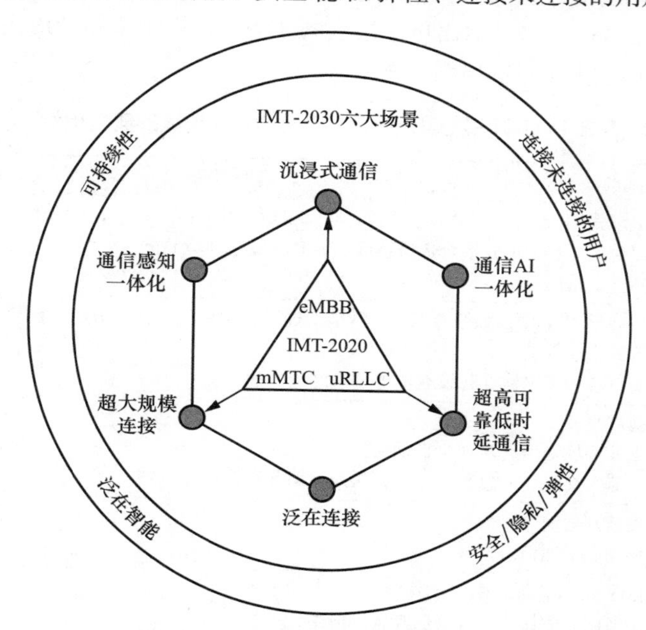

图 8.1　IMT-2030（6G）定义的六大场景

（1）通信增强扩展场景

eMBB、mMTC、uRLLC是IMT-2020（5G）中的三大典型场景。基于此，IMT-2030（6G）在通信增强方面扩展出了三个场景，分别是沉浸式通信、超大规模连接、超高可靠低时延通信，以改善比特率、区域流量容量、连接密度、时延和可靠性。

（2）覆盖增强新增场景

在IMT-2030（6G）的另外三个场景中，泛在连接虽属于通信增强的范畴，但在覆盖范围和移动性方面与传统的地面无线网络存在显著差异。地面无线网络不仅需要扩展覆盖范围，还需引入新架构和新商业模式，支持地面网络和非地面网络互联。通过泛在连接，当前的宽带和物联网业务有望推广到农村、偏远地区和人口稀少地区，以较低的成本连接未连接的用户。

（3）业务扩展新增场景

通信感知一体化、通信AI一体化作为IMT愿景建议书中首次提及的新场景，旨在提供通信以外的服务。为了在新业务、新应用涌现时对无线网络进行评估，这些场景定义了一些新指标，包括感知精度、分辨率、检测概率，以及与AI相关的分布式训练和推理能力。6G网络作为一个分布式神经系统，可以将物理世界、生物世界和网络世界融合起来，真正实现数字孪生，促进创新，提升生产力，改善人类整体生活质量，并为未来万物智联奠定坚实的基础。

建议书还指出，考虑到IMT系统的容量和覆盖范围、潜在的新业务和新应用，IMT-2030需要广泛利用1 GHz以下频段和亚太赫兹频段之间的多个频段，涵盖低频段、中频段（厘米波频段）、毫米波频段和亚太赫兹频段。未来的很多部署场景（包括广域部署）可能需要更大的信道带宽来满足新业务、新应用的需求，现有的频谱和后续新分配、新发现的频谱需要和谐共存。

8.1.2　业务需求

"4G改变生活，5G改变社会"，随着5G应用的逐步渗透、科学技术的新突破、新技术与通信技术的深度融合等，B5G必将衍生出更高层次的新需求，产生全新的应用场景。表8.1总结了IMT-2030（6G）定义的六大场景的典型用例。

表 8.1　IMT−2030（6G）定义的六大场景的典型用例

场景	典型用例
沉浸式通信	• 沉浸式XR通信、远程多感官智真通信、全息类通信 • 以时间同步的方式混合传输视频、音频和其他环境数据 • 独立支持语音
超大规模连接	• 扩展/新增应用，如智慧城市、智能交通、智慧物流、智慧医疗、智慧能源、智能环境监测、智慧农业等 • 支持各种无电池或长续航电池物联网设备的应用
超高可靠低时延通信	• 智能交通 • 工业环境通信，实现全自动化控制与操作 • 机器人交互、应急服务、远程医疗、输配电监控等应用
泛在连接	• 物联网通信 • 移动宽带通信
通信AI一体化	• IMT-2030辅助驾驶/自动驾驶 • 设备间自主协作，实现医疗辅助应用 • 计算密集型操作跨设备、跨网络下沉 • 创建数字孪生并用于事件预测 • IMT-2030辅助协作机器人（Cobot）
通信感知一体化	• IMT-2030辅助导航 • 远程遥感诊断 • 活动检测与运动跟踪（如姿势/手势识别、跌倒检测、车辆/行人检测等） • 环境监测（如雨水/污染监测） • 为AI、XR和数字孪生应用（如环境重建、感知融合等）提供环境感知数据/信息

下面分类别对其中一些用例做简单的说明。

（1）全息类业务

全息（Holography）技术利用干涉和衍射原理记录并再现物体光波，可"重现"物体的位置和大小，而且从不同位置观测，其显示也会变化。全息投影是一种无须佩戴眼镜即可看到立体虚拟影像的3D技术。全息类通信（Holograghy Type Communication，HTC）是以交互方式将全息图像从一个或多个信源传输到一个或多个信宿（目标节点）。

B5G时代，媒体交互形式将从现在的以平面多媒体为主，发展为以高保真VR/AR交互甚至全息信息交互为主。高保真VR/AR将普遍存在，而全息信息交互也可以随时随地进行，从而使我们可以在任何时间和地点享受完全沉浸式的全息交互体验，这一业务类型称为"全息类业务"。典型的全息类业务有全息视频通信、全息视频会议、全息课堂、远程全息手术等。

全息类业务需要极大带宽和极低时延，同时有一定的同步、计算能力、安全性与可靠性需求，对通信网络提出了高要求。

（2）全感知类业务

全感知通信是指信息携带更多感官感受，充分调动人类的视觉、听觉、嗅觉、味觉、触觉等五感，实现人-机-物间的全感官交互。B5G时代，数字虚拟感知的引入将调动人类五感，甚至心情、病痛、习惯、喜好等。在此基础上，各种与人类生活需求密不可分的服务也将诞生，如远程遥感诊断、远程心理介入、远程手术、沉浸式购物与沉浸式游戏等。另一类与感官相关的业务是远程工业控制，即触觉传感器通过动觉反馈和触觉控制来帮助操作员控制远程机器。这两类与感官相关的业务称为“全感知类业务”。

全感知类业务最重要的需求是带宽需求，同时低时延和高同步也是不可或缺的，并且要求有一定的感知优先级和高安全性与可靠性。

（3）极高可靠性与极低时延类业务

工业精准制造、智能电网控制、智能交通等特殊垂直行业由于业务自身的“高精准”需求，对通信网的可靠性、时延和抖动有更高的要求，这类业务称为“极高可靠性与极低时延类业务”。

例如，“精密仪器自动化制造”对核心器件的协同控制不仅要求超低时延，还要求高精准，也就是说协同控制信息的传递必须恰恰在指定的时隙到达，这实际上对通信的确定性和智能调度提出了高要求。再如，“全自动驾驶”为保障驾驶安全和人身安全，对带宽、传输可靠性和时延的要求很高。

该类业务一般不需要大带宽（“全自动驾驶”除外），但需要极低的时延和精准的时间确定性，以及高标准的安全性与可靠性传输。

（4）大连接类业务

5G中大规模机器类通信（mMTC）实现了对大连接类业务的支持，承担了人与人、人与物、物与物之间海量的联系，形成“万物互联”，每平方千米可支持约10^6（100万）个连接。随着各类传感器在工业、农林畜牧业、海洋、能源等领域的广泛使用，以及越来越多的生物类或感官类传感器的出现和应用，更多实体中将植入各类微型传感器，对连接的需求还会进一步呈指数级增长。根据相关预测，2030年，移动通信在全球范围内应支持万亿级别的物联设备。这类对连接数量有较高要求的业务称为“大连接类业务”。

典型的大连接类业务有工业物联网、智慧城市、智慧农业、智慧林业等，该类业务中将密集部署不同类型的传感器，通过实时监测、上报数据实现对相关状态的感知和处理。未来全感知类业务也将对连接数量提出高要求。

（5）虚实结合类业务

虚实结合是指利用计算机技术基于物理世界生成一个数字化的虚拟世界，物理世界的人和人、人和物、物和物间可通过数字世界来传递信息与智能。虚拟世界是物理世界的模拟和预测，是一种多源信息融合、交互式的三维动态实景和实体行为的系统仿真，可使用户沉浸到该环境中。虚拟世界将精准反映和预测物理世界的真实状态，帮助人类提升生活和生命的质量，提高整个社会生产和治理的效率。

数字孪生（Digital Twin，DT）是充分利用物理模型、传感器、运行历史数据等信息，集成多学科、多物理量、多尺度、多概率的仿真过程，在虚拟空间中完成映射，反映相对应的现实空间中的全生命周期过程。数字孪生已经在部分领域应用，主要应用于产品设计、智能制造、医学分析、工程建设等。在未来B5G中，数字孪生将应用于更广泛的领域，如AI助理、智慧城市、虚实结合游戏、身临其境旅游、虚拟演唱会等。这类现实空间与虚拟空间共存且相互映射、相互影响的业务称为“虚实结合类业务”。

该业务对带宽和时延的要求较高，同时有一定的移动性和算力要求，安全性和隐私性也要得到保障。

8.1.3 能力需求

在能力需求方面，2G主要用来满足通信用户的数量需求，3G和4G主要用于满足系统的高比特率需求；而5G为了满足mMTC、uRLLC、eMBB等场景需求，其能力有了进一步扩展和不同的侧重；B5G为了满足多样化业务需求，提供极致用户体验，其能力将进一步丰富和显著提升。按照前几代移动网络的升级趋势估计，B5G能力有望比5G提升10～100倍。

图8.2从不同维度总结了IMT-2030的能力，包括9个增强能力（峰值比特率、用户体验比特率、频谱效率、区域流量容量、连接密度、移动性、时延、可靠性、安全/隐私性&弹性）、6个新增能力（覆盖、定位、感知能力、AI能力、可持续能力、互操作性）。图8.2中的数值范围是IMT-2030给出的预估目标，后续的ITU-R建议书或报告会在这个范围内为每种场景给出具体指标（单个或多个）。

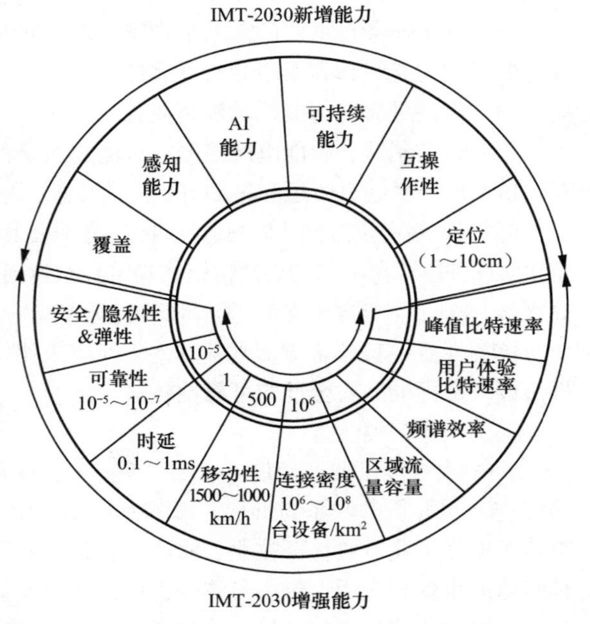

图 8.2 IMT-2030 的功能

下面简要介绍几项能力需求指标。

（1）比特率

移动通信系统最重要的指标是峰值比特率，峰值比特率是用户可以获得的最大业务速率；B5G必将进一步提升峰值比特率。从无线系统每10年一代的发展规律和对B5G业务需求的分析可知，B5G峰值比特率将进入Tbit/s时代。

首先，1G～5G移动通信系统峰值比特率的增长服从指数分布（按照各代系统标准化的时间点计算），预测未来10年的发展趋势，可知2030年可能达到Tbit/s的峰值比特率。其次，基于B5G业务需求定性预测B5G峰值比特率，无论是全息类业务、全感知类业务，还是虚实结合类业务，对峰值比特率的需求都达到1 Tbit/s甚至l0 Tbit/s。此外，5G时代首次将用户体验比特率作为网络关键性能指标之一。用户体验比特率是指单位时间内用户实际获得的MAC层用户面数据传送量。5G系统可以达到的用户实际体验比特率最高为100 Mbit/s；到B5G时代，用户体验比特率将至少提升至原来的10倍，达到1 Gbit/s。

（2）时延

时延一般指端到端时延，即从发送端用户发出请求到接收端用户收到数据的时间间隔。可采用单程时延（OTT）或往返时延（RTT）来测量。移动通信网的时延与网络拓扑结构、网络负荷、业务模型、传输资源、传输技术等因素密切相关。

从2G到4G，移动通信网的演进以满足人类的视觉和听觉感受为主，因此时延取决于人类的视觉反应时间（约为10 ms）和听觉反应时间（约为100 ms），故LTE可支持的最短时延为10～100 ms。在5G时代，由于智能驾驶、工业控制、增强现实等业务应用场景对时延提出了更高的要求，因此端到端时延要求最低达到了1 ms。到B5G时代，全感知类业务对时延的要求将进一步提高，例如，人类大脑对触觉的反应时间约为1 ms，因此全感官类业务对B5G网络时延的要求是小于1 ms。此外，工业物联网（IoT）和远程全息手术类应用要求时延更低。

（3）效率

在无线系统中，可用的频谱资源有限，频谱效率是一种重要的性能指标。链路频谱效率（Spectral Efficiency，SE）简称为谱效，又称为频带利用率，是传输信道上单位带宽每秒可传输的信息量，单位为bit/(s · Hz)，用于衡量一种信号传输技术对带宽频谱资源的使用效率。提高频谱效率的方法很多，如采用密集组网、新的多址技术、高效的调制技术、干扰抑制技术、多天线技术、高效的资源调度方法等。另一种衡量无线系统效率的指标为能量效率（Energy Efficiency，EE），简称为能效，为有效信息比特率（单位：bit/s）与信号发射功率（单位：W）的比值，单位为比特每焦耳（bit/J或bit/(s · W)）。能量效率代表系统对能量资源的利用效率。通过低功率基站、D2D、波束成形、小区休眠、功率控制等技术可以提高系统能量效率。

LTE要求下行频谱效率为5 bit/(s · Hz)（20 MHz带宽上实现100 Mbit/s的峰值比特率）；5G网络通过采用密集组网、高阶调制、动态频谱共享、载波聚合，灵活帧结构、大规模MIMO等技术，使理论频谱效率提升了3倍；预计B5G频谱效率将比5G再提升10倍。频谱效率主要衡量的是系统容量，能量效率主要衡量的是系统成本，这两个指标彼此关联又相互矛盾，因为一般来说容量的提高意味着部署更多基站或增加网络内的频谱带宽，成本会随着容量的提高而增长。但成本不能无限地增长，因此需要解决提升网络容量与降低网络运行成本的矛盾。B5G面临着同样的问题。

（4）覆盖

随着科学技术的进步和人类探索宇宙需求的不断增长，人类活动空间将向高空、外太空、远洋、深海、岛屿、极地、沙漠等扩展。目前，移动通信网的覆盖还远远不够，未来B5G需要构建一张无所不在的空天地海一体化覆盖网络，实现任何人在任何时间、任何地点可与任何人进行任何业务通信或与任何相关物体进行信息交互。

（5）连接

网络的连接能力采用连接密度来衡量。连接密度是指单位面积内可支持的在线设备总数，是衡量移动网络对用户终端支持能力的重要指标。

5G之前，移动通信网的连接对象主要是用户终端，连接密度要求为1000台设备/km^2。5G时代由于存在大量物联网应用，要求网络具备超千亿连接的支持能力，连接密度达到约10^6台设备/km^2。到B5G时代，物联设备种类和部署范围进一步扩大，如部署于极地、深海或高空的无人探测器、中高空飞行器、深入恶劣环境的自主机器人、远程遥控的智能机器设备，以及无所不在的各种传感设备等，这一方面极大地扩展了通信范围，另一方面也对通信连接提出了更高的要求。B5G网络将变得极其密集，其容量需求是5G网络的100～1000倍，需要支持的连接密度为10^8～10^{10}台设备/km^2。

（6）吞吐率

系统吞吐率可用流量密度来表示。流量密度是指单位面积内的总流量，用于衡量移动通信网在一定区域范围内的数据传输能力。通信系统的流量密度与多种因素相关，如网络拓扑结构、用户分布、业务模型等。

5G时代需要支持局部热点区域的超高速数据传输，要求数十Tbit/(s · km^2)或局部10 Mbit/(s · m^2)的流量密度。B5G对流量密度的要求将是5G的10～100倍，高达1 Gbit/(s · m^2)。

（7）移动性

移动性是指在满足一定系统性能的前提下，通信双方最大的相对移动速度。移动速度越快，多普勒频移越大，信道变化越快，对移动通信系统的性能劣化程度越高，同时还会引起频繁的切换，影响系统运行质量。

4G系统要求支持的移动性为250 km/h，5G系统要求支持高速公路、城市地铁等高速移动场景，同时需要支持数据采集、工业控制等低速或中低速移动场景。因此，5G移动通信系统的设计需要支持更广泛的移动性，最高可支持500 km/h，使用户在疾驰的高铁列车中也能实现通畅的通信。B5G时代对移动性的要求将更高，包括空中高速通信服务。为了给乘客提供飞机上的空中通信服务，4G/5G付出了大量努力，但目前飞机上的空中通信服务仍然有很大提升空间。当前空中通信服务主要有两种模式：地面基站模式和卫星模式。地面基站模式中，由于飞机具备移动速度快、跨界幅度大等特点，空中通信服务面临高机动性、多普勒频移、频繁切换以及基站覆盖范围不够广等挑战；卫星通信模式中，空中通信服务的质量可以相对得到保障，但目前卫星通信成本太高，且主要问题是终端不兼容。因此，B5G在提供空中高速通信服务方面还面临很大挑战，为支持空中高速通信服务，B5G对移动性的支持应达到800～1000 km/h。

（8）计算能力

智能化是B5G的重要特征。智能是知识和智力的总和，在数字世界中可以表现为“数据+算法+计算能力（简称算力）”，其中海量数据来自各行各业、各种维度，算法需要通过科学研究来积累，而数据的处理和算法的实现都需要计算能力，计算能力是智能化的基础。因此，计算能力将成为B5G的重要标志性能力需求指标。

以目前5G的计算能力或计算效率为基准，B5G至少要达到目前计算能力的100倍或以上，才可能满足B5G业务对计算能力的要求。计算能力或计算效率的提高一方面依靠部署更密集的计算节点，但计算节点同样需要占用通信资源，不可能无限制地增加；另一方面依靠提高单节点的计算能力，然而集成电路中晶体管的尺寸已逼近物理极限，无法快速、简单地通过集成电路的规模倍增效应来满足B5G单节点计算能力需求。因此，如何应对信息处理的复杂性是B5G网络工程实现面临的难题之一。

8.2 技术展望

8.2.1 极致MIMO

全息MIMO

智能反射面

1. 基本概念

随着无线通信的发展和更高容量的通信需求，天线数量和天线阵列孔径将超过现有的大规模MIMO，进而形成极致MIMO或称超大规模MIMO（Extra Large-scale MIMO，XL-MIMO）。XL-MIMO可以改善移动通信系统的谱效、空间分辨率和自由度。XL-MIMO的基本思想是在有限的空间布置超大规模的天线阵列，例如，机场、大型购物中心、体育场馆等，可以沿建筑物的表面布置天线，来服务更多的终端。目前有两种主流的XL-MIMO实现方法：①在有限空间内布置大量天线，天线间距小于半波长，由于布置的天线是离散的，因此天线阵列孔径也是离散的；②在有限空间内布置近似无限多天线，由于采用超材料，可以近似形成连续大小的天线阵列孔径，因此也称为连续孔径MIMO（CAP-MIMO）。第二种实现方法可以视为第一种实现方法中天线间距无穷小的极限情况；第一种实现方法的分析模型较为成熟，而第二种实现方法则需要采用空间连续EM算法进行分析。

如图8.3所示，结合天线阵列的结构，有四种通用的XL-MIMO硬件实现方法：基于均匀线性阵列（ULA）的XL-MIMO，贴片天线元件下均匀平面阵列（UPA）的XL-MIMO，点天线元件下均匀平面阵列的XL-MIMO，基于连续孔径（CAP）的XL-MIMO。

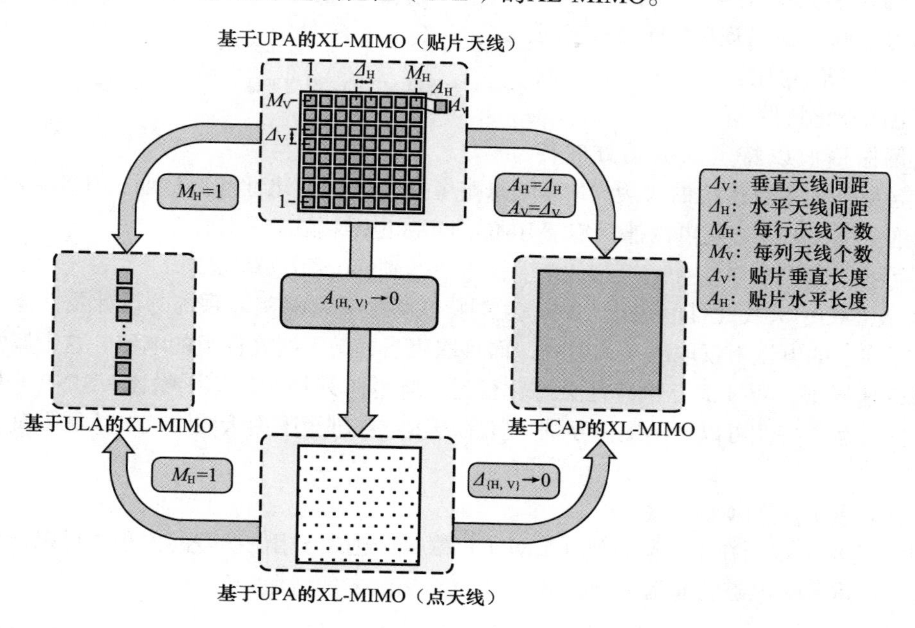

图 8.3　XL-MIMO 硬件实现方法

2. 信道特性

XL-MIMO由于天线数量和天线阵列尺寸大，因此表现出与大规模MIMO不一样的信道特性。

（1）球面波特性

在XL-MIMO中，由于天线数量增大，信道基本电磁特性与传统MIMO不同。以瑞利距离为界，电磁辐射区域一般可以划分为远场区域和近场区域。

在传统大规模MIMO中，由于天线阵列孔径适中，通常假定接收机位于远场区域，因此瑞利距离可以忽略不计。在远场区域，电磁波可以简单地被建模为平面波，天线阵列中的所有天线元件具有相同的信号幅度和AoA/AoD。因此，在以平面波特性为主的远场区域，仅利用角度特性就可以执行信号处理和系统设计。

但对于XL-MIMO，天线数量和天线阵列孔径的增加导致瑞利距离不可忽略，接收机可能位于近场区域，平面波假设不再成立。更具体地说，电磁波应该用向量球面波特性来刻画。对于向量球面波，收发阵列中不同天线间的距离和AoA/AoD不同，因此有必要考虑用球面波信道模型来描述实际的电磁特性，具体包含距离和角度属性。

（2）空间非平稳特征

传统天线阵列大小适中，所以信道是空间平稳的；然而在XL-MIMO中，天线阵列孔径较大会导致空间非平稳特性。

当天线阵列孔径极大时，在阵列不同区域观察传播环境的视角不同，这意味着不同区域观察到的信号可以具有不同的功率或者传播路径不同。在阵列的不同区域可以观察到不同的终端，每个终端的发射功率集中在阵列的一个特定区域，这个特定的区域称为这个终端的可视域（VR）。因此，XL-MIMO的信道具有空间非平稳特性。图8.4所示为空间平稳大规模MIMO和空间非平稳XL-MIMO的对比。

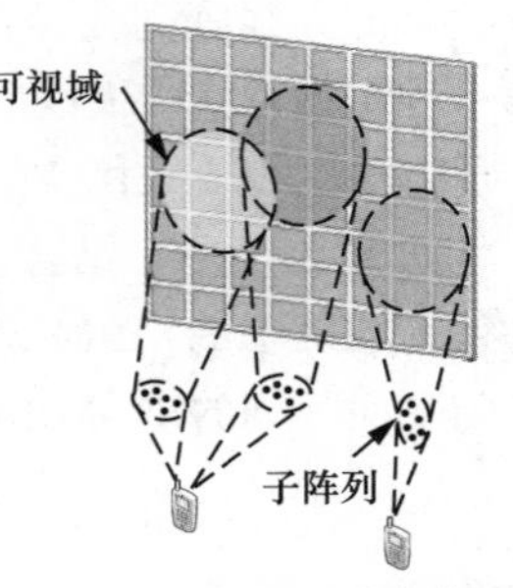

（a）大规模 MIMO：空间平稳 （b）XL-MIMO：空间非平稳

图 8.4 大规模 MIMO 与 XL-MIMO 对比

（3）电磁极化特性

电磁偏振横波以特定的振动方向传播。简单起见，大多数传统的大规模MIMO忽略了这个电磁极化性质。然而，在XL-MIMO中有必要考虑这个特性，通过它可以捕获XL-MIMO的实际电磁特性。

（4）互耦特性

当XL-MIMO中天线元件间距很小时，互耦特性将显著影响实际系统的设计及性能。互耦特性即每个天线上的电压不仅取决于入射场，而且取决于其他天线元件上的电压。这个属性在天线间距较小的情况下很重要。互耦特性会恶化信道，降低阵列增益、信干噪比（SINR）和处理算法的收敛性。互耦特性可以简单地用互耦矩阵来表示，互耦矩阵由天线阻抗、负载阻抗、互阻抗共同决定。

3. 电磁波通信分区

如图8.5所示，根据在不同阶泰勒（Taylor）展开下电磁波相位误差的大小，可以计算出不同的距离参数，进而对电磁波通信进行分区。

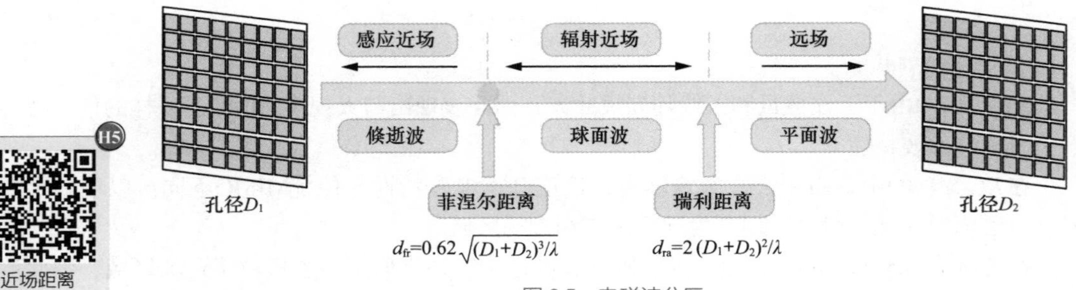

图 8.5 电磁波分区

（1）瑞利距离或远场区域距离

根据瑞利距离，通信区域可以分为近场区域和远场区域［也称夫琅禾费场区（Fraunhofer Region）］。该划分方法基于波的曲率引起的相位差异性。电磁波的相位可以采用泰勒展开来表示。远场区域的相位可以由一阶泰勒展开表示，这个近似存在相位误差，允许的最大相位误差为$\pi/8$，这个误差是忽略了高阶项引起的。出现最大相位差（如$\pi/8$）时基站阵列中心与用户阵列中心的距离就是瑞利距离。因此，近场区域若采用一阶泰勒展开，则相位误差将大于$\pi/8$，进而需要采用球面波建模；而远场区域误差则小于$\pi/8$，因此可以采用平面波建模。

假设D_T和D_R是发送阵列和接收阵列的最大尺寸，则瑞利距离可以表示为

$$d_{ra}=2\left(D_T+D_R\right)^2/\lambda \tag{8.1}$$

其中，在矩形阵列情况下，当边长分别为L_H和L_V时，阵列尺寸为$D=\sqrt{L_H^2+L_V^2}$。

（2）菲涅尔距离

在瑞利距离内，通信区域可以进一步划分为辐射近场区域（或称菲涅尔区域）和感应近场区域（电抗近场区域）。电抗近场区域中以倏逝波为主。菲涅尔距离是在二阶泰勒表示下的，如果相位误差达到$\pi/8$，则需要采用三阶泰勒展开进行近似。此时的菲涅尔距离可以表示为

$$d_{fr}=0.62\sqrt{\left(D_T+D_R\right)^3/\lambda} \tag{8.2}$$

倏逝波信道功率主要集中在发射机附近（例如，收发机阵列尺寸都是1m，载波频率为10GHz时，瑞利距离为267m，而菲涅尔距离为10m），因此倏逝波不能认为是传统电磁波。一般由于菲涅尔距离较小，因此可以将通信区域的信道特性划分为近场球面波信道特性和远场平面波信道特性。

此外，从阵列增益、传输速率和功率均衡角度，可以定义比昂松（Bjornson）距离、等效瑞利距离和均匀功率距离。

4. XL-MIMO的挑战

在XL-MIMO的离散超大孔径阵列（Extremely Large Aperture Array，ELAA）实现方式中，主要挑战如下。

（1）非平稳信道估计

由于信道具有非平稳性，因此基于平稳信道假设的传统估计算法存在性能损失。

（2）低复杂度低前传带宽的收发机设计

由于ELAA的天线数目巨大，一方面会导致ZF、MMSE等预编码和均衡算法复杂度快速上升，另一方面会导致计算所需的数据传输量大幅增加，因此需要设计低复杂度低前传带宽的收发机来使能ELAA系统。

（3）干扰抑制预编码

由于信号从不同方向辐射到用户，因此需要设计分布式或者分级预编码方案，来抵抗干扰。

（4）频率选择性波束

超大规模阵列中将出现斜视波束，使得不同频率有不同的波束方向。对于大带宽下混合波束赋形（HBF）架构的性能影响尤其显著。

（5）动态波束赋形

由于信道具有空间非平稳特性，因此用户的波束赋形需要进行动态更新。其性能取决于其阵列可视域。

5. 无小区XL-MIMO

在无小区XL-MIMO实现中，为达成以用户为中心，“网随人动”，以及无小区边界，达到全网一致体验、无缝切换，需要考虑以下几个方面的技术。

（1）大规模协同集合构造

一方面，每个用户进行协同传输和干扰避让的基站数量与站间距离有关，但所有用户处于不同位置，协同传输基站集合有交叉；另一方面，以每个用户为中心的协同传输基站集合范围取决于能够进行有效信道测量的范围。此外，协同的范围还受限于网络实际的组网架构，网络架构影响站间的信息实时交互。

（2）高精度MIMO算法

下行传输中，为实现最佳的协同传输和干扰抑制，必须采用高性能的预编码算法；上行传输中，需采用多站联合接收，提升接收性能。

（3）站间通道校正和时钟同步

校正指标主要包括一致性、互易性的幅度、相位、时延。校正需要通过基站间空口互相发送信号来实现。

8.2.2 频谱扩展与灵活使用

1. 频谱概述

3GPP NR Rel-15定义了两个工作频率范围：FR1（410MHz～7.125GHz）和FR2（24.25GHz～52.6GHz）。如今5G NR正在全球部署FR1 TDD频段（如3.5GHz、2.6GHz），在少数国家部署FR1 FDD频段（如700MHz、2.1GHz），在一些国家/地区部署FR2频段（如24GHz、39GHz）。此外，WRC-19已经确定了IMT部署的57GHz～71GHz频率范围，3GPP NR Rel-17指定了NR对52GHz以上频率的支持。WRC-19已将6GHz（6.425 GHz～7.125 GHz）频段作为一个项目设立，WRC-23决定将其标注为IMT频段用于移动通信。频谱是运营商的关键资产，因此在5G和5G-Advanced时间框架内，乃至B5G时间框架内，高效、灵活地利用100GHz以下的所有可用频谱非常重要。

目前，100GHz以下频谱资源如图8.6所示，具体可以分为如下几个频段。

（1）Sub 3GHz频谱：具有传播损耗小、覆盖性能好的优点，因此在移动网络部署中发挥着重要作用。世界上几乎所有运营商都拥有多段离散Sub 3GHz频谱（如700MHz、800MHz、900MHz、1.8GHz和2.1GHz）用于蜂窝部署。到2025年，这些高价值频段可能会大规模部署NR。

（2）Sub 7GHz TDD频谱：包括TDD Sub 6GHz和6GHz。运营商应该会继续升级现有的NR TDD网络，并有可能在5G-Advanced时间框架内，在新的TDD频段部署NR，进一步增强NR的性能。

（3）FR2及52.6GHz以上的毫米波频谱：具有超大带宽的优势。随着高清视频下载/上传等业务的迅速增长，高清且低延迟的XR需求增长，毫米波频段将发挥重要作用。然而，由于下行覆盖、能效、上行覆盖和容量等因素，毫米波宏小区的部署仍然面临很大的挑战。

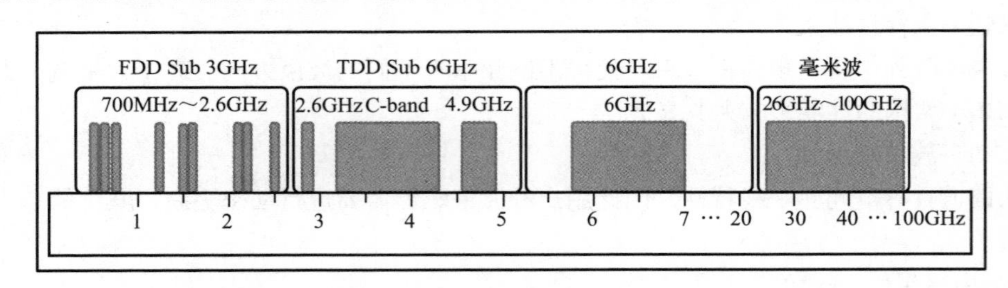

图8.6 Sub 100GHz频谱资源

现阶段5G单频段支持的最大工作带宽为GHz级别，支持的峰值比特率在10Gbit/s级别。超高通信速率的实现离不开超大工作带宽，B5G将拓展以下新型频谱载波资源，以应对下一代无线通信技术需求。

可见光调制技术

（1）太赫兹频段：0.1THz～10THz的频段为太赫兹（Terahertz，THz）频段，具有非常丰富的频谱资源可供利用，具体工作带宽高达10GHz级别，远远大于现阶段5G的工作带宽。超大工作带宽资源的利用使得太赫兹通信系统具备支持超高通信速率的技术特征和性能优势，因此将成为B5G的重要技术之一。

（2）可见光频段：可见光通信作为一种利用免授权频段400THz～800THz的高速通信技术，也能进一步扩展可利用的工作带宽，可能会在B5G网络中担任重要的角色。

2. 灵活频谱的关键技术

不断丰富的业务类型对移动通信网的容量、比特率和服务能力提出了更高的要求。然而，当前移动通信网的能力还不能够适应业务发展带来的变化，更无法满足差异化业务应用的需求。首先，在频谱和网络结构方面，各频段有各自显著的特征；低频有天然的覆盖优势，但Sub 3GHz频谱离散小带宽特征明显，所以效率是个问题；而高频具有大带宽低时延的优势，但覆盖性能是个瓶颈。因此需要充分利用各频段的特征、克服其各自的不足，动态匹配业务多变的需求，发挥出整个移动通信网的最大效率。其次，大带宽业务需求逐渐明显，特别是上行大带宽需求明显，当前网络上下行能力错位，需要网络和终端切实提高上行带宽能力。最后，差异化的业务需要更灵活的带宽分配能力，一方面可以满足不同带宽能力终端的业务体验需求，另一方面可以有效提高系统的综合效率。

面对差异化的业务需求、复杂的频谱结构、不同的频谱传播特性和带宽资源的差异，未来移动通信方向之一就是推进高中低频全频谱重构技术，实现频谱资源池化，实现上下行频谱资源灵活组合、不同频段载波间灵活聚合，实现虚拟大带宽、智选资源等灵活频谱方案。

灵活频谱方案示意图如图8.7所示。

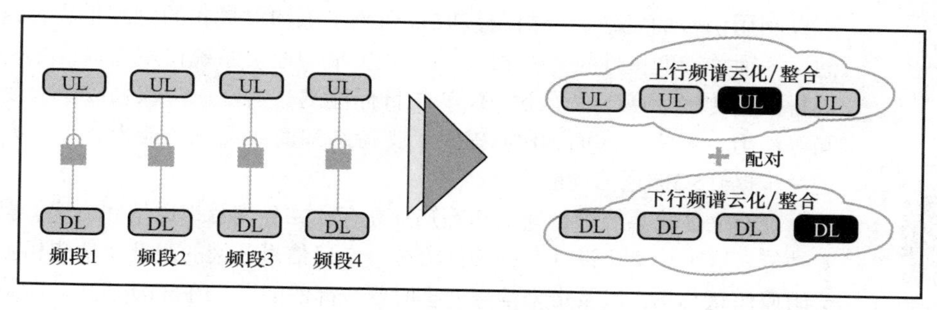

图 8.7 灵活频谱方案示意图

灵活频谱方案可以包括但不限下面三个部分。

（1）频谱资源云化。基于频谱灵活接入、资源整合、全局调控，按需使用上行和下行频谱资源，特别是通过配置和传输解耦，实现频谱和通道双池化，具体做法是解耦终端频段的配置接入能力和频段的同时传输能力。以上行大带宽业务需求为例，对于装配2个发射通道或3个发射通道的典型商用移动终端，在不明显增加其复杂度和成本的前提下，使能其接入配置网络全频段。基于此，网络根据每个频段的业务流量、TDD帧结构配置、可用带宽、覆盖性能等信道条件，为终端动态地智选上行频段，并相应地切换发射通道用于传输，保证在终端同时传输的前提下提升系统资源利用率，最大化上行体验和容量。

（2）多频段频谱整合。一方面，可以同向整合（如下行同向整合）。针对离散小带宽频谱，如Sub 3GHz频谱，基于不同频段控制和数据信道统一管理、统一调度，在天然覆盖优势下进一步实现虚拟大带宽的体验和容量。具体来说，通过多频段单控制信道和单公共信道方式节省开销、提升频谱效率。此外，终端基于网络确保邻近多频段共享时频同步信息，在无业务传输时可以快速将某些频段关掉进入休眠状态以实现节能，而当随机业务到达时，又可以基于免同步流程，以超低时延将休眠频段唤醒，进而实现瞬时频谱聚合大带宽的用户体验比特率。另一方面，可以双向整合（上下行），实现灵活上下行频段配对。具体来说，考虑到上下行覆盖能力错位、负载和需求不一致，可以打破上下行频点绑定的约束，如高频或中频下行搭配低频上行实现高低频融合，进而确保上下行负载和覆盖匹配。终端和网络也可以按需分别部署上下行频段数，以应对各自业务量需求。

（3）多系统/多制式频谱融合。一方面，2G/3G/4G/5G乃至B5G多种制式长期共存，不同频段和制式能力分散，资源利用效率严重不均，各个系统刚性的资源配置无法动态调整，不能动态匹配多变的业务需求，因此需要利用多制式动态频谱共享技术灵活地使用频谱，才能发挥出整个移动通信网的最大效率。另一方面，认知无线电和协作频谱感知等先进技术可以通过感知来识别空闲资源，在保证干扰可控的前提下实现多系统间机会式的频谱使用，避免资源浪费，进而实现最佳使用和管理可用频谱。

8.2.3 通信感知融合

1. 通信感知融合概述

通信感知融合（Harmonized Communication and Sensing，HCS）又称为集成通信感知（Integrated Sensing And Communication，ISAC）或双功能雷达通信（Dual Function Radar Communication，DFRC）。感知是空口信号天然具备的一种能力，即基站或终端可以利用信号的发送、反射与接收来探测（感知）真实的物理世界，这是B5G的又一项关键颠覆性技术。相较于5G及更早的通信系统仅用空口信号携带信息进行数据传输，HCS赋予下一代基站目标检测、定位、跟踪、成像以及环境感知等能力，这样一方面为B5G提供了支持感知商业场景的能力，另一方面也将进一步提升5G的通信性能。

通感算一体化网络

无线感知相关基础理论

现有一体化系统中，通信和感知独立存在并分别承担通信和测速、感应成像等功能。这种分离化设计存在硬件资源、空口信号开销的浪费，功能相互独立也会阻碍信息共享，以及带来信息处理时延较高的问题。在5G演进中，我们将HCS中通信系统与感知系统的融合分为以下几个级别。

（1）硬件融合

通信系统和感知系统共用部分硬件，如基带、射频、天线，但彼此不交互任何信息。在这一级别的融合系统中，通信系统只能将感知系统的信号视为干扰，反之亦然。因此，这个级别的融合系统通常采用正交的资源分别发送通信和感知信号，如时分复用（感知信号占用全部带宽发送，有助于提升感知分辨率），以规避通信和感知之间的干扰。

（2）信号融合

在硬件融合的基础上，通信、感知两个系统在一定程度上被设计成统一的系统。例如，通信系统和感知系统共用全部或部分时频资源发送兼具通信和感知功能的信号，简称为一体化信号。一体化信号既承载着通信传输所需的信息，其回波又可以作为感知信号进行探测。一体化信号设计是学术界的一个热点方向，研究大多集中在一体化信号波形的选择或设计上。

值得注意的是，虽然信号融合的愿景看起来很美好，但实际上，通信信号和感知信号在关键特性上是存在矛盾的：通信信号需要高随机性（均匀/高斯分布）以保证信息熵最大化，提升传输效率；而感知信号需要结构化以保证最佳信号自相关性（类似δ冲激函数），提升感知性能，降低感知误检、虚警概率（这一点与通信系统的导频序列设计原理类似）。因此通信和感知不可能在信号融合系统中同时达到最优性能，我们只能尽量挖掘这两者之间的最佳折中。

（3）信息融合

在硬件融合甚至信号融合的基础上，通信、感知两个子系统共享信息，达成感知和通信相互辅助，超越单系统的性能。

感知辅助通信也是学术界的一个热点研究方向。例如，波束选择和信道估计一直是通信中的棘手问题，通信模块可以使用感知能力，共同构建3D甚至4D环境地图，辅助波束选择和信道估计，突破传统性能极限。但不得不说，这个方向的研究大多只停留在启发式的工作中。未来信息融合将以一种什么形式展现在我们面前，以及融合能力的极限在哪里，都是未来我们要回答的问题。

2. 挑战与研究方向

学术界和工业界在HCS领域的深入研究过程中，主要遇到了两类问题。第一，HCS可行性和商用规模的问题，以硬件、信号领域的问题为主，这些问题的讨论主要集中在工业界。第二，通信和感知的融合效率问题，即HCS的性能上界问题，这些问题的讨论主要集中在学术界。本节出于优先兑现HCS巨大潜力的目的，着重介绍前者，并在下面给出一些富有挑战性的研究的例子。

（1）硬件方面

首先，出于感知、通信同覆盖的考虑，HCS系统借鉴了传统连续波雷达，采用连续波作为HCS的主要制式。由于连续波需要同时同频收发信号，因此基站需要具备部分全双工能力。具体来说，需要基站具备70～80dB的收-发自干扰对消能力，该能力对传统基站的通信模块是不小的挑战。如图8.8所示，为解决这个问题，学术界和工业界从天线罩、滤波天线、近场模拟零陷（发送端对位于近场的接收端形成模拟波束零陷）等角度开展研究，但目前的研究成果离完全解决这一问题还有一定距离。

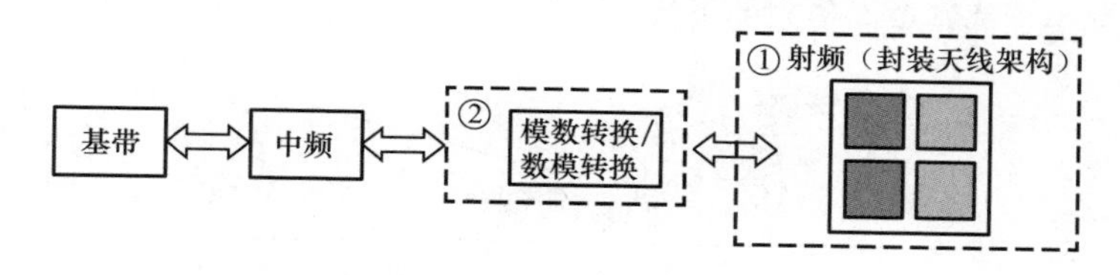

图 8.8　HCS 中的硬件挑战

此外，感知也给通信接收机中的模数转换模块带来了新的挑战。由于传统通信只涉及单向传输，因此其动态范围（最大-最小接收信号功率差）一般不超过50dB，而感知信号因为经历往返双向传播，回波的动态范围为80～100dB，远大于通信信号的动态范围。这样就导致传统基站使用的低成本模数转换模块不能满足HCS感知需求。解决这一问题最简单的方法是为HCS替换一个高性能的模数转换模块。除此以外，目前学术界也有团队研究如何通过1 bit模数转换和压缩感知的方式共同解决这个问题。

最后，某些具体的HCS场景还会对硬件带来额外的要求。例如，在图8.9所示的低空无人机探测场景中，基站需要同时具备向空和向地的波束发射能力。而传统通信基站的主瓣3dB带宽对应的角度变化约为24°，远无法满足HCS需求，因此需要从天线角度开发基站垂直大张角扫描能力。

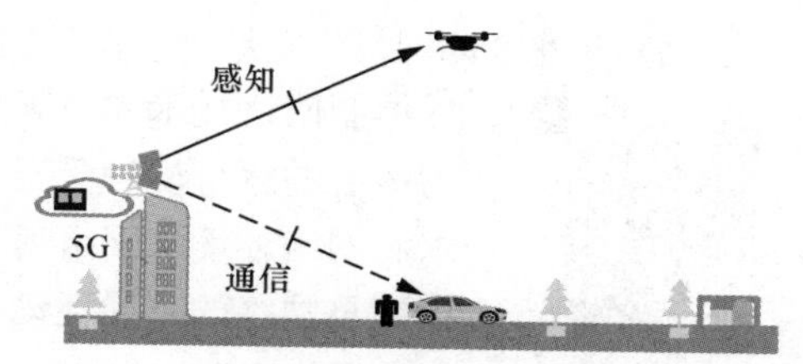

图 8.9　低空无人机探测场景

（2）信号方面

在信号级通信感知融合系统中，一体化信号兼具通信和感知功能。但由于感知回波信号需要经历往返双向传播，因此传播时延是通信信号的两倍，可能导致针对通信信号设计的CP长度不满足感知回波需求的问题。例如，在28GHz载波频率的HCS系统中，3GPP R15标准规定子载波间隔为120kHz，对应CP长度约0.6μs。当感知目标距基站超过90m时，接收回波信号的时延就超过CP了，这一问题即使改用ECP仍无法彻底解决。如图8.10所示，感知CP不足导致感知回波信号的符号间干扰（ISI），这一干扰对于基站来说虽然是已知信号，理论上可以通过时域均衡消除，但高频系统带宽大，时域采样点多，导致传统时域均衡复杂度难以接受。因此只能将时域信号截短成一个个OFDM符号后再进行处理，此时上述ISI会影响感知性能。

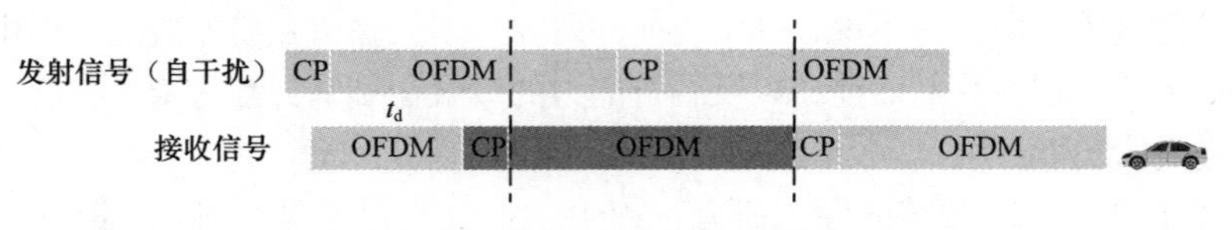

图 8.10　感知回波信号时延超过 CP

一种可能的解决方案是通过感知信号设计，只在OFDM的奇数或偶数子载波发送感知信号（称为梳齿分，是一种特殊的频分），根据时、频信号之间的关系，这一操作在时域形成等效的超长CP，可支持700m内的目标检测。但这种方案极大降低了一体化信号传输数据的能力，因此未来的研究方向是如何在不增加CP的前提下消除感知ISI。

（3）组网方面

如图8.11所示，HCS系统在组网方面同时面临传统通信系统和传统感知系统所面临的挑战：一方面，HCS源自5G网络，在以组网形式提供感知服务的同时，必然引入通信网络中的邻站干扰；另一方面，感知回波信号在经历往返双向传播以后，能量严重衰减，以致某些距离较远目标的回波信号能量远小于邻站单向传来的干扰。

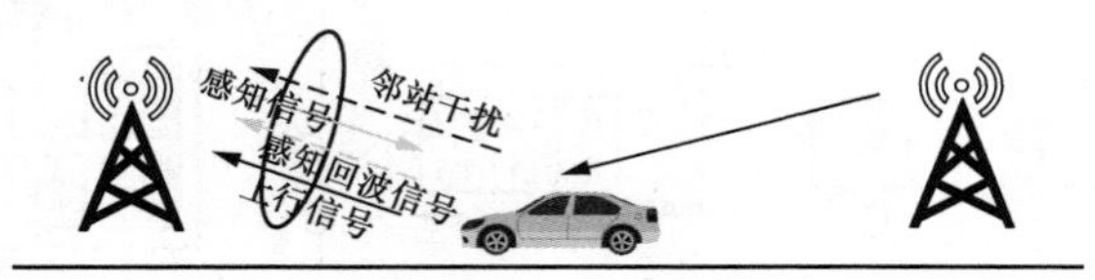

图 8.11　通信（上行）、主动感知（左基站收发）、邻站干扰（右基站发左基站收）

现有解决干扰的途径与通信类似，主要分为干扰避让和多点协作两大类。针对感知的干扰避让方案大多为常规方案，例如，引入时、频、码、梳齿域等各种正交资源传输感知信号；多点协作与雷达领域的被动雷达类似，相关研究主要集中在雷达领域而非通信领域。

8.2.4　内生智能

面对未来B5G网络虚实结合、沉浸式、全息化、情景化、个性化、泛在化等业务需求，以及异体制网络技术和空天地海多域融合组网的网络需求，当前网络以规则式算法为核心的运行机理受限于刚性预设式的规则，很难动态适配持续变化的用户需求和网络环境，网络运行经验无法有效积累，而以人工为主的策略式管理也难以满足网络的高弹性动态要求，限制了网络管控能力的持续提升。因此，内生智能网络应运而生。

1. 内生智能的概念

“内生智能”的内涵和定义尚在持续的完善过程中。从字面上，“内生智能”包括两个方面，“智能”指的是以人工智能技术为基础，实现现有网络智能化；“内生”指的是网络在设计之初就注入了智能的基因，不需要过多人为的指导和限制。

基于目前的研究共识，移动通信网中的内生智能大体上指的是基于深度学习和知识图谱，在移动通信网中引入人工智能技术对用户、业务、网络、环境等多维主客观知识进行表征、构建、学习、应用、反馈和更新，并基于知识图谱自主实现对网络资源的立体认知、决策推演和动态调整，最终达到“业务随心所想、网络随需而变”的目的。这样就形成了以知识为中心的网络运行和控制机理，这种的网络称为“内生智能网络”。这种网络架构是以连接服务+计算服务的异构资源为基础设施的一套Network AI架构，对内能够利用智能来优化网络性能，增强用户体验，自动化网络运营，即“AI4Net”，实现智能连接和智能管理；对外能够为用户提供实时AI服务、实时计算类服务，即“Net4AI”。

总体上，内生智能网络包括内生智能的新型网络架构和内生智能的新空口。

2. 内生智能网络架构

Network AI架构主要以三个基本功能高效地为AI4Net和Net4AI执行训练和推理任务，分别为AI异构资源编排、AI工作流编排和AI数据服务。

（1）AI异构资源编排：为AI任务提供基站、终端等Worker节点支撑。由于Network AI涉及的资源是包括计算、传输带宽、存储等在内的分布式、混合多类型的资源，因此网络架构需要有智能调度大规模分布式异构资源的能力，相关接口也需要标准化。依据内生智能网络的特点，AI框架和分布式学习算法考虑模型的计算依赖和迁移，以及各层数据传输适配网络各节点的传输能力，通过分层分布式调度，适应复杂环境，满足复合目标和可扩展性，真正体现B5G网络的原生AI性。

（2）AI工作流编排：对网络AI任务进行控制调度，串联起各个节点完成训练和推理过程。编排机制在实际应用中可以分为集中式和分布式。分布式可以做成去中心化的全分布式，也可以进行分层管控。

（3）AI数据服务：对各节点中传输的数据流进行管控。由于未来数据本地化的隐私要求，以及极致时延性能、低碳节能等要求，数据处理从核心转向边缘，将计算带到数据，数据在哪里，数据处理就在哪里。

如图8.12所示，Network AI架构是分层融合的，分为全局智能层和区域智能层。

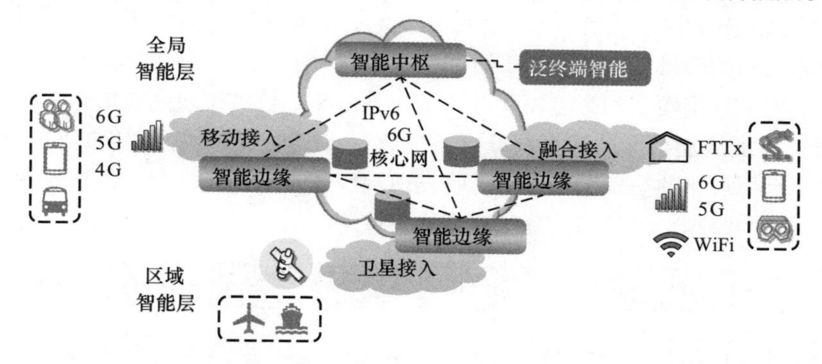

图8.12 Network AI架构

全局智能层，即内生智能超脑，具有智能中枢功能，利用分布式、层次化的控制体系，智能协同区域智能层完成全局统筹的中枢控制与端到端的智能调度。它将网络的运行和维护经验以知识的形式识别并累积，主要包含如下三个阶段。

（1）知识获取：从实际网络运行和评估数据中挖掘和提取知识。

（2）知识分析：在已有知识的基础上，基于智能方式进行知识推理，以完善知识库。

（3）知识更新：基于外部环境和内部特性的变化，通过自学习方式对知识库中的知识进行维护和升级，剔除失效知识、更新有用知识。

区域智能层部署在各种分布式网络或者泛终端智能边缘，通过分布式的AI算法，如联邦学习算法，为全局智能层提供数据和经验输入，为海量边缘设备提供快速按需的智能服务。该层包含如下五个阶段。

（1）感知阶段：对业务、网络、环境等进行立体感知，为后续阶段构建信息基础。感知阶段获取的各种信息将作为全局智能层知识获取的输入之一。

（2）规划阶段：基于全局智能层的知识和经验支持，结合感知信息，自动规划编出合理的网络拓扑、网络配置、跨层跨域协作及网络管控方案。

（3）部署阶段：基于NFV/SDN/MEC、网络切片和云计算等技术，根据规划方案实现网络拓扑的自动生成、网络功能的自动部署、网络资源的自动分配、管控能力的自动加载等。

（4）运行阶段：网络根据功能逻辑实现自主运行，业务根据业务逻辑实现自主提升，并根据管控策略，实现对网络及业务的自主动态维护和管理。

（5）评估阶段：对网络运行状况和网络管控方案的效果进行评估，为网络运行方案及管控方案的持续演进提供数据基础；同时还需将评估结果反馈给全局智能层，以支持全局智能层经验和知识的积累与更新。

全局智能层和区域智能层的网络架构设计需要尽量降低网络的复杂度。可以考虑通过同态化的设计，端到端采用统一的设计思想，采用统一的接口基础协议，多种接入方式采用统一的接入控制管理技术，基础网络架构以极少类型的网元实现完整的功能等。通过智简（智慧内生、原生简约）设计，网络通信所需的协议数量和信令交互大幅减少，从而降低网络的复杂度，同时使其具备韧性、安全性和可靠性。

3. 内生智能的新空口

内生智能除了在网络层面实现业务自动决策、网络自主运维，也可以重构空口架构和算法，通过打破现有无线空口模块化的设计框架，采用端到端的学习方式，提供更灵活的资源调度和信息传输方式，进一步提升空口性能和能效，逼近理论极限。

如图8.13所示，内生智能新空口不是一蹴而就的，而是从现有模块化空口框架中逐步实现智能化。在智能化的初始阶段，先使用人工智能技术增强单一模块，利用数据和人工智能技术的特征提取能力，实现从理论模型到智能模块的转变；进一步，打破模块间的壁垒，利用人工智能技术的建模能力，实现低复杂度的多模块联合智能化，打开模块间联合优化的增益空间；更进一步，彻底突破现有模块化的空口框架，打通收发两端，通过端到端学习，最终实现从空口智能化到内生智能新空口的跨越，语义通信理论有望成为该跨越的桥梁。

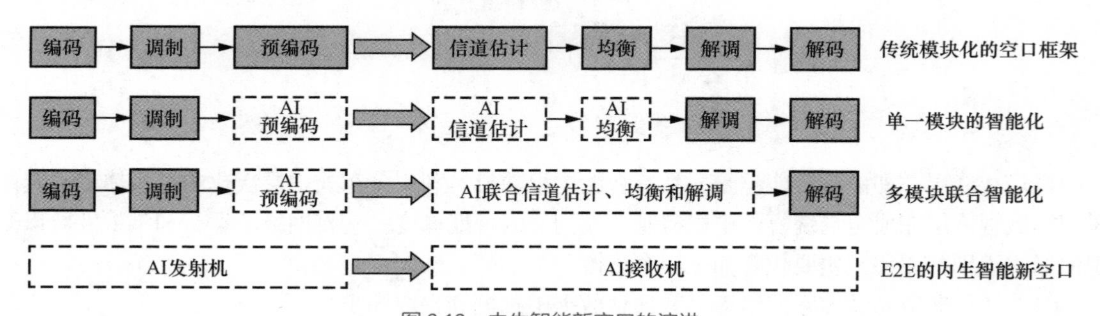

图 8.13 内生智能新空口的演进

此外，内生智能新空口还可以通过对传输环境、用户特征和业务特征的深度挖掘和利用，构建全维高精度的特征信息图谱，使能环境自适应的空口性能自优化。

4. 内生智能网络的主要原理和技术

构建内生智能网络需要解决的理论问题包括以下几个方面。

（1）面向B5G网络多维主客观知识表征、构建、获取、治理及演进机理：包括智能数据模型及其交互模型的构建、潜在模型的自动挖掘和提炼、知识的融合与推理，这是实现内生智能网络的理论基础。

（2）网络自进化机理：由内层基于知识闭环的自进化核和外层基于网络运营特性的管理闭环共同作用体现出来，其关键技术包括意图驱动的网络经验抽取、重组及推演方法，复杂网络演化的动力学模型，支持功能与业务动态重组的灵活网络架构等。

（3）全息网络立体感知技术：包括基于知识的立体感知信息构建方法，以及全面、准确、及时的信息获取机制和基础设施，使网络决策有良好的信息基础。

（4）网络资源柔性调度机制：基于知识和立体感知的网络资源柔性调度机制包括通信信道、计算、路由、缓存等各类资源的弹性配置，高稳健性的主动资源分配，跨层跨域协同优化。

内生智能网络的潜在关键技术包括以下几个方面。

（1）人工智能：人工智能是内生智能网络的基础和核心，内生智能网络需要依靠人工智能技术强大的特征提取、学习和决策能力，实现对网络资源的立体认知、决策推演和动态调整。此外，分布式人工智能技术也有助于实现云-管-端的深度协同。

（2）数字孪生：内生智能网络需要依托于高精度、全方位的知识图谱实现“业务随心所想、网络随需而变”，数字孪生技术通过建立物理网络与数字网络的映射，构建内生智能网络的数据底座。各种网络管理和应用可利用数字孪生技术构建网络虚拟孪生体，基于数据、模型和知识等对物理网络进行高效的分析、诊断、仿真和控制。

意图驱动网络

（3）意图驱动：内生智能网络与传统移动通信网最根本的区别在于无须人工设计和网络的高度自治，因此需要打破传统网络内部接口中基于“人”的设计，意图驱动可以令内生智能网络自行设计适用于自身的信息传输机制，实现极简高效运维。

8.2.5　空天地海一体化网络

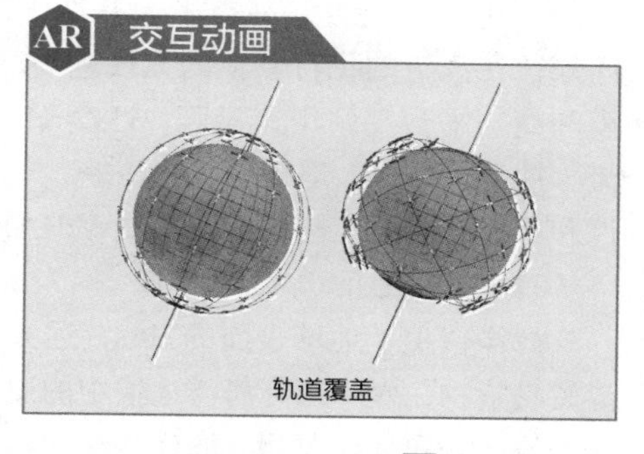

轨道覆盖

1. 空天地海一体化网络概述

B5G网络的愿景是实现全覆盖、全频段和全业务，其中全覆盖是指利用所有可用的无线频谱，支持不同的无线接入技术，提供无缝全球覆盖的连接服务。但由于无线频谱、服务的地理区域范围和操作成本等的限制，截至5G，陆地蜂窝式移动通信系统都无法真正实现随时随地、高质量和高可靠的连接服务。为了真正地提供全覆盖的无线通信服务，研究空天地海一体化网络以实现全球连接是非常必要的。

空天地一体化网络

空天地海一体化网络的目标是扩展通信覆盖的广度和深度，是B5G实现全覆盖的重要方式。空天地海一体化网络将天基（高轨/中轨/低轨卫星）、空基（临空/高空/低空飞行器）、海基（海洋下无线通信及近海沿岸无线通信）等网络与地基（蜂窝/WiFi/有线通信）网络深度融合，覆盖太空、空中、陆地、海洋等自然空间，不仅能够实现人口常驻区域的常态化覆盖，而且能够实现偏远地区、海上、空中和海外的广域立体覆盖，满足地表及立体空间的全域、全天候的泛在覆盖需求，实现用户随时随地按需接入。

2. 空天地海一体化网络总体架构

空天地海一体化网络的关键在于多个网络的深度融合。空天地海一体化网络总体架构如

图8.14所示，除了地面蜂窝系统，主要还包含以下三个方面。

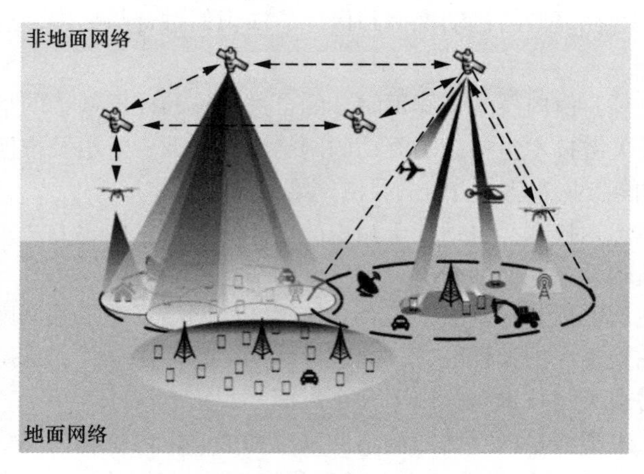

图 8.14　空天地海一体化网络总体架构

（1）卫星通信

卫星通信是指人们利用人造地球卫星作为中继站转发或发射无线电信号，从而实现两个或多个地球站间的通信。偏远地区、高海拔地区、海洋等区域无法部署通信设施，卫星通信网络可以利用卫星星座有效扩展地面通信网络，极大限度地解决地面基站覆盖的难题，为用户提供无缝全球无线覆盖，是空天地海一体化网络的重要组成部分。

（2）UAV/HAPS通信

无人机（Unmanned Aerial Vehicle，UAV）是由电子设备自动控制飞行过程而不需要驾驶员的一种飞行装置；高空平台基站（High-Altitude Platform Station，HAPS）是指装载在长时间停留在高空的飞行器上的无线基站。随着应用需求的快速增长和多样化发展，无人机市场规模和高空平台基站增速显著，UVA/HAPS通信应用场景不断拓展，逐渐向各行各业渗透，在物流、搜救、监控、巡检、农业植保、气象检测等领域发挥着重要的作用。由于具有灵活性、移动性和部署高度适应性等特点，UAV/HAPS通信被认为是未来无线网络中必不可少的组成部分。

（3）海洋通信

海洋覆盖了地球表面的71%，远大于陆地面积。同时，国际海洋运输业负责运送近90%的世界贸易货物，保障国际海洋运输中的通信畅通和信息服务是海洋通信的基本要求。此外，油气勘探开发、海洋环境监测、海洋科学考察、海洋渔业等领域的海上作业现代化也需要更多更高效的信息服务。但由于海洋环境复杂多变、海上施工困难等，海洋通信的发展远远滞后于陆地通信。

上述空天地海一体化网络实际上是一个分层异构的系统。其中，地基网络提供基本覆盖，卫星网络作为地基网络的补充，可以为地基网络无法覆盖的区域（如偏远地区、灾难场景、危险区域和公海区域等）提供服务。无人机和高空平台基站可通过高度的动态部署来卸载地基网络的数据流量，以提高局部热点区域的服务质量，同时，具有遥感功能的卫星或无人机可以支持各类监测数据的获取，从而协助地基网络进行有效的资源管理和规划。而海基网络支持在海上和深海开展通信业务。

3. 空天地海一体化网络的研究方向

目前，空天地海一体化网络的研究还处于起步阶段，工业界和学术界积极推进空天地海一体化网络的技术需求、网络架构及关键使能技术的研究和验证。3GPP在5G及B5G演进中也开展了一体化网络体系架构、组网协议、路由交换、网络管理的天地融合设计与研究，以实现空天地海一体化网络的分阶段、有序推进和部署。具体而言，空天地海一体化网络的研究需要在以下方面重点展开。

（1）网络架构演进

在当前广域分布、通信能力受限和拓扑动态变化的网络环境下，空天地海一体化网络面临组网复杂、传输时延大、灵活性差、部署成本高等问题。首先，网络连接受到天基、空基网络拓扑动态变化的影响，需要根据网络环境和用户需求进行灵活、有效的架构设计，可考虑引入服务化的设计理念。其次，网络功能需要柔性、灵活、分布式地部署在不同地理位置的多个节点，从而实现空天地海网络的高效协同。最后，需要考虑多种地面网络和非地面网络在系统架构、技术体制、接口协议层面的融合和简化，解决系统复杂度问题。

（2）关键技术演进

在关键技术演进方面，可借鉴地面蜂窝5G/B5G先进的多天线技术、空口复用技术，大阵面相控阵技术等，有效地解决卫星通信等所面临的容量、工程部署、移动性等难题。

① 空口物理层关键技术。大容量、短时延、高可靠的空口物理层技术是空天地海一体化网络的基石，可将地面蜂窝系统MIMO技术和先进空口复用技术引入卫星通信，大幅度提升卫星的覆盖性能和频谱效率；通过大EIRP（等效全向辐射功率）、高密度互联、大阵面相控阵技术，可实现卫星高增益、多可调波束，解决卫星在空间轨道高速运行带来的传播路径损耗、电离层散射、多普勒频移等问题。

② 移动性/会话管理与动态路由技术。移动性管理和会话管理是空天地海一体化网络为用户提供连续通信服务的基础。一体化移动性管理需要考虑空天网络拓扑动态变化、传输时延大，以及星地、星间、空基链路稳健性差等问题，融合多领域的移动性技术，增强通信服务的连续性。一体化会话管理需要考虑天基/空基/地基异构融合网络的高效协同，实现对一体化异构融合网络资源的高效利用。同时，大规模动态路由技术以及高效网络资源管理策略，能够构建空天地海一体化网络的智能连接基座，有助于用户服务质量的提升。

③ 质量可预测的服务保障。可以通过引入时延探测、时延预测、资源调度等技术方案，采用星历、GNSS（全球导航卫星系统）定位等辅助手段，实现带宽、时延等的质量可预测服务保障，为用户提供可预期的可靠通信服务。

④ 高效自主的运行管理机制。在多维异构高度动态一体化网络中实现高效的运行管理，是一项重要挑战。在一体化网络中，网络资源的立体感知、网络运维决策的动态演进、网络资源的柔性自主调度是实现高效自主运行管理的三大关键环节。考虑到空天地海一体化网络的超大规模和时空复杂性，人工智能技术将在一体化网络的运行管理中发挥重要作用。

（3）空天地海频谱共存演进

频谱资源是未来空天地海一体化演进最重要的无线资源。空天地海一体化网络深入融合的重要特征是频谱融合共存。卫星网络、无人机/高空平台基站等网络的频谱融合共存，可有效提升频谱利用效率，使能空天地海一体化网络的深入融合和协作，真正实现空天地海一张网。因此我们需研究空天地海一体化频谱共存技术，如天地协作、星地共存动态干扰避让、动态抗干扰、负载均衡等技术，实现卫星通信与地基网络的频谱共存，从而共享IMT地面蜂窝万亿产业链，加速产业繁荣与空天地海一体化。

习题

8.1 简述6G的主要场景及其与5G场景的区别与联系。

8.2 6G与5G相比，多了哪些方面的能力需求？

8.3 在XL-MIMO中，天线间距变小后的影响有哪些？

8.4 思考频谱灵活使用的基本原则。

8.5 思考通信与感知在波形设计上的差异。

8.6 思考内生智能在未来移动通信中的应用。

8.7 空天地海一体化的覆盖性能与哪些因素有关？

8.8 实现手机直连卫星将面临哪些挑战？

附录　术语表

本书术语表如表A.1所示。

表 A.1　术语表

中文全称	英文全称	英文缩写
三维MIMO	Three Dimensional MIMO	3D MIMO
第三代合作伙伴计划	The 3rd Generation Partnership Project	3GPP
5G核心网	5G Core Network	5GC
5G新空口	5G New Radio	5G NR
代数码激励线性预测	Algebraic Code-Excited Linear Prediction	ACELP
应答信号正确	ACKnowledgment	ACK
邻道泄漏功率比	Adjacent Channel Leakage power Ratio	ACLR
自适应差分脉冲编码调制	Adaptive Differential Pulse-Code Modulation	ADPCM
自适应多速率窄带编码	Adaptive Multi-Rate NarrowBand	AMR-NB
高级加密标准	Advanced Encryption Standard	AES
应用功能	Application Function	AF
人工智能	Artificial Intelligence	AI
鉴权和密钥协商	Authentication and Key Agreement	AKA
聚合最大比特率	Aggregate Maximum Bit Rate	AMBR
自适应调制编码	Adaptive Modulation and Coding	AMC
接入与移动性管理功能	Access and Mobility Management Function	AMF
高级移动电话系统	Advanced Mobile Phone System	AMPS
自适应多速率	Adaptive Multi-Rate	AMR
到达角度	Angel of Arrival	AoA
离开角度	Angel of Departure	AoD
自适应预测编码	Adaptive Predictive Coding	APC
应用程序接口	Application Program Interface	API
增强现实	Augmented Reality	AR
分配保留优先级	Allocation and Retention Priority	ARP
认证凭证存储和处理功能	Authentication credential Repository and Processing Function	ARPF
自动请求重传	Automatic Repeat reQuest	ARQ
角度扩展	Azimuth Spread	AS
接入层	Access Stratum	AS
认证服务器功能	Authentication Server Function	AUSF

续表

中文全称	英文全称	英文缩写
高级视频编码	Advanced Video Coding	AVC
超三代移动通信系统	Beyond 3G	B3G
超五代移动通信系统	Beyond 5G	B5G
二进制加性高斯白噪声	Binary Additive White Gaussian Noise	BAWGN
二进制擦除信道	Binary Erasure Channel	BEC
置信度传播	Belief Propagation	BP
二进制相移键控	Binary Phase Shift Keying	BPSK
基站控制器	Base Station Controller	BSC
基站子系统	Base Station Subsystem	BSS
基站收发信台	Base Transceiver Station	BTS
部分带宽	Bandwidth Part	BWP
载波聚合	Carrier Aggregation	CA
封闭接入组	Closed Access Group	CAG
循环冗余校验辅助极化	CRC-Aided-Polar	CA-Polar
编码块组	Code Block Group	CBG
信道繁忙比例	Channel Busy Ratio	CBR
公共控制信道	Common Control Channel	CCCH
控制信道单元	Control Channel Element	CCE
码分多址接入	Code Division Multiple Access	CDMA
码激励线性预测	Code Excited Linear Prediction	CELP
连接管理	Connection Management	CM
核心网	Core Network	CN
控制资源集合	Control Resource Set	CORESET
循环前缀	Cyclic Prefix	CP
循环前缀OFDM	Cyclic Prefix-OFDM	CP-OFDM
信道质量指示	Channel Quality Indicator	CQI
信道占用率	Channel occupancy Ratio	CR
循环冗余校验	Cyclic Redundancy Check	CRC
小区无线网络临时标识	Cell Radio Network Temporary Identifier	C-RNTI
小区专用参考信号	Cell-specific Reference Signal	CRS
信道状态信息	Channel State Information	CSI
信道状态信息参考信号	Channel State Information Reference Signal	CSI-RS
载波监听多址接入	Carrier Sense Multiple Access	CSMA
中心单元	Centralized Unit	CU
中心单元控制面	Centralized Unit Control Plane	CU-CP
中心单元用户面	Centralized Unit User Plane	CU-UP

续表

中文全称	英文全称	英文缩写
设备到设备	Device to Device	D2D
下行分配指示	Downlink Assignment Index	DAI
直流	Direct Current	DC
动态信道分配	Dynamic Channel Allocation	DCA
专用控制信道	Dedicated Control Channel	DCCH
下行控制信息	Downlink Control Information	DCI
离散余弦变换	Discrete Cosine Transform	DCT
密度进化	Density Evolution	DE
判决反馈均衡器	Decision Feedback Equalization	DFE
双功能雷达通信	Dual Function Radar Communication	DFRC
离散傅里叶变换	Discrete Fourier Transform	DFT
离散傅里叶变换扩频的正交频分复用	Discrete Fourier Transform-Spread-Orthogonal Frequency Division Multiplexing	DFT-S-OFDM
动态调度	Dynamic Grant	DG
解调参考信号	Demodulation Reference Signal	DM-RS
数据网络名称	Data Network Name	DNN
域名系统	Domain Name System	DNS
脏纸编码	Dirty Paper Coding	DPC
差分脉冲编码调制	Differential Pulse-Code Modulation	DPCM
多普勒功率谱密度	Doppler-Power-Spectral-Density	DPSD
数据无线承载	Data Radio Bearer	DRB
非连续接收	Discontinuous Reception	DRX
直接序列扩频	Direct Sequence Spread Spectrum	DSSS
数字孪生	Digital Twin	DT
专用业务信道	Dedicated Traffic Channel	DTCH
分布式单元	Distributed Unit	DU
扩展循环前缀	Extended Cyclic Prefix	ECP
增强型数据速率GSM演进（系统）	Enhanced Data Rate for GSM Evolution	EDGE
能量效率	Energy Efficiency	EE
EPS加密算法	EPS Encryption Algorithm	EEA
增强全速率	Enhanced Full Rate	EFR
等增益合并	Equal Gain Combination	EGC
EPS完整性算法	EPS Integrity Algorithm	EIA
等效全向辐射功率	Equivalent Isotropic Radiated Power	EIRP
超大孔径阵列	Extremely Large Aperture Array	ELAA
增强型移动宽带	enhanced Mobile Broadband	eMBB

续表

中文全称	英文全称	英文缩写
4G LTE基站	Evolved Node B	eNB
演进的分组核心网	Evolved Packet Core	EPC
演进的分组系统	Evolved Packet System	EPS
演进的通用陆基无线接入	Evolved Universal Terrestrial Radio Access	E-UTRA
增强型变速率编解码	Enhanced Variable Rate Codec	EVRC
增强型语音服务	Enhanced Voice Services	EVS
特征迫零	Eigen Zero Forcing	EZF
全带	Full Band	FB
固定信道分配	Fixed Channel Allocation	FCA
同时同频全双工	Full Duplex	FD
频分双工	Frequency Division Duplexing	FDD
频分多路复用	Frequency Division Multiplexing	FDM
频分多址接入	Frequency Division Multiple Access	FDMA
全维度MIMO	Full Dimension MIMO	FD-MIMO
前向纠错（编码）	Forward Error Correction	FEC
快跳频	Fast Frequency Hopping	FFH
快速傅里叶变换	Fast Fourier Transform	FFT
跳频	Frequency Hopping	FH
跳变频率扩频	Frequency Hopping Spread Spectrum	FHSS
有限冲激响应	Finite Impulse Response	FIR
频率调制	Frequency Modulation	FM
基于滤波的正交频分复用	filtered-OFDM	f-OFDM
全速率	Full Rate	FR
频率范围1	Frequency Range 1	FR1
频移键控	Frequency Shift Keying	FSK
高斯近似	Gaussian Approximation	GA
退回*N*步	Go-Back-N	GBN
保证比特率	Guaranteed Bit Rate	GBR
网关型GPRS支持节点	Gateway GPRS Supported Node	GGSN
5G NR基站	Next Generation Node B	gNB
全球导航卫星系统	Global Navigation Satellite System	GNSS
通用分组无线服务	General Packet Radio Service	GPRS
广义精准时间协议	Generalized Precision Time Protocol	gPTP
全球移动通信系统	Global System for Mobile Communications	GSM
全球唯一临时标识符	Globally Unique Temporary Identity	GUTI
高空平台基站	High-Altitude Platform Station	HAPS

续表

中文全称	英文全称	英文缩写
混合自动重传请求	Hybrid Automatic Repeat reQuest	HARQ
混合波束赋形	Hybrid Beamforming	HBF
混合信道分配	Hybrid Channel Allocation	HCA
通信感知融合	Harmonized Communication and Sensing	HCS
高效视频编码	High Efficiency Video Coding	HEVC
归属位置寄存器	Home Location Register	HLR
归属公共陆地移动通信网	Home Public Land Mobile Network	HPLMN
半速率	Half Rate	HR
高速分组接入	High-Speed Packet Access	HSPA
增强型高速分组接入	High-Speed Packet Access+	HSPA+
归属用户服务器	Home Subscriber Server	HSS
全息类通信	Holography Type Communication	HTC
载波间干扰	Inter-Carrier Interference	ICI
国际电工委员会	International Electrotechnical Committee	IEC
电气电子工程师学会	Institute of Electrical and Electronics Engineers	IEEE
快速傅里叶逆变换	Inverse Fast Fourier Transform	IFFT
交织图格多址接入	Interleave-Grid Multiple Access	IGMA
IP多媒体子系统	IP Multimedia Subsystem	IMS
国际移动用户标志	International Mobile Subscriber Identity	IMSI
国际移动通信组织	International Mobile Telecommunications	IMT
增量冗余混合自动重传请求	Incremental Redundancy Hybrid Automatic Repeat reQuest	IR-HARQ
暂时标准	Interim Standard	IS
集成通信感知	Integrated Sensing And Communication	ISAC
综合业务数字网	Integrated Services Digital Network	ISDN
符号间干扰	Inter-Symbol Interference	ISI
信息论国际研讨会	International Symposium on Information Theory	ISIT
国际标准化组织	International Organization for Standardization	ISO
国际电信联盟	International Telecommunication Union	ITU
国际电信联盟无线电通信组	ITU-Radiocommunication Sector	ITU-R
国际电信联盟电信标准分局	ITU-Telecommunication Standardization Sector	ITU-T
沉浸式语音和音频服务	Immersive Voice and Audio Services	IVAS
联合图像专家组	Joint Photographic Experts Group	JPEG
低密奇偶校验	Low Density Parity Check	LDPC
低密度扩频码多址接入	Low-Density Spreading Code Division Multiple Access	LDS-CDMA
线性最小均方误差	Linear Minimum Mean Square Error	LMMSE
对数置信度传播	Log-Belief Propagation	Log-BP

续表

中文全称	英文全称	英文缩写
视距路径	Line of Sight	LoS
线性预测编码	Linear Predictive Coding	LPC
最小二乘	Least Square	LS
分层空时码	Layered Space-Time Code	LSTC
长期演进	Long Term Evolution	LTE
长期演进升级版	LTE-Advanced	LTE-A
媒体接入控制	Media Access Control	MAC
移动台辅助切换	Mobile Assisted HandOver	MAHO
*M*进制数字幅度调制	*M* Amplitude Shift Keying	*M*ASK
最大载干比	Max Carrier to Interference	MAX C/I
移动宽带	Mobile BroadBand	MBB
多播/广播单频网	Multicast Broadcast Single Frequency Network	MBSFN
移动国家码	Mobile Country Code	MCC
移动计算网络	Mobile Computing Network	MCN
调制编码方案	Modulation and Coding Scheme	MCS
修改型离散余弦变换	Modified Discrete Cosine Transform	MDCT
移动设备	Mobile Equipment	ME
移动边缘计算	Mobile Edge Computing	MEC
匹配滤波	Matched Filter	MF
*M*进制频移键控	*M* Frequency Shift Keying	*M*FSK
媒体网关	Media Gateway	MGW
主信息块	Master Information Block	MIB
多输入多输出	Multiple-Input Multiple-Output	MIMO
多输入单输出	Multiple-Input Single-Output	MISO
最大似然估计均衡器	Maximum Likelihood Sequence Estimation Equalization	MLSEE
移动性管理实体	Mobility Management Entity	MME
最小均方误差	Minimum Mean Square Error	MMSE
大规模机器类通信	massive Machine-Type Communications	mMTC
移动网络码	Mobile Network Code	MNC
平均意见值	Mean Opinion Score	MOS
消息传递算法	Message Passing Algorithm	MPA
动态图像专家组	Moving Pictures Experts Group	MPEG
多脉冲激励线性预测编码	Multi-Pulse Linear Predictive Coding	MPLPC
*M*进制相移键控	*M* Phase Shift Keying	*M*PSK
*M*进制正交幅度调制	*M* Quadrature Amplitude Modulation	*M*QAM
混合现实	Mixed Reality	MR

续表

中文全称	英文全称	英文缩写
最大比合并	Maximum Ratio Combining	MRC
移动交换中心	Mobile Switching Center	MSC
均方误差	Mean Square Error	MSE
多用户MIMO	Multiple User MIMO	MU-MIMO
多用户共享接入	Multi-User Shared Access	MUSA
应答信号错误	Negative ACKnowledgment	NACK
网络自适应层	Network Adaptive Layer	NAL
非接入层	Non-Access Stratum	NAS
窄带	NarrowBand	NB
正常循环前缀	Normal Cyclic Prefix	NCP
网络开放功能	Network Exposure Function	NEF
欧洲新型签名、完整性和加密方案	New European Schemes for Signatures, Integrity and Encryption	NESSIE
网络功能服务	Network Function Service	NFS
网络功能虚拟化	Network Functions Virtualization	NFV
增强型4G LTE基站	Next Generation-Evolved Node B	NG-eNB
下一代无线接入网	Next Generation-Radio Access Network	NG-RAN
网络标识	Network Identifier	NID
非视距路径	Non-Line of Sight	NLoS
非正交多址接入	Non-Orthogonal Multiple Access	NOMA
非公共网络	Non-Public Network	NPN
新空口	New Radio	NR
网络存储功能	Network Repository Function	NRF
非独立	Non-Standalone	NSA
网络切片选择功能	Network Slice Selection Function	NSSF
非零功率	Non-Zero-Power	NZP
正交频分复用	Orthogonal Frequency Division Multiplexing	OFDM
正交频分多址接入	Orthogonal Frequency Division Multiple Access	OFDMA
偏移四相相移键控	Offset-Quadrature Phase Shift Keying	OQPSK
运营技术	Operational Technology	OT
单程时延	Oneway-Trip Time	OTT
功率峰均比	Peak-to-Average Power Ratio	PAPR
功率角度谱	Power-Azimuth-Spectrum	PAS
物理广播信道	Physical Broadcast Channel	PBCH
奇偶检验	Parity Check	PC
奇偶校验和循环冗余校验联合辅助Polar	Parity-Check-CRC-Aided-Polar	PC-CA-Polar

续表

中文全称	英文全称	英文缩写
寻呼控制信道	Paging Control Channel	PCCH
策略控制功能	Policy Control Function	PCF
物理小区标识	Physical Cell Identifier	PCI
脉冲编码调制	Pulse-Code Modulation	PCM
代理-呼叫会话控制功能	Proxy-Call Session Control Function	P-CSCF
物理下行控制信道	Physical Downlink Control Channel	PDCCH
分组数据汇聚协议	Packet Data Convergence Protocol	PDCP
图样分割多址接入	Patten Division Multiple Access	PDMA
公用数据网	Public Data Network	PDN
功率时延谱	Power-Delay-Profile	PDP
物理下行共享信道	Physical Downlink Shared Channel	PDSCH
分组错误率	Packet Error Rate	PER
正比公平	Proportional Fair	PF
分组数据网关	Packet Data Network Gateway	PGW
物理层	Physical Layer	PHY
公共陆地移动网	Public Land Mobile Network	PLMN
预编码矩阵标识	Precoding Matrix Indication	PMI
伪随机噪声	Pseudo-Noise	PN
公共网络集成非公共网络	Public Network Integrated NPN	PNI-NPN
物理随机接入信道	Physical Random Access Channel	PRACH
物理资源块	Physical Resource Block	PRB
定位参考信号	Positioning Reference Signal	PRS
主同步信号	Primary Synchronization Signal	PSS
公用电话交换网	Public Switched Telephone Network	PSTN
精准时间协议	Precision Time Protocol	PTP
相噪跟踪参考信号	Phase Tracking Reference Signal	PT-RS
物理上行控制信道	Physical Uplink Control Channel	PUCCH
物理上行共享信道	Physical Uplink Shared Channel	PUSCH
极化权重	Polarization Weight	PW
正交幅度调制	Quadrature Amplitude Modulation	QAM
准循环低密奇偶校验	Quasi-cyclic Low Density Parity Check	QC-LDPC
服务质量	Quality of Service	QoS
正交相移键控	Quadrature Phase Shift Keying	QPSK
注册区域	Registration Area	RA
随机接入信道	Random Access Channel	RACH
请求激活检测	Required Activity Detection	RAD

续表

中文全称	英文全称	英文缩写
无线接入网	Radio Access Network	RAN
无线接入网区码	Radio Access Network Area Code	RANAC
随机接入响应（消息）	Random Access Response	RAR
资源块	Resource Block	RB
资源块组	Resource Block Group	RBG
资源单元	Resource Element	RE
资源单元组	Resource Element Group	REG
规则脉冲激励长期预测编码	Regular Pulse Excited-Long Term Prediction	REP-LTP
无线链路控制	Radio Link Control	RLC
类喷泉码低密奇偶校验	Raptor-Like Low Density Parity Check	RL-LDPC
无线链路监控	Radio Link Monitoring	RLM
无线接入网通知区	RAN Notification Area	RNA
无线接入网通知区更新	RNA Update	RNAU
无线网络控制器	Radio Network Controller	RNC
无线网络临时标识	Radio Network Temporary Identifier	RNTI
正规脉冲激励编码	Regular Pulse Excited	RPE
轮询	Round Robin	RR
无线资源分配	Radio Resource Allocation	RRA
无线资源控制	Radio Resource Control	RRC
远端射频头	Remote Radio Head	RRH
无线资源管理	Radio Resource Management	RRM
资源扩频多址接入	Resource Spread Multiple Access	RSMA
参考信号的接收功率	Reference Signal Received Power	RSRP
参考信号的接收质量	Reference Signal Received Quality	RSRQ
接收信号强度指示	Received Signal Strength Indicator	RSSI
往返时延	Round Trip Time	RTT
独立	Standalone	SA
停止等待	Stop-And-Wait	SAW
服务化架构	Service-Based Architecture	SBA
基于服务的接口（协议）	Service Based Interface	SBI
串行抵消	Successive Cancellation	SC
选择合并	Selective Combining	SC
单载波频分多址接入	Single Carrier-Frequency Division Multiple Access	SC-FDMA
侧行链路控制信息	Sidelink Control Information	SCI
串行抵消列表	Successive Cancellation-List	SCL
空间信道模型	Spatial Channel Model	SCM

续表

中文全称	英文全称	英文缩写
稀疏编码多址接入	Sparse Code Multiple Access	SCMA
子载波间隔	Subcarrier Spacing	SCS
服务-业务呼叫会话控制功能	Serving-Call Session Control Function	S-CSCF
切片差异化标识	Slice Differentiator	SD
业务数据适配协议	Service Data Adaptation Protocol	SDAP
辅助下行	Supplementary Downlink	SDL
空分多址接入	Space Division Multiple Access	SDMA
软件定义网络	Software Defined Network	SDN
频谱效率	Spectral Efficiency	SE
安全锚点功能	Security Anchor Function	SEAF
安全保护代理	Security Protection Proxy	SEPP
空频分组码	Space Frequency Block Code	SFBC
慢跳频	Slow Frequency Hopping	SFH
时隙格式指示	Slot Format Indication	SFI
系统帧号	System Frame Number	SFN
服务型GPRS支持节点	Service GPRS Supported Node	SGSN
服务网关	Serving Gateway	SGW
系统信息块	System Information Block	SIB
连续干扰消除	Successive Interference Cancellation	SIC
用户标识去隐藏功能	Subscription Identifier De-concealing Function	SIDF
用户身份模块	Subscriber Identity Module	SIM
单输出多输入	Single-Input Multiple-Output	SIMO
单输出单输入	Single-Input Single-Output	SISO
侧行链路	Sidelink	SL
起始和长度指示值	Start and Length Indicator Value	SLIV
安全模式命令	Security Mode Command	SMC
会话管理功能	Session Management Function	SMF
可选择模式声码器	Selectable Mode Vocoder	SMV
独立非公共网络	Standalone Non-Public Network	SNPN
单一网络切片辅助选择信息	Single Network Slice Selection Assistance Information	S-NSSAI
半持续调度	Semi-Persistent Scheduling	SPS
调度请求	Scheduling Request	SR
SRS资源指示	SRS Resource Indication	SRI
侦听参考信号	Sounding Reference Signal	SRS
同步信号	Synchronization Signal	SS
同步信号块	Synchronization Signal Block	SSB

续表

中文全称	英文全称	英文缩写
从同步信号	Secondary Synchronization Signals	SSS
切片/业务类型	Slice/Service Type	SST
系统架构演进临时身份移动用户标识	System Architecture Evolution Temporary Mobile Subscriber Identity	S-TMSI
用户隐藏标识	Subscription Concealed Identifier	SUCI
辅助上行	Supplementary Uplink	SUL
单用户MIMO	Single User MIMO	SU-MIMO
用户永久标识	Subscription Sermanent Identifier	SUPI
奇异值分解	Singular Value Decomposition	SVD
超宽带	Super Wide Band	SWB
跟踪区	Tracking Area	TA
跟踪区列表	Tracking Area List	TA List
跟踪区码	Tracking Area Code	TAC
全接入通信系统	Total Access Communications System	TACS
跟踪区标识	Tracking Area Identity	TAI
传输块	Transport Block	TB
传输块数据大小	Transport Block Size	TBS
时分双工	Time Division Duplex	TDD
时分复用	Time Division Multiplexing	TDM
时分多址接入	Time Division Multiple Access	TDMA
到达时间差	Time Difference of Arrival	TDOA
时分同步码分多址接入	Time Division-Synchronous Code Division Multiple Access	TD-SCDMA
终端设备	Terminal Equipments	TE
跳变时间扩频	Time Hopping Spread Spectrum	THSS
临时身份移动用户标志	Temporary Mobile Subscriber Identity	TMSI
面向企业客户	To Business	ToB
面向消费者	To Consumer	ToC
传输预编码矩阵序号	Transmitted Precoding Matrix Indicator	TPMI
传输时间间隔	Transmission Time Interval	TTI
无人机	Unmanned Aerial Vehicle	UAV
基于效应函数的调度	Utility Based Scheduling	UBS
上行控制信息	Uplink Control Information	UCI
统一数据管理	Unified Data Management	UDM
用户设备	User Equipment	UE
用户面功能	User Plane Function	UPF
超可靠低时延通信	ultra-Reliable Low-Latency Communication	uRLLC

续表

中文全称	英文全称	英文缩写
全球用户身份模块	Universal Subscriber Identity module	USIM
车联网	Vehicle to Everything	V2X
视频编码专家组	Video Coding Experts Group	VCEG
视频编码层	Video Coding Layer	VCL
变长编码	Variable-Length Coding	VLC
漫游位置寄存器	Visitor Location Register	VLR
基于IP的语音传输	Voice over Internet Protocol	VoIP
长期演进语音承载	Voice over Long Term Evolution	VoLTE
NR语音	Voice over NR	VoNR
矢量预编码	Vector Precoding	VP
虚拟现实	Virtual Reality	VR
虚拟资源块	Virtual Resource Block	VRB
多功能视频编码	Versatile Video Coding	VVC
宽带	WideBand	WB
自适应多速率宽带编码	Adaptive Multi-Rate WideBand	AMR-WB
宽带码分多址接入	WideBand Code Division Multiple Access	WCDMA
无线保真技术	Wireless-Fidelity	WiFi
世界无线电通信大会	World Radio Communication Conference	WRC
超大规模MIMO	Extra Large-Scale MIMO	XL-MIMO
扩展现实	eXtended Reality	XR
迫零	Zero-Forcing	ZF
零功率	Zero-Power	ZP

参考文献

[1] 啜钢, 王文博, 王晓湘, 等．移动通信原理与系统[M]．5版．北京：北京邮电大学出版社, 2022.

[2] 牛凯, 吴伟陵．移动通信原理[M]．3版．北京：电子工业出版社, 2021.

[3] 周炯槃, 庞沁华, 续大我, 等．通信原理[M]．4版．北京：北京邮电大学出版社, 2015.

[4] 杨大成．移动传播环境：理论基础、分析方法和建模技术[M]．北京：机械工业出版社, 2003.

[5] 吴志忠．移动通信无线电波传播[M]．北京：人民邮电出版社, 2002.

[6] RAPPAPORT T S．无线通信原理与应用[M]．影印版．北京：电子工业出版社影印版, 1998.

[7] GOLDSMITH A．无线通信[M]．杨鸿文, 李卫东, 郭文彬, 等译．北京：人民邮电出版社, 2007.

[8] Ryan W E, Lin S. Channel Codes[M]. New York：Cambridge University Press, 2009.

[9] STUBER G L．移动通信原理[M]．2版．裴昌幸, 王宏刚, 吴广恩, 译．北京：电子工业出版社, 2004.

[10] PROAKIS J G．数字通信[M]．影印版, 3版．北京：电子工业出版社, 1998.

[11] 赫金．通信系统[M]．4版．宋铁成, 徐平平, 徐智勇, 等译．北京：电子工业出版社, 2003.

[12] ZIEMER R E, TRANTER W H．通信原理：系统、调制与噪声[M]．影印版, 5版．北京：高等教育出版社, 2004.

[13] 华为WLAN LAB, 埃兹里, 希洛．MIMO-OFDM技术原理[M]．北京：人民邮电出版社, 2021.

[14] SALEH A A M, VALENZUELA R. A statistical model for indoor multipath propagation[J]. IEEE Journal on selected areas in communications, 1987, 5（2）：128-137.

[15] ARIKAN E. Channel polarization：A method for constructing capacity-achieving codes[J]. IEEE International Symposium on Information Theory, 2008, 7：6-11.

[16] ARIKAN E. Channel polarization：A method for constructing capacity-achieving codes for symmetric binary-input memoryless channels[J]. IEEE Transactions on Information Theory, 2009, 55（7）：3051-3073.

[17] STUBER G L. Broadband MIMO-OFDM wireless communications[J]. Proceedings of the IEEE, 2004, 2（2）：271-294.

[18] TAROKH V.Space-time codes for high data rate wireless communications：performance criterion and code construction[J]. IEEE Transactions on Information Theory, 1998, 44：744-765.

[19] ALAMOUTI S M.A simple transmit diversity technique for wireless communications[J]. IEEE Journal on Selected Areas in Communications, 1998, 10：1451-1458.

[20] Zhao L, Zhao H, Zheng K, et al. Massive MIMO in 5G Networks：Selected Applications[M]. Heidelberg:Springer, 2018.

[21] NANDA S, BALACHANDRAN K, KUMAR S.Adaptation techniques in wireless packet data services[J]. IEEE Commun.Mag., 2000, 1：54-64.

[22] KAMATH K M, GOECKEL D L. Adaptive-modulation schemes for minimum outage probability in wireless systems[J]. IEEE Trans.Commun., 2004, 52：1632-1635.

[23] ATSUSHI O. PRIME ARQ：A Novel ARQ Scheme for High-speed Wireless ATM[J]. IEEE, 1998.

[24] CAPOZZI F, PIRO G, GRIECO L A, et al. Downlink Packet Scheduling in LTE Cellular Networks：Key Design Issues and a Survey[J]. IEEE Communications Surveys&Tutorials, 2013, 15：678-700.

[25] 王晓云, 刘光毅, 丁海煜, 等．5G技术与标准[M]．北京：电子工业出版社, 2019.

[26] 华为技术有限公司．无线网络未来十年十大产业趋势[R]．深圳：2021.

[27] 王映民, 孙韶辉．5G移动通信系统设计与标准详解[M]．北京：人民邮电出版社, 2020.

[28] WAN L, SOONG A C K, LIU J H．5G系统设计：端到端标准详解[M]．刘江华, 张雷鸣, 郭志恒, 等译．北京：电子工业出版社, 2021.

[29] 刘晓峰, 孙韶辉, 杜忠达, 等．5G无线系统设计与国际标准[M]．北京：人民邮电出版社, 2019.

[30] 万蕾, 郭志恒．LTE/NR频谱共享：5G标准之上下行解耦[M]．北京：电子工业出版社, 2018.

[31] TONG W, ZHU P Y. 6G The Next Horizon[M]. Cambridge: Cambridge University Press, 2021.

[32] 张平, 李文璟, 牛凯, 等．6G需求与愿景[M]．北京：人民邮电出版社, 2021.

[33] IMT-2030（6G）推进组．6G网络架构愿景与关键技术展望白皮书[R]．北京：2021.

[34] ELISABETH C, ANUM A, ABOLFAZL A, et al. Non-Stationarities in Extra-Large-Scale Massive MIMO[J]. IEEE Wireless Communications, 2020, 8（4）：74-80.

[35] IMT-2030（6G）推进组．超大规模天线技术研究报告[R]．北京：2021.

[36] IMT-2030（6G）推进组．智能超表面技术研究报告[R]．北京：2021.

[37] IMT-2030（6G）推进组．通信感知一体化技术研究报告[R]．北京：2021.

[38] IMT-2030（6G）推进组．无线人工智能（AI）技术研究报告[R]．北京：2021.

[39] 3GPP. Solutions for NR to support non-terrestrial networks（NTN）[R]. Valbonne：2021.

[40] 刘光毅, 黄宇红, 崔春风, 等．6G重塑世界[M]．北京：人民邮电出版社, 2021.